Heinemann/Krämer/Müller/Zimmer

PHYSIK

in Aufgaben und Lösungen

Hilmar Heinemann
Heinz Krämer
Peter Müller
Hellmut Zimmer

PHYSIK

in Aufgaben und Lösungen

Mit 412 Abbildungen

Fachbuchverlag Leipzig
im Carl Hanser Verlag

Autoren:
Dr. rer. nat. Hilmar Heinemann, Freital
Dr. rer. nat. Heinz Krämer, Dresden
Dr. rer. nat. Peter Müller, Dresden
Prof. Dr. rer. nat. Hellmut Zimmer, Dresden (†)

MIX
Papier aus verantwortungsvollen Quellen
FSC® C014889
FSC
www.fsc.org

Bibliografische Information der Deutschen Nationalbibliothek

Die Deutsche Nationalbibliothek verzeichnet diese Publikation in der Deutschen Nationalbibliografie; detaillierte bibliografische Daten sind im Internet über http://dnb.d-nb.de abrufbar.

ISBN 978-3-446-43235-2

Einbandbild: Siemens Pressebild

Fachbuchverlag Leipzig im Carl Hanser Verlag

www. hanser-fachbuch.de
Lektorat: Philipp Thorwirth
Herstellung: Katrin Wulst
Satz: Dr. Steffen Naake, Brand-Erbisdorf
Druck und Bindung: Friedrich Pustet, Regensburg
Printed in Germany

Vorwort

Das vorliegende Buch ergänzt das bewährte **Übungsbuch PHYSIK**, das bis 1996 unter dem Titel „PHYSIK – Verstehen durch Üben“ erschien. Es wendet sich dementsprechend vorwiegend an Ingenieurstudenten und Studenten der Naturwissenschaften sowie an alle diejenigen, die physikalische Probleme erkennen und mathematisch formulieren sowie entsprechende Lösungen finden und interpretieren wollen.

Mitteilen von ausführlichen Lösungen für Übungsaufgaben wurde in der physikalischen Ausbildung lange Zeit mehr als Unterstützen von Bequemlichkeit, denn als Fördern von Selbstständigkeit und Kreativität bei der Problemlösung angesehen. Heute ist man eher geneigt, es der eigenen Verantwortung des Studierenden zu überlassen, auf welche Weise er sich seine Kenntnisse und Fertigkeiten im Umgang mit physikalischen Problemen aneignet. Auch die ausführlich angebotene Lösung bekommt dabei einen anderen Stellenwert. Sie ermöglicht die genauere Kontrolle eigener Lösungskonzepte, Denkschritte, Formelinterpretationen und mathematischer Umformungen. Sie überlässt dem verantwortungsbewusst mitarbeitenden Leser also nach wie vor das „Verstehen durch Üben“, gibt ihm aber darüber hinaus mehr Sicherheit, richtig verstanden zu haben. Sie kann als ein jederzeit konsultierbarer, objektiver Mentor genutzt werden, aber nicht zuletzt doch auch über einzelne Klippen hinweghelfen, die der Leser allein nicht zu bewältigen vermag. Jeder, der mit diesem Buch arbeitet, sollte das in dem Bewusstsein tun, dass beim Lernen der mühevollere Weg, eigene Lösungswege durch eigenes Nachdenken zu finden, in der Regel der wirkungsvollere Weg ist, mit dem Lernstoff vertraut zu werden.

In der Ausführlichkeit der Darstellung haben die Autoren einen Kompromiss gesucht. Nicht alle Aufgaben haben den gleichen Schwierigkeitsgrad oder werden in gleicher Ausführlichkeit behandelt. Man findet also solche, die auch für den Unerfahreneren gut zu bewältigen sind, und schwierigere, die einer ausführlicheren Erklärung und größerer Erfahrung des Lesers bedürfen. Es wurde angestrebt, innerhalb der Abschnitte die Aufgaben nach ansteigender Schwierigkeit zu ordnen, soweit dem nicht inhaltliche Zusammengehörigkeiten entgegenstanden. Viele Aufgaben lassen verschiedenartige Lösungswege zu, allerdings wurden solche nur in wenigen Ausnahmefällen angegeben – im Sinne einer möglichst hohen Prägnanz. Dagegen hatte die lückenlose Darstellung aller zur Lösung erforderlichen Schritte höchste Priorität. Die angebotenen Lösungswege haben mithin keine „amtliche“ Geltung, und ein Leser, der auf einem abweichenden Weg zum Ziel gekommen ist, muss deswegen nicht irritiert sein, sondern darf sich freuen, einen höheren Grad an Selbstständigkeit erreicht zu haben.

In der neuen Auflage dieses Buches konnten nun endlich die durch den Satz bedingten Unschönheiten der vergangenen Auflagen behoben werden; außerdem wurden beide Teile in einem Band zusammengeführt. Auch der Inhalt wurde erweitert. Das im **Übungsbuch PHYSIK** inzwischen neu hinzugekommene Kapitel T7 über Wärmestrahlung ist nunmehr auch enthalten, und auch an anderen Stellen wurde der Inhalt wieder vollkommen mit dem Übungsbuch in Einklang gebracht.

Diejenigen Leser, die bisher allein die Aufgabensammlung nutzen, seien auf das zugehörige Übungsbuch hingewiesen, in dem sie Erläuterungen zu den physikalischen Gesetzen sowie weitere, noch ausführlicher vorgerechnete Beispiele finden.

Die Autoren

Inhaltsverzeichnis

M Mechanik

M 1 Bewegung auf einer Geraden

M 1.1 Punktmasse

Eine Punktmasse hat zur Zeit $t_0 = 0$ am Ort x_0 die Geschwindigkeit v_{x0}. Vom Zeitpunkt t_0 an erfährt die Punktmasse eine konstante Beschleunigung a_x.

a) Wo befindet sich die Punktmasse zur Zeit t_1?
b) Welche Geschwindigkeit v_{x1} hat sie dort?
c) Wo liegt der Umkehrpunkt x_2 der Bewegung?

$x_0 = 6{,}0\ \text{m} \qquad v_{x0} = -5{,}0\ \text{m/s} \qquad a_x = 2{,}0\ \text{m/s}^2 \qquad t_1 = 3{,}0\ \text{s}$

---

a) $\underline{x_1 = \frac{a_x}{2} t_1^2 + v_{x0} t_1 + x_0} = \underline{\underline{0}}$

b) $v_x = \frac{\mathrm{d}x}{\mathrm{d}t} = a_x t + v_{x0}$

$\underline{v_{x1} = a_x t_1 + v_{x0}} = \underline{\underline{1{,}0\ \text{m/s}}}$

c) $v_{x2} = 0$

$0 = a_x t_2 + v_{x0} \quad \Rightarrow \quad t_2 = -\frac{v_{x0}}{a_x}$

$x_2 = \frac{a_2}{2} t_2^2 + v_{x0} t_2 + x_0$

$x_2 = \frac{v_{x0}^2}{2a_x} - \frac{v_{x0}^2}{a_x} + x_0$

$\underline{x_2 = -\frac{v_{x0}^2}{2a_x} + x_0} = \underline{\underline{-0{,}25\ \text{m}}}$

M 1.2 Schwingung

Ein schwingender Körper hat die Geschwindigkeit $v_x(t) = v_\text{m} \cos 2\pi t/T$. Er befindet sich zur Zeit $t_0 = T/4$ am Ort x_0.

Geben Sie den Ort x und die Beschleunigung a_x des Körpers als Funktion der Zeit t an!

$v_x(t) = v_\text{m} \cos 2\pi \frac{t}{T}$

$x(t) = \int v_x \, \mathrm{d}t$

$x(t) = \frac{v_\text{m} T}{2\pi} \sin 2\pi \frac{t}{T} + C$

$$x\left(\frac{T}{4}\right) = x_0 = \frac{v_m T}{2\pi} \sin\frac{\pi}{2} + C$$

$$C = x_0 - \frac{v_m T}{2\pi}$$

$$\underline{x(t) = \frac{v_m T}{2\pi}\left(\sin 2\pi\frac{t}{T} - 1\right) + x_0}$$

$$a_x(t) = \frac{dv_x}{dt}$$

$$\underline{a_x(t) = -2\pi\frac{v_m}{T}\sin 2\pi\frac{t}{T}}$$

M 1.3 Kraftfahrzeug

Ein Kraftfahrzeug nähert sich einer Verkehrsampel mit verminderter Geschwindigkeit. Beim Umschalten der Ampel auf Grün beschleunigt es während der Zeit t_1 gleichmäßig mit a und legt dabei die Strecke s_1 zurück.

Wie groß sind die Geschwindigkeiten v_0 und v_1 am Anfang und am Ende der Beschleunigungsphase?

$a = 0{,}94\ \text{m/s}^2 \qquad t_1 = 5{,}3\ \text{s} \qquad s_1 = 60\ \text{m}$

$$s_1 = \frac{a}{2}t_1^2 + v_0 t_1 \qquad (s_0 = 0)$$

$$\Rightarrow \quad \underline{v_0 = \frac{s_1}{t_1} - \frac{a t_1}{2}} = \underline{\underline{32\ \text{km/h}}}$$

$$v_1 = a t_1 + v_0$$

$$\Rightarrow \quad \underline{v_1 = \frac{s_1}{t_1} + \frac{a t_1}{2}} = \underline{\underline{50\ \text{km/h}}}$$

M 1.4 Notbremsen

Beim Notbremsen wird ein mit einer Geschwindigkeit v_{x0} fahrender Zug auf einer Strecke von $x_0 = 0$ bis x_1 zum Stehen gebracht.

a) Wie groß ist die konstante Bremsbeschleunigung a_x?

b) Stellen Sie den Verlauf der Bewegung im $x(t)$-, $v_x(t)$- und $a_x(t)$-Diagramm dar!

$x_1 = 260\ \text{m} \qquad v_{x0} = 90\ \text{km/h}$

---

a) $$x = \frac{a_x}{2}t^2 + v_{x0}t \qquad (x_0 = 0)$$

$$v_x = a_x t + v_{x0}$$

$$x_1 = \frac{a_x}{2}t_1^2 + v_{x0}t_1$$

$$v_{x1} = 0 = a_x t_1 + v_{x0}$$

$$\Rightarrow \quad t_1 = -\frac{v_{x0}}{a_x}$$

$$x_1 = \frac{v_{x0}^2}{2a_x} - \frac{v_{x0}^2}{a_x} = -\frac{v_{x0}^2}{2a_x}$$

$$\underline{a_x = -\frac{v_{x0}^2}{2x_1}} = \underline{\underline{-1{,}20\ \text{m/s}^2}}$$

b)

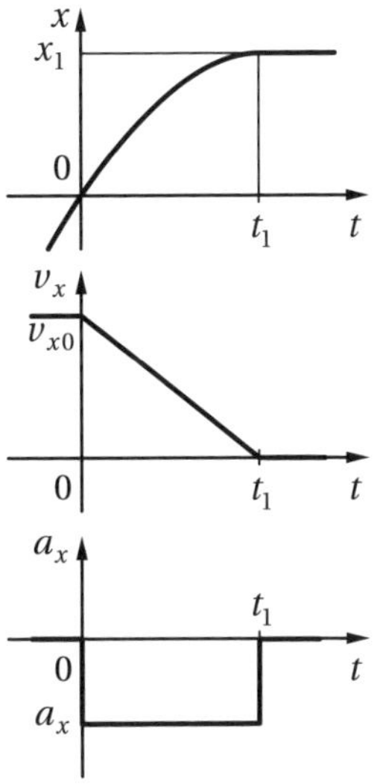

M 1.5 Senkrechter Wurf

Ein Körper wird von der Erdoberfläche aus ($z_0 = 0$) mit der Anfangsgeschwindigkeit v_{z0} senkrecht nach oben abgeschossen.

a) Welche Geschwindigkeit v_{z1} hat er in der Höhe z_1?

b) Welche Maximalhöhe z_2 erreicht er?

c) Skizzieren Sie den Verlauf des Wurfes im $z(t)$- und $v_z(t)$-Diagramm!

$v_{z0} = 20\ \text{m/s} \qquad z_1 = 5{,}0\ \text{m} \qquad g = 10\ \text{m/s}^2$

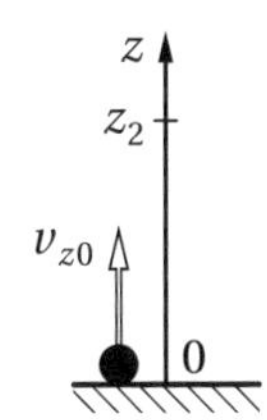

a) $z = -\frac{g}{2}t^2 + v_{z0}t \qquad (z_0 = 0)$

$$v_z = -gt + v_{z0} \quad \Rightarrow \quad t = \frac{v_{z0} - v_z}{g}$$

$$z = -\frac{(v_{z0} - v_z)^2}{2g} + v_{z0}\frac{(v_{z0} - v_z)}{g} = \frac{v_{z0}^2 - v_z^2}{2g}$$

$$v_z^2 = v_{z0}^2 - 2gz$$

$$\underline{v_{z1} = +\sqrt{v_{z0}^2 - 2gz_1}} = \underline{\underline{+17{,}3\ \text{m/s}}}$$

$$\underline{v_{z1}^* = -\sqrt{v_{z0}^2 - 2gz_1}} = \underline{\underline{-17{,}3\ \text{m/s}}}$$

b) Aus a):

$$z = \frac{v_{z0}^2 - v_z^2}{2g}$$

mit $z = z_2$ und $v_z = v_{z2} = 0$

$$\underline{z_2 = \frac{v_{z0}^2}{2g}} = \underline{\underline{20\ \text{m}}}$$

c)

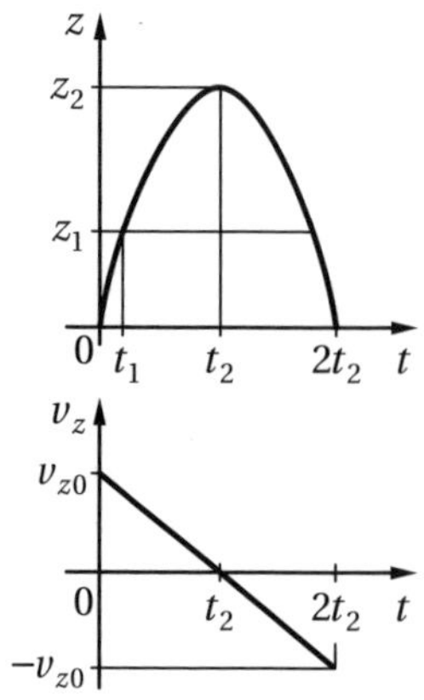

M 1.6 Stahlkugel

Eine Stahlkugel springt auf einer elastischen Platte auf und ab. Die Aufschläge haben den zeitlichen Abstand Δt.

Welche Maximalhöhe z_m erreicht die Kugel?

$\Delta t = 0{,}40$ s

Senkrechter Wurf:

$$z = -\frac{g}{2}t^2 + v_{z0} \quad (z_0 = 0)$$

$$v_z = -gt + v_{z0}$$

Steigzeit bis Maximalhöhe = Fallzeit $t = \dfrac{\Delta t}{2}$ (Siehe $z(t)$-Diagramm: Parabel)

$$v_z\left(\frac{\Delta t}{2}\right) = 0 = -g\frac{\Delta t}{2} + v_{z0} \quad \Rightarrow \quad v_{z0} = \frac{g\,\Delta t}{2}$$

$$z\left(\frac{\Delta t}{2}\right) = z_\mathrm{m} = -\frac{g}{2}\left(\frac{\Delta t}{2}\right)^2 + v_{z0}\frac{\Delta t}{2}$$

$$z_\mathrm{m} = -\frac{g\,\Delta t^2}{8} + \frac{g\,\Delta t^2}{4}$$

$$\underline{z_\mathrm{m} = \frac{g}{8}\,\Delta t^2} = \underline{\underline{20 \text{ cm}}}$$

Das Ergebnis folgt auch sofort aus der Formel für den freien Fall:

$$z_\mathrm{m} = \frac{g}{2}\left(\frac{\Delta t}{2}\right)^2$$

M 1.7 Testfahrzeuge

Zwei Testfahrzeuge beginnen gleichzeitig eine geradlinige Bewegung mit der Anfangsgeschwindigkeit $v_0 = 0$ am gleichen Ort.

Das Fahrzeug A bewegt sich mit der Beschleunigung $a_\mathrm{A} = a_0 = \text{const}$, das Fahrzeug B mit der Beschleunigung $a_\mathrm{B} = kt$; $\quad k = \text{const}$.

Beide Fahrzeuge legen in der Zeit t_1 die Strecke s_1 zurück.

a) Skizzieren Sie den Verlauf beider Bewegungen im $a(t)$-, $v(t)$- und $s(t)$-Diagramm!
b) Berechnen Sie die Zeit t_1 und die Strecke s_1!
c) Welche Geschwindigkeiten v_{A1} und v_{B1} haben die Fahrzeuge am Ende der Strecke s_1 erreicht?
d) Nach welcher Zeit t_2 haben beide Fahrzeuge die gleiche Geschwindigkeit v_2 erreicht?

Gegeben: a_0, k

---

a) $a_A = a_0 = \text{const}$

$$v_A = a_0 t \qquad (v_{A0} = 0)$$

$$s_A = \frac{a_0}{2} t^2 \qquad (s_{A0} = 0)$$

$$a_B = kt$$

$$v_B = \frac{k}{2} t^2 \qquad (v_{B0} = 0)$$

$$s_B = \frac{k}{6} t^3 \qquad (s_{B0} = 0)$$

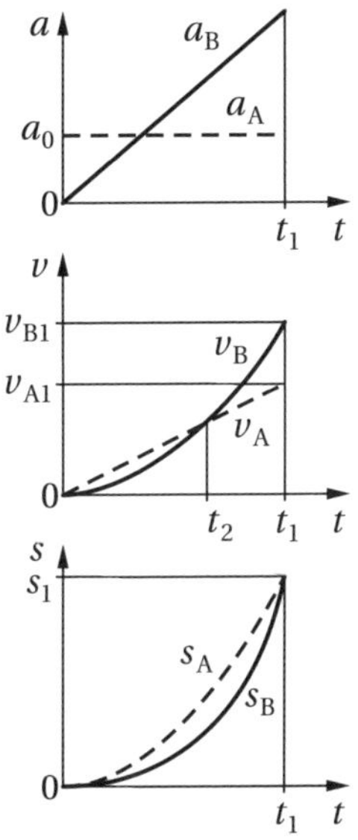

b) $s_1 = s_{A1} = s_{B1}$

$$s_1 = \frac{a_0}{2} t_1^2 = \frac{k}{6} t_1^3$$

$$\underline{t_1 = 3\frac{a_0}{k}}; \quad \underline{s_1 = \frac{9}{2}\frac{a_0^3}{k^2}}$$

c) $v_{A1} = a_0 t_1 = \underline{3\frac{a_0^2}{k}}$

$$v_{B1} = \frac{k}{2} t_1^2 = \underline{\frac{9}{2}\frac{a_0^2}{k}}$$

d) $v_{A2} = v_{B2}$

$$a_0 t_2 = \frac{k}{2} t_2^2 \quad \Rightarrow \quad \underline{t_2 = 2\frac{a_0}{k}}$$

M 1.8 Güterzug

Ein Güterzug passiert auf einem Nebengleis mit der Geschwindigkeit v_0' einen Bahnhof. Zur gleichen Zeit $t_0 = 0$ fährt ein Personenzug in derselben Richtung ab. Die Beschleunigung des Personenzuges nimmt von a_0 (zur Zeit t_0) linear mit der Zeit bis auf null (zur Zeit t_1) ab. Dann fährt er mit konstanter Geschwindigkeit v_1 weiter und überholt den Güterzug.

a) Zu welcher Zeit t_2 fährt der Personenzug am Güterzug vorbei?
b) In welcher Entfernung s_2 vom Bahnhof geschieht das?
c) Wie groß ist die Relativgeschwindigkeit $\Delta v = v_1 - v_0'$ beim Überholen?
d) Skizzieren Sie das $s(t)$-, das $v(t)$- und das $a(t)$-Diagramm beider Bewegungen!

$v_0' = 54$ km/h $\quad t_1 = 160$ s $\quad a_0 = 0{,}25$ m/s^2

---

a) *Güterzug:* $s'(t) = v_0' t$

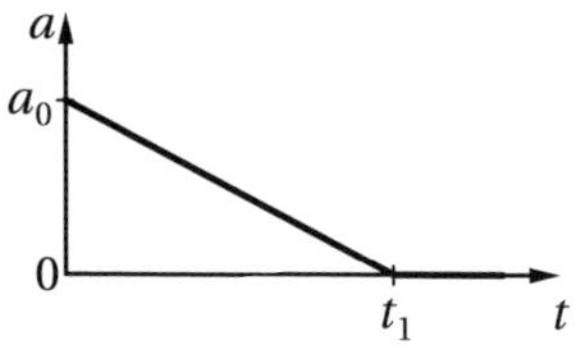

Personenzug:

Allgemeiner Ansatz für $a(t)$:

$a = bt + a_0$

Bestimmung der Konstanten b $(t = t_1)$:

$0 = bt_1 + a_0$

$\Rightarrow \quad b = -\dfrac{a_0}{t_1}$

$$a = a_0\left(1 - \frac{t}{t_1}\right) \qquad (t \leqq t_1)$$

Der Überholvorgang liegt im Bereich $t \geqq t_1$. Ermittlung $s(t)$:

$t \geqq t_1: \quad a = 0$

$v(t) = v_1$

$$s - s_1 = \int_{t_1}^{t} v_1 \,\mathrm{d}t$$

$$s(t) = v_1(t - t_1) + s_1 \qquad (*)$$

Bestimmung der Anfangsbedingungen s_1 und v_1:

$$t \leqq t_1: \quad v - v_0 = \int_0^t a_0\left(1 - \frac{t}{t_1}\right)\mathrm{d}t \qquad v_0 = 0$$

$$v(t) = a_0\left(t - \frac{t^2}{2t_1}\right)$$

$$\Rightarrow \quad v_1 = a_0\frac{t_1}{2}$$

$$s - s_0 = \int_0^t a_0\left(t - \frac{t^2}{2t_1}\right)\mathrm{d}t \qquad s_0 = 0$$

$$s(t) = a_0\left(\frac{t^2}{2} - \frac{t^3}{6t_1}\right)$$

$$\Rightarrow \quad s_1 = a_0\frac{t_1^2}{3}$$

Damit wird $(*)$:

$$s(t) = \frac{a_0 t_1}{2}(t - t_1) + a_0\frac{t_1^2}{3} = \frac{a_0 t_1}{2}\left(t - \frac{t_1}{3}\right)$$

Bedingung für das Einholen:

$s(t_2) = s'(t_2)$

$$\frac{a_0 t_1}{2}\left(t_2 - \frac{t_1}{3}\right) = v_0' t_2$$

$$t_2\left(\frac{a_0 t_1}{2} - v_0'\right) = \frac{a_0 t_1^2}{6}$$

$$t_2 = \underline{\frac{t_1}{3\left(1 - \dfrac{2v_0'}{a_0 t_1}\right)}} = \underline{\underline{213\ \text{s}}}$$

b) $s_2 = s_2' = \underline{v_0' t_2} = \underline{\underline{3{,}2\ \text{km}}}$

c) $\Delta v = v_2 - v_2' = v_1 - v_0'$

$$\Delta v = \underline{\frac{a_0 t_1}{2} - v_0'} = \underline{\underline{18\ \text{km/h}}}$$

d)

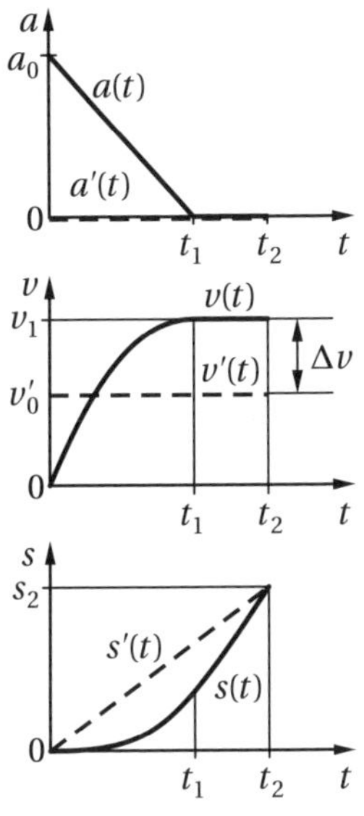

M 1.9 Schienenfahrzeug

Ein Schienenfahrzeug fährt mit konstanter Geschwindigkeit v_0. Nach Abschalten des Triebwerkes zur Zeit $t_0 = 0$ wird das Fahrzeug im Wesentlichen durch den Luftwiderstand gebremst; die Beschleunigung ist geschwindigkeitsabhängig: $a = -Kv^2$.

a) Nach welcher Zeit t_1 ist die Geschwindigkeit auf v_1 abgesunken?

b) Welche Strecke s_1 wurde in der Zeit t_1 zurückgelegt?

$v_0 = 120\ \text{km/h}$ $\quad K = 3{,}75 \cdot 10^{-4}\ \text{m}^{-1}$ $\quad v = 60\ \text{km/h}$

---

a) $$a = \frac{\mathrm{d}v}{\mathrm{d}t} = -Kv^2$$

$$\frac{\mathrm{d}v}{v^2} = -K\,\mathrm{d}t$$

$$\int_{v_0}^{v} \frac{\mathrm{d}v}{v^2} = -K\int_0^t \mathrm{d}t$$

$$\left[-\frac{1}{v}\right]_{v_0}^{v} = -Kt$$

$$\frac{1}{v_0} - \frac{1}{v} = -Kt \qquad (*)$$

$$\frac{1}{v_0} - \frac{1}{v_1} = -Kt_1$$

$$\underline{t_1 = \frac{1}{K}\left(\frac{1}{v_1} - \frac{1}{v_0}\right)} = \underline{\underline{80\ \text{s}}}$$

b) Die Gleichung (∗) liefert:

$$\frac{1}{v} = \frac{1}{v_0} + Kt$$

$$v(t) = \frac{v_0}{1 + v_0 K t}$$

$$s_1 - s_0 = \int_0^{t_1} \frac{v_0}{1 + v_0 K t}\,\mathrm{d}t \qquad (s_0 = 0)$$

Substitution: $z = 1 + v_0 K t$

$\mathrm{d}z = v_0 K\,\mathrm{d}t \quad \Rightarrow \quad \mathrm{d}t = \frac{\mathrm{d}z}{v_0 K}$

$$s_1 = \frac{1}{K}\int_{z_0}^{z_1} \frac{\mathrm{d}z}{z}$$

mit $z_0 = z(t_0) = 1$

und $z_1 = z(t_1) = 1 + v_0 K t_1$

und mit Kt_1 aus dem Ergebnis von a):

$$z_1 = 1 + v_0\left(\frac{1}{v_1} - \frac{1}{v_0}\right) = \frac{v_0}{v_1}$$

$$\underline{s_1 = \frac{1}{K}\ln\frac{v_0}{v_1}} = \underline{\underline{1{,}85\ \text{km}}}$$

M 1.10 Rennwagen

Ein Rennwagen durchfährt zwischen zwei Haarnadelkurven eine Strecke s_0, wobei Anfangs- und Endgeschwindigkeit annähernd gleich null seien. Die als konstant angesehene Beschleunigung ist a_1, die ebenfalls als konstant vorausgesetzte Verzögerung ist a_2.

a) Welche minimale Zeit t_0 benötigt der Wagen für die Strecke s_0?

b) Welche Höchstgeschwindigkeit v_1 erreicht er auf dieser Strecke?

$s_0 = 120$ m $\qquad a_1 = 2{,}5\ \text{m/s}^2 \qquad a_2 = -5{,}0\ \text{m/s}^2$

Zur Vereinfachung wird in der Bremsphase die Zeit- und Wegmessung neu bei null begonnen:

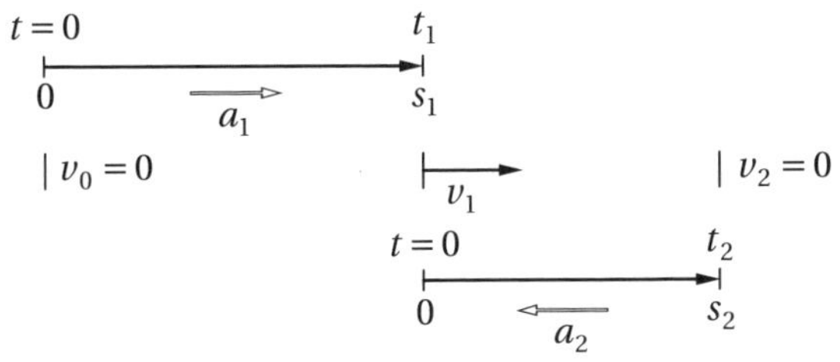

Anfahren:

$$s_1 = \frac{a_1}{2} t_1^2 \qquad (1)$$

$$v_1 = a_1 t_1 \qquad (2)$$

Bremsen:

$$s_2 = \frac{a_2}{2} t_2^2 + v_1 t_2 \qquad (3)$$

$$v_2 = 0 = a_2 t_2 + v_1 \qquad (4)$$

Gesamtbewegung:

$$s_0 = s_1 + s_2 \qquad (5)$$

$$t_0 = t_1 + t_2 \qquad (6)$$

(4) mit (2): $a_1 t_1 = -a_2 t_2$

$$\Rightarrow \quad t_2 = -\frac{a_1}{a_2} t_1 \qquad (7)$$

(5) mit (3) und (2):

$$s_0 - s_1 = \frac{a_2}{2} t_2^2 + a_1 t_1 t_2 \qquad (8)$$

(8) mit (7) und (1):

$$s_0 = \frac{a_1}{2} t_1^2 - \frac{a_1^2}{2a_2} t_1^2 = \frac{a_1}{2} t_1^2 \left(1 - \frac{a_1}{a_2}\right)$$

$$t_1 = \sqrt{\frac{2 s_0 a_2}{a_1 (a_2 - a_1)}} \qquad (9)$$

a) (6) mit (7) und (9):

$$t_0 = t_1 - \frac{a_1}{a_2} t_1 = t_1 \frac{a_2 - a_1}{a_2}$$

$$\underline{t_0 = \sqrt{\frac{2 s_0 (a_2 - a_1)}{a_1 a_2}}} = \underline{\underline{12\ \text{s}}}$$

b) (2) mit (9):

$$\underline{v_1 = \sqrt{\frac{2 s_0 a_1 a_2}{a_2 - a_1}}} = \underline{\underline{72\ \text{km/h}}}$$

M 2 Bewegung in der Ebene

M 2.1 Fluss

Ein Fluss hat die Breite y_1. Er wird von einem Boot mit der Eigengeschwindigkeit v_B überquert.

Um welche Strecke x_1 wird das Boot bis zum Erreichen des gegenüberliegenden Ufers abgetrieben, wenn es senkrecht darauf zusteuert ($v_B = v_y$) und die Strömungsgeschwindigkeit ($v_F = v_x$)

a) konstant ist?

b) vom Uferabstand abhängt: $v_x = cy(y_1 - y)$?

c) Unter welchem Winkel α zur Ufernormalen müsste das Boot im Fall a) steuern, wenn es genau gegenüber ankommen soll?

$y_1 = 100$ m $\quad v_B = 1{,}00$ m/s $\quad v_F = 0{,}80$ m/s $\quad c = 0{,}33 \cdot 10^{-1}$ (m · s)$^{-1}$

---

a) $x_1 = v_F t_1$

$y_1 = v_B t_1$

$\Rightarrow \quad t_1 = \dfrac{y_1}{v_B}$

$\underline{x_1 = y_1 \dfrac{v_F}{v_B}} = \underline{\underline{80 \text{ m}}}$

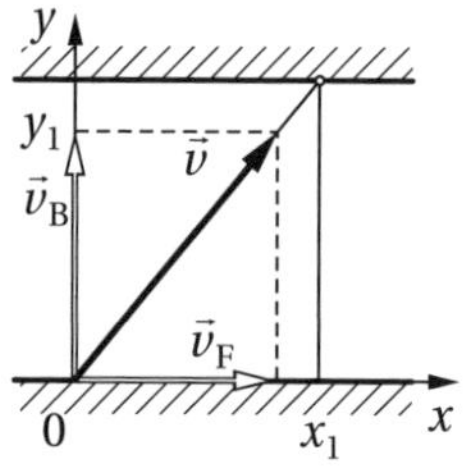

b) $v_x = cy(y_1 - y) \qquad y = v_B t$

$v_x = c v_B t(y_1 - v_B t)$

$$x_1 = \int_0^{t_1} v_x(t)\,dt$$

$$x_1 = c v_B \left[y_1 \frac{t^2}{2} - v_B \frac{t^3}{3} \right]_0^{t_1}$$

$$x_1 = c v_B t_1^2 \left(\frac{y_1}{2} - \frac{v_B t_1}{3} \right) \qquad t_1 = \frac{y_1}{v_B}$$

$\underline{x_1 = \dfrac{c y_1^3}{6 v_B}} = \underline{\underline{55 \text{ m}}}$

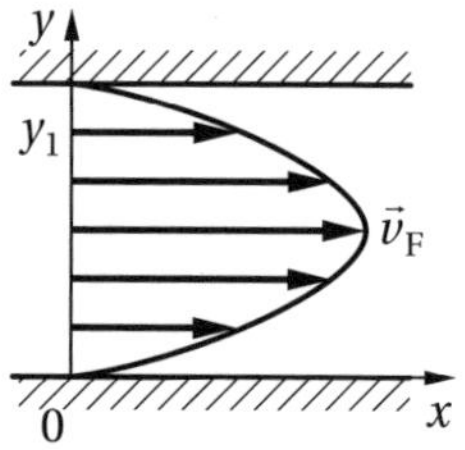

c) $\vec{v} = \vec{v}_F + \vec{v}_B$

$\underline{\sin\alpha = \dfrac{v_F}{v_B}} \qquad \underline{\underline{\alpha = 53^\circ}}$

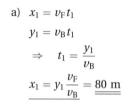

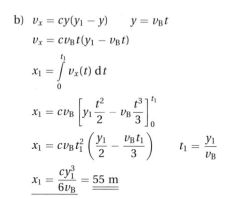

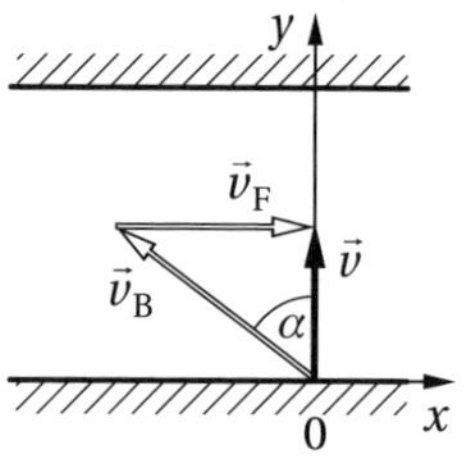

M 2.2 Sportflugzeug

Der Pilot eines Sportflugzeuges, das mit der Geschwindigkeit v_F (relativ zur umgebenden Luft) fliegt, hält den Kompasskurs α. (Der Kurswinkel wird von der Nordrichtung ausgehend im Uhrzeigersinn gemessen.) Der Wind kommt aus der Richtung β (fast Südwind) mit der Geschwindigkeit v_W.

a) Welche Grundgeschwindigkeit v_G (Geschwindigkeit gegenüber einer ruhenden Bodenstation) hat das Flugzeug?

b) Welchen tatsächlichen Kurs (Winkel γ zwischen Nordrichtung und Grundgeschwindigkeit $\vec{v}_G$) fliegt die Maschine?

Die Aufgabe soll unter Benutzung der x- und y-Koordinaten der Geschwindigkeitsvektoren gelöst werden.

$v_F = 140$ km/h $\quad v_W = 54$ km/h $\quad \alpha = 58°$ $\quad \beta = 195°$

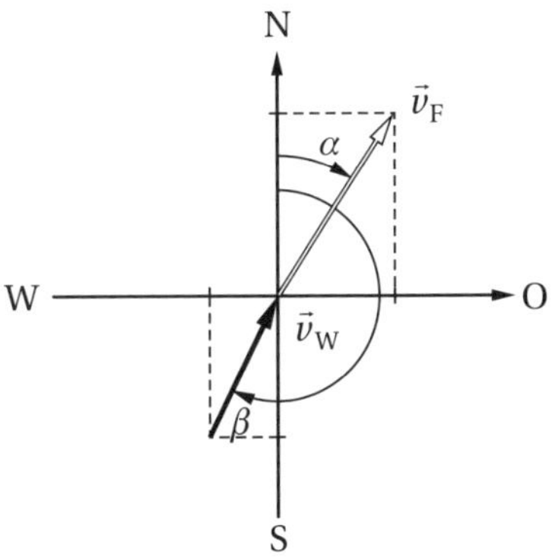

a) $\vec{v}_G = \vec{v}_F + \vec{v}_W$

$$\vec{v}_F = \begin{pmatrix} v_F \sin\alpha \\ v_F \cos\alpha \end{pmatrix}$$

$$\vec{v}_W = \begin{pmatrix} -v_W \sin\beta \\ -v_W \cos\beta \end{pmatrix}$$

$$\vec{v}_G = \begin{pmatrix} v_F \sin\alpha - v_W \sin\beta \\ v_F \cos\alpha - v_W \cos\beta \end{pmatrix}$$

$$v_G = \sqrt{(v_F \sin\alpha - v_W \sin\beta)^2 + (v_F \cos\alpha - v_W \cos\beta)^2}$$

$$v_G = \sqrt{v_F^2 + v_W^2 - 2 v_F v_W (\sin\alpha \sin\beta + \cos\alpha \cos\beta)}$$

$$\underline{v_G = \sqrt{v_F^2 + v_W^2 - 2 v_F v_W \cos(\alpha - \beta)}} = \underline{\underline{183 \text{ km/h}}}$$

b) $$\underline{\tan\gamma = \frac{v_{Gx}}{v_{Gy}} = \frac{v_F \sin\alpha - v_W \sin\beta}{v_F \cos\alpha - v_W \cos\beta}}$$

$\underline{\underline{\gamma = 46°}}$

$$\vec{v}_G = \begin{pmatrix} v_G \sin\gamma \\ v_G \cos\gamma \end{pmatrix}$$

M 2.3 Schräger Wurf

Ein Ball soll vom Punkt $P_0(x_0 = 0; y_0 = 0)$ aus unter einem Winkel α_0 zur Horizontalen schräg nach oben geworfen werden.

a) Stellen Sie die Bahngleichung $y(x)$ auf!

b) Wie groß muss die Abwurfgeschwindigkeit v_0 sein, wenn der Punkt $P_1(x_1, y_1)$ erreicht werden soll?

c) Welchen Winkel α_0' und welche Abwurfgeschwindigkeit v_0' müssen gewählt werden, wenn der Ball in horizontaler Richtung in P_1 einlaufen soll?

$x_1 = 6{,}0$ m $\quad y_1 = 1{,}5$ m $\quad \alpha_0 = 45°$

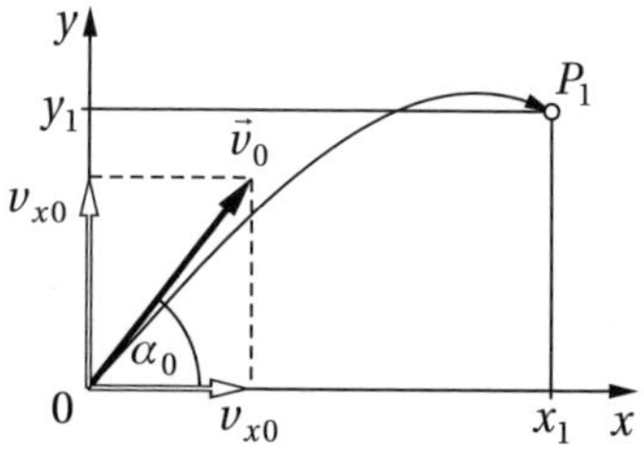

a) Anfangsgeschwindigkeit zerlegen:

$$v_{x0} = v_0 \cos \alpha_0$$

$$v_{y0} = v_0 \sin \alpha_0$$

Ort-Zeit-Funktionen aufstellen:

$$x(t) = v_{x0} t$$

$$y(t) = -\frac{g}{2} t^2 + v_{y0} t$$

t eliminieren:

$$t = \frac{x}{v_0 \cos \alpha_0}$$

$$\underline{y(x) = -\frac{g}{2 v_0^2 \cos^2 \alpha_0} x^2 + x \tan \alpha_0}$$

b) Zielpunkt in $y(x)$ einsetzen:

$$y_1 = -\frac{g}{2 v_0^2 \cos^2 \alpha_0} x_1^2 + x_1 \tan \alpha_0$$

Nach v_0 auflösen:

$$\underline{v_0 = \frac{x_1}{\cos \alpha_0} \sqrt{\frac{g}{2(x_1 \tan \alpha_0 - y_1)}}} = \underline{\underline{8{,}9 \text{ m/s}}}$$

c) Horizontales Eintreffen bei x_1: $\frac{\mathrm{d}y}{\mathrm{d}x}(x_1) = 0$

$$\frac{\mathrm{d}y}{\mathrm{d}x} = -\frac{g}{v_0^2 \cos^2 \alpha_0} x + \tan \alpha_0$$

$\Rightarrow$ Richtungsbedingung mit x_1 und α_0':

$$\frac{g x_1}{v_0'^2 \cos^2 \alpha_0'} = \tan \alpha_0'$$

Zielpunktbedingung in diesem Fall mit Bahngleichung:

$$y_1 = -\frac{g x_1^2}{2 v_0'^2 \cos^2 \alpha_0'} + x_1 \tan \alpha_0'$$

Einsetzen: Richtungsbedingung in Zielpunktbedingung

$$y_1 = -\frac{x_1 \tan \alpha_0'}{2} + x_1 \tan \alpha_0' = \frac{x_1 \tan \alpha_0'}{2}$$

$$\underline{\tan \alpha_0' = \frac{2 y_1}{x_1}} \qquad \underline{\underline{\alpha_0' = 26{,}6^\circ}}$$

Endformel von b) auch mit α_0' gültig:

$$v_0' = \frac{x_1}{\cos \alpha_0'} \sqrt{\frac{g}{2(x_1 \tan \alpha_0' - y_1)}}$$

Mit $\cos \alpha_0' = \frac{1}{\sqrt{1 + \tan^2 \alpha_0'}}$:

$$v_0' = \sqrt{\frac{g x_1^2}{2 y_1} \left[1 + \left(\frac{2 y_1}{x_1} \right)^2 \right]}$$

$$\underline{v_0' = \sqrt{g \left(\frac{x_1^2}{2 y_1} + 2 y_1 \right)}} = \underline{\underline{12 \text{ m/s}}}$$

M 2.4 Wasserspeier

Aus einem Wasserspeier fließt Regenwasser mit der Geschwindigkeit v_0 unter einem Winkel α_0 gegenüber der Vertikalen ab. Der Ausfluss befindet sich in der Höhe h über dem Erdboden und in der Entfernung x_0 von der Gebäudewand.

In welcher Entfernung x_1 von der Gebäudewand trifft das Wasser am Erdboden auf?

$v_0 = 0{,}80\ \text{m/s} \qquad \alpha_0 = 60^\circ \qquad h = 12\ \text{m} \qquad x_0 = 0{,}75\ \text{m}$

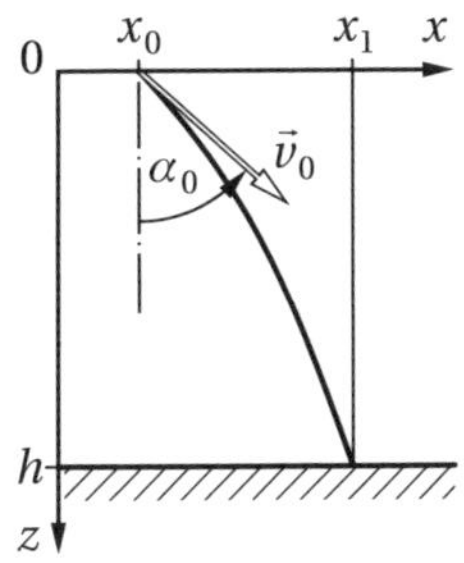

Ort-Zeit-Funktionen:

$$x(t) = v_{x0}t + x_0; \qquad v_{x0} = v_0 \sin\alpha_0$$

$$z(t) = \frac{g}{2}t^2 + v_{z0}t; \qquad v_{z0} = v_0 \cos\alpha_0$$

Auftreffpunkt:

$$x_1 = v_0 \sin\alpha_0\, t_1 + x_0$$

$$h = \frac{g}{2}t_1^2 + v_0 \cos\alpha_0\, t_1$$

t_1 aus h berechnen:

$$t_1^2 + \frac{2v_0\cos\alpha_0}{g}t_1 - \frac{2h}{g} = 0$$

$$t_1 = -\frac{v_0\cos\alpha_0}{g} + \sqrt{\frac{v_0^2\cos^2\alpha_0 + 2gh}{g^2}} \qquad (t_1 > 0)$$

t_1 in x_1 einsetzen:

$$x_1 = x_0 + \frac{v_0^2 \sin\alpha_0 \cos\alpha_0}{g}\left(\sqrt{1 + \frac{2gh}{v_0^2\cos^2\alpha_0}} - 1\right) = \underline{\underline{1{,}8\ \text{m}}}$$

M 2.5 Erdrotation

Wie groß ist die Radialbeschleunigung a_r für einen auf der Erdoberfläche liegenden Körper am 51. Breitengrad infolge der Erdumdrehung?

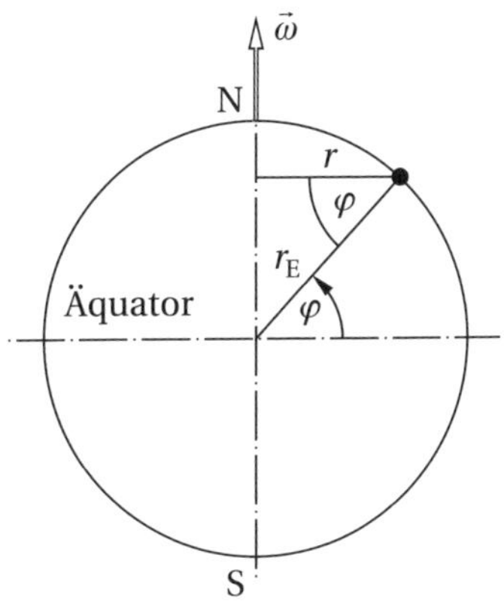

$$a_r = \omega^2 r$$

$$r = r_E \cos\varphi$$

$$\omega = \frac{2\pi}{T}$$

$$T = d^* \quad \text{(Sterntag!)}$$

$$a_r = \frac{4\pi^2}{d^{*2}} r_E \cos\varphi = \underline{\underline{0{,}021\ \text{m/s}^2}}$$

M 2.6 Riesenrad

Ein Riesenrad hat die Umlaufdauer T.

a) Wie groß sind Geschwindigkeit v_0 und die Radialbeschleunigung a_r einer Person im Abstand r von der Drehachse?

b) Welche Bahnbeschleunigung a_s hat dieselbe Person, wenn das Riesenrad nach Abschalten des Antriebs bei gleichmäßiger Verzögerung noch eine volle Umdrehung ausführt?

$T = 12$ s $\qquad r = 5{,}6$ m

---

a) $$v_0 = \omega_0 r = \underline{\frac{2\pi r}{T}} = \underline{\underline{2{,}9 \text{ m/s}}}$$

$$a_r = \omega_0^2 r = \underline{\frac{4\pi^2 r}{T^2}} = \underline{\underline{1{,}5 \text{ m/s}^2}}$$

b) Verzögerungsphase:

$$s(t) = \frac{a_s}{2} t^2 + v_0 t \qquad (a_s < 0)$$

$$v(t) = a_s t + v_0$$

Stillstand:

$$s(t_1) = 2\pi r$$

$$v(t_1) = 0$$

$$2\pi r = \frac{a_s}{2} t_1^2 + v_0 t_1$$

$$0 = a_s t_1 + v_0 \quad \Rightarrow \quad t_1 = -\frac{v_0}{a_s}$$

$$2\pi r = \frac{v_0^2}{2a_s} - \frac{v_0^2}{a_s} = -\frac{v_0^2}{2a_s}$$

$$a_s = -\frac{v_0^2}{4\pi r}$$

$$\underline{a_s = -\frac{\pi r}{T^2}} = \underline{\underline{-0{,}12 \text{ m/s}^2}}$$

M 2.7 Eisenbahnzug

Ein Zug fährt auf einer Strecke mit dem Krümmungsradius r gleichmäßig beschleunigt an. Nach der Zeit t_1 hat er die Geschwindigkeit v_1.

Gesucht: Tangential-, Radial- und Gesamtbeschleunigung nach der Fahrzeit t_2.

$r = 1200$ m $\qquad t_1 = 90$ s $\qquad v_1 = 54$ km/h $\qquad t_2 = 150$ s

---

$a_s = \text{const}$

$v(t) = a_s t \qquad (v = 0)$

$v_1 = a_s t_1$

$\underline{a_s = \frac{v_1}{t_1}} = \underline{\underline{0{,}17\ \text{m/s}^2}}$

$a_r = \frac{v^2}{r}; \quad v_2 = a_s t_2$

$a_{r2} = \frac{v_2^2}{r} = \frac{a_s^2 t_2^2}{r}$

$\underline{a_{r2} = \frac{v_1^2}{r}\left(\frac{t_2}{t_1}\right)^2} = \underline{\underline{0{,}52\ \text{m/s}^2}}$

$a = \sqrt{a_s^2 + a_r^2}$

$\underline{a_2 = \sqrt{a_s^2 + a_{r2}^2}} = \underline{\underline{0{,}55\ \text{m/s}^2}}$

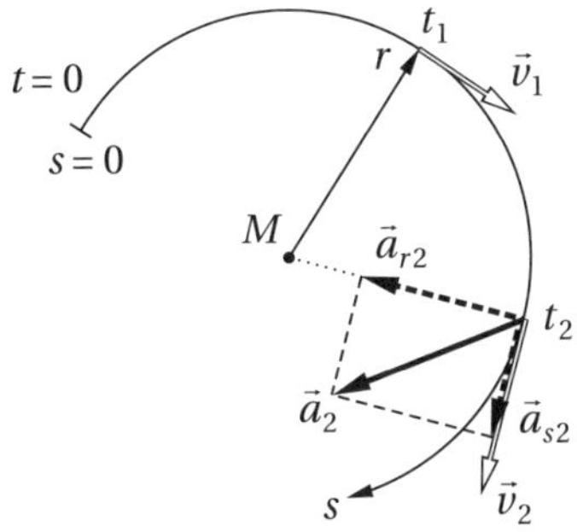

M 2.8 Schraubenmutter

Eine Schraubenmutter an einem rotierenden Rad bewegt sich auf einem Kreis (Radius r) in vertikaler Ebene nach der Winkel-Zeit-Funktion $\varphi(t) = \alpha/2 \cdot t^2 + \omega_0 t + \varphi_0$. Zur Zeit t_1 löst sich beim Winkel φ_1 die Mutter vom Rad.

a) Wie groß sind die Winkelbeschleunigung α und die Winkelgeschwindigkeit ω_1 zur Zeit t_1?
b) Welche Gesamtbeschleunigung a_1 hat die Mutter unmittelbar vor dem Ablösen?
c) Bestimmen Sie den Anfangsort (x_1, y_1) und die Anfangsgeschwindigkeit unter Angabe der Richtung (v_1 und β_1) bei der anschließenden Wurfbewegung!

$r = 10\ \text{cm} \qquad t_1 = 2{,}0\ \text{s}$

$\varphi_1 = \frac{125}{3}\pi\ (= 7500°)$

$\varphi_0 = \frac{\pi}{2}\ (= 90°)$

$\omega_0 = 10\pi\ \text{s}^{-1} \qquad (f_0 = 5{,}0\ \text{s}^{-1})$

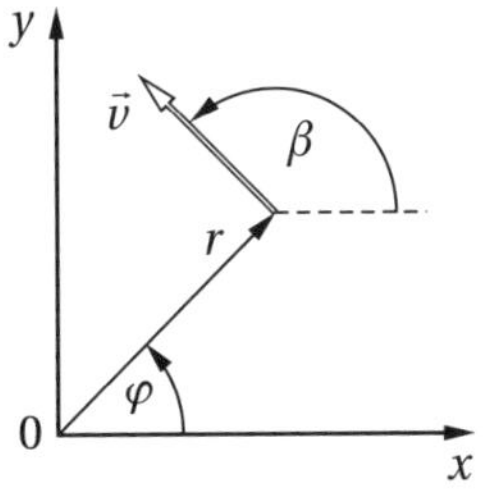

---

a) $\varphi_1 = \frac{\alpha}{2} t_1^2 + \omega_0 t_1 + \varphi_0$

$\underline{\alpha = \frac{2}{t_1}\left(\frac{\varphi_1 - \varphi_0}{t_1} - \omega_0\right)} = \underline{\underline{33\ \text{s}^{-2}}}$

$\omega(t) = \frac{d\varphi}{dt} = \alpha t + \omega_0$

$\omega_1 = \alpha t_1 + \omega_0$

$\underline{\omega_1 = \frac{2(\varphi_1 - \varphi_0)}{t_1} - \omega_0} = \underline{\underline{98\ \text{s}^{-1}}}$

b) $a_1 = \sqrt{a_s^2 + a_{r1}^2}$ mit $a_s = \alpha r$
und $a_{r1} = \omega_1^2 r$

$$\underline{a_1 = \sqrt{\alpha^2 + \omega_1^4}\, r} = \underline{\underline{9{,}6 \cdot 10^2\ \mathrm{m/s^2}}}$$

c) $\underline{x_1 = r \cos \varphi_1} = \underline{\underline{5{,}0\ \mathrm{cm}}}$

$$\underline{y_1 = r \sin \varphi_1} = \underline{\underline{-8{,}7\ \mathrm{cm}}}$$

$$\underline{v_1 = \omega_1 r} = \underline{\underline{9{,}8\ \mathrm{m/s}}}$$

$$\underline{\beta_1 = \varphi_1 + 90^\circ} = 7590^\circ = \underline{\underline{30^\circ}}$$

M 2.9 Karussell

Ein Karussell beginnt seine Drehbewegung. Für eine Person, die sich im Abstand r von der Drehachse befindet, ist die Bahnbeschleunigung $a_s = a_{s0} - bt$. Nachdem a_s den Wert null erreicht hat, bleibt die Bahngeschwindigkeit konstant.

a) Welche Gesamtbeschleunigung a_1 hat die Person zur Zeit t_1?
b) In welcher Zeit t_2 ist die gleichförmige Kreisbewegung erreicht?
c) Wie groß ist die Bahngeschwindigkeit v_2 der gleichförmigen Kreisbewegung?

$r = 8{,}5$ m $\quad t_1 = 20$ s $\quad a_{s0} = 0{,}30\ \mathrm{m/s^2}$ $\quad b = 10\ \mathrm{mm/s^3}$

---

a) $a_1 = \sqrt{a_{s1}^2 + a_{r1}^2}$

$$a_{s1} = a_{s0} - bt_1$$

$$\Rightarrow \quad v_1 = \int_0^{t_1} a_{s1}\, \mathrm{d}t = a_{s0} t_1 - \frac{b}{2} t_1^2 \qquad (v_0 = 0)$$

$$a_{r1} = \frac{v_1^2}{r} = \left(a_{s0} - \frac{bt_1}{2}\right)^2 \frac{t_1^2}{r}$$

$$\underline{a_1 = \sqrt{(a_{s0} - bt_1)^2 + \left(a_{s0} - \frac{bt_1}{2}\right)^4 \frac{t_1^4}{r^2}}} = \underline{\underline{1{,}9\ \mathrm{m/s^2}}}$$

b) $a_{s2} = 0 = a_{s0} - bt_2$

$$\underline{t_2 = \frac{a_{s0}}{b}} = \underline{\underline{30\ \mathrm{s}}}$$

c) $v_2 = \left(a_{s0} - \dfrac{bt_2}{2}\right) t_2$

$$\underline{v_2 = \frac{a_{s0}^2}{2b}} = \underline{\underline{4{,}5\ \mathrm{m/s}}}$$

M 2.10 Pendel

Die Ort-Zeit-Funktion eines Pendelkörpers ist für kleine Ausschläge $s(t) = s_\mathrm{m} \cos \omega t$. Man bestimme die Radialbeschleunigung a_r und die Bahnbeschleunigung a_s zu den Zeiten t_1 und t_2! T ist die Schwingungsdauer des Pendels: $T = 2\pi\sqrt{l/g}$, $\quad \omega = 2\pi/T$.

$l = 100$ cm $\quad s_\mathrm{m} = 2{,}0$ cm

$t_1 = 0 \quad t_2 = T/4$

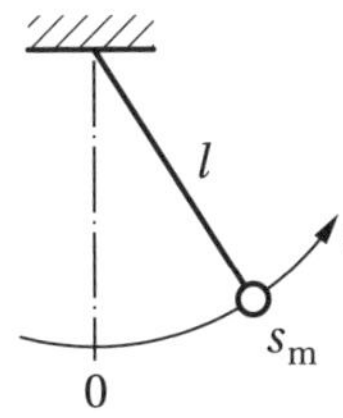

$$a_r = \frac{v^2}{l}$$

$$v = \dot{s} = -\omega s_\mathrm{m} \sin \omega t \qquad \omega = \frac{2\pi}{T} = \sqrt{\frac{g}{l}}$$

$$a_s = \ddot{s} = -\omega^2 s_\mathrm{m} \cos \omega t$$

$t_1 = 0$: $\quad v_1 = \dot{s}_1 = 0 \qquad \underline{\underline{a_{r1} = 0}}$

$\quad a_{s1} = \ddot{s}_1 = -\omega^2 s_\mathrm{m} \qquad \underline{a_{s1} = -g\frac{s_\mathrm{m}}{l}} = \underline{\underline{-20\ \mathrm{cm/s^2}}}$

$t_2 = \frac{T}{4}$: $\quad v_2 = \dot{s}_2 = -\omega s_\mathrm{m} \qquad \underline{a_{r2} = g\left(\frac{s_\mathrm{m}}{l}\right)^2} = \underline{\underline{0{,}39\ \mathrm{cm/s^2}}}$

$\quad a_{s2} = \ddot{s}_2 = 0 \qquad \underline{a_{s2} = 0}$

M 2.11 Beschleunigungen

Der Betrag der Gesamtbeschleunigung a des Körpers ist für jeden der Fälle 1 bis 7 anzugeben, wenn

a) $v = 0$ (d. h., der Körper wird gerade freigegeben) und

b) $v \neq 0$

angenommen wird.

$a = 30°$ (Reibung nicht berücksichtigen.)

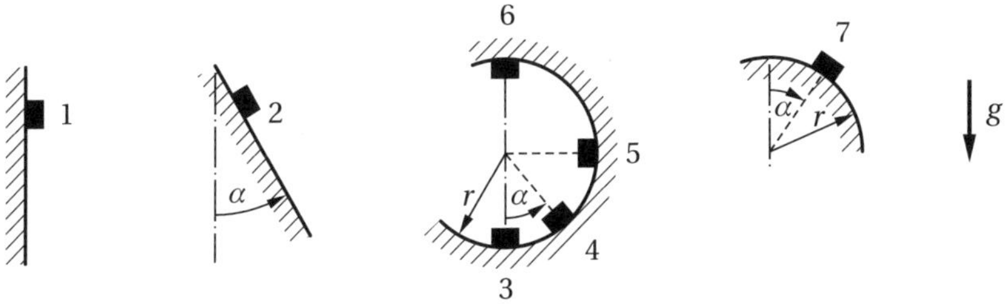

		a) $v = 0$	b) $v \neq 0$
Fall 1	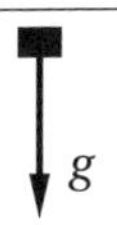	$\underline{\underline{a = g}}$	$\underline{\underline{a = g}}$
Fall 2	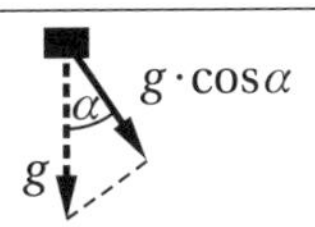	$a = g \cos \alpha$ $a = \frac{g}{2}\sqrt{3}$	$a = \frac{g}{2}\sqrt{3}$

		a) $v = 0$	b) $v \neq 0$
Fall 3	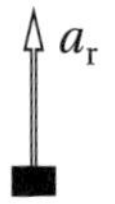	$\underline{\underline{a = 0}}$	$\underline{\underline{a = \frac{v^2}{r}}}$
Fall 4	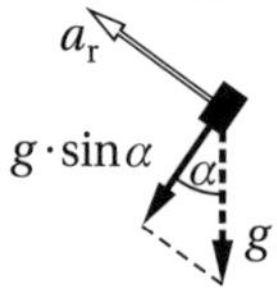	$a = g \sin\alpha$ $\underline{\underline{a = \frac{g}{2}}}$	$a = \sqrt{g^2 \sin^2\alpha + a_r^2}$ $\underline{\underline{a = \sqrt{\frac{g^2}{4} + \frac{v^4}{r^2}}}}$
Fall 5	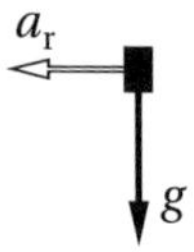	$\underline{\underline{a = g}}$	$\underline{\underline{a = \sqrt{g^2 + a_r^2}}}$ $\underline{\underline{a = \sqrt{g^2 + \frac{v^4}{r^2}}}}$
Fall 6		$\underline{\underline{a = g}}$	$\underline{\underline{a = \frac{v^2}{r}}}$ $\quad (v^2/r > g)$ $\underline{\underline{a = g}}$ $\quad (v^2/r \leqq g)$
Fall 7	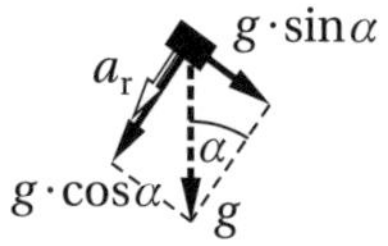	$a = g \sin\alpha$ $\underline{a = \frac{g}{2}}$	$a = \sqrt{g^2 \sin^2\alpha + a_r^2}$ $\quad (a_r < g\cos\alpha)$ $\underline{\underline{a = \sqrt{\frac{g^2}{4} + \frac{v^4}{r^2}}}}$ $\quad \left(\frac{v^2}{r} < \frac{g}{2}\sqrt{3}\right)$ $\underline{\underline{a = g}}$ $\quad \left(\frac{v^2}{r} \geqq \frac{g}{2}\sqrt{3}\right)$

M 3 Bewegungsgleichung

M 3.1 Ungleichmäßig beschleunigte Bewegung

Eine Punktmasse bewegt sich unter dem Einfluss der Kraft $F_x = bt$ auf einer Geraden. b ist eine Konstante. Die Bewegung beginnt zur Zeit $t_0 = 0$ am Ort x_0 mit der Geschwindigkeit v_{x0}.

Gesucht: Beschleunigung a_{x1}, Geschwindigkeit v_{x1} und Ort x_1 zur Zeit t_1

$m = 2{,}0$ kg $\quad b = 20$ N/s $\quad t_1 = 2{,}0$ s $\quad x_0 = 0 \quad v_{x0} = 0$

$$ma_x = bt$$

$$a_x(t) = \frac{b}{m} t \qquad \Rightarrow \quad \underline{a_{x1} = \frac{b}{m} t_1} = \underline{\underline{20\ \mathrm{m/s^2}}}$$

$$v_x(t) = \int a_x(t)\,\mathrm{d}t$$

$$v_x(t) = \frac{b}{2m} t^2 \quad (v_{x0} = 0) \qquad \Rightarrow \quad \underline{v_{x1} = \frac{b}{2m} t_1^2} = \underline{\underline{20\ \mathrm{m/s}}}$$

$$x(t) = \int v_x(t)\,\mathrm{d}t$$

$$x(t) = \frac{b}{6m} t^3 \quad (x_0 = 0) \qquad \Rightarrow \quad \underline{x_1 = \frac{b}{6m} t_1^3} = \underline{\underline{13\ \mathrm{m}}}$$

M 3.2 Frontalaufprall

Beim Frontalaufprall eines Straßenfahrzeuges der Masse m mit der Geschwindigkeit v_0 auf ein festes Hindernis kommt das Fahrzeug innerhalb der Zeit Δt zur Ruhe. Welche Kraft F muss das Hindernis während des Aufpralls mindestens aufnehmen?

$m = 800$ kg $\quad v_0 = 90$ km/h $\quad \Delta t = 0{,}02$ s

---

$$\Delta p = \int F \, \mathrm{d}t$$

$$m v_0 = F \, \Delta t$$

$$F = \frac{m v_0}{\Delta t} = 1{,}0 \cdot 10^6 \text{ N}$$

M 3.3 Kraftstoß

Ein Körper der Masse m hat die Geschwindigkeit v_0 und bewegt sich kräftefrei.

Wie groß wird seine Geschwindigkeit v_1, wenn von der Zeit $t_0 = 0$ an bis zur Zeit t_1

a) eine konstante Kraft des Betrages F_0 entgegen der Bewegungsrichtung auf ihn einwirkt?

b) die Kraft $F = -(F_0 + bt)$ wirksam wird?

$F_0 = 400$ N $\quad b = -5{,}0 \cdot 10^4$ N/s $\quad v_0 = 2{,}0$ m/s $\quad m = 1{,}0$ kg $\quad t_1 = 0{,}010$ s

---

$$\Delta p = m v_1 - m v_0 = \int_0^{t_1} F(t) \, \mathrm{d}t$$

$$v_1 = \frac{1}{m} \int_0^{t_1} F(t) \, \mathrm{d}t + v_0$$

a) $$v_1 = \frac{1}{m} \Big[- F_0 t \Big]_0^{t_1} + v_0$$

$$v_1 = -\frac{F_0}{m} t_1 + v_0 = -2{,}0 \text{ m/s}$$

b) $$v_1 = \frac{1}{m} \left[-F_0 t - \frac{b}{2} t^2 \right]_0^{t_1} + v_0$$

$$v_1 = -\frac{t_1}{m} \left(F_0 + \frac{b}{2} t_1 \right) + v_0 = +0{,}5 \text{ m/s}$$

M 3.4 Schnellzug

Ein Schnellzug besteht aus einer Lokomotive der Masse m_L und N Wagen der Masse m_W. Der Haftreibungskoeffizient (Räder, Schienen) ist μ_0. Alle Achsen der Lokomotive werden angetrieben. Berechnen Sie

a) die maximal mögliche Beschleunigung a_m auf waagerechter Strecke,

b) die maximale Steigung ($\tan \alpha$), die der Zug mit konstanter Geschwindigkeit überwinden kann!

$m_L = 82{,}5$ t $\quad m_W = 43$ t $\quad N = 8 \quad \mu_0 = 0{,}15$

---

a) $(m_L + Nm_W)a = F$

$$F = \mu_0 m_L g$$

$$\underline{a = \frac{\mu_0 m_L}{m_L + Nm_W}} g = \underline{\underline{0{,}28\ \mathrm{m/s^2}}}$$

b) $ma = F \qquad m = m_L + Nm_W$

$v = \mathrm{const} \ \Rightarrow \ a = 0 \ \Rightarrow \ F = 0$

$\Rightarrow \ F = F_H - F_R = 0$

$$F_H = (m_L + Nm_W) g \sin\alpha$$

$$F_R = \mu_0 m_L g \cos\alpha$$

$$(m_L + Nm_W) g \sin\alpha = \mu_0 m_L g \cos\alpha$$

$$\underline{\tan\alpha = \frac{\mu_0 m_L}{m_L + Nm_W}} = 0{,}029 = \underline{\underline{2{,}9\,\%}}$$

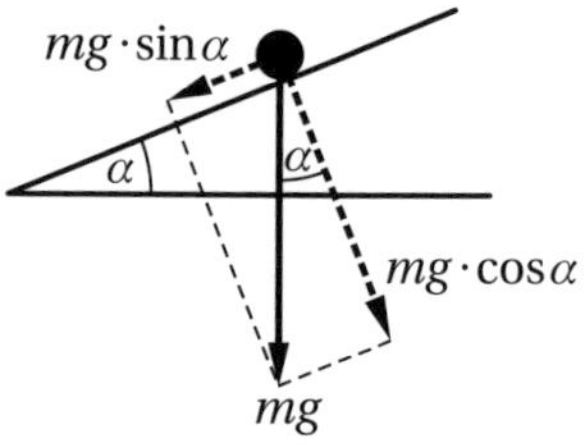

M 3.5 U-Rohr

In einem U-Rohr steht eine Quecksilbersäule in beiden Schenkeln im Augenblick der Beobachtung ungleich hoch. Die Abmessungen des U-Rohres sind der Skizze zu entnehmen. Welche Beschleunigung a hat die Quecksilbersäule im dargestellten Augenblick?

$h_1 = 100$ mm $\qquad h_2 = 150$ mm

$r = 30$ mm $\qquad d \ll r$

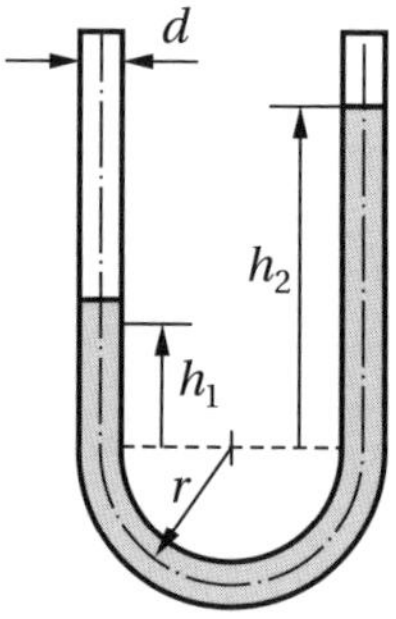

$ma = F$

$$m = \varrho A(h_1 + h_2 + \pi r)$$

$$F = \varrho g A(h_2 - h_1)$$

$$a = \frac{F}{m} = \underline{\frac{h_2 - h_1}{h_1 + h_2 + \pi r}} g = \underline{\underline{1{,}4\ \mathrm{m/s^2}}}$$

M 3.6 Kegelpendel

Eine Kugel der Masse m hängt an einem Faden der Länge l und bewegt sich auf einer horizontalen Kreisbahn mit dem Radius r (Kegelpendel).

a) Wie groß ist die Winkelgeschwindigkeit ω der umlaufenden Kugel?

b) Welche Kraft F wirkt im Faden?

$m = 20$ g $\qquad l = 50$ cm $\qquad r = 40$ cm

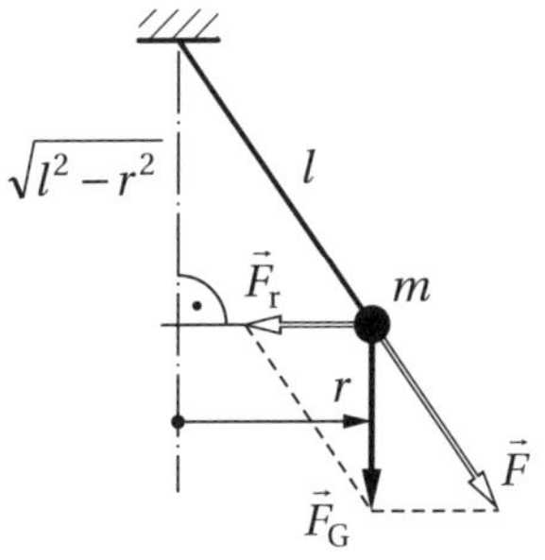

Komponentenzerlegung der Gewichtskraft:

$$\vec{F}_G = \vec{F}_r + \vec{F}$$

$$F_G = mg$$

a) $ma_r = F_r$

$$a_r = \omega^2 r$$

Aus der Skizze:

$$\frac{F_r}{mg} = \frac{r}{\sqrt{l^2 - r^2}} \quad \text{(ähnliche Dreiecke)}$$

$$m\omega^2 r = \frac{r}{\sqrt{l^2 - r^2}} mg$$

$$\omega = \sqrt{\frac{g}{\sqrt{l^2 - r^2}}} = \underline{\underline{5{,}7\ \text{s}^{-1}}}$$

b) $$\frac{F}{mg} = \frac{l}{\sqrt{l^2 - r^2}} \quad \text{(ähnliche Dreiecke)}$$

$$F = \frac{l}{\sqrt{l^2 - r^2}} mg = \underline{\underline{0{,}33\ \text{N}}}$$

M 3.7 Schräglage

a) Welche Schräglage (Winkel α_R gegenüber der Vertikalen) hat ein Radfahrer, der eine Kreisbahn (Radius r_R) mit der Geschwindigkeit v_R durchfährt?
b) Ein Flugzeug soll mit gleicher Schräglage $\alpha_F = \alpha_R$, aber mit der Geschwindigkeit v_F fliegen. Wie groß ist der Kurvenradius r_F?

(Die Bewegungen finden in einer horizontalen Ebene statt.)

$v_R = 36$ km/h $\qquad r = 20$ m $\qquad v_F = 900$ km/h

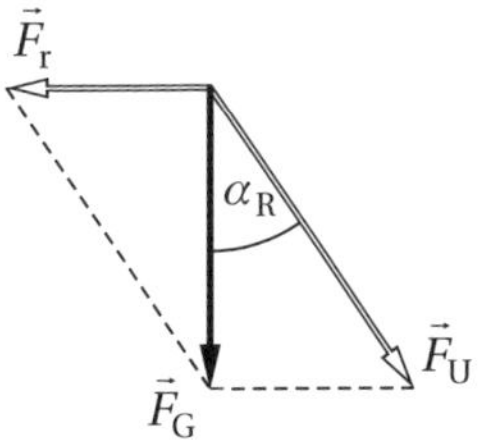

a) Komponentenzerlegung der Gewichtskraft:

$$\vec{F}_G = \vec{F}_r + \vec{F}_U$$

$$F_G = mg$$

Radialkomponente $\vec{F}_r$ erzeugt Radialbeschleunigung:

$$F_r = ma_r = m\frac{v_R^2}{r_R}$$

Unterlagekraft $\vec{F}_U$ wird durch die Straße aufgenommen (Kräftegleichgewicht).

$$\tan\alpha_R = \frac{F_r}{F_G}$$

$$\tan\alpha_R = \frac{v_R^2}{r_R g} \qquad \underline{\underline{\alpha_R = 27^\circ}}$$

b) $\tan\alpha_F = \tan\alpha_R$

$$\frac{v_F^2}{r_F g} = \frac{v_R^2}{r_R g}$$

$$r_F = r_R\left(\frac{v_F}{v_R}\right)^2 = \underline{\underline{12{,}5\ \text{km}}}$$

M 3.8 Talsenke

Ein Pkw fährt auf einem kurvenfreien Streckenabschnitt mit der Geschwindigkeit v_0 durch eine Talsenke (Krümmungsradius r_1) und danach über eine Bergkuppe (Krümmungsradius r_2). Der Fahrer hat die Masse m.

a) Wie groß ist die Gewichtskraft F_G des Fahrers?
b) Wie groß sind Radialkraft F_{r1} und Zwangskraft F_{Z1} für den Fahrer in der Talsenke?
c) Wie groß sind Radialkraft F_{r2} und Zwangskraft F_{Z2} für den Fahrer auf der Bergkuppe?
d) Bei welcher Geschwindigkeit v_1 verliert der Pkw auf der Bergkuppe die Bodenhaftung?

$r_1 = 135$ m $\quad m = 80$ kg $\quad r_2 = 68$ m $\quad v_0 = 72$ km/h

---

a) $\underline{F_G = mg} = \underline{\underline{0{,}78 \text{ kN}}}$

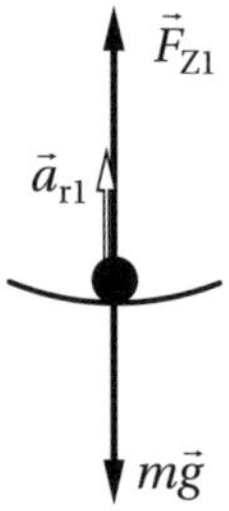

b) $F_{r1} = ma_{r1}$

$$\underline{F_{r1} = m\frac{v_0^2}{r_1}} = \underline{\underline{0{,}24 \text{ kN}}}$$

$$ma_{r1} = F_{Z1} - F_G$$

$$\underline{F_{Z1} = m\left(g + \frac{v_0^2}{r_1}\right)} = \underline{\underline{1{,}02 \text{ kN}}}$$

c) $F_{r2} = ma_{r2}$

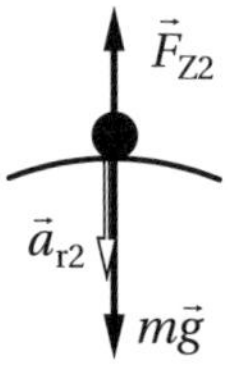

$$\underline{F_{r2} = m\frac{v_0^2}{r_2}} = \underline{\underline{0{,}47 \text{ kN}}}$$

$$ma_{r2} = F_G - F_{Z2}$$

$$\underline{F_{Z2} = m\left(g - \frac{v_0^2}{r_2}\right)} = \underline{\underline{0{,}31 \text{ kN}}}$$

d) $F_{Z3} = mg - m\dfrac{v_1^2}{r_2} = 0$

$$\underline{v_1 = \sqrt{gr_2}} = \underline{\underline{93 \text{ km/h}}}$$

M 3.9 Erdmasse

Man berechne mithilfe des Gravitationsgesetzes die Masse m_E der Erde!

Gegeben sind: Mittlerer Erdradius r_E, Fallbeschleunigung g, Gravitationskonstante G

$$F = G\frac{mm_E}{r_E^2} = mg$$

$$\underline{m_E = \frac{gr_E^2}{G}} = \underline{\underline{5{,}97 \cdot 10^{24} \text{ kg}}}$$

M 3.10 Synchronsatellit

In welche Höhe h über einem festen Ort auf dem Äquator muss ein Satellit gebracht werden, wenn er über diesem Ort bleiben soll (Synchronsatellit)?

$$F_r = F_{Gr}$$

$$m\omega^2 r = G\frac{m m_E}{r^2}$$

$$r = r_E + h$$

$$\omega = \frac{2\pi}{d^*} \qquad (d^* = \text{mittlerer Sterntag})$$

$$r^3 = \frac{G m_E}{\omega^2}$$

$$h = \sqrt[3]{\frac{G m_E d^{*2}}{4\pi^2}} - r_E = \underline{\underline{35\,800\ \text{km}}}$$

M 3.11 Seilkräfte

Die Körper der Massen m_1, m_2 und m_3 können sich reibungsfrei bewegen; Rollenmassen und Seilmasse werden vernachlässigt.

a) Mit welcher Beschleunigung a bewegen sich die Körper?

b) Wie groß sind die Seilkräfte F_{12} und F_{32} während der Bewegung?

$m_1 = 250$ g $\qquad m_2 = 250$ g

$m_3 = 300$ g $\qquad \alpha = 30°$

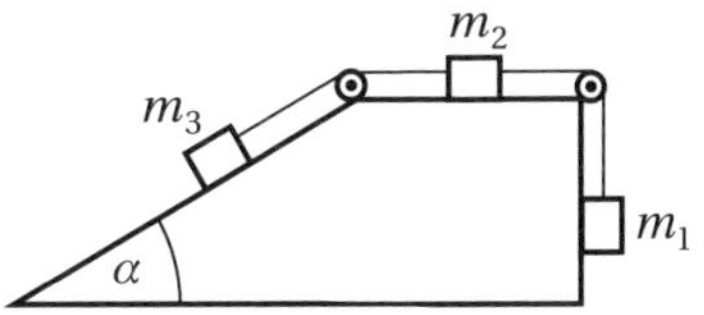

---

a) $ma = F$

$$m = m_1 + m_2 + m_3 \quad \text{(Gesamtmasse)}$$

$$F = m_1 g - m_3 g \sin\alpha \quad \text{(Summe der äußeren Kräfte)}$$

$$(m_1 + m_2 + m_3)\,a = m_1 g - m_3 g \sin\alpha$$

$$a = \frac{m_1 - m_3 \sin\alpha}{m_1 + m_2 + m_3}\,g = \underline{\underline{1{,}23\ \text{m/s}^2}}$$

b) Bewegungsgleichung für m_1:

$$m_1 a = m_1 g - F_{12}$$

$$F_{12} = m_1(g - a) = \underline{\underline{2{,}15\ \text{N}}}$$

Bewegungsgleichung für m_3:

$$m_3 a = F_{32} - m_3 g \sin\alpha$$

$$F_{32} = m_3(g\sin\alpha + a) = \underline{\underline{1{,}84\ \text{N}}}$$

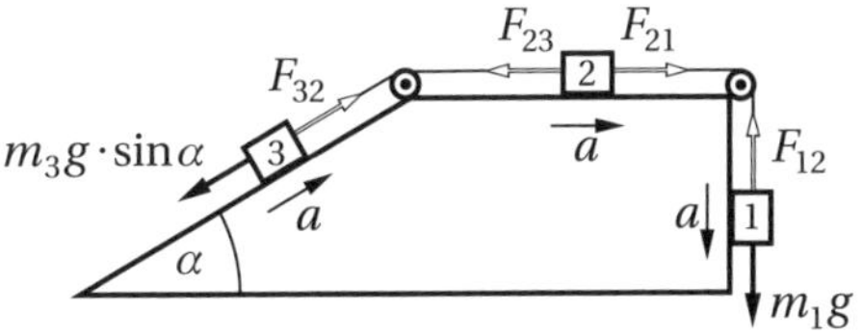

M 3.12 Förderanlage

Bei einer Förderanlage hat der leere Förderkorb die Masse m_l, der beladene die Masse m_v und das Förderseil die Masse m_S. Die Masse des Förderrades wird vernachlässigt.

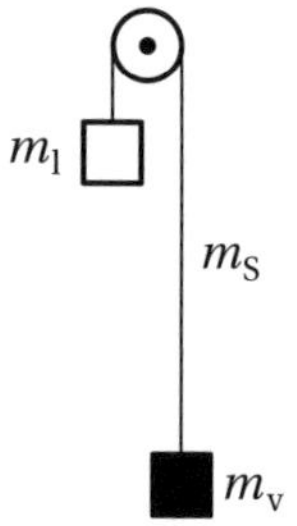

a) Welche Kraft F_A muss im Augenblick des Anfahrens vom Förderrad auf das Seil übertragen werden, um den beladenen Korb anzuheben (Anfahrbeschleunigung a) und gleichzeitig den leeren Korb hinabzubefördern?

b) Aus Sicherheitsgründen darf die Seilkraft den Betrag F_{Sm} nicht überschreiten. Überprüfen Sie, ob diese Bedingung während des Anfahrens erfüllt ist!

$m_l = 10$ t $m_v = 12$ t $m_S = 12{,}8$ t

$a = 1{,}2$ m/s^2 $F_{Sm} = 280$ kN

---

a) Das Förderrad bringt die Differenz der Seilkräfte auf:

$F_A = F_v - F_l$

Ermittlung der Seilkräfte
mit der Bewegungsgleichung:

$m_l a = m_l g - F_l$

$F_l = m_l(g - a)$

$(m_S + m_v)a = F_v - (m_S + m_v)g$

$F_v = (m_S + m_v)(a + g)$

$\underline{F_A = (m_S + m_v)(a + g) + m_l(a - g)} = \underline{\underline{187 \text{ kN}}}$

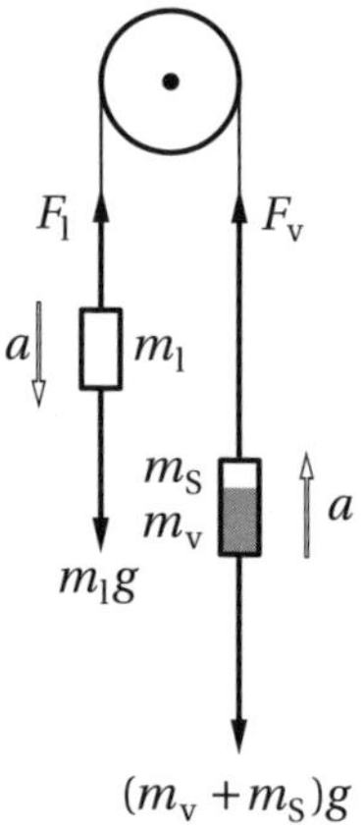

b) Die größte Seilkraft F_S tritt am Förderrad auf der Seite des vollen Förderkorbes auf:

$\underline{F_S = F_v = (m_S + m_v)(a + g)} = \underline{\underline{273 \text{ kN} < F_{Sm}}}$

M 3.13 Fadenkraftdifferenz

Ein auf einer horizontalen Platte gleitender Körper (Masse m_1) wird durch einen Faden über eine Rolle von einem frei herabhängenden Körper (Masse m_2) gezogen. (Rollen- und Fadenmasse nicht berücksichtigen.)

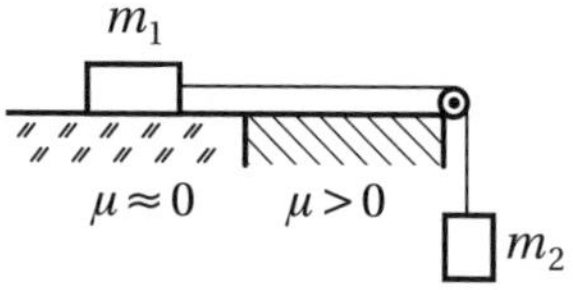

Um welchen Wert ΔF ändert sich die Fadenkraft, wenn der gleitende Körper von einer Glasplatte (Gleitreibungzahl $\mu \approx 0$) auf raues Holz ($\mu > 0$) gelangt?

$m_1 = 12$ g $m_2 = 30$ g $\mu = 0{,}6$

Körper 1 auf dem Holz:
(Bewegungsgleichungen)

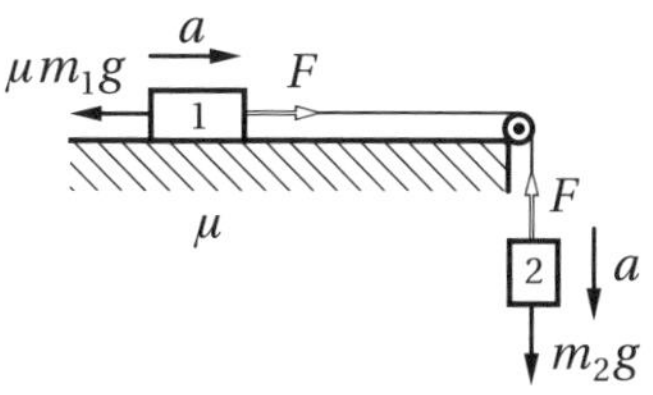

$$m_1 a = F - \mu m_1 g$$
$$m_2 a = m_2 g - F$$
$$\Rightarrow \frac{F}{m_1} - \mu g = g - \frac{F}{m_2}$$
$$F\left(\frac{1}{m_1} + \frac{1}{m_2}\right) = g\,(1+\mu)$$
$$F = \frac{m_1 m_2}{m_1 + m_2}\,(1+\mu)\,g$$

Körper 1 auf Glas ($\mu = 0$):

$$F_0 = \frac{m_1 m_2}{m_1 + m_2} g$$

Fadenkraftdifferenz:

$$\Delta F = F - F_0$$
$$\Delta F = \mu \frac{m_1 m_2}{m_1 + m_2} g = \underline{\underline{0{,}050\ \mathrm{N}}}$$

M 3.14 Kette

Eine Kette der Masse m und der Gesamtlänge l liegt gestreckt auf einer Tischplatte, sodass ein Stück der Länge x überhängt. Die Gleitreibungszahl ist μ.

a) Man stelle die Bewegungsgleichung für das Abrutschen der Kette vom Tisch auf!

b) Welche Zugkraft muss die Kette an der Tischkante übertragen?

c) Welches Stück x_0 der Kette muss anfangs mindestens überhängen, wenn die Kette von selbst ins Rutschen kommen soll (Haftreibungszahl μ_0)?

---

a) $ma_x = F_x$

$$ma_x = m_x g - \mu(m - m_x)g$$
$$\frac{m_x}{m} = \frac{x}{l}$$
$$ma_x = mg\frac{x}{l} - \mu mg\left(1 - \frac{x}{l}\right)$$
$$\underline{ma_x = (1+\mu)\frac{x}{l}mg - \mu mg}$$

m_x ist die Masse des überhängenden Kettenteils.

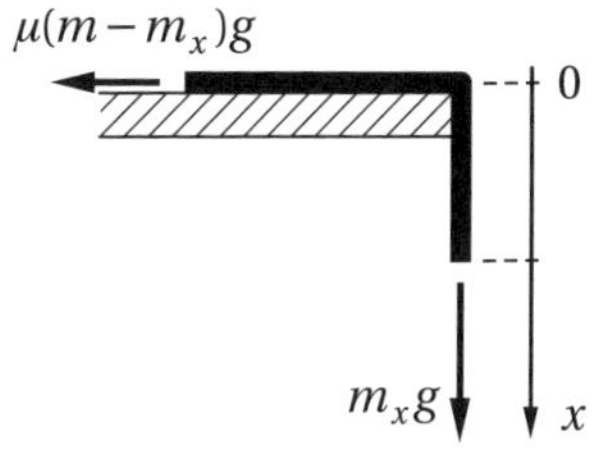

b) Bewegungsgleichung des überhängenden Kettenteils:

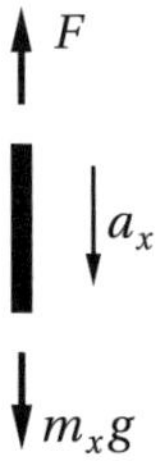

$$m_x a_x = m_x g - F$$
$$F = m_x (g - a_x)$$
$$F = mg\frac{x}{l}\left[1 + \mu - (1+\mu)\frac{x}{l}\right]$$
$$\underline{F = \frac{x}{l}\left(1 - \frac{x}{l}\right)(1+\mu)mg}$$

c) Bewegungsgleichung mit $\mu \to \mu_0$ und $a_x \geqq 0$:

$$0 = (1+\mu_0)\frac{x_0}{l}gm - \mu_0 mg$$
$$\frac{x_0}{l}(1+\mu_0) = \mu_0$$
$$\underline{x_0 = \frac{\mu_0 l}{1+\mu_0}}$$

M 4 Arbeit, Energie, Leistung

M 4.1 Verschiebungsarbeit

Welche Arbeit muss aufgewendet werden, um eine Feder der Federkonstanten k

a) ohne Vorspannung, d. h. von $x_1 = 0$,
b) von der Vorspannlänge $x_1 = 5{,}0$ cm

um Δx zusammenzudrücken?

$k = 300$ N/m $\quad \Delta x = 10{,}0$ cm

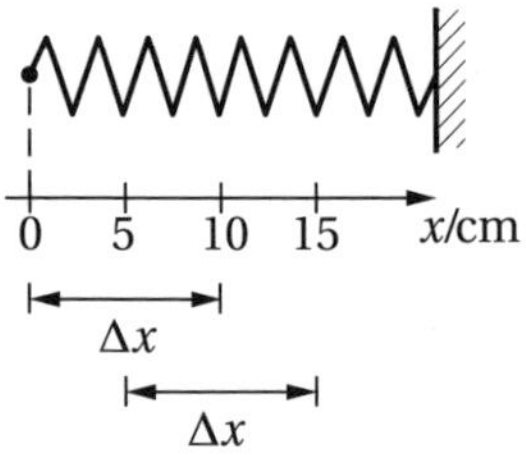

$$W = \int_{x_1}^{x_2} F_x \, dx \qquad F_x = -kx$$

$$W = \left[-\frac{k}{2}x^2\right]_{x_1}^{x_2} = -\frac{k}{2}\left(x_2^2 - x_1^2\right)$$

$$W' = -W \qquad x_2 = x_1 + \Delta x$$

$$\underline{W' = k\left(x_1 + \frac{\Delta x}{2}\right)\Delta x}$$

a) $\underline{\underline{W' = 1{,}5 \text{ J}}}$

b) $\underline{\underline{W' = 3{,}0 \text{ J}}}$

M 4.2 Feder I

Ein Körper der Masse m wird in der Höhe z_1 losgelassen und trifft bei $z = 0$ auf das Ende einer senkrecht stehenden Feder mit der Federkonstanten k, die den Fall bremst. (Die Masse der Feder wird vernachlässigt.)

a) Bis zu welchem Ort z_2 wird die Feder maximal zusammengedrückt?

b) Welche Geschwindigkeit v_{z3} hat der Körper, wenn die Feder bis zur Stelle z_3 zusammengedrückt ist?

c) Welche Leistung P_3 entwickelt die Feder bei z_3?

d) Stellen Sie die gesamte potenzielle Energie des Systems als Funktion von z grafisch dar im Bereich $-0{,}3\ \text{m} \leqq z \leqq 0{,}6\ \text{m}$. Lösen Sie anhand dieses Diagramms grafisch: Der Körper der Masse m fällt aus der Höhe z_4 auf die Feder. Bis zu welcher Stelle z_5 wird die Feder zusammengedrückt? Überprüfen Sie außerdem das Ergebnis von Aufgabenteil a) an diesem Diagramm!

$m = 10{,}0\ \text{kg}$ $\quad z_1 = 0{,}60\ \text{m}$ $\quad z_3 = -0{,}10\ \text{m}$ $\quad z_4 = 0{,}40\ \text{m}$ $\quad k = 1{,}96 \cdot 10^3\ \text{N/m}$

---

a) $E(1) = E(2)$

mit $E = mgz_K + \frac{k}{2}z_F^2 + \frac{m}{2}v_z^2$

(Ort von Körper und Feder sind zu unterscheiden)

$$mgz_1 = mgz_2 + \frac{k}{2}z_2^2 \qquad (v_{z2} = 0)\ \text{Umkehrpunkt}$$

$$z_2^2 + \frac{2mg}{k}z_2 - \frac{2mgz_1}{k} = 0$$

$$z_2 = -\frac{mg}{k} \underset{-}{(+)} \sqrt{\left(\frac{mg}{k}\right)^2 + \frac{2mgz_1}{k}}$$

$$\underline{\underline{z_2 = -0{,}30\ \text{m}}}$$

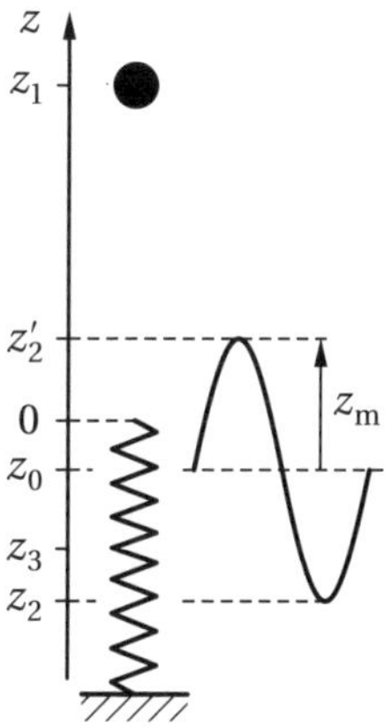

Diskussion:

$z_0 = -\frac{mg}{k}$ ist Gleichgewichtslage und $z_m = \sqrt{\left(\frac{mg}{k}\right)^2 + \frac{2mgz_1}{k}}$ ist Amplitude der Federschwingung. Bei $z_2' = z_0 + z_m$ ist $z_K = z_F$ nicht erfüllt.

b) $mgz_3 + \frac{k}{2}z_3^2 + \frac{m}{2}v_{z3}^2 = mgz_1$

$$v_{z3} = \pm\sqrt{2g(z_1 - z_3) - \frac{k}{m}z_3^2} = \underline{\underline{\pm 3{,}4\ \text{m/s}}}$$

c) $P = F_z v_z$

$$P_3 = -kz_3 v_{z3} = \underline{\underline{\pm 0{,}67\ \text{kW}}}$$

d)

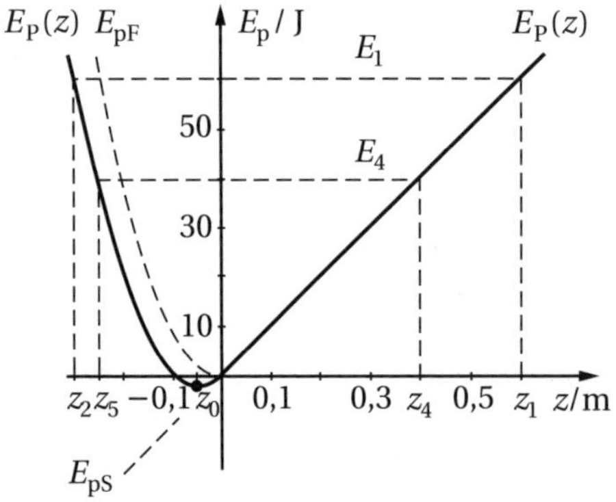

$\underline{\underline{z_5 = -0{,}26 \text{ m}}}$

Diskussion:

$z_0 = -0{,}05$ m, die Gleichgewichtslage, ist das Minimum von $E_p(z)$.

M 4.3 Feder II

Das Ende einer vertikal aufgestellten Feder befindet sich im entspannten Zustand bei $z = 0$. Beim Auflegen eines Körpers der Masse m wird die Feder bis zum Ort z_0 zusammengedrückt. (z_0 ist die Ruhelage des Körpers auf der Feder.)

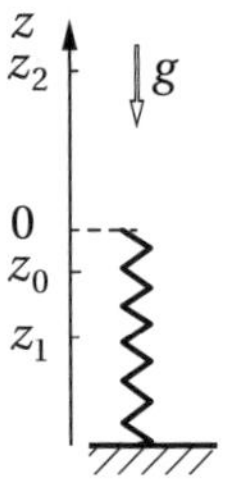

Bis zu welchem Ort z_1 muss die Feder weiter zusammengedrückt werden, damit der Körper nach dem Loslassen an der Stelle z_2 die Geschwindigkeit v_{z2} hat? (Die Federmasse wird vernachlässigt.)

$z_0 = -40$ mm $\quad z_2 = 135$ mm $\quad v_{z2} = 88$ cm/s

Bestimmung der Federkonstanten:

$F_z(z_0) = -mg - kz_0 = 0 \qquad (a_z = 0\text{; Gleichgewicht})$

$\Rightarrow k = -\dfrac{mg}{z_0}$

Bestimmung von z_1:

$E(1) = E(2)$

$$E = mgz + \frac{k}{2}z^2 + \frac{m}{2}v_z^2$$

$mgz_1 + \dfrac{k}{2}z_1^2 = mgz_2 + \dfrac{m}{2}v_{z2}^2 \qquad$ (Die Feder bleibt bei $z = 0$ zurück.)

$$z_1^2 + \frac{2mg}{k}z_1 = \frac{2mg}{k}z_2 + \frac{m}{k}v_{z2}^2$$

$$z_1^2 - 2z_0z_1 + \left(2z_2 + \frac{v_{z2}^2}{g}\right)z_0 = 0$$

$$z_1 = z_0 \pm \sqrt{z_0^2 - z_0\left(2z_2 + \frac{v_{z2}^2}{g}\right)}$$

$$z_1 = z_0 \left(1 + \sqrt{1 - \frac{2z_2 + v_{z2}^2/g}{z_0}}\right)$$

(z_1 ist der untere Umkehrpunkt der Federschwingung, daher $+\sqrt{}$.)

$z_1 = -165\ \text{mm}$

M 4.4 Talfahrt

Ein Lastkraftwagen der Masse m fährt bergab. Der Neigungswinkel der Straße ist α.

a) Welche mechanische Leistung P_1 müssen die Bremsen in Wärme umwandeln, wenn seine Geschwindigkeit den konstanten Wert v_1 hat?

b) Auf welchen Wert v_2 muss die Geschwindigkeit reduziert werden, wenn die abfallende Strecke sehr lang ist und deswegen die Bremsleistung P_2 nicht überschritten werden darf?

(Die Wirkung zusätzlicher Bremswiderstände soll außer Acht gelassen werden.)

$m = 20\ \text{t}$ $\quad \alpha = 7{,}0°$ $\quad v_1 = 50\ \text{km/h}$ $\quad P_2 = 150\ \text{kW}$

a) $P = F_s v$

$P_1 = mg \sin\alpha \cdot v_1 = 0{,}33\ \text{MW}$

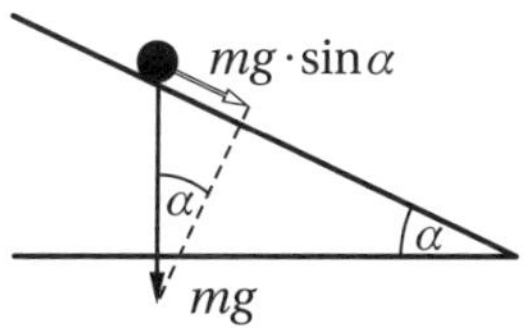

b) $v_2 = \dfrac{P_2}{mg \sin\alpha} = 23\ \text{km/h}$

M 4.5 Handwagen

Eine Person zieht einen beladenen Handwagen mit konstanter Geschwindigkeit v_1 bergauf und bringt dabei die Zugkraft F' in Deichselrichtung auf. Die Straße hat den Neigungswinkel α. Deichsel und Bewegungsrichtung schließen den Winkel β ein. Während der Bewegung tritt die Rollreibungskraft F_R auf.

a) Welche Arbeit W' wird von der Person in der Zeit t_1 verrichtet?

b) Welche Leistung P' wird dabei aufgebracht?

c) Welche Masse m hat der beladene Handwagen?

d) Welche Höhe h_1 wird in der Zeit t_1 überwunden?

$F' = 0{,}16\ \text{kN}$ $\quad \alpha = 5{,}0°$ $\quad t_1 = 125\ \text{s}$ $\quad v_1 = 1{,}1\ \text{m/s}$ $\quad \beta = 30°$ $\quad F_R = 40\ \text{N}$

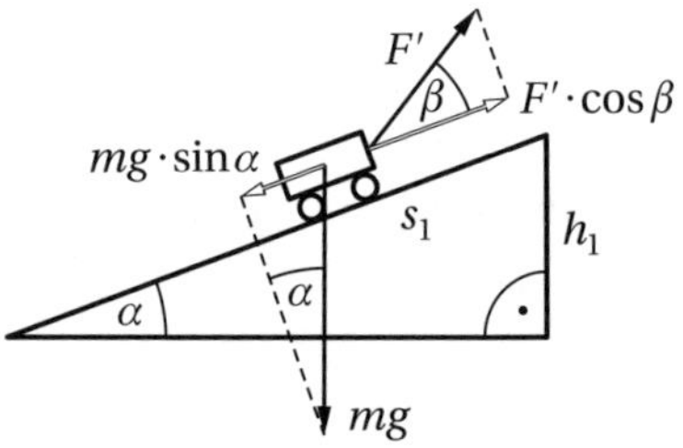

a) $W' = F'_s s_1 \qquad s_1 = v_1 t_1$

$\underline{W' = F' \cos\beta \cdot v_1 t_1} = \underline{\underline{19\ \text{kJ}}}$

b) $P' = \dfrac{W'}{t_1}$

$\underline{P' = F' v_1 \cos\beta} = \underline{\underline{0{,}15\ \text{kW}}}$

c) Kräftevergleich in Bewegungsrichtung bei $v_1 = \text{const}$:

$F' \cos\beta = F_R + mg \sin\alpha$

$\underline{m = \dfrac{F' \cos\beta - F_R}{g \sin\alpha}} = \underline{\underline{115\ \text{kg}}}$

d) $\dfrac{h_1}{s_1} = \sin\alpha$

$\underline{h_1 = v_1 t_1 \sin\alpha} = \underline{\underline{12\ \text{m}}}$

M 4.6 Pumpe

Aus einem Salzbergwerk soll eine Pumpe Salzsole der Dichte ϱ auf die Höhe h heben. Mit welcher Leistung P muss die Pumpe betrieben werden, wenn sie die Stromstärke I (Volumen durch Zeit) erzeugen soll?

$\varrho = 1{,}15\ \text{g/cm}^3 \qquad h = 50\ \text{m} \qquad I = 3{,}6\ \text{hl/min}$

$P = \dfrac{dW}{dt}$

$W = mgh; \quad dW = gh\,dm$

$m = \varrho V; \quad dm = \varrho\, dV$

$I = \dfrac{dV}{dt}$

$\underline{P = \varrho g h I} = \underline{\underline{3{,}4\ \text{kW}}}$

Oder:

$P = \text{const}, \quad I = \text{const}$

$\Rightarrow P = \dfrac{W}{t}$

$W = mgh$

$m = \varrho V$

$I = \dfrac{V}{t}$

$P = \varrho g h I$

M 4.7 Bus

Ein voll besetzter Bus hat die Masse m.

a) Welche Arbeit W_1' bringt der Motor bei jedem Anfahren bis zum Erreichen der Geschwindigkeit v_1 auf ebener Straße auf?

b) Welche Leistung P_1 und welche durchschnittliche Leistung $\overline{P}$ wären erforderlich, wenn das Anfahren auf einer ebenen Strecke s_1 gleichmäßig beschleunigt erfolgen würde?

$m = 10$ t $\quad v_1 = 30$ km/h $\quad s_1 = 100$ m

---

a) $W_1' = \Delta E_k$

$$\underline{W_1' = \frac{m}{2} v_1^2} = \underline{\underline{0{,}10 \text{ kWh}}}$$

b) Momentanleistung:

$P_1 = F v_1 \quad (F = \text{const})$

Mit $F s_1 = W_1' = \frac{m}{2} v_1^2$ folgt

$$\underline{P_1 = \frac{m v_1^3}{2 s_1}} = \underline{\underline{29 \text{ kW}}}$$

Durchschnittsleistung (Definition):

$$\overline{P} = \frac{W_1'}{t_1}$$

Bestimmung von t_1

- aus der Kinematik:

$$\left.\begin{aligned} v_1 &= a t_1 \\ s_1 &= \frac{a}{2} t_1^2 \end{aligned}\right\} \Rightarrow t_1 = \frac{2 s_1}{v_1}$$

- oder über Kraftstoß:

$$F t_1 = \Delta p = p_1$$

$$\frac{W_1 t_1}{s_1} = m v_1$$

$$\overline{P} = \frac{m}{2} v_1^2 \frac{v_1}{2 s_1}$$

$$\underline{\overline{P} = \frac{m v_1^3}{4 s_1} = \frac{P_1}{2}} = \underline{\underline{15 \text{ kW}}}$$

M 4.8 Schleifenbahn

Ein Körper (Masse m) soll, nachdem er von einer Feder (Federkonstante k) abgeschossen wurde, eine Schleifenbahn vom Radius r reibungsfrei durchlaufen.

a) Um welches Stück x_0 muss man die Feder spannen, damit der Körper die Schleifenbahn gerade noch durchläuft, ohne herunterzufallen?

b) Wie groß ist die Zwangskraft der Schiene, wenn der Körper gerade in die Kreisbahn eingelaufen ist (F_1) bzw. die Kreisbahn gerade verlassen hat (F_0)?

$m = 20$ g $\qquad k = 4{,}8$ N/cm $\qquad r = 0{,}50$ m

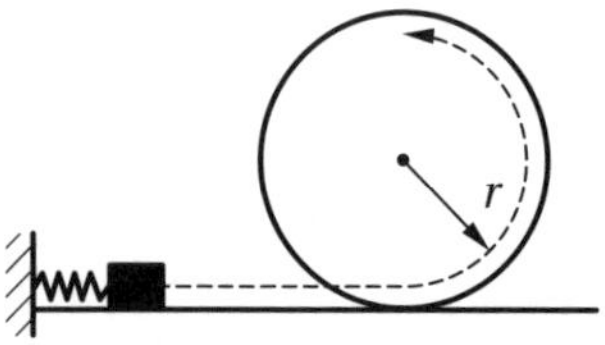

a) Bedingung für das Einhalten der Kreisbahn (Bewegungsgleichung im Punkt 2):

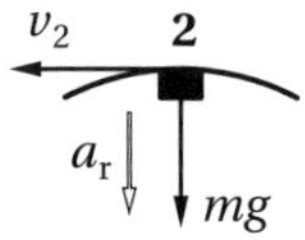

$$ma_r = mg$$

$$\frac{mv_2^2}{r} = mg \Rightarrow v_2^2 = gr$$

Energiesatz:

$$E(0) = E(2)$$

$$\frac{k}{2}x_0^2 = mg(2r) + \frac{m}{2}v_2^2 = \frac{5}{2}mgr$$

$$x_0 = \sqrt{\frac{5mgr}{k}} = \underline{\underline{3{,}2\ \text{cm}}}$$

b) Herauslaufen aus der Kreisbahn (Kräftegleichgewicht in der geraden Bahn):

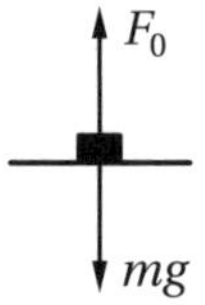

$$\underline{F_0 = mg} = \underline{\underline{0{,}2\ \text{N}}}$$

Einlaufen in die Kreisbahn (Bewegungsgleichung im Punkt 1):

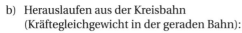

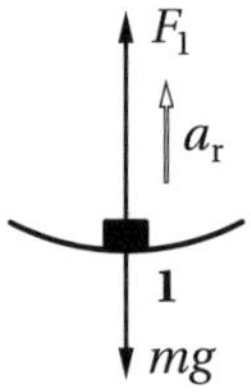

$$ma_r = F_1 - mg$$

$$F_1 = m\left(g + \frac{v_1^2}{r}\right)$$

Berechnung von v_1:

$$E(1) = E(2)$$

$$\frac{m}{2}v_1^2 = \frac{5}{2}mgr$$

$$v_1^2 = 5gr$$

$$\underline{F_1 = 6mg} = \underline{\underline{1{,}2\ \text{N}}}$$

M 4.9 Vertikaler Kreis

Eine Punktmasse (m) bewegt sich auf einem vertikalen Kreis vom Radius r und wird dabei von einem undehnbaren Faden gehalten. Am oberen Punkt ist die Fadenkraft F_1. Von Reibungseinflüssen und Luftwiderstand ist abzusehen. Wie groß ist die Fadenkraft F_2 am tiefsten Punkt der Bahn?

$m = 20$ g $\qquad F_1 = 0{,}20$ N

Bewegungsgleichungen:

$ma_{r1} = F_1 + mg$

$m\frac{v_1^2}{r} = F_1 + mg$

$\Rightarrow \frac{v_1^2}{r} = \frac{F_1}{m} + g \qquad (1)$

$ma_{r2} = F_2 - mg$

$m\frac{v_2^2}{r} = F_2 - mg$

$\Rightarrow F_2 = m\left(\frac{v_2^2}{r} + g\right) \qquad (2)$

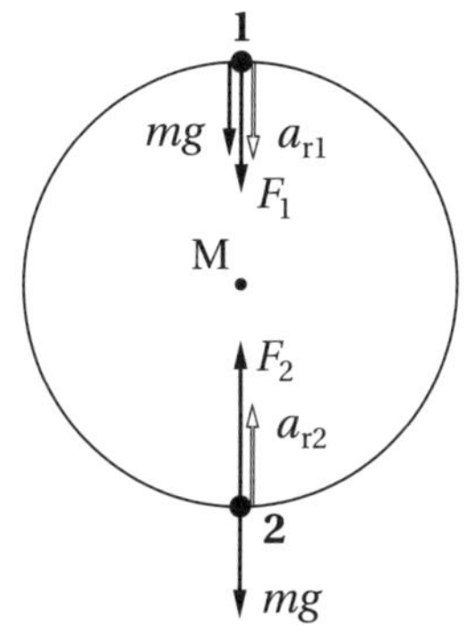

Energiesatz:

$E(1) = E(2)$

$\frac{m}{2}v_1^2 + 2mgr = \frac{m}{2}v_2^2$

$\Rightarrow \frac{v_2^2}{r} = \frac{v_1^2}{r} + 4g \qquad (3)$

(2) mit (3) und (1) liefert:

$F_2 = m\left(\frac{v_1^2}{r} + 5g\right)$

$\underline{F_2 = F_1 + 6mg} = \underline{\underline{1{,}4\ \text{N}}}$

M 4.10 Kugelrutsch

Vom höchsten Punkt einer Kugel (Radius r) gleitet eine Punktmasse reibungsfrei und löst sich an einer bestimmten Stelle von der Kugeloberfläche. Um welchen Höhenunterschied h liegt diese Stelle tiefer als der höchste Punkt?

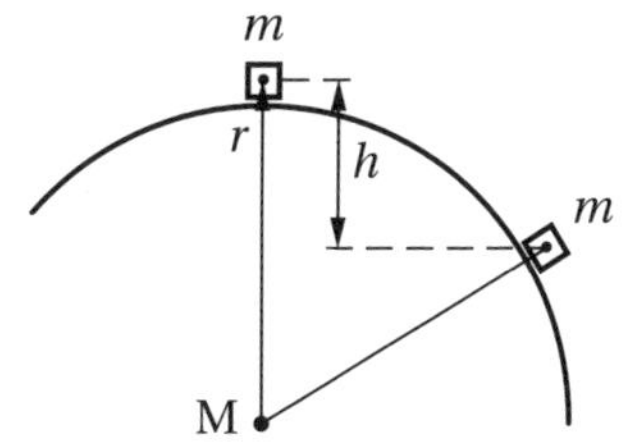

Bedingung für das Ablösen an der Stelle **1**:

$\frac{mv^2}{r} = F_N$

$F_N = mg\cos\alpha$

$\cos\alpha = \frac{r-h}{r}$

Geschwindigkeit v aus Energiesatz:

$E(0) = E(1)$

$mgh = \frac{m}{2}v^2$

$v^2 = 2gh$

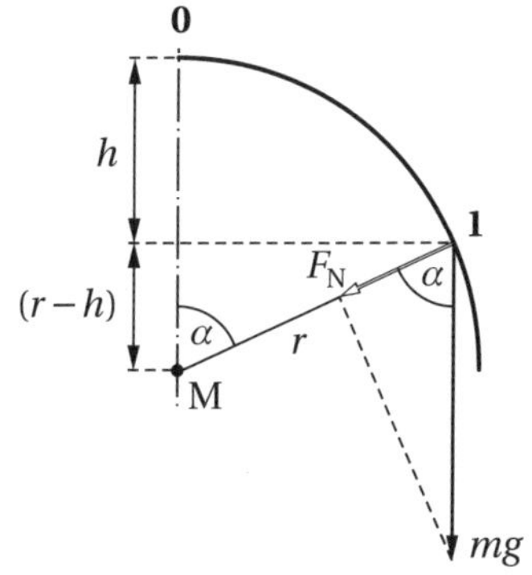

$$\frac{m \cdot 2gh}{r} = mg\frac{r-h}{r}$$

$$h = \frac{r}{3}$$

M 4.11 Satellit

a) Welche Bahngeschwindigkeit v muss ein Erdsatellit haben, der eine kreisförmige Bahn in der Höhe h über der Erdoberfläche beschreiben soll?

b) Welche Arbeit W' muss aufgebracht werden, um diesen Satelliten der Masse m gegen die Wirkung der Schwerkraft auf seine Bahn zu heben und ihm die erforderliche Geschwindigkeit zu verleihen? (Bremswirkung der Lufthülle vernachlässigen; Rotation der Erde nicht berücksichtigen.)

$m = 200$ kg $\quad h = 1000$ km

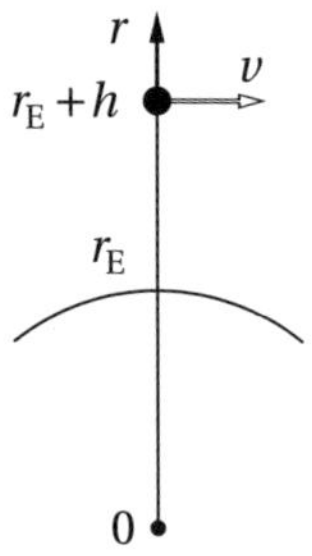

a) $ma_r = F$

$$-m\frac{v^2}{r} = -G\frac{mm_E}{r^2}$$

$$v^2 = \frac{Gm_E}{r}$$

$$v = \sqrt{\frac{Gm_E}{r_E + h}} = \underline{\underline{7{,}35\ \text{km/s}}}$$

b) $W' = \Delta E_k + \Delta E_p$

$$E_p(r) = -\frac{Gmm_E}{r}$$

$$W' = \frac{m}{2}v^2 - Gmm_E\left(\frac{1}{r_E + h} - \frac{1}{r_E}\right)$$

Mit v^2 aus Teilaufgabe a):

$$W' = Gmm_E\left(\frac{1}{2(r_E + h)} - \frac{1}{r_E + h} - \frac{1}{r_E}\right)$$

$$W' = \frac{Gmm_E}{r_E}\left(1 - \frac{r_E}{2(r_E + h)}\right) = \underline{\underline{7{,}1\ \text{GJ}}}$$

Bei Verwendung der Beziehung $Gm_E = gr_E^2$ erhält man $W' = mgr_E\left[1 - r_E/2(r_E + h)\right]$.

M 4.12 Orbitalstation

Eine Orbitalstation wird auf eine kreisförmige Umlaufbahn in der Höhe h gebracht. Die zugeführte Energie verteilt sich auf ΔE_p und E_k (ΔE_p zum Heben auf die Bahn, E_k zum Beschleunigen auf die Bahngeschwindigkeit).

a) Berechnen Sie das Verhältnis $\Delta E_p / E_k$!

b) In welcher Höhe h' sind ΔE_p und E_k gleich groß?

---

a) $E_k = \frac{m}{2}v^2$

Bedingung für die Kreisbahn:

$$\frac{mv^2}{r} = G\frac{mm_E}{r^2}$$

$$\Rightarrow E_k = G\frac{mm_E}{2r}$$

$$E_p = -G\frac{mm_E}{r}$$

$$\Delta E_p = E_p(r) - E_p(r_E)$$

$$\Rightarrow \quad \Delta E_p = Gmm_E\left(\frac{1}{r_E} - \frac{1}{r}\right)$$

$$\frac{\Delta E_p}{E_k} = 2\left(\frac{r}{r_E} - 1\right)$$

Mit $r = r_E + h$ wird

$$\underline{\frac{\Delta E_p}{E_k} = 2\frac{h}{r_E}}$$

b) $\frac{\Delta E_p}{E_k} = 1 = \frac{2h'}{r_E}$

$$\underline{h' = \frac{r_E}{2}}$$

M 4.13 Zweite kosmische Geschwindigkeit

Man berechne die zweite kosmische Geschwindigkeit! (Mit anderen Worten: Mit welcher Geschwindigkeit v muss ein Körper die Erdoberfläche verlassen, wenn er die Erdanziehung gerade noch überwinden soll?)

Energiesatz:

$$E_k(r_E) + E_p(r_E) = E_k(\infty) + E_p(\infty)$$

$$\frac{m}{2}v^2 - \frac{Gmm_E}{r_E} = 0 + 0$$

$$\underline{v = \sqrt{\frac{2Gm_E}{r_E}}} = \underline{\underline{11{,}2 \text{ km/s}}}$$

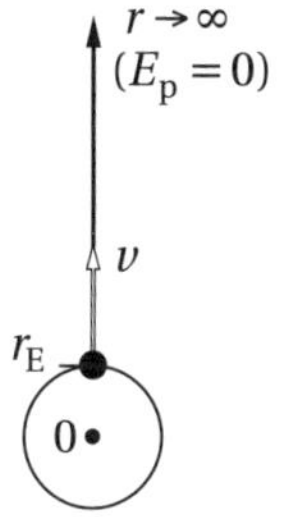

M 5 Impulserhaltungssatz

M 5.1 Gerader Stoß

Leiten Sie für den geraden Stoß zweier Körper die Formeln für die Geschwindigkeiten

a) nach dem vollkommen elastischen Stoß

$$\left(v_1' = \frac{(m_1 - m_2)v_1 + 2m_2v_2}{m_1 + m_2} \quad \text{und} \quad v_2' = \frac{(m_2 - m_1)v_1 + 2m_1v_1}{m_1 + m_2}\right),$$

b) nach dem vollkomen unelastischen Stoß

$$\left(v' = \frac{m_1v_1 + m_2v_2}{m_1 + m_2}\right)$$

her!

---

a) Impulssatz:

$$m_1 v_1 + m_2 v_2 = m_1 v_1' + m_2 v_2'$$

Energiesatz:

$$\frac{m_1}{2} v_1^2 + \frac{m_2}{2} v_2^2 = \frac{m_1}{2} v_1'^2 + \frac{m_2}{2} v_2'^2$$

Umformen der Gleichungen:

$$m_1(v_1 - v_1') = m_2(v_2' - v_2)$$

$$m_1(v_1^2 - v_1'^2) = m_2(v_2'^2 - v_2^2)$$

Division Energiesatz durch Impulssatz unter Berücksichtigung, dass $a^2 - b^2 = (a+b)(a-b)$ ist:

$$v_1 + v_1' = v_2 + v_2'$$

Lösung des Gleichungssystems (diese Gleichung und der Impulssatz):

$$v_2' = v_1 - v_2 + v_1'$$

$$m_1(v_1 - v_1') = m_2(v_1 - 2v_2 + v_1')$$

$$v_1'(m_1 + m_2) = m_1 v_1 + m_2(2v_2 - v_1)$$

$$\underline{v_1' = \frac{(m_1 - m_2)v_1 + 2m_2 v_2}{m_1 + m_2}}$$

v_2' durch Vertauschen der Indizes 1 und 2, da auch in Ausgangsgleichungen vertauschbar

b) Impulssatz:

$$m_1 v_1 + m_2 v_2 = (m_1 + m_2)v' \qquad v_1' = v_2' = v'$$

$$\underline{v' = \frac{m_1 v_1 + m_2 v_2}{m_1 + m_2}}$$

M 5.2 Zwei Kugeln

Zwei Kugeln mit den Massen $m_1 = m$ und $m_2 = 2m$ bewegen sich mit gleichem Geschwindigkeitsbetrag aufeinander zu. Welche Geschwindigkeiten v_1' und v_2' ergeben sich nach dem Zusammenstoß, wenn dieser

a) vollkommen elastisch,
b) vollkommen unelastisch erfolgt?
c) Wie groß ist im Fall b) der Energieverlust ΔE?

---

a) $v_1 = +v \qquad m_1 = m$

$v_2 = -v \qquad m_2 = 2m$

$$v_1' = \frac{(m - 2m)v - 4mv}{3m}$$

$$\underline{v_1' = -\frac{5}{3}v}$$

$$v_2' = \frac{-(2m - m)v + 2mv}{3m}$$

$$\underline{v_2' = +\frac{1}{3}v}$$

b) $v' = \frac{mv - 2mv}{3m}$

$\underline{v' = -\frac{1}{3} v}$

c) $\Delta E = E_k(\text{vor}) - E_k(\text{nach})$

$\Delta E = \frac{m}{2} v^2 + \frac{2m}{2} v^2 - \frac{3m}{2} v'^2 = \frac{m}{2} v^2 \left(1 + 2 - \frac{1}{3}\right)$

$\underline{\Delta E = \frac{4}{3} m v^2}$

Diskussion: $\frac{\Delta E}{E(\text{vor})} = \frac{8}{9}$

M 5.3 Güterwagen

Beim Rangieren läuft ein Güterwagen der Masse m_1 mit der Geschwindigkeit v_1 auf einen ruhenden Güterwagen der Masse m_2. Der Stoß ist nur zum Teil elastisch. Nach dem Stoß läuft der zweite Wagen mit der Geschwindigkeit v_2' weg. Berechnen Sie

a) die Geschwindigkeit v_1' des ersten Wagens nach dem Stoß,

b) den Bruchteil η der mechanischen Energie, der in Wärme umgewandelt worden ist!

$m_1 = 25$ t $\quad m_2 = 20$ t $\quad v_1 = 1{,}2$ m/s $\quad v_2' = 0{,}9$ m/s

---

a) $m_1 v_1 = m_1 v_1' + m_2 v_2'$

$\underline{v_1' = v_1 - \frac{m_2}{m_1} v_2'} = \underline{\underline{0{,}48 \text{ m/s}}}$

b) $\frac{m_1}{2} v_1^2 = \frac{m_1}{2} v_1'^2 + \frac{m_2}{2} v_2'^2 + \Delta E$

$\eta = \frac{\Delta E}{\frac{m_1}{2} v_1^2}$

$\underline{\eta = 1 - \frac{m_1 v_1'^2 + m_2 v_2'^2}{m_1 v_1^2}} = \underline{\underline{0{,}39}}$

Hinweis:

Einsetzen von v_1' in η liefert

$$\eta = \frac{m_2 v_2'}{m_1 v_1} \left[2 - \left(1 + \frac{m_2}{m_1}\right) \frac{v_2'}{v_1}\right].$$

M 5.4 Stoßpendel

Ein Stoßpendel besteht aus einer dünnen Stange der Länge l, die am unteren Ende einen Holzklotz mit der Masse m_H trägt. Wird eine Kugel der Masse m_K in den Holzklotz geschossen, so schlägt das vorher ruhende Pendel um die Strecke x_m aus. Wie groß war die Geschwindigkeit des Geschosses?

$l = 2{,}0\ \mathrm{m} \qquad x_\mathrm{m} = 20\ \mathrm{cm}$

$m_\mathrm{H} = 0{,}80\ \mathrm{kg} \qquad m_\mathrm{K} = 5{,}0\ \mathrm{g}$

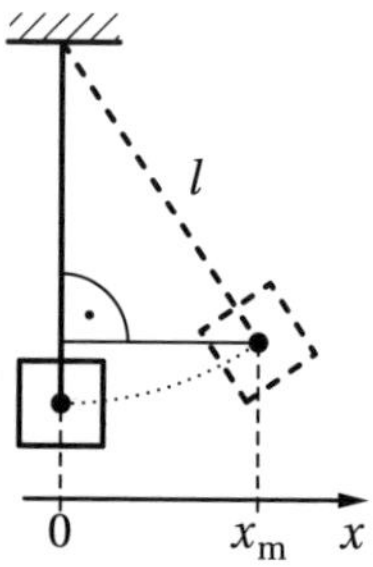

Unelastischer Stoß:

$m_\mathrm{K} v = (m_\mathrm{K} + m_\mathrm{H}) v'$

$v = \frac{m_\mathrm{K} + m_\mathrm{H}}{m_\mathrm{K}} v'$

Berechnung von v' mit dem Energiesatz:

$\frac{m_\mathrm{K} + m_\mathrm{H}}{2} v'^2 = (m_\mathrm{K} + m_\mathrm{H}) g h$

$v' = \sqrt{2gh}$

h erhält man aus

$l^2 = x_\mathrm{m}^2 + (l-h)^2$ (Satz von Pythagoras)

$h = l - \sqrt{l^2 - x_\mathrm{m}^2}$

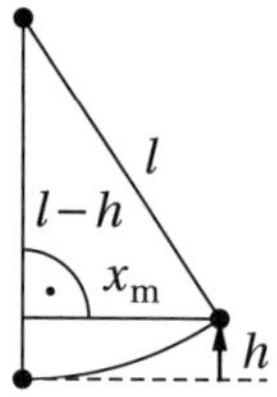

$$v = \left(1 + \frac{m_\mathrm{H}}{m_\mathrm{K}}\right) \sqrt{2g\left(l - \sqrt{l^2 - x_\mathrm{m}^2}\right)} = \underline{\underline{71\ \mathrm{m/s}}}$$

Mit der Näherung $h \ll l$ liefert der Satz von Pythagoras

$0 \approx x_\mathrm{m}^2 - 2lh$

und

$$v \approx \left(1 + \frac{m_\mathrm{H}}{m_\mathrm{K}}\right) \sqrt{\frac{g}{l}}\, x_\mathrm{m}.$$

Hinweis:

Dieses Ergebnis folgt auch aus der harmonischen Schwingung mit $v' = v_\mathrm{m} = \omega x_\mathrm{m}$ und $\omega = \sqrt{l/g}$.

M 5.5 Rangieren

Beim Rangieren stößt ein Waggon der Masse $m_\mathrm{A} = m$ mit der Geschwindigkeit v_0 auf zwei einzeln stehende Waggons der Massen $m_\mathrm{B} = m/2$ und $m_\mathrm{C} = 3/4\, m$.

a) Wie viele Zusammenstöße finden insgesamt statt, wenn diese elastisch ablaufen? Mit welchen Geschwindigkeiten v_A, v_B und v_C bewegen sich die Waggons nach dem letzten Zusammenstoß?

b) Wie ändert sich das Ergebnis, wenn die beiden stehenden Waggons vertauscht sind?

In den allgemeinen Formeln für v_1' und v_2'

$$v_1' = \frac{(m_1 - m_2)v_1 + 2m_2 v_2}{m_1 + m_2}$$

$$v_2' = \frac{(m_2 - m_1)v_2 + 2m_1 v_1}{m_1 + m_2}$$

werden m_1, m_2, v_1 und v_2 dem jeweiligen Stoß entsprechend ersetzt:

a) *1. Stoß:* Waggon A → Waggon B

$$m_1 = m \qquad m_2 = \frac{m}{2} \qquad v_1 = v_0 \qquad v_2 = 0$$

$$\text{A:}\quad v_1' = \frac{\left(m - \frac{m}{2}\right) v_0}{m + \frac{m}{2}} = \frac{v_0}{3}$$

$$\text{B:}\quad v_2' = \frac{2mv_0}{m + \frac{m}{2}} = \frac{4}{3} v_0$$

2. Stoß: Waggon B → Waggon C

$$m_1 = \frac{m}{2} \qquad m_2 = \frac{3}{4} m \qquad v_1 = \frac{4}{3} v_0 \qquad v_2 = 0$$

$$\text{B:}\quad v_1' = \frac{\left(\frac{m}{2} - \frac{3}{4} m\right) \frac{4}{3} v_0}{\frac{m}{2} + \frac{3}{4} m} = -\frac{4}{15} v_0$$

$$\text{C:}\quad v_2' = \frac{2\frac{m}{2} \cdot \frac{4}{3} v_0}{\frac{m}{2} + \frac{3}{4} m} = +\frac{16}{15} v_0$$

3. Stoß: Waggon A → Waggon B

$$m_1 = m \qquad m_2 = \frac{m}{2} \qquad v_1 = \frac{v_0}{3} \qquad v_2 = -\frac{4}{15} v_0$$

$$\text{A:}\quad v_1' = \frac{\left(m - \frac{m}{2}\right) \cdot \frac{1}{3} v_0 + 2\frac{m}{2}\left(-\frac{4}{15}\right) v_0}{m + \frac{m}{2}} = -\frac{1}{15} v_0$$

$$\text{B:}\quad v_2' = \frac{\left(\frac{m}{2} - m\right)\left(-\frac{4}{15}\right) v_0 + 2m \cdot \frac{1}{3} v_0}{m + \frac{m}{2}} = \frac{8}{15} v_0$$

Vergleich der Geschwindigkeiten:

$v_A = v_1'$ (nach dem 3. Stoß)

$v_B = v_2'$ (nach dem 3. Stoß)

$v_C = v_2'$ (nach dem 2. Stoß)

Nach dem 3. Stoß ist $v_A < v_B < v_C$, daher finden keine weiteren Stöße statt, und die Waggons bewegen sich mit den Geschwindigkeiten

$$\underline{v_A = -\frac{1}{15} v_0} \qquad \underline{v_B = \frac{8}{15} v_0} \qquad \underline{v_C = \frac{16}{15} v_0}.$$

b) *1. Stoß:* Waggon A → Waggon B

$$m_1 = m \qquad m_2 = \frac{3}{4} m \qquad v_1 = v_0 \qquad v_2 = 0$$

$$\text{A:}\quad v_1' = \frac{\left(m - \frac{3}{4}m\right) v_0}{m + \frac{3}{4}m} = \frac{1}{7} v_0$$

$$\text{B:}\quad v_2' = \frac{2 m v_0}{m + \frac{3}{4}m} = \frac{8}{7} v_0$$

2. Stoß: Waggon B → Waggon C

$$m_1 = \frac{3}{4}m \qquad m_2 = \frac{m}{2} \qquad v_1 = \frac{8}{7}v_0 \qquad v_2 = 0$$

$$\text{B:}\quad v_1' = \frac{\left(\frac{3}{4}m - \frac{m}{2}\right)\frac{8}{7}v_0}{\frac{3}{4}m + \frac{m}{2}} = \frac{8}{35} v_0$$

$$\text{C:}\quad v_2' = \frac{\frac{6}{4}m \cdot \frac{8}{7}v_0}{\frac{3}{4}m + \frac{m}{2}} = \frac{48}{35} v_0$$

Vergleich der Geschwindigkeiten:

$v_A = v_1'$ (nach dem 1. Stoß)

$v_B = v_1'$ (nach dem 2. Stoß)

$v_C = v_2'$ (nach dem 2. Stoß)

Es finden nur 2 Stöße statt, und die Waggons bewegen sich mit den Geschwindigkeiten

$$\underline{v_A = \frac{1}{7}v_0} \qquad \underline{v_B = \frac{8}{35}v_0} \qquad \underline{v_C = \frac{48}{35}v_0}.$$

M 5.6 Schmieden

Beim Schmieden sollen 95 Prozent ($f = 0{,}95$) der Energie des Hammers (m_H) zur plastischen Verformung eines Werkstücks ($m_W \ll m_H$) verwendet werden. Der Amboss hat die Masse $m_A = 95$ kg. Welche Masse m_H muss der verwendete Hammer haben? (Die Wechselwirkung mit der Unterlage braucht nicht berücksichtigt zu werden.)

Energiebilanz:

$$\frac{m_H + m_A}{2} v'^2 = (1 - f)\frac{m_H}{2} v^2 \tag{1}$$

Unelastischer Stoß zwischen Hammer und Amboss:

$$m_H v = (m_H + m_A) v'$$

$$v' = \frac{m_H}{m_H + m_A} v \tag{2}$$

(2) in (1):

$$\frac{m_H^2}{2(m_H + m_A)} v^2 = (1 - f)\frac{m_H}{2} v^2$$

$$\frac{m_H}{m_H + m_A} = 1 - f$$

$$m_H = m_H(1 - f) + m_A(1 - f)$$

$$\underline{m_H = m_A \frac{1 - f}{f}} = \underline{\underline{5\ \text{kg}}}$$

M 5.7 Zwei Fahrzeuge

Zwei aneinandergekoppelte Fahrzeuge mit den Massen m_1 und m_2 bewegen sich mit konstanter Geschwindigkeit v_0 auf gerader Bahn. Zwischen beiden Fahrzeugen befindet sich eine (nicht befestigte) um die Länge x zusammengedrückte Feder der Federkonstanten k. Nach Lösen der Kopplung entspannt sich die Feder.

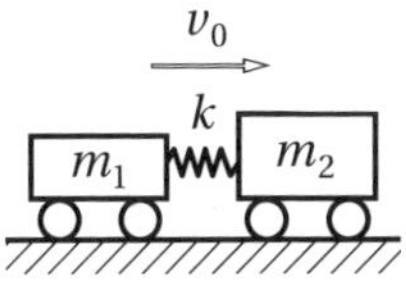

a) Welche Geschwindigkeiten v_1 und v_2 besitzen danach die beiden Fahrzeuge? (Man betrachte Energie und Impuls in einem System, das sich mit dem Schwerpunkt bewegt.)
b) Es sei $m_1 = m_2$ sowie $v_1 = 0$. Wie groß ist dann v_2, und um welche Länge x war die Feder gespannt? Wo ist die Energie des zur Ruhe gekommenen Fahrzeuges geblieben?

$v_0 = 1{,}00\ \mathrm{m/s} \qquad m_1 = m_2 = 500\ \mathrm{kg} \qquad k = 40\ \mathrm{kN/m}$

---

a) Die Lösung ist wesentlich einfacher, wenn der Stoß im (mit v_0) bewegten Bezugssystem behandelt wird.

Impulssatz:

$$0 = m_1 v_1' + m_2 v_2' \quad \Rightarrow \quad v_2' = -\frac{m_1}{m_2} v_1'$$

Energiesatz:

$$\frac{k}{2} x^2 = \frac{m_1}{2} v_1'^2 + \frac{m_2}{2} v_2'^2$$

$$\frac{k}{2} x^2 = \frac{m_1}{2} v_1'^2 + \frac{m_1^2}{2m_2} v_1'^2 \quad \Rightarrow \quad v_1'^2 = \frac{kx^2}{m_1\left(1 + \dfrac{m_1}{m_2}\right)}$$

Vorzeichenfestlegung:

$$v_1' = -\sqrt{\frac{m_2 k}{m_1(m_1 + m_2)}}\,x \qquad v_2' = +\sqrt{\frac{m_1 k}{m_2(m_1 + m_2)}}\,x$$

Übergang zum ruhenden System (Addition von v_0):

$$\underline{v_1 = v_0 - \sqrt{\frac{m_2 k}{m_1(m_1 + m_2)}}\,x} \qquad \underline{v_2 = v_0 + \sqrt{\frac{m_1 k}{m_2(m_1 + m_2)}}\,x}$$

b) $m_1 = m_2, \quad v_1 = 0$:

$$0 = v_0 - \sqrt{\frac{k}{2m_1}}x \quad \Rightarrow \quad \underline{x = v_0\sqrt{\frac{2m_1}{k}}} = \underline{\underline{0{,}16\ \mathrm{m}}}$$

$$v_2 = v_0 + \sqrt{\frac{k}{2m_1}}x \quad \Rightarrow \quad \underline{v_2 = 2v_0} = \underline{\underline{2{,}00\ \mathrm{m/s}}}$$

Die Energie ist auf das bewegte Fahrzeug übertragen worden.

M 5.8 Reflexion

Eine Kugel bewegt sich in einer waagerechten Ebene und stößt unter dem Winkel $\alpha = 45^\circ$ gegen eine starre ebene Wand. Der Stoß ist nicht vollkommen elastisch, vielmehr verliert die Kugel 20 Prozent ihrer kinetischen Energie. Unter welchem Winkel β zur Wandfläche wird sie reflektiert? (Reibung wird vernachlässigt.)

Energiebilanz:

$$\frac{m}{2}v'^2 = 0{,}8\frac{m}{2}v^2$$

$$v' = \sqrt{0{,}8}v$$

Tangentialkomponente des Impulses $p_t = mv_t$ bleibt erhalten (keine Reibung), also auch v_t:

$$mv_{t1} = mv_{t2}$$

$$v\cos\alpha = v'\cos\beta$$

$$\underline{\cos\beta = \frac{\cos\alpha}{\sqrt{0{,}8}}}$$

$$\underline{\underline{\beta = 38^\circ}}$$

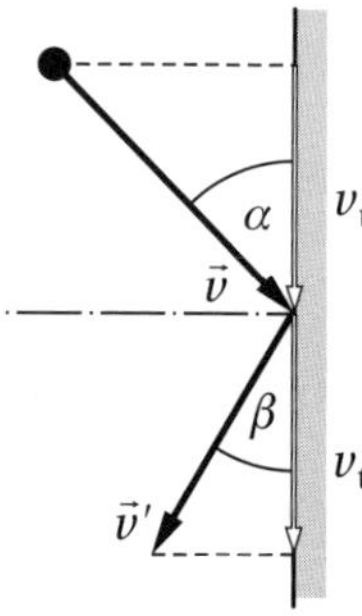

M 5.9 Schiefer Stoß

Eine Kugel mit dem Radius r bewegt sich mit der Geschwindigkeit v_0 so auf eine gleichartige ruhende Kugel zu, dass ein schiefer, vollkommen elastischer Stoß stattfindet. Die Gerade, auf der sich die erste Kugel der zweiten nähert, führt im Abstand d an deren Zentrum vorbei.

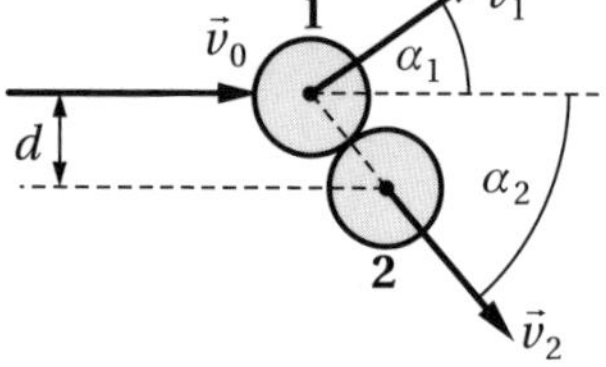

a) Unter welchem Winkel α_2 wird die zweite Kugel gestoßen?

b) Stellen Sie die Aussage des Impulserhaltungssatzes in vektorieller Form zeichnerisch dar!

c) Wie groß ist der Winkel α_1, unter dem sich die erste Kugel nach dem Stoß weiterbewegt?

d) Wie groß sind die Geschwindigkeiten v_1 und v_2 der Kugeln nach dem Stoß?

$d = 12$ mm $\qquad r = 10$ mm $\qquad v_0 = 10$ cm/s

---

a) Beim Stoß ist der Mittelpunktsabstand $2r$:

$$\sin\alpha_2 = \frac{d}{2r}$$

$$\alpha_2 = 37^\circ$$

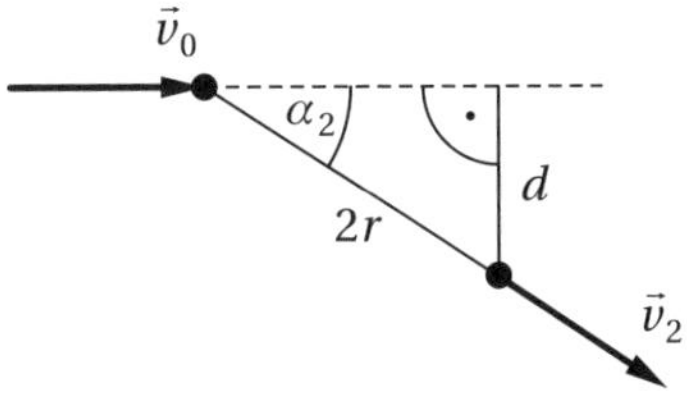

b) $\vec{p}_0 = \vec{p}_1 + \vec{p}_2$

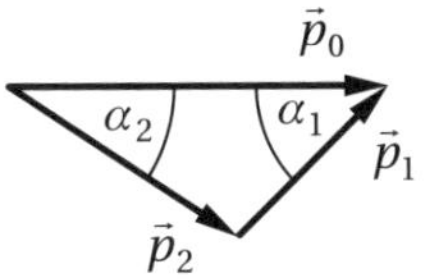

c) Energiesatz:

$$E_0 = E_1 + E_2 \quad \text{mit} \quad E = \frac{m}{2}v^2 = \frac{p^2}{2m} \quad (\text{weil } p = mv)$$

Wegen $m_1 = m_2 = m$ folgt

$$p_0^2 = p_1^2 + p_2^2$$

das heißt, es gilt der Satz von Pythagoras und $\vec{p}_1 \perp \vec{p}_2$.

$$\alpha_1 = 90^\circ - \alpha_2 = 53^\circ$$

d) $\dfrac{v_1}{v_0} = \sin\alpha_2 \qquad \dfrac{v_2}{v_0} = \cos\alpha_2$

$$v_1 = v_0 \sin\alpha_2 = 6 \text{ cm/s}$$

$$v_2 = v_0 \cos\alpha_2 = 8 \text{ cm/s}$$

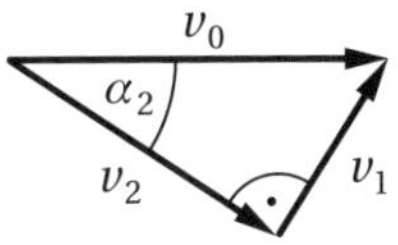

M 5.10 Rakete I

Eine Rakete hat die Startrasse m_0 und hebt sich mit der Anfangsbeschleunigung a_0 senkrecht vom Boden ab. Die Ausströmgeschwindigkeit der Gase ist u. Der Massenausstoß je Sekunde ist zeitlich konstant. Die Leermasse der Rakete hat den Wert m_1. Die Abnahme der Gravitationskraft mit der Höhe soll vernachlässigt werden.

a) Berechnen Sie die Brenndauer t_B des Triebwerkes!

Stellen Sie im Zeitbereich $0 \leqq t \leqq t_B$

b) die Beschleunigung-Zeit-Funktion,

c) die Geschwindigkeit-Zeit-Funktion

für diese Rakete auf!

$m_0 = 2{,}2 \cdot 10^5$ kg $\qquad m_1 = 3{,}0 \cdot 10^4$ kg $\qquad a_0 = 6{,}0$ m/s^2 $\qquad u = 2500$ m/s

a) $ma_x = F_x + u_x \dfrac{\mathrm{d}m}{\mathrm{d}t}$

$u_x = -u$

$q = -\dfrac{\mathrm{d}m}{\mathrm{d}t} > 0$ $\quad q$ als konstanter Massenausstoß

Bewegungsgleichung beim Start:

$m_0 a_0 = -m_0 g + uq$

$q = \dfrac{m_0}{u}(a_0 + g)$

Massenänderung während der Brennphase:

$m_1 = m_0 - q t_\mathrm{B}$

$t_\mathrm{B} = \dfrac{m_0 - m_1}{q}$

$$\underline{t_\mathrm{B} = \left(1 - \frac{m_1}{m_0}\right) \frac{u}{a_0 + g}} = \underline{\underline{137\ \mathrm{s}}}$$

b) Bewegungsgleichung während der Brennphase:

$ma = -mg + uq$

$a = -g + \dfrac{uq}{m}$ $\qquad$ mit $\quad m = m_0 - qt = m_0 - \dfrac{m_0}{u}(a_0 + g)\,t$

$$\underline{a(t) = -g + \frac{a_0 + g}{1 - \frac{a_0 + g}{u} t}}$$

c) $v(t) = \displaystyle\int_0^t a(t)\,\mathrm{d}t \qquad = -gt + (a_0 + g) \int_0^t \frac{\mathrm{d}t}{1 - \frac{a_0 + g}{u} t} \qquad (v_0 = 0)$

Substitution:

$A = 1 - \dfrac{a_0 + g}{u} t$

$(a_0 + g)\,\mathrm{d}t = -u\,\mathrm{d}A$

$$v = -gt - u \int_1^{1 - \frac{a_0+g}{u} t} \frac{\mathrm{d}A}{A}$$

$$\underline{v(t) = -gt - u \ln\left(1 - \frac{a_0 + g}{u} t\right)}$$

M 5.11 Rakete II

Eine Rakete hat die Startmasse m_0 und den zeitlich konstanten Masseausstoß $q = -\mathrm{d}m/\mathrm{d}t$. Die Ausströmgeschwindigkeit der Gase ist u.

a) Mit welcher Beschleunigung a_0 hebt sich die Rakete senkrecht vom Boden ab?
b) Welchen Wert a_1 hat ihre Beschleunigung zur Zeit t_1?
c) Wie groß ist die Schubkraft F_S der Rakete?

$m_0 = 2{,}5 \cdot 10^5\ \mathrm{kg} \qquad u = 3000\ \mathrm{m/s} \qquad t_1 = 10\ \mathrm{s} \qquad q = 1000\ \mathrm{kg/s}$

a) $ma_x = F_x + u_x \dfrac{\mathrm{d}m}{\mathrm{d}t} \qquad u_x = -u$

$m_0 a_0 = -m_0 g + uq$

$\underline{a_0 = -g + \dfrac{uq}{m_0}} = \underline{\underline{2{,}2\ \mathrm{m/s^2}}}$

b) $m_1 a_1 = -m_1 g + uq \quad \text{mit} \quad m_1 = m_0 - qt_1$

$\underline{a_1 = -g + \dfrac{uq}{m_0 - qt_1}} = \underline{\underline{2{,}7\ \mathrm{m/s^2}}}$

c) $\underline{F_S = uq} = \underline{\underline{3{,}0\ \mathrm{MN}}}$

M 5.12 Landesektion

Eine Landesektion (Startmasse m_0) soll von der Mondoberfläche aus auf eine Mondumlaufbahn gebracht werden. Die dazu erforderliche Geschwindigkeit v_1 wird durch Raketentriebwerke mit der Schubkraft F_0 erzeugt. Die Geschwindigkeit der aus dem Triebwerk ausströmenden Gase ist u.

a) Wie groß ist der Massenausstoß $q = -\mathrm{d}m/\mathrm{d}t$ der Triebwerke?
b) Welche Leistung P ist für die Erzeugung des Triebwerkstrahles erforderlich?
c) Wie groß ist die Restmasse m_1 der Landesektion im Orbit?
d) Wie lange (t_1) dauert die Beschleunigungsphase?
e) Wie groß sind die höchste und die niedrigste Beschleunigung a_1 und a_0?
f) Welcher Anteil der von den Triebwerken gelieferten Energie ist der Landesektion zugeführt worden (Wirkungsgrad ε)?

$v_1 = 1{,}73\ \mathrm{km/s} \qquad m_0 = 13{,}6\ \mathrm{t} \qquad u = 2{,}90\ \mathrm{km/s} \qquad F_0 = 260\ \mathrm{kN}$

(Die Gravitationswirkung des Mondes kann bei der Lösung dieser Aufgabe unberücksichtigt bleiben. Die angegebene Startgeschwindigkeit reicht aus, um eine Kreisbahn in 90 km Höhe einzunehmen.)

---

a) $F_0 = u_x \dfrac{\mathrm{d}m}{\mathrm{d}t} = qu \quad (u_x = -u)$

$\underline{q = \dfrac{F_0}{u}} = \underline{\underline{90\ \mathrm{kg/s}}}$

b) Kinetische Energie der Gase:

$E_G = \dfrac{1}{2} m_G u^2$

$P = \dfrac{\mathrm{d}E_G}{\mathrm{d}t} = \dfrac{1}{2} u^2 \dfrac{\mathrm{d}m_G}{\mathrm{d}t} = \dfrac{1}{2} u^2 q$ ($\mathrm{d}m_G$ ist die Massenzunahme des Strahles)

$\underline{P = \dfrac{1}{2} F_0 u} = \underline{\underline{377\ \mathrm{MW}}}$

c) $ma = F_0$

$$m = m_0 - qt = m_0 - \frac{F_0}{u} t$$

$$a = \frac{F_0}{m_0 - \frac{F_0}{u} t}$$

$$v_1 = \int_0^{t_1} a \, \mathrm{d}t = \int_0^{t_1} \frac{F_0 \, \mathrm{d}t}{m_0 - \frac{F_0}{m} t}$$

Substitution: $m = m_0 - \frac{F_0}{u} t$

$$F_0 \, \mathrm{d}t = -u \, \mathrm{d}m$$

$$v_1 = -\int_{m_0}^{m_1} \frac{u \, \mathrm{d}m}{m} = -u \ln \frac{m_1}{m_0}$$

$$\underline{m_1 = m_0 \, \mathrm{e}^{-\frac{v_1}{u}}} = \underline{\underline{7{,}5 \text{ t}}}$$

d) $m_1 = m_0 - \frac{F_0}{u} t_1$

$$t_1 = \frac{(m_0 - m_1)\, u}{F_0}$$

$$\underline{t_1 = \frac{m_0 u}{F_0} \left(1 - \mathrm{e}^{-\frac{v_1}{u}}\right)} = \underline{\underline{68 \text{ s}}}$$

e) $\underline{a_0 = \frac{F_0}{m_0}} = \underline{\underline{19 \text{ m/s}^2}}$

$$a_1 = \frac{F_0}{m_1}$$

$$\underline{a_1 = \frac{F_0}{m_0} \mathrm{e}^{\frac{v_1}{u}}} = \underline{\underline{35 \text{ m/s}^2}}$$

f) $\varepsilon = \frac{E_{k1}}{P t_1} = \frac{m_1 v_1^2}{2 P t_1}$

$$\underline{\varepsilon = \frac{\left(\frac{v_1}{u}\right)^2}{\mathrm{e}^{\frac{v_1}{u}} - 1}} = \underline{\underline{0{,}44}}$$

M 6 Bewegung im Zentralfeld

M 6.1 Meteoroid

Ein Meteoroid nähert sich der Erde und bewegt sich im kürzesten Abstand r_P vom Erdmittelpunkt mit der Geschwindigkeit v_P.

Welche Geschwindigkeit v_0 hatte er in sehr großer Entfernung von der Erde?

$r_P = 7000$ km $\quad v_P = 20{,}0$ km/s

Energiesatz:

$$E_k(r_P) + E_p(r_P) = E_k(\infty) + E_p(\infty)$$

$$\frac{m}{2}v_P^2 - \frac{Gmm_E}{r_P} = \frac{m}{2}v_0^2 + 0$$

$$v_0 = \sqrt{v_P^2 - 2\frac{Gm_E}{r_P}} = \underline{\underline{16{,}9 \text{ km/s}}}$$

M 6.2 Satellit I

Ein Satellit bewegt sich in der Höhe h über der Erdoberfläche mit einer Geschwindigkeit v_1, wobei $\vec{r}_1$ und $\vec{v}_1$ einen rechten Winkel bilden (Perigäum).

a) Welche Geschwindigkeit v_A hat der Satellit in maximaler Entfernung r_A vom Erdmittelpunkt? Wie groß ist r_A?

b) Welche Geschwindigkeit v_2 hat er an einer anderen Stelle r_2 der Bahn? Welchen Winkel α_2 bildet dort der Geschwindigkeitsvektor $\vec{v}_2$ mit dem Ortsvektor $\vec{r}_2$?

$h = 200$ km $\quad v_1 = 8{,}30$ km/s $\quad r_2 = 7670$ km

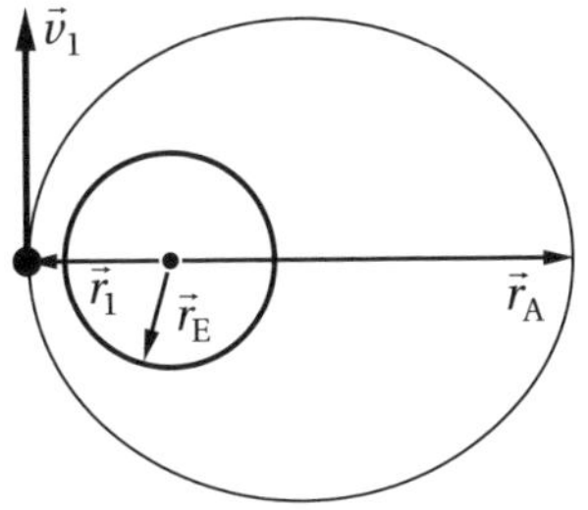

a) Energiesatz:

$$\frac{m}{2}v_1^2 - G\frac{mm_E}{r_1} = \frac{m}{2}v_A^2 - G\frac{mm_E}{r_A}$$

Drehimpulssatz (mit $\alpha_1 = \alpha_A = 90°$):

$$mv_1r_1 = mv_Ar_A \quad \Rightarrow \quad \frac{1}{r_A} = \frac{v_A}{v_1r_1}$$

$$v_A^2 - \frac{2Gm_E}{v_1r_1}v_A = v_1^2 - \frac{2Gm_E}{r_1}$$

$$v_A = \frac{Gm_E}{v_1r_1} \pm \sqrt{v_1^2 - 2\frac{Gm_E}{v_1r_1}v_1 + \left(\frac{Gm_E}{v_1r_1}\right)^2}$$

$$v_A = 2\frac{Gm_E}{v_1r_1} - v_1 = \underline{\underline{6{,}32 \text{ km/s}}} \qquad (r_1 = r_E + h = 6570 \text{ km})$$

Der Fall $v_A = v_1$ ist ohne Bedeutung.

$$r_A = r_1\frac{v_1}{v_A} = \underline{\underline{8630 \text{ km}}}$$

b) $\frac{m}{2}v_1^2 - G\frac{mm_E}{r_1} = \frac{m}{2}v_2^2 - G\frac{mm_E}{r_2}$

$v_2 = \sqrt{v_1^2 - 2Gm_E\left(\frac{1}{r_1} - \frac{1}{r_2}\right)}$

$v_2 = \underline{\underline{7{,}18\ \text{km/s}}}$

$mv_1r_1 = mv_2r_2 \sin\alpha_2$

$\sin\alpha_2 = \frac{v_1r_1}{v_2r_2}$

$\underline{\underline{\alpha_2 = 82°}}$

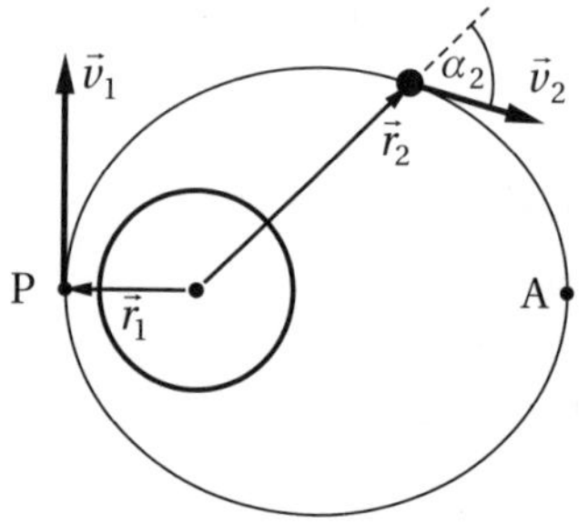

M 6.3 Satellit II

Ein Satellit hat im Apozentrum seiner Bahn die Geschwindigkeit v_A und im Perizentrum die Geschwindigkeit v_P.

a) Wie weit sind Apozentrum und Perizentrum vom Erdmittelpunkt entfernt?

b) Welche Umlaufdauer hat der Satellit?

$v_A = 4{,}13\ \text{km/s} \qquad v_P = 6{,}82\ \text{km/s}$

---

a) Energiesatz:

$$\frac{m}{2}v_A^2 - G\frac{mm_E}{r_A} = \frac{m}{2}v_P^2 - G\frac{mm_E}{r_P}$$

Drehimpulssatz:

$$mv_Ar_A = mv_Pr_P \quad\Rightarrow\quad r_P = \frac{v_Ar_A}{v_P}$$

$$v_A^2 - \frac{2Gm_E}{r_A} = v_P^2 - 2Gm_E\frac{v_P}{v_Ar_A}$$

$$\frac{1}{r_A}2Gm_E\left(\frac{v_P}{v_A} - 1\right) = v_P^2 - v_A^2$$

$$r_A = \frac{2Gm_E}{v_A(v_P + v_A)} = \underline{\underline{17\,600\ \text{km}}}$$

Aufgrund der Symmetrie der Ausgangsgleichung kann man r_P durch Vertauschen der Indizes erhalten:

$$r_P = \frac{2Gm_E}{v_P(v_P + v_A)} = \underline{\underline{10\,700\ \text{km}}}$$

b) 3. Keplersches Gesetz ($m \ll m_E$):

$$\frac{a^3}{T^2} = \frac{Gm_E}{4\pi^2}$$

$$a = \frac{r_P + r_A}{2}$$ und mit r_P und r_A aus Teillösung a):

$$a = \frac{Gm_E}{v_P + v_A}\left(\frac{1}{v_A} + \frac{1}{v_P}\right) = \frac{Gm_E}{v_Av_P}$$

$$T = \frac{2\pi Gm_E}{\sqrt{v_Av_P}^3} = \underline{\underline{4\ \text{h}\,39\ \text{min}}}$$

M 6.4 Merkur

Der Merkur hat den Perihelabstand r_P und den Aphelabstand r_A zur Sonne.
a) Wie groß ist seine Umlaufdauer um die Sonne?
b) Wie groß sind seine Bahngeschwindigkeiten v_P und v_A im Perihel und Aphel?

Die Umlaufzeit T_0 der Erde und der Erdbahnradius r_0 werden als bekannt vorausgesetzt.

$r_P = 46{,}0 \cdot 10^6$ km $\qquad r_A = 69{,}8 \cdot 10^6$ km

---

a) 3. Keplersches Gesetz (Vergleich mit der Erde):

$$\left(\frac{T}{T_0}\right)^2 = \left(\frac{a}{r_0}\right)^3$$

$$a = \frac{r_A + r_P}{2}$$

$$\Rightarrow \quad \underline{T = T_0 \sqrt{\frac{r_P + r_A}{2r_0}}^{\,3}} = \underline{\underline{88\ \text{d}}}$$

b) Energiesatz:

$$\frac{m}{2} v_P^2 - \frac{Gmm_S}{r_P} = \frac{m}{2} v_A^2 - \frac{Gmm_S}{r_A}$$

$$v_P^2 - v_A^2 = 2Gm_S \frac{r_A - r_P}{r_A r_P}$$

Drehimpulssatz:

$$mv_P r_P = mv_A r_A$$

$$v_A = v_P \frac{r_P}{r_A}$$

$$\Rightarrow \quad v_P^2 \left[1 - \left(\frac{r_P}{r_A}\right)^2\right] = 2Gm_S \frac{r_A - r_P}{r_A r_P}$$

$$\underline{v_P = \sqrt{\frac{2Gm_S r_A}{r_P(r_A + r_P)}}} = \underline{\underline{59\ \text{km/s}}}$$

$$\underline{v_A = v_P \frac{r_P}{r_A}} = \underline{\underline{39\ \text{km/s}}}$$

M 6.5 Raumschiff

Ein Raumschiff hat bei Brennschluss der letzten Raketenstufe die Höhe h_1 und die Geschwindigkeit v_1 erreicht. In der Höhe h_2 bewegt es sich in der Richtung α_2 gegenüber dem Ortsvektor vom Erdmittelpunkt.
a) Welche Geschwindigkeit v_2 hat es in der Höhe h_2?
b) In welcher Richtung α_1 hat es sich bei Brennschluss bewegt?

$h = 1000$ km $\qquad h_2 = 20\,000$ km $\qquad v_1 = 9{,}60$ km/s $\qquad a_2 = 45°$

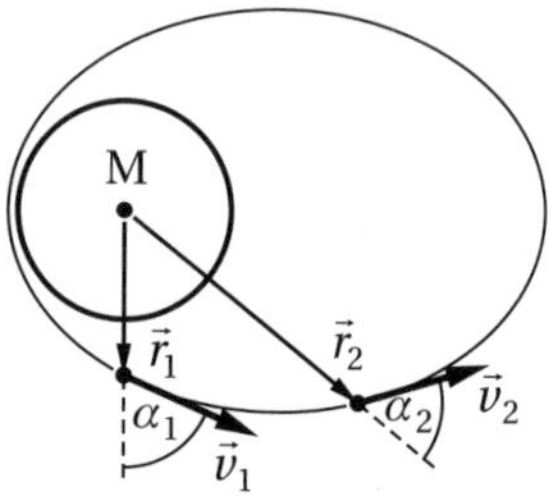

a) Energiesatz:

$$\frac{m}{2}v_1^2 - \frac{Gmm_E}{r_1} = \frac{m}{2}v_2^2 - \frac{Gmm_E}{r_2}$$

$$v_2^2 = v_1^2 - 2Gm_E\left(\frac{1}{r_1} - \frac{1}{r_2}\right)$$

$$r_1 = r_E + h_1$$

$$r_2 = r_E + h_2$$

$$\underline{v_2 = \sqrt{v_1^2 - 2Gm_E\left(\frac{1}{r_E + h_1} - \frac{1}{r_E + h_2}\right)}} = \underline{\underline{3{,}77\ \mathrm{km/s}}}$$

b) Drehimpulssatz:

$$mv_1r_1 \sin\alpha_1 = mv_2r_2 \sin\alpha_2$$

$$\underline{\sin\alpha_1 = \frac{v_2(r_E + h_2)}{v_1(r_E + h_1)}\sin\alpha_2} \qquad \underline{\underline{\alpha_1 = 84^\circ}}$$

M 6.6 Mondmeteoroid

Ein Meteoroid trifft mit der Geschwindigkeit v_1 und unter dem Winkel β_1 auf der Mondoberfläche auf.

a) Auf was für einer Bahn hat sich der Meteoroid dem Mond genähert?
b) In welcher Entfernung vom Mondmittelpunkt befindet sich das Perizentrum seiner (fortgesetzt gedachten) Bahnkurve?

Die Gravitationswirkung von Erde und Sonne soll unberücksichtigt bleiben.

Masse des Mondes: $m_M = 7{,}35 \cdot 10^{22}$ kg
Mondradius: $r_M = 1740$ km

$v_1 = 3{,}00$ km/s $\qquad \beta_1 = 30^\circ$

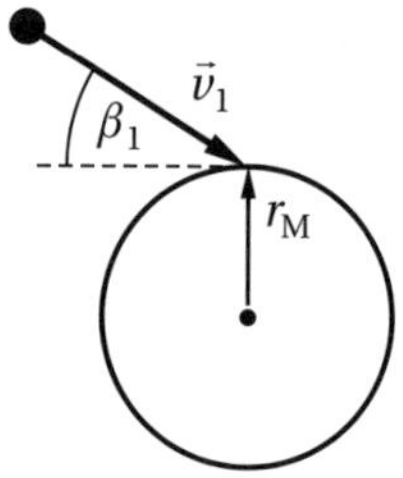

a) Das Vorzeichen der Energie gibt Auskunft über die Bahnkurve:

$$E = \frac{m}{2}v_1^2 - \frac{Gmm_M}{r_M} = \underline{\frac{m}{2}\left(1{,}83\ \frac{\mathrm{km}}{\mathrm{s}}\right)^2 > 0} \quad \Rightarrow \quad \text{Hyperbel}$$

b) Energiesatz:

$$\frac{m}{2}v_P^2 - \frac{Gmm_M}{r_P} = \frac{m}{2}v_1^2 - \frac{Gmm_M}{r_M}$$

$$v_P^2 - 2Gm_M\frac{1}{r_P} = v_1^2 - 2Gm_M\frac{1}{r_M}$$

Drehimpulssatz:

$$mv_Pr_P = mv_1r_M\cos\beta_1$$

$$v_P = \frac{1}{r_P}v_1r_M\cos\beta_1$$

$$\Rightarrow \left(\frac{1}{r_P}\right)^2 - \frac{2Gm_M}{v_1^2 r_M^2 \cos^2\beta_1}\left(\frac{1}{r_P}\right) - \frac{v_1^2 - \frac{2Gm_M}{r_M}}{v_1^2 r_M^2 \cos^2\beta_1} = 0$$

$$\frac{1}{r_P} = \frac{Gm_M}{v_1^2 r_M^2 \cos^2\beta_1} \overset{+}{(-)} \sqrt{\left(\frac{Gm_M}{v_1^2 r_M^2 \cos^2\beta_1}\right)^2 + \frac{v_1^2 - \frac{2Gm_M}{r_M}}{v_1^2 r_M^2 \cos^2\beta_1}}$$

Negatives Vorzeichen der Wurzel entfällt wegen

$v_1^2 - \frac{2Gm_M}{r_M} > 0$ und $r_P > 0$.

Mit $A = \frac{v_1^2 r_M}{Gm_M} = 3{,}193$ wird

$$\underline{r_P = r_M \frac{A\cos^2\beta_1}{1 + \sqrt{1 + (A-2)A\cos^2\beta_1}}} = \underline{\underline{1400\ \text{km}}}$$

M 6.7 Erdbahn

Wie kann man

a) die Geschwindigkeit v_0 der Erde auf ihrer Bahn um die Sonne und

b) die Masse m_S der Sonne

aus dem Erdbahnradius r_0 und der Umlaufdauer T_0 der Erde um die Sonne bestimmen?

---

a) $v_0 = \omega_0 r_0$

$$\omega_0 = \frac{2\pi}{T_0}$$

$$T_0 = 1\ \text{a} = 365\ \text{d}$$

$$\underline{v_0 = \frac{2\pi t_0}{T_0}} = \underline{\underline{29{,}8\ \text{km/s}}}$$

b) Bewegungsgleichung:

$$m_E a_r = F_r$$

$$m_E \omega_0^2 r_0 = G\frac{m_E m_S}{r_0^2}$$

$$m_S = \frac{\omega_0^2 r_0^3}{G}$$

$$\underline{m_S = \frac{4\pi^2 r_0^3}{GT_0^2}} = \underline{\underline{1{,}99 \cdot 10^{30}\ \text{kg}}}$$

M 6.8 Kosmische Geschwindigkeiten

Ein Raumflugkörper soll gestartet werden.

a) Welche Geschwindigkeit v_2 muss er an der Erdoberfläche besitzen, um außerhalb des Gravitationsfeldes der Erde auf die Erdbahn um die Sonne zu gelangen (2. kosmische Geschwindigkeit)?

b) Welche Geschwindigkeit v_F muss er im Erdbahnabstand r_0 von der Sonne haben, um das Sonnensystem verlassen zu können (Fluchtgeschwindigkeit)?

c) Welche Geschwindigkeit v_3 an der Erdoberfläche würde zum Verlassen des Sonnensystems ausreichen (3. kosmische Geschwindigkeit)?

Bahngeschwindigkeit der Erde: $v_0 = \frac{2\pi r_0}{T_0} \quad (T_0 = 365\ \text{d})$

---

a) Die potenzielle Energie im Gravitationsfeld der Sonne ändert sich auf der Erdbahn nicht.

Energiesatz im System der Erde:

$E_k(r_E) + E_p(r_E) = E_k(r') + E_p(r') \qquad r' \gg r_E$ (jedoch Abstand r_0 von der Sonne)

$$\frac{m}{2}v_2^2 - \frac{Gmm_E}{r_E} = 0 + 0 \quad \Rightarrow \quad \underline{v_2 = \sqrt{\frac{2Gm_E}{r_E}}} = \underline{\underline{11{,}2\ \text{km/s}}}$$

b) Energiesatz im System der Sonne:

$E_k(r_0) + E_p(r_0) = E_k(\infty) + E_p(\infty)$

$$\frac{m}{2}v_F^2 - \frac{Gmm_S}{r_0} = 0 + 0 \quad \Rightarrow \quad \underline{v_F = \sqrt{\frac{2Gm_S}{r_0}}} = \underline{\underline{42{,}1\ \text{km/s}}}$$

c) Energiesatz für das Verlassen des Gravitationsfeldes der Erde (im Erdsystem):

$E_k(r_E) + E_p(r_E) = E_k(r') + E_p(r') \qquad r'$ wie in a)

$$\frac{m}{2}v_3^2 - G\frac{mm_E}{r_E} = \frac{m}{2}v_3'^2 + 0$$

v_3' ist die Relativgeschwindigkeit zur Erde, wenn sich die potenzielle Energie im Gravitationsfeld der Sonne noch *nicht* geändert hat (Abstand r_0 von der Sonne).

$v_3^2 = v_2^2 + v_3'^2$

Übergang zum Bezugssystem der Sonne:

$v_0 + v_3' = v_F$

$$\underline{v_3 = \sqrt{v_2^2 + (v_F - v_0)^2}} = \underline{\underline{16{,}7\ \text{km/s}}}$$

M 6.9 Marssonde

Eine Marssonde wird von der Erdbahn aus in Bewegungsrichtung der Erde gestartet und soll den Mars im sonnennächsten Punkt seiner Bahn gerade erreichen (Perihel der Marsbahn = Aphel der Sondenbahn).

a) Welche Anfangsgeschwindigkeit v_1 muss die Marssonde (außerhalb des Erdschwerefeldes) haben?

b) Mit welcher Geschwindigkeit v_2 erreicht die Sonde die Marsbahn? (Die Gravitationswirkung des Mars bleibe bis dahin unberücksichtigt.)

c) Welche Zeit τ dauert der Flug der Sonde zum Mars?

Kleinster Abstand Sonne – Mars: $r_2 = 207 \cdot 10^6\ \text{km}$

---

a) Die Ellipsenbahn der Sonde hat ihr Perihel bei der Erdbahn ($\vec{r}_0, \vec{v}_1$) und ihr Aphel bei der Marsbahn ($\vec{r}_2, \vec{v}_2$).

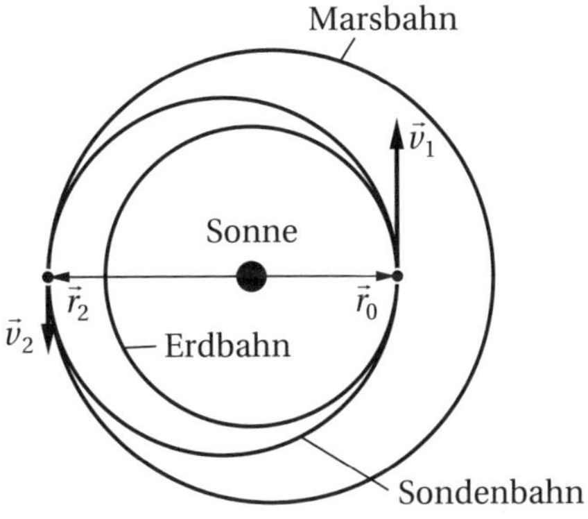

Energiesatz:

$$\frac{m}{2}v_1^2 - G\frac{mm_S}{r_0} = \frac{m}{2}v_2^2 - G\frac{mm_S}{r_2}$$

$$v_1^2 - \frac{2Gm_S}{r_0} = v_2^2 - \frac{2Gm_S}{r_2}$$

Drehimpulssatz:

$$mv_1r_0 = mv_2r_2$$

$$v_2 = v_1\frac{r_0}{r_2}$$

$$\Rightarrow \quad v_1^2\left[1 - \left(\frac{r_0}{r_2}^2\right)\right] = 2Gm_S\left(\frac{1}{r_0} - \frac{1}{r_2}\right)$$

$$\underline{v_1 = \sqrt{\frac{2Gm_Sr_2}{r_0(r_2+r_0)}}} = \underline{\underline{32{,}1\ \text{km/s}}}$$

b) $\underline{v_2 = v_1\frac{r_0}{r_2}} = \underline{\underline{23{,}2\ \text{km/s}}}$

c) $\tau = \frac{T}{2}$

Ermittlung von T mit dem dritten Keplerschen Gesetz durch Vergleich mit der Erde ($m \ll m_S$):

$$\left(\frac{T}{T_0}\right)^2 = \left(\frac{a}{r_0}\right)^3 \qquad a = \frac{r_2 + r_0}{2}$$

$$T = T_0\sqrt{\left(\frac{r_2+r_0}{2r_0}\right)^3} \qquad T_0 = 365\ \text{d}$$

$$\underline{\tau = \frac{T_0}{4\sqrt{2}}\sqrt{1+\frac{r_2}{r_0}}^{\,3}} = \underline{\underline{237\ \text{d}}}$$

M 6.10 Halleyscher Komet

Der Halleysche Komet nähert sich der Sonne bis auf 0,587 Erdbahnradien. Er wurde am 20. April 1910 zum 29. Mal im sonnennächsten Punkt beobachtet und hat diesen am 30. April 1986 zum 30. Mal erreicht. Wie viele Erdbahnradien beträgt seine Apheldistanz r_A?

Drittes Keplersches Gesetz; Vergleich Erde (T_0, r_0) mit Komet Halley (T, a):

$$\left(\frac{T}{T_0}\right)^2 = \left(\frac{a}{r_0}\right)^3 \qquad a = \frac{r_A + r_P}{2}$$

$$a = r_0\sqrt[3]{\frac{T}{T_0}}^{\,2} \qquad r_A = 2a - r_P$$

$$\Rightarrow \quad r_A = 2r_0\sqrt[3]{\frac{T}{T_0}}^{\,2} - r_P$$

$$T_0 = 1\ \text{a}$$
$$T = 76{,}03\ \text{a}$$
$$\frac{r_A}{r_0} = 2\sqrt[3]{\frac{T}{T_0}}^{\,2} - \frac{r_P}{r_0} = \underline{\underline{35{,}3}}$$

M 6.11 Doppelstern

Ein Doppelstern hat die Umlaufzeit T und das Massenverhältnis $\mu = m_1/m_2$. Der maximale Sternabstand ist a.

a) In welcher maximalen Entfernung r_1 vom ersten Stern liegt das Zentrum der Bewegung?

b) Wie groß sind m_1 und m_2 im Verhältnis zur Sonnenmasse?

$T = 9\ \text{h}\,48\ \text{min} \qquad \mu = 2{,}36 \qquad a = 2{,}02 \cdot 10^6\ \text{km}$

---

a) Zentrum der Bewegung = Massenmittelpunkt

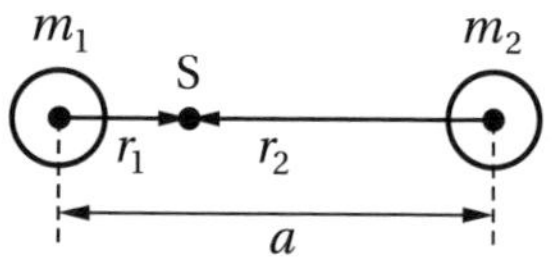

$$\frac{r_1}{r_2} = \frac{m_2}{m_1} \qquad r_1 + r_2 = a$$

$$\Rightarrow \quad r_1\left(1 + \frac{m_1}{m_2}\right) = a$$

$$r_1 = \frac{a}{1+\mu} = \underline{\underline{0{,}60 \cdot 10^6\ \text{km}}}$$

b) Drittes Keplersches Gesetz:

$$\frac{a^3}{T^2} = \frac{G}{4\pi^2}(m_1 + m_2) = \frac{G}{4\pi^2}(\mu + 1)m_2$$

$$m_2 = \left(\frac{2\pi}{T}\right)^2 \frac{a^3}{G(1+\mu)} = 1{,}17 \cdot 10^{30}\ \text{kg} = \underline{\underline{0{,}59\ m_S}}$$

$$m_1 = \mu m_2 = \underline{\underline{1{,}39\ m_S}}$$

M 7 Statik

M 7.1 Laterne

Eine Straßenlaterne der Masse m hängt in der Mitte eines zwischen zwei Häusern gespannten Drahtseiles der Länge l. Die beiden gleich hohen Befestigungspunkte des Seiles haben den Abstand $b < l$. Wie groß ist die im Seil auftretende Kraft F?

$l = 10{,}5\ \text{m} \qquad b = 10{,}0\ \text{m} \qquad m = 8{,}00\ \text{kg}$

$$\sin\alpha = \frac{mg}{2F}$$

$$F = \frac{mg}{2\sin\alpha}$$

$$\cos\alpha = \frac{b}{l}$$

$$\sin^2\alpha + \cos^2\alpha = 1$$

$$F = \frac{mg}{2\sqrt{1-\cos^2\alpha}}$$

$$F = \frac{mg}{2\sqrt{1-\left(\frac{b}{l}\right)^2}} = \underline{\underline{129\ \text{N}}}$$

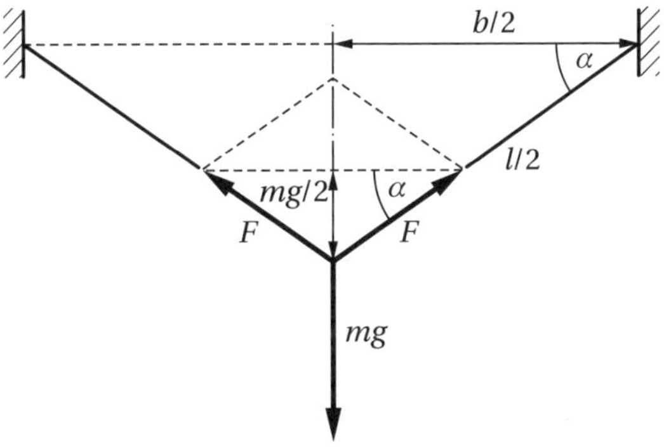

M 7.2 Lampe

Ein schwenkbarer Lampenhalter hat die Masse m_1. Der Abstand seines Massenmittelpunktes S_1 von der Drehachse ist s und h der Abstand der Stützstellen A und B. Die Lampe der Masse m_2 ist in der Entfernung l von der Achse angebracht.

Welche Stützkräfte greifen horizontal (x-Richtung) und vertikal (y-Richtung) in den Punkten A und B an?

$m_1 = 1{,}5$ kg $\quad m_2 = 1{,}2$ kg

$s = 0{,}40$ m $\quad l = 1{,}00$ m $\quad h = 0{,}25$ m

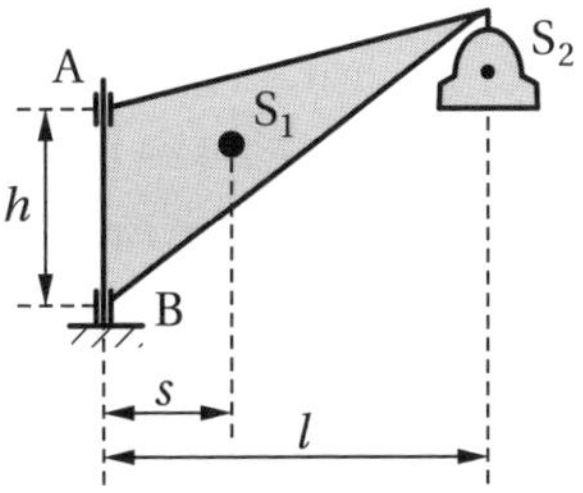

Kräftegleichgewicht:

$F_{Ax} + F_{Bx} = 0$

$F_{By} - (m_1 + m_2)g = 0$

Momentengleichgewicht im Punkt B:

$m_1 g s + m_2 g l + F_{Ax} h = 0$

$$\Rightarrow \quad F_{Ax} = -\frac{m_1 s + m_2 l}{h} g = \underline{\underline{-71\ \text{N}}}$$

$$F_{Bx} = -F_{Ax} = \underline{\underline{+71\ \text{N}}}$$

$$F_{By} = (m_1 + m_2)g = \underline{\underline{26\ \text{N}}}$$

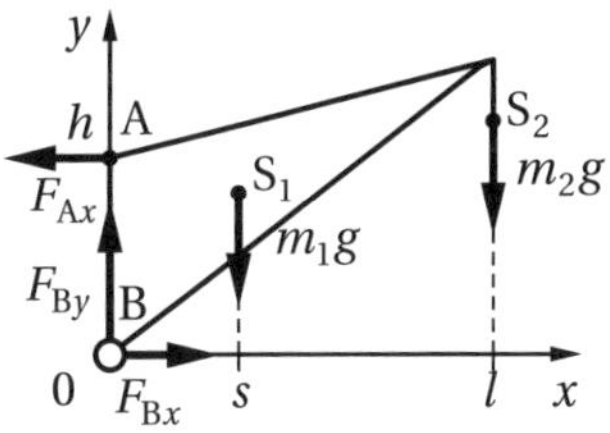

M 7.3 Träger

Ein Träger ist im Punkt A durch ein festes Lager und im Punkt B durch ein Gleitlager gestützt. Welche Stützkräfte sind wirksam, wenn die in der Figur angegebenen Kräfte F_1, F_2 und F_3 angreifen?

$F_1 = F_3 = 1000$ N $\quad F_2 = 500$ N

$\alpha = 60°$

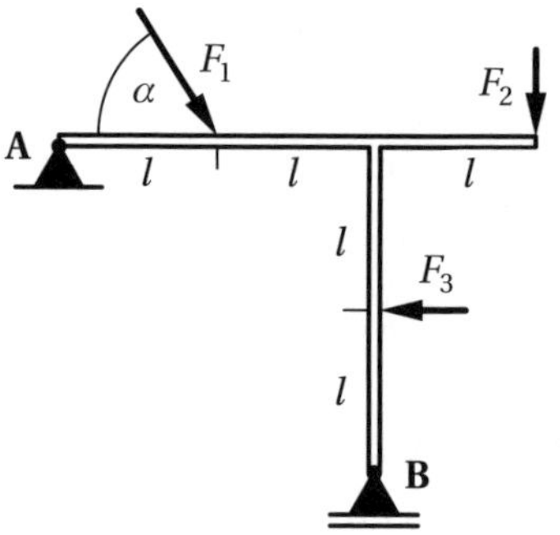

Gleichgewichtsbedingungen:

$F_{Ax} + F_1 \cos\alpha - F_3 = 0$

$F_{Ay} + F_B - F_1 \sin\alpha - F_2 = 0$

Drehmomente auf Punkt A bezogen, ergeben:

$F_1 l \sin\alpha + F_2 \cdot 3l + F_3 l - F_B \cdot 2l = 0$

$$\Rightarrow \quad F_{Ax} = F_3 - F_1 \cos\alpha = \underline{\underline{500\text{ N}}}$$

$$F_B = \frac{1}{2} F_1 \sin\alpha + \frac{3}{2} F_2 + \frac{1}{2} F_3 = \underline{\underline{1683\text{ N}}}$$

$$F_{Ay} = F_1 \sin\alpha + F_2 - F_B$$

$$F_{Ay} = \frac{1}{2} F_1 \sin\alpha - \frac{1}{2} F_2 - \frac{1}{2} F_3 = \underline{\underline{-317\text{ N}}}$$

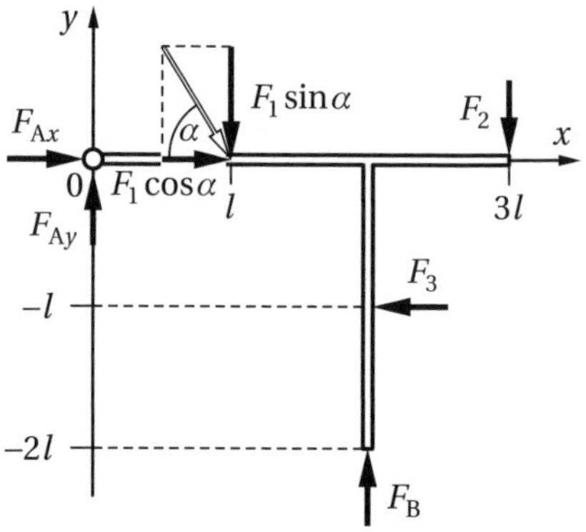

M 7.4 Stabkräfte

Eine homogene Scheibe (Eigengewichtskraft F_G) wird durch drei Stäbe gehalten. Man berechne die Stabkräfte F_1, F_2 und F_3!

$\alpha = 30° \quad \beta = 45° \quad F_G = 1000$ N

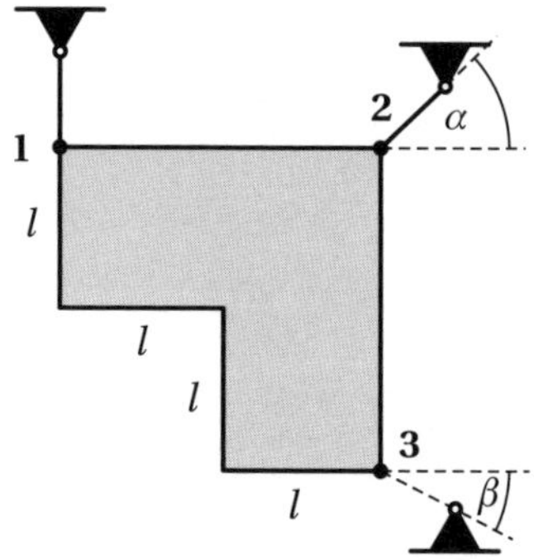

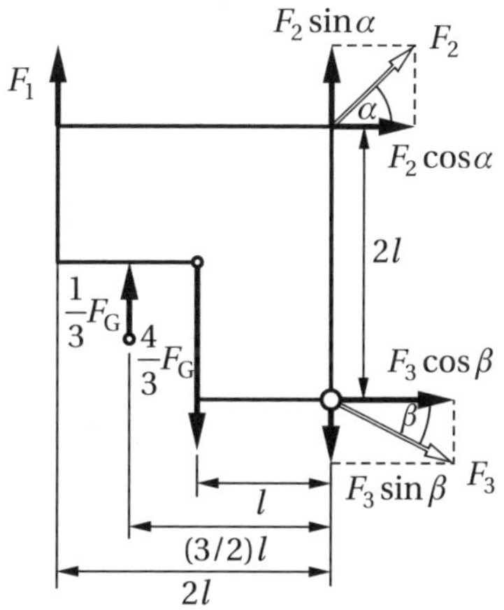

Zugkräfte werden positiv bewertet. Scheibe wird ersetzt durch „positives" und „negatives" Quadrat.

Gleichgewichtsbedingungen:

$$F_2 \cos\alpha + F_3 \cos\beta = 0$$

$$F_1 + F_2 \sin\alpha - F_3 \sin\beta - F_G = 0$$

Drehmomente auf Punkt 3 bezogen:

$$F_1 \cdot 2l + F_2 \cos\alpha \cdot 2l + \frac{1}{3}F_G \cdot \frac{3}{2}l - \frac{4}{3}F_G l = 0$$

Geordnetes Gleichungssystem:

$$\begin{array}{rl|l} F_2 \cos\alpha + F_3 \cos\beta & = 0 & \cdot \sin\beta \\ F_1 + F_2 \sin\alpha - F_3 \sin\beta & = F_G & \cdot \cos\beta \\ F_1 + F_2 \cos\alpha & = \frac{5}{12}F_G & \cdot (-\cos\beta) \end{array}$$

$$F_2(\cos\alpha \sin\beta + \sin\alpha \cos\beta - \cos\alpha \cos\beta) = \frac{7}{12}F_G \cos\beta$$

$$\Rightarrow \quad \underline{F_2 = \frac{7}{\sin\alpha + \cos\alpha(\tan\beta - 1)} \frac{F_G}{12}} = \underline{\underline{1167\ \text{N}}}$$

$$F_1 = \frac{5}{12}F_G - F_2 \cos\alpha$$

$$\underline{F_1 = \left(5 - \frac{7}{\tan\alpha + \tan\beta - 1}\right) \frac{F_G}{12}} = \underline{\underline{-574\ \text{N}}}$$

$$F_3 = -F_2 \frac{\cos\alpha}{\cos\beta}$$

$$\underline{F_3 = \frac{-7}{\sin\beta + \cos\beta(\tan\alpha - 1)} \frac{F_G}{12}} = \underline{\underline{-1429\ \text{N}}}$$

M 7.5 Quadratische Platte

Eine quadratische Platte mit der Gewichtskraft F_G ist an drei Stäben aufgehängt. An ihr greift zusätzlich die Kraft F an.

Berechnen Sie die Stabkräfte F_1, F_2 und F_3!

$F_G = 800$ N $\quad F = 1000$ N $\quad \alpha = 30°$

Zugkräfte sind positiv.

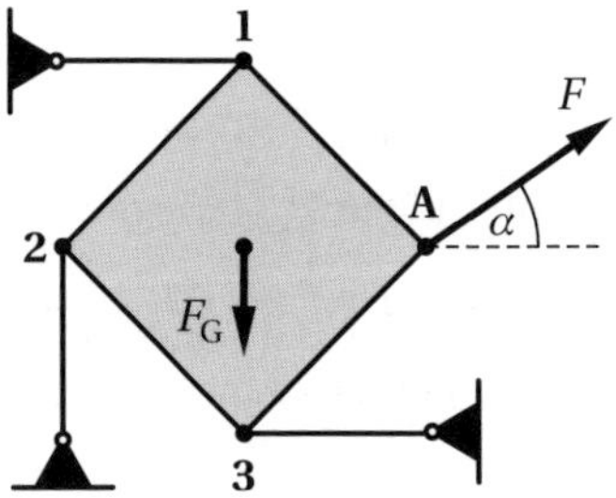

Gleichgewichtsbedingungen:

$F_3 + F\cos\alpha - F_1 = 0$

$F\sin\alpha - F_2 - F_G = 0$

Drehmomente auf Punkt A bezogen:

$F_1 r + F_2 \cdot 2r + F_3 r + F_G r = 0$

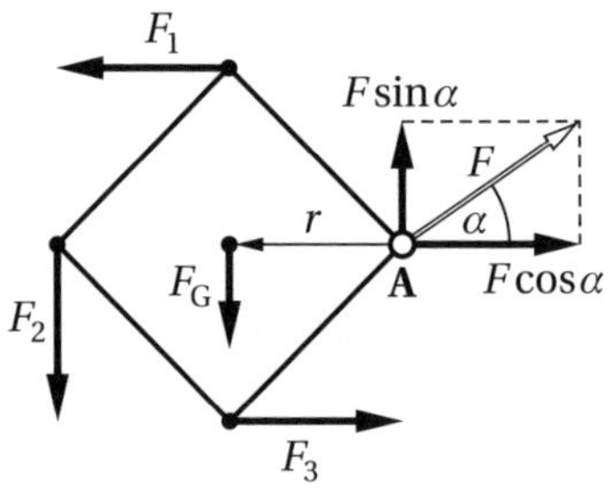

$\Rightarrow \quad \underline{F_2 = F\sin\alpha - F_G = \underline{\underline{-300\ \text{N}}}}$

$F_3 + F\cos\alpha + 2(F\sin\alpha - F_G) + F_3 + F_G = 0$

$\underline{F_3 = \frac{F_G}{2} - F\left(\frac{1}{2}\cos\alpha + \sin\alpha\right)} = \underline{\underline{-533\ \text{N}}}$

$\underline{F_1 = \frac{F_G}{2} + F\left(\frac{1}{2}\cos\alpha - \sin\alpha\right)} = \underline{\underline{+333\ \text{N}}}$

M 7.6 Waagerechter Träger

Ein waagerechter Träger der Länge l ist in eine Stahlsäule mit einem Kastenprofil (Kantenlänge b) eingeschweißt.

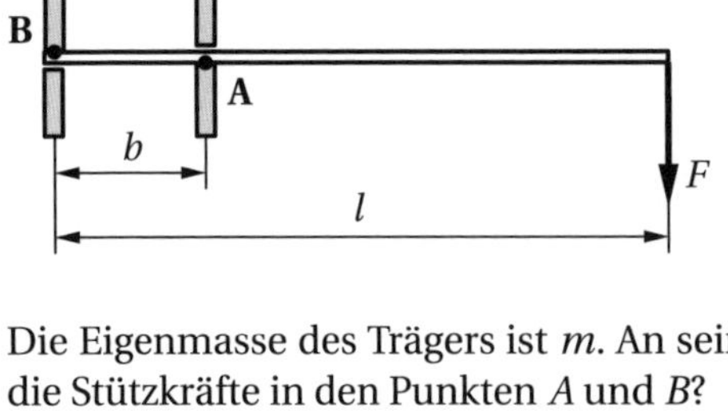

Die Eigenmasse des Trägers ist m. An seinem Ende hängt eine Last (F). Wie groß sind die Stützkräfte in den Punkten A und B?

$l = 4{,}00$ m $\quad F = 18{,}0$ kN $\quad b = 0{,}36$ m $\quad m = 520$ kg

Gleichgewichtsbedingungen:

$F_A - F_B - mg - F = 0$

Drehmomente auf Punkt B bezogen:

$$F_A b - mg\frac{l}{2} - Fl = 0$$

$$\Rightarrow \quad F_A = \frac{l}{b}\left(F + \frac{1}{2}mg\right) = \underline{\underline{228\ \text{N}}}$$

$$F_B = F_A - (F + mg) = \underline{\underline{205\ \text{kN}}}$$

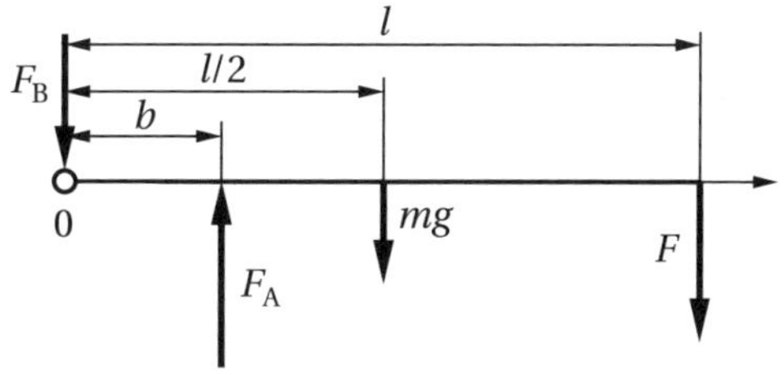

M 7.7 Malerleiter

Eine Malerleiter wird als Bockgerüst verwendet. Die Leiterschenkel schließen den Winkel β ein. Eine Last (F_G) wird mit konstanter Geschwindigkeit gehoben. Das Seil ist über eine Rolle gelegt, deren Achse an einer um den Punkt P schwenkbaren Lasche befestigt ist. Die Wirkungslinie der Seilkraft F_S bildet mit der Vertikalen den Winkel α.

Berechnen Sie die Stützkräfte F_{1x}, F_{1y}, F_{2x}, F_{2y} an den Fußpunkten der Leiterschenkel! (Die Eigengewichte von Leiter, Seil und Rolle bleiben unberücksichtigt.)

$F_G = 1500$ N $\quad \alpha = 45° \quad \beta = 70°$

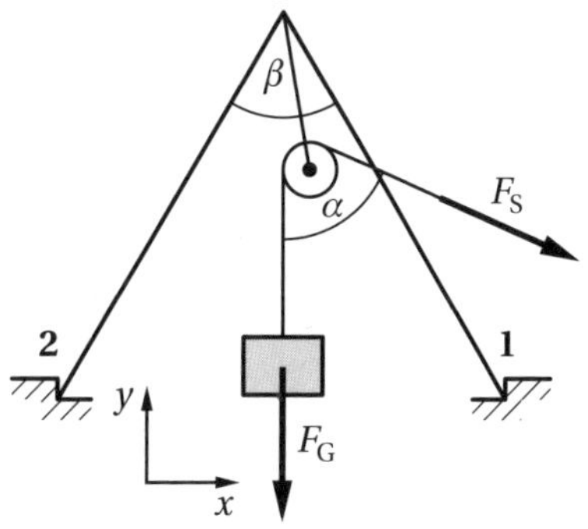

$F_S = F_G$ (actio = reactio)

Kräftegleichgewicht an der Rolle:

Zugkraft an der Lasche F_R:

$$F_R = 2F_G \cos\frac{\alpha}{2}$$

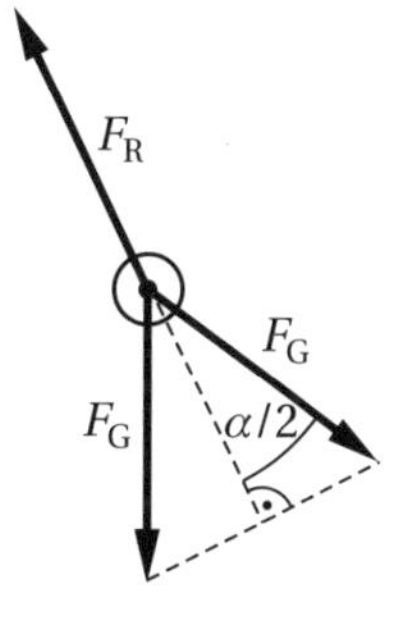

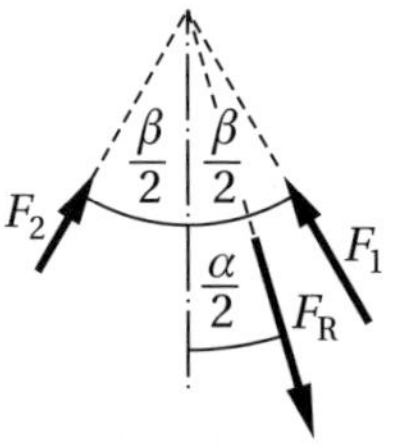

Gleichgewicht im Punkt P:

$$F_2 \cos\frac{\beta}{2} + F_1 \cos\frac{\beta}{2} - F_R \cos\frac{\alpha}{2} = 0$$

$$F_2 \sin\frac{\beta}{2} + F_R \sin\frac{\alpha}{2} - F_1 \sin\frac{\beta}{2} = 0$$

$$\Rightarrow \quad F_1 + F_2 = 2F_G \frac{\cos^2\frac{\alpha}{2}}{\cos\frac{\beta}{2}}$$

$$F_1 - F_2 = 2F_G \frac{\sin\frac{\alpha}{2}\cos\frac{\alpha}{2}}{\sin\frac{\beta}{2}}$$

$$F_1 = F_G \cos\frac{\alpha}{2}\left(\frac{\cos\frac{\alpha}{2}}{\cos\frac{\beta}{2}} + \frac{\sin\frac{\alpha}{2}}{\sin\frac{\beta}{2}}\right)$$

$$F_2 = F_G \cos\frac{\alpha}{2}\left(\frac{\cos\frac{\alpha}{2}}{\cos\frac{\beta}{2}} - \frac{\sin\frac{\alpha}{2}}{\sin\frac{\beta}{2}}\right)$$

Komponentenzerlegung bei 1 und 2:

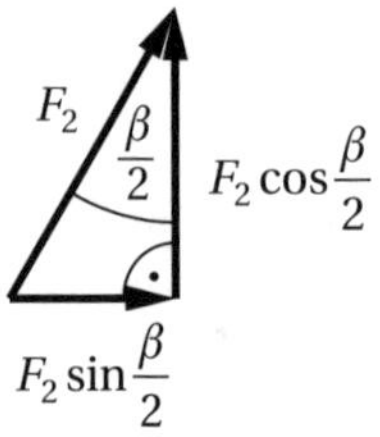

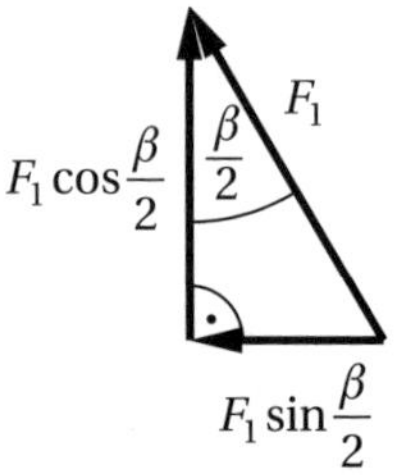

Stützkräfte:

$$F_{1x} = -F_1 \sin\frac{\beta}{2} \qquad F_{2x} = F_2 \sin\frac{\beta}{2}$$

$$F_{1y} = F_1 \cos\frac{\beta}{2} \qquad F_{2y} = F_2 \cos\frac{\beta}{2}$$

$$\underline{F_{1x} = -F_G \cos\frac{\alpha}{2}\left(\cos\frac{\alpha}{2}\tan\frac{\beta}{2} + \sin\frac{\alpha}{2}\right)} = \underline{\underline{-1427\ \text{N}}}$$

$$\underline{F_{1y} = F_G \cos\frac{\alpha}{2}\left(\cos\frac{\alpha}{2} + \frac{\sin\frac{\alpha}{2}}{\tan\frac{\beta}{2}}\right)} = \underline{\underline{2038\ \text{N}}}$$

$$\underline{F_{2x} = F_G \cos\frac{\alpha}{2}\left(\cos\frac{\alpha}{2}\tan\frac{\beta}{2} - \sin\frac{\alpha}{2}\right)} = \underline{\underline{366\ \text{N}}}$$

$$\underline{F_{2y} = F_G \cos\frac{\alpha}{2}\left(\cos\frac{\alpha}{2} - \frac{\sin\frac{\alpha}{2}}{\tan\frac{\beta}{2}}\right)} = \underline{\underline{523\ \text{N}}}$$

M 7.8 Balkenwaage

Der Waagebalken einer Balkenwaage hat die Länge c. Seine Aufhängepunkte bilden die Ecken eines gleichschenkligen Dreiecks mit der Höhe h. Bei Gleichgewicht befindet sich auf beiden Waagschalen die gleiche Masse m. (Die Eigenmasse von Waagebalken und Waagschalen bleibt unberücksichtigt.)

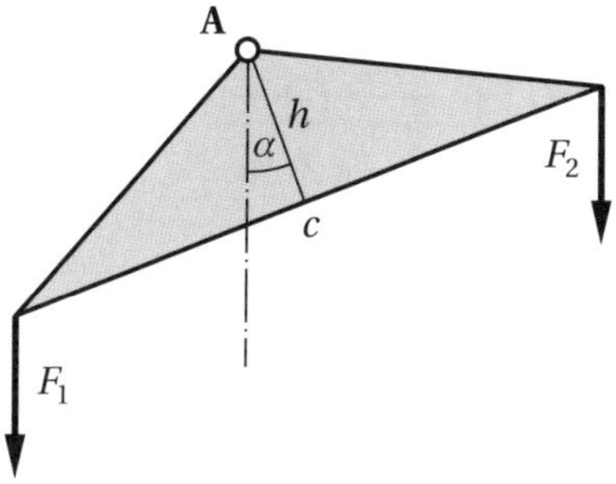

Um welchen Winkel α neigt sich der Waagebalken, wenn auf der einen Seite ein Massestück Δm zugelegt wird?

Momentengleichgewicht auf Punkt A bezogen:

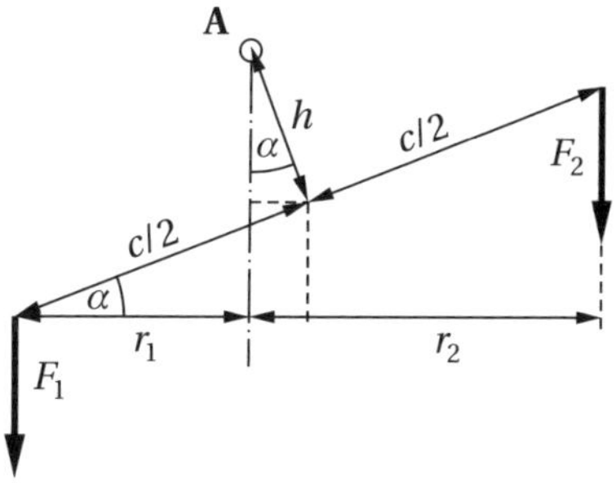

$$F_1 r_1 = F_2 r_2$$

$$r_1 = \frac{c}{2}\cos\alpha - h\sin\alpha$$

$$r_2 = \frac{c}{2}\cos\alpha + h\sin\alpha$$

$$F_1 = (m + \Delta m)g$$

$$F_2 = mg$$

$$(m + \Delta m)\left(\frac{c}{2}\cos\alpha - h\sin\alpha\right) = m\left(\frac{c}{2}\cos\alpha + h\sin\alpha\right)$$

$$\Delta m \cdot \frac{c}{2}\cos\alpha = (2m + \Delta m)h\sin\alpha$$

$$\underline{\alpha = \arctan\frac{c\,\Delta m}{2h\,(2m + \Delta m)}}$$

M 7.9 Bremsvorgang

Bei einem Pkw mit dem Radabstand s befindet sich der Massenmittelpunkt in der Mitte zwischen den beiden Achsen und in der Höhe h über der Straße. Die Haftreibungszahl der Reifen auf der Straße ist μ_0. Welcher maximale Betrag der Bremsbeschleunigung a kann erreicht werden, wenn der Pkw

a) nur an den Hinterrädern,
b) nur an den Vorderrädern und
c) an allen vier Rädern

gebremst wird?

$h = 50$ cm $\quad s = 250$ cm $\quad \mu_0 = 0{,}70$

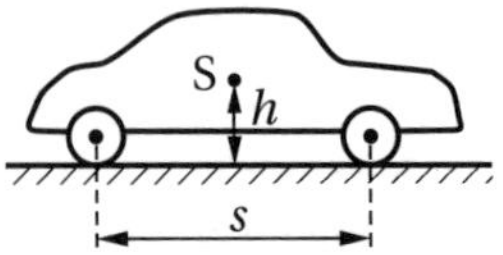

Bewegungsgleichung:

$m\vec{a} = \vec{F}_R$

Kräfte horizontal:

$a = \dfrac{F_R}{m}$

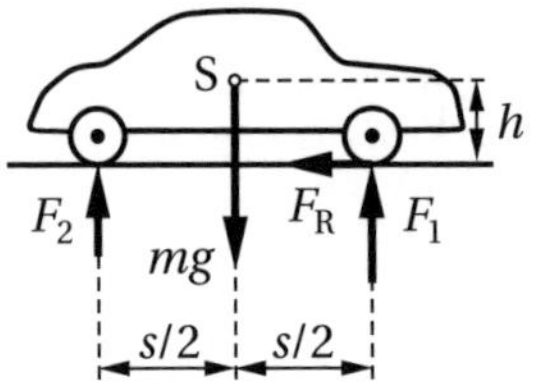

Wegen $a \neq 0$ herrscht kein Kräftegleichgewicht. Die resultierende Kraft ist unbekannt. Das Momentengleichgewicht kann daher nur für ihren Angriffspunkt, den Massenmittelpunkt S, aufgestellt werden.

Kräfte vertikal:

$F_1 + F_2 = mg$

Momente:

$F_R h + F_2 \dfrac{s}{2} = F_1 \dfrac{s}{2}$

$$\Rightarrow \quad F_1 - F_2 = \frac{2h}{s} F_R$$

$$F_2 = \frac{1}{2} mg - \frac{h}{s} F_R$$

$$F_1 = \frac{1}{2} mg + \frac{h}{s} F_R$$

a) $F_R = \mu_0 F_2$

$$F_2 = \frac{1}{2} mg - \frac{h}{s} \mu_0 F_2 = \frac{mg}{2\left(1 + \mu_0 \dfrac{h}{s}\right)}$$

$$a = \frac{\mu_0 F_2}{m}$$

$$a = \frac{\mu_0 g}{2\left(1 + \mu_0 \dfrac{h}{s}\right)} = \underline{\underline{3{,}0 \text{ m/s}^2}}$$

b) $F_R = \mu_0 F_1$

$$F_1 = \frac{1}{2} mg + \frac{h}{s} \mu_0 F_1 = \frac{mg}{2\left(1 - \mu_0 \dfrac{h}{s}\right)}$$

$$a = \frac{\mu_0 F_1}{m}$$

$$a = \frac{\mu_0 g}{2\left(1 - \mu_0 \dfrac{h}{s}\right)} = \underline{\underline{4{,}0 \text{ m/s}^2}}$$

c) $F_R = \mu_0 mg$

$\underline{a = \mu_0 g} = \underline{\underline{6{,}9\ \mathrm{m/s^2}}}$

M 7.10 Stehauf

Man untersuche bei dem dargestellten System mithilfe einer Energiebetrachtung, für welche Werte der Schwerpunktlage s

- stabiles,
- indifferentes
- und labiles

Gleichgewicht vorliegt?

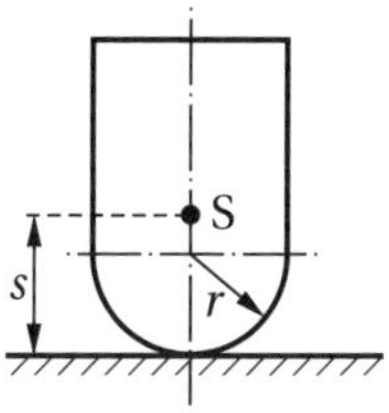

$$E_p = mg\left[r + (s - r)\cos\varphi\right]$$

$$\frac{\mathrm{d}E_p}{\mathrm{d}\varphi} = -mg(s - r)\sin\varphi$$

$$\frac{\mathrm{d}^2E_p}{\mathrm{d}\varphi^2} = -mg(s - r)\cos\varphi$$

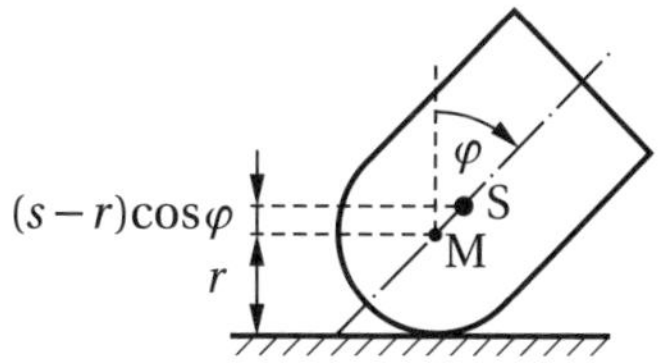

Gleichgewicht:

$$-mg(s - r)\sin\varphi = 0$$

$$\Rightarrow\quad s < r:\quad \varphi_0 = 0$$

$$s = r:\quad -\frac{\pi}{2} \leqq \varphi_0 \leqq \frac{\pi}{2}$$

$$s > r:\quad \varphi_0 = 0$$

Stabilität:

$$\left(\frac{\mathrm{d}^2E_p}{\mathrm{d}\varphi^2}\right)_0 = -mg(s - r)\cos\varphi_0$$

$\Rightarrow\quad s < r:\quad E''_{p0} > 0\qquad$ stabil

$s = r:\quad E''_{p0} = 0\qquad$ indifferent

$s > r:\quad E''_{p0} < 0\qquad$ labil

M 7.11 Artisten

Bei einer Balancedarbietung steht ein Artist (Gewichtskraft F_{G1}) auf der Kante einer rohrförmigen Halbschale (Masse m, Außenradius r, Dicke $d \ll r$), seine Partnerin (Gewichtskraft F_{G2}) auf der anderen Kante.

Der Massenmittelpunkt M der Schale hat vom Krümmungsmittelpunkt A den Abstand s.

Welcher Neigungswinkel α_0 stellt sich im Gleichgewichtsfall ein?

$F_{G1} = 0{,}78$ kN $\quad F_{G2} = 0{,}49$ kN
$m = 60$ kg $\quad r = 70$ cm $\quad s = 51$ cm

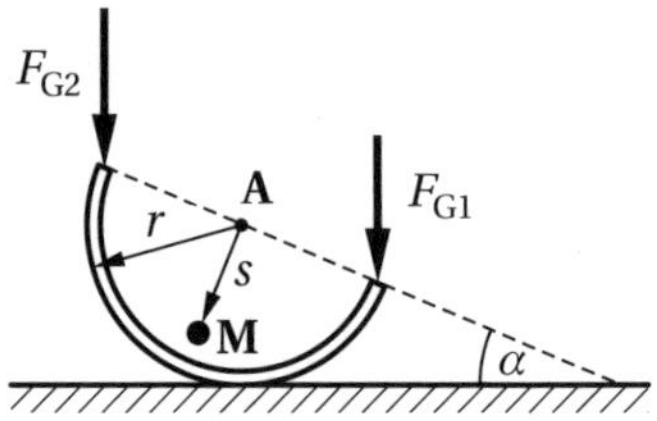

Nullpunkt von E_p willkürlich in A festgelegt.

$$E_p = -F_{G1} r \sin\alpha + F_{G2} r \sin\alpha - mgs\cos\alpha$$

$$\frac{dE_p}{d\alpha} = (F_{G2} - F_{G1}) r \cos\alpha + mgs \sin\alpha$$

Gleichgewicht:

$$(F_{G2} - F_{G1}) r \cos\alpha_0 + mgs \sin\alpha_0 = 0$$

$$\underline{\alpha_0 = \arctan \frac{(F_{G1} - F_{G2}) r}{mgs}} = \underline{\underline{34^\circ}}$$

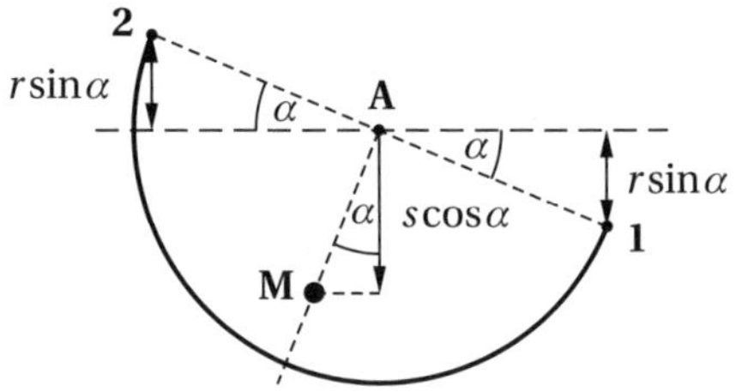

M 7.12 Stehpendel

In der abgebildeten Anordnung befindet sich am oberen Ende des masselosen starren Stabes eine Punktmasse m. Bei vertikaler Stellung des Stabes ist die Feder (k) entspannt. Die Feder soll so lang sein, dass sie für alle vorkommenden Ablenkwinkel α aus der Vertikalen ihre horizontale Richtung nahezu beibehält.

a) Bei welchen Winkeln α befindet sich das System im Gleichgewicht?
b) Welchen Wert m_0 darf die Masse höchstens haben, damit eine stabile Gleichgewichtslage auftritt?
   Für diese Teilaufgabe sind $l' = 10$ cm, $l = 30$ cm und $k = 30$ N/m gegeben.
c) Man skizziere die potenzielle Energie $E_p(\alpha)$ für die drei Fälle $m \gtreqless m_0$!

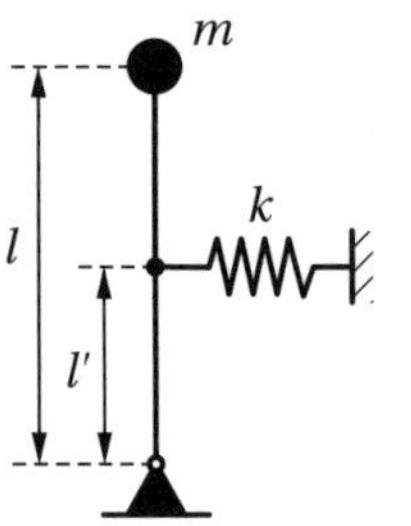

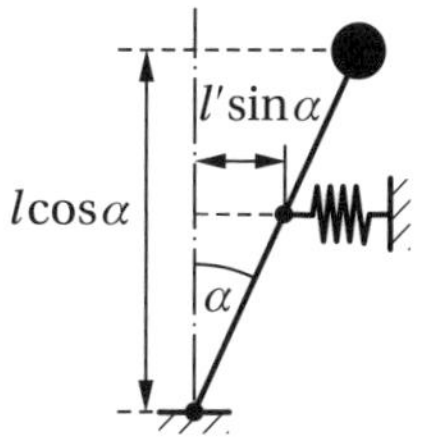

a) $E_p = mgl\cos\alpha + \frac{k}{2}(l'\sin\alpha)^2$

Gleichgewicht:

$$\frac{dE_p}{d\alpha} = -mgl\sin\alpha + kl'^2\sin\alpha\cos\alpha$$

$$(-mgl + kl'^2\cos\alpha)\sin\alpha = 0$$

1) $\underline{\sin\alpha_0 = 0}$

2) $\underline{\cos\alpha_1 = \frac{mgl}{kl'^2}}$

b) Stabilität:

$$\frac{d^2E_p}{d\alpha^2} = -mgl\cos\alpha + kl'^2\left(\cos^2\alpha - \sin^2\alpha\right)$$

1) $\left(\frac{d^2E_p}{d\alpha^2}\right)_0 = -mgl + kl'^2$

Stabiles Gleichgewicht:

$-mgl + kl'^2 > 0$

$\underline{m_0 = \frac{kl'^2}{gl}} = \underline{\underline{102\text{ g}}}$

2) $\left(\frac{d^2E_p}{d\alpha^2}\right)_1 = -kl'^2\cos^2\alpha_1 + kl'^2\left(\cos^2\alpha_1 - \sin^2\alpha_1\right)$

$= -kl'^2\sin^2\alpha_1 < 0$ labil

c) $\frac{E_p}{m_0gl} = \frac{m}{m_0}\cos\alpha + \frac{1}{2}\sin^2\alpha$

$\Rightarrow \frac{E_p(0)}{m_0gl} = \frac{m}{m_0}$

$\frac{E_p(\pi/2)}{m_0gl} = \frac{1}{2}$

Gleichgewichtslage bei α_1 tritt nur für

$$\frac{mgl}{kl'^2} = \frac{m}{m_0} < 1$$

auf.

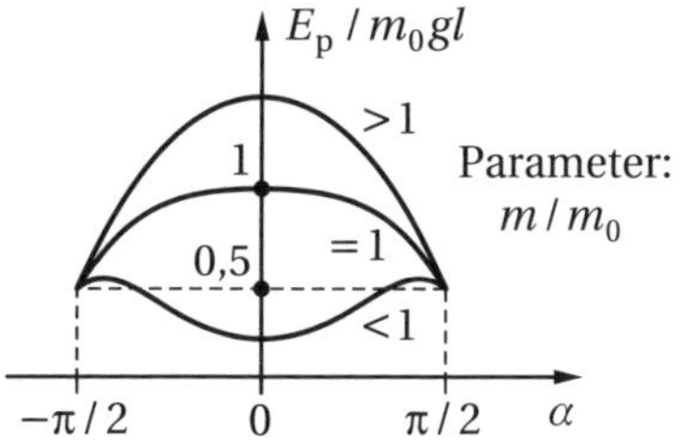

M 8 Rotation starrer Körper

M 8.1 Scheibe

Wie groß ist das Trägheitsmoment einer gleichmäßig dicken, homogenen Kreisscheibe mit der Masse m und dem Radius r_0

a) um eine senkrecht zur Scheibe stehende Achse durch den Schwerpunkt?
b) um eine zur Schwerpunktachse parallele Achse durch einen Randpunkt?
c) um eine Achse wie in b), wenn zusätzlich im Mittelpunkt der Scheibe eine Punktmasse (m') angebracht wird?
d) Wie groß ist die Schwingungsdauer T im Fall c), wenn der Drehkörper in einer vertikalen Ebene um die Achse A schwingt?

$m = 1{,}0$ kg $\quad m' = 0{,}50$ kg $\quad r_0 = 10$ cm

---

a) $$J_S = \frac{1}{2} m r_0^2 = 5{,}0 \cdot 10^{-3}\ \text{kg} \cdot \text{m}^2$$

b) Satz von Steiner:

$$J_A = J_S + m r_0^2$$

$$J_A = \frac{3}{2} m r_0^2 = 15{,}0 \cdot 10^{-3}\ \text{kg} \cdot \text{m}^2$$

c) $$J_A' = J_A + m' r_0^2$$

$$J_A' = \left(\frac{3}{2} m + m'\right) r_0^2 = 20{,}0 \cdot 10^{-3}\ \text{kg} \cdot \text{m}^2$$

d) $$T = 2\pi \sqrt{\frac{J_A'}{(m + m') g r_0}}$$

$$T = 2\pi \sqrt{\frac{\left(\frac{3}{2} m + m'\right) r_0}{(m + m') g}} = 0{,}73\ \text{s}$$

M 8.2 Stabpendel

Ein homogener dünner Stab von überall gleichem Querschnitt und der Länge l wird als Pendel benutzt.

Wie groß ist die Schwingungsdauer T um eine horizontale Achse, die ein Viertel der Länge l vom Stabende entfert ist? (Das Trägheitsmoment des Stabes ist herzuleiten.)

$l = 1{,}00$ m

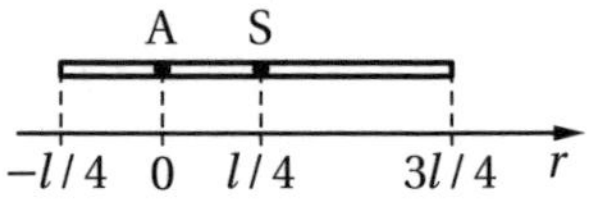

$$T = 2\pi \sqrt{\frac{J_A}{m g s}}$$

$$J_A = \int r^2\, \mathrm{d}m$$

mit $\mathrm{d}m = \varrho A\,\mathrm{d}r$

$$J_\mathrm{A} = \int_{-\frac{1}{4}l}^{+\frac{3}{4}l} r^2 \varrho A\,\mathrm{d}r = \left[\varrho A \frac{r^3}{3}\right]_{-\frac{1}{4}l}^{+\frac{3}{4}l} = \frac{\varrho A l^3}{3}\left(\frac{27+1}{64}\right)$$

$$m = \varrho A l$$

$$J_\mathrm{A} = \frac{7}{48} m l^2$$

$$s = \frac{l}{4}$$

$$T = 2\pi\sqrt{\frac{7l}{12g}} = \underline{\underline{1{,}53\ \mathrm{s}}}$$

M 8.3 Perpendikel

Das Perpendikel einer Uhr besteht aus einem dünnen Stab der Länge l und der Masse m_1 und aus einer zylindrischen Scheibe mit dem Radius r und der Masse m_2.

Welche Schwingungsdauer T hat das Perpendikel?

$l = 186$ mm $\quad r = 64$ mm $\quad m_1 = 112$ g $\quad m_2 = 507$ g

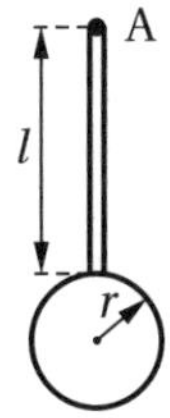

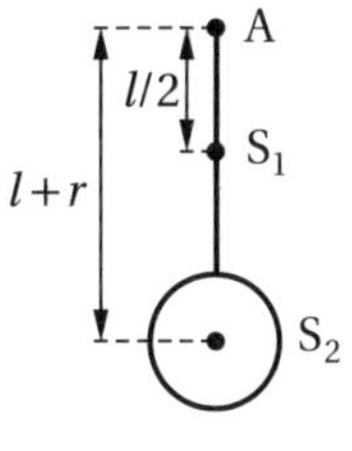

$$T = 2\pi\sqrt{\frac{J_\mathrm{A}}{mgs}}$$

$$J_\mathrm{A} = J_\mathrm{A1} + J_\mathrm{A2}$$

Satz von Steiner:

$$J_\mathrm{A1} = \frac{1}{12} m_1 l^2 + m_1\left(\frac{l}{2}\right)^2$$

$$J_\mathrm{A2} = \frac{1}{2} m_2 r^2 + m_2 (l+r)^2$$

$$J_\mathrm{A} = \frac{1}{3} m_1 l^2 + m_2\left[\frac{1}{2} r^2 + (l+r)^2\right]$$

Bestimmung des Massenmittelpunktes des Gesamtpendels:

$$s = \frac{m_1 \frac{l}{2} + m_2 (l+r)}{m_1 + m_2}$$

$$T = 2\pi\sqrt{\frac{l}{g}\,\frac{\frac{1}{3} m_1 + m_2\left[\frac{1}{2}\left(\frac{r}{l}\right)^2 + \left(1+\frac{r}{l}\right)^2\right]}{\frac{1}{2} m_1 + m_2\left(1+\frac{r}{l}\right)}}$$

$$T = 2\pi\sqrt{\frac{l}{g}\,\frac{1+\dfrac{m_1}{3m_2}+2\dfrac{r}{l}+\dfrac{3}{2}\left(\dfrac{r}{l}\right)^2}{1+\dfrac{m_1}{2m_2}+\dfrac{r}{l}}} = \underline{\underline{1{,}00\ \mathrm{s}}}$$

M 8.4 Schwungrad

Bei einem Schwungrad (Radius r, Drehfrequenz f_0, Masse m) befindet sich die Masse im Wesentlichen auf dem Radkranz.

a) Welches konstante Bremsmoment M_A muss aufgebracht werden, um das Schwungrad in der Zeit von $t_0 = 0$ bis t_1 zum Stillstand zu bringen?

b) Berechnen Sie die Anzahl N der Umdrehungen, die das Rad während des Bremsvorganges macht!

$r = 1{,}00\ \mathrm{m}$ $\quad f_0 = 60\ \mathrm{min}^{-1}$ $\quad m = 1{,}0\ \mathrm{t}$ $\quad t_1 = 60\ \mathrm{s}$

a) $M_A = J_A\alpha$

$$\alpha = \frac{d\omega}{dt} = \frac{M_A}{J_A} = \text{const}$$

$$\omega = \alpha\int dt = \frac{M_A}{J_A}t + \omega_0; \qquad 0 = \frac{M_A}{J_A}t_1 + \omega_0$$

$$M_A = -\frac{J_A\omega_0}{t_1}$$

$$J_A = mr^2 \qquad \omega_0 = 2\pi f_0$$

$$\underline{M_A = -\frac{2\pi f_0 m r^2}{t_1}} = \underline{\underline{-105\ \mathrm{N\cdot m}}}$$

b) $N = \dfrac{\varphi_1}{2\pi}$

$$\varphi = \int\omega\,dt = \frac{M_A}{2J_A}t^2 + \omega_0 t + \varphi_0; \qquad \varphi_0 = 0$$

$$\varphi_1 = \frac{M_A}{2J_A}t_1^2 + \omega_0 t_1; \qquad \frac{M_A}{J_A} = -\frac{\omega_0}{t_1}$$

$$\varphi_1 = -\frac{\omega_0}{2}t_1 + \omega_0 t_1 = \frac{\omega_0}{2}t_1$$

$$\underline{N = \frac{f_0 t_1}{2}} = \underline{\underline{30}}$$

M 8.5 Drehkörper

Ein Drehkörper (Trägheitsmoment J_A) rotiert um eine feste Achse A mit der Winkelgeschwindigkeit ω_0. In der Zeit von t_0 bis t_1 wird ein Drehmoment $M_A = M_0\,e^{-ct}$ wirksam.

Auf welchen Wert ω_1 erhöht sich dabei die Winkelgeschwindigkeit?

$t_0 = 0$ $\quad \omega_0 = 20\ \mathrm{s}^{-1}$ $\quad t_1 = 15\ \mathrm{s}$

$M_0 = 520\ \mathrm{N\cdot m}$ $\quad c = 1{,}6\cdot 10^{-2}\ \mathrm{s}^{-1}$ $\quad J_A = 122\ \mathrm{kg\cdot m}$

$$J_A \alpha = M_A \qquad \alpha = \frac{d\omega}{dt}$$

$$d\omega = \frac{M_A}{J_A}\, dt$$

$$d\omega = \frac{M_0}{J_A}\, e^{-ct}\, dt$$

$$\int_{\omega_0}^{\omega_1} d\omega = \frac{M_0}{J_A} \int_0^{t_1} e^{-ct}\, dt$$

$$\omega_1 - \omega_0 = \frac{M_0}{J_A} \left[-\frac{1}{c}\, e^{-ct} \right]_0^{t_1}$$

$$\underline{\omega_1 = \omega_0 + \frac{M_0}{cJ_A}\left(1 - e^{-ct_1}\right)} = \underline{\underline{77\ s^{-1}}}$$

M 8.6 Reibkupplung

Zwei Schwungräder mit den Trägheitsmomenten J_1 und J_2 drehen sich gleichsinnig mit den Winkelgeschwindigkeiten ω_1 und ω_2, wobei $\omega_1 \neq \omega_2$ ist. Durch eine Reibkupplung kommen sie auf eine gemeinsame Winkelgeschwindigkeit ω'.

a) Wie groß ist diese Winkelgeschwindigkeit ω'?

b) Wie ändert sich dabei die kinetische Energie des Systems?

c) Wie müsste das Verhältnis $\omega_1 : \omega_2$ sein, wenn nach der Kupplung Stillstand eintreten soll? (Was sagt das Ergebnis über den Drehsinn der Schwungräder vor dem Kupplungsvorgang in diesem Fall aus?)

d) Wie groß ist im Fall c) die in Wärme umgewandelte Energie?

---

a) Unelastischer Drehstoß; Drehimpuls-Erhaltungssatz:

$$J_1\omega_1 + J_2\omega_2 = (J_1 + J_2)\omega'$$

$$\underline{\omega' = \frac{J_1\omega_1 + J_2\omega_2}{J_1 + J_2}}$$

b) $$\Delta E_k = E_k' - E_k = \frac{(J_1 + J_2)}{2}\omega'^2 - \frac{J_1}{2}\omega_1^2 - \frac{J_2}{2}\omega_2^2$$

$$\Delta E_k = \frac{1}{2}\left[\frac{(J_1\omega_1 + J_2\omega_2)^2}{J_1 + J_2} - J_1\omega_1^2 - J_2\omega_2^2\right]$$

$$\Delta E_k = \frac{2J_1J_2\omega_1\omega_2 - J_1J_2\omega_1^2 - J_1J_2\omega_2^2}{2(J_1 + J_2)}$$

$$\underline{\Delta E_k = -\frac{J_1J_2}{2(J_1 + J_2)}(\omega_1 - \omega_2)^2}$$

c) $\omega' = 0$

$$J_1\omega_1 + J_2\omega_2 = 0$$

$$\underline{\frac{\omega_1}{\omega_2} = -\frac{J_2}{J_1}}$$ vor dem Kuppeln entgegengesetzter Drehsinn

d) $Q = E_k$

$$\underline{Q = \frac{J_1}{2}\omega_1^2 + \frac{J_2}{2}\omega_2^2}$$

M 8.7 Stab

Ein Stab (Länge l) ist an einem Ende um eine horizontale Achse drehbar gelagert. Er wird zunächst in waagerechter Lage gehalten.

Welche maximale Geschwindigkeit v erreicht sein freies Ende nach dem Loslassen?

$l = 1{,}0$ m

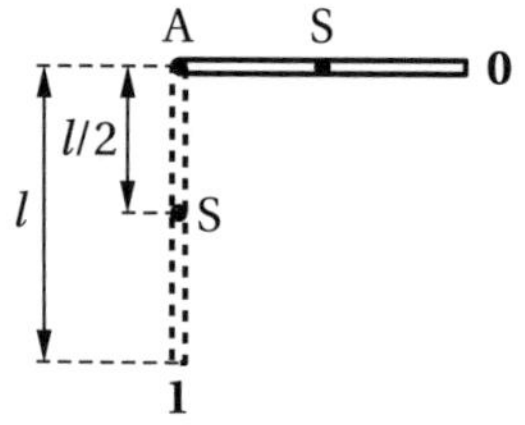

$$E_p(0) + E_k(0) = E_p(1) + E_k(1)$$

$$mg\frac{l}{2} + 0 = 0 + \frac{J_A}{2}\omega^2$$

$$\omega^2 = \frac{mgl}{J_A}$$

$$J_A = J_S + m\left(\frac{l}{2}\right)^2$$

$$J_S = \frac{1}{12}ml^2$$

$$J_A = \frac{1}{3}ml^2$$

$$v = \omega l$$

$$v = \sqrt{\frac{3g}{l}}\,l$$

$$\underline{v = \sqrt{3gl}} = \underline{\underline{5{,}4 \text{ m/s}}}$$

M 8.8 Zwei Zylinder

Ein dünnwandiger Hohlzylinder und ein Vollzylinder aus verschiedenem Material und von verschiedenen Abmessungen rollen mit der Geschwindigkeit v_0 auf einer horizontalen Ebene. Anschließend rollen sie einen Hang hinauf.

In welcher Höhe h_1 und h_2 über der Ebene kommen sie zur Ruhe?

$v_0 = 2{,}0$ m/s

Energiesatz:

$$\frac{m}{2}v_0^2 + \frac{J_S}{2}\omega_0^2 = mgh$$

Rollbedingung:

$$v_0 = \omega_0 r$$

$$\Rightarrow \quad h = \frac{1}{2mg}\left(mv_0^2 + J_S\frac{v_0^2}{r^2}\right)$$

$$h = \frac{v_0^2}{2g}\left(1 + \frac{J_S}{mr^2}\right) \qquad (*)$$

Hohlzylinder:

$$J_{S1} = mr^2$$

$$\underline{h_1 = \frac{v_0^2}{g}} = \underline{\underline{41 \text{ cm}}}$$

Vollzylinder:

$$J_{S2} = \frac{1}{2} m r^2$$

$$h_2 = \frac{3}{4} \frac{v_0^2}{g} = \underline{\underline{31 \text{ cm}}}$$

Anmerkung:

Der Ansatz

$$\frac{J_A}{2} \omega_0^2 = mgh$$

führt mit $J_A = J_S + mr^2$ (A = momentane Drehachse) und $v_0 = \omega_0 r$ zum gleichen Ergebnis (∗).

M 8.9 Wellrad

Ein Schöpfgefäß (Masse m) für einen Brunnen hängt an einem Seil, das um eine Welle (Radius r) eines Handrades gewickelt ist. Das gesamte Wellrad hat das Trägheitsmoment J_A.

Die Kurbel am Handrad wird losgelassen. Welche Geschwindigkeit v hat das Gefäß erreicht, wenn es sich um die Strecke l abwärts bewegt hat? (Auftretende Reibungseinflüsse und die Seilmasse sollen unberücksichtigt bleiben.)

$l = 10{,}5$ m $\quad J_A = 0{,}92 \text{ kg} \cdot \text{m}^2$

$m = 5{,}2$ kg $\quad r = 11$ cm

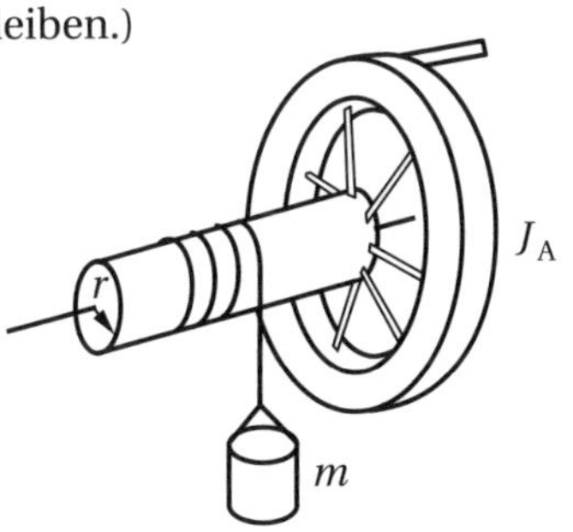

Energiesatz:

$$E_p(1) = E_k(2)$$

$$mgl = \frac{m}{2} v^2 + \frac{J_A}{2} \omega^2$$

Abwickeln des Seils:

$$\omega = \frac{v}{r}$$

$$\Rightarrow \quad v^2 \left(\frac{J_A}{2r^2} + \frac{m}{2} \right) = mgl$$

$$v = \sqrt{\frac{2gl}{1 + \frac{J_A}{mr^2}}} = \underline{\underline{3{,}6 \text{ m/s}}}$$

M 8.10 Wagen

Ein Wagen der Masse m hat vier Räder. Jedes Rad hat das Trägheitsmoment J_S und den Radius r. Der Wagen rollt aus der Ruhelage einen Hang der Höhe h hinab.

Berechnen Sie die Geschwindigkeit v_1, die er am Ende des Hanges erreicht hat!

$m = 700$ kg $\quad J_S = 0{,}50$ kg · m^2 $\quad r = 0{,}25$ m $\quad h = 5{,}0$ m

---

Energiesatz:

$$\frac{m}{2}v_1^2 + 4\frac{J_S}{2}\omega_1^2 = mgh$$

Rollbedingung:

$$v_1 = \omega_1 r$$

$$v_1^2 + 4\frac{J_S}{m}\left(\frac{v_1}{r}\right)^2 = 2gh$$

$$v_1 = \sqrt{\frac{2gh}{1 + 4\dfrac{J_S}{mr^2}}} = \underline{\underline{9{,}7\ \text{m/s}}}$$

M 8.11 Spielzeugauto

Ein Spielzeugauto (Gesamtmasse m) mit Schwungrad (Trägheitsmoment J_1) wird mit der Hand angeschoben, sodass das Fahrzeug die Geschwindigkeit v erhält. Das Übersetzungsverhältnis von den Rädern zum Schwungrad ist 1 : 10. Die vier Räder (Radius r_2) haben je das Trägheitsmoment J_2.

Wie groß ist die mittlere Reibungskraft F_R, wenn das Auto nach dem Loslassen noch die Strecke s rollt? (Trägheitsmomente der Zahnräder vernachlässigen.)

$m = 120$ g $\quad J_1 = 2{,}5 \cdot 10^{-5}$ kg · m^2 $\quad J_2 = 2{,}0 \cdot 10^{-6}$ kg · m^2

$r_2 = 1{,}5$ cm $\quad s = 4{,}0$ m $\quad v = 0{,}5$ m/s

Bremsarbeit:

$$W_B = \Delta E_k$$

$$F_R s = \frac{m}{2}v^2 + 4\frac{J_2}{2}\omega_2^2 + \frac{J_1}{2}\omega_1^2$$

$$\omega_1 = 10\omega_2$$

$$v = \omega_2 r_2$$

$$2F_R s = mv^2 + 4J_2\left(\frac{v}{r_2}\right)^2 + J_1\left(10\frac{v}{r_2}\right)^2$$

$$F_R = \frac{v^2}{s}\left(\frac{m}{2} + \frac{2J_2 + 50J_1}{r_2^2}\right) = \underline{\underline{0{,}35\ \text{N}}}$$

M 8.12 Puck

Auf eine beim Eishockey verwendete Scheibe (m, J_S) wirkt während der Zeit Δt eine Kraft $\vec{F}$, deren Wirkungslinie vom Schwerpunkt den horizontalen Abstand r hat.

Mit welcher Geschwindigkeit v und Drehfrequenz f bewegt sich die Scheibe nach dem Stoß? (Reibungseinflüsse werden vernachlässigt.)

$m = 165$ g $\quad J_S = 1{,}20$ kg $\cdot$ cm^2 $\quad F = 11{,}0$ N $\quad \Delta t = 0{,}100$ s $\quad r = 2{,}60$ cm

---

Kraftstoß:

$$F\,\Delta t = \Delta p \qquad (1)$$

Drehstoß:

$$M_S\,\Delta t = \Delta L \qquad (2)$$

(1): $mv = F\,\Delta t$

$$\underline{v = \frac{F}{m}\Delta t} = \underline{\underline{6{,}7\ \text{m/s}}}$$

(2) $J_S\omega = F r\,\Delta t$

$$\omega = \frac{Fr}{J_S}\Delta t; \qquad \omega = 2\pi f$$

$$\underline{f = \frac{Fr}{2\pi J_S}}\Delta t = \underline{\underline{38\ \text{s}^{-1}}}$$

Gleichzeitige Translation und Rotation (Effet)

M 8.13 Kugel

Eine homogene Kugel rollt eine geneigte Ebene (Neigungswinkel α) hinab.

a) Welche Zeit t_1 benötigt sie vom Stillstand aus für die Strecke s_1?

b) Welche Geschwindigkeit v_1 hat der Schwerpunkt zur Zeit t_1?

$\alpha = 20^\circ \qquad s_1 = 1{,}0$ m

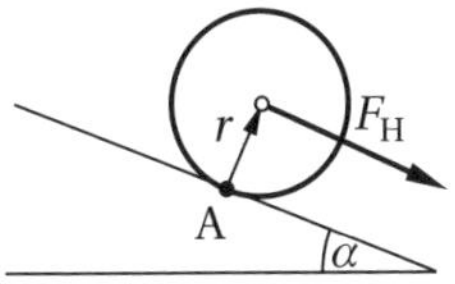

a) Bewegungsgleichung für eine Rotation um die momentane Drehachse A (Rollen, ohne zu gleiten durch Haftreibung):

$J_A\ddot{\varphi} = M_A$ mit

$$J_A = J_S + ms^2 = \frac{2}{5}mr^2 + mr^2 = \frac{7}{5}mr^2$$

$$M_A = F_H r = F_G r \sin\alpha = mgr\sin\alpha$$

$$\ddot{s} = \ddot{\varphi} r \quad \text{(Rollbedingung)}$$

$$a = \ddot{s} = \frac{5}{7}g\sin\alpha = \text{const}$$

$$\Rightarrow \quad s = \frac{a}{2}t^2$$

$$s_1 = \frac{a}{2}t_1^2 \qquad t_1 = \sqrt{\frac{2s_1}{a}}$$

$$\underline{t_1 = \sqrt{\frac{14 s_1}{5g\sin\alpha}}} = \underline{\underline{0{,}91\ \text{s}}}$$

Die Bewegungsgleichungen, getrennt für Translation (des Schwerpunktes)

$ma = F_H - F_R$

und Rotation (um den Schwerpunkt)

$J_S \ddot{\varphi} = F_R r,$

liefern mit

$J_S = 2/5 mr^2, \quad F_H = mg \sin\alpha \quad \text{und} \quad a = \ddot{s} = \ddot{\varphi} r$

nach Eliminieren von F_R das gleiche Ergebnis.

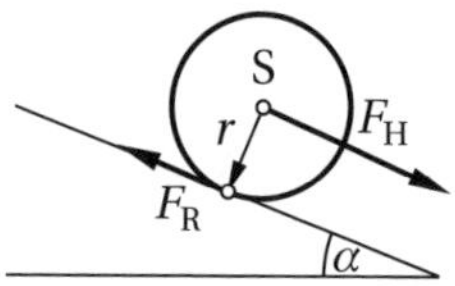

b) $v = at$

$v_1 = at_1 = \sqrt{2 s_1 a}$

$$v_1 = \sqrt{\frac{10}{7} g s_1 \sin\alpha} = \underline{\underline{2{,}2\ \text{m/s}}}$$

M 8.14 Bauaufzug

Der beladene Förderkorb eines Bauaufzuges hat die Masse m, die am Korb befestigte Rolle die Masse m_1, das Trägheitsmoment J_{S1} und den Radius r_1. Die Seiltrommel hat das Trägheitsmoment J_{S2} und den Radius r_2. Der Antriebsmotor überträgt auf die Trommel das Drehmoment M_A.

Berechnen Sie die Beschleunigung a, mit der der Korb aufwärts bewegt wird!

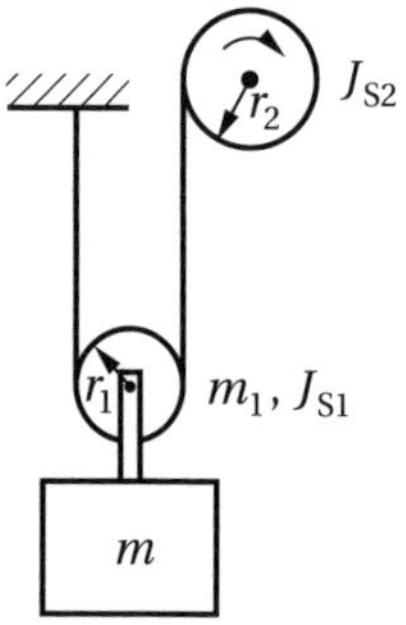

Bewegungsgleichungen:

Seiltrommel:

$J_{S2} \alpha_2 = M_A - F_2 r_2$

Last:

$(m + m_1) a = F_1 + F_2 - (m + m_1) g$

Rolle:

$J_{S1} \alpha_1 = (F_2 - F_1) r_1$

Verknüpfung der Beschleunigungen:

$a = \alpha_1 r_1 = \frac{1}{2} \alpha_2 r_2$

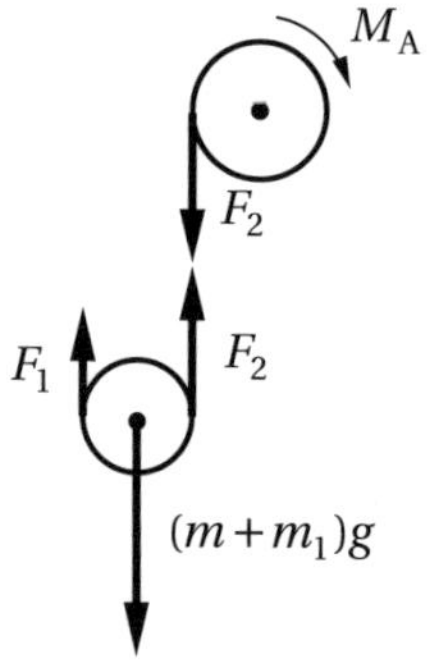

$$\Rightarrow \quad F_2 = \frac{M_A - J_{S2}\alpha_2}{r_2}$$

$$F_1 = F_2 - \frac{J_{S1}\alpha_1}{r_1}$$

$$(m + m_1)a = 2\frac{M_A - J_{S2}\alpha_2}{r_2} - \frac{J_{S1}\alpha_1}{r_1} - (m + m_1)g$$

$$a = \frac{\frac{2M_A}{r_2} - (m + m_1)g}{(m + m_1) + \frac{J_{S1}}{r_1^2} + 4\frac{J_{S2}}{r_2^2}}$$

M 8.15 Unelastischer Drehstoß

Ein homogener Vollzylinder (Eichenholz) hat die Masse m_Z und den Radius r_0. Er ist um die Zylinderachse drehbar gelagert. In den ruhenden Zylinder dringt das Geschoss (m_G) einer Pistole ein. Die Geschossbahn verläuft senkrecht zur Achse und hat den Abstand r_1 von ihr. Das Geschoss bleib im Abstand r_2 von der Achse stecken. Nach dem Einschuss dreht sich das System mit der Drehfrequenz f. Berechnen Sie die Geschwindigkeit v, die das Geschoss unmittelbar vor dem Eindringen hatte!

$m_Z = 600$ g $\quad m_G = 5{,}0$ g

$r_0 = 50$ mm $\quad r_1 = 30$ mm $\quad r_2 = 35$ mm $\quad f = 2{,}5\ \text{s}^{-1}$

Drehimpulssatz:

$$m_G v r_1 = J_A \omega$$

$$J_A = \frac{m_Z}{2} r_0^2 + m_G r_2^2$$

$$\omega = 2\pi f$$

$$v = \frac{m_Z r_0^2 + 2 m_G r_2^2}{m_G r_1}\pi f = \underline{\underline{79\ \text{m/s}}}$$

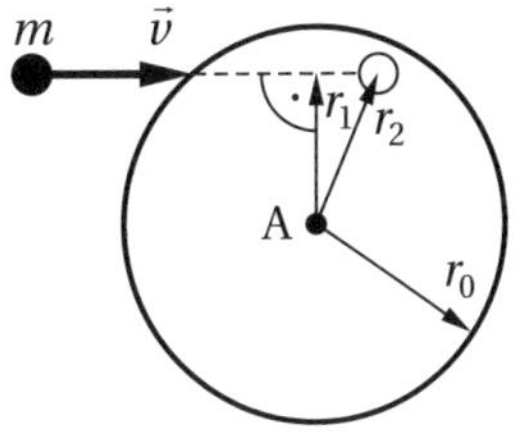

M 8.16 Kreisel

Ein Kreisel ist bezüglich des Drehpunktes A im Gleichgewicht mit dem Gegengewicht. Der Kreisel hat die Drehfrequenz f. Wird ein Zusatzgewicht der Masse m in der Entfernung l vom Drehpunkt A angehängt, so stellt sich eine Präzessionsfrequenz f_P ein. $\vec{\omega}_P$ ist nach oben gerichtet.

a) Welche Richtung hat der Drehimpulsvektor des Kreisels?
b) Wie groß ist das Trägheitsmoment J_S des Kreisels?

$l = 20{,}0$ cm $\quad f = 200\ \text{s}^{-1}$ $\quad f_P = 0{,}100\ \text{s}^{-1}$

$m = 50{,}0$ g

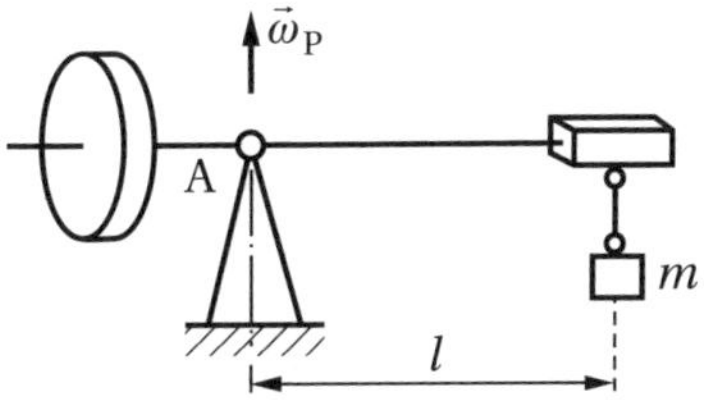

a) Da $\vec{\omega}_P$ nach oben zeigt, präzediert die horizontal liegende Kreiselachse in der Draufsicht entgegen dem Uhrzeigersinn (Linksdrehung). Die Winkelgeschwindigkeit $\vec{\omega}$ und der Drehimpuls $\vec{L} = J_S\vec{\omega}$ des Kreisels haben die Richtung der Kreiselachse. Ihr Richtungssinn ist (zunächst) noch unbekannt.

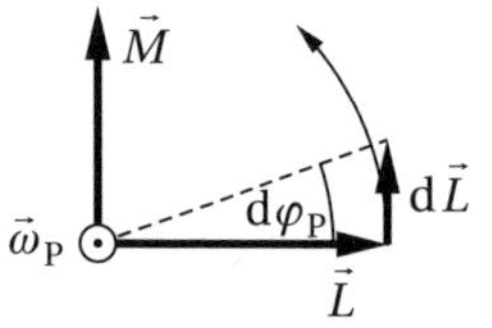

Bekannt ist dagegen die Richtung des Drehmomentes $\vec{M} = \vec{r} \times \vec{F}_G$, das durch das Zusatzgewicht hervorgerufen wird. Wegen $\vec{M} = d\vec{L}/dt$ hat die Änderung $d\vec{L}$ des Drehimpulsvektors die gleiche Richtung. Dieses $d\vec{L}$ erzeugt genau dann eine Linksdrehung der Kreiselachse (Vektor $\vec{L}$), wenn $\vec{L}$ *in der Skizze nach rechts* zeigt.

b) $$\frac{dL}{dt} = M = mgl$$

$$dL = L\, d\varphi_P$$

$$L = J_S\omega$$

$$\frac{J_S\omega\, d\varphi_P}{dt} = mgl$$

$$\frac{d\varphi_P}{dt} = \omega_P = 2\pi f_P$$

$$\omega = 2\pi f$$

$$\underline{J_S = \frac{mgl}{4\pi^2 f f_P}} = \underline{\underline{1{,}24 \cdot 10^{-4}\ \text{kg} \cdot \text{m}^2}}$$

M 8.17 Kollergang

Ein Kollergang besteht aus zwei gleichen (zylindrischen) Mahlsteinen, von denen einer (Radius r_0 und Masse m) betrachtet wird. Er rollt in einer horizontalen Ebene auf einem Kreis vom Radius r. Die Winkelgeschwindigkeit um die Kreisbahnachse ist $\vec{\omega}$. Die Achse des Mahlsteines ist an der Kreisbahnachse (Punkt A) gelenkig befestigt.

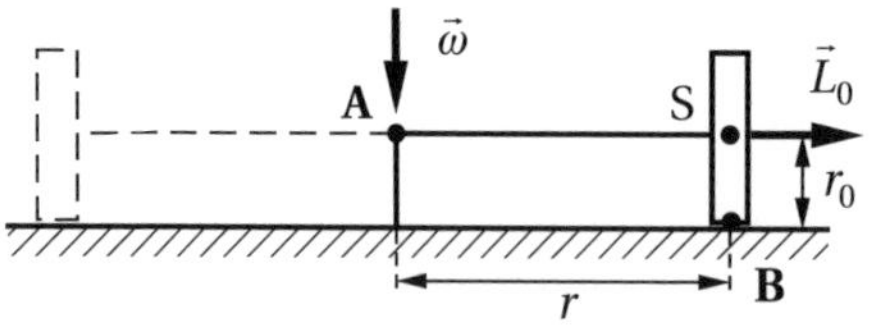

a) Wie groß sind Winkelgeschwindigkeit ω_0 und Drehimpuls L_0 des Mahlsteines bezüglich seiner Zylinderachse A–S?
b) Welches Drehmoment M ist erforderlich, um die durch den Umlauf des Kollergangs auf der Kreisbahn bedingte Änderung seines Drehimpulsvektors $\vec{L}_0$ hervorzurufen?
c) Welche Auflagekraft F entsteht im Punkt B während des Umlaufs?

$r = 1{,}20$ m $\qquad m = 320$ kg $\qquad r_0 = 0{,}40$ m $\qquad \omega = 6{,}12\ \text{s}^{-1}$

(ω wird durch einen Motor über die vertikale Achse, die durch den Punkt A geht, erzeugt.)

a) Bahngeschwindigkeiten in B:

$$\omega_0 r_0 = \omega r$$

$$\omega_0 = \omega \frac{r}{r_0} = \underline{\underline{18{,}4\ \mathrm{s}^{-1}}}$$

$$L_0 = J_S \omega_0$$

$$J_S = \frac{1}{2} m r_0^2$$

$$L_0 = \frac{1}{2} m\omega r r_0 = \underline{\underline{470\ \mathrm{kg \cdot m^2/s}}}$$

b) $M = \frac{\mathrm{d}L}{\mathrm{d}t}$

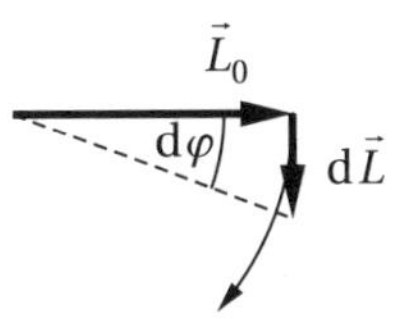

$$\mathrm{d}L = L_0\,\mathrm{d}\varphi$$

$$M = L_0 \frac{\mathrm{d}\varphi}{\mathrm{d}t} = L_0 \omega$$

$$M = \frac{1}{2} m r r_0 \omega^2 = \underline{\underline{2{,}88\ \mathrm{kN \cdot m}}}$$

c) $M = (F - mg) r$

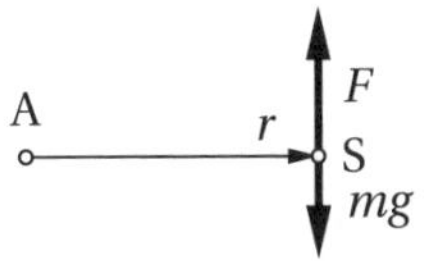

$$F = \frac{M}{r} + mg$$

$$F = m\left(\frac{1}{2}\omega^2 r_0 + g\right) = \underline{\underline{5{,}54\ \mathrm{kN}}}$$

M 8.18 Looping

Motorwelle und Propeller eines einmotorigen Sportflugzeuges stellen einen Kreisel (Trägheitsmoment J_S) dar. Beim Fliegen eines Loopings (Krümmungsradius r) muss der Pilot im Steigflug, bei dem der Propeller die Drehfrequenz f und das Flugzeug die Geschwindigkeit v hat, mithilfe des Seitenruders ein Drehmoment erzeugen, damit er in der vertikalen Bahnebene bleibt.

a) Nach welcher Seite muss der Pilot gegensteuern, wenn der Winkelgeschwindigkeitsvektor $\vec{\omega}$ des Propellers in Flugrichtung zeigt?

b) Wie groß ist das erforderliche Drehmoment M, damit das Flugzeug nicht seitlich abgelenkt wird?

$J_S = 4{,}90\ \mathrm{kg \cdot m^2}$ $\quad f = 2100\ \mathrm{min}^{-1}$ $\quad v = 210\ \mathrm{km/h}$ $\quad r = 180\ \mathrm{m}$

---

a) $\vec{M} = \frac{\mathrm{d}\vec{L}}{\mathrm{d}t}$; $\quad \vec{M} \sim \vec{L}$

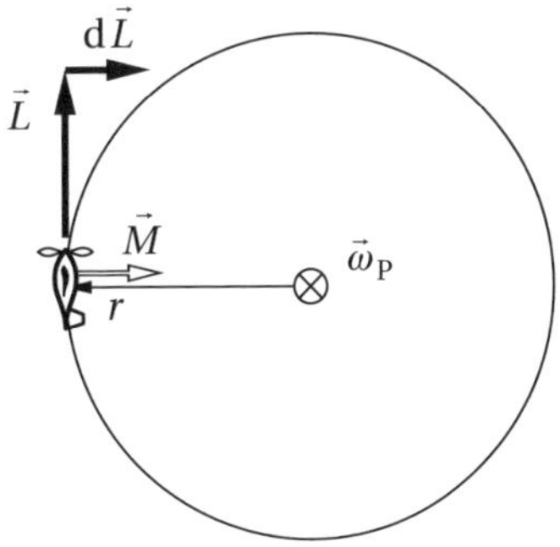

Die Richtung von $\vec{L}$ ist die der Kreisbahntangente. d$\vec{L}$ steht senkrecht darauf (radiale Richtung vom Schwerpunkt des Flugzeuges zum Mittelpunkt der Kreisbahn).

Diese Richtung hat auch das vom Piloten zu erzeugende Drehmoment $\vec{M}$ (um die Hochachse des Flugzeuges, die durch den Schwerpunkt geht).

Um $\vec{M}$ zu erzeugen, muss der Pilot nach links steuern.

b) $M = \frac{\mathrm{d}L}{\mathrm{d}t}$

$$\mathrm{d}L = L\,\mathrm{d}\varphi_P$$

$$M = \frac{\mathrm{d}\varphi_P}{\mathrm{d}t} = L\omega_P$$

$$L = J_S\omega = J_S(2\pi f)$$

$$v = \omega_P r$$

$$\underline{M = 2\pi J_S f \frac{v}{r}} = \underline{\underline{349\ \mathrm{N\cdot m}}}$$

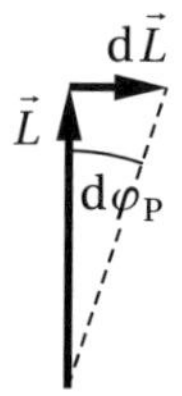

M 9 Beschleunigtes Bezugssystem

M 9.1 Aufzugskabine

In einer Aufzugskabine hängt ein Wägestück der Masse m an einem Federkraftmesser. Dieser zeigt die Kraft F an. Auf welche Beschleunigung a_z (z-Koordinate nach oben) schließt der mitfahrende Beobachter?

$m = 0{,}100\ \mathrm{kg} \qquad F = 1{,}19\ \mathrm{N}$

$F_z = -ma_z - mg \qquad F_z = -F$

$$\underline{a_z = \frac{F}{m} - g} = \underline{\underline{+2{,}09\ \mathrm{m/s^2}}}$$

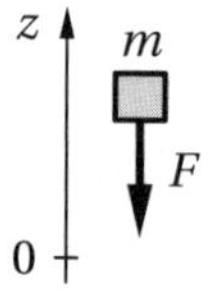

M 9.2 Tender

Bei einer Gefahrenbremsung hat die Schnellzuglok die Bremsbeschleunigung a.

Um welchen Winkel α gegenüber der Waagerechten würde sich der Wasserspiegel im Tender einstellen, wenn diese Beschleunigung längere Zeit anhielte?

$a = -2{,}4\ \mathrm{m/s^2}$

Trägheitskraft:

$\vec{F}_T = -m\vec{a}$

$$\tan\alpha = \frac{F_T}{F_G} = \frac{m|a|}{mg}$$

$$\underline{\alpha = \arctan\frac{|a|}{g}} = \underline{\underline{14^\circ}}$$

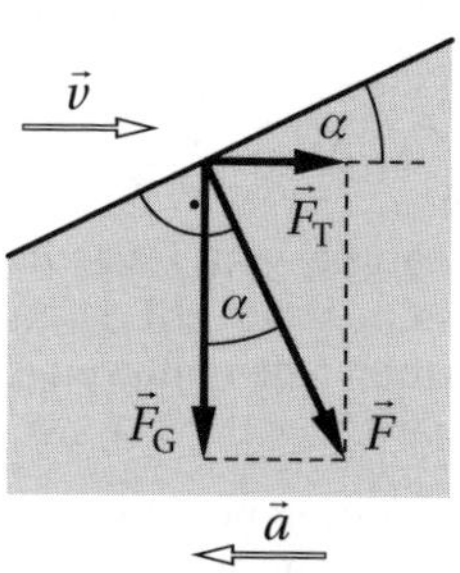

M 9.3 Bleistift

Ein Zug hat die Beschleunigung a. Ein Reisender will diese mithilfe einer glatten Fläche (Bucheinband) und eines runden Bleistiftes messen, indem er die Fläche so neigt, dass der horizontal darauf gelegte Bleistift in Ruhe verharrt.

Welcher Zusammenhang besteht zwischen Beschleunigung und Neigungswinkel β? (Skizze anfertigen!)

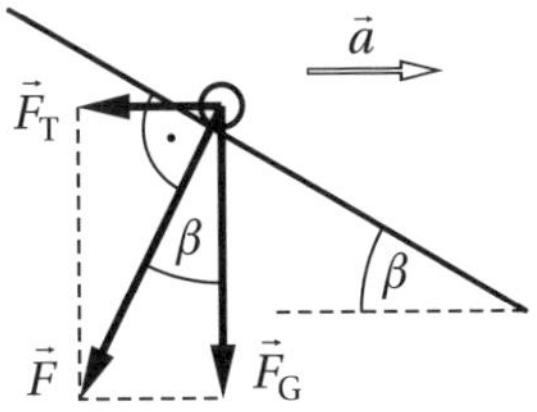

Trägheitskraft:

$\vec{F}_T = -m\vec{a}$

$$\tan\beta = \frac{F_T}{F_G} = \frac{ma}{mg}$$

$\underline{a = g\tan\beta}$

M 9.4 Schwerelosigkeit

Wie groß ist die Kraft F, die auf einen Kosmonauten der Masse m im Inneren eines Raumschiffs wirkt,

a) beim Start mit der Beschleunigung a_1 an der Erdoberfläche,
b) nach Brennschluss der Triebwerke im Abstand r vom Erdmittelpunkt bei radialer Bewegungsrichtung,
c) auf einer Kreisbahn im Abstand r um die Erde,
d) am gravitationsfreien Ort zwischen Erde und Mond bei abgeschalteten Triebwerken,
e) am gleichen Ort, wenn die Triebwerke die Beschleunigung a_2 erzeugen?

Die Vorzeichen der Beschleunigung a des Raumschiffs und der Kraft F werden auf die vom Erdmittelpunkt radial weggerichtete Koordinate r bezogen.

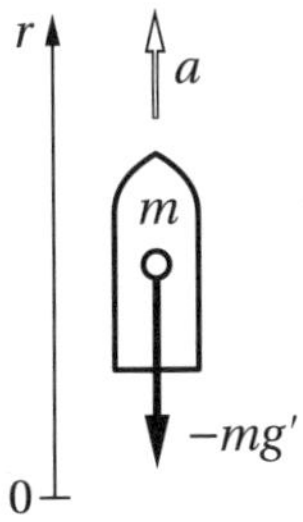

Kraft F in Richtung der r-Koordinate auf den Kosmonauten bei beliebigem Bewegungszustand des Raumschiffs im Erdfeld:

$F = -mg' - ma$

$g' = g'(r)$ ist der Betrag der Fallbeschleunigung im Erdfeld bei beliebiger Entfernung r vom Erdmittelpunkt.

a) $g' = g$ (normale Fallbeschleunigung): $a = a_1 > 0$

$\Rightarrow \quad \underline{F = -m(g + a_1)}$

b) Raumschiff im Zustand des freien Falles (senkrechter Wurf nach oben): $a = -g'$

$\Rightarrow \quad \underline{F = 0}$

c) Raumschiff im Zustand der Kreisbewegung:

(Besch1euniung = Radialbeschleunigung = Fallbeschleunigung): $a = a_r = -g'$

$\Rightarrow \quad \underline{F = 0}$

d) $g' = 0 \qquad a = 0$

$\Rightarrow \quad \underline{F = 0}$

e) $g' = 0 \qquad a = a_2$

$\Rightarrow \quad \underline{F = -ma_2}$

M 9.5 Kettenkarussell

Bei einem Kettenkarussell bewegen sich die Personen auf einer Kreisbahn mit dem Radius r und der Umlaufzeit T.

Welchen Winkel α bilden die Ketten mit der Vertikalen?

$r = 8{,}2\ \text{m} \qquad T = 6{,}5\ \text{s}$

$$\tan\alpha = \frac{F_Z}{F_G}$$

$$F_G = mg$$

$$F_Z = m\omega^2 r$$

$$\omega = \frac{2\pi}{T}$$

$$\underline{\alpha = \arctan\frac{4\pi^2 r}{T^2 g}} = \underline{\underline{38^\circ}}$$

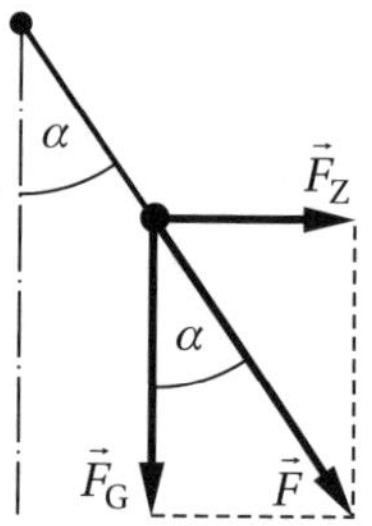

M 9.6 Zug

Ein Eisenbahnzug (Gesamtmasse m) fährt mit der konstanten Geschwindigkeit v von Norden nach Süden über den nördlichen 60. Breitengrad.

Man bestimme die auf die Schienen wirkende Corioliskraft F_C!

$m = 2{,}0 \cdot 10^3\ \text{t} \qquad v = 90\ \text{km/h}$

$$\vec{F}_C = 2m\left(\vec{v} \times \vec{\omega}\right)$$

$$F_C = 2mv\omega\sin(180^\circ - \varphi)$$

$$F_C = 2mv\omega\sin\varphi$$

$$\omega = \frac{2\pi}{T}$$

$$T = d^*$$

$$\underline{F_C = \frac{4\pi m v\sin\varphi}{d^*}} = \underline{\underline{6{,}32\ \text{kN}}}$$

(Die Kraft wirkt – in Fahrtrichtung gesehen – nach rechts.)

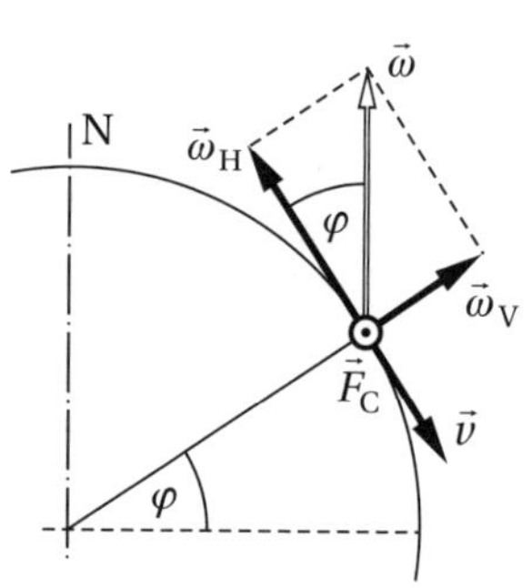

M 9.7 Zyklone

In der Randzone einer Zyklone tritt bei der geographischen Breite φ eine Windgeschwindigkeit v auf.

Wie groß ist der Krümmungsradius r der Bahn der in der horizontalen Ebene bewegten Luftmassen?

$\varphi = 67^\circ \qquad v = 68\ \text{km/h}$

$\vec{F}_\text{C} = 2m\left(\vec{v}\times\vec{\omega}\right)$

Nur die Horizontalkomponente von $\vec{F}_\text{C}$ ist gesucht. Deshalb ist allein die Vertikalkomponente von $\vec{\omega}$ von Interesse:

$$F_\text{CH} = 2mv\omega_\text{V}$$

$$\omega_\text{V} = \omega \sin\varphi$$

$$\omega = \frac{2\pi}{T}$$

$$T = d^*$$

$$F_\text{CH} = \frac{4\pi mv\sin\varphi}{d^*}$$

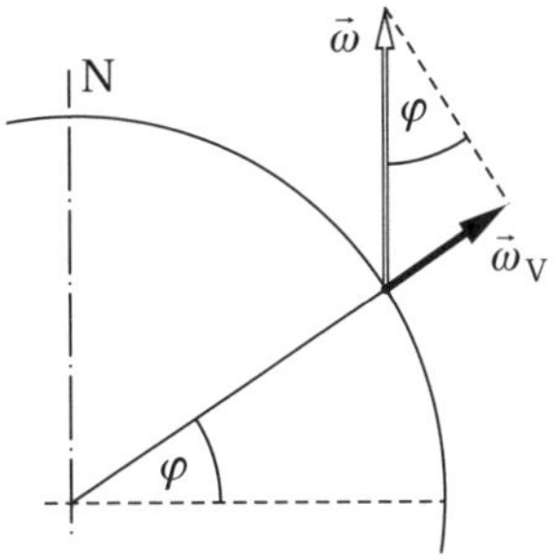

Kreisbewegung ($\vec{F}_\text{CH}\perp\vec{v}$):

$$ma_\text{r} = F_\text{CH}$$

$$m\frac{v^2}{r} = \frac{4\pi mv\sin\varphi}{d^*}$$

$$r = \frac{vd^*}{4\pi\sin\varphi} = \underline{\underline{140\ \text{km}}}$$

M 9.8 Fahrgast

Ein Zug durchfährt eine Kurve mit dem Krümmungsradius r.

a) Berechnen Sie den Betrag F_1 der maximalen Trägheitskraft, die auf einen Fahrgast der Masse m wirkt, wenn der Zug mit der konstanten Beschleunigung a_s bis zur Geschwindigkeit v_1 beschleunigt wird!

b) Welchen Winkel α_1 bildet die Trägheitskraft aus Aufgabenteil a) mit der Fahrtrichtung?

c) Welchen Wert F_2 nimmt die Trägheitskraft an, wenn der Zug in der Kurve mit der konstanten Geschwindigkeit v_1 fährt und der Fahrgast mit der Geschwindigkeit u im Zug in Fahrtrichtung geradeaus läuft?

d) Wie groß ist die Trägheitskraft F_3, wenn der Fahrgast mit der Geschwindigkeit u entgegen der Fahrtrichtung geradeaus läuft?

$a_s = 0{,}12\ \text{m/s}^2 \qquad r = 700\ \text{m} \qquad m = 75\ \text{kg} \qquad u = 5{,}0\ \text{km/h} \qquad v_1 = 60\ \text{km/h}$

---

a) $F_1 = \sqrt{F_T^2 + F_Z^2}$

$$F_T = m a_s$$

$$F_Z = m\omega^2 r = m\frac{v_1^2}{r}$$

$$\underline{F_1 = m\sqrt{\left(\frac{v_1^2}{r}\right)^2 + a_s^2}} = \underline{\underline{31\ \text{N}}}$$

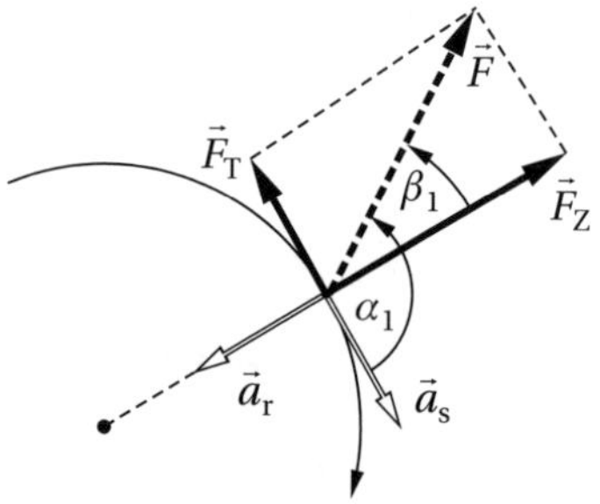

b) $\alpha_1 = \beta_1 + 90°$

$$\tan\beta_1 = \frac{F_T}{F_Z} = \frac{a_s r}{v_1^2}$$

$$\underline{\alpha_1 = \arctan\frac{a_s r}{v_1^2} + 90°} = \underline{\underline{107°}}$$

c) $\vec{F}_2 = \vec{F}_Z + \vec{F}_C$

$$\vec{F}_Z = m\vec{\omega}\times(\vec{\omega}\times\vec{r})$$

$$\vec{F}_C = 2m\,(\vec{u}\times\vec{\omega})$$

$$F_2 = F_Z + F_C = m\omega^2 r + 2mu\omega$$

$$\omega = \frac{v_1}{r}$$

$$\underline{F_2 = mv_1(v_1 + 2u)\frac{1}{r}} = \underline{\underline{35\ \text{N}}}$$

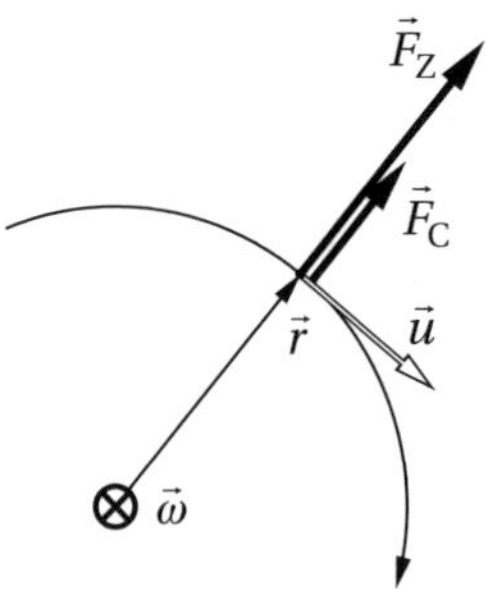

d) $F_3 = F_Z - F_C$

$$\underline{F_3 = mv_1(v_1 - 2u)\frac{1}{r}} = \underline{\underline{25\ \text{N}}}$$

M 9.9 Freier Fall

Am Äquator lässt man einen Stein aus der Höhe z_0 frei zur Erde fallen.

In welchem Abstand x_1 vom Lot trifft der Stein auf die Erdoberfläche? (Die x-Achse ist in Richtung Osten orientiert.)

$z_0 = 100$ m

---

1. Näherung: Freier Fall

$F_Z = -mg$

$\Rightarrow \quad v_z = -gt \quad (v_{z0} = 0)$

$$z = -\frac{g}{2}t^2 + z_0 \qquad (1)$$

2. Näherung: Corioliskraft

$\vec{F}_C = 2m\,(\vec{v}\times\vec{\omega})$

$$\vec{v} = \begin{pmatrix} 0 \\ 0 \\ v_z \end{pmatrix} \qquad \vec{\omega} = \begin{pmatrix} 0 \\ \omega \\ 0 \end{pmatrix}$$

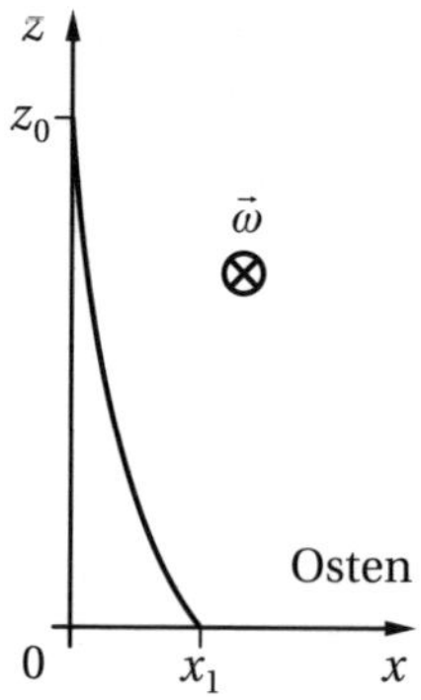

$$\Rightarrow \quad F_x = F_C = -2m\omega v_z$$

$$F_x = 2m\omega g t$$

$$\Rightarrow \quad a_x = 2\omega g t$$

$$v_x = \omega g t^2 \qquad (v_{x0} = 0)$$

$$x = \frac{\omega g}{3} t^3 \qquad (x_0 = 0)$$

Ermittlung der Fallzeit t_1 bis $z = 0$:

$$0 = -\frac{g}{2} t_1^2 + z_0$$

$$t_1 = \sqrt{\frac{2z_0}{g}}$$

Ermittlung der Ortsabweichung $x_1 = x(t_1)$:

$$x_1 = \frac{2}{3}\omega z_0 \sqrt{\frac{2z_0}{g}} \qquad \omega = \frac{2\pi}{T} = \frac{2\pi}{d^*}$$

$$\underline{x_1 = \frac{4\pi z_0}{3d^*}\sqrt{\frac{2z_0}{g}}} = \underline{\underline{2{,}2\ \text{cm}}}$$

M 9.10 Senkrechter Wurf

Ein Stein wird am Äquator senkrecht nach oben geworfen und erreicht die maximale Höhe z_1. In welchem Abstand x_2 vom Lot trifft er wieder auf der Erdoberfläche auf? (Die x-Achse ist in Richtung Osten orientiert.)

$z_1 = 100$ m

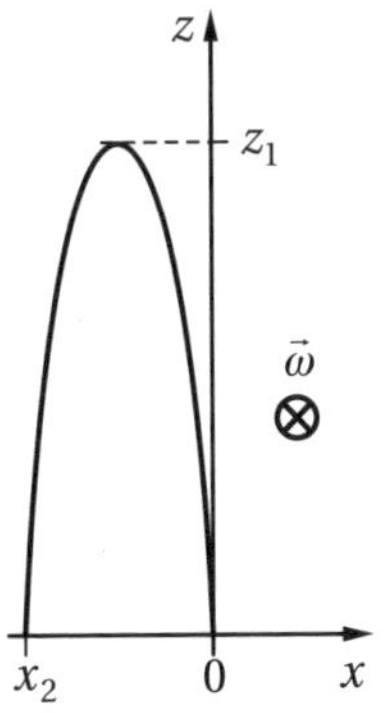

1. Näherung: Senkrechter Wurf

$$F_z = -mg$$

$$\Rightarrow \quad v_z = -gt + v_{z0}$$

$$z = -\frac{g}{2} t^2 + v_{z0} t \quad (z_0 = 0)$$

2. Näherung: Corioliskraft

$$\vec{F}_C = 2m\,(\vec{v} \times \vec{\omega})$$

$$\vec{v} = \begin{pmatrix} 0 \\ 0 \\ v_z \end{pmatrix} \qquad \vec{\omega} = \begin{pmatrix} 0 \\ \omega \\ 0 \end{pmatrix}$$

$$F_x = -2m\omega v_z$$

$$F_x = 2m\omega t - 2m\omega v_{z0}$$

$$\Rightarrow \quad a_x = 2\omega g t - 2\omega v_{z0}$$

$$v_x = \omega g t^2 - 2\omega v_{z0} t \qquad (v_{x0} = 0)$$

$$x = \frac{\omega g}{3} t^3 - \omega v_{z0} t^2 \qquad (x_0 = 0)$$

Ermittlung der Anfangsgeschwindigkeit v_{z0}:

$0 = -g t_1 + v_{z0}$ (am Ort z_1 zur Steigzeit t_1)

$$z_1 = -\frac{g}{2}t_1^2 + v_{z0}t_1$$

$$\Rightarrow \quad t_1 = \frac{v_{z0}}{g} \quad \text{und} \quad v_{z0} = \sqrt{2gz_1}$$

Abweichung $x_2 = x(t_2)$ mit der Wurfdauer $t_2 = 2t_1 = \frac{2v_{z0}}{g}$:

$$x_2 = \frac{\omega g}{3}\left(\frac{2v_{z0}}{g}\right)^3 - \omega v_{z0}\left(\frac{2v_{z0}}{g}\right)^2 \qquad = -\frac{\omega v_{z0}}{3}\left(\frac{2v_{z0}}{g}\right)^2$$

$$x_2 = -\frac{8}{3}\omega z_1\sqrt{\frac{2z_1}{g}} \qquad \omega = \frac{2\pi}{T} = \frac{2\pi}{d^*}$$

$$x_2 = -\frac{16\pi z_1}{3d^*}\sqrt{\frac{2z_1}{g}} = \underline{\underline{-8{,}8\ \text{cm}}} \qquad \text{(Westabweichung)}$$

M 9.11 Meteoroid

Ein Körper der Masse m trifft bei der geographischen Breite φ mit der Geschwindigkeit v senkrecht auf die Erdoberfläche auf.

a) Geben Sie die Koordinaten der Zentrifugalkraft $\vec{F}_Z$ und der Corioliskraft $\vec{F}_C$ in einem Koordinatensystem an, dessen x-Achse nach Osten und dessen z-Achse nach oben zeigt!

b) Wie groß sind die Beträge F_Z und F_C, bezogen auf das Gewicht F_G des Körpers?

$\varphi = 53°$ $\quad v = 215\ \text{km/h}$ $\quad m = 10\ \text{kg}$

a) $F_Z = m\omega^2 r$

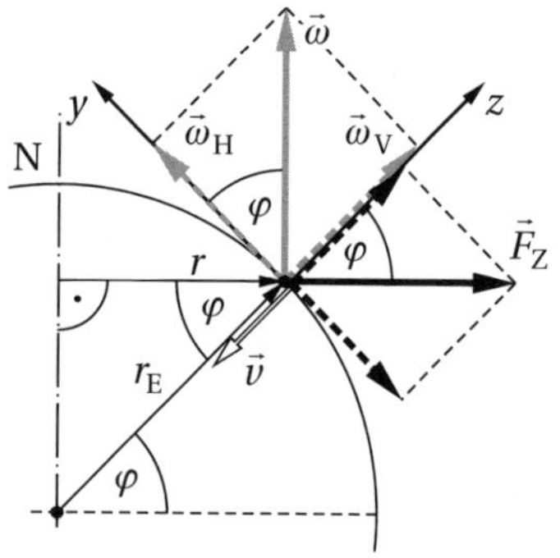

$$r = r_E\cos\varphi$$

$$\omega = \frac{2\pi}{T} = \frac{2\pi}{d^*}$$

$$F_{Zz} = F_Z\cos\varphi$$

$$F_{Zy} = -F_Z\sin\varphi$$

$$\vec{F}_C = 2m\,(\vec{v}\times\vec{\omega})$$

$$= 2mv\omega\sin(\varphi + 90°)$$

$$= 2mv\omega\cos\varphi$$

$$\omega_H = \omega\cos\varphi$$

$$F_{Cx} = F_C$$

$$\underline{F_{Cx} = \frac{4\pi m}{d^*}v\cos\varphi} = \underline{\underline{0{,}052\ \text{N}}}$$

$$\underline{F_{Cy} = 0}$$

$$\underline{F_{Cz} = 0}$$

$$\underline{F_{Zx} = 0}$$

$$\underline{F_{Zy} = -\frac{4\pi^2 m}{d^{*2}}r_E\cos\varphi\sin\varphi} = \underline{\underline{-0{,}163\ \text{N}}}$$

$$\underline{F_{Zz} = \frac{4\pi^2 m}{d^{*2}}r_E\cos^2\varphi} = \underline{\underline{0{,}123\ \text{N}}}$$

b) $F_Z = \frac{4\pi^2 m}{d^{*2}} r_E \cos\varphi$

$\frac{F_Z}{F_G} = \frac{4\pi^2 r_E \cos\varphi}{d^{*2}} = \underline{\underline{2{,}1\,‰}}$

$F_C = \frac{4\pi}{d^* mv\cos\varphi}$

$\frac{F_C}{F_G} = \frac{4\pi v \cos\varphi}{d^* g} = \underline{\underline{0{,}5\,‰}}$

M 9.12 Foucaultsches Pendel

Ein Fadenpendel (Masse der Pendelkugel m, Pendellänge l) wird um den Winkel β ausgelenkt und dann losgelassen. Der Versuch (Foucaultsches Pendel) findet an einem Ort der geographischen Breite φ statt. Man berechne

a) die Corioliskraft F_C beim Durchgang durch die Ruhelage,
b) den Kümmungsradius r des Bahngrundrisses am Ort der Ruhelage,
c) die Dauer T einer vollen Drehung der Pendelebene in bezug auf die Umgebung!

$l = 14{,}7$ m $\quad \beta = 3{,}8°$ $\quad \varphi = 51°$ nördl. Br. $\quad m = 24$ kg

---

a) Corioliskraft in horizontaler Richtung:

$\vec{F}_C = 2m\,(\vec{v} \times \vec{\omega})$

$F_C = 2mv\omega \sin\varphi$

$(F_C = 2\pi v\omega_v;\ \omega_v = \omega \sin\varphi)$

$\omega = \frac{2\pi}{T} = \frac{2\pi}{d^*}$

Ermittlung von v mit dem Energiesatz:

$\frac{m}{2} v^2 = mgh$

$h = l(1 - \cos\beta)$

$v = \sqrt{2gl(1-\cos\beta)}$

$F_C = \frac{4\pi m}{d^*} \sqrt{2gl(1-\cos\beta)} \sin\varphi$

$\underline{\underline{F_C = 2{,}2 \cdot 10^{-3}\ \text{N}}}$

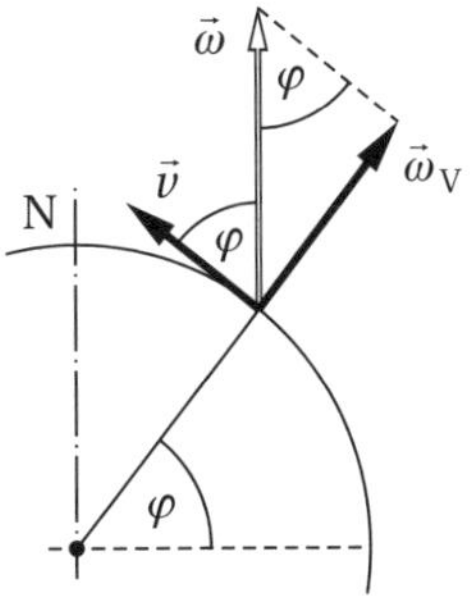

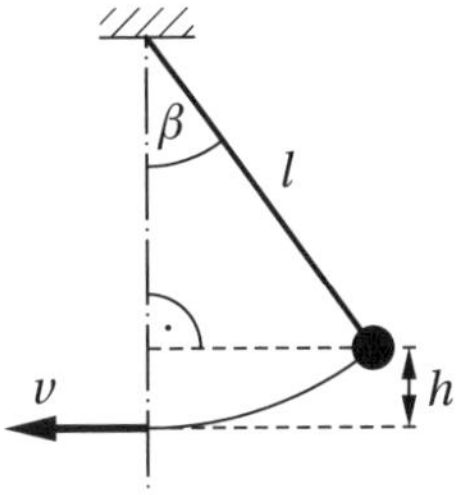

b) $ma_r = F_C$

$\frac{mv^2}{r} = \frac{4\pi mv}{d^*} \sin\varphi$

$r = \frac{d^*}{4\pi \sin\varphi} \sqrt{2gl(1-\cos\beta)} = \underline{\underline{7{,}0\ \text{km}}}$

c) $T = \frac{2\pi}{\omega_V} = \frac{d^*}{\sin\varphi} = \underline{\underline{30{,}8\ \text{h}}}$

M 10 Spezielle Relativitätstheorie

M 10.1 Erddurchmesser

Ein auf der Sonne befindlicher Beobachter würde infolge der Bewegung der Erde eine Verkürzung des Erddurchmessers feststellen.

Wie groß ist diese Verkürzung Δl?

Bahngeschwindigkeit der Erde: $v = 30\ \text{km/s}$

Näherungsformel: $\sqrt{1-x} \approx 1 - x/2$

Längenkontraktion:

$$\Delta x = \Delta x' \sqrt{1 - \left(\frac{v}{c}\right)^2}$$

$\Delta x' = 2r_\text{E}$ = Durchmesser der Erde im System S' der Erde

$\Delta l = \Delta x' - \Delta x$ = Verkürzung im System S der Sonne

$$\Delta x \approx \Delta x' \left[1 - \frac{1}{2}\left(\frac{v}{c}\right)^2\right]$$

$$\underline{\Delta l = r_\text{E}\left(\frac{v}{c}\right)^2} = \underline{\underline{6{,}4\ \text{cm}}}$$

M 10.2 Zwillingsparadoxon

Von den Zwillingen A und B unternimmt B im Alter von $t_0 = 22$ Jahren eine Weltraumreise mit der Geschwindigkeit $v = 0{,}980\,c$ zu einem Stern, der $s = 32$ Lichtjahre von der Erde entfernt ist, während A auf der Erde zurückbleibt.

Welches Alter t_A und t_B haben die Zwillinge unmittelbar nach der Rückkehr? (Die Beschleunigungsphasen werden nicht berücksichtigt.)

Dauer der Reise für A:

$$\Delta t_\text{A} = \frac{2s}{v}$$

$$\underline{t_\text{A} = t_0 + \frac{2s}{v}} = \underline{\underline{87\ \text{a}}}$$

Dauer der Reise für B:

Längenkontraktion im System S', wo sich B befindet:

$$s' = s\sqrt{1 - \left(\frac{v}{c}\right)^2}$$

$$\Delta t_\text{B} = \frac{2s'}{v}$$

$$\underline{t_\text{B} = t_0 + \frac{2s}{v}\sqrt{1 - \left(\frac{v}{c}\right)^2}} = \underline{\underline{35\ \text{a}}}$$

M 10.3 μ-Meson

Ein ruhendes μ-Meson hat die mittlere Lebensdauer $\tau = 2{,}2\ \mu\text{s}$. Durch die Höhenstrahlung werden in $h = 10$ km Höhe über der Erdoberfläche μ-Mesonen erzeugt, die die Geschwindigkeit $v = 0{,}9995\,c$ besitzen.

Kann ein μ-Meson, das nach der mittleren Lebensdauer zerfällt, die Erdoberfläche erreichen?

Beantworten Sie die Frage über zwei verschiedene Lösungswege:

a) Berechnung der mittleren Lebensdauer t des Mesons und des damit zurückgelegten Weges s im System der Erde

b) Berechnung der Entfernung h' des Entstehungsortes von der Erdoberfläche im Systems des Mesons

---

a) Weg des Mesons im Erdsystem:

$s = vt$

Zeitdilatation: $$\Delta t = \frac{\Delta t'}{\sqrt{1 - \left(\frac{v}{c}\right)^2}}$$

$\Delta t' =$ Eigenzeit des Mesons

$\Rightarrow \Delta t' = \tau$

$\Delta t = t$

$$t = \frac{\tau}{\sqrt{1 - \left(\frac{v}{c}\right)^2}} = 70\ \mu\text{s}$$

$\underline{s \approx ct} = \underline{\underline{21\ \text{km} > h}}$

b) Zurückgelegter Weg des Mesons während seiner Lebensdauer:

$s' = v\tau \approx c\tau = 660$ m

Vergleich mit h':

Längenkontraktion: $$\Delta x = \Delta x' \sqrt{1 - \left(\frac{v}{c}\right)^2}$$

$\Delta x' =$ Entfernung im Erdsystem

$\Rightarrow \Delta x' = h$

$\Delta x = h'$

$$h' = h\sqrt{1 - \left(\frac{v}{c}\right)^2} = 320\ \text{m}$$

$\underline{\underline{s' = 660\ \text{m} > h' = 320\ \text{m}}}$

M 10.4 Beschleunigung

Auf ein Teilchen der Ruhmasse m_0 wirkt eine konstante Kraft F.

Wie groß ist die Beschleunigung a, wenn es die Geschwindigkeit $v = c/2$ erreicht hat?

Bewegungsgleichung bei veränderlicher Masse:

$$\frac{\mathrm{d}}{\mathrm{d}t}(mv) = F$$

$$m = \frac{m_0}{\sqrt{1-\left(\frac{v}{c}\right)^2}}$$

$$m_0 \frac{\mathrm{d}}{\mathrm{d}t}\left(\frac{v}{\sqrt{1-\left(\frac{v}{c}\right)^2}}\right) = F = m_0 a_0$$

$$\frac{\mathrm{d}}{\mathrm{d}t}\left(\frac{v}{\sqrt{1-\left(\frac{v}{c}\right)^2}}\right) = a_0$$

$$\frac{\sqrt{1-\left(\frac{v}{c}\right)^2} - v\,\dfrac{-2v/c^2}{2\sqrt{1-\left(\frac{v}{c}\right)^2}}}{1-\left(\frac{v}{c}\right)^2} \cdot \frac{\mathrm{d}v}{\mathrm{d}t} = a_0$$

$$\frac{1-\left(\frac{v}{c}\right)^2 + \left(\frac{v}{c}\right)^2}{\sqrt{1-\left(\frac{v}{c}\right)^2}^{\,3}} \cdot a = a_0$$

$$\underline{a = \frac{F}{m_0}\sqrt{1-\left(\frac{v}{c}\right)^2}^{\,3}} = \underline{\underline{0{,}650\, a_0}}$$

M 10.5 Additionstheorem

Begründung des Additionstheorems der Geschwindigkeiten:

Ein Körper bewegt sich in einem Koordinatensystem S′, das die Geschwindigkeit v besitzt, nach der Ort-Zeit-Funktion $x' = u'_x t'$.

a) Welche Ort-Zeit-Funktion $x(t)$ hat er im ruhenden Koordinatensystem S, wenn zur Zeit $t = 0$ die Nullpunkte der Ortskoordinaten beider Systeme zusammenfallen? (Man gehe bei der Lösung von der Lorentztransformation aus!)

b) An welchen Stellen x_1 und x'_1 befindet sich der Körper in beiden Systemen, wenn im ruhenden System die Zeit t_1 vergangen ist?

c) Zu welcher Zeit t'_1 hat der Körper im bewegten System den Ort x'_1 erreicht?

$v = 0{,}900\,c$ $\quad u'_x = 0{,}700\,c$ $\quad t_1 = 1{,}000\ \mu\text{s}$

---

a) Ort des Körpers im System S': $x' = u'_x t'$

Lorentztransformation ins System S:

(S' gegenüber S mit v bewegt)

$$x = \frac{x' + vt'}{\sqrt{1 - \left(\frac{v}{c}\right)^2}} \qquad t = \frac{t' + \frac{v}{c^2}x'}{\sqrt{1 - \left(\frac{v}{c}\right)^2}}$$

$$x = \frac{(u'_x + v)t'}{\sqrt{1 - \left(\frac{v}{c}\right)^2}} \qquad t = \frac{\left(1 + \frac{vu'_x}{c^2}\right)t'}{\sqrt{1 - \left(\frac{v}{c}\right)^2}}$$

$$\Rightarrow \quad x = \frac{v + u'_x}{1 + \frac{vu'_x}{c^2}}\, t = \underline{\underline{0{,}9816\, ct}}$$

b) $$x_1 = \frac{v + u'_x}{1 + \frac{vu'_x}{c^2}}\, t_1 = \underline{\underline{294{,}3 \text{ m}}}$$

Transformation ins System S':

$$x'_1 = \frac{x_1 - vt_1}{\sqrt{1 - \left(\frac{v}{c}\right)^2}}$$

$$x'_1 = \frac{\frac{v + u'_x}{1 + vu'_x/c^2} - v}{\sqrt{1 - \left(\frac{v}{c}\right)^2}}\, t_1$$

$$x'_1 = \frac{u'_x\left[1 - \left(\frac{v}{c}\right)^2\right]}{\left(1 + \frac{vu'_x}{c^2}\right)\sqrt{1 - \left(\frac{v}{c}\right)^2}}\, t_1$$

$$x'_1 = \frac{u'_x\sqrt{1 - \left(\frac{v}{c}\right)^2}}{1 + \frac{vu'_x}{c^2}}\, t_1 = \underline{\underline{56{,}1 \text{ m}}}$$

c) $x'_1 = u'_x t'_1$

$$t'_1 = \frac{x'_1}{u'_x}$$

$$t'_1 = \frac{\sqrt{1 - \left(\frac{v}{c}\right)^2}}{1 + \frac{vu'_x}{c^2}}\, t_1 = \underline{\underline{0{,}2674\ \mu\text{s}}}$$

M 10.6 Längenkontraktion

Begründung der Längenkontraktion:

Der Nullpunkt eines mit der Geschwindigkeit v bewegten Maßstabes befindet sich zur Zeit $t_0 = 0$ im Ursprung $x_0 = 0$ eines ruhenden Koordinatensystems. Das Ende des Maßstabes hat auf diesem selbst die Koordinate x_1'.

a) Zu welchen Zeiten t_0' und t_1' finden zwei Ereignisse im System des Maßstabes statt, die ein Beobachter vom ruhenden System aus am Anfang und am Ende des Maßstabes gleichzeitig zur Zeit $t_0 = 0$ beobachtet?

b) An welcher Stelle x_1 im ruhenden System befindet sich das Ende des Maßstabes zur Zeit $t_0 = 0$?

c) An welcher Stelle x_2' des Maßstabes befindet sich für einen mitbewegten Beobachter der Punkt x_2 des ruhenden Koordinatensystems, wenn der Stabanfang mit dem Koorinatenursprung des ruhenden Systems zusammenfällt?

---

a) Dem Aufgabentext ist zu entnehmen:

$t_0 = 0 \qquad \underline{t_0' = 0} \qquad x_0' = 0 \qquad t_1 = 0 \qquad x_1'$ gegeben

$$t_1 = \frac{t_1' + \frac{v}{c^2}x_1'}{\sqrt{1-\left(\frac{v}{c}\right)^2}} \quad \Rightarrow \quad 0 = t_1' + \frac{v}{c^2}x_1'$$

$$\underline{t_1' = -\frac{v}{c^2}x_1'}$$

b) $$x_1 = \frac{x_1' + vt_1'}{\sqrt{1-\left(\frac{v}{c}\right)^2}} = \frac{\left(1-\frac{v^2}{c^2}\right)x_1'}{\sqrt{1-\left(\frac{v}{c}\right)^2}} = \underline{x_1'\sqrt{1-\left(\frac{v}{c}\right)^2}}$$

c) Gegeben: $t_2' = 0, \quad x_2$

$$x_2 = \frac{x_2' + vt_2'}{\sqrt{1-\left(\frac{v}{c}\right)^2}} \quad \Rightarrow \quad \underline{x_2' = x_2\sqrt{1-\left(\frac{v}{c}\right)^2}}$$

M 10.7 Raumschiff

Zur Zeit $t = 0$ Uhr Erdzeit passiert ein Raumschiff die Erde mit $v = 0{,}800\,c$. Im Raumschiff werden die Uhren dabei auf $t' = 0$ Uhr gestellt. Zur Zeit $t_1' = 0.45$ Uhr (Raumschiffzeit) erreicht das Raumschiff eine Weltraumstation, die von der Erde den festen Abstand s (in Erdkoordinaten) hat und deren Uhren Erdzeit anzeigen. Beim Passieren der Station sendet das Raumschiff ein Funksignal zur Erde, das von der Erde unverzüglich beantwortet wird.

a) Welche Zeit t_1 zeigen die Uhren der Raumstation beim Passieren des Raumschiffs an?

b) Wie groß ist die Entfernung s der Raumstation von der Erde?

c) Zu welcher Zeit t_2 (Erdzeit) kommt das Funksignal auf der Erde an?

d) Zu welcher Zeit t_3' (Raumschiffzeit) wird im Raumschiff die Antwort der Erde empfangen?

---

a) Ereignis 1: Rendezvous Raumschiff – Raumstation

Gegeben: $x_1' = 0, \quad t_1'$

$$t_1 = \frac{t_1' + \frac{v}{c^2} x_1'}{\sqrt{1 - \left(\frac{v}{c}\right)^2}}$$

$$\underline{t_1 = \frac{t_1'}{\sqrt{1 - \left(\frac{v}{c}\right)^2}}} = \underline{\underline{1.15 \text{ Uhr}}}$$

b) Gegeben: $x_1' = 0, \quad t_1'$

$$s = x_1 = \frac{x_1' + v t_1'}{\sqrt{1 - \left(\frac{v}{c}\right)^2}}$$

$$\underline{s = \frac{v t_1'}{\sqrt{1 - \left(\frac{v}{c}\right)^2}}} = \underline{\underline{1{,}08 \cdot 10^9 \text{ km}}}$$

c) Ausbreitung des Funksignals im Erdsystem

$s = c\,(t_2 - t_1)$

$$\Rightarrow \quad t_2 = t_1 + \frac{s}{c}$$

$$t_2 = \frac{t_1'}{\sqrt{1 - \left(\frac{v}{c}\right)^2}} + \frac{\frac{v}{c} t_1'}{\sqrt{1 - \left(\frac{v}{c}\right)^2}} = \frac{c + v}{\sqrt{c^2 - v^2}} t_1'$$

$$\underline{t_2 = \sqrt{\frac{c + v}{c - v}}\, t_1'} = \underline{2.15 \text{ Uhr}}$$

d) Ereignis 2:

Aussendung des Funksignals von der Erde zum Zeitpunkt der Ankunft des Signals vom Raumschiff

Gegeben: $t_2, \quad x_2 = 0$

Umkehrung der Lorentztransformation:

$$t_2' = \frac{t_2 - \frac{v}{c^2} x_2}{\sqrt{1 - \left(\frac{v}{c}\right)^2}} = \frac{t_2}{\sqrt{1 - \left(\frac{v}{c}\right)^2}}$$

$$x_2' = \frac{x_2 - v t_2}{\sqrt{1 - \left(\frac{v}{c}\right)^2}} = \frac{-v t_2}{\sqrt{1 - \left(\frac{v}{c}\right)^2}}$$

Entfernung der Erde im System des Raumschiffs:

$$s' = \frac{v t_2}{\sqrt{1 - \left(\frac{v}{c}\right)^2}}$$

Ausbreitung des Funksignals im Raumschiffsystem:

$s' = c\left(t_3' - t_2'\right)$

$$\Rightarrow \quad t_3' = t_2' + \frac{s'}{c}$$

$$t_3' = \frac{t_2}{\sqrt{1-\left(\frac{v}{c}\right)^2}} + \frac{\frac{v}{c}t_2}{\sqrt{1-\left(\frac{v}{c}\right)^2}} = \sqrt{\frac{c+v}{c-v}}\,t_2$$

$$\underline{t_3' = \frac{c+v}{c-v}t_1'} = \underline{\underline{6.45\text{ Uhr}}}$$

M 10.8 Dopplereffekt

Dopplereffekt beim Licht:

Ein an einem Beobachter mit der Geschwindigkeit v vorbeifliegendes Atom emittiert Licht. In dem Inertialsystem Σ', in dem das Atom bei $x' = 0$ ruht, hat die Frequenz des Lichts den Wert f_0. Der Beobachter ruht im Inertialsystem Σ bei $x = 0$.

Die Begegnung findet zur Zeit $t' = t = 0$ statt. Es sei angenommen, dass sich im Augenblick der Begegnung das strahlende Atom gerade in einem Schwingungsmaximum befindet.

a) Zu welchen Zeiten t_1' bzw. t_1 und an welchen Orten x_1' bzw. x_1 wird in beiden Systemen das nächste Schwingungsmaximum festgestellt?
b) Zu welcher Zeit $\bar{t}_1$ trifft der Wellenberg, der von diesem Schwingungsmaximum ausgeht, beim Beobachter ein?
c) Welche Frequenz f des Lichts stellt der Beobachter in seinem System Σ fest, wenn sich das Atom von ihm entfernt?
d) Wiederholen Sie die Überlegungen für das letzte Schwingungsmaximum vor der Begegnung! Welche Frequenz des Lichts stellt demnach der Beobachter fest, wenn sich das Atom ihm nähert?

---

a) Ereignis 1: Nächstes Schwingungsmaximum

System des Atoms:

$$\underline{\underline{x_1' = 0}} \qquad \underline{\underline{t_1' = \frac{1}{f_0}}}$$

System des Beobachters (Lorentztransformation):

$$x_1 = \frac{x_1' + vt_1'}{\sqrt{1-\left(\frac{v}{c}\right)^2}} = \underline{\frac{v}{f_0\sqrt{1-\left(\frac{v}{c}\right)^2}}}$$

$$t_1 = \frac{t_1' + \frac{v}{c^2}x_1'}{\sqrt{1-\left(\frac{v}{c}\right)^2}} = \underline{\frac{1}{f_0\sqrt{1-\left(\frac{v}{c}\right)^2}}}$$

b) Ausbreitung im System des Beobachters:

$$\bar{t}_1 = t_1 + \frac{|x_1|}{c} = \frac{1}{f_0\sqrt{1-\left(\frac{v}{c}\right)^2}}\left(1+\frac{v}{c}\right) = \underline{\frac{1}{f_0}\sqrt{\frac{c+v}{c-v}}}$$

c) $f = \frac{1}{|\bar{t}_1|} = \underline{f_0 \sqrt{\frac{c-v}{c+v}}} < f_0$

d) Ereignis 2: Vorausgegangenes Schwingungsmaximum

$$x'_2 = 0$$
$$t'_2 = -t'_1$$

$$\Rightarrow \quad x_2 = -x_1$$
$$t_2 = -t_1$$
$$\bar{t}_2 = t_2 + \frac{|\bar{x}_2|}{c} = -t_1 + \frac{|x_1|}{c}$$
$$\bar{t}_2 = -\frac{1}{f_0\sqrt{1-\left(\frac{v}{c}\right)^2}}\left(1-\frac{v}{c}\right)$$
$$\bar{t}_2 = -\frac{1}{f_0}\sqrt{\frac{c-v}{c+v}}$$
$$f = \frac{1}{|\bar{t}_2|} = \underline{f_0\sqrt{\frac{c+v}{c-v}}} > f_0$$

M 10.9 Geschwindigkeit einer Ladung

Ein Teilchen der Ladung Q und der Ruhmasse m_0 wird in einem konstanten elektrischen Feld der Feldstärke E_x beschleunigt.

Wie groß ist die Geschwindigkeit v_{x1} des Teilchens nach der Zeit t_1, wenn es zur Zeit $t_0 = 0$ in Ruhe war? Rechnen Sie

a) klassisch und
b) relativistisch!

---

a) $m_0 a_x = F_x \quad \text{mit } F_x = QE_x$

$$a_x = \frac{Q}{m_0}E_x$$
$$v_{x1} = \int_0^{t_1} a_x \,\mathrm{d}t = \underline{\frac{Q}{m_0}E_x t_1}$$

b) $\frac{\mathrm{d}}{\mathrm{d}t}(mv_x) = F_x \quad \text{mit } m = \frac{m_0}{\sqrt{1-\left(\frac{v_x}{c}\right)^2}}$

$$\frac{\mathrm{d}}{\mathrm{d}t}\left(\frac{m_0 v_x}{\sqrt{1-\left(\frac{v_x}{c}\right)^2}}\right) = QE_x$$
$$\int_0^{v_{x1}} \mathrm{d}\left(\frac{v_x}{\sqrt{1-\left(\frac{v_x}{c}\right)^2}}\right) = \frac{Q}{m_0}E_x\int_0^{t_1}\mathrm{d}t$$
$$\frac{v_{x1}}{\sqrt{1-\left(\frac{v_{x1}}{c}\right)^2}} = \frac{Q}{m_0}E_x t_1$$

$$v_{x1}^2 = \left[1 - \left(\frac{v_{x1}}{c}\right)^2\right] \left(\frac{Q}{m_0} E_x t_1\right)^2$$

$$\Rightarrow \quad v_{x1}^2 \left[1 + \left(\frac{QE_x t_1}{m_0 c}\right)^2\right] = \left(\frac{QE_x t_1}{m_0}\right)^2$$

$$\underline{v_{x1} = \frac{Q}{m_0} E_x t_1 \frac{1}{\sqrt{1 + \left(\frac{QE_x t_1}{m_0 c}\right)^2}}}$$

M 10.10 Elektronenmikroskop

Ein Elektron ist in einem Elektronenmikroskop mit der Spannung U zwischen Katode und Anode beschleunigt worden und durchläuft hinter der letzten Linse bis zum Leuchtschirm die Strecke l mit konstanter Geschwindigkeit.

a) Welche Zeit t braucht das Elektron zum Durchlaufen der Strecke l?

b) Wie groß ist die Entfernung l' zwischen Linse und Leuchtschirm in einem Inertialsystem, in dem das Elektron ruht?

$U = 150$ kV $\quad l = 30{,}0$ cm

---

a) Laufzeit

$$t = \frac{l}{v}$$

Ermittlung von v aus dem Energiesatz:

$$E = eU + E_0 \quad \text{mit} \quad E = mc^2 \quad \text{und} \quad E_0 = m_e c^2$$

$$\frac{m_e}{\sqrt{1 - \left(\frac{v}{c}\right)^2}} c^2 = eU + m_e c^2$$

$$1 - \left(\frac{v}{c}\right)^2 = \left(\frac{m_e c^2}{eU + m_e c^2}\right)^2 \qquad (*)$$

$$v = c \sqrt{1 - \frac{1}{\left(1 + \frac{eU}{m_e c^2}\right)^2}}$$

$$\underline{t = \frac{l}{c \sqrt{1 - \frac{1}{\left(1 + \frac{eU}{m_e c^2}\right)^2}}}} = \underline{\underline{1{,}58 \text{ ns}}}$$

b) Längenkontraktion:

$$l' = l \sqrt{1 - \left(\frac{v}{c}\right)^2} \quad \text{ergibt mit } (*)$$

$$l' = l \frac{m_e c^2}{eU + m_e c^2} = \underline{\frac{l}{1 + \frac{eU}{m_e c^2}}} = 0{,}773\, l = \underline{\underline{23{,}2 \text{ cm}}}$$

M 10.11 Relativistische Masse

In einem Beschleuniger werden Elementarteilchen auf die Geschwindigkeit $v = (3/4)\,c$ gebracht. Um wie viel Prozent vergrößert sich ihre Masse?

$$\frac{\Delta m}{m_0} = \frac{m - m_0}{m_0} = \frac{m}{m_0} - 1$$

$$\text{mit} \quad m = \frac{m_0}{\sqrt{1 - \left(\frac{v}{c}\right)^2}}$$

$$\frac{\Delta m}{m_0} = \frac{1}{\sqrt{1 - \left(\frac{v}{c}\right)^2}} - 1 = \underline{\underline{51\,\%}}$$

M 10.12 Impuls

Ein Elektron hat den Impuls p.

a) Wie groß ist seine Energie E?

b) Wie groß ist seine kinetische Energie E_k?

$p = 1{,}58 \cdot 10^{-22}$ kg · m/s

a) $E = c\sqrt{(m_e c)^2 + p^2} = \underline{\underline{9{,}46 \cdot 10^{-14}\ \text{J}}} = 590\ \text{keV}$

b) $E_k = E - m_e c^2 = \underline{\underline{1{,}27 \cdot 10^{-14}\ \text{J}}} = 79\ \text{keV}$

M 11 Äußere Reibung

M 11.1 Skilift

Welche Leistung P muss ein Skilift aufbringen, um N Personen der mittleren Masse m an einem Hang vom Neigungswinkel α mit der Geschwindigkeit v hinaufzuschleppen (Gleitreibungszahl μ)?

$N = 30$ $\quad m = 75$ kg $\quad \alpha = 14°$ $\quad \mu = 0{,}08$ $\quad v = 1{,}2$ m/s

$$P = Fv$$

$$P = (F_H + F_R)\,v$$

$$F_H = F_G \sin\alpha$$

$$F_R = \mu F_n = \mu F_G \cos\alpha$$

$$F_G = Nmg$$

$$P = Nmgv\,(\sin\alpha + \mu\cos\alpha) = \underline{\underline{8{,}5\ \text{kW}}}$$

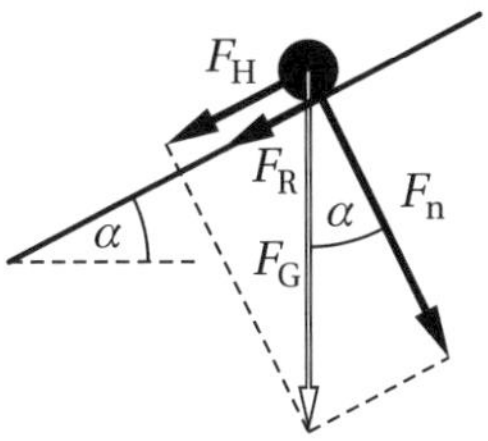

M 11.2 Einachsanhänger

Um einen Einachsanhänger der Masse m auf ebener Straße mit der konstanten Geschwindigkeit v_0 zu ziehen, ist die Leistung P erforderlich. Der Durchmesser der Räder ist d. (Die Reibung in den Radlagern und der Luftwiderstand sollen unberücksichtigt bleiben.)

Berechnen Sie den Koeffizienten μ' der Rollreibung!

$m = 250$ kg $v_0 = 40$ km/h $P = 1{,}0$ kW $d = 0{,}60$ m

$$F_R = \frac{\mu'}{r} F_n$$

(*Bemerkung:* Für ein einzelnes Rad wären sowohl F_n als auch F_R zu halbieren.)

$$\mu' = \frac{F_R}{F_n} r$$

$$r = \frac{d}{2}$$

$$F_n = mg$$

Ermittlung von F_R:

$$P = F_R v_0$$

$$F_R = \frac{P}{v_0}$$

$$\underline{\mu' = \frac{Pd}{2mgv_0}} = \underline{\underline{11\ \text{mm}}}$$

M 11.3 Reibungszahl

Ein Körper legt infolge eines Stoßes auf einer rauen Fläche die Strecke s_1 in der Zeit t_1 zurück und steht dann still.

Wie groß ist die Reibungszahl μ?

$s_1 = 24{,}5$ m $t_1 = 5{,}0$ s

Änderung der kinetischen Energie durch Reibungsarbeit:

$$\Delta E_k = W'$$

$$-\frac{m}{2} v_0^2 = -F_R s_1$$

$$F_R = \mu F_n = \mu mg$$

$$\Rightarrow \quad \mu = \frac{v_0^2}{2 g s_1}$$

Ermittlung von v_0:

Kraftstoß = Impulsänderung

$$-F_R (t_1 - t_0) = m (v_1 - v_0)$$

$$t_0 = 0, \quad v_1 = 0$$

$$-\mu m g t_1 = -m v_0$$

$$v_0 = \mu g t_1$$

$$\underline{\mu = \frac{2s_1}{g t_1^2}} = \underline{\underline{0{,}20}}$$

M 11.4 Münze

Ein zylindrischer Topf (Radius r) ist mit einem Blatt Papier bedeckt, das auf einer Seite mit dem Topfrand abschließt. Über der Topfmitte liegt darauf eine Münze.

Mit welcher konstanten Geschwindigkeit v_0 muss man das Papier wegziehen, damit die Münze (Durchmesser vernachlässigen) gerade noch in den Topf fällt? Die Gleitreibungszahl ist μ.

$\mu = 0{,}15 \qquad r = 15$ cm

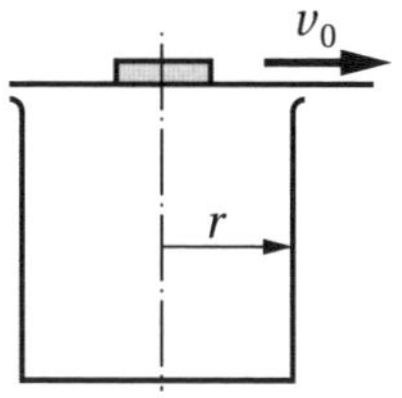

Ort-Zeit-Funktion für die Bewegung des linken Papierrandes:

$$s_1 = 2r = v_0 t_1$$

$$v_0 = \frac{2r}{t_1}$$

t_1 wird durch die Bewegung der Münze bis zum Topfrand festgelegt.

Bewegungsgleichung:

$$ma = F_R = \mu F_n = \mu m g = \text{const}$$

$$a = \mu g$$

$$\Rightarrow \quad s_2 = r = \frac{a}{2} t_1^2 = \frac{\mu g}{2} t_1^2$$

$$t_1 = \sqrt{\frac{2r}{\mu g}}$$

$$v_0 = 2r\sqrt{\frac{\mu g}{2r}}$$

$$\underline{v_0 = \sqrt{2\mu g r}} = \underline{\underline{66\ \text{cm/s}}}$$

M 11.5 Traktor

Ein Traktor zieht eine glatte Steinplatte der Masse m auf einer horizontalen Ebene die Strecke s entlang. Die Gleitreibungszahl ist μ.

a) Welchen Winkel α_0 muss das Zugseil mit der Ebene bilden, damit die Seilkraft möglichst gering wird?

b) Welche Arbeit W' verrichtet der Traktor auf dem gesamten Weg?

$m = 3000$ kg $\quad s = 300$ m $\quad \mu = 0{,}6$

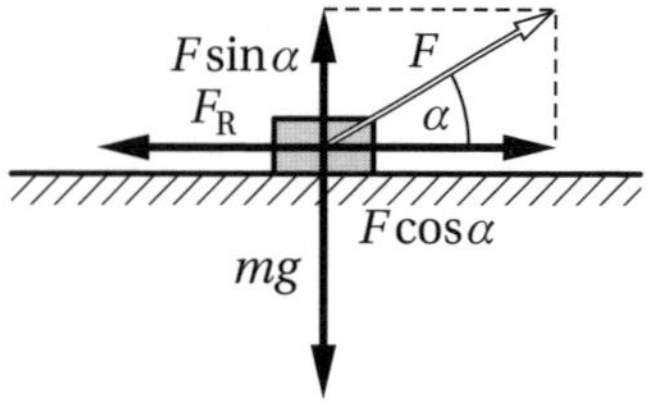

a) $F_s = F_R$

$$F_s = F \cos\alpha$$
$$F_R = \mu F_n$$
$$F_n = mg - F\sin\alpha$$
$$F\cos\alpha = \mu\left(mg - F\sin\alpha\right)$$
$$F(\alpha) = \frac{\mu mg}{\cos\alpha + \mu\sin\alpha} \qquad (*)$$

$\frac{\mathrm{d}F}{\mathrm{d}\alpha}(\alpha_0) = 0;$ nur Nenner ableiten:

$$\frac{\mathrm{d}}{\mathrm{d}\alpha}\left(\cos\alpha + \mu\sin\alpha\right) = -\sin\alpha + \mu\cos\alpha$$
$$-\sin\alpha_0 + \mu\cos\alpha_0 = 0$$
$$\underline{\tan\alpha_0 = \mu}$$
$$\underline{\underline{\alpha_0 = 31^\circ}}$$

b) $W' = F s \cos\alpha_0$

mit F aus $(*)$:

$$W' = \frac{\mu mgs\cos\alpha_0}{\cos\alpha_0 + \mu\sin\alpha_0} = \frac{\mu mgs}{1 + \mu\tan\alpha_0}$$
$$\underline{W' = \frac{\mu mgs}{1+\mu^2}} = \underline{\underline{3{,}9\ \text{MJ}}}$$

M 11.6 Bohnerbürste

Bei der Bewegung einer Bohnerbürste der Masse m bildet der Stiel mit dem Fußboden den Winkel α. Die Gleitreibungszahl ist μ.

Mit welcher Normalkraft F_n wird die Bohnerbürste auf den Fußboden gedrückt, wenn

a) am Stiel gezogen wird,

b) am Stiel geschoben wird?

$m = 3{,}0$ kg $\quad \alpha = 30^\circ \quad \mu = 0{,}15$

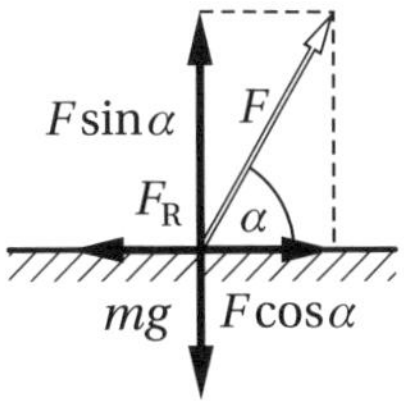

$F_s = F_R$

$$F_s = F\cos\alpha$$
$$F_R = \mu F_n$$

$F\cos\alpha = \mu F_n$

$$F = \frac{\mu F_n}{\cos\alpha}$$

a) $F_n = mg - F\sin\alpha$

$$F_n = mg - \mu F_n \tan\alpha$$
$$\underline{F_n = \frac{mg}{1+\mu\tan\alpha}} = \underline{\underline{27\ \text{N}}}$$

b) $F_n = mg + F\sin\alpha$

$$F_n = mg + \mu F_n \tan\alpha$$
$$\underline{F_n = \frac{mg}{1-\mu\tan\alpha}} = \underline{\underline{32\ \text{N}}}$$

M 11.7 Kurvenfahrt

Ein Pkw durchfährt eine Kurve (Krümmungsradius r) mit der Geschwindigkeit v.

a) Die Kurve sei nicht überhöht. Wie groß muss die Haftreibungszahl μ_0 mindestens sein, damit das Fahrzeug nicht ins Rutschen kommt?

b) Um welchen Winkel α gegenüber der Horizontalen muss die Straße überhöht werden, damit bei vorgegebener Geschwindigkeit die Resultierende der Kräfte senkrecht auf der Fahrbahn steht?

$r = 240$ m $\qquad v = 72$ km/h

---

a) $ma_r \leqq F_R$

$$m\frac{v^2}{r} \leqq \mu_0 mg$$
$$\underline{\mu_0 \geqq \frac{v^2}{gr}} = \underline{\underline{0{,}17}}$$

b) Mitbewegter Beobachter:

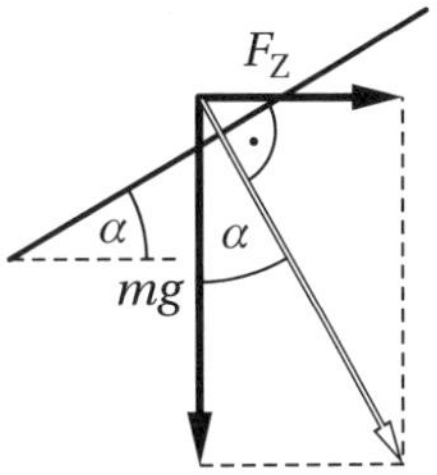

$$\tan\alpha = \frac{F_Z}{mg}$$
$$F_Z = \frac{mv^2}{r}$$
$$\underline{\tan\alpha = \frac{v^2}{gr}}$$
$$\underline{\underline{\alpha = 9{,}6^\circ}}$$

M 11.8 Pkw

Welche größte Steigung (Steigungswinkel α) kann ein Pkw mit konstanter Geschwindigkeit überwinden, wenn

a) die Hinterachse,
b) die Vorderachse

angetrieben wird und die Haftreibungszahl μ_0 gegeben ist?

Der Achsabstand ist l. Der Schwerpunkt befindet sich in der Mitte zwischen den beiden Achsen in der Höhe h über der Fahrbahn.

$h = 0{,}70$ m $l = 2{,}20$ m $\mu_0 = 0{,}40$

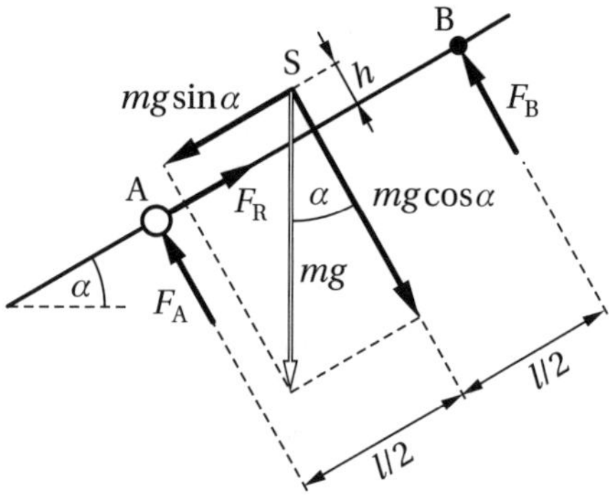

Kräftegleichgewicht:

$$F_A + F_B = mg\cos\alpha$$

$$F_R = mg\sin\alpha$$

Momentengleichgewicht (bezogen auf Punkt A):

$$F_B l + mg(\sin\alpha)h = mg(\cos\alpha)\frac{l}{2}$$

$$\Rightarrow \quad F_B = mg\left(\frac{1}{2}\cos\alpha - \frac{h}{l}\sin\alpha\right)$$

$$F_A = mg\cos\alpha - F_B$$

$$= mg\left(\frac{1}{2}\cos\alpha + \frac{h}{l}\sin\alpha\right)$$

a) $F_R = \mu_0 F_A$

$$\sin\alpha = \mu_0\left(\frac{1}{2}\cos\alpha + \frac{h}{l}\sin\alpha\right)$$

$$\tan\alpha = \frac{\mu_0}{2\left(1 - \mu_0\frac{h}{l}\right)}$$

$$\underline{\underline{\alpha = 13^\circ}}$$

b) $F_R = \mu_0 F_B$

$$\sin\alpha = \mu_0\left(\frac{1}{2}\cos\alpha - \frac{h}{l}\sin\alpha\right)$$

$$\tan\alpha = \frac{\mu_0}{2\left(1 + \mu_0\frac{h}{l}\right)}$$

$$\underline{\underline{\alpha = 10^\circ}}$$

M 11.9 Rollreibung

Eine Kugel (Radius r_1) wird am oberen Ende einer geneigten Ebene (Neigungswinkel α, Länge l) freigelassen und rollt, nachdem sie das untere Ende erreicht hat, auf einer horizontalen Ebene aus.

a) Welche Strecke s_1 legt sie auf der horizontalen Ebene noch zurück, wenn der Rollreibungskoeffizient auf ihrem gesamten Weg den gleichen Wert μ' hat?

b) Welche Strecke s_2 legt eine Kugel vom doppelten Radius $r_2 = 2r_1$ zurück?

$\alpha = 30^\circ \qquad \mu' = 8{,}0 \cdot 10^{-4}\ \text{m} \qquad r_1 = 10\ \text{mm} \qquad l = 1{,}00\ \text{m}$

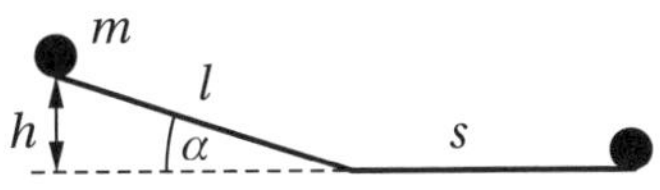

a) Potenzielle Energie wird Reibungsarbeit:

$$mgh = \frac{\mu'}{r} F_n l + \frac{\mu'}{r} mgs$$

$$h = l \sin\alpha$$

$$F_n = mg\cos\alpha$$

$$\Rightarrow \quad l\sin\alpha = \frac{\mu'}{r} l\cos\alpha + \frac{\mu'}{r} s$$

$$s = l\left(\frac{r}{\mu'}\sin\alpha - \cos\alpha\right)$$

$$\underline{\underline{s_1 = s(r_1) = 5{,}4\ \text{m}}}$$

b) $\underline{\underline{s_2 = s(r_2) = 11{,}6\ \text{m}}}$

M 11.10 Seilkräfte

Gegeben sind drei Körper mit den Massen m_1, m_2 und m_3, die durch ein masseloses Seil miteinander verbunden sind. Der Neigungswinkel der Ebene ist α. Die Umlenkrollen für das Seil haben den Radius r und das Trägheitsmoment J. Für die Reibung zwischen den Körpern und der Unterlage sind die Haftreibungszahl μ_0 und die Gleitreibungszahl μ bekannt.

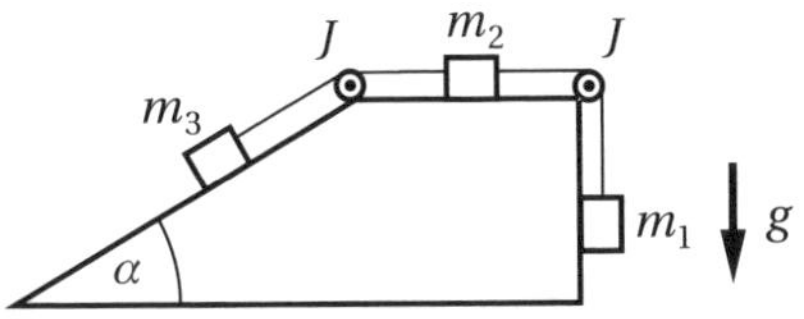

a) Kommen die Körper aus dem Zustand der Ruhe selbst ins Gleiten?

b) Wie groß ist die Beschleunigung a im Zustand des Gleitens?

c) Wie groß sind die Seilkräfte F_{12} am Körper 1, F_{21} und F_{23} am Körper 2 und F_{32} am Körper 3 im Zustand des Gleitens?

$\mu_0 = 0{,}205 \qquad \mu = 0{,}100 \qquad v_0 = 20\ \text{cm/s} \qquad m_1 = 250\ \text{g}$

$m_2 = 250\ \text{g} \qquad m_3 = 300\ \text{g} \qquad J = 200\ \text{g} \cdot \text{cm}^2 \qquad r = 2{,}0\ \text{cm} \qquad \alpha = 30^\circ$

---

a) Resultierende Zugkraft:

$$F = m_1 g - m_3 g \sin\alpha = 0{,}98\ \text{N}$$

Zu überwindende (maximale) Haftreibungskraft:

$F_R = \mu_0 (m_2 + m_3 \cos\alpha)\, g = 1{,}03\ \text{N}$

Kein Gleiten, da $F < F_R$

b) Bewegungsgleichung für das Gesamtsystem:

$(m_1 + m_2 + m_3 + 2m^*)\, a = m_1 g - m_3 g \sin\alpha - \mu m_2 g - \mu m_3 \cos\alpha$

Hierbei ist m^* eine Punktmasse, die die Trägheit einer Rolle ersetzt:

$J = m^* r^2$

$m^* = \dfrac{J}{r^2}$

$$a = \frac{m_1 - \mu m_2 - (\sin\alpha + \mu\cos\alpha)\, m_3}{m_1 + m_2 + m_3 + \dfrac{2J}{r^2}}\, g = \underline{\underline{0{,}53\ \text{m/s}^2}}$$

c)

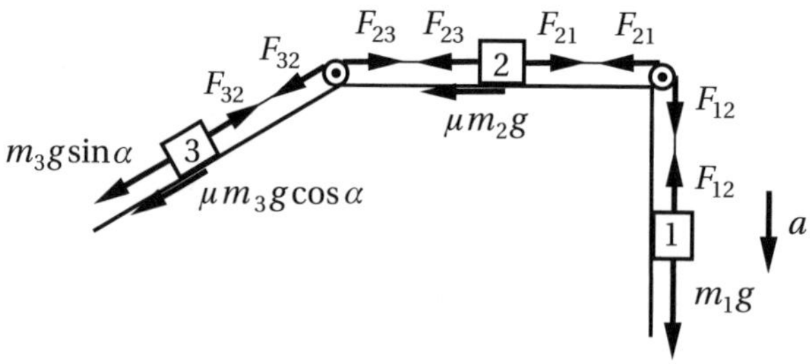

Bewegungsgleichungen für

m_1:	$m_1 a = m_1 g - F_{12}$
Rolle 1:	$m^* a = F_{12} - F_{21}$
m_2:	$m_2 a = F_{21} - F_{23} - \mu m_2 g$
Rolle 2:	$m^* a = F_{23} - F_{32}$

$\Rightarrow$ $F_{12} = m_1(g - a) = \underline{\underline{2{,}32\ \text{N}}}$

$F_{21} = F_{12} - \dfrac{J}{r^2} a = \underline{\underline{2{,}29\ \text{N}}}$

$F_{23} = F_{21} - m_2(a + \mu g) = \underline{\underline{1{,}91\ \text{N}}}$

$F_{32} = F_{23} - \dfrac{J}{r^2} a = \underline{\underline{1{,}88\ \text{N}}}$

M 11.11 Greifzange

Zum Transportieren von großen Steinen wird eine Greifzange verwendet (siehe Skizze).

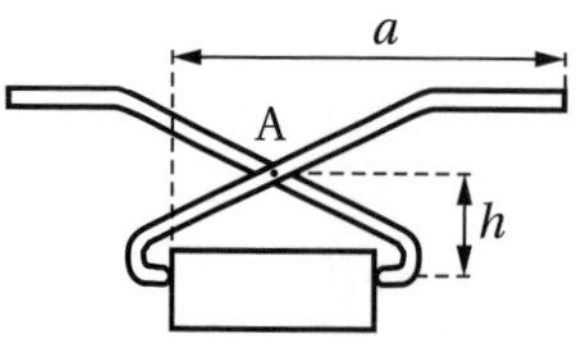

Wie groß muss das Verhältnis $a : h$ mindestens ein, damit der Stein nicht herausrutscht? Haftreibungszahl ist $\mu_0 = 0{,}6$.

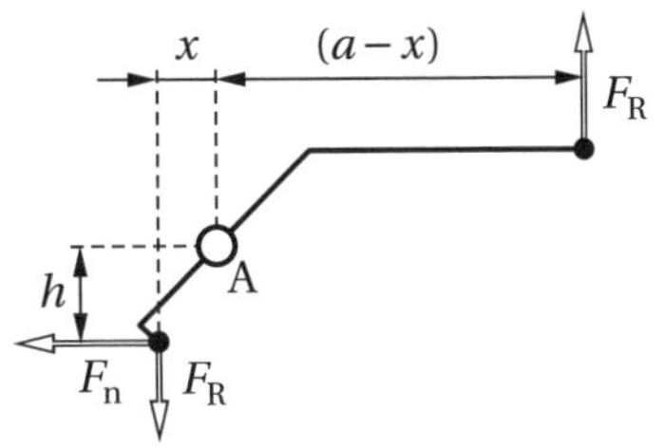

Momentengleichgewicht (bezogen auf Punkt A):

$$F_R(a-x) + F_R x = F_n h$$

Maximale Reibungskraft:

$$F_R = \mu_0 F_n$$

$$\Rightarrow \quad \underline{\frac{a}{h} = \frac{1}{\mu_0}} = \underline{\underline{1{,}67}}$$

M 11.12 Schraubzwinge

Auf die bewegliche Backe einer selbsthemmenden Schraubzwinge wirken die in der Skizze dargestellten Kräfte. Durch (nicht dargestellte) Haftreibungskräfte in den Punkten A und B wird das Öffnen der Zwinge verhindert.

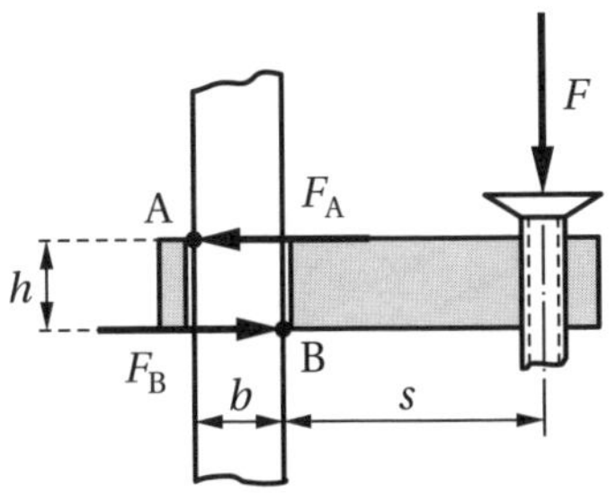

Wie groß muss die Haftreibungszahl μ_0 mindestens sein, damit die Zwinge funktionstüchtig ist?

$s = 80$ mm $\qquad b = 20$ mm $\qquad h = 12$ mm

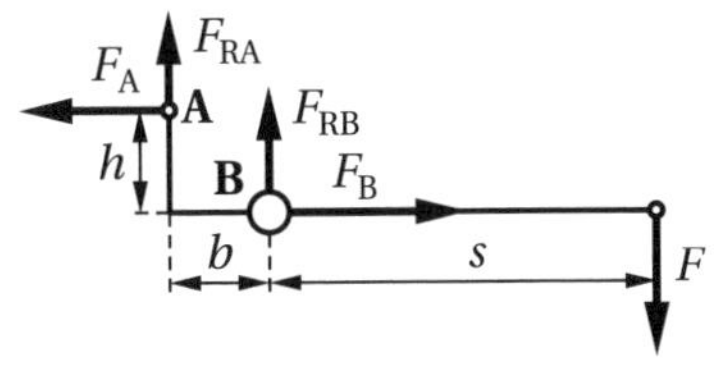

Kräftegleichgewicht:

$$F_A = F_B$$

$$F_{RA} + F_{RB} = F$$

Momentengleichgewicht (bezogen auf Punkt B):

$$Fs + F_{RA} b = F_A h$$

Maximale Reibungskraft:

$$F_{RA} = \mu_0 F_A$$

$$F_{RB} = \mu_0 F_B$$

$$\Rightarrow \quad F_{RA} = F_{RB} = \frac{F}{2}$$

$$\Rightarrow \quad Fs + \frac{F}{2} b = \frac{F}{2\mu_0} h$$

$$\underline{\mu_0 = \frac{h}{2s + b}} = \underline{\underline{0{,}067}}$$

M 11.13 Kugel

Auf einer geneigten Ebene (Neigungswinkel α) befindet sich eine Kugel (Radius r, Haftreibungszahl μ_0, Rollreibungskoeffizient μ').

a) Welchen Wert α_1 muss der Neigungswinkel mindestens haben, damit die Kugel zu rollen beginnt?

b) Welchen Wert α_2 darf der Neigungswinkel höchstens haben, damit die Kugel nicht gleitet?

$\mu' = 1{,}35 \cdot 10^{-4}$ m $\qquad \mu_0 = 0{,}320 \qquad r = 5{,}0$ mm

---

a) Kräftgleichgewicht (nur Rollreibung):

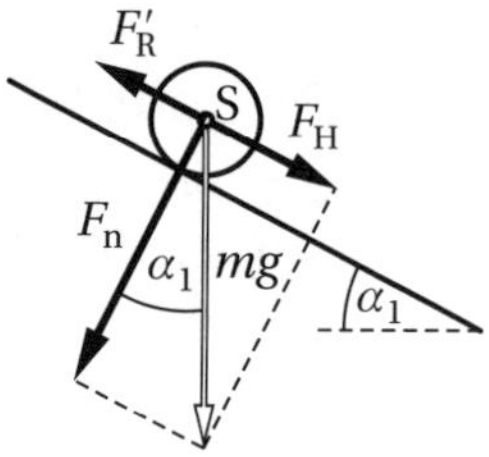

$$F_H = F'_R$$

$$mg \sin\alpha_1 = \frac{\mu'}{r} mg \cos\alpha_1$$

$$\tan\alpha_1 = \frac{\mu'}{r}$$

$$\underline{\underline{\alpha_1 = 1{,}5^\circ}}$$

Hinweis: Die Rollreibungskraft greift an der Achse S an.

b) Bewegungsgleichungen:

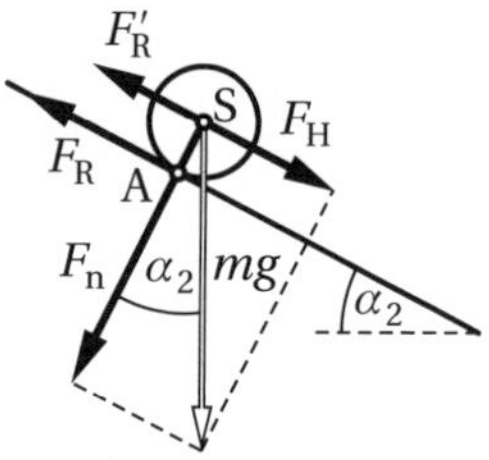

$$ma = F_H - F'_R - F_R \quad \text{und}$$

$$J_S \ddot{\varphi} = F_R r$$

mit $F_H = mg \sin\alpha_2$

$$F'_R = \frac{\mu'}{r} mg \cos\alpha_2$$

$$F_R = \mu_0 mg \cos\alpha_2$$

und der Rollbedingung $a = \ddot{\varphi} r$

$$a = g \sin\alpha_2 - \left(\frac{\mu'}{r} + \mu_0\right) g \cos\alpha_2 \quad \text{und}$$

$$a = \mu_0 \frac{mr^2}{J_S} g \cos\alpha_2$$

$$\Rightarrow \quad \mu_0 \frac{mr^2}{J_S} \cos\alpha_2 = \sin\alpha_2 - \left(\frac{\mu'}{r} + \mu_0\right) \cos\alpha_2$$

$$\tan\alpha_2 = \frac{\mu'}{r} + \mu_0 \left(1 + \frac{mr^2}{J_S}\right) \quad \text{mit} \quad J_S = \frac{2}{5} mr^2$$

$$\tan\alpha_2 = \frac{\mu'}{r} + \frac{7}{2}\mu_0$$

$$\underline{\underline{\alpha_2 = 48{,}9^\circ}}$$

M 12 Verformung fester Körper

M 12.1 Stahlband

Ein Stahlband der Länge l, der Breite b und der Dicke d wird um Δl elastisch gedehnt. Der Elastizitätsmodul des Materials ist E, der Schubmodul G.

Berechnen Sie
a) die für diese Dehnung erforderliche Kraft F!
b) die dabei auftretende Querkontraktion Δb!

$l = 1000$ mm $\quad \Delta l = 1{,}0$ mm $\quad b = 20$ mm $\quad d = 0{,}20$ mm

$E = 2{,}1 \cdot 10^2$ GPa $\quad G = 83$ GPa

---

a) $$\frac{\Delta l}{l} = \frac{\sigma}{E}$$

$$\sigma = \frac{F}{bd}$$

$$F = bd\frac{\Delta l}{l}E = \underline{\underline{0{,}84 \text{ kN}}}$$

b) $$\frac{\Delta b}{b} = -\mu\frac{\Delta l}{l}$$

$$E = 2G(1 + \mu)$$

$$\mu = \frac{E}{2G} - 1$$

$$\Delta b = \left(1 - \frac{E}{2G}\right)\frac{\Delta l}{l}b = \underline{\underline{-5{,}3\ \mu\text{m}}}$$

M 12.2 Stahlseil

An einem Stahlseil (Länge l_0, Querschnittsfläche A, Dichte ϱ, Elastizitätsmodul E) hängt ein Körper der Masse m.

Um welchen Betrag Δl ist das Seil gedehnt?

Die Dehnung des Seils infolge seiner Eigenmasse ist zu berücksichtigen.

$l_0 = 30{,}0$ m $\quad A = 2{,}0$ cm^2 $\quad \varrho = 7{,}85$ g/cm^3 $\quad E = 2{,}2 \cdot 10^2$ GPa $\quad m = 60{,}0$ kg

---

Jedes Seilteilchen der Länge $\mathrm{d}l$ liefert infolge einer ortsabhängigen Spannung

$$\sigma(l) = \frac{mg + \varrho g A\,(l_0 - l)}{A}$$

eine Längenänderung $\Delta(\mathrm{d}l)$ und damit die Dehnung

$$\frac{\Delta(\mathrm{d}l)}{\mathrm{d}l} = \frac{\sigma(l)}{E}.$$

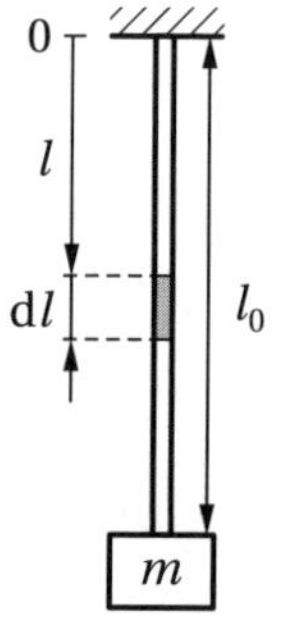

Längenänderung des gesamten Seils:

$$\Delta l = \int_{l=0}^{l_0} \Delta(\mathrm{d}l)$$

$$\Delta l = \int_0^{l_0} \frac{1}{E}\left[\frac{mg}{A} + \varrho g\,(l_0 - l)\right] \mathrm{d}l$$

$$\Delta l = \frac{g}{E}\left[\frac{m}{A} l_0 + \varrho\left(l_0^2 - \frac{l_0^2}{2}\right)\right]$$

$$\Delta l = \frac{g l_0}{E}\left(\frac{m}{A} + \frac{\varrho l_0}{2}\right) = \underline{\underline{0{,}56\ \mathrm{mm}}}$$

M 12.3 Keilriemen

Ein Keilriemen mit trapezförmigem Querschnitt besteht aus einem Material, das die Zerreißfestigkeit σ_Z hat. Die parallelen Seiten des Querschnitts sind a und b, ihr Abstand h. Der Riemen läuft über eine Riemenscheibe mit dem Durchmesser d, die sich mit der Frequenz f dreht.

Welche Leistung P kann maximal übertragen werden, wenn der Sicherheitsfaktor N eingehalten werden soll?

$\sigma_Z = 50$ MPa $a = 10$ mm $b = 6{,}0$ mm $h = 7{,}0$ mm $d = 150$ mm

$f = 20\ \mathrm{s}^{-1}$ $N = 4$

Zerreißkraft:

$$F_Z = \sigma_Z A = \sigma_Z \frac{(a+b)}{2} h$$

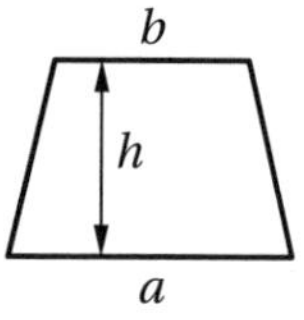

Leistung:

$$P = Fv = \frac{F_Z}{N}\omega r$$

$$P = \frac{\sigma_Z (a+b) h \pi f d}{2N} = \underline{\underline{6{,}6\ \mathrm{kW}}}$$

M 12.4 Alustab

Ein Aluminiumstab (Länge l, Dichte ϱ_A) rotiert um seine Mittelsenkrechte. Bei welcher Drehfrequenz f zerreißt der Stab?

$l = 2{,}0$ m $\varrho_A = 2{,}7\ \mathrm{g/cm^3}$

Zerreißfestigkeit von Aluminium: $\sigma_B = 2{,}9 \cdot 10^2$ MPa

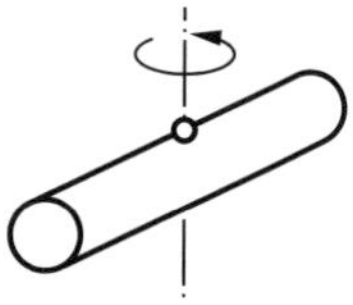

Die Zugspannung ist in der Stabmitte am größten.

Zerreißbedingung:

Radialkraft = Zerreißkraft

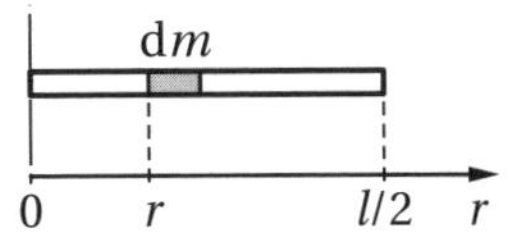

$F_r = F_Z$

Berechnung der Radialkraft:

$dF_r = -dm\,\omega^2 r \qquad dm = \varrho_A A\,dr$

$$F_r = -\int_0^{\frac{l}{2}} r\omega^2 \varrho_A A\,dr = \omega^2 \varrho_A A \frac{l^2}{8}$$

Zerreißkraft:

$F_Z = -\sigma_B A$

$$\omega^2 \varrho_A \frac{l^2}{8} = \sigma_B$$

$$\omega = \frac{2}{l}\sqrt{\frac{2\sigma_B}{\varrho_A}}$$

$\omega = 2\pi f$

$$\underline{f = \frac{1}{\pi l}\sqrt{\frac{2\sigma_B}{\varrho_A}}} = \underline{\underline{74\ \text{Hz}}}$$

Im rotierenden Bezugssystem: Die Zentrifugalkraft ($dm\,\omega^2 r$) wird so groß wie die Zerreißkraft $\sigma_B A$.

M 12.5 Scherung

Eine Kiste mit einem empfindlichem Gerät wird beim Transport auf vier Gummiwürfeln der Kantenlänge l gelagert. Gerät und Verpackung haben zusammen die Masse m.

Um welche Strecke s bewegt sich die Kiste mit dem Gerät gegenüber der Ladefläche in horizontaler Richtung, wenn das Fahrzeug beim Bremsen die Verzögerung a hat?

$m = 450$ kg $\qquad a = 1{,}2$ m/s^2 $\qquad l = 60$ mm

Schubmodul von Gummi: $G = 3{,}1$ MPa

Für einen kleinen Scherwinkel gilt:

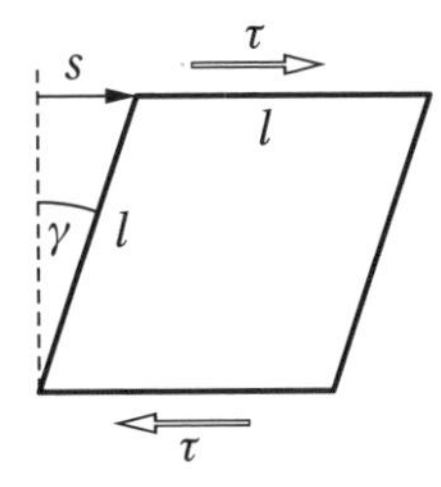

$s = \gamma l$

$$\gamma = \frac{\tau}{G}$$

Ermittlung der Scherkraft mit der Bewegungsgleichung:

$ma = A\tau$

$A = 4 \cdot l^2$

$$\tau = \frac{ma}{4l^2}$$

$$\underline{s = \frac{ma}{4lG}} = \underline{\underline{0{,}73\ \text{mm}}}$$

M 12.6 Kugel im Meer

Pro Meter Meerestiefe nimmt der Druck um 10 kPa zu.

Wie groß sind Kompression $\Delta V/V$ und Volumenänderung ΔV einer Stahlkugel des Volumens $V = 1$ l in der größten Meerestiefe $h = 11\,034$ m?

$E = 210$ GPa $\qquad G = 83$ GPa

$$\frac{\Delta V}{V} = -\frac{p}{K}$$

$$3K(1-2\mu) = E$$

$$\frac{1}{K} = \frac{3}{E}(1-2\mu)$$

$$2G(1+\mu) = E$$

$$\mu = \frac{E}{2G} - 1$$

$$\Rightarrow \frac{1}{K} = \frac{3}{E}\left(3 - \frac{E}{G}\right)$$

$$\underline{\frac{\Delta V}{V} = -\frac{3p}{E}\left(3 - \frac{E}{G}\right)}$$

$$p = 0{,}110 \text{ GPa}$$

$$\frac{\Delta V}{V} = \underline{\underline{-7{,}4 \cdot 10^{-4}}}$$

$$\underline{\underline{\Delta V = -0{,}74 \text{ cm}^3}}$$

M 12.7 Gold

Gold hat den Elastizitätsmodul $E = 81$ GPa und den Torsionsmodul $G = 28$ GPa.

Berechnen Sie den Kompressionsmodul K und die Poissonsche Zahl μ!

$$2G(1+\mu) = E$$

$$\underline{\mu = \frac{E}{2G}} - 1 = \underline{\underline{0{,}45}}$$

$$3K(1-2\mu) = E$$

$$K = \frac{E}{3(1-2\mu)}$$

$$\underline{K = \frac{E}{3\left(3 - \frac{E}{G}\right)}} = \underline{\underline{256 \text{ GPa}}}$$

M 12.8 Stab

Ein einseitig eingespannter horizontaler Stab mit der freien Länge l hat aufgrund einer am freien Stabende angreifenden Gewichtskraft F den Biegungspfeil δ_0.

Berechnen Sie den Biegungspfeil δ_1 für den Fall, dass derselbe Stab auf zwei Stützen im Abstand l horizontal aufliegt und in der Mitte durch F belastet ist!

Biegungspfeil für einseitig eingespannten Balken:

$$\delta_0 = \frac{1}{3EJ_F} l^3 F$$

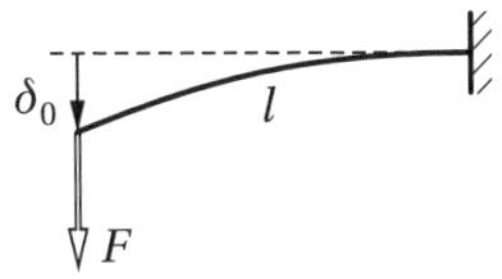

Aufgelegter Balken, zusammengesetzt gedacht aus zwei einseitig eingespannten Balken (Auflagekräfte am Balkenende):

$$l_1 = \frac{l}{2} \qquad F_1 = \frac{F}{2}$$

$$\Rightarrow \quad \delta_1 = \frac{1}{3EJ_F}\left(\frac{l}{2}\right)^3\left(\frac{F}{2}\right)$$

$$\underline{\delta_1 = \frac{1}{16}\delta_0}$$

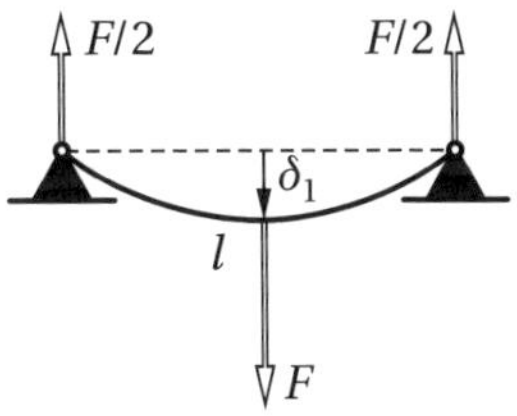

M 12.9 Brett

Ein Brett mit der Breite b und der Dicke $d = b/10$ wird an den Enden auf zwei Stützen
a) flach,
b) hochkant

gelegt und in der Mitte durch eine Gewichtskraft F belastet.

Wie groß ist das Verhältnis der Durchbiegungen $\delta_a : \delta_b$?

$$\delta \sim \frac{1}{J_F}$$

$$\frac{\delta_a}{\delta_b} = \frac{J_{Fb}}{J_{Fa}}$$

$$J_{Fa} = \int_{-d/2}^{d/2} \eta^2 \, dA$$

$$dA = b\, d\eta$$

$$J_{Fa} = \left[b\frac{\eta^3}{3}\right]_{-d/2}^{d/2} = \frac{bd^3}{12}$$

Vertauschen von b und d:

$$J_{Fb} = \frac{db^3}{12}$$

$$\underline{\frac{\delta_a}{\delta_b} = \left(\frac{b}{d}\right)^2} = \underline{\underline{100}}$$

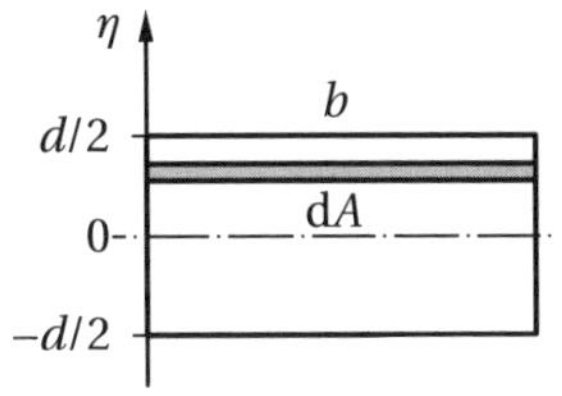

M 12.10 Doppel-T-Träger

a) Ein Stahlstab wird in waagerechter Lage einseitig fest eingespannt. Sein freies Ende hat die Länge l. Der Stab hat rechteckigen Querschnitt.

Berechnen Sie den Biegungspfeil δ für den Fall, dass am freien Ende des Stabes die Gewichtskraft F eines angehängten Körpers wirkt!

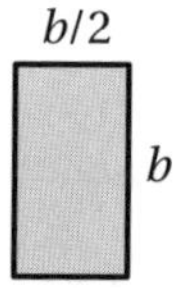

b) Welchen Wert hat der Biegungspfeil δ für einen gleich langen Doppel-T-Träger mit gleich großem Querschnitt aus gleichem Material bei gleicher Belastung?

(Der Einfluss des Eigengewichtes des Stabes bzw. des Trägers auf die Biegung ist zu vernachlässigen.)

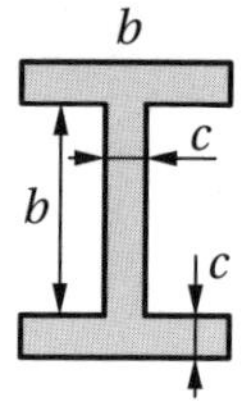

$l = 600$ mm $\quad F = 300$ N $\quad b = 30$ mm $\quad E = 210$ GPa

---

$$\delta = \frac{l^3 F}{3EJ_F} \qquad J_F = \int \eta^2 \, dA$$

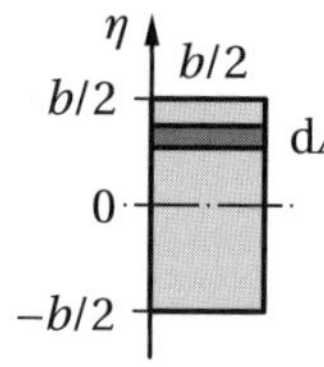

a) $$J_F = \int_{-b/2}^{b/2} \eta^2 \frac{b}{2} \, d\eta = \frac{b}{2} \left[\frac{\eta^3}{3} \right]_{-b/2}^{b/2} = \frac{b^4}{24}$$

$\underline{\underline{\delta = 3{,}0 \text{ mm}}}$

b) $$J_F = 2 \int_0^{b/2} \eta^2 c \, d\eta + 2 \int_{b/2}^{b/2+c} \eta^2 b \, d\eta$$

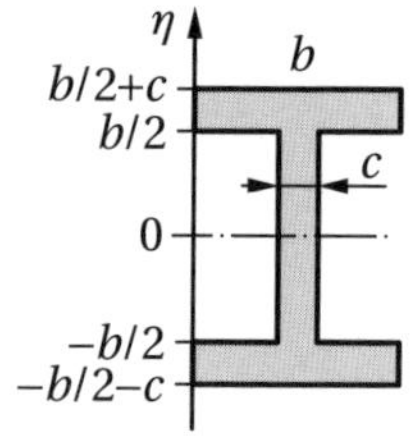

$$J_F = 2c \left[\frac{\eta^3}{3} \right]_0^{b/2} + 2b \left[\frac{\eta^3}{3} \right]_{b/2}^{b/2+c}$$

$$J_F = \frac{cb^3}{12} + \frac{b\,(b+2c)^3}{12} - \frac{b^4}{12}$$

c aus Flächengleichheit:

$$A = \frac{b}{2} b = 3bc \quad \Rightarrow \quad c = \frac{b}{6}$$

$$J_F = \frac{1}{12} \left[\frac{b^4}{6} + \left(\frac{4}{3} \right)^3 b^4 - b^4 \right] = \frac{83}{648} b^4$$

$\underline{\underline{\delta = 1{,}0 \text{ mm}}}$

M 12.11 Profilrohr

Ein Stück Profilrohr mit rechteckigem Querschnitt (Wandstärke d) wird zwischen zwei um die Strecke l voneinander entfernten Stützpunkten horizontal

a) lose aufgelegt,
b) fest eingespannt

und in der Mitte durch eine Kraft F_0 belastet.

Wie groß ist die Durchbiegung δ in beiden Fällen?

$E = 219$ GPa $\quad a = 40$ mm $\quad b = 60$ mm $\quad d = 1{,}5$ mm

$l = 2{,}35$ m $\quad F_0 = 1{,}65$ kN

a)

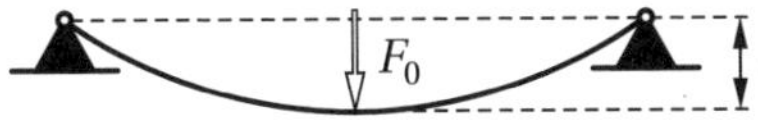

b)

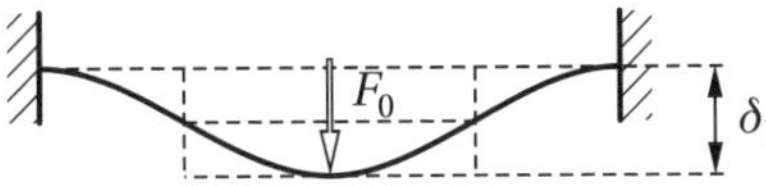

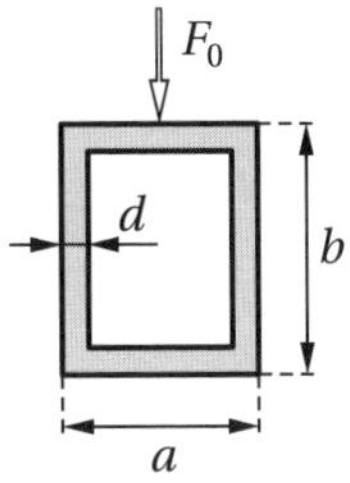

Für a) und b) benutzte Biegeformel (l und F werden modifiziert):

$$\delta = \frac{l^3 F}{3EJ_F}$$

Berechnung von J_F:

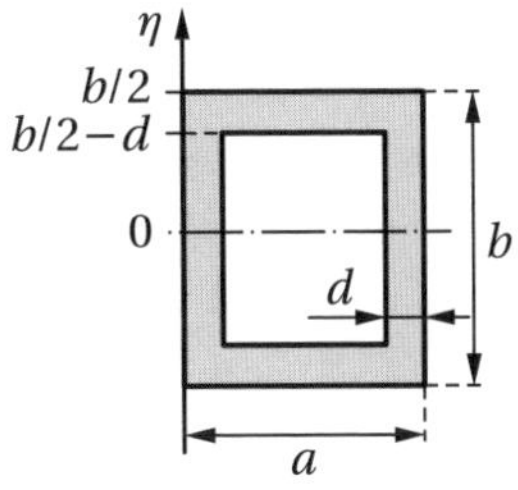

$$J_F = \int \eta^2 \, dA$$

$$J_F = 2 \int\limits_0^{b/2-d} \eta^2 \cdot 2d \, d\eta + 2 \int\limits_{b/2-d}^{b/2} \eta^2 \, a \, d\eta$$

$$J_F = 4d \left[\frac{\eta^3}{3}\right]_0^{b/2-d} + 2a \left[\frac{\eta^3}{3}\right]_{b/2-d}^{b/2}$$

$$J_F = \frac{2}{3}\left(\frac{b}{2} - d\right)^3 (2d - a) + \frac{ab^3}{12} = \underline{\underline{14{,}9 \text{ cm}^4}}$$

a) $l = \dfrac{l_0}{2}$

$F = \dfrac{F_0}{2}$

$\delta_a = \delta$

$$\delta_a = \frac{1}{16} \cdot \frac{l_0^3 F_0}{3EJ_F} = \underline{\underline{13{,}7 \text{ mm}}}$$

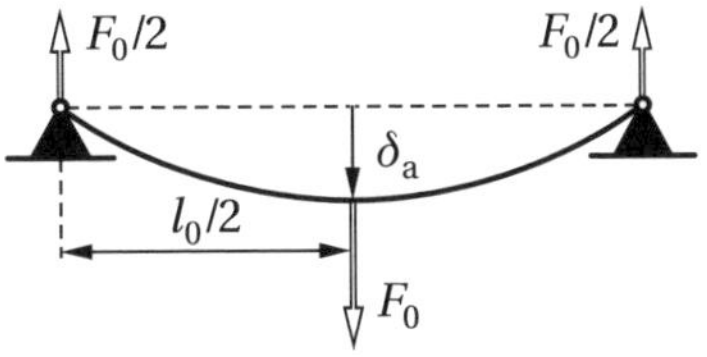

b) $l = \dfrac{l_0}{4}$

$F = \dfrac{F_0}{2}$

$\delta_b = 2\delta$

$$\delta_b = \frac{1}{64} \cdot \frac{l_0^3 F_0}{3EJ_F} = \frac{1}{4}\delta_a = \underline{\underline{3{,}4 \text{ mm}}}$$

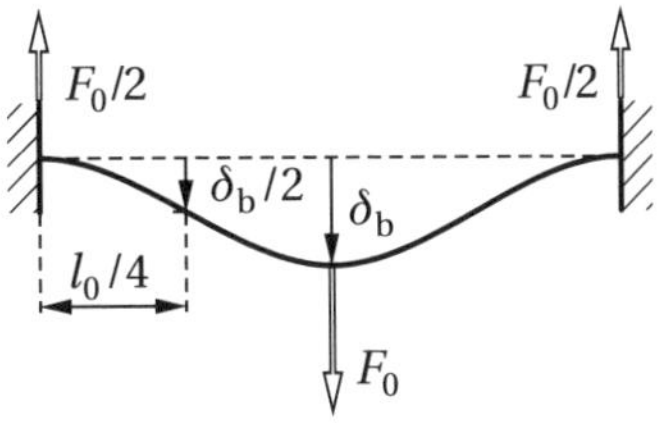

M 12.12 Flächenmomente

Berechnen Sie das Flächenmoment J_F für

a) ein T-Profil,

b) ein rhombisches Profil

gemäß Skizze jeweils für eine horizontal liegende neutrale Faser!

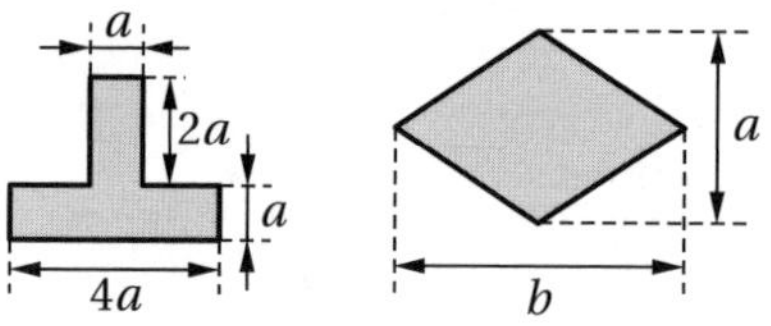

a) Bestimmung der Lage der neutralen Faser:

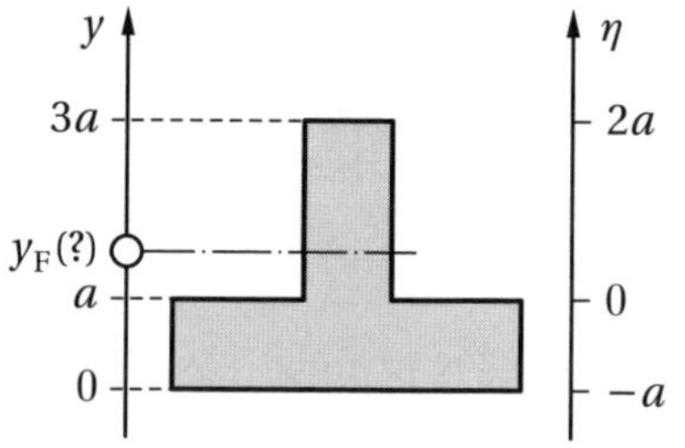

$$y_F A = \int y \, dA \qquad A = 6a^2$$

$$y_F \cdot 6a^2 = \int_0^a y \cdot 4a \, dy + \int_a^{3a} y \, a \, dy$$

$$y_F \cdot 6a^2 = 2a^3 + \frac{a}{2}(8a^2) = 6a^3$$

$$y_F = a$$

Nun η-Koordinate mit Nullpunkt bei y_F einführen:

$$J_F = \int \eta^2 \, dA = \int_{-a}^{0} \eta^2 \cdot 4a \, d\eta + \int_0^{2a} \eta^2 a \, d\eta = \frac{4}{3}a^4 + \frac{1}{3}(8a^4) = \underline{4a^2}$$

b) $J_F = 2 \int_0^{a/2} \eta^2 \, dA$

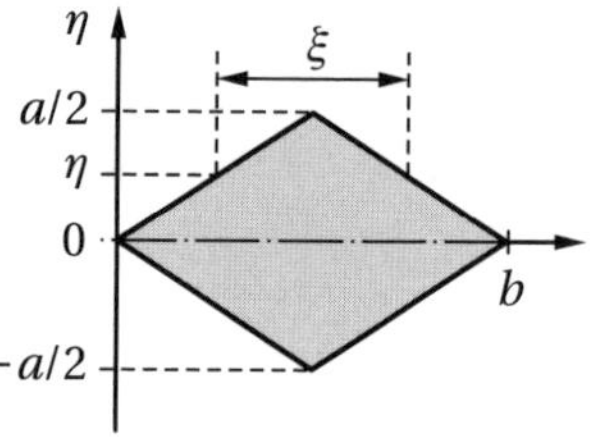

$$dA = \xi \, d\eta$$

$$\frac{\xi}{b} = \frac{\frac{a}{2} - \eta}{\frac{a}{2}}$$

$$dA = \frac{b}{a}(a - 2\eta) \, d\eta$$

$$J_F = 2\frac{b}{a} \int_0^{a/2} (a - 2\eta)\eta^2 \, d\eta$$

$$J_F = \frac{2b}{a}\left[a\frac{\eta^3}{3} - \frac{\eta^4}{2}\right]_0^{a/2} = \underline{\frac{ba^3}{48}}$$

M 12.13 Welle

Über eine Welle aus Stahl (Länge l, Durchmesser $2r_a$, Torsionsmodul G) soll bei der Drehfrequenz f die Leistung P übertragen werden.

a) Um welchen Winkel α verdrehen sich die Endflächen gegeneinander?

b) Um welchen Winkel α' werden die Endflächen gegeneinander verdreht, wenn die Welle hohl ist (Innendurchmesser $2r_i$)?

$l = 20{,}0$ m $\quad r_a = 4{,}0$ cm $\quad r_i = 2{,}0$ cm $\quad P = 150$ kW $\quad G = 79$ GPa $\quad f = 900\ \text{min}^{-1}$

---

a) $$\varphi = \frac{2l}{\pi G r^4} M_A$$

$$P = F_s v = F_s r\omega = M_A \omega$$

$$\Rightarrow \quad M_A = \frac{P}{\omega}$$

$$\varphi = \alpha \qquad r = r_a \qquad \omega = 2\pi f$$

$$\underline{\alpha = \frac{Pl}{\pi^2 f r_a^4 G}} = \underline{\underline{0{,}100 = 5{,}7^\circ}}$$

b) Das durch den Zylinderkern übertragene Drehmoment fehlt:

$$M_A = M_A(r_a) - M_A(r_i)$$

$$M_A(r) = \frac{\pi G r^4}{2l} \alpha'$$

$$M_A = \frac{\pi G}{2l} \left(r_a^4 - r_i^4\right) \alpha'$$

$$M_A = \frac{P}{2\pi f}$$

$$\underline{\alpha' = \frac{lP}{\pi^2 f \left(r_a^4 - r_i^4\right) G}} = \underline{\underline{0{,}107 = 6{,}1^\circ}}$$

M 12.14 Schraubenschlüssel

Ein Stab aus Stahl (Länge l, Durchmesser d, Torsionsmodul G) ist an einem Ende fest eingespannt. Am anderen Ende befindet sich eine Mutter, die sich mit einem Schraubenschlüssel der Länge r_S lösen lässt, wenn mindestens die Kraft F an dessen Ende angreift.

a) Um welchen Winkel φ verdrillt sich der Stab, bevor sich die Mutter löst?

b) Berechnen Sie den Weg s, den das Ende des Schlüssels, an dem die Kraft angreift, dabei zurücklegt!

$l = 50$ cm $\quad d = 1{,}0$ cm $\quad r_S = 15$ cm $\quad F = 100$ N $\quad G = 83$ GPa

---

a) $$\varphi = \frac{2l}{\pi G r^4} M_A$$

$$M_A = F r_S \qquad r = \frac{d}{2}$$

$$\underline{\varphi = \frac{32 l F r_S}{\pi G d^4}} = \underline{\underline{0{,}092 = 5{,}3^\circ}}$$

b) $\underline{s = \varphi r_S} = \underline{\underline{13{,}8\ \text{mm}}}$

M 12.15 Torsionsschwinger

An einem Messingdraht (Durchmesser d_0, Länge l_0) wird eine zylindrische Messingscheibe (Durchmesser d, Höhe h) als Torsionsschwinger angehängt. Beim Aufhängen wird der Draht um die Länge Δl gedehnt. Die Schwingungsdauer T des Torsionsschwingers wird gemessen.

Wie groß sind der Elastizitätsmodul E, der Torsionsmodul G und der Kompressionsmodul K von Messing? (Eigenmasse des Drahtes vernachlässigen.)

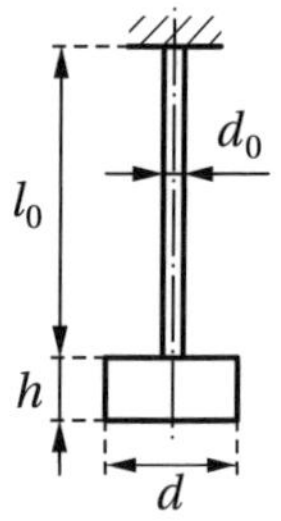

Dichte des Messings: $\varrho = 8{,}30\ \mathrm{g/cm^3}$

$l_0 = 1{,}25$ m $h = 20{,}0$ mm $\Delta l = 0{,}50$ mm

$d_0 = 0{,}80$ mm $d = 128$ mm $T = 11{,}3$ s

$$\frac{\Delta l}{l_0} = \frac{\sigma}{E}$$

$$E = \frac{\sigma l_0}{\Delta l}$$

$$\sigma = \frac{F}{A} = \frac{\varrho g \frac{\pi}{4} d^2 h}{\frac{\pi}{4} d_0^2}$$

$$\underline{E = \frac{\varrho g h l_0}{\Delta l}\left(\frac{d}{d_0}\right)^2} = \underline{\underline{104\ \mathrm{GPa}}}$$

$$\varphi = \frac{2 l_0}{\pi G r_0^4} M_\mathrm{A}$$

$$G = \frac{2 l_0}{\pi r_0^4 \varphi} M_\mathrm{A}$$

Ermittlung von M_A (M_A und φ als Betrag): $M_\mathrm{A} = D\varphi$

Ermittlung von D: $T = 2\pi\sqrt{\frac{J_\mathrm{A}}{D}} \quad \Rightarrow \quad D = \frac{4\pi^2}{T^2} J_\mathrm{A}$

Ermittlung von J_A: $J_\mathrm{A} = \frac{1}{2} m r^2 = \frac{1}{2}\varrho \frac{\pi}{4} d^2 h \left(\frac{d}{2}\right)^2$

$$\underline{G = \frac{4\pi^2 \varrho h l_0}{T^2}\left(\frac{d}{d_0}\right)^4} = \underline{\underline{42\ \mathrm{GPa}}}$$

$$E = 3K(1 - 2\mu) \quad \Rightarrow \quad K = \frac{E}{3(1 - 2\mu)}$$

$$E = 2G(1 + \mu) \quad \Rightarrow \quad \mu = \frac{E}{2G} - 1$$

$$\underline{K = \frac{E}{3\left(3 - \frac{E}{G}\right)}} = \underline{\underline{66\ \mathrm{GPa}}}$$

M 13 Ruhende Flüssigkeiten und Gase

M 13.1 Magdeburger Halbkugeln

Die Magdeburger Halbkugeln hatten den Durchmesser d.

a) Welche Kraft wäre beim Luftdruck p_a erforderlich, um beide Halbkugeln zu trennen?

$d = 57{,}5$ cm $\quad p_a = 100$ kPa

b) Bei dem historischen Schauversuch konnten 16 Pferde (je 8 an einer Seite) die beiden Kugelhälften nicht voneinander trennen.

Wie viel Pferde hätten die gleiche Kraft aufgebracht, wenn die eine Kugelhälfte an einem starken Baum befestigt gewesen wäre?

---

a) $F = p_a A$

$$\underline{F = p_a \frac{\pi}{4} d^2} = \underline{\underline{26\ \text{kN}}}$$

b) actio = reactio

8 Pferde

M 13.2 Konservenglas

Der Schließgummi eines Konservenglases hat den Außendurchmesser d_a und den Innendurchmesser d_i.

Welche Druckkraft F verschließt den Deckel des Konservenglases, wenn innen der Dampfdruck p_i des Wassers und außen der Luftdruck p_a wirkt?

$d_a = 11{,}4$ cm $\quad d_i = 10{,}0$ cm $\quad p_i = 2$ kPa $\quad p_a = 100$ kPa

---

$$F = p_a A_a - p_i A_i$$

$$\underline{F = \frac{\pi}{4}\left(p_a d_a^2 - p_i d_i^2\right)} = \underline{\underline{1{,}0\ \text{kN}}}$$

M 13.3 Holzstück

Wie groß ist die Kraft F, die erforderlich ist, um ein Holzstück der Masse m in Quecksilber unterzutauchen?

$\varrho_H = 0{,}80\ \text{g/cm}^3 \quad \varrho_{Hg} = 13{,}6\ \text{g/cm}^3 \quad m = 1{,}0$ kg

---

$$F = F_A - F_G = \left(\varrho_{Hg} - \varrho_H\right) gV$$

$$V = \frac{m}{\varrho_H}$$

$$\underline{F = \left(\frac{\varrho_{Hg}}{\varrho_H} - 1\right) mg} = \underline{\underline{0{,}16\ \text{kN}}}$$

M 13.4 Kupferdraht

Ein Kupferdraht der Dichte ϱ_K und der Zerreißfestigkeit σ_B wird lotrecht ins Meer versenkt. Die Dichte des Meerwassers ist ϱ_W.

Welche Länge l darf der Kupferdraht höchstens haben, wenn er nicht reißen soll?

$\varrho_K = 8{,}93\ \text{g/cm}^3 \qquad \sigma_B = 2{,}9 \cdot 10^2\ \text{MPa} \qquad \varrho_W = 1{,}03\ \text{g/cm}^3$

Der Draht reißt, wenn für die Zerreißkraft

$$F = \sigma_B A$$

gilt:

$$F = F_G - F_A = (\varrho_K - \varrho_W)\, g l A$$

$$\sigma_B A = (\varrho_K - \varrho_W)\, g l A$$

$$l = \frac{\sigma_B}{(\varrho_K - \varrho_W)\, g} = \underline{\underline{3{,}74\ \text{km}}}$$

M 13.5 Schweredruck

Ein dünnwandiges Rohr (Durchmesser d_1) wird senkrecht ins Wasser (Dichte ϱ_W) eingetaucht. Es ist am unteren Ende durch eine zylindrische Scheibe (Dichte ϱ, Dicke s, Durchmesser d_2) verschlossen. Die Scheibe wird nur durch das Wasser gegen das Rohrende gedrückt.

Bis zu welcher Tiefe h (Scheibendicke einbezogen) muss das Rohr ins Wasser eintauchen, damit sich die Scheibe nicht löst?

$d_1 = 90\ \text{mm} \qquad \varrho_W = 1{,}00\ \text{kg/dm}^3 \qquad \varrho = 7{,}8\ \text{kg/dm}^3 \qquad s = 5{,}0\ \text{mm} \qquad d_2 = 100\ \text{mm}$

Gleichgewicht zwischen Gewichtskraft und Druckkräften auf Unterseite und Oberseite der Scheibe:

$$F_G = F_U - F_O$$

$$F_G = \varrho g \frac{\pi}{4} d_2^2 s$$

$$F_U = \varrho_W g h \frac{\pi}{4} d_2^2$$

$$F_O = \varrho_W g (h - s) \frac{\pi}{4} \left(d_2^2 - d_1^2\right)$$

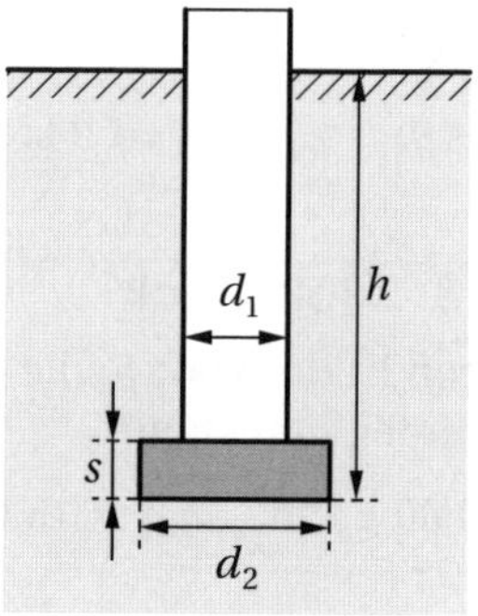

$$\varrho d_2^2 s = \varrho_W h d_2^2 - \varrho_W (h - s) \left(d_2^2 - d_1^2\right)$$

$$h d_1^2 = \frac{\varrho}{\varrho_W} d_2^2 s - s \left(d_2^2 - d_1^2\right)$$

$$h = s \left[1 + \left(\frac{\varrho}{\varrho_W} - 1\right) \left(\frac{d_2}{d_1}\right)^2\right] = \underline{\underline{47\ \text{mm}}}$$

M 13.6 Gold

Um festzustellen, ob ein Gegenstand aus reinem Gold (Dichte ϱ_G) ist, wird die Gewichtskraft in Luft (F_{GL}) und in Wasser (F_{GW}) festgestellt.

Welches Verhältnis F_{GL}/F_{GW} muss sich bei reinem Gold ergeben?

$\varrho_G = 19{,}3\ \text{g/cm}^3 \qquad \varrho_W = 1{,}00\ \text{g/cm}^3$

$$F_{GL} = \varrho_G g V$$

$$F_{GW} = F_{GL} - F_A = (\varrho_G - \varrho_W) g V$$

$$\frac{F_{GL}}{F_{GW}} = \frac{\varrho_G}{\varrho_G - \varrho_W} = \underline{\underline{1{,}055}}$$

M 13.7 Vergaserschwimmer

Ein Vergaserschwimmer ist ein geschlossener Zylinder aus Messingblech (Dichte ϱ_1) mit dem Durchmesser d und der Höhe h. Er soll mit einem Viertel seiner Höhe aus dem Benzin (Dichte ϱ_2) herausragen.

Berechnen Sie die erforderliche Dicke s des Messingbleches!

(Vereinfachte Volumenberechnung wegen $s \ll d$ möglich; Gewichtskraft der eingeschlossenen Luft vernachlässigen.)

$\varrho_1 = 8{,}3\ \text{g/cm}^3 \qquad d = 40\ \text{mm} \qquad \varrho_2 = 0{,}75\ \text{g/cm}^3 \qquad h = 30\ \text{mm}$

$$F_G = F_A$$

$$F_G = \varrho_1 g V_1 = \varrho_1 g \left(2 \cdot \frac{\pi}{4} d^2 + h \pi d\right) s$$

$$F_A = \varrho_2 g V_2 = \varrho_2 g \frac{\pi}{4} d^2 \left(\frac{3}{4} h\right)$$

$$\varrho_1 \left(\frac{d}{2} + h\right) s = \varrho_2 \left(\frac{3}{16} h d\right)$$

$$s = \frac{3 \varrho_2 h d}{8 \varrho_1 (d + 2h)} = \underline{\underline{0{,}41\ \text{mm}}}$$

M 13.8 Schwimmweste

Eine Schwimmweste (Masse m_1) soll so aufgepumpt werden, dass eine Person (Masse m_2, Dichte ϱ_2) mit dem Bruchteil η ihres Volumens aus dem Wasser (Dichte ϱ_W) herausragt.

Berechnen Sie das Volumen V_1, auf das die Schwimmweste aufgeblasen werden muss!

(Die Masse der Luft in der Schwimmweste, die vollständig eintaucht, bleibt unberücksichtigt.)

$m_1 = 1{,}0\ \text{kg} \qquad m_2 = 80\ \text{kg} \qquad \eta = 0{,}1 \qquad \varrho_2 = 1{,}05\ \text{kg/dm}^3 \qquad \varrho_W = 1{,}00\ \text{kg/dm}^3$

$$F_G = F_A$$

$$F_G = (m_1 + m_2) g$$

$$F_A = \varrho_W g \left[V_1 + (1 - \eta) V_2\right]$$

$$V_2 = \frac{m_2}{\varrho_2}$$

$$m_1 + m_2 = \varrho_W \left[V_1 + \frac{(1-\eta)m_2}{\varrho_2} \right]$$

$$V_1 = \frac{m_1 + m_2}{\varrho_W} - \frac{(1-\eta)m_2}{\varrho_2} = \underline{\underline{12\ \text{l}}}$$

M 13.9 Wetterballon

Ein zum Aufstieg vorbereiteter Wetterballon hat die Gesamtmasse m (mit dem eingeschlossenen Gas) und das Volumen V. Infolge des Windes stellt sich das Halteseil unter einem Winkel α_0 gegenüber der Vertikalen ein.

Wie groß ist die Seilkraft F?

Dichte der Luft: $\varrho_L = 1{,}29\ \text{kg/m}^3$

$V = 74\ \text{m}^3$ $m = 31\ \text{kg}$ $\alpha_0 = 24°$

$$\cos\alpha_0 = \frac{F_V}{F}$$

$$F = \frac{F_V}{\cos\alpha_0}$$

$$F_V = F_A - F_G$$

$$F_V = \varrho_L g V - mg$$

$$F = \frac{(\varrho_L V - m)g}{\cos\alpha_0} = \underline{\underline{0{,}69\ \text{kN}}}$$

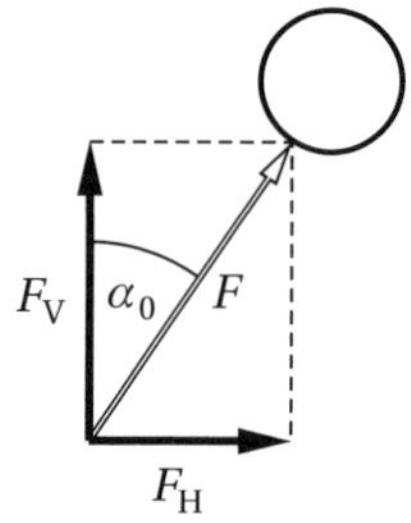

M 13.10 Gussbronze

Ein Maschinenteil aus Gussbronze hat in Luft die Gewichtskraft F_G, in Benzin (Dichte ϱ_B) getaucht die Gewichtskraft F'_G.

Wie hoch sind die Masseanteile w_{Cu} an Kupfer (Dichte ϱ_{Cu}) und w_{Sn} an Zinn (Dichte ϱ_{Sn}) in dieser Legierung?

$F_G = 46{,}0\ \text{N}$ $F'_G = 42{,}0\ \text{N}$ $\varrho_{Sn} = 7{,}2\ \text{g/cm}^3$ $\varrho_B = 0{,}75\ \text{g/cm}^3$ $\varrho_{Cu} = 8{,}9\ \text{g/cm}^3$

Auftrieb:

$$F_A = \varrho_B V g = F_G - F'_G$$

$$\Rightarrow \quad V = \frac{F_G - F'_G}{g\varrho_B} \qquad (*)$$

$$V = V_{Cu} + V_{Sn} = \frac{m_{Cu}}{\varrho_{Cu}} + \frac{m_{Sn}}{\varrho_{Sn}}$$

Mit $m = m_{Cu} + m_{Sn}$ und (*) folgt daraus:

$$\frac{F_G - F'_G}{g\varrho_B} = \frac{m_{Cu}}{\varrho_{Cu}} + \frac{m - m_{Cu}}{\varrho_{Sn}}$$

$$w_{Cu} = \frac{m_{Cu}}{m}$$

$$\Rightarrow \quad \frac{F_G - F'_G}{mg\varrho_B} = \frac{w_{Cu}}{\varrho_{Cu}} + \frac{1 - w_{Cu}}{\varrho_{Sn}}$$

$F_G = mg$

$$\Rightarrow \quad w_{Cu} = \frac{1 - \frac{\varrho_{Sn}}{\varrho_B}\left(1 - \frac{F'_G}{F_G}\right)}{1 - \frac{\varrho_{Sn}}{\varrho_{Cu}}} = \underline{\underline{86{,}5\,\%}}$$

$$\underline{w_{Sn} = 1 - w_{Cu} = \underline{\underline{13{,}5\,\%}}}$$

M 13.11 Wägekorrektur

Ein Körper wird mit einer Balkenwaage einmal in Luft (Dichte ϱ_L) und einmal in Wasser (Dichte ϱ_W) gewogen. Dabei werden Wägestücke aus Messing (Dichte ϱ_M) mit den Massen m_L bzw. m_W aufgelegt.

Wie groß ist die wirkliche Masse m des Körpers?

$\varrho_L = 1{,}29\ \text{kg/m}^3 \qquad \varrho_M = 8710\ \text{kg/m}^3 \qquad \varrho_W = 993\ \text{kg/m}^3$

$m_L = 32{,}165\ \text{g} \qquad m_W = 12{,}311\ \text{g}$

Die Differenz (Gewichtskraft – Auftriebskraft) ist auf beiden Seiten der Balkenwaage gleich.

Wägung in Luft:

$$mg - \varrho_L g V = m_L g - \varrho_L g V_L$$

Volumen des einen Wägestückes: $V_L = \frac{m_L}{\varrho_M}$

$$m - \varrho_L V = m_L\left(1 - \frac{\varrho_L}{\varrho_M}\right)$$

Wägung in Wasser:

$$mg - \varrho_W g V = m_W g - \varrho_L g V_W$$

Volumen des anderen Wägestückes: $V_W = \frac{m_W}{\varrho_M}$

$$m - \varrho_W V = m_W\left(1 - \frac{\varrho_L}{\varrho_M}\right)$$

Unbekanntes Volumen V des Körpers eliminieren:

$$m\left(\frac{1}{\varrho_L} - \frac{1}{\varrho_W}\right) = \frac{m_L}{\varrho_L}\left(1 - \frac{\varrho_L}{\varrho_M}\right) - \frac{m_W}{\varrho_W}\left(1 - \frac{\varrho_L}{\varrho_M}\right)$$

$$m = \frac{\frac{m_L}{\varrho_L} - \frac{m_W}{\varrho_W}}{\frac{1}{\varrho_L} - \frac{1}{\varrho_W}}\left(1 - \frac{\varrho_L}{\varrho_M}\right)$$

$$\underline{m = \left(m_L - m_W\frac{\varrho_L}{\varrho_W}\right)\frac{1 - \frac{\varrho_L}{\varrho_M}}{1 - \frac{\varrho_L}{\varrho_W}}} = \underline{\underline{32{,}186\ \text{g}}}$$

M 13.12 Luftdruck

Bei konstanter Temperatur werden in Meereshöhe der Luftdruck p_0 und die Luftdichte ϱ_0 gemessen.

In welcher Höhe h_1 herrscht der Druck $p_0/2$?

$p_0 = 101{,}3$ kPa $\quad \varrho_0 = 1{,}293$ kg/m³

Barometrische Höhenformel:

$$p = p_0\,\mathrm{e}^{-\frac{\varrho_0 g h}{p_0}} \qquad p = \frac{p_0}{2}$$

$$\frac{p_0}{2} = p_0\,\mathrm{e}^{-\frac{\varrho_0 g h_1}{p_0}}$$

$$\mathrm{e}^{\frac{\varrho_0 g h_1}{p_0}} = 2$$

$$\frac{\varrho_0 g h_1}{p_0} = \ln 2$$

$$\underline{h_1 = \frac{p_0}{\varrho_0 g}}\ln 2 = \underline{\underline{5{,}4\ \text{km}}}$$

M 13.13 Bohrloch

Welcher Druck p_1 herrscht am Boden eines Bohrloches der Tiefe z_1, das so belüftet ist, dass die Temperatur unabhängig von z ist?

An der Erdoberfläche ($z_0 = 0$) herrscht der Druck p_0; die Dichte der Luft ist ϱ_0.

$z_1 = -2000$ m $\quad p_0 = 98{,}0$ kPa $\quad \varrho_0 = 1{,}186$ kg/m³

Barometrische Höhenformel:

$$\underline{p_1 = p_0\,\mathrm{e}^{-\frac{\varrho_0 g z_1}{p_0}}} = \underline{\underline{124\ \text{kPa}}}$$

M 13.14 Zeppelin

Ein Zeppelin besitzt Gaskammern mit einem konstanten Volumen V, die mit Helium (Dichte ϱ_{He}) gefüllt sind. Die festen Teile des Zeppelins haben die Gesamtmasse m; ihr Volumen kann vernachlässigt werden. Die Luft hat am Startort den Druck p_0 und die Dichte ϱ_0.

Welche Steighöhe h erreicht der Zeppelin unter der Bedingung konstanter Temperatur? ($p/\varrho = \text{const}$)

$m = 16{,}5 \cdot 10^3$ kg $\quad p_0 = 100$ kPa $\quad \varrho_0 = 1{,}29$ kg/m³

$V = 25\,000$ m³ $\quad \varrho_{\mathrm{He}} = 0{,}179$ kg/m³

Maximale Steighöhe:

$$F_{\mathrm{A}} = F_{\mathrm{G}}$$

$$F_{\mathrm{A}} = \varrho_{\mathrm{L}} g V$$

$$\frac{p}{\varrho} = \text{const, d.h.: } \varrho \sim p,$$

also auch $\varrho_L = \varrho_0\, e^{-\frac{\varrho_0 g h}{p_0}}$ (Barometrische Höhenformel)

$$F_A = \varrho_0\, e^{-\frac{\varrho_0 g h}{p_0}} gV$$

$$F_G = mg + \varrho_{He} gV$$

$$\varrho_0\, e^{-\frac{\varrho_0 g h}{p_0}} = \frac{m}{V} + \varrho_{He}$$

$$\frac{\varrho_0 g h}{p_0} = \ln \frac{\varrho_0}{\frac{m}{V} + \varrho_{He}}$$

$$h = \frac{p_0}{\varrho_0 g} \ln \frac{\varrho_0}{\frac{m}{V} + \varrho_{He}} = \underline{\underline{3400\ \text{m}}}$$

M 14 Strömung der idealen Flüssigkeit

M 14.1 Venturidüse

Durch eine Düse strömt Luft der Stromstärke I.

Man berechne die Differenz der statischen Drücke Δp zwischen dem weiten und dem engen Querschnitt (Durchmesser d_1 und d_2).

$\varrho_L = 1{,}30\ \text{kg/m}^3$ $I = 8{,}0\ 1/\text{s}$ $d_1 = 100\ \text{mm}$ $d_2 = 50\ \text{mm}$

Bernoullische Gleichung:

$$p_1 + \frac{\varrho_L}{2} v_1^2 = p_2 + \frac{\varrho_L}{2} v_2^2$$

$$\Delta p = p_1 - p_2 = \frac{\varrho_L}{2}\left(v_2^2 - v_1^2\right)$$

Berechnung der Strömungsgeschwindigkeiten mithilfe der Kontinuitätsgleichung:

$$I = Av = \frac{\pi}{4} d^2 v = \text{const}$$

$$v = \frac{4I}{\pi d^2}$$

$$\Delta p = \frac{8\varrho_L I^2}{\pi^2}\left(\frac{1}{d_2^4} - \frac{1}{d_1^4}\right) = \underline{\underline{10{,}1\ \text{Pa}}}$$

M 14.2 Staurohr

Die Geschwindigkeit von Flugzeugen wird mit dem Prandtlschen Staurohr gemessen. Das Messinstrument zeigt eine der Geschwindigkeit entsprechende Druckdifferenz an.

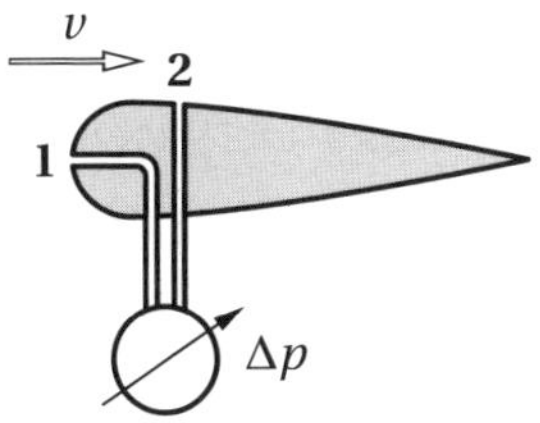

Welche Geschwindigkeit v hat das Flugzeug bei einer Druckdifferenz Δp?

$\Delta p = 4{,}48\ \text{kPa}$ Luftdichte: $\varrho = 1{,}29\ \text{kg/m}^3$

Bernoullische Gleichung:

$$p_1 + \frac{\varrho}{2}v_1^2 = p_2 + \frac{\varrho}{2}v_2^2$$

$$v_1 = 0 \quad \text{(Staupunkt)}$$

$$v_2 = v \quad \text{(ungestörte Strömung)}$$

$$\Delta p = p_1 - p_2 = \frac{\varrho}{2}v^2$$

$$v = \sqrt{\frac{2\,\Delta p}{\varrho}} = \underline{\underline{300\ \text{km/h}}}$$

M 14.3 Wasserstrahlpumpe

Eine Wasserstrahlpumpe hat vor der Rohrverengung die Querschnittsfläche A_1. An dieser Stelle fließt Wasser mit der Geschwindigkeit v_1 bei einem Druck p_1. Im Rezipienten wird der Druck p_R erzeugt.

Welche Austrittsgeschwindigkeit v_2 hat das Wasser, und wie groß ist die Querschnittsfläche A_2 der Rohrverengung?

$A_1 = 1{,}4\ \text{cm}^2 \qquad p_R = 2{,}0\ \text{kPa}$

$v_1 = 4{,}5\ \text{m/s} \qquad p_1 = 310\ \text{kPa}$

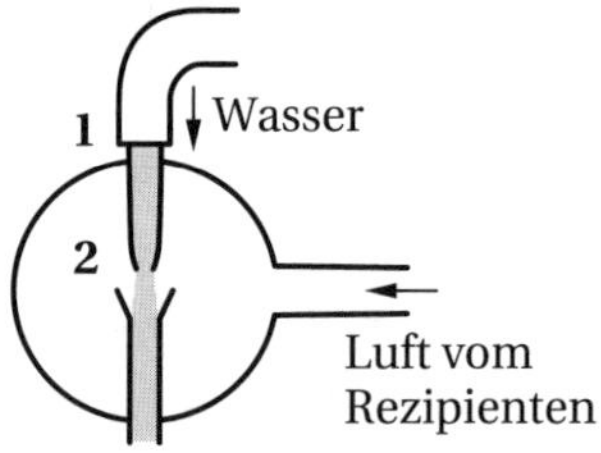

Bernoullische Gleichung:

$$p_1 + \frac{\varrho_W}{2}v_1^2 = p_R + \frac{\varrho_W}{2}v_2^2$$

$$v_2^2 = v_1^2 + \frac{2(p_1 - p_R)}{\varrho_W}$$

$$v_2 = \sqrt{v_1^2 + \frac{2(p_1 - p_R)}{\varrho_W}} = \underline{\underline{25\ \text{m/s}}}$$

Kontinuitätsgleichung:

$$A_1 v_1 = A_2 v_2$$

$$A_2 = A_1 \frac{v_1}{v_2} = \underline{\underline{0{,}25\ \text{cm}^2}}$$

M 14.4 Mühlgraben

In das strömende Wasser eines Mühlgrabens wird ein gekrümmtes Rohr zum Teil eingetaucht. Im Rohr wird die Wasseroberfläche um die Höhe Δh angehoben.

Wie groß ist die Strömungsgeschwindigkeit v?

$\Delta h = 5{,}0\ \text{cm}$

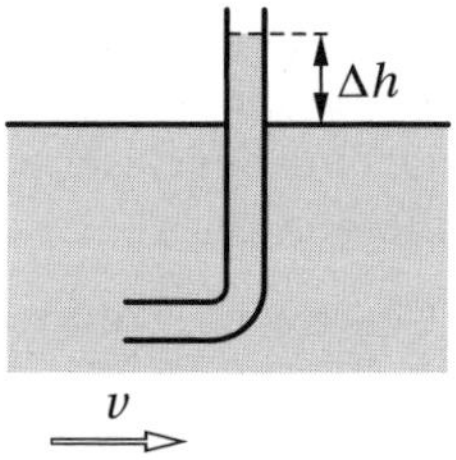

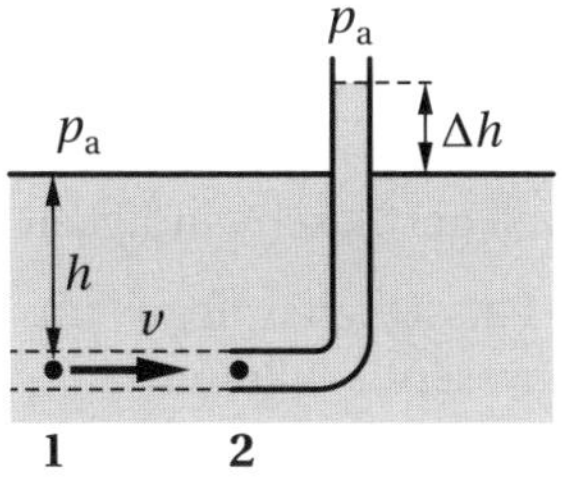

Bernoullische Gleichung (innerhalb einer Stromröhre; gestrichelt angedeutet):

$$p_0(1) = p_0(2)$$

$$\frac{\varrho}{2}v_1^2 + p_1 = \frac{\varrho}{2}v_2^2 + p_2$$

$$v_1 = v \quad \text{(ungestörte Strömung)}$$

$$v_2 = 0 \quad \text{(Staupunkt)}$$

$$p_1 = p_a + \varrho g h$$

$$p_2 = p_a + \varrho g(h + \Delta h)$$

$$\frac{\varrho}{2}v^2 + (p_a + \varrho g h) = p_a + \varrho g(h + \Delta h)$$

$$\underline{v = \sqrt{2g\,\Delta h}} = \underline{\underline{1{,}0\ \mathrm{m/s}}}$$

M 14.5 Feuerwehrschlauch

In einem Feuerwehrschlauch mit dem Innendurchmesser d_1 herrscht ein Überdruck Δp. Die Strahldüse hat den Innendurchmesser d_0.

a) Mit welcher Geschwindigkeit v_0 tritt der Löschwasserstrahl aus der Düse?

b) Welche Wasserstromstärke I ergießt sich über die Flammen?

$d_1 = 100$ mm $\quad d_0 = 25$ mm $\quad \Delta p = 400$ kPa $\quad \varrho_W = 1000\ \mathrm{kg/m^3}$

---

a) Bernoullische Gleichung:

$$\Delta p + \frac{\varrho_W}{2}v_1^2 = \frac{\varrho_W}{2}v_0^2$$

Eliminieren von v_1 mit der Kontinuitätsgleichung:

$$I = Av = \frac{\pi}{4}d^2 v$$

$$v_1 d_1^2 = v_0 d_0^2$$

$$v_1 = v_0\left(\frac{d_0}{d_1}\right)^2$$

$$\Delta p + \frac{\varrho_W}{2}v_0^2\left(\frac{d_0}{d_1}\right)^4 = \frac{\varrho_W}{2}v_0^2$$

$$v_0^2\left[1 - \left(\frac{d_0}{d_1}\right)^4\right] = \frac{2\,\Delta p}{\varrho_W}$$

$$\underline{v_0 = \sqrt{\frac{2\,\Delta p}{\varrho_W\left[1 - \left(\frac{d_0}{d_1}\right)^4\right]}}} = \underline{\underline{28\ \mathrm{m/s}}}$$

b) $\underline{I = \frac{\pi}{4}d_0^2 v_0} = \underline{\underline{14\ \mathrm{l/s}}}$

M 14.6 Saugheber

Mit einem Saugheber wird destilliertes Wasser abgefüllt. Der Wasserspiegel liegt um h_1 höher als die Ausflussöffnung.

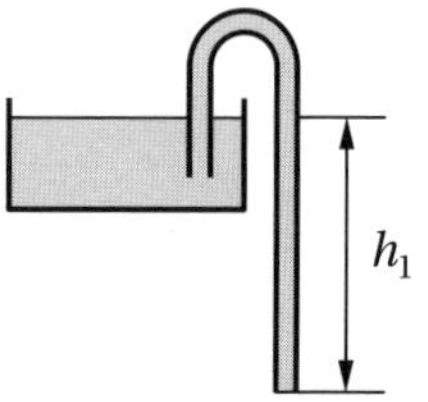

Mit welcher Geschwindigkeit v_0 fließt das Wasser aus?

(Der Flüssigkeitsspiegel im Vorratsgefäß soll seine Höhe nicht wesentlich ändern.)

$h_1 = 1{,}0$ m

Bernoullische Gleichung:

$$p_1 + \varrho g h_1 + \frac{\varrho}{2} v_1^2 = p_2 + \varrho g h_2 + \frac{\varrho}{2} v_2^2$$

$h_2 = 0$ (Bezugsniveau)

$v_1 = 0$ (großer Gefäßquerschnitt)

$p_1 = p_2 = p_a$ (Luftdruck)

$$\varrho g h_1 = \frac{\varrho}{2} v_0^2$$

$$\underline{v_0 = \sqrt{2gh_1}} = \underline{\underline{4{,}4\ \mathrm{m/s}}}$$

M 14.7 Rohrsystem

Gegeben ist das dargestellte Rohrleitungssystem. Der Wasserspiegel bleibt in der Höhe h_0 (sehr großes Reservoir).

a) Wie groß sind die Geschwindigkeiten v_1 und v_2 des Wassers an den Stellen **1** und **2**?

b) Welchen Betrag hat die Stromstärke I im Rohrleitungssystem?

c) Man berechne den statischen Druck p_1 und den Staudruck $p_{1\mathrm{Stau}}$ an der Stelle **1**.

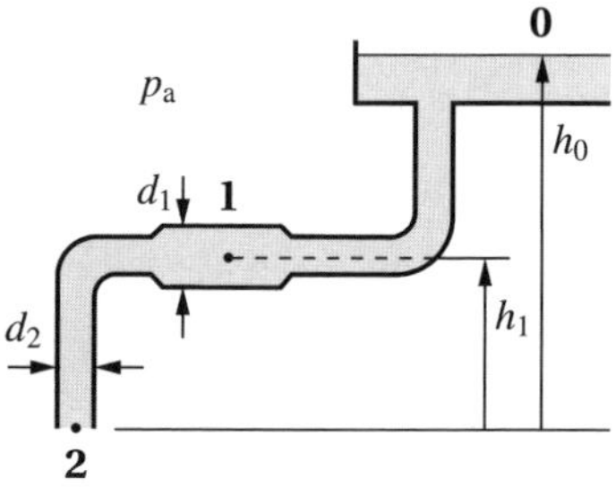

$h_0 = 40{,}0$ m $h_1 = 10{,}0$ m $d_1 = 400$ mm $d_2 = 20{,}0$ mm

Normaler Luftdruck $p_a = 101{,}3$ kPa

---

a) Bernoullische Gleichung:

$$p_a + \varrho_W g h_0 = p_a + \frac{\varrho_W}{2} v_2^2$$

$$\underline{v_2 = \sqrt{2gh_0}} = \underline{\underline{28\ \mathrm{m/s}}}$$

Kontinuitätsgleichung:

$$A_1 v_1 = A_2 v_2$$

$$\underline{v_1 = v_2 \frac{A_2}{A_1} = v_2 \left(\frac{d_2}{d_1}\right)^2} = \underline{\underline{0{,}07\ \mathrm{m/s}}}$$

b) $I = A_2 v_2$

$$\underline{I = \frac{\pi}{4} d_2^2 v_2} = \underline{\underline{32\ \mathrm{m^3/h}}}$$

c) $p_1 + \frac{\varrho_W}{2} v_1^2 + \varrho_W g h_1 = p_a + \varrho_W g h_0$

$$\underline{p_1 = p_a + \varrho_W g(h_0 - h_1) - \frac{\varrho_W}{2} v_1^2} = \underline{\underline{395 \text{ kPa}}}$$

$$\underline{p_{1\text{Stau}} = \frac{\varrho_W}{2} v_1^2 = \varrho_W g h_0 \left(\frac{d_2}{d_1}\right)^4} = \underline{\underline{2{,}5 \text{ Pa}}}$$

M 14.8 Trichter

In einem Trichter wird die Höhe h_1 der Flüssigkeit über der Ausflussöffnung durch vorsichtiges Nachgießen konstant gehalten. Die Ausflussöffnung hat den Durchmesser d_0, der klein gegenüber dem Durchmesser d_1 in der Höhe des Flüssigkeitsspiegels sein soll.

a) Welche Zeit t ist erforderlich, um eine Flasche vom Volumen V mit dem Trichter zu füllen?

b) Welchen Durchmesser d_2 hat der Flüssigkeitsstrahl in der Tiefe h_2 unter der Ausflussöffnung des Trichters?

$d_0 = 6{,}0$ mm $\qquad h = 115$ mm

$h_2 = -240$ mm $\qquad V = 1{,}00$ l

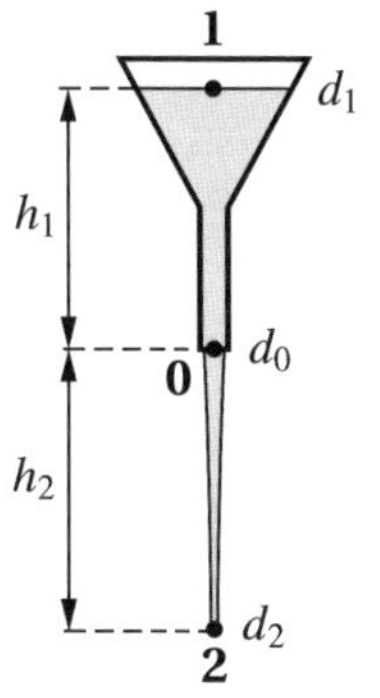

a) Bernoullische Gleichung:

$$p_1 + \varrho g h_1 + \frac{\varrho}{2} v_1^2 = p_0 + \frac{\varrho}{2} v_0^2$$

$\varrho = \varrho_W \qquad h_1 = \text{const}$ (Nachgießen)

$p_1 = p_0 = p_a$ (äußerer Luftdruck)

$v_1 = 0$ (wegen $d_1 \gg d_0$ ist $v_1 \ll v_0$)

$$v_0 = \sqrt{2gh_1}$$

Kontinuitätsgleichung:

$$I = \frac{V}{t} = A_0 v_0 = \frac{\pi}{4} d_0^2 v_0$$

$$\underline{t = \frac{4V}{\pi d_0^2 \sqrt{2gh_1}}} = \underline{\underline{23{,}5 \text{ s}}}$$

b) $p_{\text{ges}}(2) = p_{\text{ges}}(0) = p_{\text{ges}}(1)$

$$\frac{\varrho}{2} v_2^2 + g h_2 = \frac{\varrho}{2} v_0^2 = \varrho g h_1$$

$$v_2 = \sqrt{2g(h_1 - h_2)}$$

$$A_0 v_0 = \frac{\pi}{4} d_0^2 v_0 = A_2 v_2 = \frac{\pi}{4} d_2^2 v_2$$

$$\underline{d_2 = d_0 \sqrt{\frac{v_0}{v_2}} = d_0 \sqrt[4]{\frac{h_1}{h_1 - h_2}}} = \underline{\underline{4{,}5 \text{ mm}}}$$

M 14.9 Wasserleitung

An eine in der Höhe $h = 0$ horizontal liegende Hauptwasserleitung, in der der Gesamtdruck den Wert p_0 hat, ist eine Steigleitung angeschlossen. In den Höhen h_1 und h_2 befinden sich Ausflüsse mit gleichem Querschnitt.

Berechnen Sie das Verhältnis I_1/I_2 der Stromstärken des ausfließenden Wassers, wenn jeweils nur einer der beiden Ausflüsse geöffnet ist!

$p_0 = 320$ kPa $\quad p_a = 100$ kPa $\quad h_1 = 10$ m $\quad h_2 = 20$ m

---

Bernoullische Gleichung:

$$p_0 = p_1 + \frac{\varrho_W}{2} v_1^2 + \varrho_W g h_1 = p_2 + \frac{\varrho_W}{2} v_2^2 + \varrho_W g h_2$$

$$p_1 = p_2 = p_a \quad \text{(äußerer Luftdruck)}$$

$$\Rightarrow \quad v_1^2 = \frac{2(p_0 - p_a - \varrho_W g h_1)}{\varrho_W}$$

$$\Rightarrow \quad v_2^2 = \frac{2(p_0 - p_a - \varrho_W g h_2)}{\varrho_W}$$

Damit Berechnung der Stromstärken:

$$I_1 = A_1 v_1$$

$$I_2 = A_2 v_2$$

$$A_1 = A_2$$

$$\frac{I_1}{I_2} = \frac{v_1}{v_2} = \sqrt{\frac{p_0 - p_a - \varrho_W g h_1}{p_0 - p_a - \varrho_W g h_2}} = \underline{\underline{2{,}3}}$$

M 14.10 Windkanal

Ein Tragflügel wird im Windkanal einem Luftstrom der Geschwindigkeit v_0 ausgesetzt.

Welche Geschwindigkeit v herrscht an einer Stelle des Profils, an der man den Unterdruck Δp gegenüber einer Stelle in der ungestörten Strömung feststellt?

Dichte der Luft: $\varrho = 1{,}20\ \text{kg/m}^3 \quad v_0 = 40$ m/s $\quad \Delta p = -3{,}12$ kPa

---

Bernoullische Gleichung:

$$p_{ges}(A) = p_{ges}(B)$$

A ist einc Stelle in der ungestörten Strömung.

B ist eine Stelle an der Tragflügeloberseite.

$$\frac{\varrho}{2} v_0^2 + p_0 = \frac{\varrho}{2} v^2 + p$$

$$\Delta p = p - p_0$$

$$v = \sqrt{v_0^2 - \frac{2\,\Delta p}{\varrho}} = \underline{\underline{82\ \text{m/s}}}$$

M 14.11 Dichtebestimmung

Ein zylindrisches Gefäß (Durchmesser d_1) ist mit einem Gas unbekannter Dichte ϱ gefüllt und umgekehrt in Wasser (Dichte ϱ_W) eingetaucht, sodass der Flüssigkeitsspiegel im Inneren des Gefäßes um die Höhe h unter der Wasseroberfläche liegt. Durch ein kleines rundes Loch (Durchmesser d_0) im Gefäßboden entweicht der Gasstrom I.

Wie groß ist ϱ?

$d_0 = 520\ \mu\text{m}$ $\quad d_1 \gg d_0$

$I = 14{,}9\ \text{cm}^3/\text{s}$ $\quad h = 235\ \text{mm}$

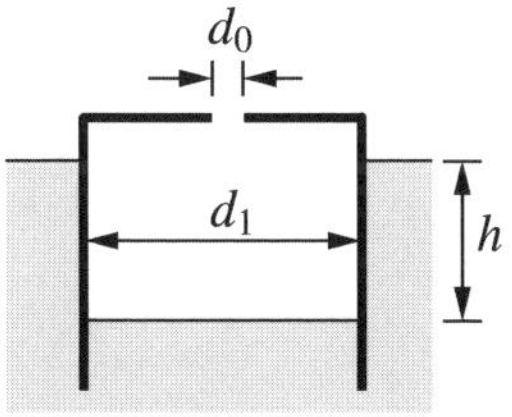

Bernoullische Gleichung (an der Öffnung und im Inneren des Gefäßes):

$$\frac{\varrho}{2} v_0^2 + p_a = p_1$$

p_a ist der äußere Luftdruck.

p_1 ist der Druck im Gas:

$$p_1 = p_a + \varrho_W g h$$

$$\frac{\varrho}{2} v_0^2 = \varrho_W g h$$

$$\varrho = \frac{2\varrho_W g h}{v_0^2}$$

Berechnung der Ausströmgeschwindigkeit v_0:

$$I = A_0 v_0 = \frac{\pi}{4} d_0^2 v_0$$

$$v_0^2 = \left(\frac{4I}{\pi d_0^2}\right)^2$$

$$\underline{\varrho = \frac{\pi^2 d_0^4 g h}{8I^2} \varrho_W} = \underline{\underline{0{,}937\ \text{kg/m}^3}}$$

M 14.12 Turbine

In einem Stausee steht der Wasserspiegel in der Höhe h über der Einlauföffnung der Turbine. Der Wasserzufluss hat die Stromstärke I. Es wird angenommen, dass an der Einlauföffnung der gleiche Druck wie an der Auslauföffnung herrscht (normaler Luftdruck p_a). Die Querschnittsfläche A_2 der Auslauföffnung ist größer als die Querschnittsfläche A_1 der Einlauföffnung.

a) Welche Leistung P_0 kann das Wasser höchstens abgeben?
b) Welche Fläche A_1 muss die Einlauföffnung der Turbine haben?
c) Welchen Wirkungsgrad $\eta = P/P_0$ hat die Turbine bestenfalls?

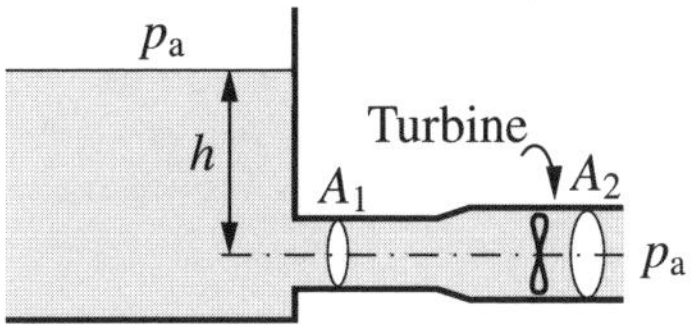

$h = 30\ \text{m}$ $\quad I = 12\ \text{m}^3/\text{s}$ $\quad A_2 = 2{,}0\ \text{m}^2$

---

a) $P_0 = \frac{W}{t} = \frac{mgh}{t} = \frac{\varrho_W V g h}{t}$

$$\frac{V}{t} = I$$

$$\underline{P_0 = \varrho_W I g h} = \underline{\underline{3{,}5\ \text{MW}}}$$

b) $I = A_1 v_1$

Berechnung von v_1 mit der Bernoullischen Gleichung:

$$p_a + \frac{\varrho_W}{2} v_1^2 = p_a + \varrho_W g h$$

$$v_1 = \sqrt{2gh}$$

$$\underline{A_1 = \frac{I}{\sqrt{2gh}}} = \underline{\underline{0{,}50\ \text{m}^2}}$$

c) $\eta = \frac{P}{P_0}$

$$P_0 = \frac{E_{k1}}{t}$$

$$P = \frac{E_{k1} - E_{k2}}{t}$$

$$\frac{P}{P_0} = 1 - \frac{E_{k2}}{E_{k1}} = 1 - \frac{v_2^2}{v_1^2}$$

mit Kontinuitätsgleichung:

$$A_1 v_1 = A_2 v_2$$

$$\underline{\eta = 1 - \left(\frac{A_1}{A_2}\right)^2} = \underline{\underline{0{,}94}}$$

M 15 Strömung realer Flüssigkeiten

M 15.1 Gleitlager

Ein zylindrischer Metallkörper mit dem Durchmesser d und der Länge l rotiert mit der Drehfrequenz f in einem Gleitlager (Hohlzylinder). Der Spalt zwischen beiden zylindrischen Körpern hat die Breite b und ist vollständig mit Öl der dynamischen Viskosität η gefüllt. Im Spalt wird ein lineares Geschwindigkeitsgefälle vorausgesetzt.

Welches Drehmoment M ist erforderlich, um die Rotation aufrechtzuerhalten?

$d = 2{,}0$ cm $\quad l = 10{,}0$ cm $\quad f = 10\ \text{s}^{-1}$ $\quad b = 200\ \mu\text{m}$ $\quad \eta = 0{,}098\ \text{Pa} \cdot \text{s}$

$$M = F_R \frac{d}{2}$$

$$F_R = \eta A \frac{\mathrm{d}v}{\mathrm{d}h} = \eta A \frac{\Delta v}{b}$$

$$A = \pi d l$$

$$\Delta v = v_i - v_a = \omega r - 0$$
$$\omega = 2\pi f$$
$$r = \frac{d}{2}$$
$$F_R = \frac{\eta \pi^2 d^2 l f}{b}$$
$$M = \frac{\pi^2 \eta d^3 l f}{2b} = 1{,}93 \cdot 10^{-2}\ \mathrm{N \cdot m}$$

M 15.2 Kugel in Öl

Eine Stahlkugel (Radius r, Dichte ϱ_1) wird in einem mit Öl (Dichte ϱ_2, dynamische Viskosität η) gefüllten Standzylinder fallen gelassen.

a) Welche Endgeschwindigkeit v_E erreicht die Kugel?

b) Wie groß ist die Endgeschwindigkeit v'_E bei doppeltem Radius?

c) Man leite die Geschwindigkeit-Zeit-Funktion für den Fall her, dass die Kugel zur Zeit $t_0 = 0$ die Bewegung im Öl mit der Geschwindigkeit $v_0 = 0$ beginnt!

$r = 1{,}00$ mm $\varrho_1 = 8300\ \mathrm{kg/m^3}$ $\varrho_2 = 800\ \mathrm{kg/m^3}$ $\eta = 1{,}50\ \mathrm{Pa \cdot s}$

a) $F_G - F_A - F_R = 0$

$$\frac{4}{3}\pi r^3 g\left(\varrho_1 - \varrho_2\right) - 6\pi r \eta v_E = 0$$

$$v_E = \frac{2g\left(\varrho_1 - \varrho_2\right)}{9\eta} r^2 = 1{,}1\ \mathrm{cm/s}$$

b) $v_E \sim r^2$

$$v'_E = 4 v_E = 4{,}4\ \mathrm{cm/s}$$

c) $ma = F_G - F_A - F_R$

$$\frac{4}{3}\pi r^3 \varrho_1 \frac{\mathrm{d}v}{\mathrm{d}t} = \frac{4}{3}\pi r^3 g\left(\varrho_1 - \varrho_2\right) - 6\pi \eta r v$$

Trennung der Variablen:

$$\mathrm{d}t = \frac{\mathrm{d}v}{\left(1 - \frac{\varrho_2}{\varrho_1}\right) g - \frac{9\eta}{2r^2\varrho_1} v}$$

Substitution:

$$u = \left(1 - \frac{\varrho_2}{\varrho_1}\right) g - \frac{9\eta}{2r^2\varrho_1} v$$

$$\mathrm{d}u = -\frac{9\eta}{2r^2\varrho_1}\,\mathrm{d}v$$

$$\int_0^t \mathrm{d}t = -\frac{2r^2\varrho_1}{9\eta}\int_{u_0}^{u} \frac{\mathrm{d}u}{u}$$

$$u_0 = u(v=0) = \left(1 - \frac{\varrho_2}{\varrho_1}\right) g$$

$$t = -\frac{2r^2\varrho_1}{9} \ln \frac{u}{u_0}$$

$$-\frac{9\eta}{2r^2\varrho_1} t = \ln\left(1 - \frac{9\eta}{2r^2(\varrho_1 - \varrho_2)\,g} v\right)$$

$$e^{-\frac{9\eta}{2r^2\varrho_1}t} = 1 - \frac{9\eta}{2r^2(\varrho_1 - \varrho_2)\,g} v$$

$$\underline{v(t) = \frac{2r^2(\varrho_1 - \varrho_2)\,g}{9\eta}\left(1 - e^{-\frac{9\eta}{2r^2\varrho_1}t}\right)}$$

M 15.3 Ausflussgeschwindigkeit

Wasser fließt seitlich aus einem sehr großen Gefäß. Die Höhe h der Wassersäule über der Ausflussöffnung ist bekannt.

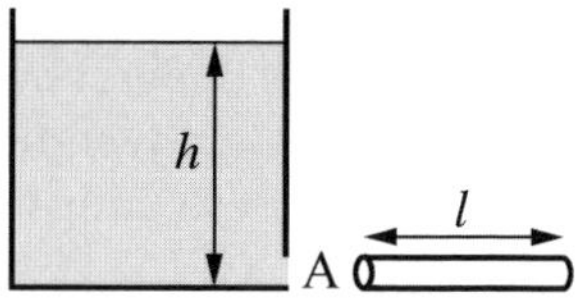

Welche Ausflussgeschwindigkeit v hat das Wasser, wenn es

a) die Öffnung A verlässt,

b) erst noch das Rohr mit der Länge l und der lichten Weite d durchfließen muss?

Das Wasser hat die dynamische Viskosität η.

$h = 60{,}0$ cm $\quad l = 120$ cm $\quad d = 2{,}0$ mm $\quad \eta = 1{,}065\ \text{mPa}\cdot\text{s}$

---

a) Reibungsfreie Strömung

Bernoullische Gleichung zwischen **0** und **1**:

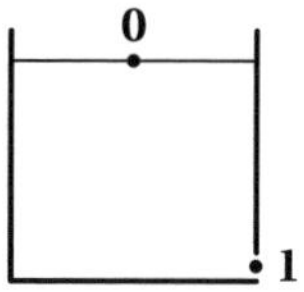

$$p_a + \varrho_W g h = p_a + \frac{\varrho_W}{2} v^2$$

$$\underline{v = \sqrt{2gh}} = \underline{\underline{3{,}4\ \text{m/s}}}$$

b) Reibung im Rohr: Erweiterte Bernoullische Gleichung zwischen **0** und **1**, d. h. Berücksichtigung eines zusätzlichen Druckunterschiedes Δp infolge des Wirkens der Hagen-Poisseuilleschen Reibungskraft im Rohr zwischen **1** und **2**:

$$p_a + \varrho_W g h = p_a + \frac{\varrho_W}{2} v^2 + \Delta p$$

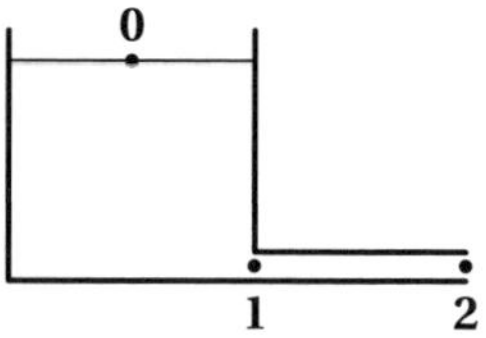

$$\Delta p = \frac{F_R}{A}$$

$$\Delta p = \frac{8\pi\eta l \bar{v}}{\frac{\pi}{4} d^2} \qquad \text{Näherung: } \bar{v} = v$$

$$\Delta p = \frac{32\eta l v}{d^2}$$

$$\varrho_W g h = \frac{\varrho_W}{2} v^2 + \frac{32\eta l}{d^2} v$$

Hinweis:

$Re = \dfrac{\varrho d v}{\eta} = 1052$

$Re < Re_{\text{krit}} = 2400$

$$v^2 + \frac{64\eta l}{\varrho_W d^2} v - 2gh = 0$$

$$v = -\frac{32\eta l}{\varrho_W d^2} + \sqrt{\left(\frac{32\eta l}{\varrho_W d^2}\right)^2 + 2gh} = \underline{\underline{0{,}56 \text{ m/s}}}$$

M 15.4 Injektionsspritze

Im Inneren einer gefüllten Injektionsspritze wird mit dem Kolben der Druck p_1 erzeugt. An der Kanülenspitze ist der Druck in der auströmenden Injektionsflüssigkeit (Dichte ϱ, Zähigkeit η) gleich dem Druck p_2 im Blut.

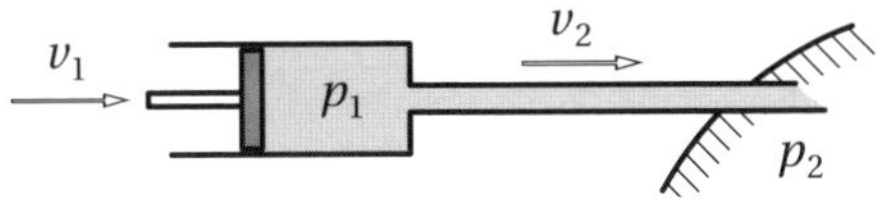

Wie groß ist die Strömungsgeschwindigkeit v_2 in der Kanüle, die die Länge l und den Innendurchmesser d hat?

Die Kolbengeschwindigkeit v_1 ist gegenüber v_2 zu vernachlässigen.

$\eta = 1{,}08$ mPa · s $\quad \varrho = 1030$ kg/m³ $\quad p_1 = 105{,}9$ kPa $\quad p_2 = 103{,}8$ kPa

$l = 8{,}0$ cm $\quad d = 0{,}5$ mm

Erweiterte Bernoullische Gleichung beim Eintritt der Injektionsflüssigkeit in die Kanüle:

$$p_1 = (p_2 + \Delta p) + \frac{\varrho}{2} v_2^2$$

Δp ist die zur Überwindung der Reibung im Rohr erforderliche zusätzliche Druckdifferenz (Hagen-Poiseuillesche Reibungskraft):

$$\Delta p = \frac{F_R}{A} = \frac{8\pi\eta l \bar{v}_2}{\frac{\pi}{4} d^2} \qquad \text{Näherung: } \bar{v}_2 = v_2$$

$$\Delta p = \frac{32\eta l v_2}{d^2}$$

$$v_2^2 + \frac{64\eta l}{\varrho d^2} v_2 - \frac{2(p_1 - p_2)}{\varrho} = 0$$

$$v_2 = -\frac{32\eta l}{\varrho d^2} + \sqrt{\left(\frac{32\eta l}{\varrho d^2}\right)^2 + \frac{2(p_1 - p_2)}{\varrho}} = \underline{\underline{19 \text{ cm/s}}}$$

M 15.5 Skiläufer

Ein Skiläufer (Masse m) fährt einen um den Winkel α geneigten Hang hinab. Die Gleitreibungszahl ist μ. Der Luftwiderstand ist proportional v^2; bei der Geschwindigkeit v_0 hat er den Wert F_{L0}.

Welche Höchstgeschwindigkeit v_E erreicht der Skiläufer?

$m = 90$ kg $\quad \alpha = 30°$ $\quad \mu = 0{,}10$ $\quad v_0 = 1{,}0$ m/s $\quad F_{L0} = 0{,}402$ N

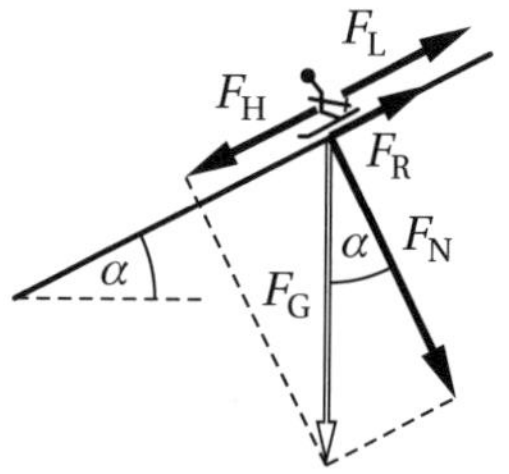

Kräftegleichgewicht: $\sum F = 0 \quad a = 0$

$F_H = F_R + F_L$

$F_H = mg\sin\alpha$

$F_R = \mu mg\cos\alpha$

$F_L = kv_E^2$

Bestimmung von k:

$F_{L0} = kv_0^2$

$$k = \frac{F_{L0}}{v_0^2}$$

$$mg(\sin\alpha - \mu\cos\alpha) = F_{L0}\left(\frac{v_E}{v_0}\right)^2$$

$$v_E = v_0\sqrt{\frac{mg}{F_{L0}}(\sin\alpha - \mu\cos\alpha)} = \underline{\underline{108\ \text{km/h}}}$$

M 15.6 Fallschirmspringer

a) Welche maximale Fallgeschwindigkeit v_1 erreicht ein Fallschirmspringer (Masse m_1, Widerstandsbeiwert c; Schirm noch nicht geöffnet), der der Strömung die Querschnittsfläche A_1 darbietet?

Die Dichte der Luft ist ϱ.

b) Welche Geschwindigkeit v_2 erreicht dagegen ein Käfer, dessen lineare Abmessungen nur $1/500$ derer des Fallschirmspringers betragen? Es wird vorausgesetzt, dass Dichte und Widerstandsbeiwert von Mensch und Käfer gleich sind.

c) Aus welcher Höhe h_2 müsste ein Mensch abspringen, um die Geschwindigkeit v_2 zu erreichen?

$m_1 = 85$ kg $\quad A_1 = 0{,}90\ \text{m}^2 \quad \varrho = 1{,}29\ \text{kg/m}^3 \quad c = 0{,}38$

---

a) Kräftegleichgewicht: $a = 0 \quad F = 0$

$$m_1 g = cA_1\frac{\varrho}{2}v_1^2$$

$$v_1 = \sqrt{\frac{2m_1 g}{cA_1\varrho}} = \underline{\underline{61{,}5\ \text{m/s} = 221\ \text{km/h}}}$$

b) $l_2 = \dfrac{l_1}{500}$

$m \sim l^3$

$A \sim l^2$

$\Rightarrow \quad v_1 \sim \sqrt{l}$

$$v_2 = \frac{v_1}{\sqrt{500}} = \underline{\underline{2{,}7\ \text{m/s}}}$$

c) $m_1 g h_2 = \dfrac{m_1}{2}v_2^2$

$$h_2 = \frac{v_2^2}{2g} = \underline{\underline{0{,}4\ \text{m}}}$$

M 15.7 Seitenwind

Ein Fahrzeug (Querschnittsfläche A, Widerstandsbeiwert c) bewegt sich mit der Geschwindigkeit v_F auf horizontaler, gerader Straße. Es herrscht Seitenwind rechtwinklig zur Straße. Die Windgeschwindigkeit sei v_W. Die Querschnittsfläche und der Widerstandsbeiwert sind unabhängig von der Anströmrichtung.

Welche Motorleistung P ist allein erforderlich, um den Luftwiderstand zu überwinden? (Von anderen Reibungseinflüssen wird abgesehen.)

$A = 4{,}00\ \text{m}^2$ $\quad c = 1{,}0$ $\quad v_F = 20{,}0\ \text{m/s}$ $\quad v_W = 10{,}0\ \text{m/s}$

Dichte der Luft: $\varrho_L = 1{,}29\ \text{kg/m}^3$

$P = F_{RF} v_F$

F_{RF} ist die Reibungskraft (Luftwiderstand) in Fahrtrichtung.

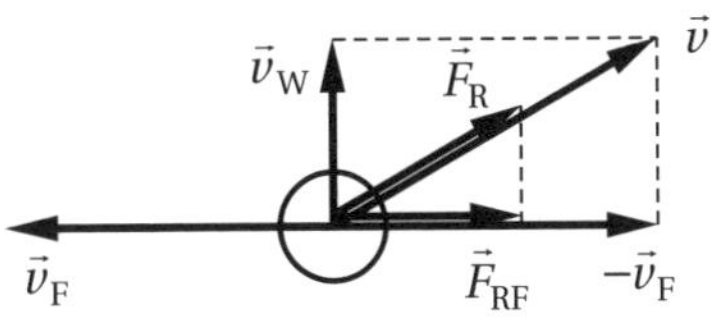

Strömungsgeschwindigkeit: $-\vec{v}_F$

Luftwiderstand:

$$F_R = cA\frac{\varrho_L}{2}v^2 = cA\frac{\varrho_L}{2}\left(v_W^2 + v_F^2\right)$$

Davon die Komponente in Fahrtrichtung:

$$\frac{F_{RF}}{F_R} = \frac{v_F}{v}$$

$$F_{RF} = \frac{v_F}{v}F_R = \frac{1}{2}cA\varrho_L v_F\sqrt{v_W^2 + v_F^2}$$

$$\underline{P = \frac{1}{2}cA\varrho_L v_F^2\sqrt{v_F^2 + v_W^2}} = \underline{\underline{23\ \text{kW}}}$$

M 15.8 Abflussrohr

Durch ein gegenüber der Horizontalen um den Winkel α geneigtes Glasrohr vom Innendurchmesser d_0 fließt Wasser aus einem großen Gefäß, in welchem der Wasserspiegel unmittelbar über dem Rohrausfluss liegt, sodass die Strömung allein durch das Gefälle zustande kommt.

a) Welche Stromstärke I_0 tritt bei laminarer Strömung durch das Rohr?

b) Prüfen Sie nach, ob die kritische Reynoldssche Zahl Re_{kr} für den Übergang zur turbulenten Strömung erreicht wird. (Beim Rohr ist in Re für die charakteristische Länge l der Durchmesser d_0 einzusetzen.)

$d_0 = 10\ \text{mm}$ $\quad \alpha = 0{,}5°$ $\quad \eta = 1{,}12\ \text{mPa} \cdot \text{s}$ $\quad Re_{kr} = 2400$

---

a) $I_0 = Av_0$

Kräftegleichgewicht zwischen Druckkraft und Reibungskraft:

$pA = 8\pi\eta l\bar{v}$ Näherung: $\bar{v} = v_0$

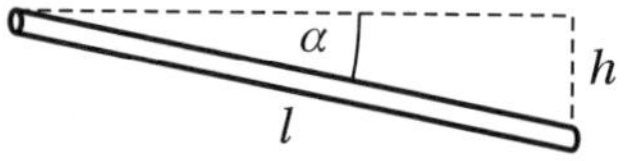

$$p = \varrho g h = \varrho g l \sin\alpha$$

$$\varrho g A \sin\alpha = 8\pi\eta v_0$$

$$v_0 = \frac{\varrho g A \sin\alpha}{8\pi\eta}$$

$$A = \frac{\pi}{4} d_0^2$$

$$\underline{I_0 = \frac{\pi\varrho g d_0^4 \sin\alpha}{128\,\eta}} = \underline{\underline{19\ \text{cm}^3/\text{s}}}$$

b) $Re = \dfrac{\varrho d_0 v_0}{\eta}$

$$v_0 = \frac{\varrho g d_0^2 \sin\alpha}{32\eta}$$

$$\underline{Re = \frac{\varrho^2 g d_0^3 \sin\alpha}{32\,\eta^2}} = \underline{\underline{2130 < Re_{\text{kr}}}}$$

M 15.9 Feuerwehrschlauch

Ein Feuerwehrschlauch hat den Innendurchmesser d_0.

a) Welche Löschwasserstromstärke I_0 könnte bereitgestellt werden, wenn die Strömung laminar sein soll?
(In der Reynoldsschen Zahl ist für die charakteristische Länge l der Durchmesser d_0 zu verwenden; die kritische Reynoldssche Zahl ist Re_{kr}; die Zähigkeit des Wassers ist η).

b) Die Löschwasserstromstärke soll I_1 betragen.
Welchen Wert hat die Reynoldssche Zahl Re in diesem Fall?

$d_0 = 100$ mm $\eta = 1{,}15$ mPa · s $I_1 = 25\ 1/\text{s}$ $Re_{\text{kr}} = 2400$

---

a) $I_0 = Av_0 = \dfrac{\pi}{4} d_0^4 v_0$

Bestimmung von v_0:

$$Re_{\text{kr}} = \frac{\varrho d_0 v_0}{\eta}$$

$$v_0 = \frac{\eta Re_{\text{kr}}}{\varrho d_0}$$

$$\underline{I_0 = \frac{\pi d_0 \eta Re_{\text{kr}}}{4\varrho}} = \underline{\underline{0{,}22\ 1/\text{s}}}$$

b) $Re = \dfrac{\varrho d_0 v_1}{\eta}$

$$v_1 = \frac{I_1}{A} = \frac{I_1}{\frac{\pi}{4} d_0^2}$$

$$Re = \frac{4\varrho I_1}{\pi \eta d_0} = 277\,000$$

M 15.10 Zentrifuge

In einer Zentrifuge befindet sich Milch, in der die kleinsten Fetttröpfchen den Durchmesser d besitzen. Die Zentrifuge rotiert mit der Frequenz f. Das Zentrifugengefäß hat den inneren Durchmesser d_1 und den äußeren Durchmesser d_2.

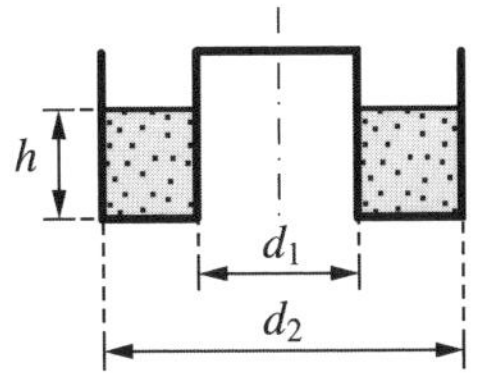

a) Wie lange dauert es, bis das Fett in der Zentrifuge vollständig abgetrennt worden ist?

b) Wie lange würde der gleiche Vorgang bei alleiniger Einwirkung der Schwerkraft dauern, wenn die Füllhohe h des Gefäßes $h = (d_2 - d_1)/2$ beträgt?

Dichte des Fetts: $\varrho_1 = 0{,}921\ \mathrm{g/cm^3}$

Dichte der wässrigen Lösung: $\varrho_2 = 1{,}030\ \mathrm{g/cm^3}$

Zähigkeit der wässrigen Lösung: $\eta = 1{,}11\ \mathrm{mPa \cdot s}$

$d = 2{,}5\ \mu\mathrm{m}$ $\quad d_1 = 80\ \mathrm{mm}$ $\quad d_2 = 310\ \mathrm{mm}$ $\quad f = 120\ \mathrm{s^{-1}}$

---

a) Kräftegleichgewicht im rotierenden Bezugssystem:

Zentrifugalkraft (verdrängte wässrige Lösung) =
Zentrifugalkraft (Fetttröpfchen) + Stokessche Reibungskraft

$$F_2 = F_1 + F_R$$

$$m_2 \omega^2 r = m_1 \omega^2 r + 6\pi\eta \frac{d}{2} v$$

$$\frac{4}{3}(\varrho_2 - \varrho_1)\,\pi \left(\frac{d}{2}\right)^3 \omega^2 r = 6\pi\eta \frac{d}{2} v$$

$$v(r) = \frac{(\varrho_2 - \varrho_1)\,\omega^2 d^2}{18\eta} r$$

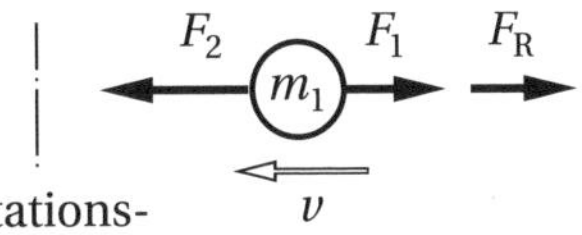

F_2 ist ein „Auftrieb" in horizontaler Richtung.

Bestimmung der Zeit:

$$v = \frac{\mathrm{d}r}{\mathrm{d}t}$$

$$\int_0^t \mathrm{d}t = \int_{r_1}^{r_2} \frac{\mathrm{d}r}{v(r)} \qquad r_1 = \frac{d_1}{2} \qquad r_2 = \frac{d_2}{2}$$

$$\int_{r_1}^{r_2} \frac{\mathrm{d}r}{r} = \frac{(\varrho_2 - \varrho_1)\,\omega^2 d^2}{18\eta} \int_0^t \mathrm{d}t$$

$$\ln \frac{d_2}{d_1} = \frac{(\varrho_2 - \varrho_1)\,\omega^2 d^2}{18\eta} t$$

$$\omega = 2\pi f$$

$$t = \frac{9\eta \ln \frac{d_2}{d_1}}{2\pi^2 (\varrho_2 - \varrho_1) f^2 d^2} = 70\ \mathrm{s}$$

b) $F_A = F_G + F_R$

$$(\varrho_2 - \varrho_1)\,\frac{4}{3}\pi\left(\frac{d}{2}\right)^3 g = 6\pi\eta\frac{d}{2}v$$

$$v = \frac{(\varrho_2 - \varrho_1)\,gd^2}{18\eta} = \text{const} = \frac{\Delta r}{t}$$

$$\Delta r = \frac{d_2}{2} - \frac{d_1}{2}$$

$$\underline{t = \frac{9\eta(d_2 - d_1)}{(\varrho_2 - \varrho_1)\,gd^2}} = \underline{\underline{4{,}0\ \text{d}}}$$

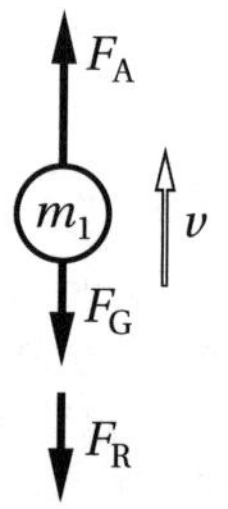

W Schwingungen und Wellen

W 1 Harmonische Schwingungen

W 1.1 Lokomotive

Der Raddurchmesser einer Schnellzuglokomotive ist d_0. Es wird angenommen, dass der Kolben der Dampfmaschine, durch den die Räder angetrieben werden, eine harmonische Schwingung ausführt. Der maximale Kolbenhub ist h.

Wie groß sind bei einer Geschwindigkeit v_0 der Lokomotive
a) die maximale Kolbengeschwindigkeit v_m und
b) die maximale Kolbenbeschleunigung a_m?

$d_0 = 230\,\text{cm} \qquad h = 64{,}0\,\text{cm} \qquad v_0 = 120\,\text{km/h}$

---

a) $s = s_m \cos(\omega_0 t + \alpha)$

$$v = \dot{s} = -\omega_0 s_m \sin(\omega_0 t + \alpha)$$

$$\Rightarrow \quad v_m = \omega_0 s_m$$

$$\omega_0 = \frac{v_0}{r_0} = \frac{2v_0}{d_0}$$

$$s_m = \frac{h}{2}$$

$$\underline{v_m = v_0 \frac{h}{d_0}} = \underline{\underline{9{,}3\,\text{m/s}}}$$

b) $a = \dot{v} = -\omega_0^2 s_m \cos(\omega_0 t + \alpha)$

$$\Rightarrow \quad a_m = \omega_0^2 s_m$$

$$\underline{a_m = \frac{2v_0^2 h}{d_0^2}} = \underline{\underline{269\,\text{m/s}^2}}$$

W 1.2 Konstantenbestimmung

Bei der Schwingung $x = x_m \cos(\omega_0 t + \alpha)$ sind zum Zeitpunkt $t_0 = 0$ die Elongation x_0 und die Geschwindigkeit v_{x0} gemessen worden.

Welche Werte haben die Amplitude x_m und der Nullphasenwinkel α?

$\omega_0 = 90\,\text{s}^{-1} \qquad x_0 = 2{,}00\,\text{cm} \qquad v_{x0} = 3{,}00\,\text{m/s}$

$$x = x_m \cos(\omega_0 t + \alpha)$$

$$v_x = \dot{x} = -\omega_0 x_m \sin(\omega_0 t + \alpha)$$

$$x_0 = x_m \cos\alpha \qquad (*)$$

$$v_{x0} = -\omega_0 x_m \sin\alpha$$

$$(x_m \cos\alpha)^2 + (x_m \sin\alpha)^2 = x_0^2 + \left(\frac{v_{x0}}{\omega_0}\right)^2$$

$$x_m = \sqrt{x_0^2 + \left(\frac{v_{x0}}{\omega_0}\right)^2} = \underline{\underline{3{,}9\,\text{cm}}}$$

$$\frac{v_{x0}}{x_0} = \frac{-\omega_0 x_m \sin\alpha}{x_m \cos\alpha}$$

$$\tan\alpha = -\frac{v_{x0}}{\omega_0 x_0} \quad \Rightarrow \quad \alpha = 121^\circ, \quad \alpha = 301^\circ$$

Auswahl des gültigen Winkels mithilfe der Gleichung (*), die die Bedingung $\cos\alpha > 0$ fordert:

$$\cos 121^\circ = -0{,}515$$

$$\cos 301^\circ = +0{,}515$$

$$\Rightarrow \quad \underline{\underline{\alpha = 301^\circ}}$$

W 1.3 Schüttelsieb

Ein Schüttelsieb führt in senkrechter Richtung harmonische Schwingungen mit der Amplitude x_m aus.

Wie groß muss die Frequenz mindestens sein, damit Steine, die auf dem Sieb liegen, sich von diesem lösen?

$x_m = 50\,\text{mm}$

Ablösebedingung:

$a_x > g$

Ermittlung der Beschleunigung:

$$\ddot{x} = -\omega_0^2 x \qquad \text{oder} \qquad x = -x_m \cos\omega_0 t$$

$$x = -x_m \qquad\qquad \dot{x} = +x_m \omega_0 \sin\omega_0 t$$

$$a_x = \omega_0^2 x_m \qquad\qquad \ddot{x} = +x_m \omega_0^2 \cos\omega_0 t$$

$$t = 0:$$

$$a_x = x_m \omega_0^2$$

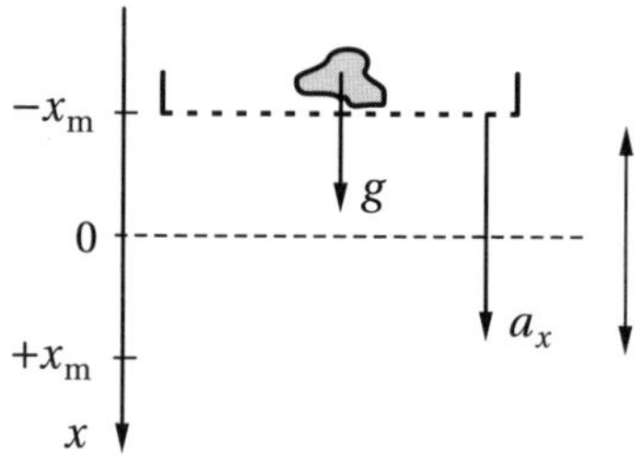

$$\omega_0^2 x_m > g$$

$$\omega_0 = 2\pi f$$

$$f > \frac{1}{2\pi}\sqrt{\frac{g}{x_m}} = \underline{\underline{2{,}2\,\text{Hz}}}$$

W 1.4 Tellerfederwaage

Eine Tellerfederwaage hat bei der maximalen Belastung mit der Masse m_1 die Auslenkung x_1. Die Waagschale hat die Masse m_0. Es wird ein Körper der Masse $m_2 < m_1$ auf die leere Schale gelegt.

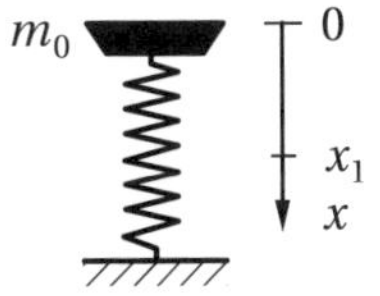

a) Bis zu welcher Stelle x_2 wird die Waage ausgelenkt?

b) Bis zu welcher Auslenkung x_3 muss man die Waage niederdrücken, wenn sich nach dem Loslassen der Körper während der anschließenden Bewegung gerade noch nicht von der Waagschale ablösen soll?

$m_0 = 200\,\text{g} \qquad m_1 = 10\,\text{kg} \qquad m_2 = 900\,\text{g} \qquad x_1 = 50\,\text{mm}$

a) Gleichgewichtsbedingungen:

$$m_1 g - k x_1 = 0 \quad \Rightarrow \quad k = \frac{m_1 g}{x_1}$$

$$m_2 g - k x_2 = 0 \quad \Rightarrow \quad \underline{x_2 = \frac{m_2}{m_1} x_1} = \underline{\underline{4{,}5\,\text{mm}}}$$

b) Ablösebedingung:

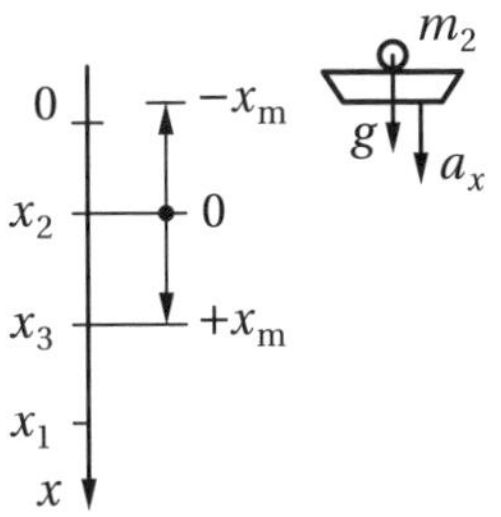

$$a_{xm} = g$$

Ermittlung von a_{xm}:

$$\ddot{x} = -\omega_0^2 x$$

$$a_{xm} = \omega_0^2 x_m$$

$$x_m = x_3 - x_2$$

$$\omega_0 = \frac{2\pi}{T} = \sqrt{\frac{k}{m_0 + m_2}}$$

$$\frac{k(x_3 - x_2)}{m_0 + m_2} = g$$

mit k aus a):

$$\underline{x_3 = \frac{m_0 + m_2}{m_1} x_1 + x_2 = \frac{m_0 + 2m_2}{m_1} x_1} = \underline{\underline{10\,\text{mm}}}$$

W 1.5 Laufkatze

Eine Last der Masse m hängt an der Laufkatze eines Kranes und wird mit der Geschwindigkeit v_0 horizontal bewegt. Der Schwerpunktabstand der Last vom Aufhängepunkt ist l. Beim plötzlichen Bremsen der Laufkatze beginnt die Last zu schwingen.

a) Wie groß ist die größte Beanspruchung (Kraft F_m) des Seiles?

b) Mit welcher Amplitude x_m schwingt die Last?

$m = 10\,\text{t} \qquad v_0 = 1{,}0\,\text{m/s} \qquad l = 5{,}0\,\text{m}$

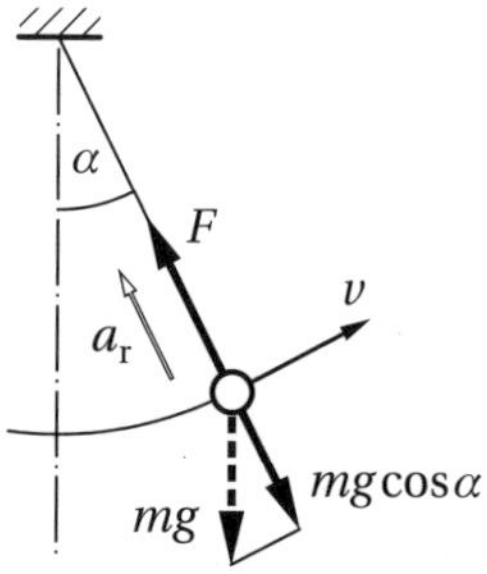

a) Bewegungsgleichung (Kräfte in Richtung des Seiles):

$$ma_r = F - mg\cos\alpha$$

$$F = m\left(\frac{v^2}{r} + g\cos\alpha\right) \qquad r = l$$

Maximale Zugkraft bei $\alpha = 0$:

$$v = v_m = v_0 \qquad \cos\alpha = 1$$

$$\underline{F_m = m\left(\frac{v_0^2}{l} + g\right)} = \underline{\underline{100\,\text{kN}}}$$

b) $x(t) = x_m \sin\omega_0 t$

$$v_x(t) = \dot{x}(t) = \omega_0 x_m \cos\omega_0 t$$

$$v_x(0) = v_0 = \omega_0 x_m$$

$$\omega_0 = \frac{2\pi}{T_0} = \sqrt{\frac{g}{l}}$$

$$\underline{x_m = v_0\sqrt{\frac{l}{g}}} = \underline{\underline{71\,\text{cm}}}$$

W 1.6 Seilschwingung

Durch Anhängen einer Last der Masse m_1 an einen Kranhaken der Masse m_0 dehnt sich das Seil um die Strecke Δl.

Mit welcher Frequenz f kann die Last vertikale Schwingungen ausführen?

Die Masse des Seiles und Reibungseinflüsse werden nicht berücksichtigt.

$m_1 = 1050\,\text{kg} \quad m_0 = 60\,\text{kg} \quad \Delta l = 32\,\text{mm}$

$$f = \frac{1}{T} = \frac{1}{2\pi}\sqrt{\frac{k}{m}}$$

$$m = m_1 + m_0$$

Bestimmung von k:

$$m_1 g = k\,\Delta l$$

$$k = \frac{m_1 g}{\Delta l}$$

$$\underline{f = \frac{1}{2\pi}\sqrt{\frac{m_1 g}{(m_1 + m_0)\,\Delta l}}} = \underline{\underline{2{,}7\,\text{Hz}}}$$

W 1.7 Trägheitsmoment-Bestimmung

Zur Bestimmung des Trägheitsmomentes J_1 eines Körpers wird ein Drehtisch mit Drillachse verwendet. Zunächst werden die Periodendauer T_0 der Schwingung des Drehtisches allein und das Richtmoment D ermittelt.

Nach Auflegen des Körpers und Justieren seiner Achse in bezug auf die des Drehtisches wird die Periodendauer T_1 gemessen.

Berechnen Sie J_1 aus den Messgrößen!

$T_0 = 0{,}444\,\text{s} \qquad D = 2{,}00\,\text{N}\cdot\text{m/rad} \qquad T_1 = 1{,}539\,\text{s}$

$$T_0 = 2\pi\sqrt{\frac{J_0}{D}}$$

$$\Rightarrow \quad J_0 = D\left(\frac{T_0}{2\pi}\right)^2$$

$$T_1 = 2\pi\sqrt{\frac{J_0 + J_1}{D}}$$

$$\Rightarrow \quad J_0 + J_1 = D\left(\frac{T_1}{2\pi}\right)^2$$

$$J_1 = D\left(\frac{T_1}{2\pi}\right)^2 - J_0$$

$$\underline{J_1 = \frac{D}{4\pi^2}\left(T_1^2 - T_0^2\right)} = \underline{\underline{0{,}110\,\text{kg}\cdot\text{m}^2}}$$

W 1.8 Fadenpendel

Die Bewegung eines Fadenpendels (mathematisches Pendel) der Länge l soll durch den Auslenkwinkel φ beschrieben werden.

a) Wie groß ist Kraftkoordinate F_s in Bahnrichtung in Abhängigkeit vom Winkel φ?

b) Wie lautet die Differenzialgleichung der Schwingung, wenn man große Ausschläge zulässt?

c) Unter welcher Bedingung geht die Differenzialgleichung in b) in die Differenzialgleichung der harmonischen Schwingung des Pendels über? Wie lautet diese?

d) Leiten Sie aus der Differenzialgleichung der harmonischen Schwingung die Formel für die Kreisfrequenz ω_0 her!

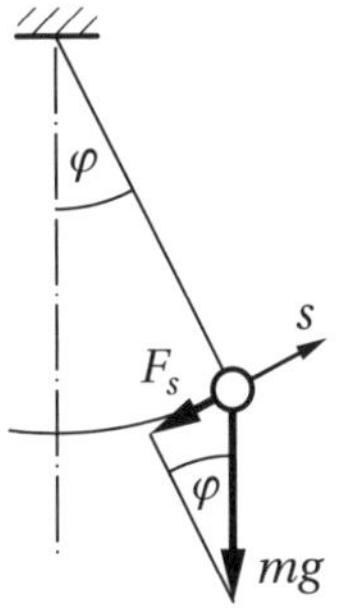

a) $\underline{F_s = -mg\sin\varphi}$

b) $ma_s = F_s$

$$a_s = l\ddot{\varphi}$$

$$ml\ddot{\varphi} = -mg\sin\varphi$$

$$\underline{\ddot{\varphi} + \frac{g}{l}\sin\varphi = 0}$$

c) $\underline{\varphi \ll 1}$

$$\underline{\ddot{\varphi} + \frac{g}{l}\varphi = 0} \qquad (*)$$

d) $\ddot{\varphi} + \omega_0^2\varphi = 0$

Vergleich mit (*) liefert $\omega_0^2 = \dfrac{g}{l}$.

$$\underline{\omega_0 = \sqrt{\frac{g}{l}}}$$

W 1.9 U-Rohr

In einem U-Rohr aus Glas befindet sich Quecksilber. Infolge eines Überdrucks auf der verschlossenen Seite ist die Flüssigkeit auf beiden Seiten um den Betrag von x_m von der Ruhelage $x = 0$ entfernt. Zur Zeit $t = 0$ wird der Verschluss geöffnet, und die Quecksilbersäule (Länge l) beginnt zu schwingen.

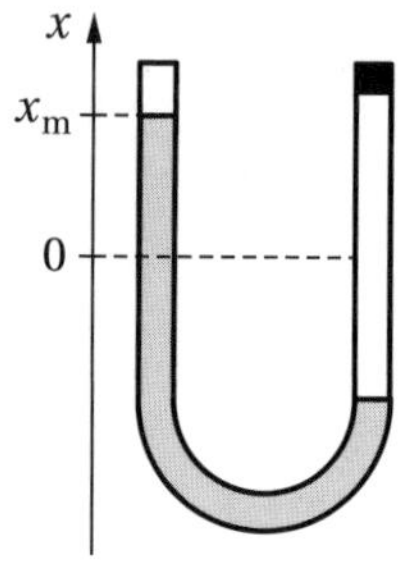

a) Stellen Sie die Bewegungsgleichung auf und leiten Sie daraus die Formel für die Schwingungsdauer T der Quecksilbersäule ab!
b) Welche maximale Geschwindigkeit v_{xm} hat die Säule?
c) Wie groß ist die Beschleunigung a_{x0} zur Zeit $t = 0$?
d) Wie groß ist die Beschleunigung a_{x1} zur Zeit $t = T/4$?

$l = 34{,}2\,\text{cm}$ $\quad x_m = 3{,}5\,\text{cm}$

---

a) $m\ddot{x} = F_x$

$$m = \varrho V = \varrho A l$$
$$F_x = -\varrho g\,\Delta V = -\varrho g A \cdot 2x$$
$$\ddot{x} + 2\frac{g}{l}x = 0$$

Ein Vergleich mit $\ddot{x} + \omega_0^2 x = 0$ liefert $\omega_0^2 = 2\frac{g}{l}$.

$$\underline{T = \frac{2\pi}{\omega_0} = 2\pi\sqrt{\frac{l}{2g}}} = \underline{\underline{0{,}83\,\text{s}}}$$

b) $x = x_m \cos\omega_0 t$

$$v_x = \dot{x} = -\omega_0 x_m \sin\omega_0 t$$
$$v_{xm} = \omega_0 x_m = \underline{x_m\sqrt{\frac{2g}{l}}} = \underline{\underline{0{,}27\,\text{m/s}}}$$

c) $a_x = \ddot{x} = -\omega_0^2 x_m \cos\omega_0 t$

$$a_{x0} = -\omega_0^2 x_m = \underline{-\frac{2g}{l}x_m} = \underline{\underline{-2{,}0\,\text{m/s}^2}}$$

d) $a_{x1} = -\omega_0^2 x_m \cos\frac{\pi}{2}$

$$\underline{a_{x1} = 0}$$

W 1.10 Stab

Ein dünner Stab (Masse m, Länge l) ist um die Achse A drehbar gelagert und kann unter dem Einfluss der Feder (k) Drehschwingungen ausführen.

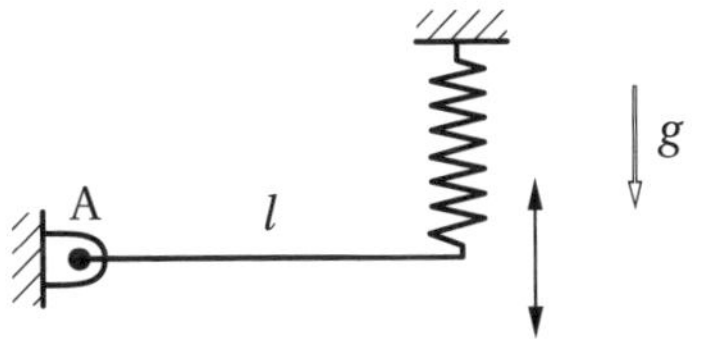

Für kleine Ausschläge ist

a) die Bewegungsgleichung der Schwingung unter Verwendung des Auslenkwinkels φ aufzustellen,
b) eine Beziehung für die Periodendauer T herzuleiten!

a) $J_A\ddot{\varphi} = M_A$

$$M_A = Fl = -kxl$$

$$x = l\varphi$$

$$J_A = J_S + m\left(\frac{l}{2}\right)^2 = \frac{ml^2}{12} + \frac{ml^2}{4} = \frac{ml^2}{3}$$

$$\frac{ml^2}{3}\ddot{\varphi} = -kl^2\varphi$$

$$\underline{\ddot{\varphi} + \frac{3k}{m}\varphi = 0}$$

b) Vergleich mit $\ddot{\varphi} + \omega_0^2\varphi = 0$ liefert $\omega_0^2 = \dfrac{3k}{m}$.

$$\underline{T = \frac{2\pi}{\omega_0} = 2\pi\sqrt{\frac{m}{3k}}}$$

W 1.11 Stahlträger

Ein einseitig eingespannter Stahlträger senkt sich infolge der Belastung mit einem Körper der Masse m_1 am freien Ende von $y = 0$ auf $y = y_1$. Wird ein zweiter Körper (Masse m_2) am Ort y_1 auf den ersten Körper gebracht und zur Zeit $t = 0$ freigelassen, so beginnt eine Schwingbewegung. (Trägermasse nicht berücksichtigen)

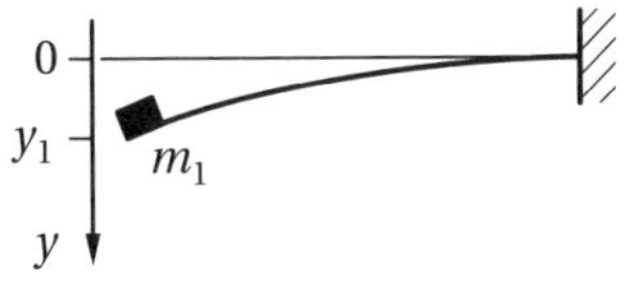

a) An welchem Ort y_2 befindet sich die Gleichgewichtslage der Schwingung?
b) Wie groß ist die Amplitude y_m der Schwingung?
c) Wo liegt der untere Umkehrpunkt y_3?
d) Welchen Wert hat die Kreisfrequenz ω_0?
e) An welchem Ort y_4 befinden sich die Körper (m_1 und m_2) zur Zeit t_4?
f) Welche Geschwindigkeit v_{y4} haben die Körper zur Zeit t_4?

$m_1 = 20{,}5\,\text{kg}$ $\quad m_2 = 15{,}3\,\text{kg}$ $\quad y_1 = +9{,}5\,\text{cm}$ $\quad t_4 = 3{,}0\,\text{s}$

a) Gleichgewichtsbedingungen:

$$F_{y1} = m_1 g - k y_1 = 0 \quad \Rightarrow \quad k = \frac{m_1 g}{y_1}$$

$$F_{y2} = (m_1 + m_2) g - k y_2 = 0 \quad \Rightarrow \quad y_2 = \frac{(m_1 + m_2) g}{k}$$

$$\underline{y_2 = \left(1 + \frac{m_2}{m_1}\right) y_1} = \underline{\underline{16{,}6\,\text{cm}}}$$

b) $y_\text{m} = y_2 - y_1$

$$\underline{y_\text{m} = \frac{m_2}{m_1} y_1} = \underline{\underline{7{,}1\,\text{cm}}}$$

c) $y_3 = y_2 + y_\text{m}$

$$\underline{y_3 = \left(1 + 2\frac{m_2}{m_1}\right) y_1} = \underline{\underline{23{,}7\,\text{cm}}}$$

d) $(m_1 + m_2) a_y = -ky \quad \Rightarrow \quad \ddot{y} + \dfrac{m_1 g}{(m_1 + m_2) y_1} y = 0$

Vergleich mit $\ddot{x} + \omega_0^2 x = 0$ liefert:

$$\underline{\omega_0 = \sqrt{\frac{m_1 g}{(m_1 + m_2) y_1}}} = \underline{\underline{7{,}69\,\text{s}^{-1}}}$$

e) $\underline{y_4 = y_2 - y_\text{m} \cos \omega_0 t_4} = \underline{\underline{20{,}0\,\text{cm}}}$

f) $\underline{v_{y4} = y_\text{m} \omega_0 \sin \omega_0 t_4} = \underline{\underline{-48\,\text{cm/s}}}$

W 1.12 Federpendel

Man bestimme die Frequenz f des skizzierten Systems für kleine Ausschläge.

Es werde angenommen, dass die Schwingungen in der Zeichenebene stattfinden.

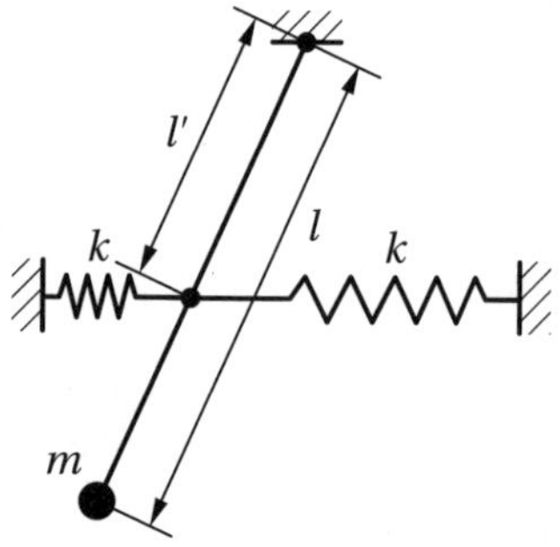

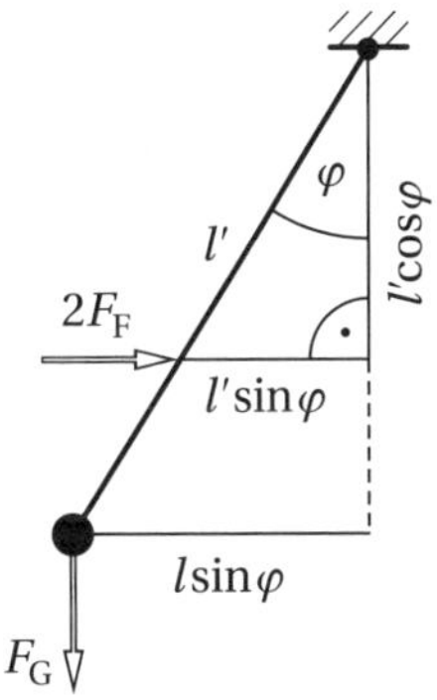

$J_A\ddot{\varphi} = M_A$

$$J_A = ml^2$$

$$M_A = 2(-kl'\sin\varphi)l'\cos\varphi - mgl\sin\varphi$$

$$ml^2\ddot{\varphi} + (2kl'^2\cos\varphi + mgl)\sin\varphi = 0$$

$$\varphi \gg 1 \quad \Rightarrow \quad \cos\varphi \approx 1$$

$$\sin\varphi \approx \varphi$$

$$\ddot{\varphi} + \left[2\frac{k}{m}\left(\frac{l'}{l}\right)^2 + \frac{g}{l}\right]\varphi = 0$$

Vergleich mit $\ddot{\varphi} + \omega_0^2\varphi = 0$ liefert:

$$\omega_0^2 = \frac{g}{l} + 2\frac{k}{m}\left(\frac{l'}{l}\right)^2$$

$$f = \frac{\omega_0}{2\pi} = \frac{1}{2\pi}\sqrt{\frac{g}{l} + \frac{2k}{m}\left(\frac{l'}{l}\right)^2}$$

W 2 Gedämpfte Schwingungen

W 2.1 Kugel in Öl

Eine Kugel der Masse m führt, an einer Feder der Federkonstanten k hängend, in einem Ölbad gedämpfte Schwingungen aus.

Für die Reibungskraft gilt $F_{Rx} = -rv_x$. Die Trägheit der Flüssigkeit wird nicht berücksichtigt. Die Ort-Zeit-Funktion dieser schwach gedämpften Schwingung ist $x = x_A\,e^{-\delta t}\sin(\omega t + \alpha)$.

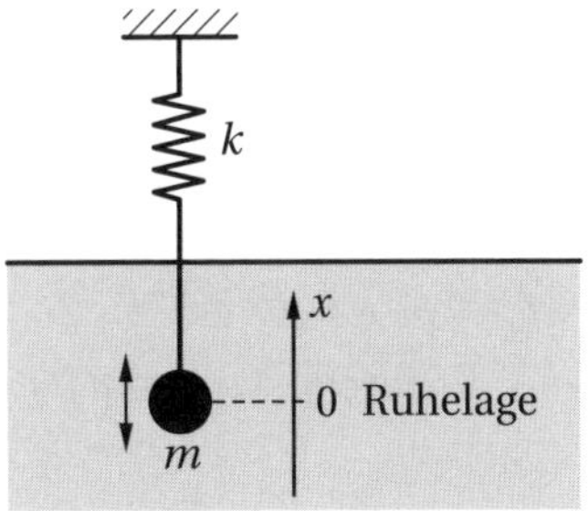

a) Man stelle die Bewegungsgleichung auf!
b) Man bestimme die Kreisfrequenz ω und die Abklingkonstante δ!
c) Welche Werte haben die Konstanten x_A und α, wenn die Bewegung zur Zeit $t = 0$ bei $x = 0$ mit der Geschwindigkeit $v_{x0} > 0$ beginnt? Stellen Sie mit diesen Werten die Ort-Zeit-Funktion in möglichst übersichtlicher Form dar!
d) Zu welchen Zeitpunkten t_n ($n = 0, 1, 2, \ldots$) treten Maxima der Elongation auf? (Man mache sich ihre Lage im $x(t)$-Diagramm klar.)
e) Wie groß ist das Verhältnis zweier aufeinanderfolgender Maximalausschläge x_{n+1}/x_n?
f) Welche dynamische Viskosität η besitzt das Öl? Die Dichte ϱ_K der Kugel ist bekannt.
g) Wie groß müsste die Federkonstante k' sein, damit sich die Kugel im aperiodischen Grenzfall bewegt?

$m = 250\,\text{g}$ $\quad k = 50\,\text{N/m}$ $\quad r = 377\,\text{g/s}$ $\quad v_{x0} = 112\,\text{cm/s}$ $\quad \varrho_K = 2{,}7\,\text{g/cm}^3$

a) $\underline{ma_x = -kx - rv_x}$

b) $\ddot{x} + \frac{r}{m}\dot{x} + \frac{k}{m}x = 0$

Vergleich mit $\ddot{x} + 2\delta\dot{x} + \omega_0^2 x = 0$:

$2\delta = \frac{r}{m}$

$\omega_0^2 = \frac{k}{m}$

$\Rightarrow \quad \underline{\delta = \frac{r}{2m}} = \underline{\underline{0{,}75\,\mathrm{s}^{-1}}}$

$\underline{\omega = \sqrt{\frac{k}{m} - \delta^2}} = \underline{\underline{14{,}1\,\mathrm{s}^{-1}}}$

c) $x = x_\mathrm{A}\,\mathrm{e}^{-\delta t}\sin(\omega t + \alpha)$

$v_x = \dot{x} = x_\mathrm{A}\,\mathrm{e}^{-\delta t}\left[-\delta\sin(\omega t + \alpha) + \omega\cos(\omega t + \alpha)\right]$

$t = 0$:

$x(0) = x_0 = 0 = x_\mathrm{A}\sin\alpha$

$\Rightarrow \quad \alpha = 0,\ \pi$

$v_x(0) = v_{x0} = x_\mathrm{A}(0 + \omega\cos\alpha) = x_\mathrm{A}\omega\cos\alpha$

$v_{x0}, x_\mathrm{A}, \omega > 0$

$\Rightarrow \quad \underline{\alpha = 0}$

$v_{x0} = x_\mathrm{A}\omega$

$\underline{x_\mathrm{A} = \frac{v_{x0}}{\omega}} = \underline{\underline{7{,}9\,\mathrm{cm}}}$

$\underline{x = \frac{v_{x0}}{\omega}\,\mathrm{e}^{-\delta t}\sin\omega t}$

d) $\dot{x}(t_n) = v_x(t_n) = 0$

$\Rightarrow \quad -\delta\sin\omega t_n + \omega\cos\omega t_n = 0$

$\underline{\tan\omega t_n = \frac{\omega}{\delta}}$

$\underline{t_n = t_0 + nT}$

$\underline{t_0 = \frac{1}{\omega}\arctan\frac{\omega}{\delta}} = \underline{\underline{0{,}108\,\mathrm{s}}}$

$\underline{T = \frac{2\pi}{\omega}} = \underline{\underline{0{,}445\,\mathrm{s}}}$

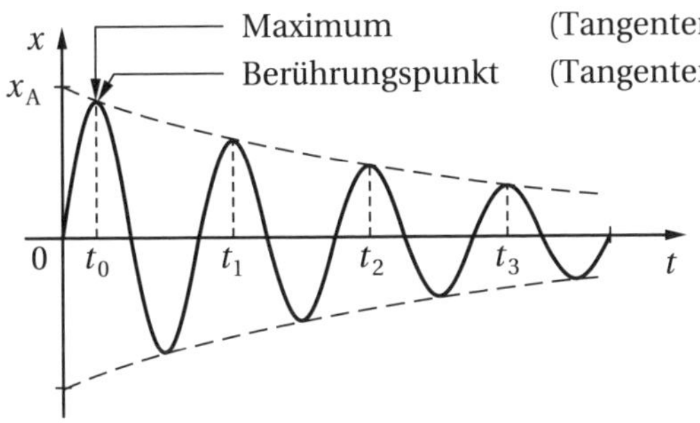

e) $\frac{x_{n+1}}{x_n} = e^{-\delta t} = \underline{e^{-2\pi\frac{\delta}{\omega}}} = \underline{\underline{0{,}716}}$

f) $F_{Rx} = -rv_x = -6\pi\eta r_K v_x \qquad r_K = \text{Kugelradius}$

$\Rightarrow \quad \eta = \frac{r}{6\pi r_K}$

Ermittlung von r_K:

$m = \frac{4}{3}\pi r_K^3 \varrho_K$

$r_K = \sqrt[3]{\frac{3m}{4\pi\varrho_K}}$

$\underline{\eta = r\sqrt[3]{\frac{\varrho_K}{162\,\pi^2 m}}} = \underline{\underline{0{,}713\,\text{Pa}\cdot\text{s}}}$

g) Aperiodischer Grenzfall:

$\omega_0 = \delta$

$\sqrt{\frac{k'}{m}} = \frac{r}{2m}$

$\underline{k' = \frac{r^2}{4m}} = \underline{\underline{0{,}142\,\text{N/m}}}$

W 2.2 Amplitudenfunktion

Eine Last hängt an einem Kran und führt gedämpfte Schwingungen aus. Nach 10 Schwingungen ist die Amplitude x_{10}. Nach weiteren fünf Schwingungen ist sie auf x_{15} abgeklungen. Der Abstand des Lastschwerpunktes vom Aufhängepunkt am Kran ist l.

a) Mit welcher Amplitude x_0 hat die Schwingung begonnen?

b) Nach insgesamt wie viel Schwingungen (n) ist die Amplitude kleiner als $\tilde{x}$ geworden?

c) Man schätze die Zeit t_n ab, die es insgesamt dauert, bis die Amplitude x_n erreicht wird! (*Hinweis:* $\omega \approx \omega_0$)

d) Man berechne die Abklingkonstante δ für $\omega \approx \omega_0$!

$x_{10} = 46{,}0\,\text{cm} \qquad x_{15} = 37{,}6\,\text{cm} \qquad l = 5{,}00\,\text{m} \qquad \tilde{x} = 10\,\text{cm}$

---

a) $\frac{x_{10}}{x_0} = e^{-10\delta T} \qquad \frac{x_{15}}{x_{10}} = e^{-5\delta T} \qquad (*)$

$\left(\frac{x_{15}}{x_{10}}\right)^2 = \left(e^{-5\delta T}\right)^2 = e^{-10\delta T}$

$$\Rightarrow \quad \frac{x_{10}}{x_0} = \left(\frac{x_{15}}{x_{10}}\right)^2$$

$$x_0 = \frac{x_{10}^3}{x_{15}^2} = \underline{\underline{68{,}8\,\text{cm}}}$$

b) $$\frac{x_n}{x_{10}} = \mathrm{e}^{-(n-10)\delta T}$$

$$(n-10) = \frac{1}{\delta T}\ln\frac{x_{10}}{x_n}$$

Ermittlung von δT aus (*):

$$\delta T = \frac{1}{5}\ln\frac{x_{10}}{x_{15}}$$

$$n = 5\frac{\ln\frac{x_{10}}{x_n}}{\ln\frac{x_{10}}{x_{15}}} + 10$$

$$x_n \leqq \tilde{x}$$

$$n \geqq 5\frac{\ln\frac{x_{10}}{\tilde{x}}}{\ln\frac{x_{10}}{x_{15}}} + 10 = 47{,}8$$

$$\underline{\underline{n = 48}}$$

c) $$t_n \approx nT_0 = 2\pi n\sqrt{\frac{l}{g}} = \underline{\underline{215\,\text{s}}}$$

d) $$\delta T = \frac{1}{5}\ln\frac{x_{10}}{x_{15}}$$

$$\delta \approx \frac{1}{5T_0}\ln\frac{x_{10}}{x_{15}}$$

$$\delta = \frac{\ln\frac{x_{10}}{x_{15}}}{10\pi}\sqrt{\frac{g}{l}} = \underline{\underline{9{,}0\cdot 10^{-3}\,\text{s}^{-1}}}$$

W 2.3 Quecksilbersäule

Eine Quecksilbersäule (Länge l, Zähigkeit η, Dichte ϱ) schwingt in einem U-Rohr aus Glas (Innendurchmesser d).

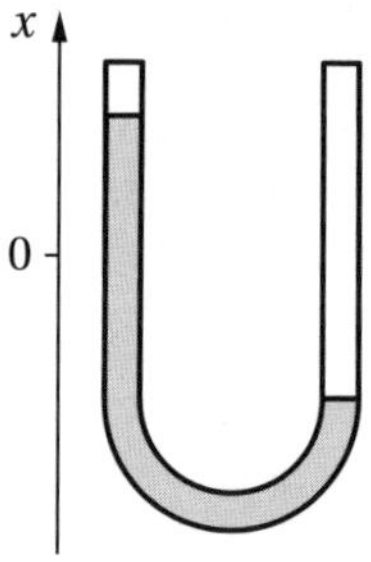

a) Stellen Sie aus der Bewegungsgleichung die Schwingungsdifferenzialgleichung auf!
b) Bestimmen Sie die Abklingkonstante δ, die Kreisfrequenz ω und das logarithmische Dekrement Λ!
c) In welcher Zeit t_{H} ist die Amplitudenfunktion auf die Hälfte abgeklungen, und wie viele Schwingungen (Anzahl N) finden innerhalb der Zeit t_{H} statt?

$\eta = 15{,}7\cdot 10^{-4}\,\text{Pa}\cdot\text{s}$ $\quad \varrho = 13{,}6\cdot 10^3\,\text{kg/m}^3$ $\quad l = 40{,}0\,\text{cm}$ $\quad d = 5{,}0\,\text{mm}$

a) $ma_x = -8\pi\eta l v_x - \Delta m g$

$$m = \varrho \frac{\pi}{4} d^2 l$$

$$\Delta m = \varrho \frac{\pi}{4} d^2 \cdot 2x$$

$$\underline{\ddot{x} + \frac{32\eta}{\varrho d^2}\dot{x} + 2\frac{g}{l}x = 0}$$

b) Vergleich mit $\ddot{x} + 2\delta\dot{x} + \omega_0^2 x = 0$ liefert:

$$2\delta = \frac{32\eta}{\varrho d^2}$$

$$\omega_0^2 = 2\frac{g}{l}$$

$$\Rightarrow \quad \underline{\delta = \frac{16\eta}{\varrho d^2}} = \underline{\underline{7{,}39 \cdot 10^{-2}\,\mathrm{s}^{-1}}}$$

$$\underline{\omega = \sqrt{2\frac{g}{l} - \delta^2}} = \underline{\underline{7{,}00\,\mathrm{s}^{-1}}}$$

$$\underline{\Lambda = \delta T = \frac{2\pi\delta}{\omega}} = \underline{\underline{6{,}63 \cdot 10^{-2}}}$$

c) Amplitudenfunktion:

$$x(t) = x_\mathrm{A}\,\mathrm{e}^{-\delta t}$$

$$x(0) = x_\mathrm{A}$$

$$x(t_\mathrm{H}) = \frac{x_\mathrm{A}}{2}$$

$$\frac{x(t_\mathrm{H})}{x(0)} = \frac{1}{2} = \mathrm{e}^{-\delta t_\mathrm{H}}$$

$$2 = \mathrm{e}^{\delta t_\mathrm{H}}$$

$$\underline{t_\mathrm{H} = \frac{\ln 2}{\delta}} = \underline{\underline{9{,}38\,\mathrm{s}}}$$

$$\underline{N = \frac{t_\mathrm{H}}{T} = \frac{\ln 2}{\Lambda}} = \underline{\underline{10{,}5}}$$

W 2.4 Lagerschale

Eine dünne Lagerschale (Wanddicke d, Dichte ϱ) führt in einem Hohlzylinder nach einer maximalen Auslenkung φ_m gedämpfte Schwingungen aus. Der Spalt zwischen Hohlzylinder und Lagerschale hat die Breite b, das Öl die Viskosität η. Im Spalt ist ein lineares Geschwindigkeitsgefälle vorauszusetzen.

a) Man stelle aus der Bewegungsgleichung die Schwingungsdifferenzialgleichung für kleine Auslenkwinkel φ auf!

b) Man bestimme die Abklingkonstante δ!

c) Wie groß muss der Radius r der Lagerschale gewählt werden, damit sich der aperiodische Grenzfall einstellt?

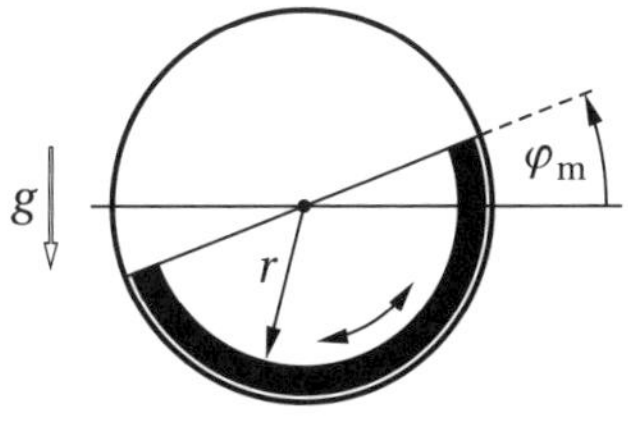

$d = 3{,}0\,\mathrm{mm}$ $\quad \varrho = 8{,}3\,\mathrm{g/cm}$ $\quad \varphi_\mathrm{m} \ll 1$ $\quad b = 200\,\mu\mathrm{m}$ $\quad \eta = 0{,}10\,\mathrm{Pa \cdot s}$

a) Bewegungsgleichung:

$$J_A\ddot{\varphi} = M_R + M_G$$

$$J_A = mr^2 = \varrho A d\, r^2$$

$$M_R = -rF_R$$

$$F_R = \eta A \frac{\Delta v}{\Delta r}$$

$$\Delta v = \omega r = \dot{\varphi} r$$

$$\Delta r = b$$

$$F_R = \eta A \frac{r}{b}\dot{\varphi}$$

$$M_R = -\eta A \frac{r^2}{b}\dot{\varphi}$$

$$M_G = -r\,\Delta m\, g = -r\varrho\left(A\frac{2\varphi r}{\pi r}\right) d\, g$$

$$\underline{\ddot{\varphi} + \frac{\eta}{\varrho b d}\dot{\varphi} + \frac{2g}{\pi r}\varphi = 0}$$

b) Vergleich mit $\ddot{\varphi} + 2\delta\dot{\varphi} + \omega_0^2\varphi = 0$ liefert:

$$\underline{\delta = \frac{\eta}{2\varrho b d}} = \underline{\underline{10\,\mathrm{s}^{-1}}}$$

c) Aperiodischer Grenzfall:

$$\delta^2 = \omega_0^2$$

$$\left(\frac{\eta}{2\varrho b d}\right)^2 = \frac{2g}{\pi r}$$

$$\underline{r = \frac{8g}{\pi}\left(\frac{b d \varrho}{\eta}\right)^2} = \underline{\underline{6{,}2\,\mathrm{cm}}}$$

W 2.5 Lkw

Federn und Stoßdämpfer eines kleinen Lkws werden so berechnet, dass sich die Karosserie bei voller Zuladung (Masse m) um eine vorgegebene Strecke s senkt und dass die Räder (Radmasse m_R) bei Stößen im aperiodischen Grenzfall schwingen. Es soll vorausgesetzt werden, dass alle vier Räder gleich belastet sind und jedes Rad einzeln gefedert und gedämpft ist.

Wie groß müssen die Federkonstante k einer Feder und die Reibungskonstante r eines Stoßdämpfers sein?

$m = 1{,}8\,\mathrm{t} \qquad m_R = 40\,\mathrm{kg} \qquad s = 100\,\mathrm{mm}$

Gleichgewicht bei voller Zuladung:

$$mg = 4ks$$

$$\Rightarrow \quad \underline{k = \frac{mg}{4s}} = \underline{\underline{44\,\mathrm{kN/m}}}$$

Bewegungsgleichung eines Rades:

$$m_R a_x = -r v_x - kx$$

$$\ddot{x} + \frac{r}{m_R}\dot{x} + \frac{k}{m_R}x = 0$$

Vergleich mit $\ddot{x} + 2\delta\dot{x} + \omega_0^2 x = 0$ liefert:

$$\delta = \frac{r}{2m_R}$$

$$\omega_0 = \sqrt{\frac{k}{m_R}}$$

Aperiodischer Grenzfall: $\delta = \omega_0$

$$\frac{r}{2m_R} = \sqrt{\frac{k}{m_R}}$$

$$\underline{r = \sqrt{\frac{mm_R g}{s}}} = \underline{\underline{2{,}7 \cdot 10^3\,\text{kg/s}}}$$

W 2.6 *T*-*Λ*-Bestimmung

Bei einem Federschwinger sind die Masse m, die Federkonstante k und die Reibungskonstante r bekannt. Zur Zeit $t = 0$ beträgt die Elongation $x(0) = x_0$.

a) Wie groß sind die Schwingungsdauer T und das logarithmische Dekrement Λ?

b) Berechnen Sie die Elongationen $x(T)$ und $x(2T)$!

$m = 30\,\text{g}$ $\quad k = 1{,}5\,\text{N/m}$ $\quad r = 0{,}12\,\text{N} \cdot \text{s/m}$ $\quad x_0 = 35\,\text{mm}$

---

a) Bewegungsgleichung:

$$ma_x = rv_x - kx$$

$$\ddot{x} + \frac{r}{m}\dot{x} + \frac{k}{m}x = 0$$

Vergleich mit $\ddot{x} + 2\delta\dot{x} + \omega_0^2 = 0$ liefert:

$$\delta = \frac{r}{2m}$$

$$\omega_0^2 = \frac{k}{m}$$

$$\omega = \sqrt{\omega_0^2 - \delta^2} = \sqrt{\frac{k}{m} - \left(\frac{r}{2m}\right)^2}$$

$$\underline{T = \frac{2\pi}{\omega} = \frac{2\pi}{\sqrt{\frac{k}{m} - \left(\frac{r}{2m}\right)^2}}} = \underline{\underline{0{,}93\,\text{s}}}$$

$$\underline{\Lambda = \delta T = \frac{rT}{2m}} = \underline{\underline{1{,}85}}$$

b) $$\frac{x(T)}{x(0)} = \mathrm{e}^{-\delta T} = \mathrm{e}^{-\Lambda}$$

$$\underline{x(T) = x_0\,\mathrm{e}^{-\Lambda}} = \underline{\underline{5{,}5\,\text{mm}}}$$

$$\frac{x(2T)}{x(0)} = \mathrm{e}^{-2\Lambda}$$

$$\underline{x(2T) = x_0\,\mathrm{e}^{-2\Lambda} = \underline{\underline{0{,}86\,\mathrm{mm}}}}$$

W 2.7 Federschwinger

Ein Körper (Masse m) führt an einer Feder (Federkonstante k) gedämpfte Schwingungen aus. Die Reibungskonstante des Dämpfers ist r.

a) In welcher Zeit t_n finden n volle Schwingungen statt?

b) Auf welchen Bruchteil der Anfangsamplitude x_0 verringert sich dabei die Amplitude der Schwingung?

$m = 10\,\mathrm{kg}$ $\quad k = 2{,}5\,\mathrm{kN/m}$ $\quad r = 4{,}6\,\mathrm{N\cdot s/m}$ $\quad n = 25$

---

a) $t_n = nT = n\dfrac{2\pi}{\omega}$

Ermittlung von ω:

$$ma_x = -rv_x - kx$$

$$\ddot{x} + \frac{r}{m}\dot{x} + \frac{k}{m}x = 0$$

Vergleich mit $\ddot{x} + 2\delta\dot{x} + \omega_0^2 x = 0$ liefert:

$$\delta = \frac{r}{2m}$$

$$\omega_0^2 = \frac{k}{m}$$

$$\omega = \sqrt{\omega_0^2 - \delta^2} = \sqrt{\frac{k}{m} - \left(\frac{r}{2m}\right)^2}$$

$$\underline{t_n = \frac{2\pi n}{\sqrt{\dfrac{k}{m} - \left(\dfrac{r}{2m}\right)^2}}} = \underline{\underline{9{,}9\,\mathrm{s}}}$$

b) $\dfrac{x_n}{x_0} = \mathrm{e}^{-n\delta T}$

$$\underline{\frac{x_n}{x_0} = \mathrm{e}^{-\frac{rt_n}{2m}}} = \underline{\underline{0{,}10}}$$

W 2.8 *k*-*r*-Bestimmung

Bei einem an einer Feder schwingenden Körper der Masse m werden das Verhältnis zweier aufeinanderfolgender Amplituden x_{n+1}/x_n und die Schwingungsdauer T gemessen.

Berechnen Sie daraus die Federkonstante k und die Reibungskonstante r des schwingenden Systems!

$m = 2{,}0\,\mathrm{kg}$ $\quad \dfrac{x_{n+1}}{x_n} = \dfrac{2}{3}$ $\quad T = 0{,}60\,\mathrm{s}$

$$\frac{r}{2m} = \delta$$

$$r = 2m\delta$$

Ermittlung von δ:

$$\frac{x_{n+1}}{x_n} = \mathrm{e}^{-\delta T}$$

$$\delta = \frac{1}{T} \ln \frac{x_n}{x_{n+1}}$$

$$\underline{r = \frac{2m}{T} \ln \frac{x_n}{x_{n+1}}} = \underline{\underline{2{,}7\,\mathrm{N \cdot s/m}}}$$

$$\frac{k}{m} = \omega_0^2 = \omega^2 + \delta^2$$

$$\omega = \frac{2\pi}{T}$$

$$k = m\left(\frac{4\pi^2}{T^2} + \delta^2\right)$$

$$\underline{k = \frac{m}{T^2}\left[4\pi^2 + \left(\ln \frac{x_n}{x_{n+1}}\right)^2\right]} = \underline{\underline{220\,\mathrm{N/m}}}$$

W 2.9 Schwingtür

An einer Schwingtür, die in Bezug auf ihre vertikale Drehachse das Trägheitsmoment J besitzt und von einer Feder mit dem Richtmoment D zur Ruhelage zurückgezogen wird, ist ein Öldämpfer (Reibungskonstante r_0) angebracht, der im Abstand l von der Türachse mit einer tangentialen Kraft $F_\mathrm{R} = r_0 v$ angreift.

a) Geben Sie die Bewegungsgleichung an!

b) Wie groß muss die Abklingkonstante δ_0 der Tür sein, damit sich die Tür nach dem Öffnen so schnell wie möglich von selbst schließt, ohne sich über die Ruhelage hinauszubewegen?

c) Durch Ölverlust verringert sich die Reibungskonstante r des Öldämpfers auf $\eta = 80\,\%$ des Sollwertes r_0.
Mit welcher Periodendauer T und welchem Amplitudenverhältnis φ_{n+1}/φ_n pendelt jetzt die Tür?

$J = 15{,}0\,\mathrm{kg \cdot m^2}$ $\qquad D = 60\,\mathrm{N \cdot m}$

---

a) $J\ddot{\varphi} = M_\mathrm{R} - D\varphi$

$$M_\mathrm{R} = -F_\mathrm{R} l = -r_0 v l$$

$$v = \omega l$$

$$M_\mathrm{R} = -r_0 \omega l^2$$

$$\omega = \dot{\varphi}$$

$$\underline{J\ddot{\varphi} = -r_0 l^2 \dot{\varphi} - D\varphi}$$

b) $\ddot{\varphi} + \frac{r_0 l^2}{J}\dot{\varphi} + \frac{D}{J}\varphi = 0 \qquad (*)$

Vergleich mit $\ddot{\varphi} + 2\delta\dot{\varphi} + \omega_0^2\varphi = 0$ liefert:

$$\omega_0^2 = \frac{D}{J}$$

Aperiodischer Grenzfall:

$$\underline{\delta_0 = \omega_0 = \sqrt{\frac{D}{J}}} = \underline{\underline{2{,}0\,\mathrm{s}^{-1}}}$$

c) r_0 wird in (*) durch $r = \eta r_0$ ersetzt.

Vergleich mit $\ddot{\varphi} + 2\delta\dot{\varphi} + \omega_0^2\varphi = 0$ liefert:

$$\delta = \frac{l^2}{2J}\eta r_0 = \eta\delta_0 = \eta\omega_0$$

$$\omega = \sqrt{\omega_0^2 - \delta^2} = \sqrt{\delta_0^2 - \eta^2\delta_0^2} = \delta_0\sqrt{1-\eta^2}$$

$$\underline{T = \frac{2\pi}{\omega} = \frac{2\pi}{\delta_0\sqrt{1-\eta^2}}} = \underline{\underline{5{,}2\,\mathrm{s}}}$$

$$\frac{\varphi_{n+1}}{\varphi_n} = \mathrm{e}^{-\delta T} = \mathrm{e}^{-\eta\delta_0 T}$$

$$\underline{\frac{\varphi_{n+1}}{\varphi_n} = \mathrm{e}^{-2\pi\frac{\eta}{\sqrt{1-\eta^2}}}} = \underline{\underline{2{,}3 \cdot 10^{-4}}}$$

W 2.10 Elektrische Schwingung

Bei einer gedämpften elektrischen Schwingung werden die Maximalwerte der Spannung nach 11 Schwingungen (U_{11}) und nach 15 Schwingungen (U_{15}) aus dem Oszillogramm bestimmt. Die Periodendauer der gedämpften Schwingung ist T.

a) Mit welchem Maximalwert U_0 hat die Schwingung begonnen?

b) Wie groß wäre die Periodendauer T nach Beseitigen des Dämpfungswiderstandes?

$U_{11} = 32{,}5\,\mathrm{mV}$ $\quad U_{15} = 1{,}16\,\mathrm{mV}$ $\quad T = 125\,\mu\mathrm{s}$

---

a) $\dfrac{U_{11}}{U_0} = \mathrm{e}^{-11\delta T} \qquad \dfrac{U_{15}}{U_{11}} = \mathrm{e}^{-4\delta T} \qquad (*)$

$$U_0 = U_{11}\,\mathrm{e}^{11\delta T} \qquad \mathrm{e}^{\delta T} = \left(\frac{U_{11}}{U_{15}}\right)^{\frac{1}{4}}$$

$$\underline{U_0 = U_{11}\left(\frac{U_{11}}{U_{15}}\right)^{\frac{11}{4}}} = \underline{\underline{311\,\mathrm{V}}}$$

b) $T_0 = \dfrac{2\pi}{\omega_0}$

$$\omega_0^2 = \omega^2 + \delta^2$$

$$T_0 = \frac{2\pi}{\sqrt{\omega^2 + \delta^2}}$$

Aus (*) folgt:

$$\delta T = \frac{1}{4}\ln\frac{U_{11}}{U_{15}}$$

$$\delta = \frac{1}{4T}\ln\frac{U_{11}}{U_{15}}$$

$$T_0 = \frac{T}{\sqrt{1 + \left(\frac{\ln U_{11}/U_{15}}{8\pi}\right)^2}} = \underline{\underline{124\,\mu s}}$$

W 3 Erzwungene Schwingungen

W 3.1 Stanze

Eine Stanze mit der maximalen Hubfrequenz f soll auf vier federnden Puffern erschütterungsarm aufgestellt werden. Die Gesamtmasse der Stanze ist m, der Stempel hat die Masse m' und die Hubhöhe h. Die Dämpfung ist vernachlässigbar gering.

a) Wie groß muss die Federkonstante k jeder Feder (Puffer) mindestens sein, damit die Arbeitsfrequenz f nicht 2/3 der Resonanzfrequenz f_0 überschreitet?

b) Um welche Strecke x_0 werden die Federn im Ruhezustand der Stanze zusammengedrückt?

c) Wie groß ist die Schwingungsamplitude x_m der gesamten Stanze?

(Es sei näherungsweise vorausgesetzt, dass der Stempel eine harmonische Schwingung ausführt.)

$f = 3{,}0\,s^{-1}$ $\quad h = 100\,mm$ $\quad m = 750\,kg$ $\quad m' = 12{,}5\,kg$

---

a) $f \leqq \frac{2}{3} f_0 = \frac{2}{3T_0}$

$$T_0 = 2\pi\sqrt{\frac{m}{4k}}$$

$$f \leqq \frac{1}{3\pi}\sqrt{\frac{4k}{m}}$$

$$k \geqq m\left(\frac{3}{2}\pi f\right)^2 = \underline{\underline{1{,}50 \cdot 10^5\,kg/s^2}}$$

b) $mg = 4kx_0$

$$x_0 = \frac{mg}{4k} = \frac{g}{(3\pi f)^2} = \underline{\underline{1{,}2\,cm}}$$

c) Für vernachlässigbar geringe Dämpfung gilt:

$$x_m = \frac{\frac{F_m}{m}}{\left|\omega_0^2 - \omega^2\right|}$$

Innere Erregung:

$$\frac{F_m}{m} = \xi_m \frac{m'}{m}\omega^2 \quad \text{mit} \quad \omega = \frac{2}{3}\omega_0 \quad \text{und} \quad \xi_m = \frac{h}{2}$$

$$x_m = \frac{2m'h}{5m} = \underline{\underline{0{,}67\,mm}}$$

W 3.2 Zungenfrequenzmesser

Am Ende einer Blattfeder eines Zungenfrequenzmessers befindet sich ein Körper der Masse m. Das System hat die Eigenfrequenz ω_0 und die Abklingkonstante δ. Auf den Körper wirkt die Kraft $F = F_m \cos \omega t$.

Zu berechnen sind

a) die Resonanzkreisfrequenz ω_R,
b) die Resonanzamplitude x_{mR},
c) die Phasenverschiebung α_R zwischen Erreger und Resonator im Resonanzfall,
d) die Kreisfrequenz ω_1, bei der die Geschwindigkeitsamplitude ihr Maximum v_{xm1} erreicht,
e) v_{xm1} selbst und
f) die Halbwertszeit t_H der gedämpften Schwingung des Resonators nach Abschalten der Erregung!

$m = 50\,\text{g} \qquad F_m = 0{,}10\,\text{N} \qquad \omega_0 = 10\,\text{s}^{-1} \qquad \delta = 2{,}0\,\text{s}^{-1}$

---

a) $$x_m(\omega) = \frac{\frac{F_m}{m}}{\sqrt{\left(\omega_0^2 - \omega^2\right)^2 + 4\delta^2\omega^2}} = \frac{\frac{F_m}{m}}{\sqrt{R}}$$

Extremwert von x_m:

$$\frac{\mathrm{d}x_m}{\mathrm{d}\omega} = 0; \qquad \text{es genügt:} \quad \frac{\mathrm{d}R}{\mathrm{d}\omega} = 0$$

$$\frac{\mathrm{d}R}{\mathrm{d}\omega} = 2\left(\omega_0^2 - \omega^2\right)(-2\omega) + 8\delta^2\omega$$

$$-\omega_0^2 + \omega_R^2 + 2\delta^2 = 0$$

$$\underline{\omega_R = \sqrt{\omega_0^2 - 2\delta^2}} = \underline{\underline{9{,}6\,\text{s}^{-1}}}$$

b) $$x_{mR} = x_m(\omega_R) = \frac{\frac{F_m}{m}}{\sqrt{\left(2\delta^2\right)^2 + 4\delta^2\left(\omega_0^2 - 2\delta^2\right)}}$$

$$\underline{x_{mR} = \frac{\frac{F_m}{m}}{2\delta\sqrt{\omega_0^2 - \delta^2}}} = \underline{\underline{5{,}1\,\text{cm}}}$$

c) $$\tan\alpha_R = \frac{2\omega_R\delta}{\omega_0^2 - \omega_R^2} = \frac{\sqrt{\omega_0^2 - 2\delta^2}}{\delta}$$

$$\underline{\tan\alpha_R = \sqrt{\left(\frac{\omega_0}{\delta}\right)^2 - 2}}$$

$$\underline{\underline{\alpha_R = 78^\circ}}$$

d) $v_x = \dot{x}(t) = -x_m\omega\sin(\omega t - \alpha)$

$$v_{xm} = x_m\omega = \frac{\omega\dfrac{F_m}{m}}{\sqrt{\left(\omega_0^2 - \omega^2\right)^2 + 4\delta^2\omega^2}} = \frac{\dfrac{F_m}{m}}{\sqrt{\left(\dfrac{\omega_0^2}{\omega} - \omega\right)^2 + 4\delta^2}} = \frac{\dfrac{F_m}{m}}{\sqrt{R}}$$

$$\frac{\mathrm{d}R}{\mathrm{d}\omega} = 2\left(\frac{\omega_0^2}{\omega} - \omega\right)\left(-\frac{\omega_0^2}{\omega^2} - 1\right)$$

$$\left(\frac{\omega_0^2}{\omega_1} - \omega_1\right)\left(\frac{\omega_0^2}{\omega_1^2} + 1\right) = 0$$

$$\underline{\omega_1 = \omega_0} = \underline{\underline{10\,\mathrm{s}^{-1}}}$$

e) $\underline{v_{xm1} = \dfrac{F_m}{2m\delta}} = \underline{\underline{50\,\mathrm{cm/s}}}$

f) Abklingfunktion der gedämpften Schwingung:

$$x(t) = x_A\,\mathrm{e}^{-\delta t}$$

$$x(t_H) = x_A\,\mathrm{e}^{-\delta t_H} = \frac{x_A}{2}$$

$$\Rightarrow \quad 2 = \mathrm{e}^{\delta t_H}$$

$$\underline{t_H = \frac{\ln 2}{\delta}} = \underline{\underline{0{,}35\,\mathrm{s}}}$$

W 3.3 Mathematisches Pendel

Ein mathematisches Pendel der Länge l wird zu erzwungenen Schwingungen angeregt, indem der Aufhängepunkt in horizontaler Richtung mit der Amplitude ξ_m und der Periodendauer T harmonisch bewegt wird. Reibungseinflüsse machen sich nicht bemerkbar.

a) Stellen Sie die Bewegungsgleichung des Pendels für kleine Amplituden x_m auf!
b) Mit welcher Amplitude x_m schwingt das Pendel?
c) Ermitteln Sie die Phasendifferenz α zwischen Pendelschwingung und Erregerschwingung aus dem $\alpha(\omega)$-Diagramm!

$\xi_m = 3{,}0\,\mathrm{mm}$ $\quad l = 120\,\mathrm{cm}$ $\quad T = 2{,}00\,\mathrm{s}$

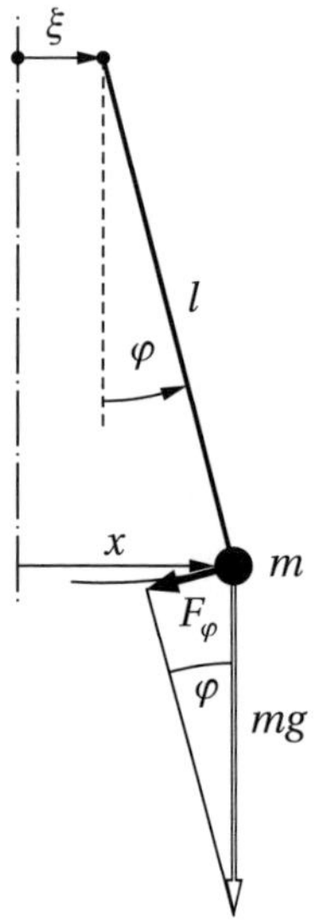

a) $m\ddot{x} = F_\varphi$

$$F_\varphi = -mg\sin\varphi$$

$$\sin\varphi = \frac{x-\xi}{l}$$

$$m\ddot{x} = -\frac{mg}{l}(x-\xi)$$

$$\xi = \xi_m \sin\left(\frac{2\pi}{T}t\right)$$

$$\underline{\ddot{x} + \frac{g}{l}x = \frac{g}{l}\xi_m \sin\left(\frac{2\pi}{T}t\right)}$$

b) $x_m = \dfrac{\frac{F_m}{m}}{\left|\omega_0^2 - \omega^2\right|}$ (wegen $\delta = 0$)

Äußere Erregung:

$$\frac{F_m}{m} = \omega_0^2 \xi_m$$

$$\omega_0^2 = \frac{g}{l} \qquad \omega = \frac{2\pi}{T}$$

$$\underline{x_m = \frac{\frac{g}{l}\xi_m}{\frac{g}{l} - \frac{4\pi^2}{T^2}} = \frac{\xi_m}{\left|1 - \frac{4\pi^2 l}{gT^2}\right|}} = \underline{\underline{14{,}5\,\text{mm}}}$$

c) $\alpha(\omega)$ folgt aus $\tan\alpha = \dfrac{2\omega\delta}{\omega_0^2 - \omega^2}$.

Bei $\delta = 0$ gilt:

ω/ω_0	α
< 1	0
1	$\pi/2$
> 1	π

Aus $\omega = 2\pi/T$ und $\omega_0 = \sqrt{g/l}$ folgt:

$$\frac{\omega}{\omega_0} = \frac{2\pi}{T}\sqrt{\frac{l}{g}} = 1{,}1 > 1$$

$\Rightarrow \quad \underline{\underline{\alpha = \pi}}$

W 3.4 Bodenwellen

Auf einer Fernverkehrsstraße folgen mehrere Bodenwellen der Höhe h im gleichen Abstand l aufeinander. Ein Pkw der Masse m (Radmassen nicht enthalten) befährt die Strecke. Die Gesamtfederkonstante seiner Federn ist k, die Reibungskonstante seiner Stoßdämpfer r.

a) Bei welcher Geschwindigkeit v sind die vertikalen Schwingungen des Pkw am größten?

b) Auf welchen Wert x_m kann die Schwingungsamplitude anwachsen?

$l = 11\,\text{m}$ $\quad h = 5\,\text{cm}$ $\quad k = 1{,}3 \cdot 10^5\,\text{N/m}$ $\quad r = 2{,}8 \cdot 10^3\,\text{kg} \cdot \text{s}^{-1}$ $\quad m = 980\,\text{kg}$

---

a) Maximale Schwingungsamplitude im Resonanzfall:

$$x_m = \frac{\dfrac{F_m}{m}}{\sqrt{\left(\omega_0^2 - \omega^2\right)^2 + 4\delta^2\omega^2}}$$

Äußere Erregung:

$$\frac{F_m}{m} = \xi_m \omega_0^2$$

$$x_m = \frac{\xi_m \omega_0^2}{\sqrt{\left(\omega_0^2 - \omega^2\right)^2 + 4\delta^2\omega^2}} = \frac{\xi_m \omega_0^2}{\sqrt{R}}$$

$$\frac{\mathrm{d}x_m}{\mathrm{d}\omega}(\omega_R) = 0$$

Differenzieren des Radikanden R genügt:

$$\frac{\mathrm{d}R}{\mathrm{d}\omega} = 2\left(\omega_0^2 - \omega^2\right)(-2\omega) + 8\delta^2\omega$$

$$-\left(\omega_0^2 - \omega_R^2\right) + 2\delta^2 = 0$$

$$\omega_R = \sqrt{\omega_0^2 - 2\delta^2}$$

$$\delta = \frac{r}{2m} \qquad \omega_0^2 = \frac{k}{m}$$

Die Geschwindigkeit v muss sich nach der Resonanz-Schwingungsdauer T_R richten:

$$v = \frac{l}{T_R} = f_R l = \frac{\omega_R}{2\pi} l$$

$$\underline{v = \frac{l}{2\pi}\sqrt{\frac{k}{m} - \frac{1}{2}\left(\frac{r}{m}\right)^2}} = \underline{\underline{71\,\text{km/h}}}$$

b)
$$x_m(\omega_R) = \frac{\xi_m \omega_0^2}{\sqrt{\left(2\delta^2\right)^2 + 4\delta^2\left(\omega_0^2 - 2\delta^2\right)}} = \frac{\xi_m \left(\dfrac{\omega_0}{\delta}\right)^2}{2\sqrt{\left(\dfrac{\omega_0}{\delta}\right)^2 - 1}}$$

$$\xi_m = \frac{h}{2} \qquad \left(\frac{\omega_0}{\delta}\right)^2 = \frac{4mk}{r^2}$$

$$\underline{x_m = \frac{\dfrac{mk}{r^2}}{\sqrt{\dfrac{4mk}{r^2} - 1}}\, h} = \underline{\underline{10\,\text{cm}}}$$

W 3.5 Fundamentplatte

Auf eine Maschine der Masse m_1 wird bei der Drehfrequenz f durch die Unwucht des Rotors eine Erregerkraft $F = F_m \cos \omega t$ in vertikaler Richtung übertragen. Die Maschine steht auf einer Fundamentplatte, die auf einer Schicht Gummischrot elastisch gelagert ist (Dämpfung vernachlässigt). Die Kraft auf das Gebäude soll nur den Bruchteil η der Erregerkraft betragen.

Berechnen Sie für diesen Fall

a) die Schwingungsamplitude x_m des Systems,

b) die erforderliche Masse m_2 der Fundamentplatte!

$m_1 = 1{,}5\,\text{t} \qquad F_m = 800\,\text{N} \qquad f = 40\,\text{s}^{-1} \qquad \eta = 5{,}0\,\%$

$k = 128\,\text{kN/cm}$ („Federkonstante" des Gummischrots)

---

a) Maximale Kraft auf das Gebäude:

$$F'_m = k x_m$$

$$F'_m = \eta F_m$$

$$\Rightarrow \quad \underline{x_m = \frac{\eta F_m}{k}} = \underline{\underline{3{,}1\,\mu\text{m}}}$$

b) Mit $\delta = 0$ (dämpfungsfrei gelagert) wird:

$$x_m = \frac{\dfrac{F_m}{m_1 + m_2}}{\left|\omega_0^2 - \omega^2\right|}$$

$$\omega_0^2 = \frac{k}{m_1 + m_2}$$

$$\Rightarrow \quad \omega_0 < \sqrt{\frac{k}{m_1}} = 90\,\text{s}^{-1}$$

$$\omega = 2\pi f = 251\,\text{s}^{-1}$$

$$\omega_0 < \omega$$

Mit x_m aus a):

$$\frac{\eta F_m}{k} = \frac{F_m}{(m_1 + m_2)\left(\omega^2 - \omega_0^2\right)}$$

$$\frac{\eta}{k} = \frac{1}{(m_1 + m_2)\left(4\pi^2 f^2 - \dfrac{k}{m_1 + m_2}\right)}$$

$$4\pi^2 f^2 (m_1 + m_2) - k = \frac{k}{\eta}$$

$$\underline{m_2 = \frac{k}{4\pi^2 f^2}\left(1 + \frac{1}{\eta}\right)} - m_1 = \underline{\underline{2{,}76\,\text{t}}}$$

W 3.6 Resonanzüberhöhung

Unter Resonanzüberhöhung versteht man das Verhältnis der Resonanzamplitude x_{mR} eines Oszillators zur Amplitude ξ_{m} der Erregerschwingung. Ein Federschwinger mit der Eigenkreisfrequenz ω_0 wird durch äußere Erregung zu erzwungenen Schwingungen veranlasst.

a) Unterhalb welchen Wertes muss die Abklingkonstante δ liegen, wenn es Erregerfrequenzen geben soll, für die $x_{\mathrm{m}}/\xi_{\mathrm{m}} > 1$ gilt?

b) Geben Sie die Resonanzüberhöhung $x_{\mathrm{mR}}/\xi_{\mathrm{m}}$ als Funktion von δ/ω_0 an und stellen Sie sie grafisch dar!

---

a) $$x_{\mathrm{m}}(\omega) = \frac{\frac{F_{\mathrm{m}}}{m}}{\sqrt{\left(\omega_0^2-\omega^2\right)^2+4\delta^2\omega^2}} = \frac{\frac{F_{\mathrm{m}}}{m}}{\sqrt{R}}$$

$$\frac{\mathrm{d}x_{\mathrm{m}}}{\mathrm{d}\omega} = 0$$

Differenzieren des Radikanden R genügt:

$$\frac{\mathrm{d}R}{\mathrm{d}\omega} = 2\left(\omega_0^2-\omega^2\right)(-2\omega)+8\delta^2\omega$$

$$-\left(\omega_0^2-\omega_{\mathrm{R}}^2\right)+2\delta^2 = 0$$

$$\omega_{\mathrm{R}}^2 = \omega_0^2-2\delta^2 = 0$$

$$\Rightarrow \quad \text{Höchstwert} \quad \underline{\delta = \frac{\omega_0}{\sqrt{2}}}$$

b) Äußere Erregung:

$$\frac{F_{\mathrm{m}}}{m} = \omega_0^2\xi_{\mathrm{m}}$$

$$\frac{x_{\mathrm{mR}}}{\xi_{\mathrm{m}}} = \frac{\omega_0^2}{\sqrt{\left(\omega_0^2-\omega_{\mathrm{R}}^2\right)^2+4\delta^2\omega_{\mathrm{R}}^2}}$$

$$\underline{\frac{x_{\mathrm{mR}}}{\xi_{\mathrm{m}}} = \frac{1}{2\left(\frac{\delta}{\omega_0}\right)\sqrt{1-\left(\frac{\delta}{\omega_0}\right)^2}}}$$

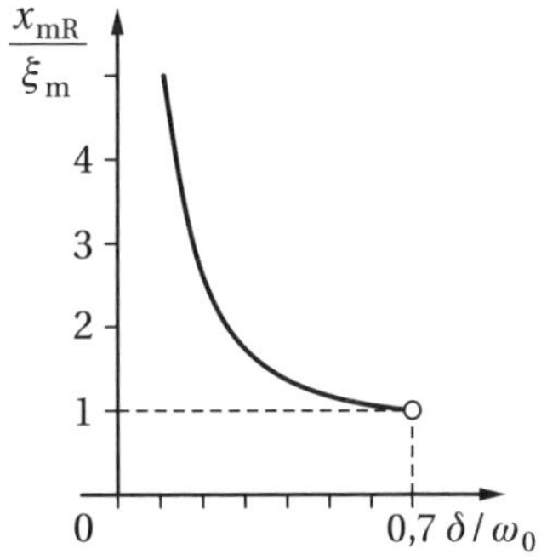

W 3.7 Elektromotor

Ein Elektromotor der Masse m ist auf Silentblöcken gelagert, die die Federkonstante k und die Reibungskonstante r besitzen. Der Schwerpunkt des Ankers (Masse m') liegt um ε außerhalb der Achse. Der Motor läuft mit der Drehzahl f.

a) Wie groß sind die Amplitude x_{m} und die Phasenverschiebung α der Schwingung des Motors?

b) Welche mittlere Leistung $\overline{P} = P_{\mathrm{m}}/2$ wird in den Silentblöcken in Wärme umgesetzt?

$\varepsilon = 0{,}15\,\mathrm{mm}$ $\quad m' = 6{,}5\,\mathrm{kg}$ $\quad m = 24\,\mathrm{kg}$

$f = 1500\,\mathrm{min}^{-1}$ $\quad r = 850\,\mathrm{kg/s}$ $\quad k = 48\,\mathrm{N/mm}^2$

---

a) $$x_m = \frac{\frac{F_m}{m}}{\sqrt{\left(\omega_0^2 - \omega^2\right)^2 + 4\delta^2\omega^2}}$$

Innere Erregung:

$$\frac{F_m}{m} = \xi_m \frac{m'}{m}\omega^2$$

$$\omega_0^2 = \frac{k}{m} \qquad \delta = \frac{r}{2m}$$

$$\xi_m = \varepsilon \qquad \omega = 2\pi f$$

$$x_m = \frac{\varepsilon \frac{m'}{m}(2\pi f)^2}{\sqrt{\left[\frac{k}{m} - (2\pi f)^2\right]^2 + \left(\frac{2\pi f r}{m}\right)^2}} = \underline{\underline{43\,\mu\text{m}}}$$

$$\tan\alpha = \frac{2\omega\delta}{\omega_0^2 - \omega^2}$$

$$\tan\alpha = \frac{2\pi f r}{k - (2\pi f)^2 m} = -0{,}245$$

$$\underline{\underline{\alpha = 166^\circ}}$$

b) $P = F_R v_x$

$$F_R = r v_x$$

$$P = r v_x^2$$

$$P_m = r v_{xm}^2$$

Ermittlung von v_{xm}:

$$v_{xm} = \dot{x}_m = x_m\omega = 2\pi f x_m$$

$$\overline{P} = \frac{P_m}{2} = 2\pi^2 f^2 r x_m^2 = \underline{\underline{19\,\text{mW}}}$$

W 3.8 Messgerät

Ein Messgerät der Masse m ist über eine Feder (Federkonstante k) erschütterungsarm mit einer Maschine verbunden, die im Frequenzbereich 1 ... 50 Hz mit der größten Auslenkung ξ_m schwingt.

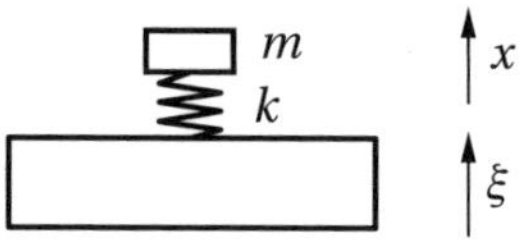

a) Bei welcher Frequenz f tritt die größte Beschleunigungsamplitude a_{xm1} des Messgerätes auf?
b) Wie groß ist a_{xm1}?

$m = 0{,}5\,\text{kg} \qquad k = 200\,\text{N/m} \qquad \delta = 0{,}5\,\text{s}^{-1}$

$\xi_m = 1\,\text{mm}$

a) $a_{x\text{m}} = \ddot{x}_\text{m} = \omega^2 x_\text{m}$

$$x_\text{m} = \frac{\dfrac{F_\text{m}}{m}}{\sqrt{\left(\omega_0^2 - \omega^2\right)^2 + 4\delta^2\omega^4}}$$

Äußere Erregung:

$$\frac{F_\text{m}}{m} = \omega_0^2 \xi_\text{m}$$

$$a_{x\text{m}} = \frac{\omega_0^2\xi_\text{m}}{\sqrt{\left[\left(\dfrac{\omega_0}{\omega}\right)^2 - 1\right]^2 + \left(\dfrac{2\delta}{\omega}\right)^2}} = \frac{\omega_0^2\xi_\text{m}}{\sqrt{R}}$$

$$\frac{\mathrm{d}a_{x\text{m}}}{\mathrm{d}\omega}(\omega_2) = 0$$

Ableitung des Radikanden R genügt:

$$\frac{\mathrm{d}R}{\mathrm{d}\omega} = 2\left[\left(\frac{\omega_0}{\omega}\right)^2 - 1\right]\left(-\frac{2\omega_0^2}{\omega^3}\right) - \frac{8\delta^2}{\omega^3}$$

$$\left[\left(\frac{\omega_0}{\omega_1}\right)^2 - 1\right]\omega_0^2 + 2\delta^2 = 0$$

$$f_1 = \frac{\omega_1}{2\pi} = \frac{1}{2\pi}\frac{\omega_0}{\sqrt{1 - 2\left(\dfrac{\delta}{\omega_0}\right)^2}} = \frac{\omega_0^2}{2\pi\sqrt{\omega_0^2 - 2\delta^2}}$$

$$\omega_0^2 = \frac{k}{m}$$

$$f_1 = \frac{\dfrac{k}{m}}{2\pi\sqrt{\dfrac{k}{m} - 2\delta^2}} \approx \frac{1}{2\pi}\sqrt{\frac{k}{m}} = \underline{\underline{3{,}2\,\text{Hz}}}$$

b) $a_{x\text{m}1} = a_{x\text{m}}(\omega_1)$ mit

$$\omega_1 = \frac{\omega_0}{\sqrt{1 - 2\left(\dfrac{\delta}{\omega_0}\right)^2}} \quad \text{aus a)}$$

$$a_{x\text{m}1} = \frac{\omega_0^2\xi_\text{m}}{\sqrt{4\left(\dfrac{\delta}{\omega_0}\right)^2 - 4\left(\dfrac{\delta}{\omega_0}\right)^4}} = \frac{\omega_0^4\xi_\text{m}}{2\delta\sqrt{\omega_0^2 - \delta^2}}$$

$$a_{x\text{m}1} = \frac{\left(\dfrac{k}{m}\right)^2\xi_\text{m}}{2\delta\sqrt{\dfrac{k}{m} - \delta^2}} \approx \frac{\xi_\text{m}}{2\delta}\sqrt{\frac{k}{m}}^{\,3} = \underline{\underline{8\,\text{m/s}^2}}$$

W 3.9 Anfahren einer Maschine

Beim Anfahren einer Maschine führt der Fußboden des Maschinengebäudes vertikale Schwingungen mit zunehmender Frequenz aus. Für ein Messgerät (Masse m), das hohe Schwingungsfrequenzen nicht verträgt, ist die kritische Kreisfrequenz ω_k. Das Gerät ist federnd und gedämpft gelagert. Die Feder ist so ausgewählt, dass die Eigenkreisfrequenz ω_0 für Messgerät und Feder $\varepsilon = 10\,\%$ von ω_k beträgt.

a) Welche Federkonstante k hat die Aufhängung des Messinstruments?

b) Welchen Wert muss die Abklingkonstante δ haben, damit die Schwingungsamplitude x_m des Messinstruments bei ω_0 gerade so groß wie die Amplitude ξ_m der Erregerschwingung ist?

c) Bei welcher Kreisfrequenz ω_M ist das Amplitudenverhältnis x_m/ξ_m am größten, wenn die Abklingkonstante δ den in b) errechneten Wert hat?

d) Welchen Wert hat x_m/ξ_m bei ω_m und bei ω_k?

$m = 100\,\text{g} \qquad \omega_k = 200\,\text{s}^{-1}$

---

a) $\omega_0 = \dfrac{k}{m} \qquad \omega_0 = \varepsilon\omega_k$

$$\underline{k = m\,(\varepsilon\omega_k)^2} = \underline{\underline{40\,\text{N/m}}}$$

b) $$x_m = \frac{\dfrac{F_m}{m}}{\sqrt{\left(\omega_0^2 - \omega^2\right)^2 + 4\delta^2\omega^2}}$$

$\omega = \omega_0$

Äußere Erregung:

$$\frac{F_m}{m} = \omega_0^2\xi_m$$

$$x_m = \frac{\omega_0}{2\delta}\xi_m$$

mit $x_m = \xi_m$ wird

$$\delta = \frac{\omega_0}{2}$$

und wenn $\omega_0 = \varepsilon\omega_k$ gefordert wird, erhalten wir

$$\underline{\delta = \frac{\varepsilon}{2}\omega_k} = \underline{\underline{10\,\text{s}^{-1}}}$$

c) $$x_m = \frac{\omega_0^2\xi_m}{\sqrt{\left(\omega_0^2 - \omega^2\right)^2 + 4\delta^2\omega^2}} = \frac{\omega_0^2\xi_m}{\sqrt{R}}$$

$$\frac{\mathrm{d}x_m}{\mathrm{d}\omega} = 0$$

Differenziation des Radikanden R genügt:

$$\frac{\mathrm{d}R}{\mathrm{d}\omega} = 2\left(\omega_0^2 - \omega^2\right)(-2\omega) + 8\delta^2\omega$$

$$-\left(\omega_0^2 - \omega_M^2\right) + 2\delta^2 = 0$$

$$\omega_M^2 = \omega_0^2 - 2\delta^2 = \frac{\omega_0^2}{2} \qquad (\text{mit } \delta = \frac{\omega_0}{2})$$

$$\omega_M = \frac{\omega_0}{\sqrt{2}} = \frac{\varepsilon}{\sqrt{2}}\omega_k = \underline{\underline{14\,s^{-1}}} \qquad (\text{mit } \omega_0 = \varepsilon\omega_k)$$

d) Mit $\delta = \omega_0/2$ wird

$$\frac{x_m}{\xi_m}(\omega_M) = \frac{\omega_0^2}{\sqrt{\left(\omega_0^2 - \frac{\omega_0^2}{2}\right)^2 + \omega_0^2\frac{\omega_0^2}{2}}}$$

$$\frac{x_m}{\xi_m}(\omega_M) = \frac{2}{\sqrt{3}} = \underline{\underline{1{,}15}}$$

und

$$\frac{x_m}{\xi_m}(\omega_k) = \frac{\omega_0^2}{\sqrt{\left[\omega_0^2 - \left(\frac{\omega_0}{\varepsilon}\right)^2\right]^2 + \omega_0^2\left(\frac{\omega_0}{\varepsilon}\right)^2}} = \frac{1}{\sqrt{\left(1 - \frac{1}{\varepsilon^2}\right)^2 + \frac{1}{\varepsilon^2}}} = \frac{\varepsilon^2}{\sqrt{\varepsilon^4 - 2\varepsilon^2 + 1 + \varepsilon^2}}$$

$$\frac{x_m}{\xi_m}(\omega_k) = \frac{\varepsilon^2}{\sqrt{1 - \varepsilon^2 + \varepsilon^4}} \approx \varepsilon^2 = \underline{\underline{0{,}01}}$$

W 3.10 Brücke

Eine Brücke wird modellmäßig als ein Träger auf zwei Stützen betrachtet. Die Eigenmasse ist m_0. Unter dem Einfluss der maximalen Verkehrslast (m_V) biegt sich die Brücke in der Mitte zwischen den beiden Stützpfeilern um die Strecke s durch. Eine Marschkolonne marschiert im Gleichschritt mit der Schrittfrequenz f über die Brücke. Die Amplitude der periodischen Kraft pro Person sei F. Insgesamt befinden sich gleichzeitig N Personen der mittleren Masse m_P auf der Brücke. Vereinfachend soll angenommen werden, dass die tatsächliche Biegeschwingung der Brücke durch die Schwingung einer gedachten Punktmasse in der Brückenmitte ersetzt ist, wobei nur die Hälfte der über die Brücke verteilten Massen und Kräfte in Rechnung gestellt wird.

a) Welche fiktive Federkonstante k hat die Brücke?
b) Wie groß ist die Eigenfrequenz f_0 der mit der Marschkolonne belasteten Brücke?
c) Auf welche Schwingungsamplitude x_m kann sich die Brücke bei vernachlässigbarer Dämpfung aufschaukeln?

$m_0 = 550\,t \quad s = 25\,mm \quad f = 1{,}8\,Hz \quad F = 150\,N$

$N = 120 \quad m_P = 75\,kg \quad m_V = 170\,t$

---

a) Gleichgewicht:

$$\frac{1}{2}m_V g = ks$$

$$k = \frac{m_V g}{2s} = \underline{\underline{3{,}3 \cdot 10^7\,kg/s^2}}$$

b) $f_0 = \dfrac{\omega_0}{2\pi}$

$$\omega_0^2 = \frac{k}{m}$$

$$m = \frac{m_0}{2} + \frac{N}{2}m_P$$

$$f_0 = \frac{1}{2\pi}\sqrt{\frac{m_V g}{(m_0 + N m_P)s}} = \underline{\underline{1{,}7\,\text{Hz}}}$$

c) Mit $\delta = 0$ wird

$$x_m = \frac{\frac{F_m}{m}}{\left|\omega_0^2 - \omega^2\right|}$$

$$F_m = \frac{N}{2}F$$

$$m = \frac{1}{2}(m_0 + N m_P)$$

$$\omega_0^2 = \frac{m_V g}{(m_0 + N m_P)s} \quad \text{aus b)}$$

$$\omega = 2\pi f > \omega_0$$

$$x_m = \frac{NF}{(m_0 + N m_P)\left(4\pi^2 f^2 - \frac{m_V g}{(m_0 + N m_P)s}\right)}$$

$$x_m = \frac{NF}{4\pi^2 f^2 (m_0 + N m_P) - \frac{m_V g}{s}} = \underline{\underline{3{,}8\,\text{mm}}}$$

W 4 Wellenausbreitung

W 4.1 Seilwelle

Auf einem Seil werden Wellen erzeugt, indem dieses an der Stelle $x = 0$ mit einer Schwingung der Frequenz f und der Amplitude η_m erregt wird. Die Wellenlänge beträgt λ. Zur Zeit $t = 0$ befindet sich bei $x = 0$ gerade ein Wellental.

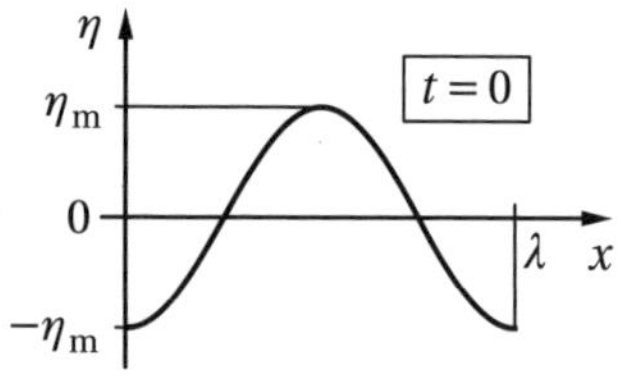

a) Wie lautet die Ort-Zeit-Funktion $\eta(t)$ eines Seilteilchens, das sich am Ort $x = 0$ befindet?
b) Welche Maximalgeschwindigkeit v_m erreicht dieses Teilchen?
c) Man berechne η_1, v_1 und a_1 für t_1!
d) Wie lautet die Funktion $\eta(t, x)$ für die gesamte Welle?
e) Wie groß ist die Elongation η in den folgenden fünf Fällen?

1)	$t = 0$	$x = 0$
2)	$t = 0$	$x = \lambda/2$
3)	$t = T/4$	$x = 0$
4)	$t = T/4$	$x = \lambda/4$
5)	$t = T/4$	$x = 3\lambda/4$

Skizzieren Sie die Momentbilder der Welle und kennzeichnen Sie die fünf Werte für η!

f) Welche Phasengeschwindigkeit c hat die Welle?

$f = 4{,}0\,\text{Hz} \qquad \eta_m = 6{,}0\,\text{cm} \qquad \lambda = 32\,\text{cm} \qquad t_1 = 2{,}2\,\text{s}$

---

a) Der Skizze entnehmen wir für die Bewegung des Seilteilchens:

$$\eta(t,0) = -\eta_m \cos \omega t$$
$$\omega = 2\pi f$$
$$\underline{\eta(t,0) = -\eta_m \cos 2\pi f t}$$

b) $v = \dot{\eta} = 2\pi f \eta_m \sin 2\pi f t$

$$\underline{v_m = 2\pi f \eta_m} = \underline{\underline{1{,}5\,\text{m/s}}}$$

c) $a = \dot{v} = (2\pi f)^2 \eta_m \cos 2\pi f t$

$$\underline{\eta_1 = -\eta_m \cos 2\pi f t_1} = \underline{\underline{-1{,}9\,\text{cm}}}$$
$$\underline{v_1 = 2\pi f \eta_m \sin 2\pi f t_1} = \underline{\underline{-1{,}4\,\text{m/s}}}$$
$$\underline{a_1 = (2\pi f)^2 \eta_m \cos 2\pi f t_1} = \underline{\underline{+12\,\text{m/s}^2}}$$

d) $\eta(t,x) = \eta_m \cos(\omega t - kx + \alpha)$

Bestimmung von α:

$$\eta(0,0) = \eta_m \cos\alpha = -\eta_m \qquad \text{(Wellental)}$$
$$\Rightarrow \quad \cos\alpha = -1, \quad \alpha = \pi$$
$$\eta(t,x) = \eta_m \cos(\omega t - kx + \pi)$$
$$\underline{\eta(t,x) = -\eta_m \cos(\omega t - kx) = -\eta_m \cos 2\pi \left(f t - \frac{x}{\lambda}\right)}$$

e) $\eta(t,x) = -\eta_m \cos 2\pi \left(\dfrac{t}{T} - \dfrac{x}{\lambda}\right)$

Fall	t	x	η
1	0	0	$-\eta_m$
2	0	$\lambda/2$	η_m
3	$T/4$	0	0
4	$T/4$	$\lambda/4$	$-\eta_m$
5	$T/4$	$3\lambda/4$	η_m

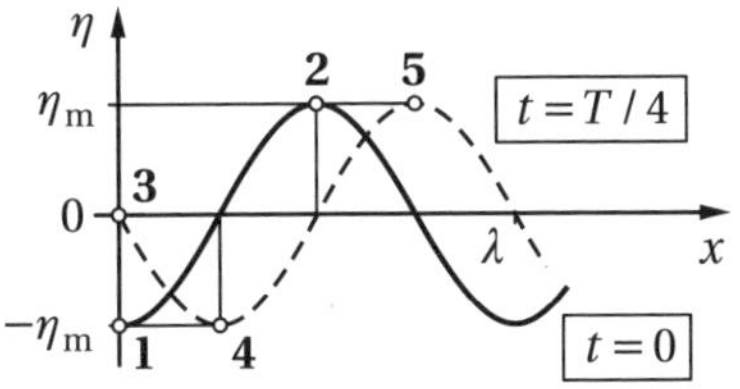

f) $\underline{c = \dfrac{\lambda}{T} = \lambda f} = \underline{\underline{1{,}28\,\text{m/s}}}$

W 4.2 Wellenfunktion I

Eine Seilwelle mit der Wellenlänge λ, der Frequenz f und der Amplitude η_m läuft in positiver x-Richtung. Zur Zeit t_1 befindet sich bei x_1 ein Wellental.

Stellen Sie die Funktion $\eta(t,x)$ für diese Welle auf!

Gegeben: λ, f, $\eta_m \qquad t_1 = \dfrac{T}{2} \qquad x_1 = \dfrac{3}{4}\lambda$

$$\eta(t,x) = \eta_m \cos(\omega t - kx + \alpha)$$

$$\omega = \frac{2\pi}{T} \qquad k = \frac{2\pi}{\lambda}$$

$$\eta(t_1,x_1) = \eta_m \cos\left(\pi - \frac{3}{2}\pi + \alpha\right) = -\eta_m \qquad \text{(Wellental)}$$

$$\Rightarrow \quad \cos\left(\alpha - \frac{\pi}{2}\right) = -1$$

$$\alpha - \frac{\pi}{2} = \pi$$

$$\underline{\alpha = \frac{3}{2}\pi}$$

$$\eta(t,x) = \eta_m \cos\left(\omega t - kx + \frac{3}{2}\pi\right)$$

$$= \eta_m \sin(\omega t - kx)$$

$$\underline{\eta(t,x) = \eta_m \sin 2\pi\left(ft - \frac{x}{\lambda}\right)}$$

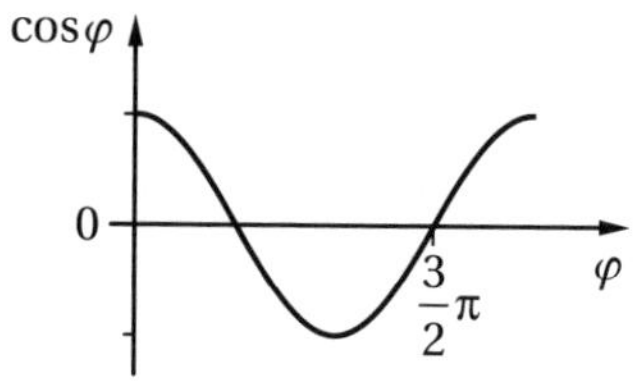

W 4.3 Wellenfunktion II

Eine Seilwelle läuft in negativer x-Richtung. An der Stelle x_1 verläuft die Schwingung des Seiles nach der Funktion $\eta(t, x_1) = \eta_m \sin \omega t$.

Ermitteln Sie die Funktion $\eta(t, x)$ für das ganze Seil!

Gegeben: λ, f, η_m $\quad x_1 = \frac{\lambda}{2}$

$$\eta(t,x) = \eta_m \cos(\omega t + kx + \alpha)$$

$$\omega = \frac{2\pi}{T} \qquad k = \frac{2\pi}{\lambda}$$

$$\eta(t,x_1) = \eta_m \cos(\omega t + \pi + \alpha)$$

$$= \eta_m \sin \omega t$$

$$= \eta_m \cos\left(\omega t + \frac{3}{2}\pi\right)$$

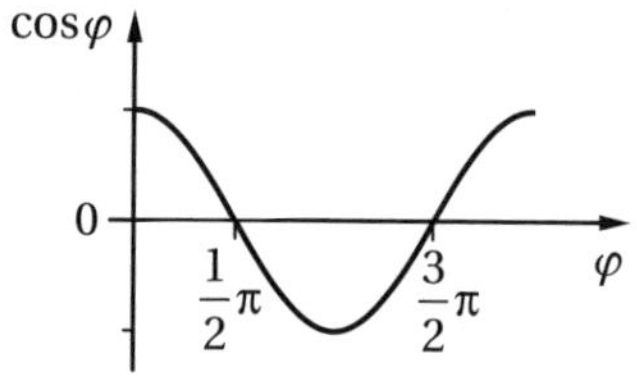

$$\Rightarrow \quad \omega t + \pi + \alpha = \omega t + \frac{3}{2}\pi$$

$$\underline{\alpha = \frac{\pi}{2}}$$

$$\eta(t,x) = \eta_m \cos\left(\omega t + kx + \frac{\pi}{2}\right)$$

$$= -\eta_m \sin(\omega t + kx)$$

$$\underline{\eta(t,x) = -\eta_m \sin 2\pi\left(ft + \frac{x}{\lambda}\right)}$$

W 4.4 Teilchenschwingung

Auf einem Seil breitet sich eine Welle in positiver x-Richtung aus. Das Teilchen an der Stelle x_1 schwingt nach der Ort-Zeit-Funktion $\eta(t, x_1) = \eta_m \sin \omega t$.

Ermitteln Sie die Ort-Zeit-Funktion für die Teilchenschwingung an der Stelle x_0!

Gegeben: λ, f, η_m $\quad x_0 = 0 \quad x_1 = \dfrac{\lambda}{4}$

$$\eta(t, x) = \eta_m \cos(\omega t - kx + \alpha)$$

$$\omega = \frac{2\pi}{T}, \qquad k = \frac{2\pi}{\lambda}$$

$$\eta(t, x_1) = \eta_m \cos\left(\omega t - \frac{\pi}{2} + \alpha\right)$$

$$= \eta_m \sin(\omega t) \qquad \text{(Bedingung)}$$

$$= \eta_m \cos\left(\omega t + \frac{3}{2}\pi\right)$$

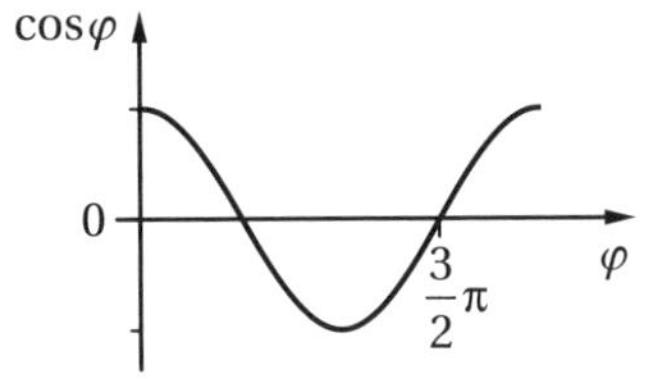

$$\Rightarrow \quad \omega t - \frac{\pi}{2} + \alpha = \omega t + \frac{3}{2}\pi$$

$$\alpha = 2\pi$$

$$\Rightarrow \quad \underline{\alpha = 0}$$

$$\underline{\eta(t, x_0) = \eta_m \cos \omega t = \eta_m \cos 2\pi f t}$$

W 4.5 Interferenz

Zwei Wellen $\eta_1 = \eta_m \cos(\omega t - kx)$ und $\eta_2 = \eta_m \cos(\omega t - kx + \alpha)$ überlagern sich.

a) Stellen Sie die Wellenfunktion $\eta(t, x)$ der resultierenden Welle auf!

b) Geben Sie die Amplitude A der resultierenden Welle an!

c) Zeichnen Sie das Momentbild der resultierenden Welle für $t = 0$!

Gegeben: ω, k, η_m $\quad \alpha = \dfrac{\pi}{2}$

Lösungshilfe: $\cos \alpha + \cos \beta = 2 \cos \dfrac{\alpha + \beta}{2} \cos \dfrac{\alpha - \beta}{2}$

---

a) $$\eta = \eta_1 + \eta_2 = \eta_m \left[\cos(\omega t - kx) + \cos(\omega t - kx + \alpha)\right]$$

$$= \eta_m \cdot 2 \cos\left(\omega t - kx + \frac{\alpha}{2}\right) \cos \frac{\alpha}{2}$$

$$\underline{\eta(t, x) = 2\eta_m \cos \frac{\pi}{4} \cos\left(\omega t - kx + \frac{\pi}{4}\right)}$$

b) $$\underline{A = 2\eta_m \cos \frac{\pi}{4} = \sqrt{2}\eta_m}$$

c) $$\eta(0, x) = \eta_m \sqrt{2} \cos\left(-kx + \frac{\pi}{4}\right)$$

$$= \eta_m \sqrt{2} \cos\left(kx - \frac{\pi}{4}\right)$$

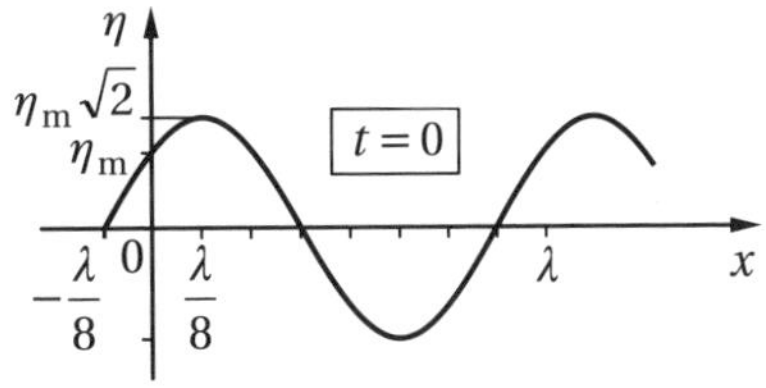

W 4.6 Phasenausbreitung

Für eine Welle gilt $\eta(t,x) = \eta_m \sin 2\pi(t/T - x/\lambda)$.

Nach welcher Ort-Zeit-Funktion $x(t)$ breitet sich die Bewegungsphase aus, in der sich das Teilchen an der Stelle x_0 zur Zeit t_0 befindet?

Gegeben: λ, T $\quad x_0 = \frac{\lambda}{2} \quad t_0 = \frac{T}{4}$

$$\eta(t,x) = \eta_m \sin 2\pi\left(\frac{t}{T} - \frac{x}{\lambda}\right)$$

$$\eta(t_0,x_0) = \eta_m \sin 2\pi\left(\frac{1}{4} - \frac{1}{2}\right) = \eta_m \sin 2\pi\left(-\frac{1}{4}\right)$$

Die Phase muss konstant bleiben:

$$\eta(t,x) = \eta(t_0,x_0)$$

$$\Rightarrow \quad \frac{t}{T} - \frac{x}{\lambda} = -\frac{1}{4}$$

$$\underline{x = \frac{\lambda}{T}t + \frac{\lambda}{4}}$$

W 4.7 Auswertung der Wellenfunktion

Für eine Welle gilt $\eta(t,x) = \cos(\omega t + kx + \alpha)$.

a) Wie groß ist die Ausbreitungsgeschwindigkeit c der Welle?
b) Wie groß ist ihre Wellenlänge λ?
c) Wie lautet die Ort-Zeit-Funktion $\eta(t)$ der Schwingung eines Teilchens am Ort x_1?
d) Wie groß ist die Elongation η_1 dieses Teilchens (am Ort x_1) zur Zeit t_1?

$\omega = 10\pi\,\mathrm{s}^{-1} \quad k = \pi\,\mathrm{m}^{-1} \quad \alpha = 70° \quad t = 0{,}25\,\mathrm{s} \quad x_1 = 0{,}800\,\mathrm{m} \quad \eta_m = 53\,\mathrm{mm}$

---

a) $c = \lambda f = \frac{\lambda}{T} = \frac{2\pi}{T}\frac{\lambda}{2\pi} = \underline{\frac{\omega}{k}} = \underline{\underline{10\,\mathrm{m/s}}}$

b) $\underline{\lambda = \frac{2\pi}{k}} = \underline{\underline{2{,}0\,\mathrm{m}}}$

c) $\underline{\eta(t,x_1) = \eta_m \cos(\omega t + kx_1 + \alpha) = \eta_m \cos(\omega t + 214°)}$

d) $\eta(t_1,x_1) = \eta_m \cos(\omega t_1 + kx_1 + \alpha)$

$\quad = \underline{\eta_m \cos 304°} = \underline{\underline{30\,\mathrm{mm}}}$

W 4.8 Knotenpunkte

Wie lautet die Funktion $\eta_2(t,x)$ einer Welle, die zusammen mit der Welle $\eta_1(t,x) = \eta_m \cos(\omega t + kx + \alpha_1)$ bewirkt, dass das Teilchen am Ort x_1 dauernd in Ruhe bleibt (stehende Welle)?

$\omega = 10\pi\,\mathrm{s}^{-1} \quad k = \pi\,\mathrm{m}^{-1} \quad \alpha_1 = 70° \quad x_1 = 0{,}800\,\mathrm{m}$

$$\eta_2(t,x) = \eta_m \cos(\omega t - kx + \alpha_2)$$

Bedingung am Ort x_1:

$$\eta(t,x_1) = \eta_1(t,x_1) + \eta_2(t,x_1) = 0 \quad \text{(Ruhe)}$$

$$0 = \eta_m \left[\cos(\omega t + kx_1 + \alpha_1) + \cos(\omega t - kx_1 + \alpha_2)\right]$$

$$\Rightarrow \quad \cos(\omega t + kx_1 + \alpha_1) = -\cos(\omega t - kx_1 + \alpha_2)$$
$$= \cos(\omega t - kx_1 + \alpha_2 + \pi)$$

$$kx_1 + \alpha_1 = -kx_1 + \alpha_2 + \pi$$

$$\alpha_2 = \alpha_1 + 2kx_1 - \pi$$

$$\alpha_2 = 178^\circ$$

$$\underline{\eta_2(t, x) = \eta_m \cos(\omega t - kx + 178^\circ)}$$

W 4.9 Reflexion einer Welle

Eine Welle (λ, f, η_m) kommt aus großer Entfernung und schreitet in positiver x-Richtung fort. Zur Zeit $t = 0$ passiert ein Wellenberg den Ort $x = 0$. Die Welle wird an einem festen Hindernis bei $x_1 > 0$ reflektiert. Dadurch bildet sich eine stehende Welle.

a) Wo liegen die Knoten und Bäuche?

b) Stellen Sie die Wellenfunktion $\eta(t, x)$ für diese stehende Welle auf!

c) Wie groß ist die Amplitude η_B der Schwingungsbäuche?

$\lambda = 28\,\text{cm}$ $\quad \eta_m = 5{,}0\,\text{cm}$ $\quad x_1 = 60\,\text{cm}$

Lösungshilfe: $\cos\alpha - \cos\beta = -2\sin\dfrac{\alpha+\beta}{2}\sin\dfrac{\alpha-\beta}{2}$

---

a) $\underline{x_K = x_1 - n\dfrac{\lambda}{2}}$

$$x_B = x_1 - \frac{\lambda}{4} - n\frac{\lambda}{2} = \underline{x_1 - (2n+1)\frac{\lambda}{4}}$$

mit $n = 0, 1, 2, \ldots$

$$x_K = \underline{\underline{60\,\text{cm}, 46\,\text{cm}, 32\,\text{cm}, \ldots}}$$

$$x_B = \underline{\underline{53\,\text{cm}, 39\,\text{cm}, 25\,\text{cm}, \ldots}}$$

b) $\eta(t, x) = \eta_e(t, x) + \eta_r(t, x)$

$$\eta_e(t, x) = \eta_m \cos(\omega t - kx + \alpha_e)$$

$$\eta_e(0, 0) = \eta_m \cos\alpha_e = \eta_m \qquad \text{(Wellenberg)}$$

$$\Rightarrow \quad \alpha_e = 0$$

$$\eta_r(t, x) = \eta_m \cos(\omega t + kx + \alpha_r)$$

Reflexion am festen Ende: $\eta_e(t, x_1) + \eta_r(t, x_1) = 0$

$$\Rightarrow \quad \cos(\omega t - kx_1) = -\cos(\omega t + kx_1 + \alpha_r)$$
$$= \cos(\omega t + kx_1 + \alpha_r + \pi)$$

$$\omega t - kx_1 = \omega t + kx_1 + \alpha_r + \pi$$

$$\underline{\alpha_r = -2kx_1 - \pi}$$

$$\eta_r(t, x) = \eta_m \cos(\omega t + kx - 2kx_1 - \pi)$$
$$= -\eta_m \cos(\omega t + kx - 2kx_1)$$

$$\eta(t, x) = \eta_m \left[\cos(\omega t - kx) - \cos(\omega t + kx - 2kx_1)\right]$$
$$= -2\eta_m \sin(\omega t - kx_1)\sin(-kx + kx_1)$$

$$\underline{\eta(t,x) = 2\eta_m \sin 2\pi \left(ft - \frac{x_1}{\lambda}\right) \sin 2\pi \frac{x - x_1}{\lambda}}$$

c) $\underline{\eta_B = 2\eta_m} = \underline{\underline{10\,\text{cm}}}$

W 4.10 Saite

Eine Saite der Länge l ist an einem Ende fest eingespannt und wird am anderen Ende zu Schwingungen der Frequenz f und der Amplitude η_m angeregt. Die Ausbreitungsgeschwindigkeit der Wellen auf der Saite ist c.

Berechnen Sie die Amplitude η_B im Schwingungsbauch!

$l = 190\,\text{cm} \qquad f = 50\,\text{Hz} \qquad \eta_m = 0{,}65\,\text{mm} \qquad c = 90\,\text{m/s}$

Schwingungsphase maximaler Elongation:

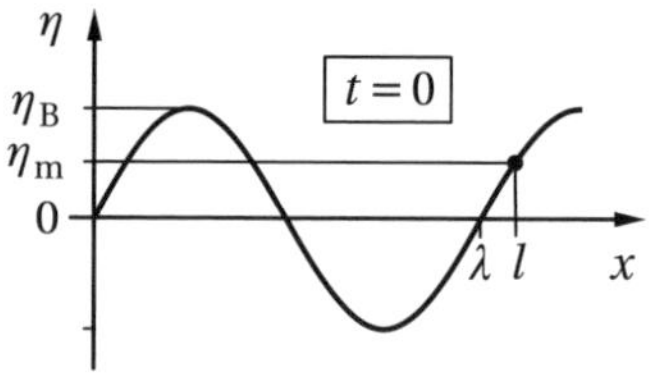

Momentbild der Welle

$$\eta(0,x) = \eta_B \sin(kx) = \eta_B \sin\left(2\pi \frac{x}{\lambda}\right)$$

Ermittlung von η_B mithilfe der Randbedingung (Ort der Anregung):

$$\eta(0,l) = \eta_B \sin\left(2\pi \frac{l}{\lambda}\right) = \eta_m$$

$$\lambda = \frac{c}{f}$$

$$\Rightarrow \quad \eta_B \sin\left(2\pi \frac{lf}{c}\right) = \eta_m$$

$$\underline{\eta_B = \frac{\eta_m}{\sin\left(2\pi \frac{lf}{c}\right)}} = \underline{\underline{1{,}9\,\text{mm}}}$$

W 4.11 Schwebung

Eine Schallwelle der Frequenz f_1 breitet sich in Luft geradlinig aus:

$$\xi_1 = \xi_m \cos\left(2\pi\left(f_1 t - x/\lambda_1\right)\right).$$

In gleicher Ausbreitungsrichtung überlagert sich ihr eine zweite Schallwelle mit geringfügig höherer Frequenz $f_2 = f_1 + \Delta f$, aber gleicher Amplitude:

$$\xi_2 = \xi_m \cos\left(2\pi\left(f_2 t - x/\lambda_2\right)\right).$$

Die Schallgeschwindigkeit ist c.

a) Welche resultierende Wellenfunktion $\xi(t,x) = \xi_1 + \xi_2$ ergibt sich?

b) Skizzieren Sie das Momentbild der resultierenden Welle zur Zeit $t = 0$ und berechnen Sie die in dieser Darstellung auftretenden charakteristischen Wellenlängen λ_a (der resultierenden Welle) und λ_b (der Amplitudenfunktion)!

c) Was für einen Ton (Frequenz f_a) hört der Beobachter, der sich beispielsweise bei $x = 0$ befindet?

d) Wie groß ist die Periodendauer τ des An- und Abschwellens (Schwebung)?
Hinweis: $\tau = T_b/2$

$f_1 = 677\,\text{Hz} \qquad \Delta f = 6{,}8\,\text{Hz} \qquad c = 340\,\text{m/s}$

Lösungshilfe: $\cos\alpha + \cos\beta = 2\cos\dfrac{\alpha+\beta}{2}\cos\dfrac{\alpha-\beta}{2}$

---

a) $\xi(t,x) = \xi_1(t,x) + \xi_2(t,x)$

$$\lambda = \frac{c}{f}$$

$$\xi_1 = \xi_m \cos 2\pi f_1 \left(t - \frac{x}{c}\right)$$

$$\xi_2 = \xi_m \cos 2\pi \left(f_1 + \Delta f\right)\left(t - \frac{x}{c}\right)$$

$$\xi(t,x) = \xi_m\left[\cos 2\pi f_1\left(t - \frac{x}{c}\right) + \cos 2\pi\left(f_1 + \Delta f\right)\left(t - \frac{x}{c}\right)\right]$$

$$\underline{\xi(t,x) = 2\xi_m \cos 2\pi\left(f_1 + \frac{\Delta f}{2}\right)\left(t - \frac{x}{c}\right)\cdot\cos 2\pi\frac{\Delta f}{2}\left(t - \frac{x}{c}\right)}$$

b) $\xi(0,x) = 2\xi_m \cos 2\pi f_a \dfrac{x}{c}\cdot\cos 2\pi f_b\dfrac{x}{c}$

wobei $\quad f_a = f_1 + \dfrac{\Delta f}{2}$

und $\quad f_b = \dfrac{\Delta f}{2}$

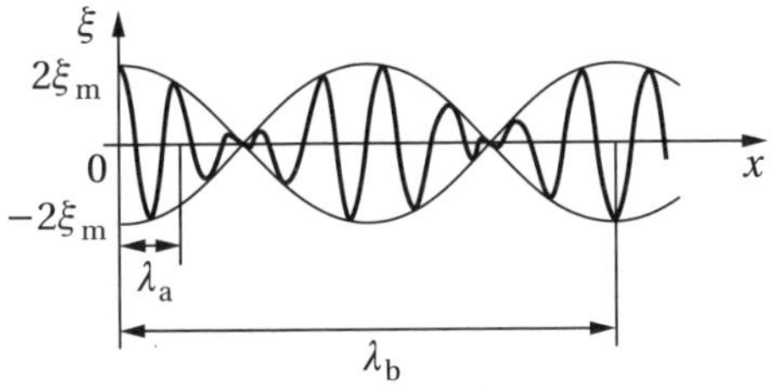

$$\lambda_a = \frac{c}{f_a} = \underline{\frac{c}{f_1 + \frac{\Delta f}{2}}} = \underline{\underline{0{,}50\,\text{m}}}$$

$$\lambda_b = \frac{c}{f_b} = \underline{\frac{2c}{\Delta f}} = \underline{\underline{100\,\text{m}}}$$

c) $\underline{f_a = f_1 + \dfrac{\Delta f}{2}} = \underline{\underline{680\,\text{Hz}}}$

d) $\tau = \dfrac{T_b}{2} = \dfrac{1}{2 f_b}$

$$f_b = \frac{\Delta f}{2}$$

$$\underline{\tau = \frac{1}{\Delta f}} = \underline{\underline{0{,}15\,\text{s}}}$$

W 5 Schallwellen

Isophonen-Diagramm

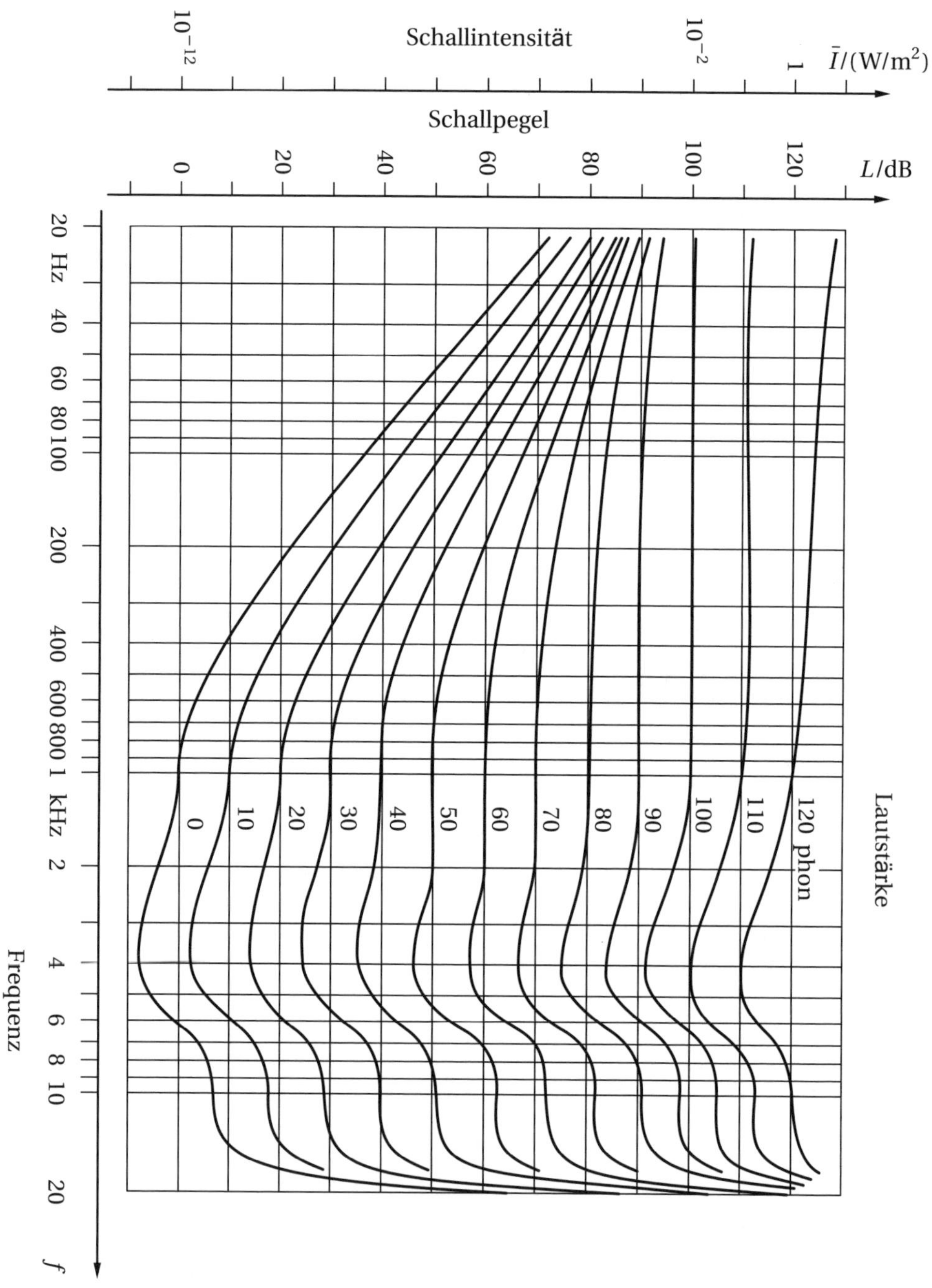

W 5.1 Kompression

In Wasser wird die Schallgeschwindigkeit $c = 1480\,\text{m/s}$ gemessen.

Schätzen Sie ab, um welches Volumen ΔV demnach ein Kubikmeter (V_0) Wasser am Grunde der Tiefsee ($h = 11{,}5\,\text{km}$) zusammengedrückt wird?

$$\frac{\Delta V}{V_0} = -\frac{p}{K}$$

ΔV hier Volumenabnahme:

$$\frac{\Delta V}{V_0} = \frac{p}{K}$$

$$c = \sqrt{\frac{K}{\varrho}} \quad \Rightarrow \quad K = c^2 \varrho$$

$$p = \varrho g h$$

$$\frac{\Delta V}{V_0} = \frac{\varrho g h}{c^2 \varrho}$$

$$\underline{\Delta V = \frac{gh}{c^2} V_0} \approx \underline{\underline{50\,\text{l}}}$$

W 5.2 Kundtsches Rohr

Beim Kundtschen Rohr wird ein Messingstab durch Reiben zu Longitudinalschwingungen (Grundschwingung) angeregt. Die Schwingungen werden mit einer Membran auf die in einem Glasrohr eingeschlossene Luftsäule übertragen, deren Länge veränderlich ist. Im Inneren des Glasrohres lässt sich die stehende Schallwelle mit Korkpulver sichtbar machen.

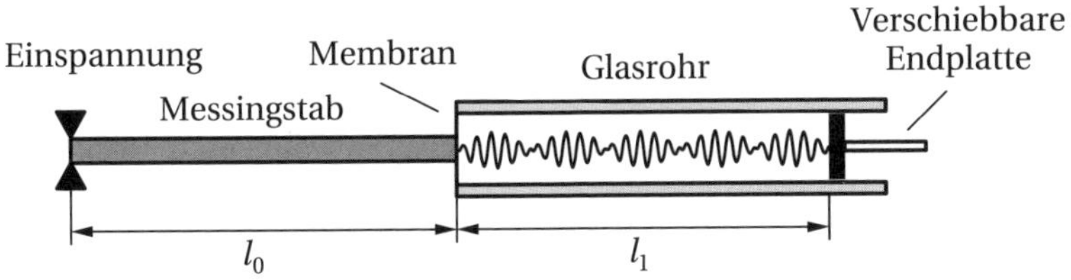

a) Mit welcher Grundfrequenz schwingt der Metallstab, der die Länge l_0 hat und an einem Ende fest eingespannt ist?

b) Wie lang (l_2) müsste eine gespannte Stahlsaite sein, um mit der gleichen Frequenz zu schwingen, wenn deren Spannung σ nur den Bruchteil η der Zerreißspannung σ_B betragen darf?

c) Wie groß ist die Schallgeschwindigkeit c in der Luft im Glasrohr, wenn bei der Rohrlänge l_1 n Schwingungsbäuche auftreten? (Auch an der Membran befindet sich ein Schwingungsknoten in unmittelbarer Nähe.)

Messing: $E = 1{,}03 \cdot 10^{11}\,\text{N/m}^2$ $\quad \varrho_M = 8300\,\text{kg/m}^3$

Stahl: $\sigma_B = 1{,}8 \cdot 10^9\,\text{N/m}^2$ $\quad \varrho_S = 7850\,\text{kg/m}^3$

$l_0 = 0{,}25\,\text{m}$ $\quad l_1 = 1{,}07\,\text{m}$ $\quad n = 22$ $\quad \eta = 50\,\%$

a) $f_0 = \dfrac{c}{\lambda}$

$$\lambda = 4l_0$$

$$c = \sqrt{\frac{E}{\varrho_M}} \quad \text{Longitudinalwelle im Messingstab}$$

$$f_0 = \frac{1}{4l_0}\sqrt{\frac{E}{\varrho_M}} = \underline{\underline{3{,}52\,\text{kHz}}}$$

b) $l_2 = \dfrac{\lambda}{2}$

$$\lambda = \frac{c}{f_0}$$

$$c = \sqrt{\frac{\sigma}{\varrho_S}} \quad \text{Transversalwelle der Stahlsaite}$$

$$\sigma = \eta\sigma_B$$

$$l_2 = 2l_0\sqrt{\frac{\varrho_M\eta\sigma_B}{\varrho_S E}} = \underline{\underline{4{,}8\,\text{cm}}}$$

c) $c = \lambda f_0$

$$l_1 = n\frac{\lambda}{2} \quad \text{Longitudinalwelle in Luft}$$

$$c = \frac{2l_1}{n}f_0 = \underline{\underline{342\,\text{m/s}}}$$

W 5.3 Klavier

Der Tonumfang eines Klaviers beträgt 7 Oktaven. Für den höchsten Ton beträgt die Saitenlänge l_0, für den tiefsten l_1.

a) In welchem Verhältnis σ_1/σ_0 müssten die Zugspannungen dieser Saiten stehen, wenn beide aus Stahl sind?

b) Die Saite des tiefen Tons ist mit Kupferdraht umwickelt, der zwar die Masse, aber nicht die Zugspannung beeinflusst. In welchem Verhältnis m_K/m_S müsste die Kupfermasse zur Stahlmasse stehen, wenn die Zugspannung genau so groß wie bei der Saite des höchsten Tons werden soll?

$l_0 = 5{,}5\,\text{cm} \qquad l_1 = 150\,\text{cm}$

(Oktave $\hat{=}$ Frequenzverhältnis 1 : 2)

---

a) $f = \dfrac{c}{\lambda} \qquad c = \sqrt{\dfrac{\sigma}{\varrho}} \qquad \lambda = 2l$

$$\Rightarrow \quad \sigma = \varrho(2fl)^2 \qquad (*)$$

$$\frac{\sigma_1}{\sigma_0} = \left(\frac{f_1 l_1}{f_0 l_0}\right)^2$$

$$\frac{f_0}{f_1} = 2^7 = 128$$

$$\underline{\underline{\frac{\sigma_1}{\sigma_0} = 0{,}045}}$$

b) Für die gesamte Saite gilt $\varrho = \dfrac{m}{lA}$ und $\sigma = \dfrac{F}{A}$.

$$\Rightarrow \quad \frac{\sigma}{\varrho} = \frac{Fl}{m}$$

Da σ, F und l nicht verändert werden, gilt $\varrho \sim m$:

$$\varrho_1 = \frac{m_\mathrm{K} + m_\mathrm{S}}{m_\mathrm{S}} \varrho_0$$

$$\frac{m_\mathrm{K}}{m_\mathrm{S}} = \frac{\varrho_1}{\varrho_0} - 1$$

Gleiche Zugspannung:

$\sigma_1 = \sigma_0$

(∗) liefert:

$\varrho_1 (f_1 l_1)^2 = \varrho_0 (f_0 l_0)^2$

$$\frac{m_\mathrm{K}}{m_\mathrm{S}} = \left(\frac{f_0 l_0}{f_1 l_1}\right)^2 - 1 = \underline{\underline{21}}$$

W 5.4 Schallfeldgrößen

Eine Schallwelle hat in Luft (Dichte ϱ) die Schallgeschwindigkeit c, die Frequenz f und die Intensität $\overline{I}$.

Wie groß sind die Amplituden von

a) Schallschnelle (v_m),
b) Schallausschlag (ξ_m),
c) Dichteänderung ($\Delta\varrho_\mathrm{m}$),
d) Schalldruck (Δp_Wm)?

Wie groß ist

e) der Mittelwert des Schallstrahlungsdruckes ($\overline{\Delta p_\mathrm{S}}$)?

$f = 2500\,\mathrm{Hz}$ $\quad \varrho = 1{,}205\,\mathrm{kg/m^3}$ $\quad \overline{I} = 0{,}500\,\mathrm{W/m^2}$ $\quad c = 344\,\mathrm{m/s}$

---

a) $\overline{I} = \dfrac{1}{2}\varrho c v_\mathrm{m}^2$

$$v_\mathrm{m} = \sqrt{\frac{2\overline{I}}{\varrho c}} = \underline{\underline{4{,}91\,\mathrm{cm/s}}}$$

b) $v = \dfrac{\partial \xi}{\partial t} = -\omega_\mathrm{m}\xi_\mathrm{m}\sin(\omega t - kx + \alpha)$

$v_\mathrm{m} = \omega\xi_\mathrm{m} = 2\pi f \xi_\mathrm{m}$

$$\xi_\mathrm{m} = \frac{v_\mathrm{m}}{2\pi f} = \underline{\underline{3{,}13\,\mu\mathrm{m}}}$$

c) $\Delta\varrho = -\varrho\dfrac{\partial \xi}{\partial x} = -\varrho k \xi_\mathrm{m}\sin(\omega t - kx + \alpha)$

$\Delta\varrho_\mathrm{m} = \varrho k \xi_\mathrm{m}$

$$k = \frac{\omega}{c}$$

$$\omega \xi_m = v_m$$

$$\underline{\Delta \varrho_m = \frac{\varrho v_m}{c}} = \underline{\underline{0{,}172\,\mathrm{g/m^3}}}$$

d) $\Delta p_W = \varrho c \dfrac{\partial \xi}{\partial t}$

$$\underline{\Delta p_{Wm} = \varrho c v_m} = \underline{\underline{20{,}4\,\mathrm{Pa}}}$$

e) $\underline{\overline{\Delta p_S} = \dfrac{\varrho}{2} v_m^2} = \underline{\underline{1{,}45\,\mathrm{mPa}}}$

W 5.5 Schallradiometer

Mit einem Schallradiometer wird der Schallstrahlungsdruck $\overline{\Delta p_S}$ einer Schallwelle gemessen. Die Lufttemperatur beträgt T_0.

Wie groß sind die Intensität $\overline{I}$ und der Schallpegel L der Schallwelle?

Luft: $R' = 287\,\mathrm{W \cdot s/(kg \cdot K)}$ $\kappa = 1{,}4$ $\overline{\Delta p_S} = 2{,}15\,\mathrm{mPa}$ $T_0 = 295\,\mathrm{K}$

$$\overline{I} = \frac{1}{2} \varrho c v_m^2$$

$$\overline{\Delta p_S} = \frac{\varrho}{2} v_m^2$$

$$c = \sqrt{\kappa R' T_0}$$

$$\underline{\overline{I} = \overline{\Delta p_S} \sqrt{\kappa R' T_0}} = \underline{\underline{0{,}74\,\mathrm{W/m^2}}}$$

$$\underline{L = 10 \lg \left(\frac{10^{12}\,\overline{I}}{\mathrm{W/m^2}} \right)}\ \mathrm{dB} = \underline{\underline{118{,}7\,\mathrm{dB}}}$$

W 5.6 Schallenergie

Wie groß ist die in einem Zimmer (Grundfläche A, Höhe h) vorhandene Schallenergie E_S, wenn der Schallpegel den Wert L hat?

$A = 25\,\mathrm{m^2}$ $h = 2{,}8\,\mathrm{m}$ $L = 52\,\mathrm{dB}$ $c = 340\,\mathrm{m/s}$

$$E_S = \overline{w} A h$$

$$\overline{w} = \frac{\varrho}{2} v_m^2$$

$$\overline{w} = \frac{\overline{I}}{c}$$

$$\overline{I} = \frac{\varrho}{2} v_m^2 c$$

$$L = 10 \lg \frac{\overline{I}}{\overline{I}_0}\ \mathrm{dB}$$

$$\overline{I} = \overline{I}_0 \cdot 10^{\frac{L}{10\,\mathrm{dB}}}$$

$$\underline{E_S = \frac{Ah}{c} \overline{I}_0 \cdot 10^{\frac{L}{10\,\mathrm{dB}}}} = \underline{\underline{3{,}3 \cdot 10^{-8}\,\mathrm{J}}}$$

W 5.7 Ultraschallstrahl

Ein Ultraschallstrahl verläuft im Wasser senkrecht nach oben und wird an der Wasseroberfläche nahezu vollständig reflektiert. Dabei entsteht eine Fontäne der Höhe h.

Welche Intensität $\overline{I}$ hat der einfallende Strahl? (Man beachte, dass sich der Schallstrahlungsdruck von einfallendem und reflektiertem Strahl addieren.)

$c = 1480\,\mathrm{m/s} \qquad h = 10\,\mathrm{cm}$

$$\overline{I} = \frac{\varrho_W}{2} v_m^2 c$$

$$\overline{w} = \overline{\Delta p_S} = \frac{\varrho_W}{2} v_m^2$$

$$\overline{I} = \overline{\Delta p_S} c$$

$$\varrho_W g h = 2\overline{w} = 2\overline{\Delta p_S}$$

$$\underline{\overline{I} = \frac{\varrho_W g h c}{2}} = \underline{\underline{73\,\mathrm{W/cm^2}}}$$

W 5.8 Punktquelle

Welche Leistung P muss eine „punktförmige“ Schallquelle in der Entfernung l_0 vom Hörer mindestens haben, damit sie noch wahrgenommen werden kann

a) bei $f_1 = 40\,\mathrm{Hz}$,
b) bei $f_2 = 4\,\mathrm{kHz}$?

$l_0 = 10\,\mathrm{m}$

$$P = \overline{P}_S = \overline{I} A_S$$

$$A_S = 4\pi l_0^2$$

$$\underline{P = 4\pi l_0^2 \overline{I}}$$

Die Werte für $\overline{I}_1$ und $\overline{I}_2$ werden dem Isophonendiagramm entnommen.

a) $\overline{I}_1 = 6 \cdot 10^{-7}\,\mathrm{W/m^2}$

$\underline{\underline{P_1 = 7 \cdot 10^{-4}\,\mathrm{W}}}$

b) $\overline{I}_2 = 2 \cdot 10^{-13}\,\mathrm{W/m^2}$

$\underline{\underline{P_2 = 2 \cdot 10^{-10}\,\mathrm{W}}}$

W 5.9 Hörschwelle

Wie groß ist das Maximum ξ_m des Schallausschlages an der Hörschwelle bei

a) $f_1 = 30\,\mathrm{Hz}$,
b) $f_2 = 4\,\mathrm{kHz}$,
c) $f_3 = 15\,\mathrm{kHz}$?

$\varrho = 1{,}29\,\mathrm{kg/m^3} \qquad c = 340\,\mathrm{m/s}$

$$\xi = \xi_m \cos(\omega t - kx + \alpha)$$

$$v = \frac{\partial \xi}{\partial t} = -\omega \xi_m \sin(\omega t - kx + \alpha)$$

$$v_m = \omega \xi_m = 2\pi f \xi_m$$

Ermittlung von v_m mit

$$\overline{I} = \frac{\varrho}{2} v_m^2 c$$

$$\Rightarrow v_m = \sqrt{\frac{2\overline{I}}{\varrho c}}$$

$$\underline{\xi_m = \frac{1}{2\pi f}\sqrt{\frac{2\overline{I}}{\varrho c}}}$$

Die Werte für $\overline{I}_1$, $\overline{I}_2$ und $\overline{I}_3$ werden dem Isophonendiagramm entnommen.

a) $\overline{I}_1 = 3 \cdot 10^{-6}\,\mathrm{W/m^2}$

$\underline{\underline{\xi_{m1} = 0{,}6\,\mu\mathrm{m}}}$

b) $\overline{I}_2 = 2 \cdot 10^{-13}\,\mathrm{W/m^2}$

$\underline{\underline{\xi_{m2} = 1\,\mathrm{pm}}}$

c) $\overline{I}_3 = 3 \cdot 10^{-11}\,\mathrm{W/m^2}$

$\underline{\underline{\xi_{m3} = 4\,\mathrm{pm}}}$

W 5.10 Diskothek

Ein Lautsprecher hat die Nennleistung P. Bei einer Diskothek im Freien wird diese Leistung bei einer Frequenz f voll ausgenutzt.

a) Wie groß sind die Schallstärke $\overline{I}_1$ und die Lautstärke L_{N1} in der Entfernung l_1?
b) In welcher Entfernung l_2 verringert sich die Lautstärke auf L_{N2}?

Der Lautsprecher soll näherungsweise als Punktquelle angesehen werden, die in alle Richtungen des vorderen Halbraumes gleichmäßig, in den hinteren Halbraum gar nicht abstrahlt.

$P = 80\,\mathrm{W}$ $\quad f = 400\,\mathrm{Hz}$ $\quad l_1 = 3\,\mathrm{m}$ $\quad L_{N2} = 80\,\mathrm{phon}$

$$\overline{I} = \frac{\overline{P}_S}{A_S} = \frac{P}{\frac{1}{2} \cdot 4\pi l^2}$$

a) $\underline{\overline{I}_1 = \frac{P}{2\pi l_1^2}} = \underline{\underline{1{,}4\,\mathrm{W/m^2}}}$

L_{N1} wird aus dem Isophonendiagramm bei $\overline{I}_1 = 1{,}4\,\mathrm{W/m^2}$ und $f = 400\,\mathrm{Hz}$ entnommen:

$\underline{\underline{L_{N1} = 120\,\mathrm{phon}}}$

b) Aus dem Isophonendiagramm entnimmt man $\overline{I}_2 = 10^{-4}\,\mathrm{W/m^2}$.

$$\overline{I}_2 = \frac{P}{2\pi l_2^2}$$

$$l_2 = \sqrt{\frac{P}{2\pi \overline{I}_2}} = \underline{\underline{360\,\mathrm{m}}}$$

W 5.11 Mehrere Schallquellen

In einem Arbeitsraum befinden sich folgende Schallquellen mit bekanntem Schallpegel:
eine Schreibmaschine (L_1), zwei Sprechende (jeweils L_2), Straßenlärm durch ein offenes Fenster (L_3).

a) Wie groß sind die Gesamtwerte von Schallstärke ($\overline{I}$) und Schallpegel (L)?

b) Wie groß ist die Lautstärke L_N, wenn eine mittlere Frequenz f angenommen wird?

$L_1 = 68\,\mathrm{dB}$ $\quad L_2 = 60\,\mathrm{dB}$ $\quad L_3 = 57\,\mathrm{dB}$ $\quad f = 250\,\mathrm{Hz}$

---

a) $\overline{I} = \overline{I}_1 + 2\overline{I}_2 + \overline{I}_3$

$$\overline{I}_1 = \overline{I}_0 \cdot 10^{L_1/10\,\mathrm{dB}} \quad \text{usw.}$$

$$\overline{I} = \overline{I}_0 \left(10^{L_1/10\,\mathrm{dB}} + 2 \cdot 10^{L_2/10\,\mathrm{dB}} + 10^{L_3/10\,\mathrm{dB}}\right)$$

$$\underline{\underline{\overline{I} = 8{,}8 \cdot 10^{-6}\,\mathrm{W/m^2}}}$$

$$L = 10 \lg \left(10^{L_1/10\,\mathrm{dB}} + 2 \cdot 10^{L_2/10\,\mathrm{dB}} + 10^{L_3/10\,\mathrm{dB}}\right)\,\mathrm{dB}$$

$$\underline{\underline{L = 69\,\mathrm{dB}}}$$

b) Mit $\overline{I} = 8{,}8 \cdot 10^{-6}\,\mathrm{W/m^2}$ und $f = 250\,\mathrm{Hz}$ folgt aus dem Isophonendiagramm

$$\underline{\underline{L_N = 65\,\mathrm{phon}}}$$

W 5.12 Verkehrspolizist

Ein an der Autobahn stehender Verkehrspolizist nimmt bei einem vorbeifahrenden Pkw eine Tonänderung von genau einer großen Terz ($f_2/f_1 = 4 : 5$) wahr.

Auf welche Fahrtgeschwindigkeit kann er schließen?

$c = 340\,\mathrm{m/s}$

Bewegte Schallquelle nähert sich:

$$f_1 = \frac{f}{1 - \frac{v}{c}}$$

Bewegte Schallquelle entfernt sich:

$$f_2 = \frac{f}{1 + \frac{v}{c}}$$

$$\Rightarrow \quad \frac{f_2}{f_1} = \frac{1 - \frac{v}{c}}{1 + \frac{v}{c}}$$

$$\left(1+\frac{v}{c}\right)\left(\frac{f_2}{f_1}\right)=1-\frac{v}{c}$$

$$\frac{v}{c}\left(1+\frac{f_2}{f_1}\right)=1-\frac{f_2}{f_1}$$

$$\underline{v=c\frac{1-\dfrac{f_2}{f_1}}{1+\dfrac{f_2}{f_1}}}=\underline{\underline{136\,\mathrm{km/h}}}$$

W 5.13 Polizeifahrzeug

Die Sirene eines Polizeifahrzeuges, das mit der Geschwindigkeit v_1 fährt, erzeugt einen Ton der Frequenz f.

a) Welche Frequenz f' besitzt der Ton, den der Fahrer eines Wagens hört, der mit der Geschwindigkeit v_2 hinter dem Polizeifahrzeug fährt?

b) Wie groß ist f', wenn $v_1 = v_2$?

$f = 2500\,\mathrm{Hz}$ $\quad v_1 = 75\,\mathrm{km/h}$ $\quad v_2 = 30\,\mathrm{km/h}$ $\quad c = 335\,\mathrm{m/s}$

---

a) Sich entfernendes Polizeifahrzeug (Schallquelle) und angenommener ruhender Beobachter:

$$f^* = \frac{f}{1+\dfrac{v_1}{c}}$$

Auf eine ruhende Quelle der Frequenz f^* zufahrender Beobachter:

$$f' = f^*\left(1+\frac{v_2}{c}\right)$$

Gesamtwirkung:

$$f' = f\frac{1+\dfrac{v_2}{c}}{1+\dfrac{v_1}{c}}$$

$$\underline{f' = f\frac{c+v_2}{c+v_1}} = \underline{\underline{2412\,\mathrm{Hz}}}$$

b) $\underline{f' = f} = \underline{\underline{2500\,\mathrm{Hz}}}$

W 5.14 Überschallflug

Ein Beobachter verfolgt den Flug eines Überschallflugzeuges. Er hört den Knall um die Zeit t_1 später, als sich das Flugzeug genau über ihm befunden hat. Dabei sieht er das Flugzeug unter dem Winkel γ über dem Horizont.

a) Mit welcher Geschwindigkeit v fliegt das Flugzeug?

b) In welcher Höhe h fliegt das Flugzeug?

$t_1 = 25\,\mathrm{s}$ $\quad \gamma = 35^\circ$ $\quad c = 340\,\mathrm{m/s}$

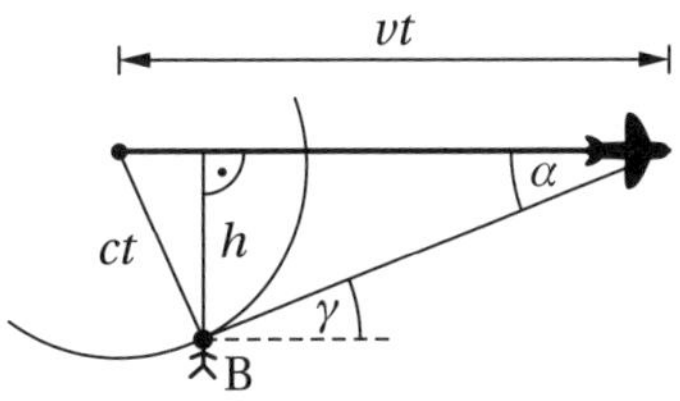

a) $\gamma = \alpha$

$$\sin \gamma = \frac{c}{v}$$

$$\underline{v = \frac{c}{\sin \gamma}} = \underline{\underline{1{,}74\,c = 2130\,\text{km/h}}}$$

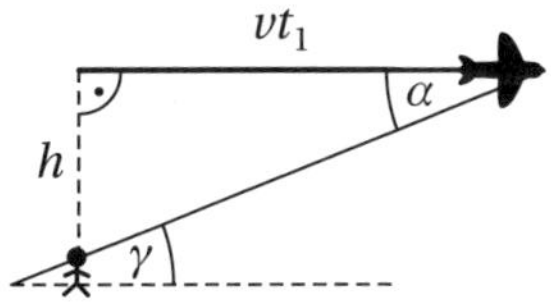

b) $\tan \gamma = \dfrac{h}{vt_1}$

$$h = \frac{ct_1}{\sin \gamma} \tan \gamma$$

$$\underline{h = \frac{ct_1}{\cos \gamma}} = \underline{\underline{10{,}4\,\text{km}}}$$

T Thermodynamik

T 1 Kalorimetrie, thermische Ausdehnung

T 1.1 Stahlstab

Ein beiderseits fest eingespannter Stahlstab (Querschnittsfläche A, Elastizitätsmodul E) kühlt sich um die Temperaturdifferenz ΔT ab.

a) Welche Zugkraft F entsteht?

b) Zerreißt der Stab? (Ist die Zugspannung σ größer als die Zerreißspannung σ_B?)

$A = 1{,}0\ \text{cm}^2 \qquad \Delta T = 80\ \text{K} \qquad \alpha = 11 \cdot 10^{-6}\ \text{K}^{-1}$

$E = 21{,}5 \cdot 10^4\ \text{MPa} \qquad \sigma_B = 1{,}0 \cdot 10^3\ \text{MPa}$

---

a) Thermische Kontraktion:

$$l = l_0(1 + \alpha\vartheta) = l_0 + \Delta l$$

$$\Delta l = l_1 - l_2 = l_0\alpha(\vartheta_1 - \vartheta_2)$$

$$l_0 \approx l$$

$$\vartheta_1 - \vartheta_2 = \Delta T$$

$$\frac{\Delta l}{l} = \alpha\,\Delta T$$

Elastische Dehnung auf die ursprüngliche Länge:

$$\frac{\Delta l}{l} = \frac{\sigma}{E}$$

$$\frac{\sigma}{E} = \alpha\,\Delta T$$

$$\sigma = \frac{F}{A}$$

$$F = \sigma A = \underline{EA\alpha\,\Delta T} = \underline{\underline{19\ \text{kN}}}$$

b) $\sigma = \underline{E\alpha\,\Delta T} = \underline{\underline{189\ \text{MPa}}} < \sigma_B$

Der Stab zerreißt nicht.

T 1.2 Stahlring

Ein dünnwandiger Stahlring (Elastizitätsmodul E, Zerreißfestigkeit σ_B, linearer Ausdehnungskoeffizient α) soll auf eine Welle vom Durchmesser d aufgeschrumpft werden. Dabei soll die in dem Ring auftretende Spannung $\sigma = 0{,}3\,\sigma_B$ betragen.

a) Wie groß ist der Innendurchmesser d_0 des kalten Ringes vor dem Aufschrumpfen?

b) Wie groß muss die Temperaturdifferenz ΔT zwischen Ring und Welle mindestens sein, damit der Ring sich aufschrumpfen lässt?

Der Ring ist wie ein gerader Stab zu behandeln.

$E = 2{,}2 \cdot 10^5$ MPa $\quad \sigma_B = 687$ MPa $\quad \alpha = 12 \cdot 10^{-6}$ K^{-1} $\quad d = 40{,}000$ mm

---

a) Elastische Dehnung:

$$\frac{\Delta l}{l_0} = \frac{\sigma}{E}$$

$$l_0 = \pi d_0$$

$$\Delta l = \pi \, \Delta d$$

$$\sigma = 0{,}3\,\sigma_B$$

$$\frac{\Delta d}{d_0} = \frac{0{,}3\,\sigma_B}{E}$$

$$\Delta d = d - d_0 = \frac{0{,}3\,\sigma_B}{E} d_0$$

$$\underline{d_0 = \frac{d}{1 + \frac{0{,}3\,\sigma_B}{E}}}$$

Wegen $\frac{0{,}3\,\sigma_B}{E} = x \ll 1$ gilt $\frac{1}{1+x} = 1 - x + \ldots,$

und es wird

$$\underline{d_0 = d - \frac{0{,}3\,\sigma_B}{E} d} = \underline{\underline{39{,}963 \text{ mm}}}$$

b) Thermische Ausdehnung:

$$l = l_0(1 + \alpha\vartheta) = l_0 + \Delta l$$

$$\Delta l = l_0 \alpha \, \Delta\vartheta$$

$$\frac{\Delta l}{l_0} = \frac{\sigma}{E}$$

$$\underline{\Delta\vartheta = \Delta T = \frac{0{,}3\,\sigma_B}{\alpha E}} = \underline{\underline{78 \text{ K}}}$$

T 1.3 Quecksilberbarometer

Ein Quecksilberbarometer ist bei $\vartheta_0 = 0\,°\text{C}$ geeicht. Bei der Temperatur ϑ_1 wird der Luftdruck p_1' abgelesen.

Bestimmen Sie den wirklichen Wert des Luftdrucks p_1, der sich bei Berücksichtigung der Dichteänderung des Quecksilbers ergibt!

Volumenausdehnungskoeffizient des Quecksilbers: $\gamma = 181 \cdot 10^{-6}$ K^{-1}

$p_1' = 1024{,}7$ hPa $\quad \vartheta_1 = 28{,}5\,°\text{C}$

Zusammenhang zwischen Druck p und Höhe h der Quecksilbersäule:

$$p = \varrho g h$$

Wegen $\varrho = \frac{m}{v}$ ist $\frac{\varrho}{\varrho_0} = \frac{V_0}{V} = \frac{1}{1 + \gamma\vartheta}$

$$\varrho = \frac{\varrho_0}{1 + \gamma\vartheta}$$

$$p = \frac{\varrho_0 g h}{1 + \gamma \vartheta}$$

Abgelesener Druck p_1' beruht auf Umrechnungsfaktor bei $\vartheta_0 = 0\,°\mathrm{C}$:

$$p_1' = \varrho_0 g h$$

Richtiger Druck p_1 wird mit Umrechnungsfaktor bei ϑ_1 bestimmt:

$$p_1 = \frac{\varrho_0 g h}{1 + \gamma \vartheta}$$

$$p_1 = \frac{p_1'}{1 + \gamma \vartheta} \approx p_1' - \gamma \vartheta_1 p_1'$$

$$\underline{\underline{p_1 = 1019{,}4\ \mathrm{hPa}}}$$

T 1.4 Umwandlungswärme

Eis der Masse m und der Temperatur ϑ_A soll so viel Wärme zugeführt werden, dass es zunächst schmilzt und anschließend die Hälfte des Wassers verdampft.

Welche Wärme Q muss zugeführt werden?

$m = 2{,}0\ \mathrm{kg}$ $\quad \vartheta_A = -8\,°\mathrm{C}$ $\quad c_E = 2{,}09\ \mathrm{kJ/(kg \cdot K)}$

$q_f = 332\ \mathrm{kJ/kg}$ $\quad q_d = 2{,}26\ \mathrm{MJ/kg}$ $\quad c_W = 4{,}19\ \mathrm{kJ/(kg \cdot K)}$

$$Q = m \left[c_E (\vartheta_0 - \vartheta_A) + q_f + c_W (\vartheta_S - \vartheta_0) + \frac{1}{2} q_d \right]$$

$$\vartheta_0 = 0\,°\mathrm{C}$$
$$\vartheta_S = 100\,°\mathrm{C}$$

$$\underline{\underline{Q = 3{,}80\ \mathrm{MJ}}}$$

T 1.5 Eistemperatur

Eis (m_E) wird in siedendes Wasser (m_W) gebracht. Die Mischungstemperatur ist ϑ_M. Als Kalorimeter dient ein Thermosgefäß, dessen Wärmekapazität zu vernachlässigen ist.

Welche Temperatur ϑ_E hatte das Eis?

$m_E = 100\ \mathrm{g}$ $\quad m_W = 500\ \mathrm{g}$ $\quad \vartheta_M = 69\,°\mathrm{C}$

$c_E = 2{,}09\ \mathrm{kJ/(kg \cdot K)}$ $\quad q_f = 332\ \mathrm{kJ/kg}$ $\quad c_W = 4{,}19\ \mathrm{kJ/(kg \cdot K)}$

$$\sum Q_{ab} = \sum Q_{auf}$$

$$m_W c_W (\vartheta_S - \vartheta_M) = m_E c_E (\vartheta_0 - \vartheta_E) + m_E q_f + m_E c_W (\vartheta_M - \vartheta_0)$$

$$\vartheta_E = \vartheta_0 + \frac{m_E q_f + m_E c_W (\vartheta_M - \vartheta_0) - m_W c_W (\vartheta_S - \vartheta_M)}{m_E c_E}$$

$$\vartheta_E = 0\,°\mathrm{C} - 14\ \mathrm{K} = \underline{\underline{-14\,°\mathrm{C}}}$$

T 1.6 Aluminiumquader

Ein auf die Temperatur ϑ_A erwärmter Aluminiumquader mit der Dichte ϱ_A und den Kantenlängen l, b, h wird in Wasser (m_W, ϑ_W) gebracht. Es stellt sich eine Ausgleichtemperatur ϑ_E ein. Das Kalorimeter hat die Wärmekapazität C.

Wie groß ist die spezifische Wärmekapazität c_A des Aluminiums?

$\vartheta_A = 100\,°C$ $\quad \varrho_A = 2{,}72\ g/cm^3$ $\quad l = 5{,}0\ cm$ $\quad b = 4{,}0\ cm$ $\quad h = 2{,}0\ cm$

$m_W = 200\ g$ $\quad \vartheta_W = 17{,}0\,°C$ $\quad \vartheta_E = 24{,}1\,°C$ $\quad C = 209\ J/K$ $\quad c_W = 4{,}19\ kJ/(kg \cdot K)$

$$\sum Q_{ab} = \sum Q_{auf}$$

$$m_A c_A (\vartheta_A - \vartheta_E) = (m_W c_W + C)(\vartheta_E - \vartheta_W)$$

$$m_A = \varrho_A lbh$$

$$c_A = \frac{(m_W c_W + C)(\vartheta_E - \vartheta_W)}{\varrho_A lbh (\vartheta_A - \vartheta_E)} = 0{,}90\ \frac{kJ}{kg \cdot K}$$

T 1.7 Eisenkugel

In ein Gefäß (C) mit Wasser (m_W, ϑ_W) bringt man eine Eisenkugel (m_E, c_E). Dabei verdampft Wasser der Masse m_D.

Welche Temperatur ϑ_E hatte die Eisenkugel?

$C = 209\ J/K$ $\quad m_W = 100\ g$ $\quad \vartheta_W = 95\,°C$ $\quad m_E = 35\ g$

$m_D = 3{,}0\ g$ $\quad c_E = 465\ J/(kg \cdot K)$ $\quad q_d = 2{,}26\ MJ/kg$ $\quad c_W = 4{,}19\ kJ/(kg \cdot K)$

$$\sum Q_{ab} = \sum Q_{auf}$$

$$m_E c_E (\vartheta_E - \vartheta_S) = (m_W c_W + C)(\vartheta_S - \vartheta_W) + m_D q_d$$

$$\vartheta_E = \vartheta_S + \frac{(m_W c_W + C)(\vartheta_S - \vartheta_W) + m_D q_d}{m_E c_E} = 100\,°C + 610\ K$$

$$\vartheta_E = 710\,°C$$

T 1.8 Zustandsbestimmung

In einem Kalorimeter vernachlässigbarer Wärmekapazität befindet sich Eis der Masse m_1 im Temperaturgleichgewicht mit Wasser der Masse m_2. Eine Wassermasse m_3 von Siedetemperatur ϑ_S wird zugegeben.

Welcher Gleichgewichtszustand (gekennzeichnet durch die Temperatur ϑ', die im Kalorimeter vorhandene Wassermenge m_W und die Eismasse m_E) stellt sich ein, wenn m_3

a) als Wasser
b) als Dampf

zugegeben wird?

$m_1 = 200\ g$ $\quad m_2 = 300\ g$ $\quad m_3 = 100\ g$ $\quad c_W = 4{,}19\ kJ/(kg \cdot K)$

$q_f = 332\ kJ/kg$ $\quad q_d = 2{,}26\ MJ/kg$

Vorprüfung: Wird das Eis völlig geschmolzen?

Erforderliche Schmelzwärme:

$Q_f = m_1 q_f = 66{,}4$ kJ

Maximal zugeführte Wärme Q_m:

a) $Q_m = m_3 c_W (\vartheta_S - \vartheta_0) = 41{,}9 \text{ kJ} < Q_f \quad \Rightarrow$ nein

b) $Q_m = m_3 q_d + m_3 c_W (\vartheta_S - \vartheta_0) = 268 \text{ kJ} > Q_f \quad \Rightarrow$ ja

Lösung:

a) $\underline{\vartheta' = 0\,°\mathrm{C}}$

$$\sum Q_{auf} = \sum Q_{ab}$$

$$(m_1 - m_E)\, q_f = m_3 c_W (\vartheta_S - \vartheta_0)$$

$$m_E = m_1 - \frac{c_W (\vartheta_S - \vartheta_0)}{q_f} m_3 = \underline{\underline{74 \text{ g}}}$$

$$m_W = m_1 + m_2 + m_3 - m_E = \underline{\underline{526 \text{ g}}}$$

b) $m_E = 0$

$$m_W = m_1 + m_2 + m_3 = \underline{\underline{600 \text{ g}}}$$

$$\sum Q_{auf} = \sum Q_{ab}$$

$$m_1 q_f + (m_1 + m_2)\, c_W (\vartheta' - \vartheta_0) = m_3 q_d + m_3 c_W (\vartheta_S - \vartheta')$$

$$(m_1 + m_2 + m_3)\, c_W \vartheta' = m_3 q_d - m_1 q_f + m_3 c_W \vartheta_S + (m_1 + m_2)\, c_W \vartheta_0$$

$$\vartheta' = \frac{m_3 q_d - m_1 q_f + m_3 c_W \vartheta_S + (m_1 + m_2)\, c_W \vartheta_0}{(m_1 + m_2 + m_3)\, c_W}$$

$$\underline{\underline{\vartheta' = 80\,°\mathrm{C}}}$$

T 1.9 Destillationsapparat

In einem Destillationsapparat tritt Wasserdampf mit der Siedetemperatur ϑ_S in die Kühlschlange ein. Die Kühlung erfolgt durch Wasser, das mit der Temperatur ϑ_1 in den Kühlmantel einströmt und ihn mit ϑ_2 verlässt. Der kondensierte Wasserdampf verlässt den Kühler mit der Temperatur ϑ_K.

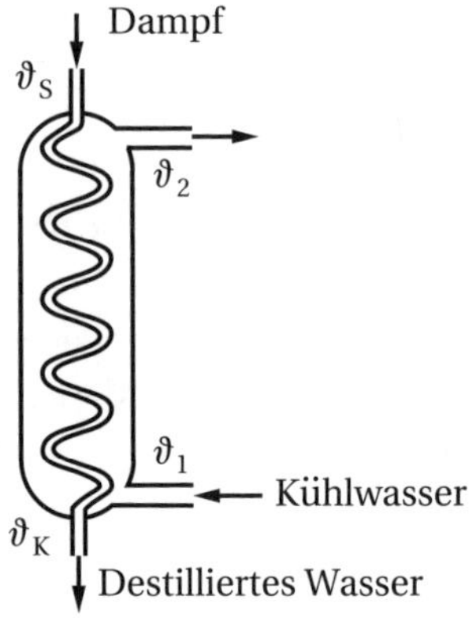

Wie groß ist die Stromstärke I des Kühlwassers, wenn stündlich die Wassermenge der Masse m_K kondensiert?

$m_K = 5{,}0$ kg $\quad \vartheta_S = 100\,°\mathrm{C} \quad \vartheta_1 = 10\,°\mathrm{C} \quad q_d = 2{,}26$ MJ/kg

$\vartheta_K = 30\,°\mathrm{C} \quad \vartheta_2 = 60\,°\mathrm{C} \quad c_W = 4{,}19$ kJ/(kg · K)

$$\sum Q_{ab} = \sum Q_{auf}$$
$$m_K q_d + m_K c_W (\vartheta_S - \vartheta_K) = m_W c_W (\vartheta_2 - \vartheta_1)$$
$$I = \frac{V_W}{t} = \frac{m_W}{\varrho_W t}$$
$$I = \frac{m_K}{\varrho_W t} \cdot \frac{q_d + c_W (\vartheta_S - \vartheta_K)}{c_W (\vartheta_2 - \vartheta_1)} = \underline{\underline{61\ \mathrm{l/h}}}$$

T 1.10 Tauchsieder

Wasser (m, ϑ_A) wird in einem Kalorimeter (C) mit einem Tauchsieder (Leistungsaufnahme P) erwärmt.

a) Nach welcher Zeit t_1 ist die Siedetemperatur ϑ_S erreicht?

b) Es wurde vergessen, den Tauchsieder abzuschalten. Befindet sich noch Wasser im Kalorimeter, wenn das erst nach der Zeit t_2 (nach dem Einschalten) bemerkt wird?

$m = 500$ g $\vartheta_A = 16\,°\mathrm{C}$ $C = 480$ J/K $P = 600$ W

$\vartheta_S = 100\,°\mathrm{C}$ $c_W = 4{,}19$ kJ/(kg · K) $q_d = 2{,}26$ MJ/kg $t_2 = 25$ min

a) $Q_{auf} = W_{el}$

$$(mc_W + C)(\vartheta_S - \vartheta_A) = Pt_1$$
$$t_1 = \frac{(mc_W + C)(\vartheta_S - \vartheta_A)}{P} = \underline{\underline{6\ \mathrm{min}}}$$

b) Zeit t_3, bis zu der das Wasser völlig verdampft ist:

$$Q_d = W_{el}$$
$$mq_d = P(t_3 - t_1)$$
$$t_3 = t_1 + \frac{mq_d}{P} = 37\ \mathrm{min} > t_2 \quad \Rightarrow \quad \underline{\text{Ja}}$$

T 1.11 Quecksilberstrahl

Ein Quecksilber- und ein Wasserstrahl strömen beide mit der gleichen Geschwindigkeit v aus einem waagerecht liegenden Rohr und durchfallen beide die gleiche Höhe h.

Um welchen Faktor erwärmt sich dabei die eine Flüssigkeit mehr als die andere?

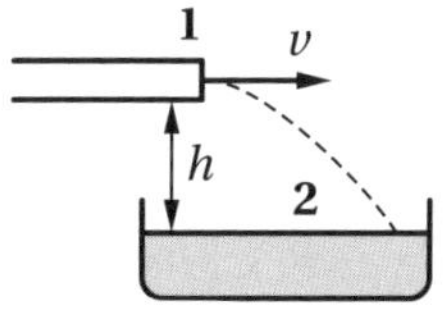

$c_Q = 138$ J/(kg · K) $c_W = 4{,}19$ kJ/(kg · K)

$$\Delta E_p + \Delta E_k = Q$$
$$mgh + \frac{m}{2}v^2 = mc\,\Delta T$$
$$gh + \frac{v^2}{2} = c_W\,\Delta T_W = c_Q\,\Delta T_Q$$
$$\Delta T_Q = \frac{c_W}{c_Q}\Delta T_W = 30\,\Delta T_W$$

T 2 Wärmeausbreitung

T 2.1 Verbundfenster

Ein Verbundfenster der Fläche A besteht aus zwei Glasscheiben der Dicke d_1, zwischen denen sich eine Luftschicht befindet. Das Glas hat die Wärmeleitfähigkeit λ_1, die Luftschicht den Wärmedurchgangskoeffizienten k_2.(Die Konvektion ist damit berücksichtigt.) Die Wärmeübergangskoeffizienten sind innen α_i (Zimmerluft ruhend) und außen α_a (Außenluft leicht bewegt). Die Innentemperatur ist ϑ_i, die Außentemperatur ϑ_a.

a) Berechnen Sie die Heizleistung P, die erforderlich ist, um den Energieverlust, den der Wärmestrom durch das Fenster verursacht, zu ersetzen!

b) Welchen Wert P' nimmt die erforderliche Heizleistung an, wenn das Fenster nur eine Scheibe der Dicke d_3 hat?

$A = 2{,}0\ \text{m}^2 \quad \lambda_1 = 0{,}85\ \text{W}/(\text{m}\cdot\text{K}) \quad k_2 = 5{,}9\ \text{W}/(\text{m}^2\cdot\text{K})$

$\alpha_i = 12{,}5\ \text{W}/(\text{m}^2\cdot\text{K}) \quad \alpha_a = 25\ \text{W}/(\text{m}^2\cdot\text{K}) \quad d_1 = 3{,}5\ \text{mm} \quad d_3 = 5{,}4\ \text{mm}$

$\vartheta_i = 22\,°\text{C} \quad \vartheta_a = -10\,°\text{C}$

---

a) $P = \dot{Q} = kA\left(\vartheta_i - \vartheta_a\right)$

$$\frac{1}{k} = \frac{1}{\alpha_i} + 2\frac{d_1}{\lambda_1} + \frac{1}{k_2} + \frac{1}{\alpha_a}$$

$$P = \frac{A\left(\vartheta_i - \vartheta_a\right)}{\dfrac{1}{\alpha_i} + 2\dfrac{d_1}{\lambda_1} + \dfrac{1}{k_2} + \dfrac{1}{\alpha_a}} = \underline{\underline{0{,}21\ \text{kW}}}$$

b) $P' = \dot{Q}' = k'A\left(\vartheta_i - \vartheta_a\right)$

$$\frac{1}{k'} = \frac{1}{\alpha_i} + \frac{d_3}{\lambda_1} + \frac{1}{\alpha_a}$$

$$P' = \frac{A\left(\vartheta_i - \vartheta_a\right)}{\dfrac{1}{\alpha_i} + \dfrac{d_3}{\lambda_1} + \dfrac{1}{\alpha_a}} = \underline{\underline{0{,}51\ \text{kW}}}$$

T 2.2 Keramikplatte

Zur Messung der Wärmeleitfähigkeit λ_1 einer Keramikplatte wird folgende Anordnung benutzt:

Zwischen zwei kupfernen Behältern, von denen der eine mit siedendem Wasser (ϑ_S), der andere mit Wasser und Eisstückchen (ϑ_0) gefüllt ist, befindet sich ein seitlich durch Glaswolle von der Umgebung isolierter Wärmeleiter, der aus drei Schichten gleicher Querschnittsfläche A aufgebaut ist. Diese Schichten sind die zu untersuchende Keramikplatte (Dicke d_1), ein Kupferblech, dessen Temperatur ϑ_2 mit einem Messfühler bestimmt werden kann, sowie eine Porzellanplatte (Dicke d_3) von bekannter Wärmeleitfähigkeit λ_3. Der Wärmeübergangskoeffizient α ist an allen Berührungsstellen der Festkörper untereinander gleich groß.

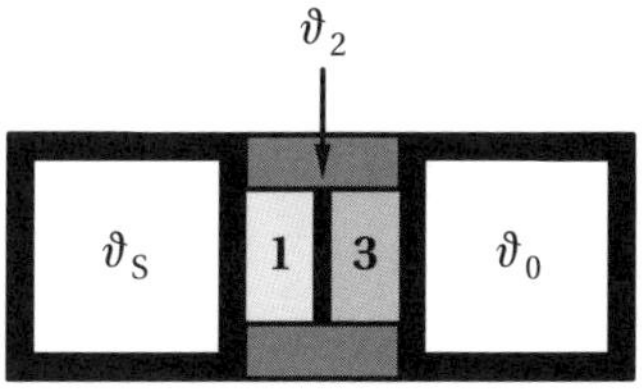

a) Bestimmen Sie λ_1 unter Vernachlässigung der Temperaturdifferenzen, die im Kupfer und an den Übergangsstellen Wasser – Kupfer auftreten!

b) Das Kupferblech zwischen Keramikplatte und Porzellanplatte hat die Dicke d_2 und die Wärmeleitfähigkeit λ_2. Wie groß ist die Messunsicherheit von ϑ_2, die durch die in a) vernachlässigte Temperaturdifferenz $\Delta\vartheta$ im Kupferblech verursacht wird?

$d_1 = 20$ mm $\quad d_2 = 2{,}0$ mm $\quad d_3 = 12$ mm

$\lambda_2 = 384$ W/(m · K) $\quad \lambda_3 = 1{,}44$ W/(m · K) $\quad \alpha = 5{,}5$ kW/(m^2 · K)

$\vartheta_S = 100\,°\mathrm{C} \quad \vartheta_0 = 0\,°\mathrm{C} \quad \vartheta_2 = 24{,}3\,°\mathrm{C}$

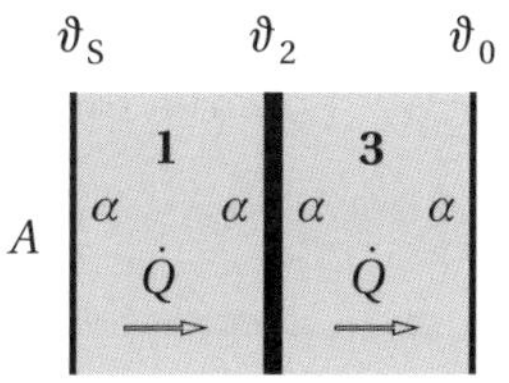

a) $\dot{Q} = k_1 A\,(\vartheta_S - \vartheta_2) = k_3 A\,(\vartheta_2 - \vartheta_0)$

$$\frac{1}{k_1} = \frac{2}{\alpha} + \frac{d_1}{\lambda_1}$$

$$\frac{1}{k_3} = \frac{2}{\alpha} + \frac{d_3}{\lambda_3}$$

$$\left(\frac{2}{\alpha} + \frac{d_3}{\lambda_3}\right)(\vartheta_S - \vartheta_2) = \left(\frac{2}{\alpha} + \frac{d_1}{\lambda_1}\right)(\vartheta_2 - \vartheta_0)$$

$$\lambda_1 = \frac{d_1}{\left(\frac{2}{\alpha} + \frac{d_3}{\lambda_3}\right)\frac{\vartheta_S - \vartheta_2}{\vartheta_2 - \vartheta_0} - \frac{2}{\alpha}} = \underline{\underline{0{,}75\ \mathrm{W/(m \cdot K)}}}$$

b) $\dot{Q} = \frac{\lambda_2}{d_2} A\,\Delta\vartheta = k_3 A\,(\vartheta_2 - \vartheta_0)$

$$\Delta\vartheta = \frac{\frac{d_2}{\lambda_2}(\vartheta_2 - \vartheta_0)}{\frac{2}{\alpha} + \frac{d_3}{\lambda_3}} = \underline{\underline{0{,}015\ \mathrm{K}}}$$

T 2.3 Eisblumen

Eine Schaufensterscheibe hat die Dicke d. Die Wärmeleitfähigkeit des Glases ist λ, die Wärmeübergangskoeffizienten sind innen α_i (Luft ruhend) und außen α_a (Luft leicht bewegt). Im Innenraum wird die Temperatur ϑ_i konstant gehalten. Unterhalb welcher Außentemperatur ϑ_a können sich an der Innenseite der Scheibe Eisblumen bilden?

$d = 13$ mm $\quad \vartheta_i = 14\,°\mathrm{C} \quad \lambda = 0{,}85$ W/(m · K)

$\alpha_i = 12{,}5$ W/(m^2 · K) $\quad \alpha_a = 25$ W/(m^2 · K)

Die Scheibeninnenfläche darf höchstens die Temperatur $\vartheta_0 = 0\,^\circ\mathrm{C}$ haben.

$$\dot{Q} = k_1 A\,(\vartheta_0 - \vartheta_a) = \alpha_i A\,(\vartheta_i - \vartheta_0)$$

$$\frac{1}{k_1} = \frac{1}{\alpha_a} + \frac{d}{\lambda}$$

$$\vartheta_0 - \vartheta_a = \alpha_i \left(\frac{1}{\alpha_a} + \frac{d}{\lambda}\right)(\vartheta_i - \vartheta_0)$$

$$\vartheta_a = \vartheta_0 - \alpha_i \left(\frac{1}{\alpha_a} + \frac{d}{\lambda}\right)(\vartheta_i - \vartheta_0) = \underline{\underline{-9{,}7\,^\circ\mathrm{C}}}$$

T 2.4 Etagenheizung

Die Flammengase am Kessel einer Etagenheizung haben die Temperatur ϑ_1. Die Wärme gelangt durch die Kesseloberfläche A in das Wasser (spezifische Wärmekapazität c_W). Die Dicke der Kesselwand ist d, die Rücklauftemperatur des Wassers ϑ_2. Das Wasser wird mit der Stromstärke I durch den Kessel befördert.

Wie groß ist die Vorlauftemperatur ϑ_3, mit der das Wasser den Kessel verlässt?

Stahl: $\lambda = 58\ \mathrm{W/(m \cdot K)}$
Flammengase/Stahl: $\alpha_1 = 19\ \mathrm{W/(m^2 \cdot K)}$
Stahl/Wasser: $\alpha_2 = 4{,}7\ \mathrm{kW/(m^2 \cdot K)}$

$\vartheta_1 = 300\,^\circ\mathrm{C}$ $\quad \vartheta_2 = 60\,^\circ\mathrm{C}$ $\quad I = 6{,}4\ \mathrm{l/min}$

$d = 3{,}0\ \mathrm{mm}$ $\quad A = 1{,}0\ \mathrm{m^2}$ $\quad c_\mathrm{W} = 4{,}19\ \mathrm{kJ/(kg \cdot K)}$ $\quad \varrho_\mathrm{W} = 1000\ \mathrm{kg/m^3}$

$$\dot{Q} = kA\left(\vartheta_1 - \frac{\vartheta_2 + \vartheta_3}{2}\right) = \dot{m} c_\mathrm{W}\,(\vartheta_3 - \vartheta_2)$$

$$kA\left(\vartheta_1 - \frac{\vartheta_2}{2}\right) + \dot{m} c_\mathrm{W} \vartheta_2 = \left(\frac{kA}{2} + \dot{m} c_\mathrm{W}\right)\vartheta_3$$

$$\vartheta_3 = \frac{kA\left(\vartheta_1 - \frac{\vartheta_2}{2}\right) + \dot{m} c_\mathrm{W} \vartheta_2}{\frac{kA}{2} + \dot{m} c_\mathrm{W}}$$

$$\dot{m} = \frac{\mathrm{d}m}{\mathrm{d}t} = \frac{\varrho_\mathrm{W}\,\mathrm{d}V}{\mathrm{d}t} = \varrho_\mathrm{W} I$$

$$\frac{1}{k} = \frac{1}{\alpha_1} + \frac{d}{\lambda} + \frac{1}{\alpha_2} \qquad k = 18{,}9\ \mathrm{W/(m^2 \cdot K)}$$

$$\vartheta_3 = \frac{kA\left(\vartheta_1 - \frac{\vartheta_2}{2}\right) \varrho_\mathrm{W} c_\mathrm{W} I \vartheta_2}{\frac{kA}{2} + \varrho_\mathrm{W} c_\mathrm{W} I} = \underline{\underline{70\,^\circ\mathrm{C}}}$$

T 2.5 Ziegelmauerwerk

Ziegelmauerwerk hat die Wärmeleitfähigkeit λ_1, die spezifische Wärmekapazität c_1 und die Dichte ϱ_1.

a) Berechnen Sie den Wärmestrom $\dot{Q}_1$ durch die Ziegelmauer der Dicke d_1 bei der Innentemperatur ϑ_i und der Außentemperatur ϑ_{a1} für $A = 1{,}00\ \mathrm{m^2}$ Wandfläche! (Der Wärmeübergang soll außer Betracht bleiben.)

b) Über Nacht tritt ein Temperatursturz von ϑ_{a1} auf ϑ_{a2} auf.
Welche Wärme Q_W gibt das Wandstück aufgrund seiner Wärmekapazität bis zur Einstellung des neuen stationären Temperaturverlaufs ab, wenn die Innentemperatur konstant gehalten wird? Für welche Zeit t_1 könnte mit dieser Wärme die Erhöhung des Wärmestroms gedeckt werden?

c) Welche Zeiten t_2 und t_3 ergeben sich für eine Wand aus Gassilikatbeton (ϱ_2, λ_2, c_2) und eine mit Schaumpolystyrol (ϱ_3, λ_3, c_3) isolierte Wand von jeweils gleichem Wärmedurchgangskoeffizienten?

Materialwerte:

Ziegelmauer:	$\varrho_1 = 1800\ \text{kg/m}^3$	$\lambda_1 = 0{,}81\ \text{W/(m}\cdot\text{K)}$ $c_1 = 0{,}26\ \text{Wh/(kg}\cdot\text{K)}$
Gasbetonmauer:	$\varrho_2 = 500\ \text{kg/m}^3$	$\lambda_2 = 0{,}22\ \text{W/(m}\cdot\text{K)}$ $c_2 = 0{,}29\ \text{Wh/(kg}\cdot\text{K)}$
Polystyrolschaumstoff:	$\varrho_3 = 15\ \text{kg/m}^3$	$\lambda_3 = 0{,}025\ \text{W/(m}\cdot\text{K)}$ $c_3 = 0{,}41\ \text{Wh/(kg}\cdot\text{K)}$

$d_1 = 36\ \text{cm}$ $\quad \vartheta_i = 20\,°\text{C}$ $\quad \vartheta_{a1} = +5\,°\text{C}$ $\quad \vartheta_{a2} = -10\,°\text{C}$

---

a) $$\dot{Q} = \frac{\lambda_1}{d_1} A\left(\vartheta_i - \vartheta_{a1}\right) = \underline{\underline{34\ \text{W}}}$$

b) $$Q_W = m_1 c_1 \left(\overline{\vartheta}_1 - \overline{\vartheta}_2\right) \qquad \text{mit} \quad \overline{\vartheta}_1 = \frac{\vartheta_{a1} + \vartheta_i}{2} \quad \text{und} \quad \overline{\vartheta}_2 = \frac{\vartheta_{a2} + \vartheta_i}{2}$$

$$Q_W = m_1 c_1 \frac{\vartheta_{a1} - \vartheta_{a2}}{2}$$

$$m_1 = \varrho_1 d_1 A$$

$$Q_W = \frac{\varrho_1 d_1 A c_1}{2}\left(\vartheta_{a1} - \vartheta_{a2}\right) = \underline{\underline{1{,}26\ \text{kW}\cdot\text{h}}}$$

$$Q_W = \Delta\dot{Q}\, t_1$$

$$\Delta\dot{Q} = \dot{Q}_2 - \dot{Q}_1 = \frac{\lambda_1}{d_1} A\left[\left(\vartheta_i - \vartheta_{a2}\right) - \left(\vartheta_i - \vartheta_{a1}\right)\right]$$

$$\Delta\dot{Q} = \frac{\lambda_1}{d_1} A\left(\vartheta_{a1} - \vartheta_{a2}\right)$$

$$t_1 = \frac{Q_W}{\Delta\dot{Q}} = \frac{\varrho_1 d_1^2 c_1}{2\lambda_1} = \underline{\underline{37\ \text{h}}}$$

c) $$t_2 = \frac{\varrho_2 d_2^2 c_2}{2\lambda_2}$$

$$\frac{t_2}{t_1} = \frac{\varrho_2 c_2 \lambda_1}{\varrho_1 c_1 \lambda_2}\left(\frac{d_2}{d_1}\right)^2$$

$$t_2 = \frac{\varrho_2 c_2 \lambda_1}{\varrho_1 c_1 \lambda_2}\left(\frac{d_2}{d_1}\right)^2 t_1$$

$$k = \text{const} = \frac{\lambda_1}{d_1} = \frac{\lambda_2}{d_2} = \frac{\lambda_3}{d_3}$$

$$\Rightarrow \quad \frac{d_2}{d_1} = \frac{\lambda_2}{\lambda_1}$$

$$t_2 = \frac{\varrho_2 c_2 \lambda_2}{\varrho_1 c_1 \lambda_1} t_1 = \underline{\underline{3{,}2\ \mathrm{h}}}$$

Entsprechend gilt:

$$t_3 = \frac{\varrho_3 c_3 \lambda_3}{\varrho_1 c_1 \lambda_1} t_1 = \underline{\underline{55\ \mathrm{s}}}$$

T 2.6 Wasserspeicher I

Ein Wasserspeicher hat die Oberfläche A. Seine Wand besteht aus Eisenblech der Dicke l_1, Glaswolle der Dicke l_2 und Eisenblech der Dicke l_3. Die Wand wird als eben angesehen. Der Speicher enthält Wasser der Temperatur ϑ_i. Die Außentemperatur sei ϑ_a.

a) Man skizziere den Temperaturverlauf $\vartheta(l)$ von innen nach außen!

b) Wie groß ist der Wärmedurchgangskoeffizient k?

c) Welche Wärme Q_1 muss der Heizkörper im Speicher in der Zeit t_1 an das Wasser abgeben, damit die Temperatur konstant bleibt? Welcher Heizleistung P entspricht das?

d) Welche Temperatur ϑ_W wird man an der Außenwand des Speichers messen?

$A = 1{,}2\ \mathrm{m}^2 \quad l_1 = 3{,}0\ \mathrm{mm} \quad l_2 = 50\ \mathrm{mm} \quad l_3 = 1{,}0\ \mathrm{mm}$

$\vartheta_i = 95\,°\mathrm{C} \quad \vartheta_a = 15\,°\mathrm{C} \quad t_1 = 1\ \mathrm{h}$

Wärmeleitfähigkeit für Eisen:	$\lambda_1 = 58\ \mathrm{W/(m \cdot K)}$
Wärmeleitfähigkeit für Glaswolle:	$\lambda_2 = 0{,}048\ \mathrm{W/(m \cdot K)}$
Wärmeübergangskoeffizient Wasser/Eisen:	$\alpha_i = 6\ \mathrm{kW/(m^2 \cdot K)}$
Wärmeübergangskoeffizient Glaswolle/Eisen:	$\alpha_m = 150\ \mathrm{W/(m^2 \cdot K)}$
Wärmeübergangskoeffizient Eisen/Luft:	$\alpha_a = 30\ \mathrm{W/(m^2 \cdot K)}$

a)

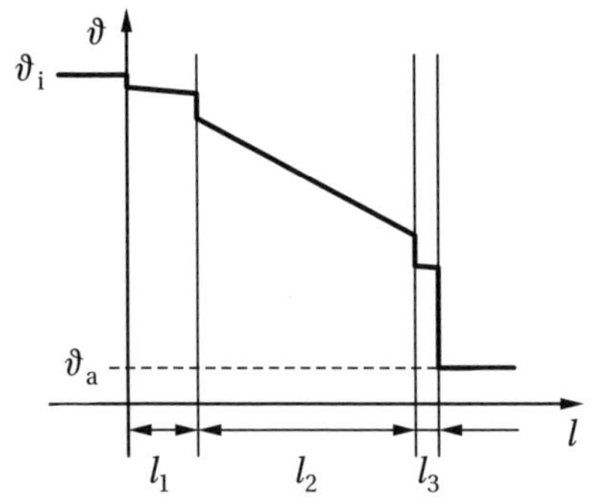

b) $$\frac{1}{k} = \frac{1}{\alpha_i} + \frac{2}{\alpha_m} + \frac{1}{\alpha_a} + \frac{l_1 + l_3}{\lambda_1} + \frac{l_2}{\lambda_2}$$

$$\frac{1}{k} \approx \frac{2}{\alpha_m} + \frac{1}{\alpha_a} + \frac{l_2}{\lambda_2}$$

$$\underline{\underline{k = 0{,}92\ \mathrm{W/(m^2 \cdot K)}}}$$

c) $$\dot{Q} = kA\left(\vartheta_i - \vartheta_a\right)$$

$$Q_1 = kA\left(\vartheta_i - \vartheta_a\right) t_1 = \underline{\underline{318\ \mathrm{kJ}}}$$

$$P = \dot{Q} = kA\left(\vartheta_i - \vartheta_a\right) = \underline{\underline{88\ \mathrm{W}}}$$

d) $\dot{Q} = \alpha_a A \left(\vartheta_W - \vartheta_a\right) = kA \left(\vartheta_i - \vartheta_a\right)$

$$\vartheta_W - \vartheta_a = \frac{k}{\alpha_a} \left(\vartheta_i - \vartheta_a\right)$$

$$\underline{\vartheta_W = \vartheta_a + \frac{k}{\alpha_a} \left(\vartheta_i - \vartheta_a\right)} = \underline{\underline{17\,^\circ\mathrm{C}}}$$

T 2.7 Wasserspeicher II

Der in Aufgabe T 2.6 beschriebene Wasserspeicher fasst Wasser der Masse m.

a) Berechnen Sie, nach welcher Funktion die Wassertemperatur ϑ mit der Zeit t abnimmt, wenn die Heizung abgeschaltet wird! Die Anfangstemperatur des Wassers sei ϑ_i; die Außentemperatur ϑ_a sei konstant.

b) Die Genauigkeit der Messung der Wassertemperatur sei so, dass Unterschiede der Größe ΔT nicht mehr festgestellt werden können. Nach welcher Zeit t_1 wird man daher sagen können, dass die Wassertemperatur von ihrem Anfangswert ϑ_i auf die Außentemperatur ϑ_a abgesunken ist?

$m = 100$ kg $\quad \vartheta_i = 95\,^\circ$C $\quad \vartheta_a = 15\,^\circ$C $\quad \Delta T = 0{,}5$ K

$c_W = 4{,}19$ kJ/(kg · K)

---

a) Betrachtung nur während der Zeit $\mathrm{d}t$:

Wärmedurchgang durch die Behälterwand bei der Wassertemperatur ϑ:

$$\mathrm{d}Q = kA \left(\vartheta - \vartheta_a\right)\, \mathrm{d}t$$

Deshalb Wärmeabgabe des Wassers:

$$\mathrm{d}Q = -m c_W\, \mathrm{d}\vartheta$$

$$\Rightarrow \quad kA \left(\vartheta - \vartheta_a\right)\, \mathrm{d}t = -m c_W\, \mathrm{d}\vartheta$$

$$\mathrm{d}t = -\frac{m c_W\, \mathrm{d}\vartheta}{kA \left(\vartheta - \vartheta_a\right)}$$

$$\int_0^t \mathrm{d}t = -\frac{m c_W}{kA} \int_{\vartheta_i}^{\vartheta} \frac{\mathrm{d}\vartheta}{\vartheta - \vartheta_a}$$

$$t = -\frac{m c_W}{kA} \left[\ln\left(\vartheta - \vartheta_a\right)\right]_{\vartheta_i}^{\vartheta}$$

$$t = -\frac{m c_W}{kA} \ln \frac{\vartheta - \vartheta_a}{\vartheta_i - \vartheta_a}$$

$$\frac{\vartheta - \vartheta_a}{\vartheta_i - \vartheta_a} = \mathrm{e}^{-\frac{kA}{m c_W} t}$$

$$\underline{\vartheta = \vartheta_a + \left(\vartheta_i - \vartheta_a\right) \mathrm{e}^{-\frac{kA}{m c_W} t}}$$

b) $t_1 = -\dfrac{m c_W}{kA} \ln \dfrac{\vartheta_1 - \vartheta_a}{\vartheta_i - \vartheta_a}$

$$\vartheta_1 - \vartheta_a = \Delta T$$

$$\underline{t_1 = \frac{m c_W}{kA} \ln \frac{\vartheta_i - \vartheta_a}{\Delta T}} = \underline{\underline{22\ \mathrm{d}}}$$

T 2.8 Eiskugel

Eine Eiskugel mit dem Radius r_A, die gleichmäßig die Temperatur ϑ_0 angenommen hat, befindet sich in der Umgebung mit der konstanten Temperatur ϑ_U.

Nach welcher Zeit t_1 ist die Hälfte des Eises geschmolzen? Es wird angenommen, dass das Schmelzwasser sofort wegfließt.

$r_A = 20$ cm $\quad \vartheta_0 = 0\,°C \quad \vartheta_U = 10\,°C$

Wärmeübergangskoeffizient:	$\alpha = 11{,}6$ W/(m$^2 \cdot$ K)
Dichte des Eises:	$\varrho = 0{,}92$ kg/dm^3
spezifische Schmelzwärme des Eises:	$q_f = 332$ kJ/kg

Betrachtung während der Zeit $\mathrm{d}t$:

Wärmeübergang an der Eiskugeloberfläche:

$$A = 4\pi r^2$$

$$\mathrm{d}Q = \alpha A \left(\vartheta_U - \vartheta_0\right)\,\mathrm{d}t$$

Deshalb Schmelzen des Eises (Abnahme der Masse):

$$\mathrm{d}Q = -q_f\,\mathrm{d}m$$

$$\alpha A \left(\vartheta_U - \vartheta_0\right)\,\mathrm{d}t = -q_f\,\mathrm{d}m$$

$$\mathrm{d}m = \varrho A\,\mathrm{d}r$$

$$\mathrm{d}t = -\frac{q_f \varrho\,\mathrm{d}r}{\alpha\left(\vartheta_U - \vartheta_0\right)}$$

$$\int_0^{t_1} \mathrm{d}t = -\frac{q_f \varrho}{\alpha\left(\vartheta_U - \vartheta_0\right)} \int_{r_A}^{r_E} \mathrm{d}r$$

$$t_1 = \frac{q_f \varrho}{\alpha\left(\vartheta_U - \vartheta_0\right)}\left(r_A - r_E\right)$$

$$V_E = \frac{V_A}{2}$$

$$r_E^3 = \frac{r_A^3}{2}$$

$$r_E = \sqrt[3]{\frac{1}{2}}\,r_A$$

$$\underline{t_1 = \left(1 - \sqrt[3]{\frac{1}{2}}\right)\frac{r_A q_f \varrho}{\alpha\left(\vartheta_U - \vartheta_0\right)}} = \underline{\underline{30\text{ h}}}$$

T 3 Zustandsänderungen – Erster Hauptsatz der Thermodynamik

T 3.1 Sauerstoffflasche

Eine Sauerstoffflasche, die das Volumen V_2 hat, enthält ab Werk eine Füllung (O_2), die bei Atmosphärendruck p_1 das Volumen V_1 einnehmen würde. Die bis auf Atmosphärendruck entleerte Flasche wird bei der Temperatur ϑ_1 neu gefüllt.

a) Wie groß ist die Massenzunahme Δm der Flasche beim Füllen?

b) Welche mechanische Arbeit W' müsste dem Gas zugeführt werden, wenn es isotherm vom Atmosphärendruck auf den Fülldruck komprimiert werden soll?

c) Wo verbleibt die Energie?

$V_1 = 6{,}00\ \text{m}^3 \qquad V_2 = 40\ \text{l} \qquad \vartheta_1 = 18\,^\circ\text{C} \qquad p_1 = 101\ \text{kPa}$

$A_r = 16$ (relative Atommasse)

---

a) $p_1 V_1 = m R' T_1$ $\qquad m =$ Masse des Gases in der gefüllten Flasche

$p_1 V_2 = m_0 R' T_1$ $\qquad m_0 =$ Masse des Restgases in der entleerten Flasche

$$\Delta m = m - m_0 = \frac{p_1}{R' T_1}(V_1 - V_2)$$

$$R' = \frac{8314\ \text{N}\cdot\text{m}}{32\ \text{kg}\cdot\text{K}}$$

$$T_1 = 291\ \text{K}$$

$$p_1 = 101 \cdot 10^3\ \text{N/m}^2$$

$$\underline{\underline{\Delta m = 7{,}96\ \text{kg}}}$$

b) $$W' = -W = -\int_{V_1}^{V_2} p\,\mathrm{d}V$$

$$pV = \text{const} = p_1 V_1$$

$$\Rightarrow \quad p(V) = \frac{p_1 V_1}{V}$$

$$W' = -p_1 V_1 \int_{V_1}^{V_2} \frac{\mathrm{d}V}{V} = -p_1 V_1 \Big[\ln V\Big]_{V_1}^{V_2} = -p_1 V_1 \ln\frac{V_2}{V_1}$$

$$W' = p_1 V_1 \ln\frac{V_1}{V_2} = \underline{\underline{3{,}04\ \text{MJ}}}$$

c) I. Hauptsatz mit $\Delta U = 0$:

$$Q = W$$

$$\Rightarrow \quad W' = -W = -Q \quad (> 0)$$

Die zugeführte Arbeit wird als Wärme an die Umgebung abgegeben.

T 3.2 Luftblase

In welcher Wassertiefe h eines Sees beträgt das Volumen einer aufsteigenden Luftblase ein Zehntel des Volumens, das sie beim Auftauchen an der Wasseroberfläche hat? (Kleine Luftblasen haben eine geringe Steiggeschwindigkeit und nehmen deshalb die Temperatur des umgebenden Wassers an, die sich mit der Wassertiefe ändert.)

Luftdruck: $p_1 = 1024$ hPa
Oberflächentemperatur des Sees: $\vartheta_1 = 13\,°\text{C}$
Tiefentemperatur des Sees: $\vartheta_2 = 4\,°\text{C}$

$\varrho_W = 1000\ \text{kg/m}^3$

$$\frac{pV}{T} = mR' = \text{const}$$

$$\Rightarrow \quad \frac{p_1 V_1}{T_1} = \frac{p_2 V_2}{T_2}$$

$$V_2 = \frac{V_1}{10}$$

$$p_2 = p_1 + \varrho_W g h$$

$$\frac{p_1}{T_1} = \frac{p_1 + \varrho_W g h}{10 T_2}$$

$$\varrho_W g h = 10 \frac{T_2}{T_1} p_1 - p_1$$

$$T = T_0 + \vartheta$$

$$T_0 = 273\ \text{K}$$

$$\underline{h = \frac{p_1}{\varrho_W g}\left(10\,\frac{T_0 + \vartheta_2}{T_0 + \vartheta_1} - 1\right)} = \underline{\underline{91\ \text{m}}}$$

T 3.3 Druckluftbehälter

In einem Druckluftbehälter vom Volumen V_1 herrschen der Druck p_1 und die Temperatur ϑ_1. Es wird ein konstanter Luftstrom ($I = V/t$) entnommen. In diesem Luftstrom ist die Luft auf den Druck p_2 entspannt und hat die Temperatur ϑ_2. Im Behälter bleibt die Temperatur der Luft konstant.

Nach welcher Zeit t schaltet der Regler den Kompressor ein, wenn dieser auf den Behälterdruck p_1' eingestellt ist?

$V_1 = 8{,}0\ \text{m}^3$ $\quad p_1 = 2{,}5$ MPa $\quad p_2 = 250$ kPa $\quad p_1' = 2{,}0$ MPa

$\vartheta_1 = 20\,°\text{C}$ $\quad \vartheta_2 = 18\,°\text{C}$ $\quad I = 50\ \text{l/min}$

Ausgetretenes Luftvolumen V_2 bis zum Absinken des Behälterdrucks auf p_1':

$$V_2 = I\,t$$

$$t = \frac{V_2}{I}$$

Luftmasse in V_2 nahm vor der Entspannung das Volumen ΔV ein:

$$\frac{p_2 V_2}{T_2} = \frac{p_1\,\Delta V}{T_1}$$

$$V_2 = \frac{p_1 T_2}{p_2 T_1} \Delta V$$

Das Restvolumen $V_1 - \Delta V$ im Kessel dehnt sich isotherm auf V_1 aus (bis zur Entspannung auf p_1'):

$$p_1 (V_1 - \Delta V) = p_1' V_1$$

$$\Delta V = V_1 \left(1 - \frac{p_1'}{p_1}\right)$$

Für V_2 folgt

$$V_2 = \frac{p_1 T_2}{p_2 T_1} V_1 \left(1 - \frac{p_1'}{p_1}\right)$$

und für die Zeit

$$t = \frac{T_2 V_1 (p_1 - p_1')}{p_2 I T_1} = \underline{\underline{318 \text{ min}}}$$

T 3.4 Luftpumpe

Eine Luftpumpe hat das Maximalvolumen V_1, das sich beim Ansaugen von Luft vom Druck p_1 und der Temperatur ϑ_1 füllt. Beim anschließenden Komprimieren öffnet sich das Ventil, wenn in der Pumpe der Druck den Wert p_2 erreicht hat.

a) Welches Volumen V_2 hat in diesem Augenblick die eingeschlossene Luft? (Keine Wärmeabgabe an die Umgebung)
b) Wie groß ist dann die Temperatur ϑ_2?
c) Welche Arbeit W' wird dem Gas bis zum Öffnen des Ventils zugeführt?
d) Wie groß ist die Masse m des Gases, das bei N Pumpstößen in den Schlauch befördert wird?
e) Was geschieht mit der von außen zugeführten Energie?

$V_1 = 250 \text{ cm}^3 \qquad p_1 = 101 \text{ kPa} \qquad p_2 = 405 \text{ kPa}$

$\vartheta_1 = 20\,°\text{C} \qquad M_r = 29 \qquad \varkappa = 1{,}40 \qquad N = 50$

---

a) Adiabatische Kompression ($Q = 0$)

$$p_1 V_1^\varkappa = p_2 V_2^\varkappa$$

$$V_2 = V_1 \sqrt[\varkappa]{\frac{p_1}{p_2}} = \underline{\underline{93 \text{ cm}^3}}$$

b) $$\frac{p_1 V_1}{T_1} = \frac{p_2 V_2}{T_2} \qquad \left(\text{Oder: } \frac{T_1^\varkappa}{p_1^{\varkappa-1}} = \frac{T_2^\varkappa}{p_2^{\varkappa-1}}\right)$$

$$T_2 = T_1 \frac{p_2 V_2}{p_1 V_1} = \underline{\underline{435 \text{ K}}}$$

$$\underline{\underline{\vartheta_2 = 162\,°\text{C}}}$$

c) Lösungsweg I:

$$W' = -W = -\int_{V_1}^{V_2} p \, \mathrm{d}V$$

$$pV^\varkappa = \text{const} = p_1 V_1^\varkappa = p_2 V_2^\varkappa$$

$$p(V) = \frac{p_1 V_1^{\varkappa}}{V^{\varkappa}}$$

$$W' = -p_1 V_1^{\varkappa} \int_{V_1}^{V_2} \frac{\mathrm{d}V}{V^{\varkappa}} = -p_1 V_1^{\varkappa} \left[\frac{V^{-\varkappa+1}}{-\varkappa+1} \right]_{V_1}^{V_2}$$

$$W' = \frac{p_1 V_1^{\varkappa-1}}{\varkappa-1} \left(V_2^{1-\varkappa} - V_1^{1-\varkappa} \right) = \frac{p_2 V_2^{\varkappa} V_2^{1-\varkappa} - p_1 V_1^{\varkappa} V_1^{1-\varkappa}}{\varkappa - 1}$$

$$\underline{W' = \frac{p_2 V_2 - p_1 V_1}{\varkappa - 1}} = \underline{31\ \mathrm{J}} \qquad \left[W' = \frac{mR'}{\varkappa - 1} (T_2 - T_1) \right]$$

Lösungsweg II:

I. Hauptsatz mit $Q = 0$:

$0 = \Delta U + W$

$$\Rightarrow \quad W' = -W = \Delta U = m c_V (T_2 - T_1)$$

Bestimmung von c_V:

$$\varkappa = \frac{c_p}{c_V} \quad \text{und} \quad R' = c_p - c_V$$

$$c_V = \frac{R'}{\varkappa - 1}$$

$$W' = \frac{mR' (T_2 - T_1)}{\varkappa - 1}$$

$$pV = mR'T$$

$$\underline{W' = \frac{p_2 V_2 - p_1 V_1}{\varkappa - 1}} = \underline{\underline{31\ \mathrm{J}}}$$

d) $m = N m_0$

$$p_1 V_1 = m_0 R' T_1$$

$$\underline{m = N \frac{p_1 V_1}{R' T_1}} = \underline{\underline{15\ \mathrm{g}}}$$

e) I. Hauptsatz:

$Q = \Delta U + W$

$Q = 0$

$-W = W' = \Delta U$

Die am Gas verrichtete Arbeit erhöht die innere Energie.

T 3.5 Ballon

Ein Ballon hat eine unelastische, unten offene Hülle vom Volumen V_B und wird bei der Temperatur ϑ_1 und dem Druck p_1 vollständig mit Wasserstoff gefüllt. Infolge der Abnahme des Luftdrucks verliert der Ballon beim Aufstieg Gas, das die Hülle nicht mehr fassen kann. Ballonhülle und Nutzlast haben zusammen die Masse m_N.

a) Wie groß ist die Steigkraft F_1 des Ballons beim Start?

b) In der Maximalhöhe, die der Ballon erreicht, herrscht die Temperatur ϑ_2. Wie groß ist in dieser Höhe der Luftdruck p_2?

c) Wie groß ist die Masse Δm_W des Wasserstoffs, die bis zum Erreichen der Maximalhöhe durch die Öffnung ausgeströmt ist?

$V_B = 4{,}8 \cdot 10^3\ \text{m}^3 \qquad m_N = 3{,}0\ \text{t} \qquad p_1 = 104\ \text{kPa}$

$\vartheta_1 = 20{,}0\,^\circ\text{C} \qquad \vartheta_2 = -2{,}0\,^\circ\text{C}$

Dichte bei Normalbedingungen ($p_0 = 101$ kPa, $\vartheta_0 = 0\,^\circ$C):

Wasserstoff: $\varrho_{W0} = 0{,}09\ \text{kg/m}^3$
Luft: $\varrho_{L0} = 1{,}29\ \text{kg/m}^3$

a) $F_1 = (m_{L1} - m_{W1})\,g - m_N g = (\varrho_{L1} - \varrho_{W1})\,V_B g - m_N g$

$$pV = mR'T$$

$$p = \varrho R'T$$

$$\Rightarrow \quad \frac{\varrho_1 T_1}{p_1} = \frac{\varrho_0 T_0}{p_0}$$

$$\varrho_1 = \varrho_0 \frac{T_0 p_1}{T_1 p_0}$$

$$T_1 = T_0 + \vartheta_1$$

$$F_1 = \left[\frac{\varrho_{L0} - \varrho_{W0}}{1 + \dfrac{\vartheta_1}{T_0}} V_B \frac{p_1}{p_0} - m_N\right] g = \underline{\underline{25\ \text{kN}}}$$

b) $F_2 = 0$

$$\Rightarrow \quad \frac{\varrho_{L0} - \varrho_{W0}}{1 + \dfrac{\vartheta_2}{T_0}} V_B \frac{p_2}{p_0} = m_N$$

$$p_2 = p_0 \frac{m_N}{V_B\,(\varrho_{L0} - \varrho_{W0})} \left(1 + \frac{\vartheta_2}{T_0}\right) = \underline{\underline{52\ \text{kPa}}}$$

c) $\Delta m_W = m_{W1} - m_{W2} = (\varrho_{W1} - \varrho_{W2})\,V_B$

$$\Delta m_W = \varrho_{W0} \frac{T_0}{p_0} \left(\frac{p_1}{T_1} - \frac{p_2}{T_2}\right) V_B$$

$$\Delta m_W = \frac{\varrho_{W0} V_B}{p_0} \left(\frac{p_1}{1 + \dfrac{\vartheta_1}{T_0}} - \frac{p_2}{1 + \dfrac{\vartheta_2}{T_0}}\right) = \underline{\underline{190\ \text{kg}}}$$

T 3.6 Calciumcarbonat

Bei der Reaktion von Calciumcarbonat ($CaCO_3$) mit Salzsäure (HCl) löst dieses sich unter Entwicklung von Kohlendioxidgas (CO_2) auf. Bei der Temperatur ϑ_1 und dem Druck p_1 wird ein Gasvolumen V_1 gemessen.

Welche Masse m_2 an Calciumcarbonat ist umgesetzt worden?

$A_r(\text{Ca}) = 40{,}08 \qquad A_r(\text{O}) = 16{,}00 \qquad A_r(\text{C}) = 12{,}01$

$V_1 = 13{,}25\ \text{l} \qquad \vartheta_1 = 23{,}1\,^\circ\text{C} \qquad p_1 = 1045\ \text{hPa}$

$CaCO_3 + 2\,HCl \rightarrow CaCl_2 + H_2O + CO_2$

Verhältnis der umgesetzten Massen m_1 an CO_2 und m_2 an $CaCO_3$:

$$\frac{m_2}{m_1} = \frac{M_r(CaCO_3)}{M_r(CO_2)}$$

$$m_2 = \frac{M_r(CaCO_3)}{M_r(CO_2)} m_1$$

Berechnung von m_1:

$$p_1 V_1 = m_1 R' T_1 = m_1 R' \left(T_0 + \vartheta_1\right)$$

$$m_1 = \frac{p_1 V_1}{R' \left(T_0 + \vartheta_1\right)}$$

$$R' = R'(CO_2)$$

$$m_2 = \frac{M_r(CaCO_3)}{M_r(CO_2)} \cdot \frac{p_1 V_1}{R' \left(T_0 + \vartheta_1\right)} = \underline{\underline{56{,}3\ \text{g}}}$$

T 3.7 Kreisprozess

Mit einem idealen Gas wird ein Kreisprozess ausgeführt, der sich aus folgenden Zustandsänderungen zusammensetzt, die in der angegebenen Reihenfolge durchlaufen werden:

1. isobare Ausdehnung,
2. isotherme Zustandsänderung,
3. isochore Zustandsänderung.

Stellen Sie den Prozess im $p(V)$-Diagramm und im $p(T)$-Diagramm dar!

Welches Vorzeichen hat die vom Gas abgegebene Arbeit?

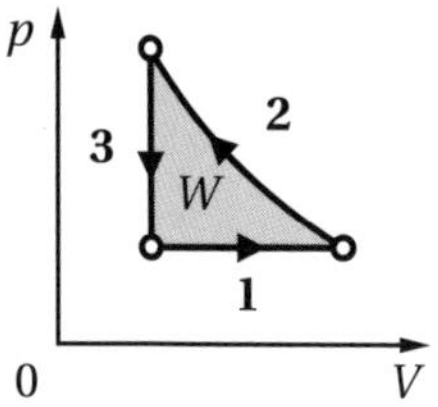

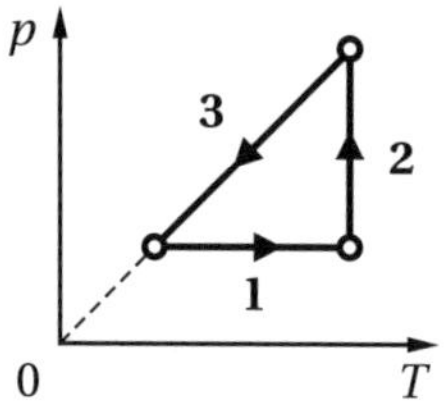

$\underline{\underline{W < 0}}$

Zum Kurvenverlauf:

Teilprozess 2:

$t = \text{const}$

$pV = \text{const}$

$p = \dfrac{\text{const}}{V}$ (Hyperbel)

Teilprozess 3:

$V = \text{const}$

$\dfrac{p}{T} = \text{const}$

$p = \text{const} \cdot T$ (fallende Gerade, weil p bei 2 zugenommen hat)

T 3.8 Polytroper Prozess

Eine polytrope Expansion (Polytropenexponent n, wobei $1 < n < \varkappa$) findet zwischen den Temperaturen T_1 und $T_2 < T_1$ statt.

a) Berechnen Sie das Verhältnis $Q : W$!

b) Berechnen Sie das Verhältnis $\Delta U : W$!

c) Was erhält man unter a) und b) für $n = 1$ und für $n = \varkappa$?

Polytropengleichung: $pV^n = \text{const} = p_1 V_1^n = p_2 V_2^n$

Arbeit: $W = \int\limits_{V_1}^{V_2} p \,\mathrm{d}V$

$$p = \frac{p_1 V_1^n}{V^n}$$

$$W = p_1 V_1^n \int\limits_{V_1}^{V_2} \frac{\mathrm{d}V}{V^n} = p_1 V_1^n \left[\frac{V^{1-n}}{1-n}\right]_{V_1}^{V_2} = p_1 V_1^n \left[\frac{V_1^{1-n} - V_2^{1-n}}{n-1}\right]$$

$$W = \frac{p_1 V_1 - p_2 V_2}{n-1}$$

$$pV = mR'T$$

$$R' = c_p - c_V$$

$$W = \frac{m\left(c_p - c_V\right)(T_1 - T_2)}{n-1} > 0$$

Innere Energie: $\Delta U = mc_V\,(T_2 - T_1) = -mc_V\,(T_1 - T_2) < 0$

a) $$\frac{Q}{W} = \frac{\Delta U + W}{W} = \frac{\Delta U}{W} + 1$$

$$= -\frac{c_V\,(n-1)}{c_p - c_V} + 1 = 1 - \frac{n-1}{\frac{c_p}{c_V} - 1}$$

$$\frac{c_p}{c_V} = \varkappa$$

$$\underline{\frac{Q}{W} = \frac{\varkappa - n}{\varkappa - 1}}$$

b) $$\underline{\frac{\Delta U}{W} = -\frac{n-1}{\varkappa - 1}}$$

c) Zu a) $n = 1$ $\quad \frac{Q}{W} = 1$ $\quad$ isotherm

$n = \varkappa$ $\quad \frac{Q}{W} = 0$ $\quad$ adiabatisch

Zu b) $n = 1$ $\quad \frac{\Delta U}{W} = 0$ $\quad$ isotherm

$n = \varkappa$ $\quad \frac{\Delta U}{W} = -1$ $\quad$ adiabatisch

T 3.9 Barometrische Höhenformel

Man leite, ausgehend von der allgemeinen Zustandsgleichung für das ideale Gas, die barometrische Höhenformel

$$p = p_0 \, \mathrm{e}^{-\varrho_0 g h / p_0}$$

her! Dabei soll sich die Temperatur in der Atmosphäre mit der Höhe h nicht ändern.

p_0 und ϱ_0 sind Druck und Dichte unter Normalbedingungen an der Erdoberfläche.

---

a) $\mathrm{d}p = -\varrho g \, \mathrm{d}z$

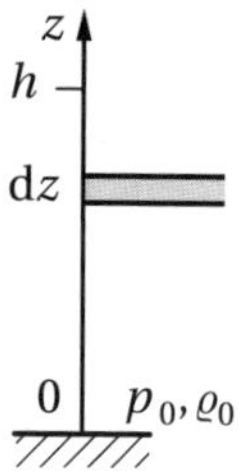

$$pV = mR'T$$

$$p = \varrho R'T$$

$$\frac{p}{\varrho} = R'T = \text{const} = \frac{p_0}{\varrho_0}$$

$$\varrho = \varrho_0 \frac{p}{p_0}$$

$$\mathrm{d}p = -\varrho_0 \frac{p}{p_0} g \, \mathrm{d}z$$

$$\frac{\mathrm{d}p}{p} = -\frac{\varrho_0}{p_0} g \, \mathrm{d}z$$

$$\int_{p_0}^{p} \frac{\mathrm{d}p}{p} = -\frac{\varrho_0 g}{p_0} \int_0^h \mathrm{d}z$$

$$\ln \frac{p}{p_0} = -\frac{\varrho_0 g h}{p_0}$$

$$\underline{p = p_0 \, \mathrm{e}^{-\varrho_0 g h / p_0}}$$

T 3.10 Zylinder

Einem Gas (Masse m) wird in einem aufrecht stehenden Zylinder mit reibungsfrei beweglichem Kolben (Masse m_K, Querschnittsfläche A) die Wärme Q zugeführt. Dadurch wird der Kolben um die Höhe h gehoben.

a) Um welchen Betrag ΔT steigt die Temperatur des Gases?
b) Wie groß ist die Enthalpieänderung ΔH des Gases?

$m = 2{,}5$ g $\quad m_\mathrm{K} = 0{,}40$ kg $\quad A = 40\ \mathrm{cm}^2 \quad Q = 126$ J

$h = 8{,}8$ cm $\quad c_V = 740\ \mathrm{J/(kg \cdot K)} \quad$ Außendruck: $p_\mathrm{a} = 101$ kPa

---

a) I. Hauptsatz:

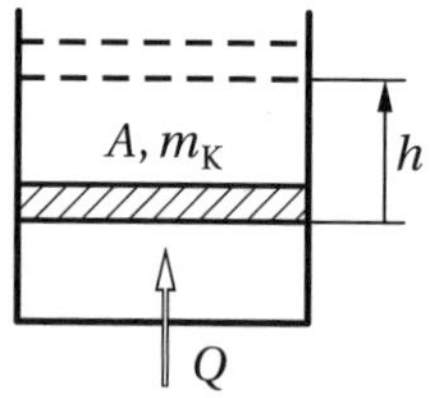

$$Q = \Delta U + W = m c_V \, \Delta T + W$$

$$\Delta T = \frac{Q - W}{m c_V}$$

$$W = \int_0^{\Delta V} p \, \mathrm{d}V$$

Isobarer Prozess:

$$p = p_a + \frac{m_K g}{A} = \text{const}$$

$$W = p \int_0^{\Delta V} \mathrm{d}V = p\,\Delta V = pAh$$

$$W = (p_a A + m_K g)\,h$$

$$\underline{\Delta T = \frac{Q - (p_a A + m_K g)\,h}{m c_V}} = \underline{\underline{49\ \text{K}}}$$

b) $H = U + pV$

$$p = \text{const}$$

$$\Delta H = \Delta U + p\,\Delta V = \Delta U + W = Q$$

$$\underline{\Delta H = Q} = \underline{\underline{126\ \text{J}}}$$

T 3.11 Siedendes Wasser

In einem Kalorimeter befindet sich siedendes Wasser; der Luftdruck ist p_a. Man stellt fest, dass durch Zufuhr der Wärme Q mittels Tauchsieder das Volumen des Wassers im Kalorimeter um ΔV_W abnimmt. Bei der Siedetemperatur ist die Dichte des Wassers ϱ_W und die des Wasserdampfes ϱ_D.

a) Berechnen Sie die Änderung der Enthalpie des Systems (Wasser und Dampf)!
b) Berechnen Sie die Änderung der inneren Energie ΔU des Systems!
c) Berechnen Sie die spezifische Verdampfungswärme q_d!

$p_a = 1013$ hPa $Q = 2808$ J $\Delta V_W = 1{,}300\ \text{cm}^3$

$\varrho_W = 958\ \text{kg/m}^3$ $\varrho_D = 0{,}5976\ \text{kg/m}^3$

---

a) $H = U + pV$

$$p = p_a = \text{const}$$

$$\Delta H = \Delta U + p_a\,\Delta V = \Delta U + W = Q \qquad \text{I. Hauptsatz}$$

$$\underline{\Delta H = Q} = \underline{\underline{2808\ \text{J}}}$$

b) $\Delta U = Q - p_a\,\Delta V$

$$\Delta V = -\Delta V_W + \Delta V_D$$

Ermittlung von V_D:

$$\Delta m_W = \Delta m_D$$

$$\varrho_W\,\Delta V_W = \varrho_D\,\Delta V_D$$

$$\Delta V_D = \frac{\varrho_W}{\varrho_D}\,\Delta V_W$$

$$\Delta V = \left(\frac{\varrho_W}{\varrho_D} - 1\right)\Delta V_W$$

$$\underline{\Delta U = Q - \left(\frac{\varrho_W}{\varrho_D} - 1\right) p_a\,\Delta V_W} = \underline{\underline{2597\ \text{J}}}$$

c) $Q = mq_\mathrm{d}$

$$m = \varrho_\mathrm{W}\,\Delta V_\mathrm{W}$$

$$q_\mathrm{d} = \frac{Q}{\varrho_\mathrm{W}\,\Delta V_\mathrm{W}} = \underline{\underline{2{,}25\ \mathrm{MJ/kg}}}$$

T 3.12 Entropieänderung von N_2

Stickstoff der Masse m erfährt

a) eine isochore,

b) eine isobare Zustandsänderung.

In beiden Fällen ändert sich seine Temperatur von ϑ_0 auf ϑ_1.

Berechnen Sie für jeden der beiden Fälle die Änderung der Entropie ΔS_V und ΔS_p!

$\vartheta_0 = 0\,°\mathrm{C}$ $\quad \vartheta_1 = 30\,°\mathrm{C}$ $\quad m = 2{,}0\ \mathrm{g}$ $\quad c_V = 741\ \mathrm{J/(kg\cdot K)}$ $\quad c_p = 1{,}04\ \mathrm{kJ/(kg\cdot K)}$

---

a) $$\Delta S_V = \int_0^1 \frac{\mathrm{d}Q_V}{T} \quad \text{mit } \mathrm{d}Q_V = mc_V\,\mathrm{d}T$$

$$\Delta S_V = mc_V \int_{T_0}^{T_1} \frac{\mathrm{d}T}{T} = mc_V \ln\frac{T_1}{T_0}$$

$$T_1 = T_0 + \vartheta_1$$

$$\Delta S_V = mc_V \ln\left(1 + \frac{\vartheta_1}{T_0}\right) = \underline{\underline{0{,}155\ \mathrm{J/K}}}$$

b) $$\Delta S_p = \int_0^1 \frac{\mathrm{d}Q_p}{T} \quad \text{mit} \quad \mathrm{d}Q_p = mc_p\,\mathrm{d}T$$

$$\Delta S_p = mc_p \int_{T_0}^{T_1} \frac{\mathrm{d}T}{T} = mc_p \ln\frac{T_1}{T_0}$$

$$\Delta S_p = mc_p \ln\left(1 + \frac{\vartheta_1}{T_0}\right) = \underline{\underline{0{,}217\ \mathrm{J/K}}}$$

Gleiche Ergebnisse liefert:

$$\Delta S = mc_V \ln\frac{T_1}{T_0} + mR' \ln\frac{V_1}{V_0}$$

in a) mit $\quad V_0 = V_1$

in b) mit $\quad R' = c_p - c_V \quad$ und

$$\frac{V_1}{V_0} = \frac{T_1}{T_0} \quad \text{(Gesetz von Gay-Lussac für } p = \text{const)}$$

T 3.13 Luftballon

In einem mit Wasserstoff gefüllten Kinderluftballon vom Volumen V_1 herrschen der Druck p_1 und die Temperatur ϑ_1. Während des Aufstiegs ändern sich die Werte auf ϑ_2 und p_2.

Wie haben sich dabei die Enthalpie und die Entropie des Füllgases geändert?

$p_1 = 1043$ hPa $\quad \vartheta_1 = 24\,°\text{C} \quad V_1 = 3{,}20$ l $\quad p_2 = 962$ hPa $\quad \vartheta_2 = 10\,°\text{C} \quad \varkappa = 1{,}40$

$$H = U + pV$$

$$\Delta H = \Delta U + \Delta(pV) = mc_V\,(T_2 - T_1) + p_2 V_2 - p_1 V_1$$

$$c_p - c_V = R'$$

$$\frac{c_p}{c_V} = \varkappa$$

$$\Rightarrow \quad \varkappa c_V - c_V = R'$$

$$c_V = \frac{R'}{\varkappa - 1}$$

$$\Delta H = \frac{mR'\,(T_2 - T_1)}{\varkappa - 1} + p_2 V_2 - p_1 V_1$$

$$mR'T = pV$$

$$\Delta H = \left(\frac{1}{\varkappa - 1} + 1\right)(p_2 V_2 - p_1 V_1)$$

$$\frac{p_2 V_2}{T_2} = \frac{p_1 V_1}{T_1}$$

$$p_2 V_2 = p_1 V_1 \frac{T_2}{T_1}$$

$$\Delta H = \left(\frac{1}{\varkappa - 1} + 1\right)\left(\frac{T_2}{T_1} - 1\right) p_1 V_1 = \frac{\varkappa}{\varkappa - 1}\left(\frac{T_2}{T_1} - 1\right) p_1 V_1$$

$$T = T_0 + \vartheta$$

$$\underline{\Delta H = \frac{\varkappa}{\varkappa - 1}\left(\frac{T_0 + \vartheta_2}{T_0 + \vartheta_1} - 1\right) p_1 V_1} = \underline{\underline{-55\ \text{J}}}$$

$$\Delta S = mc_V \ln \frac{T_2}{T_1} + mR' \ln \frac{V_2}{V_1}$$

$$\frac{V_2}{V_1} = \frac{p_1 T_2}{p_2 T_1}$$

$$\Delta S = \frac{mR'}{\varkappa - 1} \ln \frac{T_2}{T_1} + mR' \ln \frac{p_1 T_2}{p_2 T_1}$$

$$mR' = \frac{p_1 V_1}{T_1}$$

$$\Delta S = \frac{p_1 V_1}{T_1}\left[\ln \frac{p_1}{p_2} + \left(\frac{1}{\varkappa - 1} + 1\right) \ln \frac{T_2}{T_1}\right]$$

$$\Delta S = \frac{p_1 V_1}{T_1}\left(\ln \frac{p_1}{p_2} + \frac{\varkappa}{\varkappa - 1} \ln \frac{T_2}{T_1}\right)$$

$$\underline{\Delta S = \frac{p_1 V_1}{T_0 + \vartheta_1}\left(\ln \frac{p_1}{p_2} + \frac{\varkappa}{\varkappa - 1} \ln \frac{T_0 + \vartheta_2}{T_0 + \vartheta_1}\right)} = \underline{\underline{-0{,}099\ \text{J/K}}}$$

T 3.14 Entropie von Wasser

a) Wie groß ist die Entropieänderung ΔS_1 einer Wassermasse m, die von Gefriertemperatur T_0 auf Siedetemperatur T_S erwärmt wird?

b) Wie groß ist die gesamte Entropieänderung ΔS_2 beim Mischen zweier gleich großer Wassermassen (je $m/2$), von denen anfangs die eine Gefriertemperatur T_0, die andere Siedetemperatur T_S hatte?

$m = 1{,}00$ kg $\quad c_W = 4{,}19$ kJ/(kg · K)

---

a) $\Delta S = \int \frac{dQ}{T}$

$$dQ = mc_W \, dT$$

$$\Delta S_1 = \int_{T_0}^{T_S} \frac{mc_W \, dT}{T}$$

$$\underline{\Delta S_1 = mc_W \ln \frac{T_S}{T_0}} = \underline{\underline{1{,}31 \text{ kJ/K}}}$$

b) $\Delta S_2 = \frac{m}{2} c_W \int_{T_0}^{T_M} \frac{dT}{T} + \frac{m}{2} c_W \int_{T_S}^{T_M} \frac{dT}{T} = \frac{m}{2} c_W \left(\ln \frac{T_M}{T_0} + \ln \frac{T_M}{T_S} \right)$

$$\Delta S_2 = \frac{mc_W}{2} \ln \frac{T_M^2}{T_0 T_S}$$

Ermittlung von T_M:

$$Q_{ab} = Q_{auf}$$

$$\frac{m}{2} c_W (T_S - T_M) = \frac{m}{2} c_W (T_M - T_0)$$

$$T_M = \frac{T_0 + T_S}{2}$$

$$\Delta S_2 = \frac{mc_W}{2} \ln \frac{(T_0 + T_S)^2}{4 T_0 T_S}$$

$$\underline{\Delta S_2 = mc_W \ln \frac{T_0 + T_S}{2\sqrt{T_0 T_S}}} = \underline{\underline{50{,}8 \text{ J/K}}}$$

T 4 Carnotscher Kreisprozess

T 4.1 Temperaturen

Zwischen den beiden Wärmespeichern einer Carnot-Maschine (Wirkungsgrad η) besteht eine Temperaturdifferenz ΔT.

Welche Temperaturen T_h und T_t haben die beiden Wärmespeicher?

$\eta = 30\,\%$ $\quad \Delta T = 140$ K

$$\eta = \frac{T_h - T_t}{T_h} = \frac{\Delta T}{T_h}$$

$$T_h = \frac{\Delta T}{\eta} = \underline{\underline{467\ \text{K}}}$$

$$T_t = T_h - \Delta T = \left(\frac{1}{\eta} - 1\right)\Delta T = \underline{\underline{327\ \text{K}}}$$

T 4.2 Warmwasserheizung

Welche Mindestleistung P muss aufgewendet werden, damit von einem großen See (Wassertemperatur ϑ_W) ein Wärmestrom $\dot{Q}$ in eine Warmwasser-Heizungsanlage transportiert wird, deren Wassertemperatur ϑ_H sein soll?

$\dot{Q} = 42\ \text{kJ/s} \qquad \vartheta_W = 6\,^\circ\text{C} \qquad \vartheta_H = 70\,^\circ\text{C}$

$$\frac{\dot{Q}}{P} = \varepsilon_W = \frac{T_h}{T_h - T_t}$$

$$P = \dot{Q}\frac{T_h - T_t}{T_h}$$

$$T_h = T_0 + \vartheta_H$$

$$T_t = T_0 + \vartheta_W$$

$$P = \dot{Q}\,\frac{\vartheta_H - \vartheta_W}{T_0 + \vartheta_H} = \underline{\underline{7{,}8\ \text{kW}}}$$

T 4.3 Dampfmaschine

Eine Dampfmaschine arbeitet zwischen den Temperaturen ϑ_2 und ϑ_1. Dem Wärmebehälter mit der Temperatur ϑ_1 entzieht sie je Minute die Wärme Q_1.

Welche Wärme Q_2 liefert sie stündlich mindestens an den anderen Wärmebehälter ab?

$\vartheta_2 = 50\,^\circ\text{C} \qquad \vartheta_1 = 380\,^\circ\text{C} \qquad Q_1 = 4190\ \text{MJ}$

$$\eta = \frac{Q_h + Q_t}{Q_h} = \frac{T_h - T_t}{T_h}$$

$$Q_h = 60\,Q_1 \qquad T_h = T_1$$

$$Q_t = -Q_2 \qquad T_t = T_2$$

$$(\eta = 0{,}505)$$

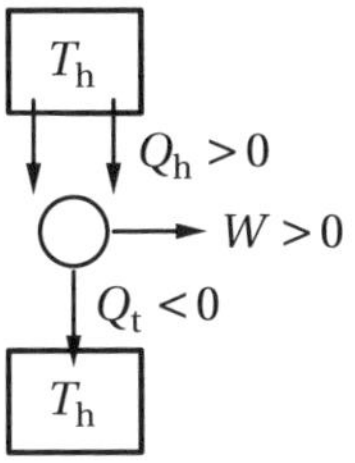

$$1 + \frac{Q_t}{Q_h} = 1 - \frac{T_t}{T_h}$$

$$Q_t = -Q_h\frac{T_t}{T_h}$$

$$Q_2 = 60\,Q_1\frac{T_2}{T_1}$$

$$T = T_0 + \vartheta$$

$$Q_2 = 60\,\frac{T_0 + \vartheta_2}{T_0 + \vartheta_1}\,Q_1 = \underline{\underline{124\ \text{GJ}}}$$

T 4.4 Nutzeffekt

Einer Maschine, die nach einem Carnot-Prozess arbeitet, wird bei tiefer Temperatur ϑ_2 eine Wärme $|Q_2|$ zugeführt. Bei hoher Temperatur ϑ_1 wird $|Q_1|$ abgeführt.

a) Zu welchem Zweck kann die Maschine eingesetzt werden?

b) Man berechne die Arbeit W für eine Periode! Wie wird sie im $p(V)$-Diagramm veranschaulicht?

c) Durch welche Beziehung wird der Nutzeffekt der Maschine beschrieben?

d) Wie errechnet sich ϑ_1, wenn ϑ_2, $|Q_1|$ und $|Q_2|$ gegeben sind?

e) Wie groß ist die Masse des Gases, mit dem die Maschine arbeitet? Es ist bekannt, dass sich das Gas bei der tiefen Temperatur von V_a auf V_b ausdehnt.

$\vartheta_2 = 10\,°\text{C}$ $\quad |Q_1| = 921$ kJ $\quad |Q_2| = 837$ kJ

$V_a = 100$ l $\quad V_b = 200$ l $\quad$ Arbeitsstoffs H_2 ($A_r = 1$)

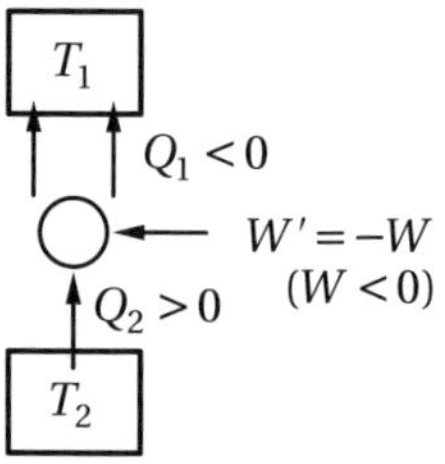

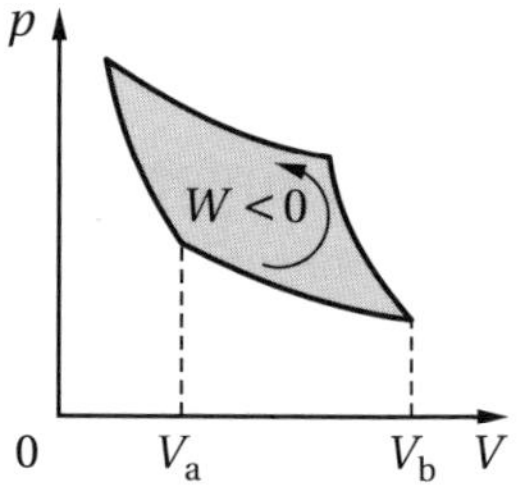

a) Wärmepumpe oder Kältemaschine

b) $Q_1 = -921$ kJ $\quad Q_2 = +837$ kJ

$W = Q_1 + Q_2 = |Q_2| - |Q_1| = \underline{\underline{-84 \text{ kJ}}}$

$(W' = -W = 84 \text{ kJ})$

Eingeschlossene Fläche im $p(V)$-Diagramm

c) Leistungsverhältnis:

Wärmepumpe: $\quad \varepsilon_W = \dfrac{-Q_1}{W'} = \dfrac{|Q_1|}{|W|} = 11$

Kältemaschine: $\quad \varepsilon_K = \dfrac{Q_2}{W'} = \dfrac{|Q_2|}{|W|} = 10$

d) $$\eta = \frac{Q_1 + Q_2}{Q_1} = \frac{T_1 - T_2}{T_1}$$

$$1 + \frac{Q_2}{Q_1} = 1 - \frac{T_2}{T_1}$$

$$T_1 = -T_2 \frac{Q_1}{Q_2} = T_2 \frac{|Q_1|}{|Q_2|}$$

$$T = T_0 + \vartheta$$

$$\vartheta_1 = \left(T_0 + \vartheta_2\right) \frac{|Q_1|}{|Q_2|} - T_0 = \underline{\underline{38{,}4\,°\text{C}}}$$

e) I. Hauptsatz:

$$Q_2 = W_2 = \int_{V_a}^{V_b} p \,\mathrm{d}V$$

$$p = \frac{mR'T_2}{V}$$

$$Q_2 = mR'T_2 \int_{V_a}^{V_b} \frac{\mathrm{d}V}{V} = mR'T_2 \ln \frac{V_b}{V_a}$$

$$Q_2 = |Q_2|$$

$$m = \frac{|Q_2|}{R'T_2 \ln\left(\dfrac{V_b}{V_a}\right)} = \underline{\underline{1{,}03 \text{ kg}}}$$

T 4.5 Maximalwerte

Eine Carnot-Wärmekraftmaschine arbeitet zwischen den Temperaturen T_h und T_t. Während der isothermen Expansion vergrößert sich das Volumen von V_A auf V_B. Der Arbeitsstoff ist Luft der Masse m.

a) Welche Arbeit W gibt die Maschine in einer Periode ab?

b) Welches maximale Volumen V_{max} nimmt das Gas während des Prozesses an?

c) Berechnen Sie das Verhältnis vom größten zum kleinsten Druck (p_{max}/p_{min})!

$T_h = 580$ K $\quad T_t = 290$ K $\quad V_A = 1{,}13$ l $\quad V_B = 11{,}3$ l

$m = 0{,}100$ kg $\quad M_r = 29 \quad \varkappa = 1{,}40$

---

a) $$\eta = \frac{W}{Q_h} = \frac{T_h - T_t}{T_h}$$

$$W = Q_h \frac{T_h - T_t}{T_h}$$

Berechnung von Q_h mit dem I. Hauptsatz:

$$Q_h = W_h = \int_{V_A}^{V_B} p\,\mathrm{d}V \quad \text{mit} \quad p = \frac{mR'T_h}{V}$$

$$Q_h = mR'T_h \int_{V_A}^{V_B} \frac{\mathrm{d}V}{V} = mR'T_h \ln \frac{V_B}{V_A}$$

$$\underline{W = mR'(T_h - T_t) \ln \frac{V_B}{V_A}} = \underline{\underline{19{,}1 \text{ kJ}}}$$

b) Maximalvolumen ist V_C:

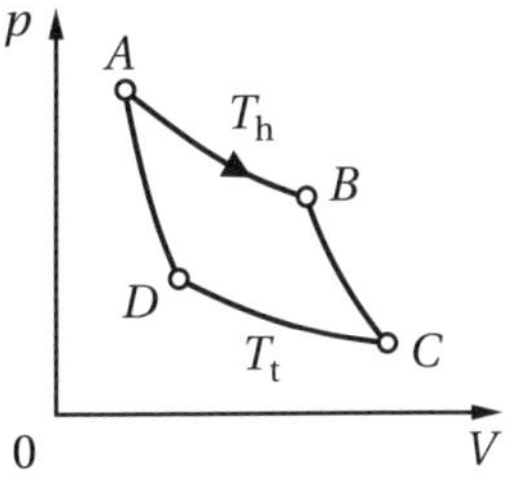

$$V_{max} = V_C$$

Adiabate:

$$p_B V_B^{\varkappa} = p_C V_C^{\varkappa}$$

$$p = \frac{mR'T}{V}$$

$$\Rightarrow \quad T_B V_B^{\varkappa-1} = T_C V_C^{\varkappa-1}$$

$$T_B = T_h$$

$$T_C = T_t$$

$$\underline{V_{max} = V_B \left(\frac{T_h}{T_t}\right)^{\frac{1}{\varkappa-1}}} = \underline{\underline{64 \text{ l}}}$$

c) $$p_{max} = p_A$$

$$p_{min} = p_C$$

$$p_A V_A = p_B V_B$$

$$p_B V_B^{\varkappa} = p_C V_C^{\varkappa}$$

$$\Rightarrow \quad \frac{p_A}{p_C} = \frac{V_B}{V_A} \left(\frac{V_C}{V_B}\right)^{\varkappa} = \frac{V_B}{V_A} \left(\frac{V_{max}}{V_B}\right)^{\varkappa}$$

und mit Ergebnis b):

$$\frac{p_{\max}}{p_{\min}} = \frac{V_B}{V_A}\left(\frac{T_h}{T_t}\right)^{\frac{\varkappa}{\varkappa-1}} = \underline{\underline{113}}$$

T 4.6 Stadtheizung

Mit einer nach einem Carnot-Prozess laufenden Wärmepumpe soll eine Stadtheizungsanlage auf der Temperatur ϑ_1 gehalten werden. Zur Verfügung stehen die elektrische Antriebsleistung P und ein Fluss, durch dessen Profil Wasser der Stromstärke I und der Temperatur ϑ_2 fließt.

a) Welche Wärme $|Q_1|$ wird je Sekunde an die Stadtheizung abgegeben?

b) Um welche Temperaturdifferenz ΔT wird der Fluss abgekühlt?

$\vartheta_1 = 80\,°\text{C}$ $\quad P = 30\text{ MW}$ $\quad \vartheta_2 = 5{,}0\,°\text{C}$ $\quad I = 400\text{ m}^3/\text{s}$ $\quad c_W = 4{,}19\text{ kJ}/(\text{kg}\cdot\text{K})$

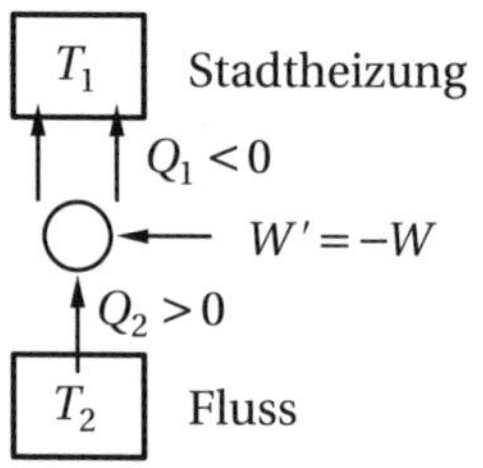

a) $$\varepsilon_W = \frac{-Q_1}{W'} = \frac{|Q_1|}{|W|} = \frac{T_1}{T_1 - T_2}$$

$$W' = Pt = -W$$

$$(t = 1\text{ s})$$

$$T = T_0 + \vartheta$$

$$|Q_1| = Pt\frac{T_0 + \vartheta_1}{\vartheta_1 - \vartheta_2} = \underline{\underline{141\text{ MJ}}}$$

b) $$Q_2 = mc_W\,\Delta T$$

$$\Delta T = \frac{Q_2}{mc_W}$$

$$m = \varrho_W V \qquad I = \frac{V}{t}$$

$$m = \varrho_W I t$$

$$\Delta T = \frac{Q_2}{\varrho_W c_W I t}$$

Berechnung von Q_2:

$$\frac{Q_2}{W'} = \frac{T_2}{T_1 - T_2} \quad \text{(hier als Kältemaschine betrachtet)}$$

$$Q_2 = Pt\frac{T_2}{T_1 - T_2}$$

$$\Delta T = \frac{P\left(T_0 + \vartheta_2\right)}{\varrho_W c_W I\left(\vartheta_1 - \vartheta_2\right)} = \underline{\underline{0{,}066\text{ K}}}$$

T 4.7 Kältemaschine

Eine Kältemaschine wird von einem Motor der Leistung P angetrieben. Das Kältegefäß besitzt die Temperatur ϑ_2, das Kühlgefäß die Temperatur ϑ_1.

Wie groß ist die Masse m des Eises der Temperatur ϑ_2, das die Maschine stündlich aus Wasser der Temperatur ϑ_3 liefert, wenn man voraussetzt, dass sie nach einem Carnot-Prozess arbeitet?

$P = 10$ kW $\quad \vartheta_2 = -18\,°\text{C} \quad \vartheta_1 = +30\,°\text{C} \quad \vartheta_3 = +20\,°\text{C}$

Schmelzwärme des Eises: $q_\text{f} = 332$ kJ/kg
spezifische Wärmekapazität des Eises: $c_\text{E} = 2{,}09$ kJ/(kg · K)
spezifische Wärmekapazität des Wassers: $c_\text{W} = 4{,}19$ kJ/(kg · K)

$$Q_2 = m\left[c_\text{W}\left(\vartheta_3 - \vartheta_0\right) + q_\text{f} + c_\text{E}\left(\vartheta_0 - \vartheta_2\right)\right]$$

$$m = \frac{Q_2}{c_\text{W}\left(\vartheta_3 - \vartheta_0\right) + q_\text{f} + c_\text{E}\left(\vartheta_0 - \vartheta_2\right)}$$

Berechnung von Q_2:

$$\varepsilon_\text{K} = \frac{Q_2}{W'} = \frac{Q_2}{Pt} = \frac{T_2}{T_1 - T_2}$$

$$Q_2 = \frac{T_2}{T_1 - T_2} Pt$$

$$m = \frac{T_2 Pt}{(T_1 - T_2)\left[c_\text{W}\left(\vartheta_3 - \vartheta_0\right) + q_\text{f} + c_\text{E}\left(\vartheta_0 - \vartheta_2\right)\right]}$$

$t = 1$ h

$T = T_0 + \vartheta$

$$m = \frac{Pt}{c_\text{W}\left(\vartheta_3 - \vartheta_0\right) + q_\text{f} + c_\text{E}\left(\vartheta_0 - \vartheta_2\right)} \cdot \frac{T_0 + \vartheta_2}{\vartheta_1 - \vartheta_2} = \underline{\underline{422 \text{ kg}}}$$

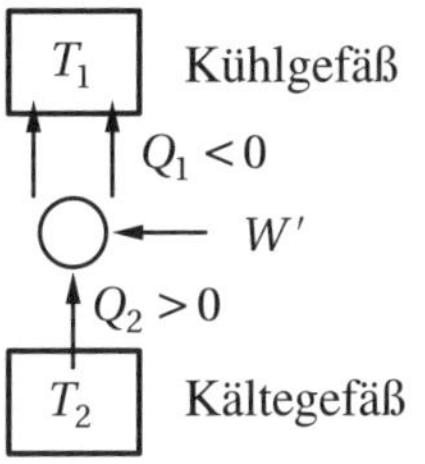

$W' = -W$
$(W < 0)$

T 4.8 Kühlschrank

Ein Kompressorkühlschrank hat einen Motor der Leistung P, der periodisch ein- und ausgeschaltet wird. Aufgrund von Reibungs- und Wärmeleitungsverlusten hat die Anlage gegenüber einer idealen Carnotschen Kältemaschine nur den Wirkungsgrad η_V, d. h., für den Kreisprozess steht nur der Bruchteil η_V der Motorleistung zur Verfügung. Die Oberfläche des Kühlschrankes sei A. Es wird angenommen, dass die Wärmeisolation allein durch den eingelegten Schaumstoff bestimmt wird. Zusätzliche Wärmeverluste durch die Türdichtungen werden vernachlässigt.

a) Welche Dicke d muss die Schaumstoffisolierung bekommen, damit bei der Umgebungstemperatur ϑ_a und einer Kühlschrank-Innentemperatur ϑ_i das Verhältnis von Einschaltzeit zu Ausschaltzeit einen vorgegebenen Wert τ nicht überschreitet? (Für den Wärmedurchgang ist nur die Wärmeleitung zu berücksichtigen.)
b) Bei welcher Raumtemperatur ϑ_a' müsste der Motor im Dauerbetrieb arbeiten, um die Temperatur ϑ_i aufrechtzuerhalten?

Schaumpolystyrol: $\lambda = 0{,}050$ W/(m · K)

$\tau = 0{,}20 \quad \eta_\text{V} = 0{,}16 \quad \vartheta_\text{i} = 4{,}0\,°\text{C} \quad \vartheta_\text{a} = 22\,°\text{C} \quad P = 180$ W $\quad A = 2{,}5$ m^2

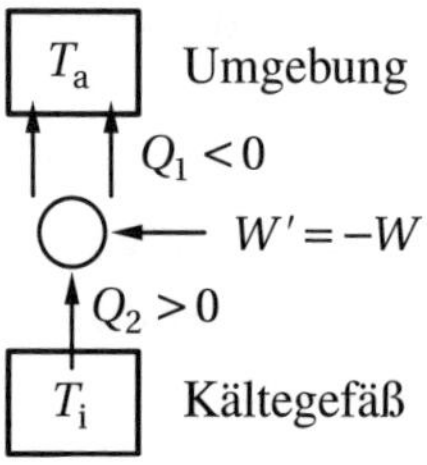

a) Wärmestrom durch die Isolation in das Kältegefäß (Kühlschrankinnenraum):

$$\frac{Q}{t} = \frac{\lambda}{d} A \left(\vartheta_a - \vartheta_i\right)$$

Die Maschine muss dem Kältegefäß die Wärme Q entziehen:

$$Q = Q_2$$

$$\Rightarrow \quad d = \frac{\lambda}{Q_2} A \left(\vartheta_a - \vartheta_i\right) t$$

Ermittlung von t:

$$t = t_e + t_a$$

$$\frac{t_e}{t_a} = \tau$$

$$t_a = \frac{t_e}{\tau}$$

$$t = t_e \left(1 + \frac{1}{\tau}\right)$$

Ermittlung von Q_2:

$$\frac{Q_2}{W'} = \frac{T_i}{T_a - T_i}$$

$$W' = \eta_V P t_e$$

$$Q_2 = \eta_V P t_e \frac{T_i}{T_a - T_i}$$

$$T = T_0 + \vartheta$$

$$Q_2 = \eta_V P t_e \frac{T_0 + \vartheta_i}{\vartheta_a - \vartheta_i}$$

$$\underline{d = \frac{\lambda}{\eta_V P} A \frac{\left(\vartheta_a - \vartheta_i\right)^2}{T_0 + \vartheta_i} \left(1 + \frac{1}{\tau}\right)} = \underline{\underline{30\ \text{mm}}}$$

b) Ansatz mit dem Ergebnis von a):

$$d\left(\vartheta_a, \tau\right) = d\left(\vartheta_a', \tau'\right)$$

$$\tau' \to \infty$$

$$\left(\vartheta_a - \vartheta_i\right)^2 \left(1 + \frac{1}{\tau}\right) = \left(\vartheta_a' - \vartheta_i\right)^2$$

$$\underline{\vartheta_a' = \vartheta_i + \left(\vartheta_a - \vartheta_i\right) \sqrt{1 + \frac{1}{\tau}}} = \underline{\underline{48\,^\circ\text{C}}}$$

T 5 Zweiter Hauptsatz der Thermodynamik

T 5.1 Eisenstück

Ein Stück Eisen der Masse m und der Temperatur T_1 wird in ein sehr großes Wasserbad der Temperatur $T_2 < T_1$ gebracht. Das Eisen nimmt die Temperatur des Wassers an. Die Temperatur des Bades ändert sich dabei nicht merklich.

Wie groß ist die Entropieänderung ΔS des gesamten Systems?

$m = 1{,}00$ kg $\quad T_1 = 573$ K $\quad T_2 = 288$ K $\quad c_E = 473$ J/(kg · K)

$$\Delta S = \Delta S_E + \Delta S_W$$

$$\Delta S_E = \int_{T_1}^{T_2} \frac{dQ}{T}$$

$$dQ = mc_E\, dT$$

$$\Delta S_E = mc_E \int_{T_1}^{T_2} \frac{dT}{T}$$

$$\Delta S_E = mc_E \ln \frac{T_2}{T_1}$$

$$\Delta S_E = -mc_E \ln \frac{T_1}{T_2}$$

$$\Delta S_W = \frac{1}{T_2} \int_0^{Q_W} dQ = \frac{Q_W}{T_2}$$

Die vom Wasser aufgenommene Wärme Q_W ist gleich der vom Eisen abgegebenen.

$$Q_W = mc_E\,(T_1 - T_2)$$

$$\Delta S_W = mc_E \left(\frac{T_1}{T_2} - 1 \right)$$

$$\underline{\Delta S = mc_E \left(\frac{T_1}{T_2} - 1 - \ln \frac{T_1}{T_2} \right)} = \underline{\underline{143 \text{ J/K}}}$$

T 5.2 Messingkugel

Eine Messingkugel (m_M, c_M, T_M) wird in Wasser (m_W, c_W, T_W) gebracht. Bei völliger Isolierung der Umgebung stellt sich die Endtemperatur T_E ein.

Man zeige, dass dem (nicht reversiblen) Wärmeaustausch eine Zunahme der Entropie ΔS des betrachteten Systems entspricht, und berechne diese!

$m_M = 795$ g $\quad \vartheta_M = 98{,}2\,°C \quad c_M = 0{,}385$ kJ/(kg · K)

$m_W = 412$ g $\quad \vartheta_W = 18{,}4\,°C \quad c_W = 4{,}19$ kJ/(kg · K)

Die Wärmekapazität des Gefäßes ist zu vernachlässigen.

$$\Delta S = \int_{T_W}^{T_E} \frac{dQ}{T} + \int_{T_M}^{T_E} \frac{dQ'}{T'}$$

$Q =$ dem Wasser zugeführte Wärme

$Q' =$ dem Messing zugeführte Wärme

$dQ = m_W c_W\, dT$

$dQ' = m_M c_M\, dT'$

$$\Delta S = m_W c_W \int_{T_W}^{T_E} \frac{dT}{T} + m_M c_M \int_{T_M}^{T_E} \frac{dT'}{T'} = m_W c_W \ln \frac{T_E}{T_W} + m_M c_M \ln \frac{T_E}{T_M}$$

$$T = T_0 + \vartheta$$

$$\underline{\Delta S = m_W c_W \ln \frac{T_0 + \vartheta_E}{T_0 + \vartheta_W} - m_M c_M \ln \frac{T_0 + \vartheta_M}{T_0 + \vartheta_E}}$$

Berechnung von ϑ_E:

$$Q_{ab} = Q_{auf}$$

$$m_M c_M (\vartheta_M - \vartheta_E) = m_W c_W (\vartheta_E - \vartheta_W)$$

$$(m_W c_W + m_M c_M)\, \vartheta_E = m_W c_W \vartheta_W + m_M c_M \vartheta_M$$

$$\vartheta_E = \frac{m_W c_W \vartheta_W + m_M c_M \vartheta_M}{m_W c_W + m_M c_M} = 30{,}4\,°\mathrm{C}$$

$$\underline{\underline{\Delta S = 7{,}9\ \mathrm{J/K}}} > 0$$

T 5.3 Dachziegel

Ein Dachziegel (Masse m) fällt aus der Höhe h in einen Sandhaufen. Sandhaufen, Dachziegel und Umgebung haben die Temperatur T, die sich auch während des Vorganges nicht merklich ändert.

Wie groß ist die Entropieänderung ΔS bei diesem irreversiblen Prozess?

$m = 1{,}35$ kg $\quad h = 15$ m $\quad T = 279$ K

Dem System (Sandhaufen, Dachziegel, Umgebung) zugeführte Wärme:

$Q = E_k(2) = E_p(1) = mgh \qquad$ (bei $T = \text{const}$)

$$\Rightarrow \quad \Delta S = \frac{1}{T} \int_0^Q dQ = \frac{Q}{T} = \underline{\frac{mgh}{T}} = \underline{\underline{0{,}71\ \mathrm{J/K}}}$$

T 5.4 Mischvorgang

Wasser der Masse m_1 und der Temperatur ϑ_1 wird mit Wasser der Masse m_2 und der Temperatur $\vartheta_2 < \vartheta_1$ vermischt. Der Mischvorgang verläuft wärmeisoliert gegenüber der Umgebung.

Berechnen Sie die Entropieänderung ΔS, die bis zum Erreichen des Temperaturausgleichs entsteht!

$m_1 = 35$ kg $\quad \vartheta_1 = 80\,°\mathrm{C} \quad c_W = 4{,}19\ \mathrm{kJ/(kg \cdot K)}$

$m_2 = 25$ kg $\quad \vartheta_2 = 8\,°\mathrm{C}$

$$\Delta S = \int_{T_2}^{T_M} \frac{dQ}{T} + \int_{T_1}^{T_M} \frac{dQ'}{T}$$

$dQ = m_2 c_W\, dT \qquad$ dem Wasser der Massen m_2 bzw. m_1 zugeführte Wärmen

$dQ' = m_1 c_W\, dT$

$$\Delta S = m_2 c_W \int_{T_2}^{T_M} \frac{dT}{T} + m_1 c_W \int_{T_1}^{T_M} \frac{dT'}{T'}$$

$$\Delta S = m_2 c_W \ln \frac{T_M}{T_2} - m_1 c_W \ln \frac{T_1}{T_M}$$

$$T = T_0 + \vartheta$$

$$\underline{\Delta S = m_2 c_W \ln \frac{T_0 + \vartheta_M}{T_0 + \vartheta_2} - m_1 c_W \ln \frac{T_0 + \vartheta_1}{T_0 + \vartheta_M}}$$

Berechnung von ϑ_M:

$$Q_{ab} = Q_{auf}$$

$$m_1 c_W (\vartheta_1 - \vartheta_M) = m_2 c_W (\vartheta_M - \vartheta_2)$$

$$\vartheta_M (m_2 + m_1) = m_1 \vartheta_1 + m_2 \vartheta_2$$

$$\vartheta_M = \frac{m_1 \vartheta_1 + m_2 \vartheta_2}{m_1 + m_2} = 50\,^\circ\mathrm{C}$$

$$\underline{\underline{\Delta S = 1{,}57\ \mathrm{kJ/K}}}$$

T 5.5 Rührwerk

Ein wärmeisolierter Behälter (Wärmekapazität C) enthält Wasser (m, c_W) der Temperatur T_1. Über ein Rührwerk wird ihm die Arbeit W' zugeführt, die die innere Energie erhöht.

Berechnen Sie die dadurch entstehende Entropieänderung ΔS des aus Behälter, Rührwerk und Wasser bestehenden Systems!

$m = 2{,}8$ kg $\quad c_W = 4{,}19$ kJ/(kg · K) $\quad W' = 25$ Wh

$T_1 = 293$ K $\quad C = 860$ J/K

$$\Delta S = \int_{T_1}^{T_2} \frac{dQ}{T}$$

$$dQ = (m c_W + C)\, dT$$

$$\Delta S = (m c_W + C) \int_{T_1}^{T_2} \frac{dT}{T} = (m c_W + C) \ln \frac{T_2}{T_1}$$

Berechnung von T_2:

$$W' = Q = (m c_W + C)(T_2 - T_1)$$

$$T_2 = T_1 + \frac{W'}{m c_W + C}$$

$$\underline{\Delta S = (m c_W + C) \ln \left[1 + \frac{W'}{(m c_W + C)\, T_1} \right]} = \underline{\underline{0{,}30\ \mathrm{kJ/K}}}$$

T 5.6 Gay-Lussac-Versuch

Ein ideales Gas (V_1, T_1, p_1) kann in einen evakuierten Raum expandieren, sodass danach sein Volumen $V_2 = 4\,V_1$ ist (vgl. Gay-Lussac-Versuch). Ein Wärmeaustausch mit der Umgebung erfolgt nicht.

a) Wie groß ist die Entropieänderung $\Delta S = S_2 - S_1$?

b) Ist es ein reversibler oder irreversibler Prozess?

$V_1 = 0{,}20\ \text{m}^3$ $\quad T_1 = 290\ \text{K}$ $\quad p_1 = 102\ \text{kPa}$

---

a) $U \neq f(V)$ (Gay-Lussac-Versuch)

$\Rightarrow \quad \Delta U = 0 \quad$ bzw. $\quad T_2 = T_1$

Entropieänderung eines idealen Gases bei isothermer Zustandsänderung (reversibler Vergleichsprozess):

$$\Delta S = \int_1^2 \frac{\mathrm{d}Q}{T} = \frac{1}{T_1}\int_1^2 \mathrm{d}Q$$

$$\mathrm{d}Q = \mathrm{d}W = p\,\mathrm{d}V$$

$$p = \frac{mR'T_1}{V}$$

$$\Delta S = mR' \int_{V_1}^{V_2} \frac{\mathrm{d}V}{V} = mR' \ln \frac{V_2}{V_1}$$

$$V_2 = 4\,V_1$$

$$mR' = \frac{p_1 V_1}{T_1}$$

$$\underline{\Delta S = \frac{p_1 V_1}{T_1}\ln 4} = \underline{\underline{97{,}5\ \text{J/K}}}$$

Hinweis: Beim Gay-Lussac-Versuch Volumenvergrößerung ohne Kraftaufwand, d. h. ohne mechanische Arbeit; deshalb auch keine Wärmeaufnahme aus der Umgebung ($Q = W = 0$). Beim isothermen Vergleichsprozess dagegen ist $Q = W > 0$. Er kann der Berechnung dienen, da Entropie (Zustandsgröße) vom Weg unabhängig.

b) Irreversibel, da im abgeschlossenen System $\Delta S > 0$.

T 5.7 Druckausgleich

In einem Behälter vom Volumen V_1 befindet sich ein ideales Gas unter dem Druck p_1. Ein zweiter Behälter vom Volumen V_2 enthält das gleiche Gas mit dem Druck p_2. Die Behälter sind durch eine Überströmleitung verbunden, deren Hahn geöffnet wird, sodass sich Druckausgleich einstellt. Die Temperatur vor und nach dem Überströmen ist in beiden Volumen T.

Berechnen Sie die Entropieänderung ΔS des Systems!

$V_1 = 2{,}5\ \text{m}^3$ $\quad p_1 = 2{,}1\ \text{kPa}$ $\quad T = 291\ \text{K}$

$V_2 = 6{,}0\ \text{m}^3$ $\quad p_2 = 0{,}3\ \text{kPa}$

Entropieänderungen bei $T = \text{const}$ für die beiden Gase, wenn V' und p' den Endzustand kennzeichnen:

$$\Delta S_1 = m_1 R' \ln \frac{V_1'}{V_1} \qquad \Delta S_2 = m_2 R' \ln \frac{V_2'}{V_2}$$

$$m_1 R' = \frac{p_1 V_1}{T} \qquad m_2 R' = \frac{p_2 V_2}{T}$$

$$\Delta S_1 = \frac{p_1 V_1}{T} \ln \frac{V_1'}{V_1} \qquad \Delta S_2 = \frac{p_2 V_2}{T} \ln \frac{V_2'}{V_2}$$

Berechnung von V_1' und V_2':

$$p_1 V_1 = p' V_1' \qquad p_2 V_2 = p' V_2'$$

$$V_1 + V_2 = V_1' + V_2'$$

$$\Rightarrow \quad V_1 + V_2 = \frac{p_1 V_1 + p_2 V_2}{p'}$$

$$p' = \frac{p_1 V_1 + p_2 V_2}{V_1 + V_2}$$

Somit wird:

$$\frac{V_1'}{V_1} = \frac{p_1}{p'} = \frac{p_1 (V_1 + V_2)}{p_1 V_1 + p_2 V_2} \qquad \frac{V_2'}{V_2} = \frac{p_2}{p'} = \frac{p_2 (V_1 + V_2)}{p_1 V_1 + p_2 V_2}$$

$$\Delta S = \Delta S_1 + \Delta S_2$$

$$\Delta S = \frac{1}{T} \left[p_1 V_1 \ln \frac{p_1 (V_1 + V_2)}{p_1 V_1 + p_2 V_2} - p_2 V_2 \ln \frac{p_1 V_1 + p_2 V_2}{p_2 (V_1 + V_2)} \right]$$

$$\underline{\underline{\Delta S = 10{,}5\ \text{J/K}}}$$

T 5.8 Wärmeleiter

Zwischen zwei Wärmebehältern, deren Temperaturen T_1 und $T_2 < T_1$ konstant bleiben, befindet sich ein Wärmeleiter (A, l, λ).

a) Berechnen Sie den Wärmestrom $\dot{Q}$ im Wärmeleiter!

b) Welche mechanische Leistung P könnte erzeugt werden, wenn der Wärmeleiter durch eine ideale Wärmekraftmaschine ersetzt würde?

c) Wie ändert sich die Entropie im abgeschlossenen System (beide Wärmebehälter und Wärmeleiter) innerhalb der Zeit t?

d) Geben Sie eine Formel an, die die in c) berechnete Entropieänderung mit der in b) berechneten (nicht realisierten) Nutzleistung P verknüpft!

$T_1 = 380\ \text{K} \quad T_2 = 300\ \text{K} \quad A = 200\ \text{cm}^2 \quad l = 10{,}0\ \text{cm}$

$\lambda = 58\ \text{W/(m} \cdot \text{K)} \quad t = 60{,}0\ \text{min}$

---

a) $\underline{\dot{Q} = A \frac{\lambda}{l} (T_1 - T_2)} = \underline{\underline{928\ \text{W}}}$

b) $\eta = \frac{P}{\dot{Q}} = \frac{T_1 - T_2}{T_1}$

$\underline{P = \frac{T_1 - T_2}{T_1} \dot{Q}} = \underline{\underline{195\ \text{W}}}$

c) Der Wärmeleiter ändert die Entropie nicht, da stationärer Vorgang ($T = \text{const}$).

$$\Delta S = \Delta S_1 + \Delta S_2 = \frac{-Q}{T_1} + \frac{Q}{T_2}$$

$$Q = \dot{Q}t$$

$$\underline{\Delta S = \left(\frac{1}{T_2} - \frac{1}{T_1}\right)} \dot{Q}t = \underline{\underline{2{,}34\ \text{kJ/K}}}$$

d) Mit $\dot{Q} = \frac{T_1}{T_1 - T_2} P$ aus b) wird das Ergebnis von c):

$$\Delta S = \left(\frac{T_1 - T_2}{T_1 T_2}\right)\left(\frac{T_1}{T_1 - T_2}\right) Pt = \underline{\frac{Pt}{T_2}}$$

T 5.9 Zwei Luftmengen

Ein abgeschlossenes thermodynamisches System, das zwei getrennte Luftmengen (Masse m_1 und m_2) enthält, ändert seinen Zustand. Die Anfangswerte von Druck und Temperatur sind p_1, T_1 bzw. p_2, T_2. Im Endzustand haben die beiden (getrennt gebliebenen) Luftmengen die gleichen Werte p' und T' angenommen.

Prüfen Sie nach, ob die Zustandsänderung des Systems reversibel abgelaufen ist.

$m_1 = 3{,}00$ kg $\quad p_1 = 1{,}25$ MPa $\quad T_1 = 369$ K

$m_2 = 5{,}00$ kg $\quad p_2 = 4{,}10$ MPa $\quad T_2 = 305$ K

$p' = 1{,}40$ MPa $\quad T' = 329$ K $\quad c_p = \frac{7}{2}R' \quad M_r = 29$

Teilsystem 1 (Luft der Masse m_1):

$$\Delta S_1 = m_1 c_V \ln\frac{T'}{T_1} + m_1 R' \ln\frac{V'}{V_1}$$

$$\frac{p'V'}{T'} = \frac{p_1 V_1}{T_1}$$

$$\Rightarrow \quad \frac{V'}{V_1} = \frac{p_1}{p'}\frac{T'}{T_1}$$

$$\Delta S_1 = m_1 c_V \ln\frac{T'}{T_1} + m_1 R' \ln\frac{p_1}{p'} + m_1 R' \ln\frac{T'}{T_1}$$

$$c_V + R' = c_p = \frac{7}{2}R'$$

$$\Delta S_1 = \frac{7}{2} m_1 R' \ln\frac{T'}{T_1} + m_1 R' \ln\frac{p_1}{p'}$$

Teilsystem 2 (Luft der Masse m_2) analog:

$$\Delta S_2 = \frac{7}{2} m_2 R' \ln\frac{T'}{T_2} + m_2 R' \ln\frac{p_2}{p'}$$

Gesamtsystem:

$$\Delta S = \Delta S_1 + \Delta S_2$$

$$\underline{\Delta S = R'\left(\frac{7}{2} m_1 \ln\frac{T'}{T_1} + \frac{7}{2} m_2 \ln\frac{T'}{T_2} - m_1 \ln\frac{p'}{p_1} - m_2 \ln\frac{p'}{p_2}\right)}$$

$\underline{\underline{\Delta S = +1{,}48\ \text{kJ/K}}}$ $\quad$ Irreversibel

T 5.10 Mischentropie

In einem abgeschlossenen Raum vom Volumen V_0 ist ein Teilvolumen V_1 durch eine feste Wand abgegrenzt. In diesem Teilvolumen befindet sich O_2 bei einem Druck p_1 der Temperatur ϑ_1, im übrigen Raum befindet sich N_2 bei dem Druck p_2 und der gleichen Temperatur.

Wie groß ist die Entropieänderung des Systems, wenn man die Trennwand entfernt? (Man betrachte beide Gase als ideal und rechne für jede Gasart so, als sei die andere Gasart nicht vorhanden.)

$V_0 = 10{,}0\ \text{m}^3$ $\quad V_1 = 1{,}00\ \text{m}^3$ $\quad p_1 = 980\ \text{kPa}$ $\quad \vartheta_1 = 20\ ^\circ\text{C}$ $\quad p_2 = 100\ \text{kPa}$

$$\Delta S = \Delta S_1 + \Delta S_2$$

$$T = \text{const}$$

$$\Delta S = m_1 R_1' \ln \frac{V_0}{V_1} + m_2 R_2' \ln \frac{V_0}{V_2}$$

$$pV = mR'T$$

$$\Rightarrow \quad m_1 R_1' = \frac{p_1 V_1}{T_1}$$

$$m_2 R_2' = \frac{p_2 V_2}{T_2}$$

$$V_2 = V_0 - V_1$$

$$T = T_0 + \vartheta$$

$$\underline{\Delta S = \frac{p_1 V_1}{T_0 + \vartheta_1} \ln \frac{V_0}{V_1} + \frac{p_2 (V_0 - V_1)}{T_0 + \vartheta_1} \ln \frac{V_0}{V_0 - V_1}} = \underline{\underline{8{,}02\ \text{kJ/K}}}$$

T 6 Gaskinetik

T 6.1 Geschwindigkeitsintervall

Stickstoff hat die Temperatur ϑ.

a) Man schätze ab, wie hoch der Anteil der Moleküle mit der Geschwindigkeit zwischen v_1 und v_2 ist!

b) Wie viele Moleküle N^* sind das für die Stoffmenge $\nu = 1$ kmol?

$\vartheta = 0\ ^\circ\text{C}$ $\quad v_1 = 250\ \text{m/s}$ $\quad v_2 = 260\ \text{m/s}$

Stickstoff: $M_\text{r} = 28$

---

a) Maxwellsche Geschwindigkeitsverteilung:

$$\frac{\text{d}N}{N\,\text{d}v} = \sqrt{\frac{8\mu}{\pi k T}}\,\frac{\mu v^2}{2kT}\,\text{e}^{-\frac{\mu v^2}{2kT}}$$

Abschätzung:

$$\frac{\Delta N}{N\,\Delta v} \approx \sqrt{\frac{8\mu}{\pi k T}}\,\frac{\mu \overline{v}^2}{2kT}\,\text{e}^{-\frac{\mu \overline{v}^2}{2kT}}$$

$$\overline{v} = \frac{v_1 + v_2}{2}$$

$$\Delta v = v_2 - v_1$$
$$T = T_0 = 273\ \mathrm{K}$$
$$\frac{k}{\mu} = R'$$
$$\underline{\frac{\Delta N}{N} = \sqrt{\frac{8}{\pi R' T_0}} \cdot \frac{\overline{v}^2}{2R'T_0}}\, \mathrm{e}^{-\frac{\overline{v}^2}{2R'T_0}}\, \Delta v = \underline{\underline{1{,}5\,\%}}$$

b) $$\frac{N^*}{N_\mathrm{A} v} = \frac{\Delta N}{N}$$
$$\underline{N^* = \frac{\Delta N}{N}} N_\mathrm{A} v = \underline{\underline{9{,}0 \cdot 10^{24}}}$$

T 6.2 Häufigste Geschwindigkeit

Bei welcher Geschwindigkeit der Gasteilchen liegt das Maximum der Geschwindigkeitsverteilung für Wasserstoff ($M_\mathrm{r} = 2$), Helium ($A_\mathrm{r} = 4$) und Stickstoff ($M_\mathrm{r} = 28$) bei $\vartheta = 100\,°\mathrm{C}$?

$$v_\mathrm{w} = \sqrt{2R'T}$$
$$T = T_0 + \vartheta = 373\ \mathrm{K}$$
$$R' = \frac{8314\ \mathrm{J}}{M_\mathrm{r}\ \mathrm{kg} \cdot \mathrm{K}}$$

H_2: $M_\mathrm{r} = 2$ $\quad \underline{\underline{v_\mathrm{w} = 1761\ \mathrm{m/s}}}$

He: $M_\mathrm{r} = A_\mathrm{r} = 4$ $\quad \underline{\underline{v_\mathrm{w} = 1245\ \mathrm{m/s}}}$

N_2: $M_\mathrm{r} = 28$ $\quad \underline{\underline{v_\mathrm{w} = 471\ \mathrm{m/s}}}$

T 6.3 Geschwindigkeitsverteilung

Sauerstoff habe die Temperatur T_1 bzw. T_2.

a) Berechnen Sie die wahrscheinlichsten Geschwindigkeiten $v_{\mathrm{w}1}$ bzw. $v_{\mathrm{w}2}$ bei den angegebenen Temperaturen! Die Formel für v_w ist aus der Maxwellschen Geschwindigkeitsverteilung herzuleiten.

b) Berechnen Sie die zugehörigen Werte der Verteilungsfunktion $w(v_{\mathrm{w}1})$ bzw. $w(v_{\mathrm{w}2})$!

c) Skizzieren Sie die Kurven der Häufigkeitsverteilungen $w(v)$ für die beiden Temperaturen T_1 und T_2!

$T_1 = 300\ \mathrm{K}$ $\qquad T_2 = 700\ \mathrm{K}$ $\qquad$ Sauerstoff: $M_\mathrm{r} = 32$

---

a) $$\frac{\mathrm{d}N}{N\,\mathrm{d}v} = w(v) = \left[\sqrt{\frac{8\mu}{\pi k T} \cdot \frac{\mu}{2kT}}\right] v^2\, \mathrm{e}^{-\frac{\mu v^2}{2kT}}$$
$$\frac{\mathrm{d}w}{\mathrm{d}v} = w'(v) = \left[\sqrt{\frac{8\mu}{\pi k T} \cdot \frac{\mu}{2kT}}\right] \left(2v - v^2 \frac{\mu v}{kT}\right) \mathrm{e}^{-\frac{\mu v^2}{2kT}}$$
$$w'(v_\mathrm{w}) = 0$$
$$\Rightarrow \quad 2 - \frac{\mu v_\mathrm{w}^2}{kT} = 0$$

$$v_w = \sqrt{\frac{2kT}{\mu}} = \sqrt{2R'T}$$

$$v_{w1} = 395 \text{ m/s}$$

$$v_{w2} = 603 \text{ m/s}$$

b) $$w(v_w) = \left[\sqrt{\frac{8}{\pi R'T}}\frac{1}{2R'T}\right] \cdot 2R'T\,e^{-1} = \frac{4}{e\sqrt{\pi}}\frac{1}{\sqrt{2R'T}}$$

$$w(v_w) = \frac{4}{e\sqrt{\pi}}\frac{1}{v_w}$$

$$w_1 = 2{,}10 \cdot 10^{-3} \text{ s/m}$$

$$w_2 = 1{,}38 \cdot 10^{-3} \text{ s/m}$$

c)

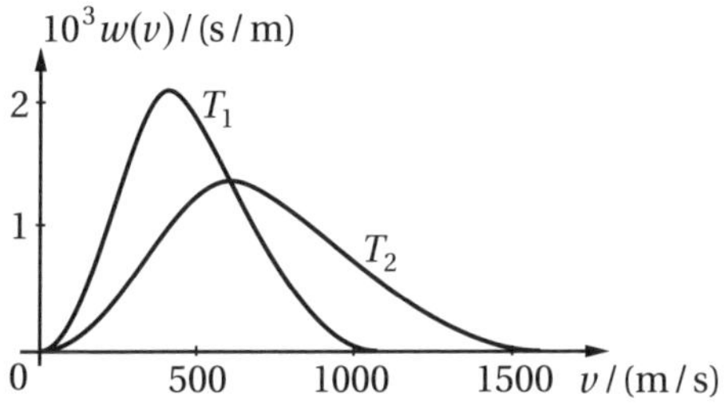

T 6.4 Teilchenenergie

Einer abgeschlossenen Gasmenge Argon (m, A_r) wird bei konstantem Volumen die Wärme Q zugeführt.

a) Berechnen Sie die Änderung der kinetischen Energie $\Delta\overline{E}_k$, die im Mittel auf ein Argonatom entfällt!

b) Welche Temperaturänderung ΔT erfährt das Gas?

c) Wie groß ist der Adiabatenexponent $\varkappa$ für Argon?

$m = 100$ g $\quad A_r = 40 \quad Q = 4{,}19$ kJ

---

a) $W = 0$

$$\Rightarrow \quad Q = \Delta U = N\,\Delta\overline{E}_k$$

$$N = \frac{m}{\mu} = mN'_A$$

$$\Delta\overline{E}_k = \frac{Q}{mN'_A} = 2{,}8 \cdot 10^{-21} \text{ J}$$

b) $$\Delta\overline{E}_k = \frac{3}{2}k\,\Delta T$$

$$\Delta T = \frac{2}{3k}\Delta\overline{E}_k = \frac{2Q}{3mkN'_A}$$

$$kN'_A = R'$$

$$\Delta T = \frac{2Q}{3mR'} = 134 \text{ K}$$

c) $\varkappa = \frac{c_p}{c_V}$

$$c_p = c_V + R'$$

$$\varkappa = \frac{c_V + R'}{c_V} = 1 + \frac{R'}{c_V}$$

Ermittlung von c_V:

$$\Delta U = m c_V \, \Delta T = N f \frac{k}{2} \, \Delta T$$

$$c_V = f \frac{k}{2} \frac{N}{m} = f \frac{k}{2} N'_A = \frac{f}{2} R'$$

$$f = 3$$

$$\underline{\varkappa = 1 + \frac{2}{f}}$$

$$\underline{\underline{\varkappa = 1{,}67}}$$

T 6.5 Mittlere freie Weglänge

Ein Gefäß mit Luft wird bei der Temperatur ϑ ausgepumpt.

a) Wie groß ist die mittlere freie Weglänge Λ bei p_1, p_2, p_3?

b) Wie groß ist die Zahl der Zusammenstöße N_Z eines Moleküls in der Zeit Δt?

Luft: $M_r = 29$ Molekülradius $r_0 = 1{,}88 \cdot 10^{-8}$ cm $\vartheta = 20\,°\mathrm{C}$

$p_1 = 100$ kPa (normaler Luftdruck)
$p_2 = 100$ Pa (Leuchtstoffröhre)
$p_3 = 0{,}10$ Pa (Elektronenröhre)

$\Delta t = 1{,}0$ s

---

a) $\Lambda = \frac{1}{4\sqrt{2}\pi r_0^2 n}$

Ermittlung von n:

$$p = \frac{1}{3} n \mu \overline{v^2}$$

$$\overline{v^2} = 3R'T$$

$$p = n \mu R' T$$

$$\mu R' = k$$

$$p = nkT$$

$$n = \frac{p}{kT}$$

$$\underline{\Lambda = \frac{kT}{4\sqrt{2}\pi r_0^2 p}}$$

b) $N_Z = \frac{s}{\Lambda} = \frac{\overline{v}\,\Delta t}{\Lambda}$

$$\underline{N_Z = \sqrt{\frac{8}{\pi} R' T} \frac{\Delta t}{\Lambda}}$$

Ergebnisse:

p/Pa	Λ/cm	N_Z
10^5	$6{,}4 \cdot 10^{-6}$	10^{10}
10^2	$6{,}4 \cdot 10^{-3}$	10^7
10^{-1}	$6{,}4$	10^4

T 6.6 Wegsumme

Für Luft mit dem Volumen V, der Temperatur T und dem Druck p schätze man ab

a) die Summe s der Wegstrecken, die von allen Molekülen in der Zeit t zurückgelegt werden,

b) die Zeit t_L, die Licht benötigen würde, um im Vakuum die Strecke s zurückzulegen,

c) die Zahl N_Z der Zusammenstöße zwischen den Molekülen in der Zeit t!

$V = 1\ \text{mm}^3 \qquad T = 300\ \text{K} \qquad p = 0{,}1\ \text{MPa} \qquad t = 1\ \text{s} \qquad M_r = 29$

Moleküle kugelförmig mit dem Radius $r_0 = 2 \cdot 10^{-10}\ \text{m}$

---

a) $s = N\overline{v}t$

$$N = \frac{m}{\mu}$$

$$m = \frac{pV}{R'T}$$

$$s = \frac{pV}{\mu R'T}\overline{v}t$$

$$\overline{v} = \sqrt{\frac{8}{\pi}R'T}$$

$$\mu R' = k$$

$$\underline{s = \frac{pV}{k}\sqrt{\frac{8R'}{\pi T}}}\, t = \underline{\underline{10^{19}\ \text{m}}}$$

b) $\underline{t_L = \frac{s}{c}} = \underline{\underline{10^3\ \text{a}}}$

c) $N_Z = \frac{1}{2}\frac{s}{\Lambda}$ (2 Teilchen an einem Zusammenstoß beteiligt!)

$$\Lambda = \frac{1}{4\sqrt{2}\pi n r_0^2}$$

Ermittlung von n:

$$p = \frac{1}{3}n\mu\overline{v^2}$$

$$\overline{v^2} = 3R'T$$

$$p = n\mu R'T$$

$$\mu R' = k$$

$$n = \frac{p}{kT}$$

$$N_Z = \frac{1}{2}s \cdot 4\sqrt{2}\pi r_0^2 \frac{p}{kT} = \underline{2\sqrt{2}\pi r_0^2 \frac{p}{kT}s} = \underline{\underline{10^{26}}}$$

T 6.7 Hochvakuumgefäß

In einem Hochvakuumgefäß vom Durchmesser d mit Neon-Restgasatmosphäre soll die mittlere freie Weglänge Λ der Gasatome die Gefäßabmessungen überschreiten.

Unterhalb welchen Drucks p ist diese Bedingung erfüllt?

Die Temperatur des Gefäßes ist T.

$d = 50$ cm $\quad T = 300$ K $\quad$ Radius des Neonatoms: $r_0 = 0{,}14$ nm

---

$$p = \frac{1}{3} n \mu \overline{v^2}$$

Bedingung:

$$d = \Lambda = \frac{1}{4\sqrt{2}\pi n r_0^2}$$

$$\Rightarrow \quad n = \frac{1}{4\sqrt{2}\pi r_0^2 d}$$

$$p = \frac{1}{3} \mu \overline{v^2} \frac{1}{4\sqrt{2}\pi r_0^2 d}$$

$$\frac{1}{2} \mu \overline{v^2} = \frac{3}{2} kT$$

$$\frac{1}{3} \mu \overline{v^2} = kT$$

$$\underline{p = \frac{kT}{4\sqrt{2}\pi r_0^2 d}} = \underline{\underline{2{,}4 \cdot 10^{-2}\ \text{Pa}}}$$

T 6.8 Gasdruck

In einem idealen Gas sind die mittlere kinetische Energie $\overline{E}_\text{k}$ der Teilchen und die Teilchendichte n bekannt.

Welcher Druck p herrscht in diesem Gas?

$n = 3{,}45 \cdot 10^{27}\ \text{m}^{-3} \quad \overline{E}_\text{k} = 7{,}62 \cdot 10^{-21}$ J

$$p = \frac{1}{3} n \mu \overline{v^2}$$

$$\frac{1}{2} \mu \overline{v^2} = \overline{E}_\text{k}$$

$$\underline{p = \frac{2}{3} n \overline{E}_\text{k}} = \underline{\underline{17{,}5\ \text{MPa}}}$$

T 6.9 Teilchenstromstärke

Durch ein Leck in einer Ultrahochvakuumapparatur dringt bei der Temperatur T ein Gasstrom der Stärke I_V ein.

a) Wie groß ist die Teilchenstromstärke $\dot{N}$?

b) Wie groß ist der Massenstrom $\dot{m}$, wenn das eindringende Gas Stickstoff ist?

c) Welche elektrische Stromstärke I würde ein Strom einwertiger Ionen haben, der die gleiche Teilchenstromstärke aufweist?

d) In welcher Zeit t würde ein Luftvolumen V (unter Normaldruck p_a) in die Apparatur eindringen, wenn die Vakuumpumpe den Druck im Inneren konstant hält?

$T = 293$ K $\quad I_V = p\dot{V} = 1{,}0 \cdot 10^{-7}$ Pa · l/s $\quad$ Stickstoff: $M_r = 28$

$V = 1{,}0$ cm^3 $\quad p_a = 101$ kPa

---

a) $$\dot{N} = \frac{\dot{m}}{\mu}$$

$$I_V = p\dot{V} = p\frac{\dot{m}}{\varrho}$$

$$\dot{N} = \frac{I_V \varrho}{p\mu}$$

$$\frac{\varrho}{\mu} = n$$

$$\dot{N} = \frac{I_V n}{p}$$

Ermittlung von p:

$$p = \frac{1}{3} n\mu\overline{v^2}$$

$$\overline{v^2} = 3R'T$$

$$p = n\mu R'T$$

$$\mu R' = k$$

$$p = nkT$$

$$\underline{\dot{N} = \frac{I_V}{kT}} = \underline{\underline{2{,}5 \cdot 10^{10}\ \text{s}^{-1}}}$$

b) $$\dot{m} = \mu\dot{N}$$

$$\mu = \frac{1}{N'_A}$$

$$\underline{\dot{m} = \frac{\dot{N}}{N'_A}} = \underline{\underline{1{,}15 \cdot 10^{-12}\ \text{g/s}}}$$

c) $$\underline{I = e\dot{N}} = \underline{\underline{4{,}0 \cdot 10^{-9}\ \text{A}}}$$

d) $$I_V = \frac{p_a V}{t}$$

$$\underline{t = \frac{p_a V}{I_V}} = \underline{\underline{32\ \text{a}}}$$

T 6.10 Saugvermögen

Unter dem Saugvermögen einer Hochvakuumpumpe versteht man das Gasvolumen, das die Pumpe pro Zeit abzusaugen vermag.

Wie groß kann das Saugvermögen S einer Pumpe mit einer kreisförmigen Ansaugöffnung vom Durchmesser d für Stickstoff der Temperatur T höchstens sein, wenn man annimmt, dass keine Rückströmung auftritt? (Im Hochvakuumbereich gilt $\Lambda \gg d$.)

$d = 65$ mm $\quad T = 293$ K $\quad$ Stickstoff: $M_r = 28$

$$S = \frac{dV}{dt}$$

$$n = \frac{dN}{dV}$$

$$dV = \frac{dN}{n}$$

$$S = \frac{1}{n}\frac{dN}{dt}$$

$$\frac{dN}{dt} = \frac{An\overline{v}}{4}$$

$$S = \frac{1}{4}A\overline{v}$$

$$\overline{v} = \sqrt{\frac{8}{\pi}R'T}$$

$$A = \frac{\pi}{4}d^2$$

$$S = \frac{1}{4}\sqrt{\frac{8}{\pi}R'T} \cdot \frac{\pi}{4}d^2$$

$$S = \sqrt{\frac{\pi}{32}R'T}\, d^2 = \underline{\underline{390\ \mathrm{l/s}}}$$

T 6.11 Bedeckungszeit

Ein Argonatom nimmt auf einer Oberfläche die Fläche A_0 ein. Nach welcher Zeit t bedeckt sich eine anfangs reine Metalloberfläche im Ultrahochvakuum beim Druck p mit einer monoatomaren Argonschicht, wenn alle auftreffenden Argonatome adsorbiert werden?

Die Ultrahochvakuumapparatur hat die Temperatur T.

$A_0 = 1{,}44 \cdot 10^{-15}\ \mathrm{cm}^2$ $p = 1{,}0 \cdot 10^{-7}\ \mathrm{Pa}$ $T = 293\ \mathrm{K}$ Argon: $A_r = 39{,}9$

$$\frac{dN}{dt} = \frac{An\overline{v}}{4}$$

$$dN = \frac{An\overline{v}}{4}\,dt$$

$$N = \frac{An\overline{v}}{4}t$$

$$t = \frac{4N}{An\overline{v}}$$

$$A = NA_0$$

$$\overline{v} = \sqrt{\frac{8}{\pi}R'T}$$

$$t = \frac{4}{A_0 n\sqrt{\frac{8}{\pi}R'T}}$$

Ermittlung von n:

$$p = \frac{1}{3}n\mu\overline{v^2}$$

$$\overline{v^2} = 3R'T$$

$$p = n\mu R'T$$

$$\mu R' = k$$

$$n = \frac{p}{kT}$$

$$t = \frac{k}{A_0 p}\sqrt{\frac{2\pi T}{R'}} = \underline{\underline{47{,}5\ \text{min}}}$$

T 6.12 Adiabatenexponent

Geben Sie aufgrund der Modellvorstellung der Gaskinetik eine Beziehung zwischen dem Adiabatenexponenten $\varkappa$ und dem Freiheitsgrad f eines Gasmoleküls an!

(Gehen Sie dabei von den verschiedenen Darstellungen der inneren Energie aus.)

Was erhalten Sie

a) für einatomige
b) zweiatomige
c) dreiatomige Gase?

Hinweis: Bei dreiatomigen Gasen Anordnung der Atome nicht auf einer Geraden

Innere Energie:

$$U = mc_V T = nf\frac{k}{2}T$$

$$N\mu c_V T = Nf\frac{k}{2}T$$

$$\Rightarrow \quad c_V = \frac{fk}{2\mu}$$

$$\frac{k}{\mu} = R'$$

$$c_V = \frac{f}{2}R'$$

Zusammenhang mit $\varkappa$:

$$\varkappa = \frac{c_p}{c_V}$$

$$c_p = R' + c_V$$

$$\varkappa = \frac{R'\left(1 + \frac{f}{2}\right)}{\frac{f}{2}R'}$$

$$\underline{\varkappa = \frac{2}{f} + 1}$$

Ergebnisse:

	f	$\varkappa$
a)	3	$\frac{5}{3} = 1{,}67$
b)	5	$\frac{7}{5} = 1{,}40$
c)	6	$\frac{4}{3} = 1{,}33$

T 7 Wärmestrahlung

T 7.1 Strahlungsfeldgrößen

Ein Lambert-Strahler (Fläche A, Emissionsgrad ε) hat die Temperatur T. Unter dem Winkel ϑ zur Flächennormalen ist in der Entfernung r ein Strahlungsempfänger der Fläche A' angeordnet. Dessen Flächennormale ist auf die Strahlermitte gerichtet. (Sender- und Empfängerfläche sind klein gegenüber r^2.)

Berechnen Sie

a) die Strahldichte L des Senders,

b) die Strahlstärke I in Richtung zum Empfänger,

c) den Strahlungsfluss Φ vom Sender zum Empfänger,

d) die Bestrahlungsstärke E am Empfänger!

$T = 710\ \text{K} \qquad \varepsilon = 0{,}58 \qquad A = 1{,}25\ \text{cm}^2 \qquad \vartheta = 38° \qquad r = 1{,}45\ \text{m} \qquad A' = 2{,}15\ \text{cm}^2$

---

a) $L = \dfrac{M}{\pi}$

$$M = \varepsilon\sigma T^4$$

$$\underline{L = \frac{\varepsilon\sigma}{\pi} T^4} = \underline{\underline{2{,}66\ \text{kW}/(\text{m}^2 \cdot \text{sr})}}$$

b) $I = \int L \cos\vartheta \,\mathrm{d}A$

$$\underline{I = LA\cos\vartheta} = \underline{\underline{0{,}262\ \text{W/sr}}}$$

c) $\Phi = \int I \,\mathrm{d}\Omega$

$$\Phi = I\frac{A'}{r^2}$$

$$\underline{\Phi = L\frac{AA'}{r^2}\cos\vartheta} = \underline{\underline{2{,}68 \cdot 10^{-5}\ \text{W}}}$$

d) $E = \dfrac{\Phi}{A'}$

$$\underline{E = L\frac{A}{r^2}\cos\vartheta} = \underline{\underline{0{,}125\ \text{W/m}^2}}$$

T 7.2 Strahlung eines Ofens

Die Oberfläche A_1 eines eisernen Ofens (Emissionsgrad ε_1) hat die Temperatur ϑ_1. Vor dem Ofen steht eine Person.

a) Wie groß kann die Bestrahlungsstärke E_2 der Haut bei Annäherung an den Ofen höchstens werden?

b) Die Person hat den Abstand r ($r^2 \gg A_1$) zum Ofen.
Welche Bestrahlungsstärke E_3 ergibt sich unter der näherungsweisen Annahme, dass $\cos\vartheta'$ für alle Bereiche der Ofenoberfläche gleich 1 ist?

$\vartheta_1 = 360\ °\text{C} \qquad \varepsilon_1 = 0{,}43 \qquad A_1 = 0{,}50\ \text{m}^2 \qquad r = 3{,}0\ \text{m}$

---

a) $E_2 = M_1 = \underline{\varepsilon_1 \sigma T_1^4}$

$$T_1 = 633\ \text{K}$$

$$\underline{\underline{E_2 = 3{,}9\ \text{kW/m}^2}}$$

b) $E = \int L \cos\vartheta'\, \mathrm{d}\Omega'$

$$E_3 = L_1 \Omega'$$

$$\underline{E_3 = \frac{M_1}{\pi}\frac{A_1}{r^2}} = \underline{\underline{69\ \text{W/m}^2}}$$

T 7.3 Aufheizen durch Sonnenstrahlung

Welche Temperatur nimmt ein Körper an, der sich in so großer Entfernung von der Erde auf der Erdbahn befindet, dass er allein der Bestrahlung durch die Sonne ausgesetzt ist?

Der Körper selbst strahlt in alle Richtungen des Weltraums ab und hat
a) die Gestalt einer flachen Scheibe, deren Flächennormale zur Sonne zeigt (T_1),
b) Kugelform (T_2).

Es wird angenommen, dass der (nicht bekannte) Emissionsgrad ε der Körperoberfläche nicht von der Richtung der einfallenden Strahlung abhängt, und dass der Körper klein genug ist, um innere Temperaturunterschiede durch Wärmeleitung abbauen zu können.

Absorbierte Sonnenstrahlung:	$\Phi_1 = \varepsilon E_0 A_1$
Emittierte Strahlungsleistung:	$\Phi_2 = \varepsilon \sigma T^4 A_2$
Strahlungsgleichgewicht:	$\Phi_1 = \Phi_2$

a) $A_2 = 2A_1$

$$T_1^4 = \frac{E_0}{2\sigma}$$

$$\underline{T_1 = \sqrt[4]{\frac{E_0}{2\sigma}}} = \underline{\underline{332\ \text{K}}}$$

b) $A_1 = \pi r^2$

$$A_2 = 4\pi r^2$$

$$T_2^4 = \frac{E_0}{4\sigma}$$

$$\underline{T_2 = \sqrt[4]{\frac{E_0}{4\sigma}}} = \underline{\underline{279\ \text{K}}}$$

Anmerkung: Dies entspricht auch etwa der mittleren Temperatur der Erdoberfläche.

T 7.4 Großer Tschirnhaus-Spiegel

Ehrenfried Walther v. Tschirnhaus, der zur Zeit Augusts des Starken in Dresden lebte und maßgeblich an der Erfindung des Porzellans beteiligt war, benutzte große Hohlspiegel, um Metalle zu schmelzen. Der größte seiner im Mathematisch-Physikalischen Salon im Dresdner Zwinger aufbewahrten Spiegel hat die Brennweite $f = 113$ cm und den Durchmesser $D = 158$ cm.

a) Welche Fläche A_0 hat der Brennfleck (Abbild der Sonne) dieses Spiegels?
b) Welche Strahlungsleistung P kann im Fokus maximal erzielt werden, wenn bei optimalen atmosphärischen Verhältnissen die Bestrahlungsstärke auf der Erdoberfläche 70 % der Solarkonstanten E_0 erreicht?
c) Wie groß ist die Bestrahlungsstärke E_1 im Brennfleck?
d) Welche Temperatur T könnte eine im Fokus platzierte kleine Kugel maximal erreichen?
(Rechnen sie mit einem Emissionsgrad $\varepsilon = 1$.)

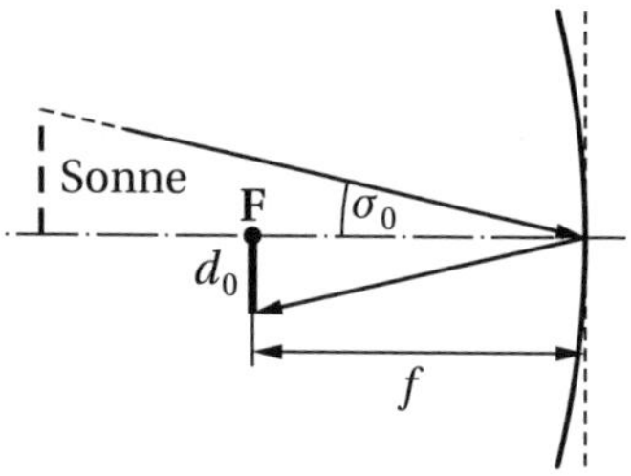

a) Durchmesser des Sonnenbildes:

$d_0 = \sigma_0 \cdot f = 1{,}05$ cm

Fläche:

$$A_0 = \frac{\pi}{4} d_0^2 = \underline{\underline{0{,}87\ \text{cm}^2}}$$

b) Strahlungsfluss durch den Brennfleck:

$$\Phi = 0{,}70\, E_0 \frac{\pi}{4} D^2 = \underline{\underline{1{,}9\ \text{kW}}}$$

c) $E_1 = \dfrac{\Phi}{A_0}$

$$E_1 = 0{,}70\, E_0 \left(\frac{D}{d_0}\right)^2 = \underline{\underline{22\ \text{MW/m}^2}}$$

d) Der absorbierte Strahlungsfluss auf der Kreisquerschnittsfläche ist gleich der emittierten Strahlungsleistung auf der Kugeloberfläche (r = Kugelradius, M_1 = spezifische Ausstrahlung):

$$\Phi = E_1 \pi r^2 = M_1 \cdot 4\pi r^2$$

$$\Rightarrow \quad M_1 = \frac{E_1}{4}$$

Stefan-Boltzmannsches Gesetz:

$$M_1 = \sigma T^4$$

$$\Rightarrow \quad T = \sqrt[4]{\frac{E_1}{4\sigma}} = \underline{\underline{3130\ \text{K}}}$$

Anmerkung: Tatsächlich hat Tschirnhaus mit diesem Spiegel nur ca. 1800 K erreicht.

T 7.5 Mondlicht

Wie groß ist die Bestrahlungsstärke E_M der Erdoberfläche, wenn der Vollmond nachts um den Winkel γ über dem Horizont steht?

$\gamma = 60°$

Albedo des Mondes:	$\varrho_M = 0{,}12$
Scheinbarer Durchmesser des Mondes:	$\sigma_M = 9{,}04 \cdot 10^{-3}$ rad

---

Die Bestrahlungsstärke der Mondoberfläche ist gleich der Solarkonstanten E_0. Davon wird der Anteil $\varrho_M E_0$ diffus reflektiert. Er entspricht der spezifischen Ausstrahlung M_M der Mondoberfläche:

$$M_M = \varrho_M E_0$$

Unter der Annahme, dass die reflektierte Strahlung dem Lambertgesetz unterliegt, ist die Strahldichte

$$L = \frac{M_\mathrm{M}}{\pi} = \frac{\varrho_\mathrm{M} E_0}{\pi}$$

Aus der Strahldichte ergibt sich die Bestrahlungsstärke auf der Erde:

$$E_\mathrm{M} = \int L \cos\vartheta' \,\mathrm{d}\Omega'$$

Es gilt

$$L = \mathrm{const}$$

$$\vartheta' = 90^\circ - \gamma$$

$$\Rightarrow \quad E_\mathrm{M} = L \sin\gamma\, \Omega_\mathrm{M}$$

Ω_M ist der Raumwinkel, unter dem der Mond von der Erde aus erscheint. Mit der scheinbaren Größe σ_M des Mondes hängt er durch die Beziehung

$$\Omega_\mathrm{M} = \frac{\pi}{4}\sigma_\mathrm{M}^2$$

zusammen.

Herleitung:

$$\Omega = \frac{A}{r^2} \qquad \text{Definition des Raumwinkels}$$

$$A = \frac{\pi}{4} d^2 \qquad \text{Kreisfläche auf der Kugeloberfläche}$$

$$\sigma = \frac{d}{r} \qquad \text{Scheinbarer Durchmesser}$$

$$\Rightarrow \quad \Omega = \frac{\frac{\pi}{4}(\sigma r)^2}{r^2} = \frac{\pi}{4}\sigma^2$$

Bestrahlungsstärke:

$$\underline{E_\mathrm{M} = \frac{1}{4}\varrho_\mathrm{M} E_0 \sigma_\mathrm{M}^2 \sin\gamma} = \underline{\underline{0{,}32\ \mathrm{W/m^2}}}$$

T 7.6 Raumtemperaturmessung

Ein Quecksilberthermometer hängt in der Mitte eines Zimmers, dessen Wand die Temperatur ϑ_2 hat, und zeigt die Temperatur ϑ_1 an.

Die tatsächliche Lufttemperatur ϑ_3 soll unter folgenden Voraussetzungen bestimmt werden:

Die Thermometeroberfläche hat den Emissionsgrad ε_1 und den Wärmeübergangskoeffizienten α zur Luft. Für die Zimmerwände darf der Emissionsgrad $\varepsilon_2 = 1$ angenommen werden, da es sich um einen Hohlraum handelt.

$\vartheta_1 = 18{,}2\,^\circ\mathrm{C}$ $\quad \vartheta_2 = 10{,}5\,^\circ\mathrm{C}$ $\quad \varepsilon_1 = 0{,}07$ $\quad \alpha = 3{,}7\ \mathrm{W\,m^{-2}\,K^{-1}}$

Das Thermometer befindet sich im thermischen Gleichgewicht:

Strahlungsverlust zur Wand = Wärmezufuhr aus der Luft

$$\Phi_{12} = \dot{Q}_{31}$$

$$\Phi_{12} = \varepsilon^* (M_{\mathrm{S}1} - M_{\mathrm{S}2})\, A$$

$$\dot{Q}_{31} = \alpha\,(T_3 - T_1)\,A$$

$$\Rightarrow \quad \varepsilon^*\sigma\left(T_1^4 - T_2^4\right)A = \alpha\,(T_3 - T_1)\,A$$

Der effektive Emissionsgrad

$$\varepsilon^* = \frac{1}{\dfrac{1}{\varepsilon_1} + \dfrac{1}{\varepsilon_2} - 1}$$

hat wegen $\varepsilon_2 = 1$ den Wert

$$\varepsilon^* = \varepsilon_1$$

Daraus folgt

$$\underline{T_3 - T_1 = \frac{\varepsilon_1\sigma}{\alpha}\left(T_1^4 - T_2^4\right)}$$

$$T_1 = 291{,}4\ \text{K}$$

$$T_2 = 283{,}7\ \text{K}$$

$$T_3 - T_1 = 0{,}8\ \text{K}$$

$$\underline{\underline{\vartheta_3 = 19{,}0\,^\circ\text{C}}}$$

T 7.7 Strahlungsabschirmung

In einem kleinen elektronenstrahlgeheizten Vakuumschmelzofen hat der Schmelztiegel die Oberfläche A_1 und befindet sich auf der Temperatur T_1. Der Emissionsgrad seiner Oberfläche ist ε_1.

Der umgebende Rezipient ist sehr groß und darf deshalb als Hohlraum angesehen werden. Er wird durch Kühlung auf der Temperatur T_2 gehalten. Wärmeleitung ist zu vernachlässigen.

a) Welche Heizleistung P_1 ist erforderlich, um die Temperatur des Schmelztiegels aufrechtzuerhalten?

Zur Strahlungsabschirmung wird der Schmelztiegel mit einem hochreflektierenden Blech vom Emissionsgrad ε_3 eng umgeben. Vereinfachend soll so gerechnet werden, als habe dieses die gleiche Fläche A_1 wie der Schmelztiegel.

b) Welche Temperatur T_3 nimmt das Abschirmblech an?

c) Welche Heizleistung P_2 wird benötigt, wenn man das Abschirmblech verwendet?

$T_1 = 2500$ K $\quad T_2 = 300$ K $\quad \varepsilon_1 = 0{,}35 \quad \varepsilon_3 = 0{,}05 \quad A_1 = 100\ \text{cm}^2$

---

a) $P_1 = \Phi_1 = \Delta S_1\,A_1$

Gesamtausstrahlung bei Wechselwirkung zwischen zwei Strahlern:

$$\Delta S = \varepsilon^*\sigma\left(T_1^4 - T_2^4\right)$$

$$\varepsilon^* = \frac{1}{\dfrac{1}{\varepsilon_1} + \dfrac{1}{\varepsilon_2} - 1}$$

$$\varepsilon_2 = 1 \quad \Rightarrow \quad \varepsilon^* = \varepsilon_1$$

$$\underline{P_1 = \varepsilon_1\sigma A_1\left(T_1^4 - T_2^4\right)} = \underline{\underline{7{,}75\ \text{kW}}}$$

b) Im Gleichgewicht sind die Wärmeströme vom Tiegel zum Abschirmblech und vom Abschirmblech zum Rezipienten gleich groß:

$$\Phi_2 = \varepsilon_1^* \sigma A_1 \left(T_1^4 - T_3^4\right) = \varepsilon_2^* \sigma A_1 \left(T_3^4 - T_2^4\right)$$

$$\varepsilon_1^* = \frac{1}{\dfrac{1}{\varepsilon_1} + \dfrac{1}{\varepsilon_3} - 1} = 0{,}042 \qquad \varepsilon_2^* = \varepsilon_3$$

$$\Rightarrow \quad \varepsilon_1^* \left(T_1^4 - T_3^4\right) = \varepsilon_3 \left(T_3^4 - T_2^4\right)$$

$$\underline{T_3 = \sqrt[4]{\frac{\varepsilon_1^* T_1^4 + \varepsilon_3 T_2^4}{\varepsilon_1^* + \varepsilon_3}}} = \underline{\underline{2055\ \text{K}}}$$

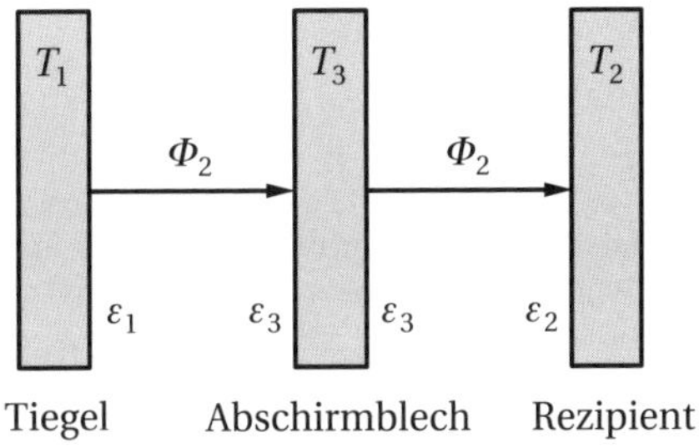

c) $P_2 = \Phi_2$

$$\underline{P_2 = \varepsilon_3 \sigma A_1 \left(T_3^4 - T_2^4\right)} = \underline{\underline{505\ \text{W}}}$$

T 7.8 Kosmische Hintergrundstrahlung

Mit dem COBE-Satelliten konnte sehr genau nachgewiesen werden, dass die 1965 entdeckte kosmische Hintergrundstrahlung der Temperaturstrahlung eines schwarzen Körpers bei $T_H = 2{,}735$ K entspricht.

a) Bei welcher Wellenlänge λ_0 hat die monochromatische Strahldichte L_λ ihr Maximum?

b) Wie groß ist die Strahldichte L des kosmischen Hintergrundes?

c) Welche Bestrahlungsstärke E empfängt eine ebene Empfängerfläche (einseitig) aus dem Weltraum?

---

a) Wiensches Verschiebungsgesetz:

$$\lambda_0 T_H = 2{,}898 \cdot 10^{-3}\ \text{m} \cdot \text{K}$$

Daraus folgt

$$\underline{\lambda_0 = \frac{2{,}898 \cdot 10^{-3}\ \text{m} \cdot \text{K}}{T_H}} = \underline{\underline{1{,}06\ \text{mm}}}$$

b) Stefan-Boltzmannsches Gesetz:

$$M = \sigma T_H^4$$

mit der spezifischen Ausstrahlung

$$M = \pi L$$

$$\Rightarrow \quad \underline{L = \frac{\sigma T_H^4}{\pi}} = \underline{\underline{1{,}01 \cdot 10^{-6}\ \text{W}/(\text{m}^2 \cdot \text{sr})}}$$

c) Da die Hintergrundstrahlung aus allen Richtungen kommt, kann die Empfängerfläche als Bestandteil eines großen Hohlraums angesehen werden, in dem Strahlungsgleichgewicht herrscht. Im Gleichgewicht ist an jeder Stelle die Bestrahlungsstärke E gleich der spezifischen Ausstrahlung M. Die spezifische Ausstrahlung der Empfängerfläche $\mathrm{d}A'$ selbst spielt dabei keine Rolle, da der Anteil dieser Fläche am Hohlraum verschwindend klein ist.

$$E = M = \pi L$$

$$\underline{E = \sigma T_H^4} = \underline{\underline{3{,}17 \cdot 10^{-6}\ \text{W}/\text{m}^2}}$$

Anderer Lösungsweg:

In der Beziehung

$$E = \int L \cos\vartheta' \,\mathrm{d}\Omega'$$

ist $\mathrm{d}\Omega'$ das Raumwinkelelement, unter dem von der Empfängerfläche aus gesehen ein Stück des Himmels in der Richtung ϑ' gegenüber der Flächennormalen erscheint. L ist konstant.

Es muss über den gesamten Halbraum integriert werden. Als Raumwinkelelement $\mathrm{d}\Omega'$ wird ein differenzieller Hohlkegel mit dem Öffnungswinkel ϑ' benutzt:

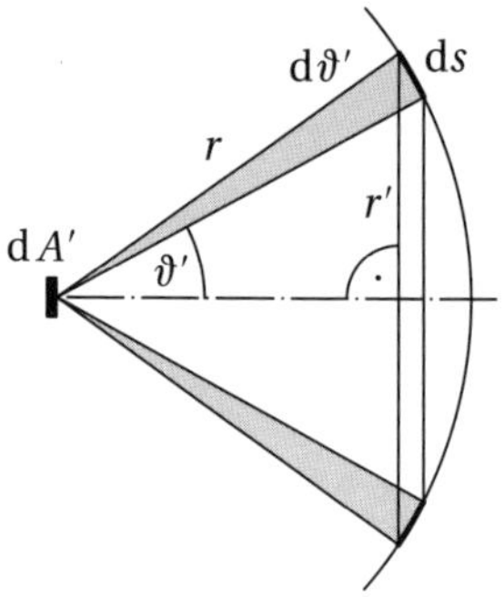

Fläche des Rings auf der Kugel vom Radius r:

$$\mathrm{d}A = 2\pi r' \,\mathrm{d}s$$

$$\mathrm{d}s = r \,\mathrm{d}\vartheta'$$

$$r' = r \sin\vartheta'$$

Raumwinkelelement:

$$\mathrm{d}\Omega' = \frac{\mathrm{d}A}{r^2} = 2\pi \sin\vartheta' \,\mathrm{d}\vartheta'$$

Integration über den Halbraum:

$$E = \int_0^{\pi/2} L \cdot 2\pi \cos\vartheta' \sin\vartheta' \,\mathrm{d}\vartheta'$$

$$2\sin\vartheta' \cos\vartheta' = \sin 2\vartheta'$$

$$\varphi = 2\vartheta'$$

$$\mathrm{d}\vartheta' = \frac{\mathrm{d}\varphi}{2}$$

$$E = \frac{\pi}{2} L \int_0^{\pi} \sin\varphi \,\mathrm{d}\varphi = \pi L$$

T 7.9 Weltraumtemperatur

a) Wie viele Lichtjahre müsste ein (kugelförmiger) Körper von der Sonne entfernt sein, wenn er von der Sonne den gleichen Strahlungsfluss (Φ_S) wie von der kosmischen Hintergrundstrahlung (Φ_H) empfangen soll?
Temperatur der kosmischen Hintergrundstrahlung $T_\mathrm{H} = 2{,}735$ K.

b) Aufgrund der unterschiedlichen Wellenlängenbereiche von Sonnenstrahlung und kosmischer Hintergrundstrahlung hat der Probekörper als selektiver Strahler für beide Strahlungsarten unterschiedliche Emissionsgrade (ε_S und ε_H).
Welche Temperatur T_1 nimmt er am berechneten Punkt im Weltall an?

$\varepsilon_\mathrm{S} = 0{,}95 \qquad \varepsilon_\mathrm{H} = 0{,}05$

---

a) Hintergrundstrahlung: Empfang aus dem vollen Raumwinkelbereich 4π sr mit der gesamten Kugeloberfläche (Radius r).

$\Rightarrow \quad E_\mathrm{H} = M = \sigma T^4 \qquad$ (Stefan-Boltzmannsches Gesetz)

$A = 4\pi r^2$

$$\Phi_H = AM = 4\pi r^2 \sigma T_H^4$$

Sonnenstrahlung: Strahlungsfluss dem Abstandsquadrat umgekehrt proportional (Grundgesetz der Strahlungsübertragung). Empfang mit der Querschnittsfläche des Körpers.

$$\Rightarrow \quad \Phi_S = \pi r^2 E_0 \left(\frac{r_0}{r_1}\right)^2$$

E_0 Solarkonstante
r_0 Erdbahnradius
r_1 gesuchte Entfernung

$$\Phi_H = \Phi_S$$

$$4\sigma T_H^4 = E_0 \left(\frac{r_0}{r_1}\right)^2$$

$$\text{Lj} = \text{a} \cdot c = 9{,}46 \cdot 10^{15}\ \text{m}$$

$$\underline{r_1 = r_0\sqrt{\frac{E_0}{4\sigma T_H^4}}} = 10\,390 r_0 = \underline{\underline{0{,}164\ \text{Lj}}}$$

b) Effektive Ausstrahlungsdifferenz zwischen Körper und Hintergrund:

$$\Delta S = \varepsilon^* \sigma \left(T_1^4 - T_H^4\right)$$

$$\varepsilon^* = \frac{1}{\dfrac{1}{\varepsilon_H} + \dfrac{1}{\varepsilon_0} - 1}$$

Die Hintergrundstrahlung ist schwarz.

$$\Rightarrow \quad \varepsilon_0 = 1$$

$$\Rightarrow \quad \varepsilon^* = \varepsilon_H$$

Effektiver Strahlungsfluss zwischen Körper und Hintergrund:

$$\Phi_H = 4\pi r^2 \varepsilon_H \sigma \left(T_1^4 - T_H^4\right)$$

Absorbierter Strahlungsfluss der Sonnenstrahlung:

$$\Phi_S = \varepsilon_S \pi r^2 E_0 \left(\frac{r_0}{r_1}\right)^2$$

$$\Phi_S = \varepsilon_S \pi r^2\, 4\sigma T_H^4 \qquad \text{(siehe a))}$$

Strahlungsgleichgewicht:

$$\Phi_H = \Phi_S$$

$$\varepsilon_H \left(T_1^4 - T_H^4\right) = \varepsilon_S T_H^4$$

$$\underline{T_1 = T_H \sqrt[4]{1 + \frac{\varepsilon_S}{\varepsilon_H}}} = \underline{\underline{5{,}78\ \text{K}}}$$

T 7.10 Solaranlage

Eine Solaranlage zur Warmwasserbereitung benutzt eine selektiv absorbierende Oberfläche. Der solare Absorptionsgrad (für Sonnenlicht) hat den Wert α_1. Der thermische Emissionsgrad des Absorbers hat bei der Temperatur ϑ_1 den Wert ε_1.

Die Anlage soll bei der Umgebungstemperatur ϑ_2 heißes Wasser (Höchsttemperatur ϑ_1) erzeugen. Die Atmosphäre lässt im günstigsten Falle den Bruchteil f_1 der Sonnenstrahlung durch. Aus der Umgebung wird keine vom Sonnenkollektor ausgehende Strahlung reflektiert. Wärmeverluste durch Wärmeleitung und Konvektion werden durch den auf die Kollektorfläche bezogenen effektiven Wärmedurchgangskoeffizienten k beschrieben.

a) Wie groß ist im Absorber die maximale flächenbezogene Leistungszufuhr E_1 durch die Sonne?
b) Wie groß ist die flächenbezogene Strahlungsleistung ΔS_1, die der Absorber bei der Temperatur ϑ_1 durch Strahlungsaustausch an die Umgebung verliert?
c) Wie groß ist der flächenbezogene Wärmestrom S_2, der durch Wärmeleitung und Konvektion an die Umgebung verloren geht?
d) Welche auf die Kollektorfläche bezogene Wassermenge kann stündlich (I_0 in $\mathrm{l/(m^2 \cdot h)}$) unter den gegebenen Verhältnissen um den Temperaturunterschied $\Delta\vartheta$ erwärmt werden?
e) Auf welche Temperatur ϑ_0 kann sich der Absorber höchstens aufheizen, wenn keine Wärme über den Flüssigkeitskreislauf entnommen wird?

$\alpha_1 = 0{,}96 \quad \varepsilon_1 = 0{,}052 \quad f_1 = 0{,}70 \quad k = 3{,}37\ \mathrm{W/(m^2 \cdot K)}$

$\vartheta_1 = 100\,^\circ\mathrm{C} \quad \vartheta_2 = 0\,^\circ\mathrm{C} \quad \Delta\vartheta = 60\ \mathrm{K}$

Spezifische Wärmekapazität des Wassers: $c = 4{,}19\ \mathrm{kJ/(kg \cdot K)}$
Dichte des Wassers: $\varrho = 1000\ \mathrm{kg/m^3}$

---

a) Aus der Solarkonstanten E_0 ergibt sich

$$\underline{E_1 = \alpha_1 f_1 E_0} = \underline{\underline{919\ \mathrm{W/m^2}}}$$

b) Der Absorber steht mit der Umgebung im Strahlungsaustausch. ΔS_1 ist dabei die effektive Ausstrahlungsdifferenz und folgt (annähernd) der für den grauen Strahler geltenden Beziehung

$$\underline{\Delta S_1 = \varepsilon^* \sigma \left(T_1^4 - T_2^4\right)}$$

mit dem effektiven Emissionsgrad

$$\varepsilon^* = \frac{1}{\dfrac{1}{\varepsilon_1} + \dfrac{1}{\varepsilon_2} - 1}$$

Da die Umgebung von der vom Absorber ausgehenden Strahlung nichts zurückstrahlt, gilt $\varepsilon_2 = 1$, und es folgt

$$\varepsilon^* = \varepsilon_1$$

Mit $T_1 = \vartheta_1 + 273\ \mathrm{K}$ und $T_2 = \vartheta_2 + 273\ \mathrm{K}$ findet man

$$\underline{\underline{\Delta S_1 = 41\ \mathrm{W/m^2}}}$$

c) Der flächenbezogene Wärmestrom S_2 ergibt sich aus der Gleichung für den Wärmedurchgang:

$$S_2 = \frac{1}{A}\frac{\mathrm{d}Q}{\mathrm{d}t}$$

$$\underline{S_2 = k\left(\vartheta_1 - \vartheta_2\right)} = \underline{\underline{337\ \mathrm{W/m^2}}}$$

d) Gesucht ist

$$I_0 = \frac{1}{A}\frac{\mathrm{d}V}{\mathrm{d}t}$$

Zur Erwärmung der Wassermenge m um die Temperaturdifferenz $\Delta\vartheta$ wird die Wärme

$$Q = mc\,\Delta\vartheta$$

benötigt. Mit

$$m = \varrho V$$

ergibt sich

$$I_0 = \frac{1}{c\varrho\,\Delta\vartheta}\,\frac{1}{A}\,\frac{\mathrm{d}Q}{\mathrm{d}t}$$

Der für die Erwärmung des Wassers verfügbare flächenbezogene Wärmestrom folgt aus der Energiebilanz:

$$\frac{1}{A}\frac{\mathrm{d}Q}{\mathrm{d}t} = E_1 - \Delta S_1 - S_2$$

$$\Rightarrow \quad \underline{I_0 = \frac{E_1 - \Delta S_1 - S_2}{c\varrho\,\Delta\vartheta}} = \underline{\underline{7{,}8\ \mathrm{l}/(\mathrm{m}^2\cdot\mathrm{h})}}$$

e) Wenn keine Wärme über den Flüssigkeitskreislauf entnommen wird, ändern sich ΔS_1 und S_2 in ΔS_0 und S_0:

$$\Delta S_0 = \varepsilon_1\sigma\left(T_0^4 - T_2^4\right)$$

$$S_0 = k\,(T_0 - T_2)$$

Die Energiebilanz bekommt die Gestalt

$$E_1 - \Delta S_0 - S_0 = 0$$

Hieraus folgt

$$\varepsilon_1\sigma\left(T_0^4 - T_2^4\right) + k\,(T_0 - T_2) = \alpha_1 f_1 E_0$$

mit der gesuchten Temperatur T_0, die in der 1. und 4. Potenz vorkommt.

Die Gleichung lässt sich nur numerisch durch Iteration lösen und soll dazu vorher etwas aufbereitet werden:

$$\underline{T_0^4 + \frac{k}{\varepsilon_1\sigma}T_0 = T_2^4 + \frac{k}{\varepsilon_1\sigma}T_2 + \frac{\alpha_1 f_1 E_0}{\varepsilon_1\sigma}}$$

Die rechte Seite der Gleichung enthält nur Konstanten.

Einsetzen der gegebenen Werte ergibt

$$T_0^4 + 1{,}143\cdot 10^9\ \mathrm{K}^3\,T_0 = 0{,}630\cdot 10^{12}\ \mathrm{K}^4$$

Mit $\tau = T_0/1000$ K entsteht daraus die zugeschnittene Größengleichung

$$\tau^4 + 1{,}143\tau = 0{,}629$$

mit der Lösung

$$\tau = 0{,}497$$

$$\Rightarrow \quad \underline{\underline{\vartheta_0 = 224\,^\circ\mathrm{C}}}$$

T 7.11 Photonendichte im Weltraum

Berechnen Sie für die Hintergrundstrahlung des Weltraums

a) die Strahlstärke $\mathrm{d}\Phi/\mathrm{d}\Omega'$, die auf eine quadratische Empfängerfläche der Kantenlänge l senkrecht auftrifft,

b) die Wellenlänge λ_m, bei der die monochromatische Strahldichte L_λ ihr Maximum hat,

c) die Strahlstärke, die auf denjenigen Anteil der Strahlung entfällt, der aus einem Wellenlängenbereich der Größe $\Delta\lambda = 0{,}1\lambda_m$ beim Maximum (λ_m) stammt. (In diesem Bereich darf $L_\lambda \approx L_{\lambda\,m} = \text{const}$ angenommen werden.)
d) die auf den Raumwinkel bezogene Anzahl der Photonen aus diesem Wellenlängenbereich, die sich gleichzeitig in einem würfelförmigen Volumen hinter der Empfängerfläche befinden,
e) die Photonendichte n (= Photonenzahl/Volumen) für diesen Wellenlängenbereich, wenn man alle Ausstrahlungsrichtungen berücksichtigt.

Hinweise: Energie eines Photons: $E = hf$
Lichtgeschwindigkeit: c

---

a) Grundgesetz der Strahlungsübertragung, angewendet für den Strahlungsempfänger:

$$d^2\Phi = L\,dA'\cos\vartheta'\,d\Omega'$$

$d\Omega'$ ausgewählter Raumwinkelbereich vom Empfänger aus zum Sender
$\cos\vartheta' = 1$ senkrechter Einfall am Empfänger
$dA' = l^2$ Empfängerfläche

Spezifische Ausstrahlung des Lambert-Strahlers und Stefan-Boltzmannsches Gesetz:

$$L = \frac{M}{\pi} = \frac{\sigma}{\pi} T_H^4$$

$$\Rightarrow \quad \frac{d\Phi}{d\Omega'} = L l^2$$

$$\underline{\frac{d\Phi}{d\Omega'}} = \frac{\sigma}{\pi} T_H^4 l^2 = \underline{\underline{1{,}01 \cdot 10^{-10}\ \text{W/sr}}}$$

b) Wiensches Verschiebungsgesetz:

$$\underline{\lambda_m = \frac{2{,}898 \cdot 10^{-3}\ \text{m} \cdot \text{K}}{T_H}} = \underline{\underline{1{,}06\ \text{mm}}}$$

c) Plancksches Strahlungsgesetz, Funktionswert bei λ_m:

$$L_{\lambda\,m} = \frac{2hc^2}{\lambda_m^5} \frac{1}{e^{\frac{hc}{\lambda_m k T_H}} - 1} = 6{,}27 \cdot 10^{-4}\ \text{W/(m}^3 \cdot \text{sr)}$$

$L_{\lambda\,m}\,\Delta\lambda$ ist die Strahldichte im Wellenlängenbereich $\Delta\lambda$.

$$\underline{\frac{d\Phi}{d\Omega'} = L_{\lambda\,m}\,\Delta\lambda\, l^2} = \underline{\underline{6{,}64 \cdot 10^{-12}\ \text{W/sr}}}$$

d) Zusammenhang Strahlungsfluss – Photonenstrom:

$$\Phi = hf\frac{dN}{dt}$$

$$\Rightarrow \quad N = \frac{\Phi}{hf} t_1$$

$$t_1 = \frac{l}{c} \qquad \text{(Aufenthaltsdauer der Photonen im Volumen)}$$

$$f = \frac{c}{\lambda}$$

$$\Rightarrow \quad N = \frac{\Phi}{hc^2} l\lambda_\mathrm{m}$$

$$\underline{\frac{\mathrm{d}N}{\mathrm{d}\Omega'} = \frac{\mathrm{d}\Phi}{\mathrm{d}\Omega'}\frac{l\lambda_\mathrm{m}}{hc^2}} = \underline{\underline{1{,}18\ \mathrm{sr}^{-1}}}$$

e) $\mathrm{d}N/\mathrm{d}\Omega'$ ist konstant und muss über den vollen Raumwinkel (= 4π sr) integriert sowie durch das Volumen (= l^3) geteilt werden:

$$\underline{n = \frac{1}{l^3}\frac{\mathrm{d}N}{\mathrm{d}\Omega'} 4\pi\ \mathrm{sr}} = \underline{\underline{15\ \mathrm{cm}^{-3}}}$$

E Elektrizität und Magnetismus

E 1 Gleichstromkreis

E 1.1 Glühlampe

Eine Glühlampe für die Spannung U nimmt bei der Glühtemperatur T die Leistung P auf. Der Glühdraht hat den Durchmesser d. Der spezifische Widerstand ϱ ist proportional zur Temperatur T und hat bei der Temperatur T_0 den Wert ϱ_0.

a) Gesucht ist die Drahtlänge l.

b) Welche Stromstärke I_0 tritt unmittelbar nach dem Einschalten auf?

$U = 230\ \text{V} \qquad T = 2500\ \text{K} \qquad P = 60\ \text{W} \qquad d = 25\ \mu\text{m}$

$T_0 = 291\ \text{K} \qquad \varrho_0 = 5{,}3 \cdot 10^{-8}\ \Omega \cdot \text{m}$

---

a) $R = \varrho \dfrac{l}{A}$

$$\Rightarrow \quad l = \frac{RA}{\varrho}$$

$$P = UI$$

$$I = \frac{U}{R}$$

$$P = \frac{U^2}{R}$$

$$\Rightarrow \quad R = \frac{U^2}{P}$$

$$A = \frac{\pi}{4} d^2$$

$$\frac{\varrho}{\varrho_0} = \frac{T}{T_0}$$

$$\Rightarrow \quad \varrho = \varrho_0 \frac{T}{T_0}$$

$$\underline{l = \frac{\pi d^2 U^2 T_0}{4 P \varrho_0 T}} = \underline{\underline{95\ \text{cm}}}$$

b) $I_0 = \dfrac{U}{R_0}$

$$\frac{R_0}{R} = \frac{\varrho_0}{\varrho} = \frac{T_0}{T}$$

$$\Rightarrow \quad R_0 = R \frac{T_0}{T}$$

$$I_0 = \frac{U}{R} \frac{T}{T_0} = I \frac{T}{T_0}$$

$$\underline{I_0 = \frac{PT}{UT_0}} = \underline{\underline{2{,}2\ \text{A}}}$$

E 1.2 Tauchsieder

Mit einem Tauchsieder (Spannung U) wird Wasser (Masse m, spezifische Wärmekapazität c_W) bei dem Wirkungsgrad η in der Zeit t von der Temperatur ϑ_1 auf die Temperatur ϑ_2 erwärmt.

Welchen Widerstand R hat das System der Heizdrähte?

$U = 230\ \text{V}$ $\eta = 0{,}80$ $c_W = 4{,}19\ \text{kJ}/(\text{kg}\cdot\text{K})$ $m = 3{,}0\ \text{kg}$

$t = 15\ \text{min}$ $\vartheta_1 = 10\,^\circ\text{C}$ $\vartheta_2 = 100\,^\circ\text{C}$

$$R = \frac{U}{I}$$

$$I = \frac{U}{P}$$

$$\Rightarrow \quad R = \frac{U^2}{P}$$

Ermittlung von P:

$$Q = \eta P t = m c_W \left(\vartheta_2 - \vartheta_1\right)$$

$$P = \frac{m c_W \left(\vartheta_2 - \vartheta_1\right)}{\eta t}$$

$$\underline{R = \frac{U^2 \eta t}{m c_W \left(\vartheta_2 - \vartheta_1\right)}} = \underline{\underline{34\ \Omega}}$$

E 1.3 Generator

Bei einem Generator wird die Drehzahl so erhöht, dass die Stromstärke in der Zeit t_1 von null auf I_1 nach der Funktion $I(t) = kt^2$ anwächst. (k ist eine Konstante.)

Wie viele Elektronen (Anzahl N) passieren in dieser Zeit den angeschlossenen Außenwiderstand?

$I_1 = 6{,}0\ \text{A}$ $t_1 = 8{,}0\ \text{s}$

$$I = \frac{\mathrm{d}Q}{\mathrm{d}t} = e\frac{\mathrm{d}N}{\mathrm{d}t}$$ (elektrischer Strom als Fluss positiver Ladungen der Anzahl N und vom Betrag e)

$$\Rightarrow \quad \mathrm{d}N = \frac{1}{e} I\,\mathrm{d}t$$

$$I = kt^2$$

$$\Rightarrow \quad N = \frac{k}{e}\int_0^{t_1} t^2\,\mathrm{d}t$$

$$N = \frac{k t_1^3}{3e}$$

Bestimmung von k:

$$I_1 = k t_1^2$$

$$k = \frac{I_1}{t_1^2}$$

$$\underline{N = \frac{I_1 t_1}{3e}} = \underline{\underline{1{,}0 \cdot 10^{20}}}$$

E 1.4 Widerstände

Gegeben ist eine Schaltung von fünf Widerständen.

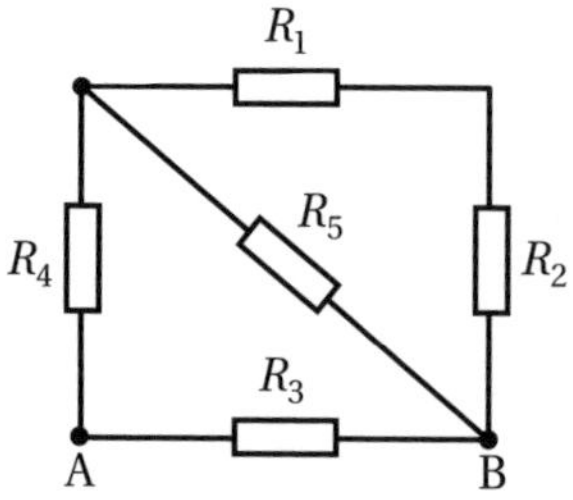

a) Welchen Gesamtwiderstand R hat die Schaltung zwischen den Punkten A und B?

b) Welche Spannung U liegt zwischen den Punkten A und B, wenn an A und B eine Spannungsquelle mit der Urspannung U_e und dem Innenwiderstand R_i angeschlossen wird?

c) Welche Stromstärke I_4 hat der Strom, der durch den Widerstand R_4 fließt?

$R_1 = 200\ \Omega$ $\quad R_2 = 100\ \Omega$ $\quad R_3 = 100\ \Omega$ $\quad R_4 = 50\ \Omega$

$R_5 = 200\ \Omega$ $\quad U_e = 6{,}0\ \mathrm{V}$ $\quad R_i = 10\ \Omega$

---

a) $\underline{R = R_3 \| \left\{R_4 + \left[(R_1 + R_2) \| R_5\right]\right\}}$

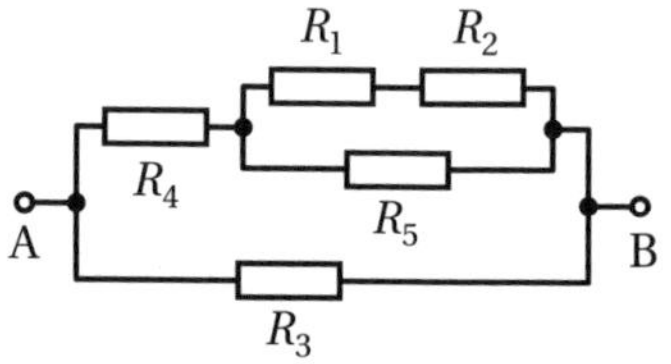

Im Einzelnen:

$$R_1 + R_2 = R_a \qquad R_a = 300\ \Omega$$

$$\frac{1}{R_a} + \frac{1}{R_5} = \frac{1}{R_b} \qquad R_b = 120\ \Omega$$

$$R_b + R_4 = R_c \qquad R_c = 170\ \Omega$$

$$\frac{1}{R_c} + \frac{1}{R_3} = \frac{1}{R} \qquad \underline{\underline{R = 63\ \Omega}}$$

b) Spannungsteilerregel:

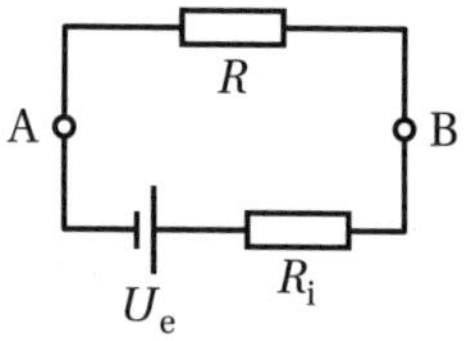

$$\frac{U}{U_e} = \frac{R}{R + R_i}$$

$$\underline{U = U_e \frac{R}{R + R_i}} = \underline{\underline{5{,}2\ \mathrm{V}}}$$

c) $\underline{I_4 = I - I_3 = U\left(\frac{1}{R} - \frac{1}{R_3}\right) = \frac{U}{R_c}} = \underline{\underline{30\ \mathrm{mA}}}$

E 1.5 Anlasser

Beim Anlassen eines Pkw-Motors sinkt die Klemmenspannung der Batterie auf den Wert U_1. Durch den Anlasser fließt dabei die Stromstärke I. Ohne Belastung hat die Batterie die Spannung U_0.

a) Welchen Innenwiderstand R_i hat die Batterie?

b) Welchen Widerstand R_A hat der Anlasser?

c) Bei starker Abkühlung der Batterie (strenger Frost) erhöht sich der Innenwiderstand, sodass $R_i = R_A$ werden kann.

Wie groß ist dann noch die Klemmenspannung U_2 beim Anlassen?

$U_1 = 9{,}8$ V $\quad U_0 = 12{,}8$ V $\quad I = 170$ A

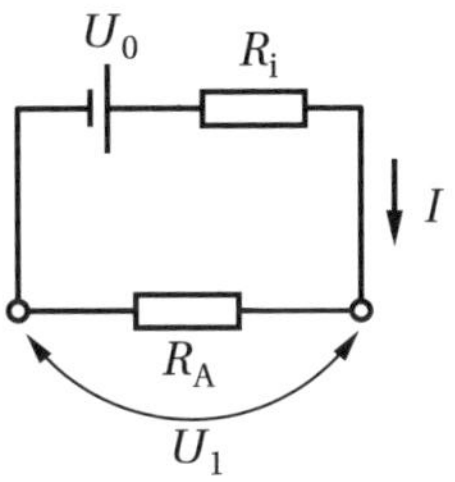

a) $U_0 = U_1 + I R_i$

$$R_i = \frac{U_0 - U_1}{I} = \underline{\underline{18\ \text{m}\Omega}}$$

b) $$R_A = \frac{U_1}{I} = \underline{\underline{58\ \text{m}\Omega}}$$

c) $$\frac{U_2}{U_0} = \frac{R_A}{R_A + R_i}$$

$R_i = R_A$

$$\frac{U_2}{U_0} = \frac{1}{2}$$

$$U_2 = \frac{U_0}{2} = \underline{\underline{6{,}4\ \text{V}}}$$

E 1.6 Bügeleisen

a) An eine Spannungsquelle mit der Urspannung U_e und dem Innenwiderstand R_i wird ein Bügeleisen angeschlossen, dessen Kenndaten (Spannung U, Leistung P_B) angegeben sind.
Welche Spannung U_1 liegt am Bügeleisen an?

b) Ein Tauchsieder (Kenndaten: Spannung U, Leistung P_T) wird parallel zum Bügeleisen hinzugeschaltet.
Welche Spannung U_2 liegt über beiden Geräten an?

Der Widerstand der Geräte sei temperaturunabhängig.

$U_e = 230$ V $\quad U = 230$ V $\quad P_B = 500$ W $\quad R_i = 10\ \Omega \quad P_T = 1000$ W

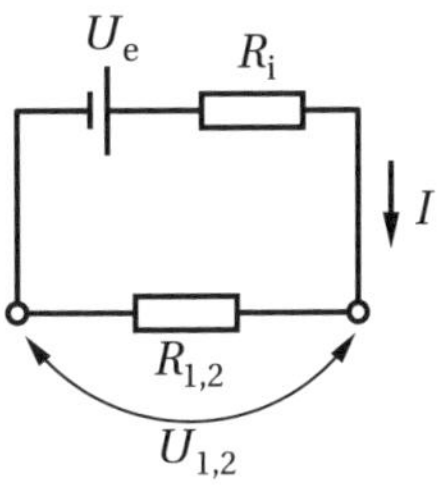

a) $$\frac{U_1}{U_e} = \frac{R_1}{R_1 + R_i}$$

$$U_1 = U_e \frac{R_1}{R_1 + R_i}$$

Berechnung von R_1:

$R_1 = R_B$

$$P_B = U I_B = \frac{U^2}{R_B} \qquad (I_B \neq I!)$$

$$R_1 = \frac{U^2}{P_B} = 105{,}8\ \Omega$$

$\underline{\underline{U_1 = 210\ \text{V}}}$

b) $$U_2 = U_e \frac{R_2}{R_2 + R_i}$$

Berechnung von R_2:

$$\frac{1}{R_2} = \frac{1}{R_1} + \frac{1}{R_T}$$

$$R_T = \frac{U^2}{P_T} = 52{,}9\ \Omega$$

$$R_2 = \frac{R_1 R_T}{R_1 + R_T} = \frac{U^2}{P_B + P_T} = 35{,}3\ \Omega$$

$$\underline{\underline{U_2 = 179\ \text{V}}}$$

E 1.7 Vorwiderstand

Eine Glühlampe (Kenndaten: Spannung U_L, Leistung P_L) soll mithilfe eines Vorwiderstandes an eine Netzspannung $U_N > U_L$ angeschlossen werden.

a) Man bestimme die zulässige Stromstärke I!

b) Welcher Widerstand R_v muss vorgeschaltet werden?

c) Welche Leistung P_v wird im Vorwiderstand verbraucht?

d) Wie groß ist die im Vorwiderstand je Sekunde entstehende Wärme Q_v?

e) Der Strom soll mit einem Strommesser (Vollausschlag $I_A < I$, Innenwiderstand R_A) gemessen werden.
Wie groß darf der dem Messinstrument parallel zu schaltende Widerstand R_p höchstens sein?

$U_L = 24$ V $\quad P_L = 30$ W $\quad U_N = 230$ V $\quad I_A = 100$ mA $\quad R_A = 5{,}00\ \Omega$

---

a) $\underline{I = \frac{P_L}{U_L}} = \underline{\underline{1{,}25\ \text{A}}}$

b) $R_v = \frac{U_v}{I} = \frac{U_N - U_L}{I}$

$\underline{R_v = \frac{(U_N - U_L)\,U_L}{P_L}} = \underline{\underline{165\ \Omega}}$

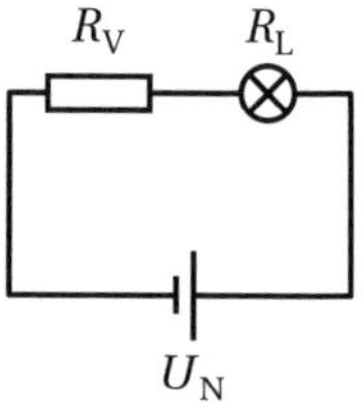

c) $\underline{P_v = I U_v = P_L \frac{U_N - U_L}{U_L}} = \underline{\underline{258\ \text{W}}}$

d) $\underline{Q_v = P_v t} = \underline{\underline{258\ \text{J}}}$

e) Stromteilerregel:

$\frac{R_p}{R_A} = \frac{I_A}{I_p}$

$I_p = I - I_A$

$\underline{R_p = R_A \frac{I_A}{I - I_A}} = \underline{\underline{0{,}435\ \Omega}}$

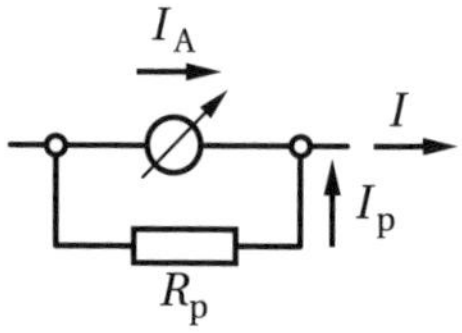

E 1.8 Vielfachmesser

Ein Gleichstrommesswerk mit dem Messbereich I_0 und dem Widerstand R_0 soll

a) als Strommesser für die Messbereiche I_1, I_2, I_3

b) als Spannungsmesser für die Messbereiche U_1, U_2, U_3

eingerichtet werden.

Wie ist das schaltungsmäßig auszuführen?

Wie groß muss in jedem einzelnen Fall der Widerstand R des gesamten Messsystems sein, und welche Werte müssen die zusätzlichen Widerstände haben?

$I_0 = 2$ mA $\quad I_1 = 100$ mA $\quad U_1 = 2$ V
$R_0 = 100\ \Omega \quad I_2 = 1$ A $\quad U_2 = 10$ V
$I_3 = 10$ A $\quad U_3 = 50$ V

---

a) Stromteilerregel:

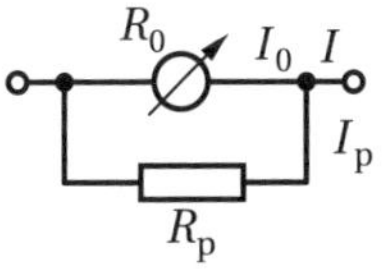

$$\frac{R_p}{R_0} = \frac{I_0}{I_p}$$

$$I_p = I - I_0$$

$$\underline{R_p = R_0 \frac{I_0}{I - I_0}}$$

$R_{p1} = 2{,}0408\ \Omega$
$R_{p2} = 0{,}2004\ \Omega$
$R_{p3} = 20{,}004\ \text{m}\Omega$

$$\frac{R}{R_0} = \frac{I_0}{I}$$

$$\underline{R = R_0 \frac{I_0}{I}}$$

$R_1 = 2\ \Omega$
$R_2 = 0{,}2\ \Omega$
$R_3 = 20\ \text{m}\Omega$

b) $R_v = R - R_0$

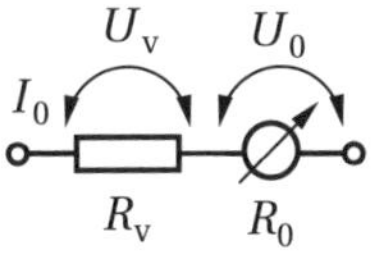

$$\underline{R = \frac{U}{I} = \frac{U}{I_0}}$$

$R_1 = 1\ \text{k}\Omega$
$R_2 = 5\ \text{k}\Omega$
$R_3 = 25\ \text{k}\Omega$

$$\underline{R_v = \frac{U}{I_0} - R_0}$$

$R_{v1} = 900\ \Omega$
$R_{v2} = 4{,}9\ \text{k}\Omega$
$R_{v3} = 24{,}9\ \text{k}\Omega$

E 1.9 Messanordnung

An einem Verbraucher (Widerstand R) sollen Strom und Spannung gleichzeitig gemessen werden. Dazu stehen ein Voltmeter mit dem Innenwiderstand R_V und ein Amperemeter mit dem Widerstand R_A zur Verfügung. Für die Messung kann zwischen den beiden Schaltungen 1 und 2 gewählt werden.

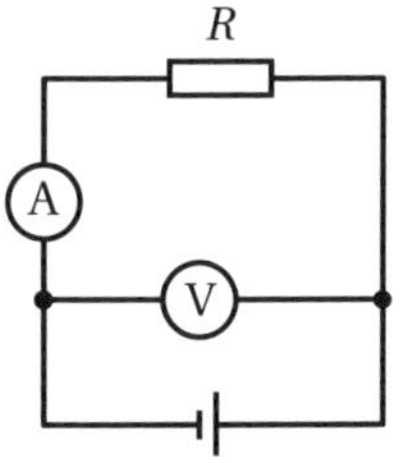

Schaltung 1

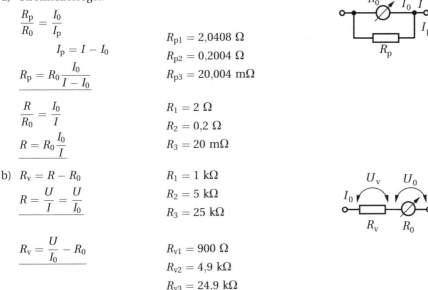

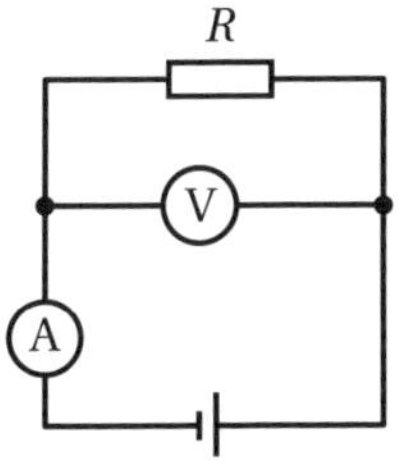

Schaltung 2

a) Welche Größe wird jeweils fehlerhaft gemessen?
b) Vergleichen Sie die relativen Fehler ($\Delta U/U$ bzw. $\Delta I/I$) der Messgrößen und entscheiden Sie danach, welche Schaltung günstiger ist!

$R = 100\ \Omega \quad R_A = 0{,}1\ \Omega \quad R_V = 5\ \text{k}\Omega$

---

a) Schaltung 1: U (da Spannungsabfall über R_A)
Schaltung 2: I (da Teilstrom durch R_V)

b) Spannungsteilerregel bei Schaltung 1 liefert:

$$\frac{U_A}{U_R} = \frac{R_A}{R}$$

$$U_A = \Delta U$$

$$U_R \approx U$$

$$\underline{\frac{\Delta U}{U} = \frac{R_A}{R}} = \underline{\underline{10^{-3}}}$$

Stromteilerregel bei Schaltung 2 liefert:

$$\frac{I_V}{I_R} = \frac{R}{R_V}$$

$$I_V = \Delta I$$

$$I_R \approx I$$

$$\underline{\frac{\Delta I}{I} = \frac{R}{R_V}} = \underline{\underline{2 \cdot 10^{-2}}}$$

Schaltung 1 ist günstiger.

E 1.10 Dreieck – Stern

Die Widerstände R_1, R_2, R_3 in der Schaltung 1 sind bekannt.

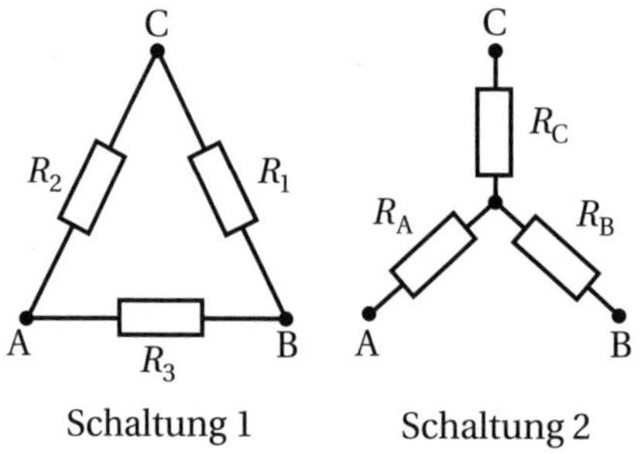

a) Berechnen Sie die Widerstände R_{AB}, R_{AC}, R_{BC} zwischen den jeweiligen Eckpunkten des Dreiecks!
b) Wie groß müssen die Widerstände R_A, R_B, R_C in der Schaltung 2 sein, damit R_{AB}, R_{AC}, R_{BC} mit den unter a) gefundenen Werten übereinstimmen? (Umwandlung Dreieck – Stern)

---

a) $R_{AB} = (R_1 + R_2) \parallel R_3$

$$\underline{R_{AB} = \frac{(R_1 + R_2)\, R_3}{R_1 + R_2 + R_3}}$$

Durch Austausch der Indizes:

$$\underline{R_{AC} = \frac{(R_1 + R_3)\, R_2}{R_1 + R_2 + R_3}}$$

$$\underline{R_{BC} = \frac{(R_2 + R_3)\, R_1}{R_1 + R_2 + R_3}}$$

b) Gleichungssystem:

$$\begin{array}{lll} R_A + R_B & = R_{AB} & \\ R_A \quad + R_C & = R_{AC} & + \\ \quad R_B + R_C & = R_{BC} & - \\ \hline \Rightarrow 2R_A & = R_{AB} + R_{AC} - R_{BC} & \end{array}$$

$$R_A = \frac{(R_1 + R_2)\,R_3 + (R_1 + R_3)\,R_2 - (R_2 + R_3)\,R_1}{2\,(R_1 + R_2 + R_3)}$$

$$\underline{R_A = \frac{R_2 R_3}{R_1 + R_2 + R_3}}$$

Und durch Austausch der Indizes:

$$\underline{R_B = \frac{R_1 R_3}{R_1 + R_2 + R_3}}$$

$$\underline{R_C = \frac{R_1 R_2}{R_1 + R_2 + R_3}}$$

E 1.11 Masche I

Zwei Batterien mit den Urspannungen U_{e1} und U_{e2} sowie mit den Innenwiderständen R_{i1} und R_{i2} werden parallel geschaltet.

a) Wie groß sind im Leerlauf die Stromstärken I_1 und I_2 sowie die Klemmenspannung U_K?

b) Berechnen Sie für den Belastungsfall die Einzelströme I_1 und I_2 sowie die Klemmenspannung U_K, wenn ein Strom mit der Stromstärke I durch den Außenwiderstand fließt!

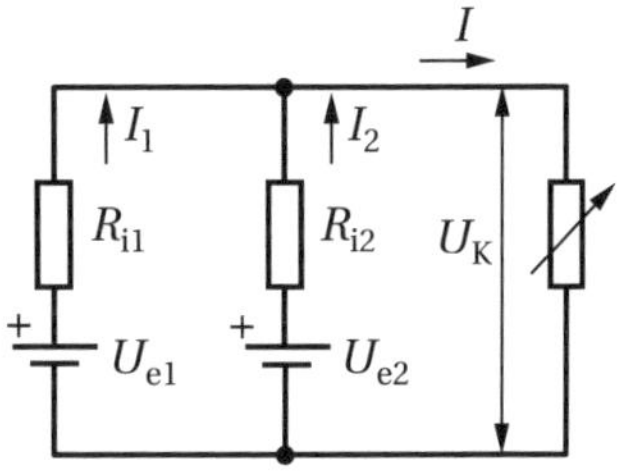

$U_{e1} = 110$ V $\quad U_{e2} = 100$ V $\quad R_{i1} = 100\ \Omega \quad R_{i2} = 200\ \Omega \quad I = 200$ mA

a) Maschensatz:

$U_{e1} - U_{e2} = I_1 R_{i1} - I_2 R_{i2}$

Knotenpunktsatz:

$I_1 + I_2 = 0$

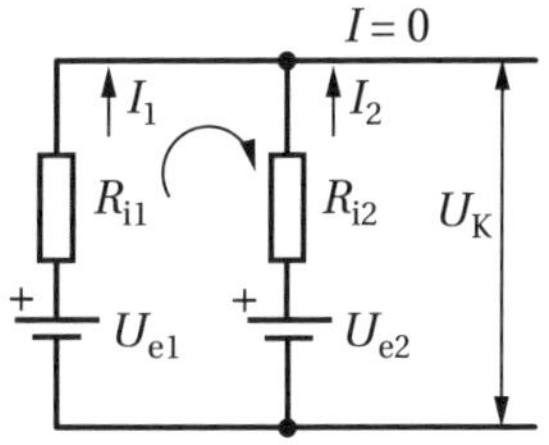

$$\Rightarrow \quad U_{e1} - U_{e2} = (R_{i1} + R_{i2})\,I_1$$

$$\underline{I_1 = \frac{U_{e1} - U_{e2}}{R_{i1} + R_{i2}}} = \underline{\underline{33\ \text{mA}}}$$

$$\underline{I_2 = -I_1} = \underline{\underline{-33\ \text{mA}}}$$

$$U_K = U_{e1} - I_1 R_{i1} = \frac{U_{e1}\,(R_{i1} + R_{i2}) - (U_{e1} - U_{e2})\,R_{i1}}{R_{i1} + R_{i2}}$$

$$\underline{U_K = \frac{U_{e1} R_{i2} + U_{e2} R_{i1}}{R_{i1} + R_{i2}}} = \underline{\underline{107\ \text{V}}}$$

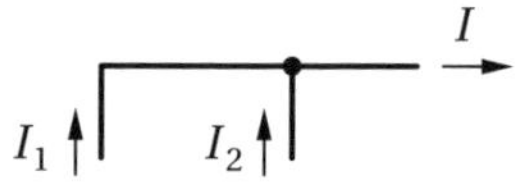

b) Knotenpunktsatz:

$I_1 + I_2 = I$

Maschensatz wie bei a):

$U_{e1} - U_{e2} = I_1 R_{i1} - (I - I_1)\, R_{i2}$

$\Rightarrow \quad I_1\,(R_{i1} + R_{i2}) = U_{e1} - U_{e2} + I R_{i2}$

$$\underline{I_1 = \frac{U_{e1} - U_{e2} + I R_{i2}}{R_{i1} + R_{i2}}} = \underline{\underline{167\ \text{mA}}}$$

Durch Austausch der Indizes:

$$\underline{I_2 = \frac{U_{e2} - U_{e1} + I R_{i1}}{R_{i1} + R_{i2}}} = \underline{\underline{33\ \text{mA}}}$$

$U_K = U_{e1} - I_1 R_{i1}$

$$U_K = \frac{U_{e1}\,(R_{i1} + R_{i2}) - (U_{e1} - U_{e2})\,R_{i1} - I R_{i2} R_{i1}}{R_{i1} + R_{i2}}$$

$$\underline{U_K = \frac{U_{e1} R_{i2} + U_{e2} R_{i1}}{R_{i1} + R_{i2}} - I \frac{R_{i1} R_{i2}}{R_{i1} + R_{i2}}} = \underline{\underline{93\ \text{V}}}$$

E 1.12 Masche II

Gegeben ist eine Schaltung mit den Widerständen R_1, R_2 und R_3. Weiterhin sind die Stromstärken I_{I} und I_{II} bekannt.

Berechnen Sie die Stromstärken I_1 bis I_3 in den Widerständen R_1 bis R_3 sowie die Stromstärke I_{III}!

$I_{\text{I}} = 10{,}0\ \text{A} \qquad I_{\text{II}} = 2{,}0\ \text{A}$

$R_1 = 2{,}0\ \Omega \qquad R_2 = 6{,}0\ \Omega \qquad R_3 = 8{,}0\ \Omega$

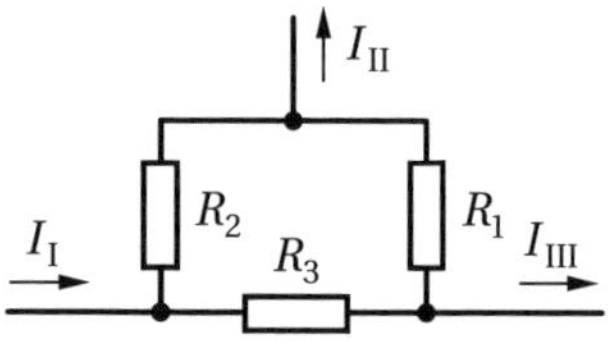

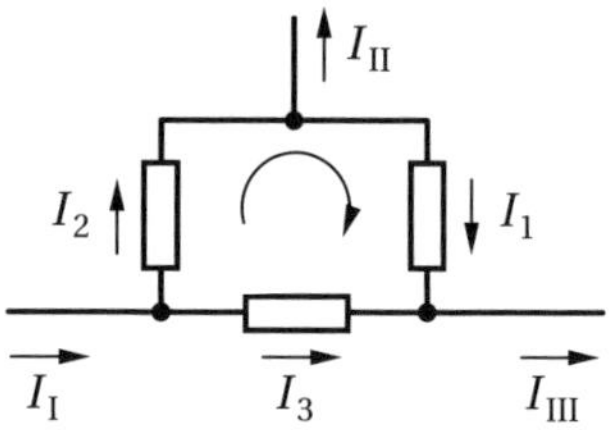

Maschensatz:

$R_1 I_1 + R_2 I_2 - R_3 I_3 = 0$

Knotenpunktsätze:

$$\begin{aligned} I_2 + I_3 &= I_{\text{I}} \\ -I_1 + I_2 \phantom{{}+I_3} &= I_{\text{II}} \\ I_1 \phantom{{}+I_2} + I_3 &= I_{\text{III}} \end{aligned}$$

Gleichungssystem *ohne* 3. Knotenpunktsatz liefert I_1, I_2, I_3:

$$\begin{aligned} R_1 I_1 + R_2 I_2 - R_3 I_3 &= 0 \\ R_3 I_2 + R_3 I_3 &= R_3 I_{\text{I}} \\ -R_1 I_1 + R_1 I_2 \phantom{{}+R_3 I_3} &= R_1 I_{\text{II}} \\ \hline (R_1 + R_2 + R_3)\, I_2 &= R_3 I_{\text{I}} + R_1 I_{\text{II}} \end{aligned}$$

$$\underline{I_2 = \frac{R_3 I_{\text{I}} + R_1 I_{\text{II}}}{R_1 + R_2 + R_3}} = \underline{\underline{5{,}25\ \text{A}}}$$

$$I_1 = I_2 - I_{\text{II}} = \underline{\frac{R_3 I_{\text{I}} - (R_2 + R_3)\, I_{\text{II}}}{R_1 + R_2 + R_3}} = \underline{\underline{3{,}25\ \text{A}}}$$

$$I_3 = I_\mathrm{I} - I_2 = \underline{\frac{(R_1 + R_2)\,I_\mathrm{I} - R_1 I_\mathrm{II}}{R_1 + R_2 + R_3}} = \underline{\underline{4{,}75\ \mathrm{A}}}$$

3. Knotenpunktsatz:

$$I_\mathrm{III} = I_1 + I_3 = \underline{I_\mathrm{I} - I_\mathrm{II}} = \underline{\underline{8\ \mathrm{A}}}$$

E 2 Elektrisches Feld

E 2.1 Coulomb-Kräfte

Zwei Punktladungen Q_1 und Q_2 befinden sich auf der x-Achse bei x_1 und x_2.

a) Eine dritte Punktladung Q_3 hat von der Ladung Q_1 und von der Ladung Q_2 den gleichen Abstand r.
Wie groß ist die auf die Ladung Q_3 wirkende Kraft F, wenn $Q_2 = -Q_1$ ist?

b) Wie groß ist die Kraft F, wenn $Q_2 = Q_1$ ist?

c) Die Ladung Q_3 befinde sich auf der x-Achse.
Man skizziere den Verlauf der Kraft $F_x(x)$ auf die Ladung Q_3 für die unter a) und b) gegebenen Ladungen Q_1 und Q_2!

$x_1 = 0$ $\quad x_2 = 3{,}0$ cm $\quad Q_1 = 6{,}0 \cdot 10^{-8}$ C $\quad Q_3 = 5{,}0 \cdot 10^{-8}$ C $\quad r = 2{,}5$ cm

---

a) $$\frac{F}{F_1} = \frac{x_2}{r}$$

$$F_1 = \frac{Q_1 Q_3}{4\pi\varepsilon_0} \frac{1}{r^2}$$

$$F = \underline{\frac{Q_1 Q_3 x_2}{4\pi\varepsilon_0 r^3}} = \underline{\underline{51{,}8\ \mathrm{mN}}}$$

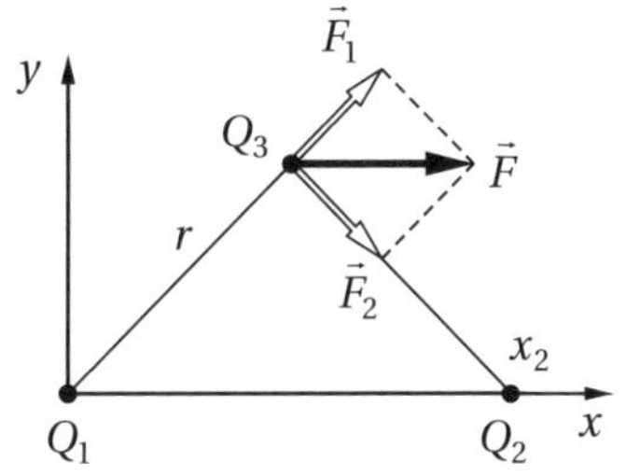

b) $$\frac{\frac{F}{2}}{F_1} = \frac{h}{r}$$

$$h = \sqrt{r^2 - \left(\frac{x_2}{2}\right)^2}$$

$$F = \frac{F_1}{r}\sqrt{4r^2 - x_2^2}$$

$$F = \underline{\frac{Q_1 Q_3 \sqrt{4r^2 - x_2^2}}{4\pi\varepsilon_0 r^3}} = \underline{\underline{69{,}1\ \mathrm{mN}}}$$

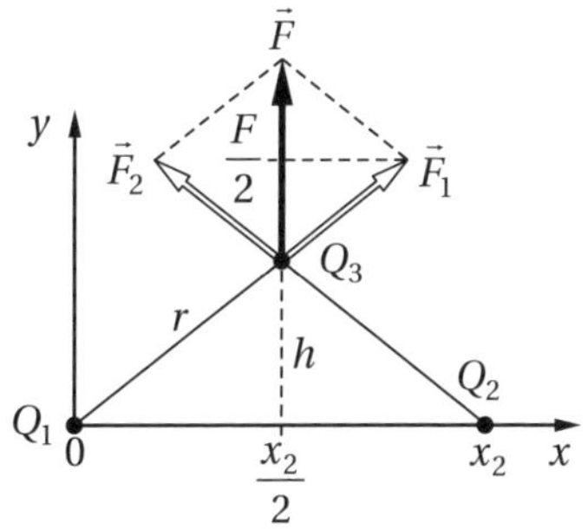

c)

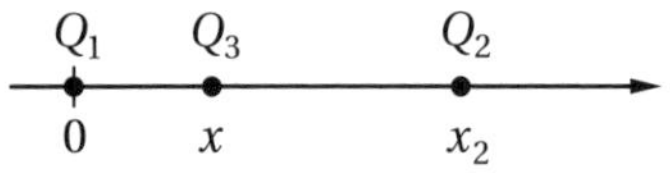

$\underline{Q_2 = -Q_1}$:

$x < 0$: $\quad F_x = \dfrac{Q_1 Q_3}{4\pi\varepsilon_0}\left[-\dfrac{1}{x^2} + \dfrac{1}{(x_2 - x)^2}\right]$

$0 < x < x_2$: $\quad F_x = \dfrac{Q_1 Q_3}{4\pi\varepsilon_0}\left[\dfrac{1}{x^2} + \dfrac{1}{(x_2 - x)^2}\right]$

$x_2 < x$: $\quad F_x = \dfrac{Q_1 Q_3}{4\pi\varepsilon_0}\left[\dfrac{1}{x^2} - \dfrac{1}{(x_2 - x)^2}\right]$

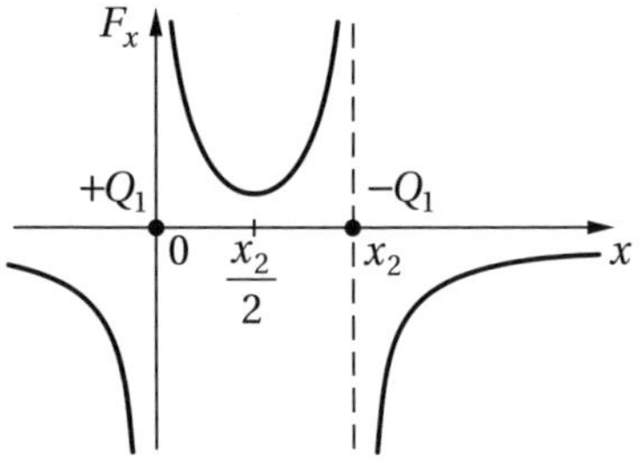

$\underline{Q_2 = +Q_1}$:

$x < 0$: $\quad F_x = \dfrac{Q_1 Q_3}{4\pi\varepsilon_0}\left[-\dfrac{1}{x^2} - \dfrac{1}{(x_2 - x)^2}\right]$

$0 < x < x_2$: $\quad F_x = \dfrac{Q_1 Q_3}{4\pi\varepsilon_0}\left[\dfrac{1}{x^2} - \dfrac{1}{(x_2 - x)^2}\right]$

$x_2 < x$: $\quad F_x = \dfrac{Q_1 Q_3}{4\pi\varepsilon_0}\left[\dfrac{1}{x^2} + \dfrac{1}{(x_2 - x)^2}\right]$

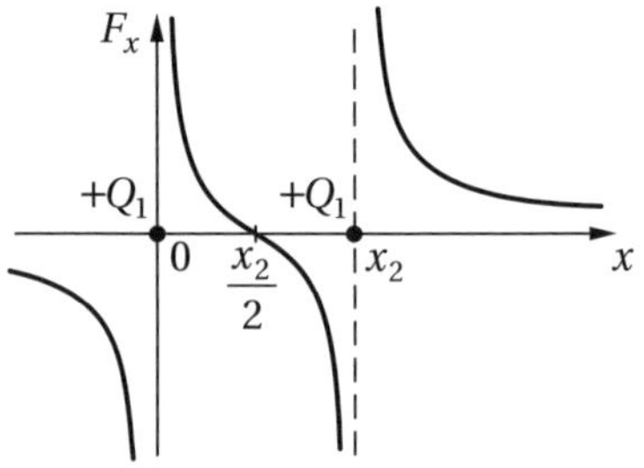

E 2.2 Pendel

Zwei kleine Kugeln, die beide die gleiche Masse m haben, sind an Seidenfäden der Länge l im gleichen Punkt aufgehängt. Beide tragen die gleiche positive Ladung Q. Ihre Mittelpunkte haben infolge der Abstoßung den Abstand d.

Berechnen Sie die Ladung Q!

$m = 1{,}0$ g $\qquad l = 30$ cm $\qquad d = 1{,}0$ cm

$$\frac{F}{F_e} = \frac{l}{\frac{d}{2}}$$

$$F = \sqrt{F_e^2 + (mg)^2}$$

$$F_e^2 + (mg)^2 = \left(\frac{2l}{d}\right)^2 F_e^2$$

$$F_e = \frac{mg}{\sqrt{\left(\frac{2l}{d}\right)^2 - 1}}$$

$$F_e = \frac{Q^2}{4\pi\varepsilon_0 d^2}$$

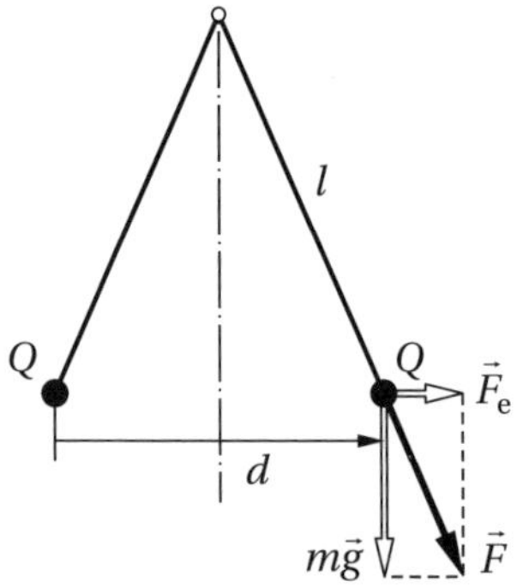

$$Q = 2d\frac{\sqrt{\pi\varepsilon_0 mg}}{\sqrt[4]{\left(\frac{2l}{d}\right)^2 - 1}} = \underline{\underline{1{,}3\ \text{nC}}}$$

Wegen $d \ll 2l$ Näherungsformel möglich:

$$Q \approx \sqrt{\frac{2\pi\varepsilon_0 d^3 mg}{l}}$$

Anderer Lösungsweg (für kleine Winkel):

$$\tan\alpha = \frac{F_e}{mg} \qquad \sin\alpha = \frac{\frac{d}{2}}{l}$$

$\sin\alpha \approx \tan\alpha.$

E 2.3 Hochspannungsüberschlag

Im Hochspannungsprüffeld wird eine Metallkugel vom Radius r_0 fortschreitend aufgeladen. Beim Erreichen der Spannung U_0 gibt es einen elektrischen Überschlag. (Die Kugel hat einen großen Abstand von der geerdeten Umgebung.)

a) Welche Ladung Q hat sich unmittelbar vor Beginn des Überschlags auf der Kugel befunden?

b) Wie groß ist die Durchbruchsfeldstärke E_D der Luft?

$r_0 = 25$ cm $\qquad U_0 = 450$ kV

---

a) $Q = CU_0$

$$C = 4\pi\varepsilon_0 r_0$$

$$Q = 4\pi\varepsilon_0 r_0 U_0 = \underline{\underline{12{,}5\ \mu\text{C}}}$$

b) Feldstärke im Coulombfeld (Probeladung Q'):

$$E_D = \frac{F}{Q'}$$

$$F = \frac{QQ'}{4\pi\varepsilon_0 r_0^2}$$

$$E_D = \frac{Q}{4\pi\varepsilon_0 r_0^2} = \frac{Q}{Cr_0}$$

$$E_D = \frac{U_0}{r_0} = \underline{\underline{18\ \text{kV/cm}}}$$

E 2.4 Kondensatorentladung

Der auf die Spannung U_0 aufgeladene Kondensator der Kapazität C wird über den Widerstand R entladen.

Welche Zeit t_1 dauert es, bis die Kondensatorspannung auf die Hälfte abgesunken ist?

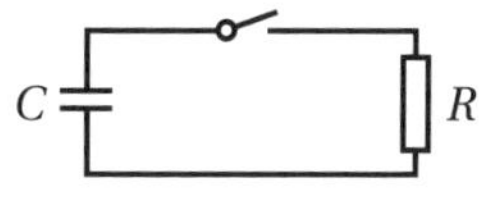

$C = 10\ \mu$F $\qquad R = 1{,}0$ MΩ

$$Q = CU$$
$$\mathrm{d}Q = C\,\mathrm{d}U$$
$$\mathrm{d}Q = -I\,\mathrm{d}t$$
$$I = \frac{U}{R}$$
$$\mathrm{d}Q = -\frac{U}{R}\,\mathrm{d}t$$
$$-\frac{U}{R}\,\mathrm{d}t = C\,\mathrm{d}U$$
$$\mathrm{d}t = -RC\frac{\mathrm{d}U}{U}$$
$$\int_0^{t_1}\mathrm{d}t = -RC\int_{U_0}^{U_1}\frac{\mathrm{d}U}{U} = RC\int_{U_1}^{U_0}\frac{\mathrm{d}U}{U}$$
$$t_1 = RC\ln\frac{U_0}{U_1}$$
$$U_1 = \frac{U_0}{2}$$
$$\underline{t_1 = RC\ln 2} = \underline{\underline{6{,}9\ \mathrm{s}}}$$

E 2.5 Ladungsausgleich

Zwei Kondensatoren (C_1 und C_2) werden auf die Spannungen U_1 und U_2 aufgeladen und danach in Reihe geschaltet, wobei der Pluspol des einen an den Minuspol des anderen geklemmt wird.

a) Welche Spannung U besteht zwischen den freien Klemmen der Reihenschaltung?

b) Welche Ladungen Q_1 und Q_2 tragen die Kondensatoren?

c) Wie groß sind die Spannungen U_1' und U_2', wenn die freien Klemmen kurzgeschlossen werden?

d) Welche Ladungen Q_1' und Q_2' tragen nun die Kondensatoren?

$C_1 = 2{,}0\ \mu\mathrm{F}$ $C_2 = 5{,}0\ \mu\mathrm{F}$ $U_1 = 100\ \mathrm{V}$ $U_2 = 200\ \mathrm{V}$

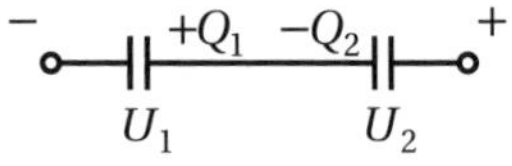

a) $\underline{U = U_1 + U_2} = \underline{\underline{300\ \mathrm{V}}}$

b) $\underline{Q_1 = C_1U_1} = \underline{\underline{0{,}20\ \mathrm{mC}}}$

$\underline{Q_2 = C_2U_2} = \underline{\underline{1{,}00\ \mathrm{mC}}}$

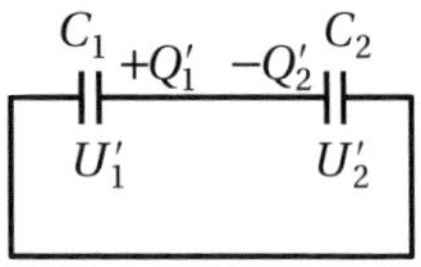

c) $U_1' + U_2' = 0$

$Q_1 - Q_2 = Q_1' - Q_2'$

$\Rightarrow\ Q_1 - Q_2 = C_1U_1' - C_2U_2' = (C_1 + C_2)\,U_1'$

$$\underline{U_1' = \frac{Q_1 - Q_2}{C_2 + C_1} = \frac{C_1U_1 - C_2U_2}{C_1 + C_2}} = \underline{\underline{-114\ \mathrm{V}}}$$

$\underline{U_2' = -U_1'} = \underline{\underline{+114\ \mathrm{V}}}$

d) $\underline{Q_1' = C_1U_1'} = \underline{\underline{-0{,}23\ \mathrm{mC}}}$

$\underline{Q_2' = C_2U_2'} = \underline{\underline{+0{,}57\ \mathrm{mC}}}$

E 2.6 Sechs Kondensatoren

Gegeben sind sechs Kondensatoren der gleichen Kapazität C_0.

a) Welche Gesamtkapazität C hat die angegebene Schaltung?
b) Durch jeweils welche Schaltung kann man mit den sechs Kondensatoren die größte und die kleinste Gesamtkapazität erreichen?
Berechnen Sie C_{max} und C_{min}!

$C_0 = 1\ \mu F$

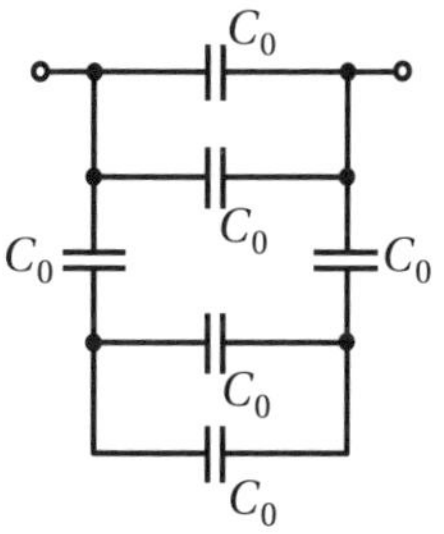

---

a) Angepasste Darstellung der Schaltung:

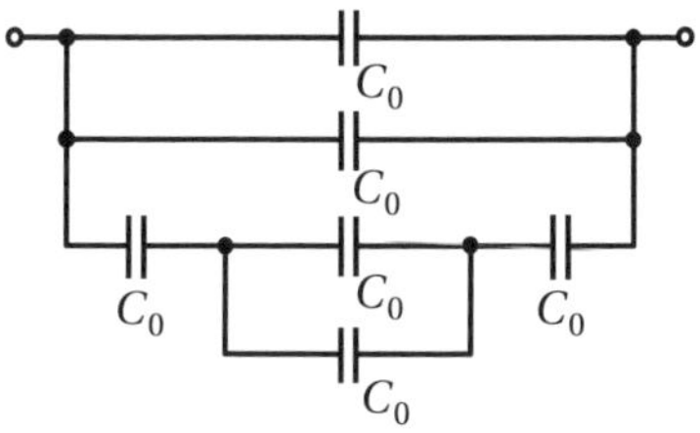

Parallelschaltung: $C = 2C_0 + C'$

mit Reihenschaltung: $\frac{1}{C'} = \frac{1}{C_0} + \frac{1}{2C_0} + \frac{1}{C_0} = \frac{5}{2C_0}$

$C' = \frac{2}{5} C_0$

$\Rightarrow \quad \underline{C = 2C_0 + \frac{2}{5} C_0 = \frac{12}{5} C_0} = \underline{\underline{2{,}4\ \mu F}}$

b) Parallelschaltung: $\underline{C_{max} = 6C_0} = \underline{\underline{6\ \mu F}}$

Reihenschaltung: $\underline{C_{min} = \frac{C_0}{6}} = \underline{\underline{0{,}17\ \mu F}}$

E 2.7 Ladungsmessung

Um Ladungen mit einem Elektrometer zu messen, das in Volt geeicht ist, wird es zuerst auf die Spannung U_1 geladen. Schaltet man danach eine bekannte Kapazität C_0 parallel, so liest man U_2 ab.

a) Wie groß ist die Kapazität C_1 des Elektrometers?
b) Die zu messende Ladung Q_0 allein bringt das Elektrometer auf den Anzeigewert U_3. Wie groß ist Q_0?

$U_1 = 3{,}5\ V \quad C_0 = 3{,}5\ pF \quad U_2 = 1{,}6\ V \quad U_3 = 5{,}3\ V$

---

a) $Q = \text{const}$

$Q = C_1 U_1 = (C_1 + C_0)\, U_2$

$\Rightarrow \quad C_1 (U_1 - U_2) = C_0 U_2$

$$C_1 = \frac{U_2}{U_1 - U_2} C_0 = 2{,}95 \text{ pF}$$

b) $Q_0 = C_1 U_3 = 15{,}6 \text{ pC}$

E 2.8 Elektronenstrahl

Ein Elektronenstrahl dringt durch eine Öffnung in der positiven Platte bei $x = 0$, $y = 0$ in das homogene Feld eines Kondensators unter dem Winkel α_0 gegen die Platte ein. Die Elektronengeschwindigkeit ist v_0, die Kondensatorspannung U, der Plattenabstand d.

a) Was für eine Bahn beschreibt er? Stellen Sie die Gleichung der Bahnkurve $y = y(x)$ auf!

b) Seine größte Entfernung von der positiven Platte beträgt $y = d/3$. Welcher Wert ergibt sich daraus für die spezifische Ladung e/m?

c) Wie groß muss die Beschleunigungsspannung U_B der Elektronen sein, wenn der Strahl die negative Platte gerade noch erreichen soll?

$\alpha_0 = 45^\circ$ $\quad v_0 = 8{,}4 \cdot 10^6 \text{ m/s}$ $\quad U = 300 \text{ V}$

---

a)

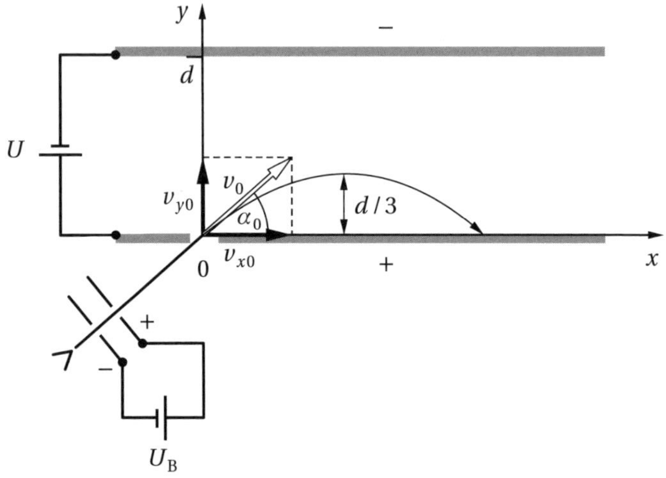

Bewegungsgleichungen:

$$ma_y = -eE = -e\frac{U}{d}$$

$$a_y = -\frac{eU}{md} = \text{const}$$

$\Rightarrow$ gleichmäßig beschleunigte Bewegung:

$$y = \frac{a_y}{2} t^2 + v_{y0} t$$

$$ma_x = 0$$

$\Rightarrow$ gleichförmige Bewegung:

$$x = v_{x0} t$$

$$\Rightarrow \quad t = \frac{x}{v_{x0}}$$

Mit $v_{x0} = v_0 \cos\alpha_0$
$v_{y0} = v_0 \sin\alpha_0$

wird die Bahngleichung:

$$y(x) = -\frac{eU}{2md v_0^2 \cos^2\alpha_0} x^2 + x \tan\alpha_0 \quad \text{Parabel}$$

b) Energiesatz für Bewegung in y-Richtung:

$$\frac{m}{2} v_{y0}^2 = e\frac{U}{3} \qquad (U = Ed;\ E = \text{const};\ U \sim d)$$

$$\frac{e}{m} = \frac{3v_0^2 \sin^2\alpha_0}{2U} = 1{,}76 \cdot 10^{11}\ \text{A} \cdot \text{s/kg}$$

c) $eU_\text{B} = \frac{m}{2} v_0'^2$ und

$$eU = \frac{m}{2} v_{y0}'^2$$

$$v_{y0}' = v_0' \sin\alpha_0$$

$$U_\text{B} = \frac{U}{\sin^2\alpha_0} = 600\ \text{V}$$

E 2.9 Millikan-Versuch

Zwischen zwei horizontal liegenden Kondensatorplatten, die den Abstand l voneinander haben, befindet sich ein Öltröpfchen (Dichte ϱ_1, Durchmesser d). Bei der angelegten Spannung U schwebt das Tröpfchen. Zwischen den Platten befindet sich Luft (Dichte ϱ_2).

Wie viele Elementarladungen (Anzahl N) sitzen auf dem Tröpfchen?

$l = 8{,}0$ mm $\quad d = 1{,}2\ \mu$m $\quad \varrho_1 = 0{,}86\ \text{g/cm}^3 \quad \varrho_2 = 1{,}3\ \text{kg/m}^3 \quad U = 127$ V

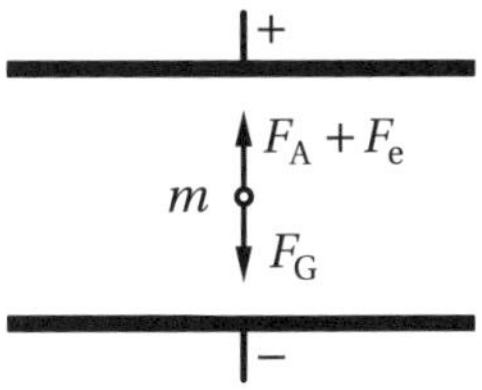

$$F_\text{e} = F_\text{G} - F_\text{A}$$

$$QE = m_1 g - m_2 g$$

$$Q\frac{U}{l} = (\varrho_1 - \varrho_2)\, gV$$

$$Q = Ne$$

$$V = \frac{4}{3}\pi \left(\frac{d}{2}\right)^3$$

$$N = \frac{\pi d^3 (\varrho_1 - \varrho_2)\, gl}{6eU} = 3$$

E 2.10 Aufsteigende Ladung

Ein positiv geladenes Partikelchen (Masse m, Ladung Q) befindet sich im Vakuum zwischen den waagerecht angeordneten Platten eines Plattenkondensators (Plattenabstand d) in Ruhe. Nach dem Erhöhen der Kondensatorspannung auf den Wert U legt es in der Zeit t_1 eine Strecke vom halben Plattenabstand ($d/2$) nach oben zurück.

Wie groß ist U?

$m = 7{,}5\ \text{mg} \qquad Q = 6{,}0 \cdot 10^{-10}\ \text{C} \qquad d = 10\ \text{cm} \qquad t_1 = 0{,}13\ \text{s}$

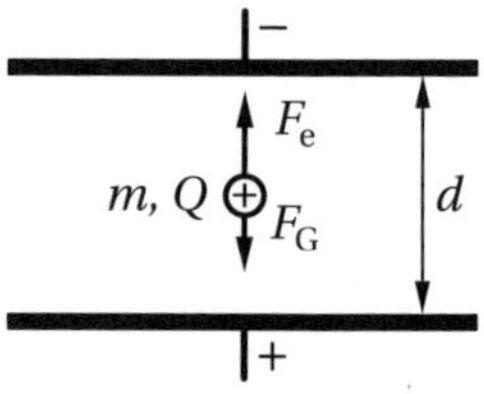

$$ma = F_e - F_G$$

$$F_e = QE = Q\frac{U}{d}$$

$$F_G = mg$$

$$ma = \frac{QU}{d} - mg$$

$$a = \frac{QU}{md} - g = \text{const}$$

$$U = \frac{md}{Q}(a + g)$$

Ermittlung von a (gleichmäßig beschleunigte Bewegung):

$$\frac{d}{2} = \frac{a}{2}t_1^2$$

$$a = \frac{d}{t_1^2}$$

$$U = \frac{md}{Q}\left(\frac{d}{t_1^2} + g\right) = \underline{\underline{20\ \text{kV}}}$$

E 2.11 Dielektrikum

Ein Plattenkondensator, in dem sich zunächst Luft befindet, hat die Kapazität C_0.

a) Welchen Wert C nimmt seine Kapazität an, wenn zwei Drittel seines Innenraumes durch ein Stück dielektrischen Materials (ε_r) ausgefüllt werden?

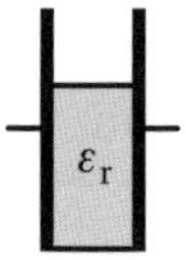

Der Kondensator wird vor dem Einbringen des Dielektrikums an eine Spannungsquelle (U_0) angeschlossen.

Wie groß sind die Spannung U und die Ladung Q nach dem Einbringen des Dielektrikums, wenn

b) die Spannungsquelle am Kondensator angeschlossen bleibt und

c) die Spannungsquelle vor dem Einbringen des Dielektrikums wieder entfernt wird?

---

a) $C = C_1 + C_2$

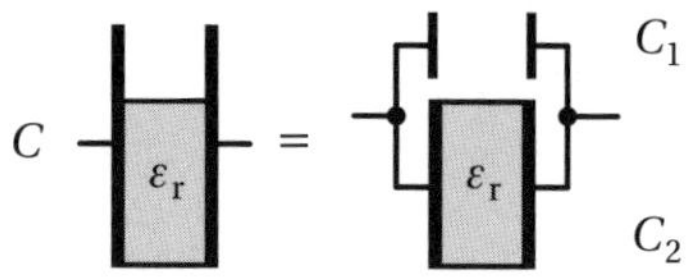

$C \sim A$

$C_{\text{voll}} = \varepsilon_r C_{\text{leer}}$

$$\Rightarrow \quad C_1 = \frac{C_0}{3}$$

$$C_2 = \varepsilon_r \cdot \frac{2}{3}C_0$$

$$C = \frac{C_0}{3} + \varepsilon_r \cdot \frac{2}{3} C_0$$

$$\underline{C = \frac{C_0}{3}(1 + 2\varepsilon_r)}$$

b) $\underline{U = U_0}$

$$Q = CU$$

$$Q_0 = C_0 U_0$$

$$\frac{Q}{Q_0} = \frac{C}{C_0}$$

$$\underline{Q = \frac{C_0 U_0}{3}(1 + 2\varepsilon_r)}$$

c) $Q = Q_0$

$$CU = C_0 U_0$$

$$\underline{U = U_0 \frac{3}{1 + 2\varepsilon_r}}$$

$$\underline{Q = C_0 U_0}$$

E 2.12 Porzellanplatte

Ein Luftkondensator hat den Plattenabstand d und die Kapazität C_0. Zwischen die Kondensatorplatten schiebt man parallel zu diesen eine genügend große Porzellanplatte (Dielektrizitätszahl ε_r, Dicke $a < d$) ein.

Welche Kapazität C hat er nun?

$d = 10$ mm $\quad a = 4{,}0$ mm

$C_0 = 10$ pF $\quad \varepsilon_r = 6$

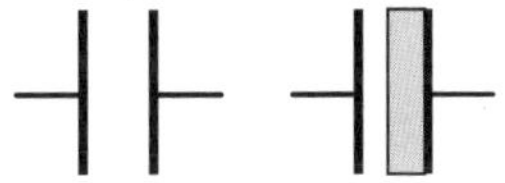

$$\frac{1}{C} = \frac{1}{C_1} + \frac{1}{C_2}$$

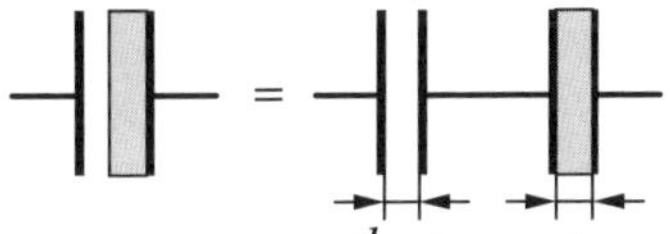

$$C_1 = \varepsilon_0 \frac{A}{d - a}$$

$$C_2 = \varepsilon_r \varepsilon_0 \frac{A}{a}$$

$$\frac{1}{C} = \frac{1}{\varepsilon_0 A}\left(d - a + \frac{a}{\varepsilon_r}\right)$$

$$C_0 = \varepsilon_0 \frac{A}{d}$$

$$\varepsilon_0 A = C_0 d$$

$$C = C_0 \frac{d}{d - a\left(1 - \frac{1}{\varepsilon_r}\right)}$$

$$\underline{C = \frac{C_0}{1 - \frac{a}{d}\left(1 - \frac{1}{\varepsilon_r}\right)}} = \underline{\underline{15 \text{ pF}}}$$

E 2.13 Kondensatorpendel

Zwischen den lotrecht aufgestellten Platten eines Plattenkondensators (Spannung U, Plattenabstand d_1) hängt eine kleine geladene Kugel (Masse m, Ladung Q') an einem gut isolierenden Seidenfaden.

a) Berechnen Sie die Auslenkung α_1 des Pendels!

b) Berechnen Sie die Auslenkung α_2, wenn eine Porzellanplatte (Dielektrizitätszahl ε_r, Dicke $d_2 < d_1$) parallel zu den Kondensatorplatten eingeschoben wird?

$d_1 = 10$ cm $\quad d_2 = 4{,}0$ cm $\quad \varepsilon_r = 6 \quad Q' = 4{,}0\ \mu$C $\quad m = 4{,}0$ g $\quad U = 100$ V

---

a) $\tan\alpha_1 = \dfrac{F_{el}}{F_G}$

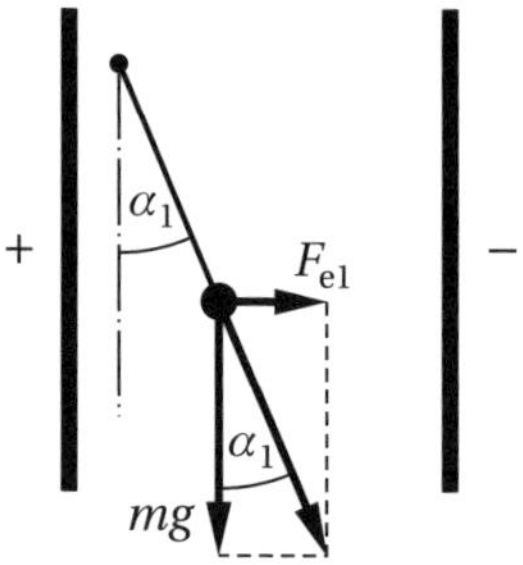

$$F_{el} = Q'E$$

$$E = \frac{U}{d_1}$$

$$F_G = mg$$

$$\tan\alpha_1 = \frac{Q'U}{mgd_1}$$

$$\alpha_1 = 5{,}8^\circ$$

b) Behandlung als Reihenschaltung zweier Kondensatoren:

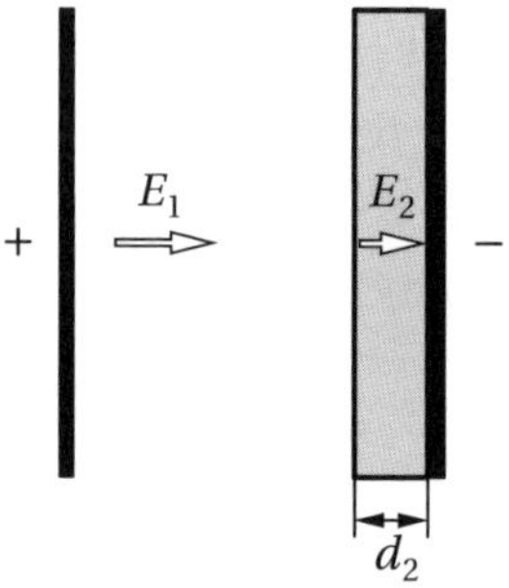

$$\tan\alpha_2 = \frac{F_{e2}}{F_G}$$

$$F_{e2} = Q'E_1$$

Ermittlung von E_1:

$$U = U_1 + U_2$$

$$U = E_1\left(d_1 - d_2\right) + E_2 d_2$$

$$Q = Q_1 = Q_2$$

$$Q = \int D_n\,\mathrm{d}A = DA$$

$$\Rightarrow \quad Q \sim D$$

$$D = D_1 = D_2 = \varepsilon_0 E_1 = \varepsilon_r\varepsilon_0 E_2$$

$$E_2 = \frac{E_1}{\varepsilon_r}$$

$$U = E_1\left(d_1 - d_2 + \frac{d_2}{\varepsilon_r}\right)$$

$$E_1 = \frac{U}{d_1 - d_2\left(1 - \dfrac{1}{\varepsilon_r}\right)}$$

$$\tan\alpha_2 = \frac{Q'U}{mg\left[d_1 - d_2\left(1 - \dfrac{1}{\varepsilon_r}\right)\right]}$$

$$\alpha_2 = 8{,}7^\circ$$

E 2.14 Zählrohr

Ein Zählrohr für Teilchenstrahlung besteht aus einem Draht und einem dazu koaxialen zylindrischen Mantel. Zwischen beiden liegt die Spannung U (Potenzialdifferenz).

Um welchen Faktor f steigt die auf ein geladenes Teilchen wirkende Kraft auf dem Weg vom Zylindermantel (Radius r_a) bis

a) zum Draht (Radius r_i),

b) zur Mitte zwischen Mantel und Draht?

c) Drücken Sie die elektrische Feldstärke $E(r)$ mithilfe der Parameter U, r_a und r_i aus!

$r_a = 12$ mm $\qquad r_i = 30$ µm

Kraft F auf Ladung Q' im Zylinderkondensator:

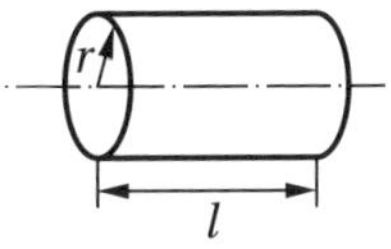

$$F = Q'E$$

$$E = \frac{D}{\varepsilon_0}$$

$$D = \frac{Q}{A} = \frac{Q}{2\pi r l}$$

$$F = \frac{Q'Q}{2\pi\varepsilon_0 l}\,\frac{1}{r}$$

$$F \sim \frac{1}{r}$$

a) $$f = \frac{F_i}{F_a} = \frac{r_a}{r_i} = \underline{\underline{400}}$$

b) $$f = \frac{F_m}{F_a} = \frac{r_a}{\frac{r_i + r_a}{2}}$$

$$f = \frac{2r_a}{r_i + r_a} = \underline{\underline{2}}$$

c) $$E(r) = \frac{Q}{2\pi\varepsilon_0 r l}$$

$$U = \int_{r_i}^{r_a} E_r \, dr$$

$$\Rightarrow \quad U = \frac{Q}{2\pi\varepsilon_0 l}\int_{r_i}^{r_a}\frac{dr}{r} = \frac{Q}{2\pi\varepsilon_0 l}\ln\frac{r_a}{r_i}$$

$$\frac{Q}{2\pi\varepsilon_0 l} = Er$$

$$\underline{E(r) = \frac{U}{r\ln\frac{r_a}{r_i}}}$$

E 3 Magnetisches Feld

E 3.1 Geschwindigkeitsfilter

Einem elektrischen Feld ist ein magnetisches Feld derart überlagert, dass ein mit der Geschwindigkeit v_0 senkrecht zum Magnetfeld eingeschossenes Elektron nicht abgelenkt wird.

a) Welche Winkel bilden die beiden Felder und die Richtung des einfliegenden Elektrons miteinander?

b) Zur Erzeugung des elektrischen Feldes wird an ein Plattenpaar (Plattenabstand d) die Spannung U angelegt.
Wie groß muss die magnetische Feldstärke H des homogenen Magnetfeldes sein?

c) Das magnetische Feld soll mit einer langen Spule (Windungszahl N, Länge l) erzeugt werden.
Welche Stromstärke I braucht man?

d) Was geschieht, wenn Elektronen anderer Geschwindigkeit ($v > v_0$ bzw. $v < v_0$) einfliegen?

$d = 10$ mm $\quad U = 1{,}0$ kV $\quad v_0 = 1{,}00 \cdot 10^7$ m/s $\quad n = \dfrac{N}{l} = 4\ \text{cm}^{-1}$

---

a) $\vec{F}_\text{e} = Q\vec{E} = -e\vec{E}$

$\vec{F}_\text{m} = Q\vec{v}_0 \times \vec{B} = -e\vec{v}_0 \times \vec{B}$

$\vec{F}_\text{e} = -\vec{F}_\text{m}$

$\Rightarrow \quad \vec{E} \perp \vec{v}_0$

$\vec{E} \perp \vec{B}$

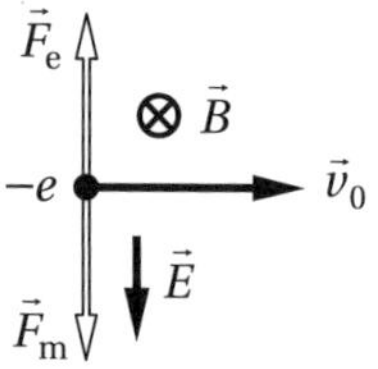

b) $F_\text{e} = F_\text{m}$

$eE = ev_0B$

$E = \dfrac{U}{d}$

$B = \mu_0 H$

$\dfrac{U}{d} = v_0\mu_0 H$

$$\underline{H = \frac{U}{\mu_0 v_0 d}} = \underline{\underline{8 \cdot 10^3\ \text{A/m}}}$$

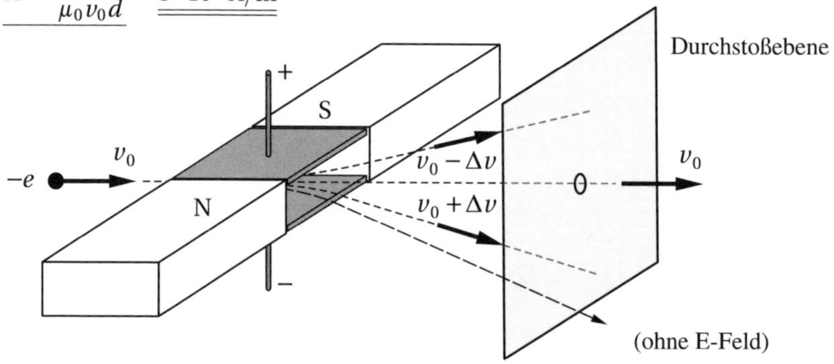

c) $H = \frac{NI}{l} = nI$

$\underline{I = \frac{H}{n}} = \underline{\underline{20\ \text{A}}}$

d) $v > v_0$: Ablenkung in Richtung $\vec{F}_\text{m}$

$v < v_0$: Ablenkung in Richtung $\vec{F}_\text{e}$

E 3.2 Luftspalt

Ein Eisenjoch mit einem Luftspalt der Spaltbreite s ist mit N Windungen Kupferdraht umwickelt. (Abmessungen der Skizze entnehmen.)

Wie groß muss die Stromstärke I in der Spule sein, wenn die magnetische Flussdichte B erreicht werden soll?

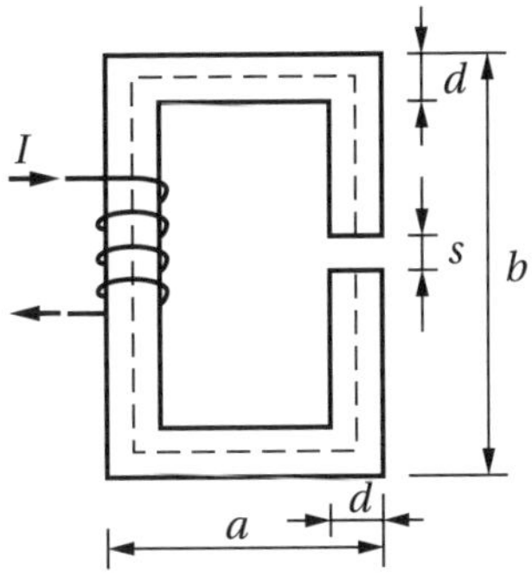

$B = 1{,}5\ \text{T}$ $\mu_\text{r} = 477$ $s = 1{,}00\ \text{mm}$

$a = 60\ \text{mm}$ $N = 500$

$b = 90\ \text{mm}$ $d = 15\ \text{mm}$

$$NI = \oint H_\text{S}\,\text{d}s = H_\text{E}\,l + H_\text{L}\,s$$

$$l = 2a + 2b - 4d - s \qquad \text{(mittlere Länge des Weges im Eisen)}$$

$$B = B_\text{E} = B_\text{L}$$

$$\Rightarrow \quad H_\text{L} = \frac{B}{\mu_0}$$

$$H_\text{E} = \frac{B}{\mu_0 \mu_\text{r}}$$

$$NI = \frac{B}{\mu_0}\left(\frac{l}{\mu_\text{r}} + s\right)$$

$$\underline{I = \frac{B}{\mu_0 N}\left[\frac{2a + 2b - 4d - s}{\mu_\text{r}} + s\right]} = \underline{\underline{3{,}6\ \text{A}}}$$

E 3.3 Kupferscheibe

Eine Kupferscheibe (Radius r_0) kann um die Achse A rotieren und berührt dabei die Quecksilberoberfläche im Punkt P. Quecksilber und Achse sind mit einer Spannungsquelle verbunden, so dass ein Strom (I) durch die Scheibe fließen kann.

a) Durch welches Drehmoment M wird die Rotation der Scheibe verursacht, wenn ein homogenes Feld (B) die Scheibe senkrecht durchdringt?

b) Welche Drehrichtung hat die Scheibe?

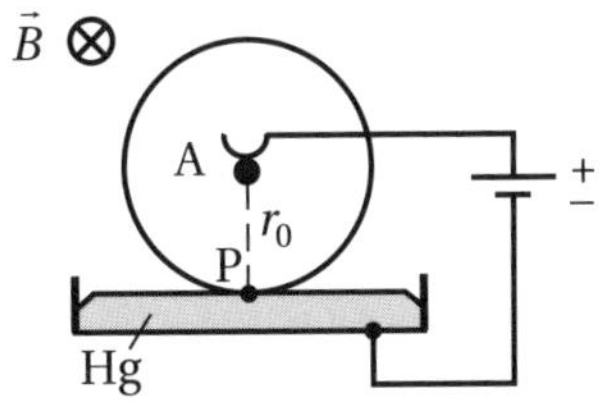

---

a) $M = F\frac{r_0}{2}$ $\qquad \vec{F} \perp \vec{r}_0$

(Angriffspunkt der Kraft in der Mitte des Leiterstücks)

$F = I r_0 B$ $\qquad$ (Kraft auf den stromdurchflossenen Leiter der Länge r_0)

$$\underline{M = \frac{1}{2} I r_0^2 B}$$

b) $\vec{F} = I \vec{r}_0 \times \vec{B}$

Drehung entgegen dem Uhrzeigersinn

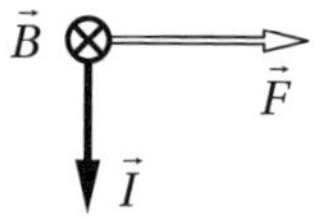

Anderer Lösungsweg zu a) bzw. Begründung der Richtigkeit der Annahme in a):

$$\vec{M} = \int \vec{r} \times \mathrm{d}\vec{F}$$

$$\mathrm{d}\vec{F} = I\,\mathrm{d}\vec{r} \times \vec{B}$$

$$M = I \int \vec{r} \times (\mathrm{d}\vec{r} \times \vec{B})$$

$$M = IB \int_0^{r_0} r\,\mathrm{d}r = \frac{1}{2} I B r_0^2$$

E 3.4 Tangentenbussole

Ein historisches Strommessgerät ist die Tangentenbussole. Sie besteht aus einer langen Spule mit horizontal liegender Spulenachse (Länge l, Windungszahl N), in deren Mitte eine Magnetnadel drehbar gelagert ist. Im stromlosen Zustand stellt sich die Magnetnadel im erdmagnetischen Feld auf die Nord-Süd-Richtung ein. Die Spulenachse wird danach rechtwinklig ausgerichtet.

a) Die Tangentenbussole wird mit einem Strom von bekannter Stromstärke I_0 geeicht. Dabei wird die Magnetnadel um den Winkel φ_0 aus der Nord-Süd-Richtung herausgedreht. Welchen Wert H_0 hat die Horizontalkomponente des erdmagnetischen Feldes?

b) Welche kleinste Stromstärke I_1 und größte Stromstärke I_2 können mit dem Gerät gemessen werden, wenn sich Winkelunterschiede von $\Delta\varphi = 1°$ gerade noch ablesen lassen?

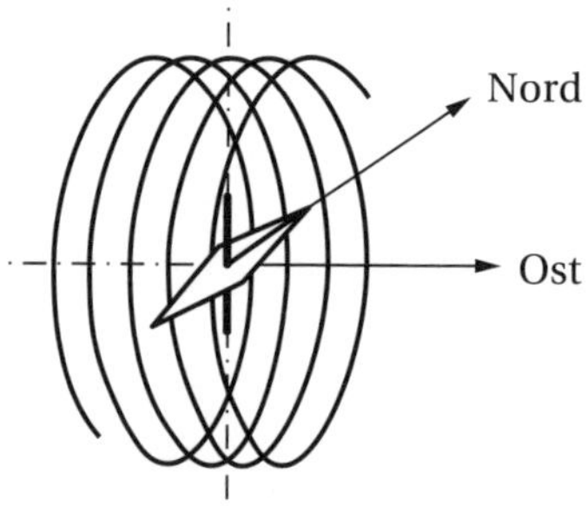

$l = 30$ cm $\qquad N = 600 \qquad I_0 = 3{,}60$ mA $\qquad \varphi_0 = 26°$

---

a) $\tan\varphi = \frac{H_S}{H_0}$

$$H_S = \frac{N I_0}{l}$$

$$\underline{H_0 = \frac{N I_0}{l \tan\varphi_0}} = \underline{\underline{14{,}8\ \mathrm{A/m}}}$$

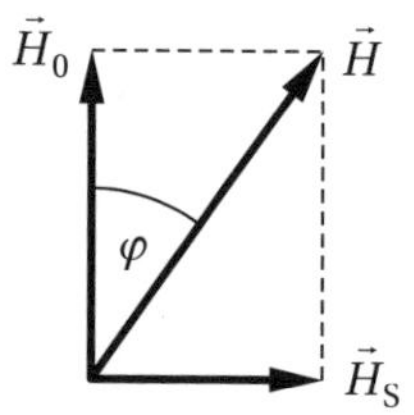

b) $I = \frac{H_S l}{N} = \frac{H_0 l}{N} \tan\varphi = I_0 \frac{\tan\varphi}{\tan\varphi_0}$

$\underline{I_1 = I_0 \frac{\tan\Delta\varphi}{\tan\varphi_0}} = \underline{\underline{0{,}13\ \text{mA}}}$

$\underline{I_2 = I_0 \frac{\tan(90^\circ - \Delta\varphi)}{\tan\varphi_0}} = \underline{\underline{423\ \text{mA}}}$

E 3.5 Elektromotor

Bei einem Elektromotor mit Trommelanker umschließen die Polschuhe den zylindrischen Kern des Ankers fast vollständig. Die Ankerwicklung besteht aus N Kupferstäben der Länge l, die in axialer Richtung auf dem Zylindermantel (Durchmesser d) angebracht sind. Es wird näherungsweise angenommen, dass alle Stäbe, die von der gleichen Stromstärke I durchflossen werden, in dem magnetischen Radialfeld die gleiche Feldstärke H vorfinden. Ein Kommutator sorgt für das Umkehren der Stromrichtung.

Welche Leistung P gibt der Motor bei der Drehfrequenz f ab?

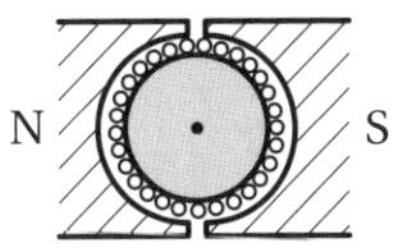

$H = 1{,}00 \cdot 10^6$ A/m $\quad l = 200$ mm $\quad d = 150$ mm

$N = 300 \quad I = 20{,}0$ A $\quad f = 750\ \text{min}^{-1}$

$P = NFv$

$F = IlB \quad (\vec{I} \perp \vec{B})$

$B = \mu_0 H$

$v = \omega r = 2\pi f r = \pi f d$

$\underline{P = \pi\mu_0 N l d H I f} = \underline{\underline{8{,}9\ \text{kW}}}$

E 3.6 Spiegelgalvanometer I

Bei einem Spiegelgalvanometer fließt der Strom, dessen Stromstärke I zu messen ist, durch eine Rechteckspule (Windungszahl N, Kantenlängen h und b), die sich um eine vertikale Achse drehen kann. Die vertikalen Seiten (h) der Spule bewegen sich im Spalt zwischen den Polschuhen eines Permanentmagneten und einem zylindrischen Eisenkern in einem konstanten Magnetfeld H (Radialfeld). Eine Torsionsfeder (Richtmoment D) erzeugt ein rücktreibendes Drehmoment. Die bei Stromfluss entstehende Winkelauslenkung aus der Ruhelage wird durch einen Lichtstrahl angezeigt, der über einen kleinen, an der Spulendrehachse befestigten Spiegel auf die in der Entfernung l aufgestellte Skale gelenkt wird.

Gesucht ist der Ausschlag x auf dieser Skale bei gegebener Stromstärke I. ($x \ll l$)

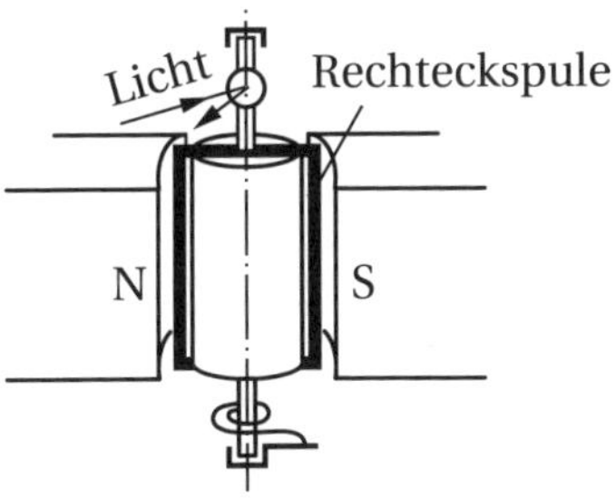

$N = 200 \quad h = 2{,}5$ cm $\quad b = 3{,}0$ cm

$H = 1{,}00 \cdot 10^5$ A/m $\quad D = 1{,}13 \cdot 10^{-4}$ N · m

$l = 1{,}00$ m $\quad I = 40\ \mu\text{A}$

Drehmomentengleichgewicht (Spule S, Feder F):

$M_S = M_F$

Drehmoment um die Achse, erzeugt durch die magnetische Kraft auf ein Drahtstück der Länge h:

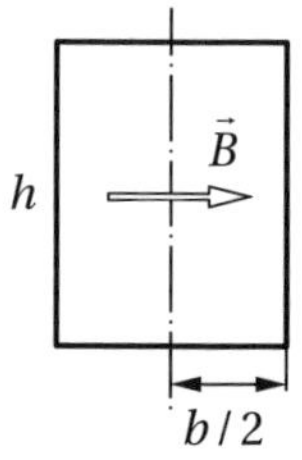

$$M_1 = F_1 \frac{b}{2}$$

$$F = IhB \qquad (\vec{h} \perp \vec{B})$$

$$B = \mu_0 H$$

$$M_1 = \frac{Ih\mu_0 Hb}{2}$$

Gesamtdrehmoment (N Windungen):

$M_S = 2NM_1$

$M_S = N\mu_0 hbHI$

Rücktreibendes Drehmoment der Torsionsfeder (Betrag):

$M_F = D\varphi$

$Nbh\mu_0 HI = D\varphi$

$$\varphi = \frac{Nbh\mu_0 HI}{D}$$

Ablenkung des Lichtzeigers auf der Skale:

$x = l \cdot 2\varphi$

$$\underline{x = 2\frac{\mu_0 HNbhl}{D} I} = \underline{\underline{13\ \text{mm}}}$$

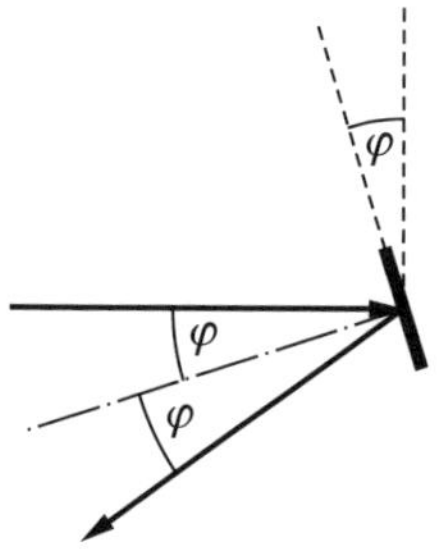

E 3.7 Spule ohne Streufeld

Um bei der Erzeugung eines homogenen Magnetfeldes im Inneren einer Spule das äußere Streufeld stark einzuschränken, verwendet man folgende Anordnung: Zwei zylindrische Luftspulen mit der gleichen Länge l, verschiedenen Durchmessern (d_1, d_2) und verschiedenen Windungszahlen (N_1, N_2) sind koaxial ineinandergeschoben. Beide werden von der gleichen Stromstärke durchflossen. Das Verhältnis N_2/N_1 der Windungszahlen wird so festgelegt, dass der magnetische Fluss Φ, der das Innere der Spule 1 durchsetzt, vollständig durch den Raum zwischen den beiden Spulen zurückgeführt wird.

d_1, d_2 und N_1 sind gegeben.

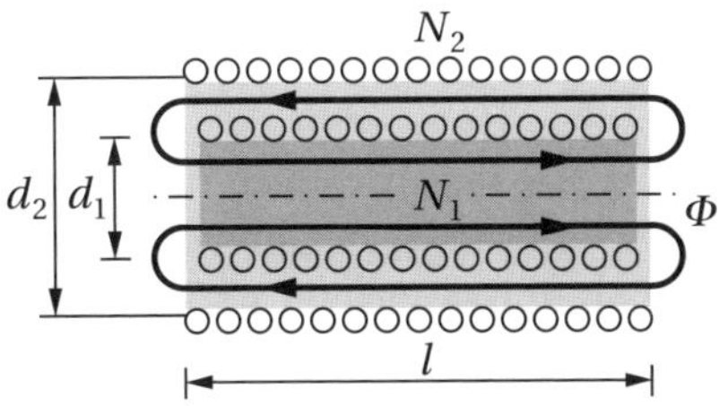

a) Wie groß muss N_2 gewählt werden?
b) Welche Stromstärke I ist erforderlich, um in der inneren Spule die magnetische Feldstärke H zu erzeugen?
c) Welche Feldstärke H' herrscht im Raum zwischen beiden Spulen?
d) Wie groß ist der magnetische Fluss Φ?

$l = 300$ mm $d_1 = 80$ mm $d_2 = 100$ mm $N_1 = 600$ $H = 2{,}00 \cdot 10^3$ A/m

---

a) $H_1 = N_1 \dfrac{I}{l}, \qquad H_2 = N_2 \dfrac{I}{l}$

Fluss innerhalb Spule 2 und außerhalb Spule 1:

$$\Phi = B_2\,(A_2 - A_1) = \mu_0 H_2 \frac{\pi}{4}\left(d_2^2 - d_1^2\right)$$

Fluss innerhalb Spule 1:

$$\Phi = (B_1 - B_2)\,A_1 = \mu_0\,(H_1 - H_2)\,\frac{\pi}{4} d_1^2$$

$$\Rightarrow \quad (N_1 - N_2)\,d_1^2 = N_2\left(d_2^2 - d_1^2\right)$$

$$N_2 d_2^2 = N_1 d_1^2$$

$$N_2 = N_1 \left(\frac{d_1}{d_2}\right)^2 = \underline{\underline{384}}$$

b) $H = H_1 - H_2 = (N_1 - N_2)\,\dfrac{I}{l}$

$$I = \frac{Hl}{N_1 - N_2}$$

$$I = \frac{Hl}{N_1\left[1 - \left(\dfrac{d_1}{d_2}\right)^2\right]} = \underline{\underline{2{,}78\ \text{A}}}$$

c) $H' = H_2 = \dfrac{N_2 I}{l}$

$$H' = \frac{N_1 \left(\dfrac{d_1}{d_2}\right)^2 Hl}{lN_1\left[1 - \left(\dfrac{d_1}{d_2}\right)^2\right]} = H \frac{\left(\dfrac{d_1}{d_2}\right)^2}{1 - \left(\dfrac{d_1}{d_2}\right)^2}$$

$$H' = \frac{H}{\left(\dfrac{d_2}{d_1}\right)^2 - 1} = \underline{\underline{3{,}56 \cdot 10^3\ \text{A/m}}}$$

d) $\Phi = B \displaystyle\int_0^{A_1} \mathrm{d}A = \mu_0 H \frac{\pi}{4} d_1^2 = \underline{\underline{12{,}6 \cdot 10^{-6}\ \text{Wb}}}$

E 3.8 Zyklotron

In einem Zyklotron werden Protonen beschleunigt.

Sie werden dazu in einem homogenen Magnetfeld der Feldstärke H geführt, wobei ihre Bahn innerhalb der beiden „Duanten“ (das sind hohle Elektroden etwa von der Gestalt einer halbierten Cremedose) verläuft. An diesen liegt eine hochfrequente Wechselspannung der Amplitude U_m an. Das elektrische Feld baut sich nur im Spalt zwischen den Duanten auf, während das Innere als Faradaykäfig feldfrei bleibt. Eine Protonenquelle Q nahe der Mitte setzt Protonen mit geringer Anfangsgeschwindigkeit frei. Bevor die Protonen das Zyklotron verlassen, haben sie einen Kreisbahndurchmesser d erreicht.

a) Mit welcher kinetischen Energie E_k (in eV) verlassen die Protonen das Zyklotron?
b) Welche Frequenz f muss die Wechselspannung haben?
c) Wie groß ist die Zahl N der Umläufe der Protonen, und welche Zeit t_0 dauert es, bis ein Proton das Zyklotron verlässt?

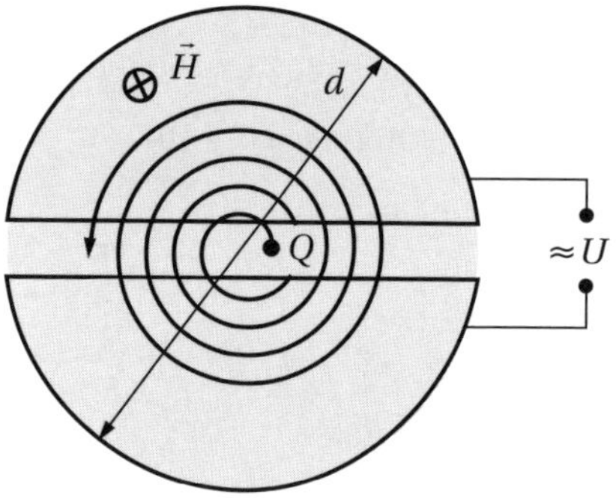

$H = 0{,}805 \cdot 10^6$ A/m $\qquad d = 100$ cm

$U_m = 10{,}0$ kV

---

a) $E_k = \frac{m_p}{2} v^2$

Ermittlung von v:

$F_r = F_m$

$m\frac{v^2}{r} = evB \qquad (\vec{v} \perp \vec{B})$

$B = \mu_0 H$

$d = 2r$

$v = \frac{e\mu_0 H d}{2m_p}$

$$E_k = \frac{(e\mu_0 H d)^2}{8m_p} = 12{,}3 \text{ MeV}$$

b) $\omega = 2\pi f$

$f = \frac{\omega}{2\pi}$

$\omega = \frac{v}{r} = \frac{2v}{d}$

$$f = \frac{\mu_0 e H}{2\pi m_p} = 15{,}4 \text{ MHz}$$

c) $E_k = 2NE_p$

$E_p = eU_m$

$$N = \frac{E_k}{2eU_m} = \underline{\underline{613}}$$

$$t_0 = NT = \frac{N}{f} = \underline{\underline{40\ \mu s}}$$

E 3.9 Fernsehbildröhre

In einer Fernsehbildröhre muss der Elektronenstrahl den Winkel 2α überstreichen. Die Beschleunigungsspannung des Strahles ist U. Das Magnetfeld steht senkrecht auf der Strahlrichtung. Es wird angenommen, dass es homogen ist und nur innerhalb eines Gebietes von kreisförmigem Querschnitt (Durchmesser $d = 2r_F$) existiert.

Berechnen Sie die für die maximale Ablenkung α des Elektronenstrahls erforderliche magnetische Flussdichte B!

$2\alpha = 110°$ $U = 15$ kV $d = 50$ mm

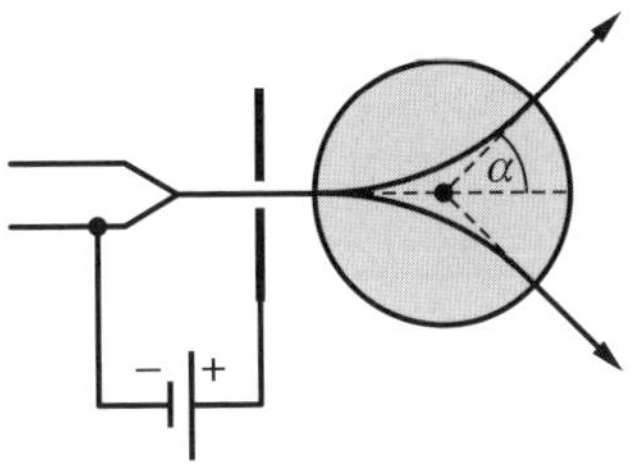

Bewegungsgleichung für die Kreisbewegung:

$$F_r = F_m$$

$$-m\frac{v^2}{r_B} = -evB \qquad (\vec{v} \perp \vec{B})$$

$$B = \frac{mv}{er_B}$$

Berechnung der Bahngeschwindigkeit v:

$$E_k(2) = E_p(1)$$

$$\frac{m}{2}v^2 = eU$$

$$v = \sqrt{\frac{2eU}{m}}$$

Zusammenhang zwischen r_B, d und α:

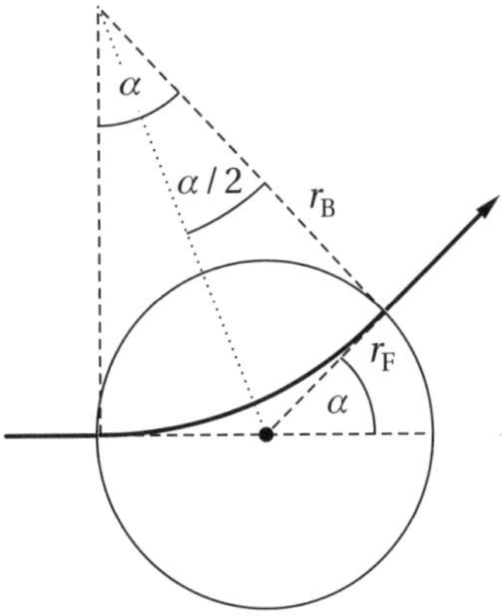

$$\frac{r_F}{r_B} = \tan\frac{\alpha}{2}$$

$$r_B = \frac{d}{2\tan\frac{\alpha}{2}}$$

$$B = \frac{m\sqrt{\frac{2eU}{m}} \cdot 2\tan\frac{\alpha}{2}}{ed}$$

$$B = \frac{2\tan\frac{\alpha}{2}}{d}\sqrt{\frac{2Um}{e}} = \underline{\underline{8{,}6\ \text{mT}}}$$

E 3.10 Massenspektrograph

In das homogene Magnetfeld (Flussdichte B) eines Massenspektrographen tritt senkrecht zur Feldrichtung ein Ionenstrahl ein, der ein Isotopengemisch von Zinkionen gleicher Geschwindigkeit v_0 und gleicher Ladung Q enthält. Nachdem die Ionen das Magnetfeld durchlaufen haben, treffen sie auf eine Fotoplatte, die in den Abständen d_1, d_2 und d_3 von der Eintrittsöffnung geschwärzt wird.

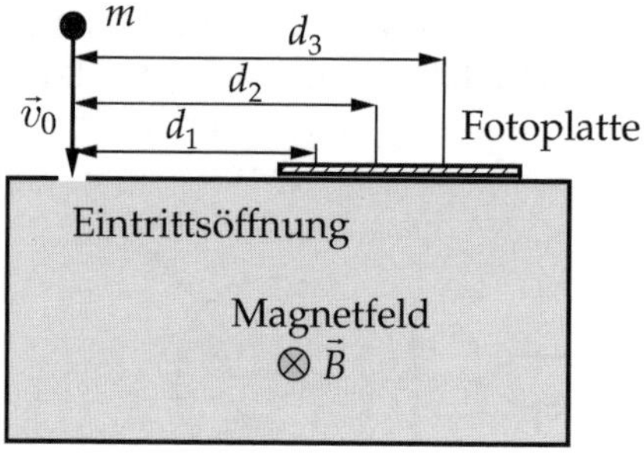

Berechnen Sie die registrierten Ionenmassen m_1, m_2 und m_3 und deren Massenzahlen A_1, A_2 und A_3!

(*Hinweis:* A ist der auf ganze Zahlen gerundete Wert des Verhältnisses von m zur atomaren Masseneinheit $\mathrm{u} = 1{,}66 \cdot 10^{-27}$ kg.)

$B = 1{,}50$ T $\quad Q = 2e \quad v_0 = 7{,}22 \cdot 10^5$ m/s

$d_1 = 319$ mm $\quad d_2 = 329$ mm $\quad d_3 = 339$ mm

Ionenbahnen: Halbkreise, Durchmesser d

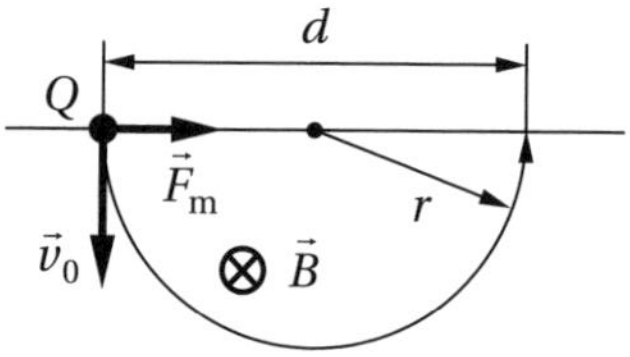

$F_r = F_m$

$$m\frac{v_0^2}{r} = Qv_0B \qquad (\vec{v}_0 \perp \vec{B})$$

$$Q = 2e$$

$$d = 2r$$

$$\underline{m = \frac{edB}{v_0}} \qquad m_1 = 1{,}06 \cdot 10^{-25}\ \text{kg}$$

$$m_2 = 1{,}09 \cdot 10^{-25}\ \text{kg}$$

$$m_3 = 1{,}13 \cdot 10^{-25}\ \text{kg}$$

$$\underline{A = \operatorname{int}\left(\frac{m}{\mathrm{u}}\right)} \qquad A_1 = 64$$

$$A_2 = 66$$

$$A_3 = 68$$

E 3.11 Biot-Savartsches Gesetz

Die magnetische Feldstärke eines unendlich langen geraden, vom Strom I durchflossenen Leiters hat im Abstand r_0 den Wert $H_0 = I/(2\pi r_0)$.

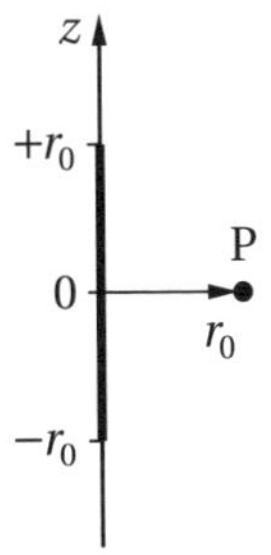

Welcher Anteil an diesem Wert wird allein durch das Teilstück des Leiters erzeugt, das von der Messstelle aus nach beiden Seiten die Länge r_0 hat?

Hinweis:

$$\int \frac{\mathrm{d}x}{\sqrt{1+x^2}^3} = \frac{x}{\sqrt{1+x^2}} + C$$

Biot-Savartsches Gesetz, Beitrag eines (beliebigen) Leiterelements zum Feld in P:

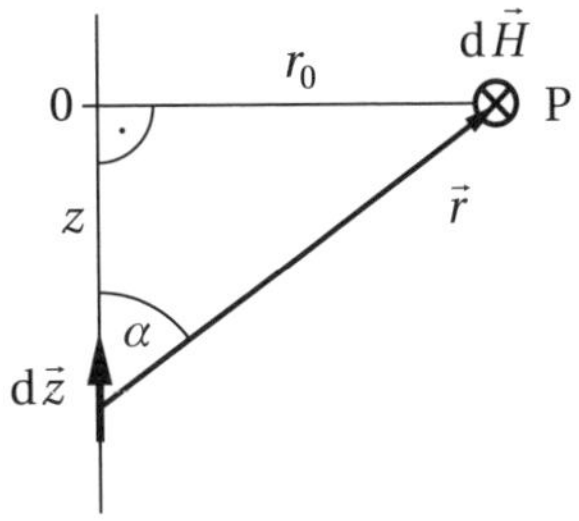

$$\mathrm{d}\vec{H} = \frac{I}{4\pi r^3}\left(\mathrm{d}\vec{z} \times \vec{r}\right)$$

$\mathrm{d}\vec{H}$ steht senkrecht auf der von $\mathrm{d}\vec{z}$ und $\vec{r}$ aufgespannten Ebene, die für alle Integrationsabschnitte die gleiche ist.

$\Rightarrow$ Die Beträge von $\mathrm{d}\vec{H}$ addieren sich.

$$\mathrm{d}H = \frac{I}{4\pi r^3}\,\mathrm{d}z\, r \sin\alpha$$

Mit $\sin\alpha = \dfrac{r_0}{r}$ und $r^2 = r_0^2 + z^2$ folgt

$$\mathrm{d}H = \frac{I}{4\pi\sqrt{r_0^2+z^2}^3}\, r_0\,\mathrm{d}z$$

$$\mathrm{d}H = \frac{I}{4\pi r_0}\,\frac{1}{\sqrt{1+\left(\frac{z}{r_0}\right)^2}^3}\left(\frac{\mathrm{d}z}{r_0}\right)$$

Substitution: $\zeta = \dfrac{z}{r_0}$

$$H = \frac{I}{4\pi r_0}\int_{-1}^{+1}\frac{\mathrm{d}\zeta}{\sqrt{1+\zeta^2}^3}$$

$$H = \frac{I}{4\pi r_0}\left[\frac{\zeta}{\sqrt{1+\zeta^2}}\right]_{-1}^{+1}$$

$$\underline{H = \frac{I}{2\pi r_0}\,\frac{1}{\sqrt{2}}} = \underline{\underline{0{,}71\,H_0}}$$

E 4 Induktion

E 4.1 Eisenbahngleis

Die beiden Schienen eines Eisenbahngleises mit der Spurweite l seien voneinander isoliert und mit einem Spannungsmesser verbunden.

Welche Spannung U_i zeigt das Instrument an, wenn ein Zug mit der Geschwindigkeit v über die Strecke fährt?

B_v ist der Betrag der Vertikalkomponente der magnetischen Flussdichte vom Erdmagnetfeld.

$B_v = 45\ \mu\text{T} \qquad l = 1435\ \text{mm} \qquad v = 100\ \text{km/h}$

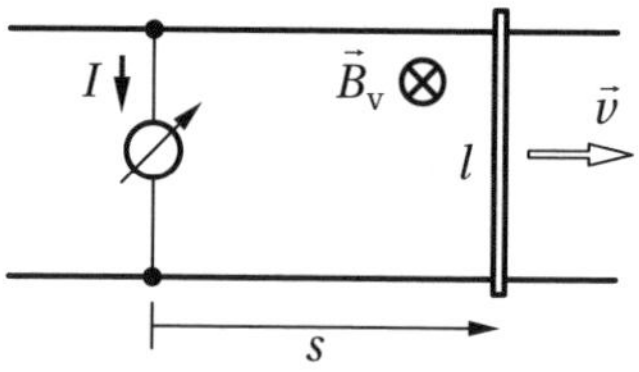

$$|U_i| = \frac{\mathrm{d}\Phi}{\mathrm{d}t}$$

$$\Phi(t) = B_v A(t) = B_v l\, s(t)$$

$$|U_i| = B_v l \frac{\mathrm{d}s}{\mathrm{d}t}$$

$$|U_i| = B_v l v = \underline{\underline{1{,}8\ \text{mV}}}$$

2. Lösungsweg:

$$\vec{E}_i = \vec{v} \times \vec{B}$$

$$E_i = v B_v \qquad (\vec{v} \perp \vec{B}_v)$$

$$U_i = E_i l$$

E 4.2 Rotierender Stab

Ein Stab der Länge l rotiert mit der Winkelgeschwindigkeit ω um eines seiner Enden in einer Ebene senkrecht zum Magnetfeld (B).

Welche Spannung U_i wird zwischen den Stabenden induziert?

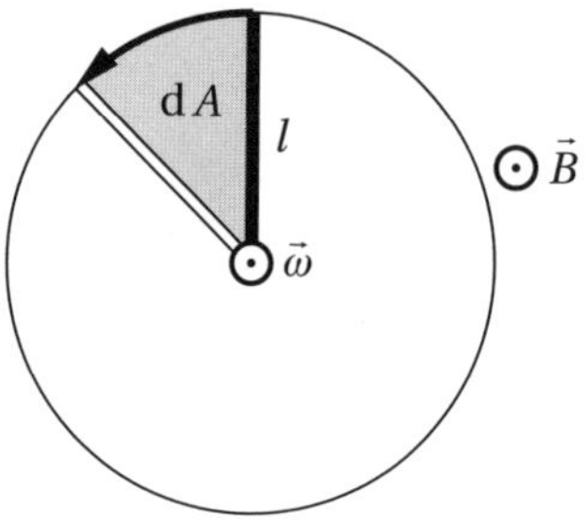

$$|U_i| = \frac{\mathrm{d}\Phi}{\mathrm{d}t}$$

$$\Phi = B \int \mathrm{d}A = B\,A(t)$$

$$U_i = B \frac{\mathrm{d}A}{\mathrm{d}t}$$

$$\frac{\mathrm{d}A}{\mathrm{d}t} = \text{const} = \frac{A}{T}$$

$$U_i = B \frac{A}{T}$$

$$A = \pi l^2$$

$$T = \frac{2\pi}{\omega}$$

$$\underline{U_i = B\omega \frac{l^2}{2}}$$

Andere Lösungswege:

1) $E_\mathrm{i} = Evb = \omega Br \qquad 0 < r < l$

$$U_\mathrm{i} = \int_0^l E_\mathrm{i}\,\mathrm{d}r = \omega B \int_0^l r\,\mathrm{d}r = \frac{\omega B l^2}{2}$$

2) $U_\mathrm{i} = \dfrac{\mathrm{d}\Phi}{\mathrm{d}t}$

$$\mathrm{d}\Phi = B\,\mathrm{d}A$$

$$\mathrm{d}\Phi = B\frac{l^2}{2}\,\mathrm{d}\varphi$$

$$\mathrm{d}\Phi = B\frac{l^2}{2}\omega\,\mathrm{d}t$$

$$U_\mathrm{i} = B\frac{l^2}{2}\omega$$

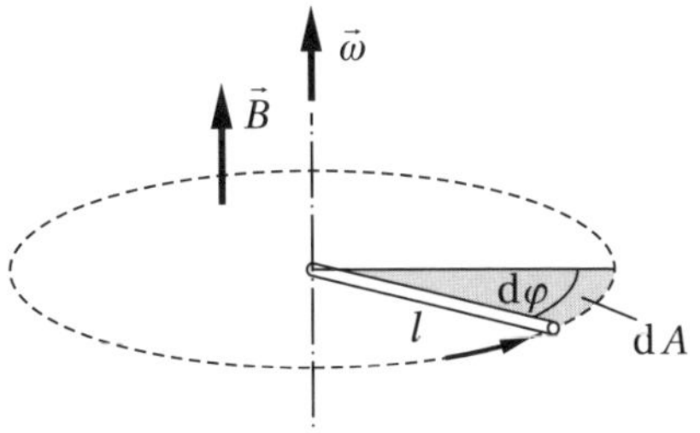

E 4.3 Magnetfeldmessung

Zur Messung der magnetischen Feldstärke H eines statischen Magnetfeldes wird eine Spule der Windungszahl N und der Windungsfläche A aus dem Feld herausgeschleudert. Mit einem im Spulenkreis (Gesamtwiderstand R) liegenden ballistischen Galvanometer wird die hindurchgegangene Ladung Q gemessen.

Wie groß ist die magnetische Feldstärke H?

$N = 300 \qquad A = 1{,}00\ \mathrm{cm}^2 \qquad R = 500\ \Omega \qquad Q = 3{,}77 \cdot 10^{-6}\ \mathrm{A \cdot s}$

Magnetischer Fluss durch die Spule:

$$\Phi = B\int \mathrm{d}A = \mu_0 H A$$

$$\Rightarrow \quad H = \frac{\Phi}{\mu_0 A}$$

Ermittlung von Φ:

$$U_\mathrm{i} = -N\frac{\mathrm{d}\Phi}{\mathrm{d}t}$$

$$-\mathrm{d}\Phi = \frac{U_\mathrm{i}}{N}\,\mathrm{d}t$$

$$U_\mathrm{i} = IR$$

$$-\int_{\Phi_0}^{\Phi_1} \mathrm{d}\Phi = \frac{R}{N}\int_0^{t_1} I\,\mathrm{d}t$$

$$\int_0^{t_1} I\,\mathrm{d}t = Q$$

$$-(\Phi_1 - \Phi_0) = \frac{RQ}{N}$$

$$\Phi_0 = \Phi$$

$$\Phi_1 = 0$$

$$\Phi = \frac{RQ}{N}$$

$$H = \frac{RQ}{\mu_0 NA} = 5{,}0 \cdot 10^4\ \text{A/m}$$

E 4.4 Generator

In einem homogenen Magnetfeld mit der magnetischen Flussdichte B befindet sich eine quadratische Spule der Seitenlänge a und der Windungszahl N. Die Spule dreht sich mit der Frequenz f um eine Achse, die senkrecht zum Feld steht und parallel zu einer Seite des Quadrates durch die Spulenmitte läuft.

Welche effektive Stromstärke I_{eff} fließt in der Spule, die den Widerstand R hat?

Die Selbstinduktion ist zu vernachlässigen.

$B = 10\ \text{mT}$ $\quad a = 10\ \text{cm}$ $\quad f = 50\ \text{s}^{-1}$ $\quad R = 10\ \Omega$ $\quad N = 100$

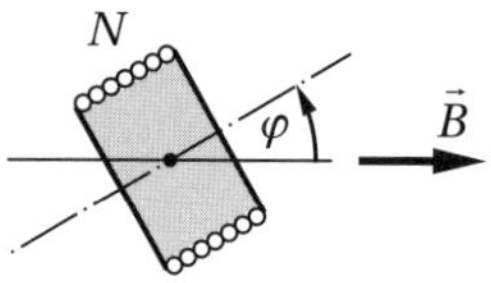

$$U_i = -N\frac{d\Phi}{dt}$$

$$\Phi = \int B_n\, dA$$

$$B_n = B\cos\varphi$$

$$\int dA = a^2$$

$$\Phi = Ba^2\cos\varphi$$

$$\varphi = \omega t = 2\pi f t$$

$$\Phi = Ba^2\cos 2\pi f t$$

$$U_i = 2\pi f N B a^2 \sin 2\pi f t = U_m \sin 2\pi f t$$

$$U_{\text{eff}} = \frac{U_m}{\sqrt{2}}$$

$$I_{\text{eff}} = \frac{U_{\text{eff}}}{R}$$

$$I_{\text{eff}} = \frac{\sqrt{2}\pi f N B a^2}{R} = 0{,}22\ \text{A}$$

E 4.5 Rotierende Spule

Durch eine lange Spule (Länge l, Windungszahl N_1) fließt ein Strom mit der Stromstärke I_1. In dieser Spule rotiert eine zweite Spule (Windungszahl N_2, Windungsfläche A_2) mit der Frequenz f_2.

Berechnen Sie den Maximalwert U_m der entstehenden Wechselspannung!

$l_1 = 20\ \text{cm}$ $\quad N_1 = 2000$ $\quad I_1 = 50\ \text{A}$ $\quad N_2 = 400$

$A_2 = 6{,}0\ \text{cm}^2$ $\quad f_2 = 100\ \text{s}^{-1}$

$$U_i = -N_2 \frac{d\Phi}{dt}$$
$$\Phi = \int B_n \, dA$$
$$\Phi = B_n \int dA$$
$$\Phi = B \cos\varphi \cdot A_2$$
$$B = \mu_0 H$$
$$H = \frac{N_1 I_1}{l_1}$$
$$\varphi = \omega t = 2\pi f_2 t$$
$$\Phi = \frac{\mu_0 N_1 I_1 A_2}{l_1} \cos 2\pi f_2 t$$

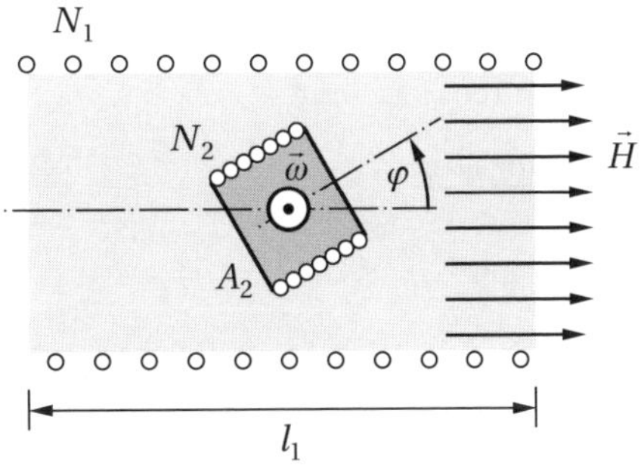

$$U_i = \frac{2\pi f_2 \mu_0 N_1 N_2 I_1 A_2}{l_1} \sin 2\pi f_2 t = U_m \sin 2\pi f_2 t$$
$$U_m = \frac{2\pi f_2 \mu_0 N_1 N_2 I_1 A_2}{l_1} = \underline{\underline{95\ \text{V}}}$$

E 4.6 Spiegelgalvanometer II

Bei einem Spiegelgalvanometer ist eine rechteckige Spule (Kantenlängen a, b) mit N Windungen Kupferdraht (Gesamtwiderstand R) in einem homogenen Magnetfeld (Flussdichte B) an einem Torsionsfaden aufgehängt. In der Ruhelage steht die Spulennormale senkrecht zur Richtung des Flussdichtevektors $\vec{B}$.

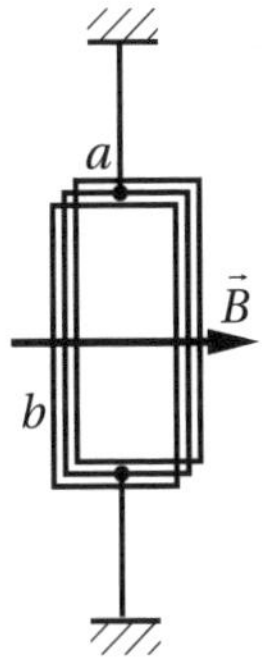

a) Welcher magnetische Fluss Φ durchsetzt die Spule, wenn die Spulennormale um den Winkel φ aus der Ruhelage ausgelenkt ist?
b) Welche induzierte Spannung U_i tritt in der Spule auf, wenn sich diese mit der Winkelgeschwindigkeit $\omega = d\varphi/dt$ durch die Stellung $\varphi = 0$ bewegt?
c) Wie groß ist dabei die induzierte Stromstärke I, wenn die beiden Anschlüsse der Spule kurzgeschlossen werden?
d) Welches Drehmoment M erfährt die Spule infolge des Induktionsstromes im Magnetfeld?
e) Welche Richtungsbeziehung zwischen $\vec{\omega}$ und $\vec{M}$ besteht aufgrund der Lenzschen Regel?
f) Der Torsionsfaden hat das Richtmoment D, die Spule das Trägheitsmoment J_A. Stellen Sie die Bewegungsgleichung der Spule für kleine Ausschläge φ auf! Welche Art Bewegung findet statt?

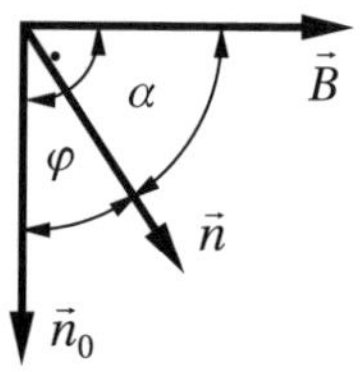

a) $\Phi = \int B_\mathrm{n}\,\mathrm{d}A = B\int \mathrm{d}A\cos\alpha$

$\Phi = Bab\cos\left(\frac{\pi}{2} - \varphi\right)$

$\underline{\Phi = Bab\sin\varphi}$

b) $U_\mathrm{i} = -N\frac{\mathrm{d}\Phi}{\mathrm{d}t}$

$\Phi = Bab\sin\varphi$

$\varphi = \omega t$

$U_\mathrm{i}(t) = -NB\omega ab\cos\omega t$

für $\varphi = \omega t = 0$:

$\Rightarrow \quad \underline{U_\mathrm{i} = -NBab\omega}$

c) $\underline{I = \frac{U_\mathrm{i}}{R} = -\frac{NabB\omega}{R}}$

d) $M = F_\mathrm{ges}\frac{a}{2} \qquad (\vec{F}_\mathrm{ges}\perp\vec{a})$

$F_\mathrm{ges} = 2NF$

$F = IbB \qquad (\vec{b}\perp\vec{B})$

$F_\mathrm{ges} = 2NIbB$

$M = NabBI$

$\underline{M = -\frac{(NabB)^2\,\omega}{R}}$

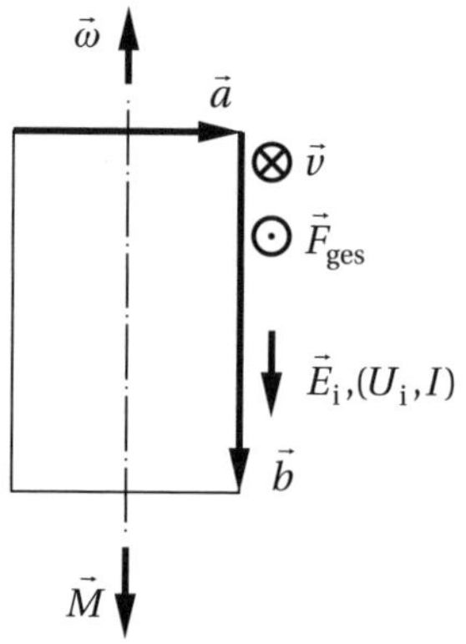

e) $\vec{M} \parallel -\vec{\omega}$

f) $J_\mathrm{A}\ddot{\varphi} = M_\mathrm{Faden} + M$

$\underline{J_\mathrm{A}\ddot{\varphi} = -D\varphi - \frac{(NabB)^2}{R}\dot{\varphi}}$

Gedämpfte Torsionsschwingung

E 4.7 Spule im Wechselstromkreis

An eine Spule der Induktivität L wird eine Wechselspannung $U = U_\mathrm{m}\sin\omega t$ angelegt. Der ohmsche Widerstand im Stromkreis sei vernachlässigbar klein.

Welche Stromstärke $I(t)$ fließt?

Maschensatz:

$U + U_\mathrm{i} = 0$

(Oder: $U = U_\mathrm{L}$, $U_\mathrm{L} = L\,\mathrm{d}I/\mathrm{d}t$ als Spannungsabfall am Verbraucher)

$U - L\frac{\mathrm{d}I}{\mathrm{d}t} = 0$

$U_\mathrm{m}\sin\omega t = L\frac{\mathrm{d}I}{\mathrm{d}t}$

$$\int \mathrm{d}I = \frac{U_\mathrm{m}}{L} \int \sin \omega t \, \mathrm{d}t$$

$$\underline{I(t) = -\frac{U_\mathrm{m}}{\omega L} \cos \omega t}$$

E 4.8 Wechselfeld

Zur Messung eines von der Netzspannung (Frequenz f) herrührenden magnetischen Störfeldes befindet sich eine Spule der Windungszahl N und der Windungsfläche A an dem zu untersuchenden Ort. Durch Verändern der Orientierung der Spulenachse im Raum findet man diejenige Richtung heraus, bei der die induzierte Wechselspannung ihren größten Wert U_eff hat.

Welchen Wert H_m hat die Amplitude der magnetischen Feldstärke?

$N = 500 \qquad A = 2{,}0\ \mathrm{cm}^2 \qquad U_\mathrm{eff} = 1{,}3\ \mathrm{mV} \qquad f = 50\ \mathrm{Hz}$

Das Wechselfeld induziert eine Wechselspannung:

$$U_\mathrm{i} = -N \frac{\mathrm{d}\Phi}{\mathrm{d}t}$$

$$\Phi = B \int \mathrm{d}A = \mu_0 H A$$

$$H = H_\mathrm{m} \sin \omega t = H_\mathrm{m} \sin 2\pi f t$$

$$\Phi = \mu_0 A H_\mathrm{m} \sin 2\pi f t$$

$$U_\mathrm{i} = -N \mu_0 A H_\mathrm{m} \cdot 2\pi f \cos 2\pi f t = -U_\mathrm{m} \cos 2\pi f t$$

$$\Rightarrow \quad U_\mathrm{m} = 2\pi f N \mu_0 A H_\mathrm{m}$$

$$U_\mathrm{m} = \sqrt{2} U_\mathrm{eff}$$

$$H_\mathrm{m} = \frac{\sqrt{2} U_\mathrm{eff}}{2\pi f N \mu_0 A}$$

$$\underline{H_\mathrm{m} = \frac{U_\mathrm{eff}}{\sqrt{2}\pi f N \mu_0 A}} = \underline{\underline{47\ \mathrm{A/m}}}$$

E 4.9 Induktivität

Eine lange Zylinderspule (Windungszahl N, Länge l, Durchmesser d) wird von einem Strom durchflossen.

a) Die Stromstärke ist konstant: $I = I_0$. Berechnen Sie den magnetischen Fluss Φ_0 durch den Spulenquerschnitt!

b) Für die Stromstärke gilt $I = I_\mathrm{m} \cos \omega t$. Berechnen Sie die in der Spule induzierte Spannung $U_\mathrm{i}(t)$! Wie groß ist der Effektivwert $U_\mathrm{i\,eff}$ der Wechselspannung (Frequenz f)?

c) Wie groß ist die Induktivität L der Spule?

$N = 2000 \qquad I_0 = 125\ \mathrm{mA} \qquad I_\mathrm{m} = 65\ \mathrm{mA} \qquad f = 50\ \mathrm{Hz}$

$l = 120\ \mathrm{mm} \qquad d = 30\ \mathrm{mm}$

---

a) $\Phi_0 = B_0 \int \mathrm{d}A = B_0 A$

$$B_0 = \mu_0 H = \mu_0 \frac{N I_0}{l}$$

$$A = \frac{\pi}{4} d^2$$

$$\underline{\Phi_0 = \frac{\pi \mu_0 d^2 N I_0}{4l}} = \underline{\underline{1{,}85 \cdot 10^{-6}\,\mathrm{Wb}}}$$

b) $U_\mathrm{i} = -N \frac{\mathrm{d}\Phi}{\mathrm{d}t}$

$$\Phi = \frac{\pi \mu_0 d^2 N}{4l} I_\mathrm{m} \cos \omega t$$

$$\underline{U_\mathrm{i}(t) = \frac{\pi \mu_0 d^2 N^2}{4l} \omega I_\mathrm{m} \sin \omega t = U_\mathrm{im} \sin \omega t}$$

$$\Rightarrow \quad U_\mathrm{im} = \frac{\pi \mu_0 d^2 N^2 \omega I_\mathrm{m}}{4l}$$

$$\omega = 2\pi f$$

$$\underline{U_\mathrm{i\,eff} = \frac{U_\mathrm{im}}{\sqrt{2}} = \frac{\pi^2 \mu_0 d^2 N^2}{2\sqrt{2} l} f I_\mathrm{m}} = \underline{\underline{0{,}43\,\mathrm{V}}}$$

c) $L = \frac{\mu_0 N^2 A}{l}$

$$\underline{L = \frac{\pi \mu_0 d^2 N^2}{4l}} = \underline{\underline{30\ \mathrm{mH}}}$$

E 4.10 Ringspule

Eine Ringspule hat den mittleren Ringdurchmesser d_1 und N Windungen mit dem Windungsdurchmesser d_2. Der Luftraum im Spuleninneren wird vom magnetischen Fluss Φ durchsetzt.

a) Wie groß ist die magnetische Feldstärke H im Spuleninneren?
b) Wie groß ist die Stromstärke I in der Spule?
c) Welche Gegenspannung $U_\mathrm{i\,eff}$ entsteht durch Selbstinduktion, wenn ein Wechselstrom (Stromstärke I_eff, Frequenz f) fließt?

$I_\mathrm{eff} = 2{,}5$ A $\quad f = 50$ Hz $\quad N = 450 \quad d_1 = 10$ cm

$d_2 = 2{,}0$ cm $\quad \Phi = 2{,}0\ \mu\mathrm{Wb}$

---

a) $\Phi = BA = \mu_0 H A$

$$A = \frac{\pi}{4} d_2^2$$

$$\underline{H = \frac{4\Phi}{\pi \mu_0 d_2^2}} = \underline{\underline{5{,}1 \cdot 10^3\ \mathrm{A/m}}}$$

b) $H = \frac{NI}{l}$

$$I = \frac{Hl}{N}$$

$$l = \pi d_1$$

$$\underline{I = \frac{4 d_1 \Phi}{\mu_0 N d_2^2}} = \underline{\underline{3{,}5\ \text{A}}}$$

c) $U_\text{i} = -N \dfrac{\mathrm{d}\Phi}{\mathrm{d}t}$

$$\Phi = BA = \mu_0 \frac{NI}{\pi d_1} \frac{\pi}{4} d_2^2$$

$$I = I_\text{m} \cos \omega t$$

$$U_\text{i} = \frac{\mu_0 N^2 d_2^2}{4 d_1} I_\text{m} \omega \sin \omega t$$

$$\omega = 2\pi f$$

$$\underline{U_\text{i eff} = \frac{\pi \mu_0 N^2 d_2^2}{2 d_1}} f I_\text{eff} = \underline{\underline{200\ \text{mV}}}$$

E 4.11 Leiterrechteck

Gegeben ist das folgende Leitersystem:

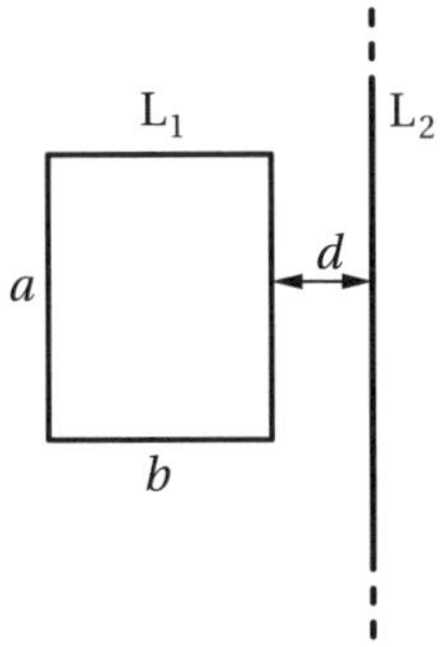

a) Durch den Leiter L_2 fließt ein Strom der Stärke I_2. Wie groß ist der magnetische Fluss Φ_1 durch die Rechteckfläche, die der Leiter L_1 umrandet?
b) Durch L_2 fließt sinusförmiger Wechselstrom (Stromstärke $I_{2\,\text{eff}}$, Frequenz f).
Wie groß ist die induzierte Spannung $U_{1\,\text{eff}}$ im Leiter L_1?
c) Der Leiter L_1 hat den Widerstand R.
Wie groß ist die Stromstärke $I_{1\,\text{eff}}$?
d) Welche Leistung P wird im Leiter L_1 in Wärme umgesetzt?
e) Woher stammt die verbrauchte Energie?

$I_2 = 10\ \text{A}$ $\quad I_{2\,\text{eff}} = 10\ \text{A}$ $\quad f = 50\ \text{Hz}$ $\quad R = 0{,}10\ \Omega$

$a = 100\ \text{cm}$ $\quad b = 10\ \text{cm}$ $\quad d = 2{,}0\ \text{cm}$

---

a) $\Phi_1 = \int B \,\mathrm{d}A$

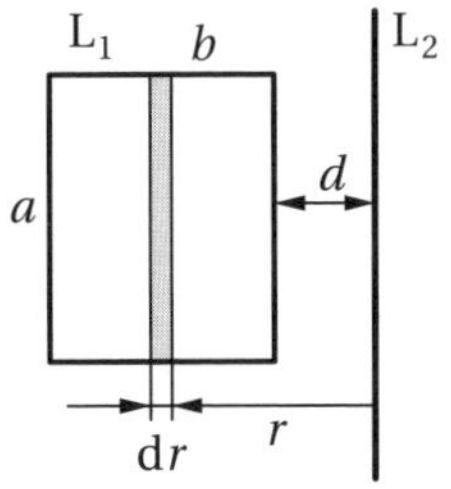

$$B = \mu_0 H = \mu_0 \frac{I_2}{2\pi r}$$

$$\mathrm{d}A = a\,\mathrm{d}r$$

$$\Phi_1 = \mu_0 \frac{I_2 a}{2\pi} \int_d^{d+b} \frac{\mathrm{d}r}{r}$$

$$\underline{\Phi_1 = \mu_0 \frac{a}{2\pi} \ln\left(1 + \frac{b}{d}\right) I_2} = \underline{\underline{3{,}6 \cdot 10^{-6}\ \text{Wb}}}$$

b) $U_1 = -\dfrac{\mathrm{d}\Phi}{\mathrm{d}t}$

$$\Phi = \Phi_1(t) = \frac{\mu_0 a}{2\pi} \ln\left(1 + \frac{b}{d}\right) I_{2\mathrm{m}} \cos \omega t$$

$$U_1 = \frac{\mu_0 a}{2\pi} \ln\left(1 + \frac{b}{d}\right) I_{2\mathrm{m}} \omega \sin \omega t = U_{1\mathrm{m}} \sin \omega t$$

$$U_{1\,\mathrm{eff}} = \frac{U_{1\mathrm{m}}}{\sqrt{2}}$$

$$I_{2\,\mathrm{eff}} = \frac{I_{2\mathrm{m}}}{\sqrt{2}}$$

$$\omega = 2\pi f$$

$$\underline{U_{1\,\mathrm{eff}} = \mu_0 a \ln\left(1 + \frac{b}{d}\right) f I_{2\,\mathrm{eff}}} = \underline{\underline{1{,}1\ \mathrm{mV}}}$$

c) $\underline{I_{1\,\mathrm{eff}} = \dfrac{U_{1\,\mathrm{eff}}}{R}} = \underline{\underline{11\ \mathrm{mA}}}$

d) $\underline{P = I_{1\,\mathrm{eff}} U_{1\,\mathrm{eff}}} = \underline{\underline{12\ \mu\mathrm{W}}}$

e) Aus der Spannungsquelle, die L_2 versorgt.

E 4.12 Einschaltstrom

Gegeben ist folgender Stromkreis:

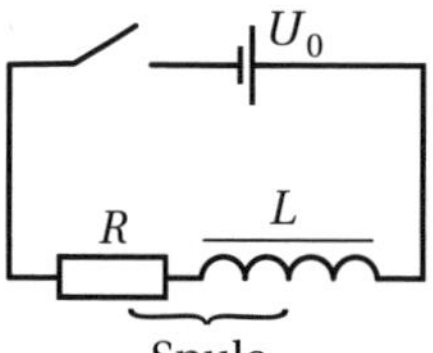

Zum Zeitpunkt $t = 0$ wird der Schalter geschlossen.

a) Wie groß ist der Endwert I_e der Stromstärke?

b) Zu welcher Zeit t_1 ist $I_1 = (3/4)I_e$?

$U_0 = 200$ V $\quad R = 300\ \Omega \quad L = 100$ H

---

a) $\underline{I_e = \dfrac{U_0}{R}} = \underline{\underline{0{,}67\ \mathrm{A}}}$

b) Maschensatz:

$$U_0 + U_i = IR$$

$$U_i = -L\frac{\mathrm{d}I}{\mathrm{d}t}$$

$$L\frac{\mathrm{d}I}{\mathrm{d}t} = U_0 - IR$$

$$\mathrm{d}t = L\frac{\mathrm{d}I}{U_0 - RI}$$

$$\int_0^{t_1} \mathrm{d}t = L\int_0^{I_1} \frac{\mathrm{d}I}{U_0 - RI}$$

Substitution:

$$u = U_0 - RI$$

$$\frac{\mathrm{d}u}{\mathrm{d}I} = -R$$

$$\Rightarrow \quad \mathrm{d}I = -\frac{\mathrm{d}u}{R}$$

$$u(I = 0) = U_0$$

$$u(I = I_1) = U_0 - RI_1$$

$$t_1 = -\frac{L}{R} \int_{U_0}^{U_0 - RI_1} \frac{\mathrm{d}u}{u} = -\frac{L}{R} \ln \frac{U_0 - RI_1}{U_0}$$

$$I_1 = \frac{3}{4} \frac{U_0}{R}$$

$$\underline{t_1 = \frac{L}{R} \ln 4} = \underline{\underline{0{,}46\ \mathrm{s}}}$$

E 5 Wechselstromkreis

E 5.1 Parallelschaltung

Man bestimme für die folgende Schaltung

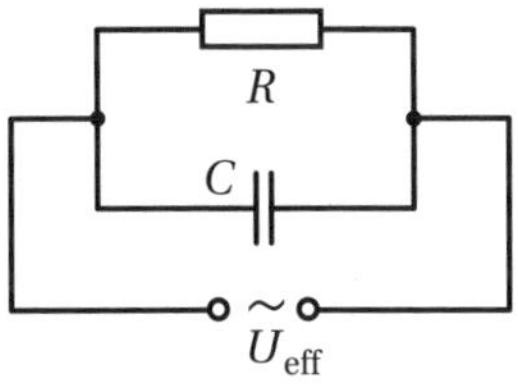

a) den Blindwiderstand X_C,
b) den Scheinwiderstand Z,
c) die Gesamtstromstärke I_{eff},
d) die Teilstromstärken $I_{C\,\mathrm{eff}}$ und $I_{R\,\mathrm{eff}}$,
e) den Phasenwinkel φ,
f) die Scheinleistung P_{S},
g) die pro Sekunde am ohmschen Widerstand abgegebene Wärme Q,
h) die parallel zu schaltende Induktivität L, die die Phasenverschiebung aufhebt!

$R = 3{,}0\ \Omega \qquad U_{\mathrm{eff}} = 10\ \mathrm{V} \qquad C = 50\ \mu\mathrm{F} \qquad f = 500\ \mathrm{Hz}$

---

a) $\underline{X_C = \frac{1}{\omega C} = \frac{1}{2\pi f C}} = \underline{\underline{4{,}5\ \Omega}}$

b) $\frac{1}{Z} = \sqrt{\frac{1}{R^2} + (\omega C)^2}$

$$Z = \frac{R}{\sqrt{1 + (2\pi f RC)^2}} = \underline{\underline{2{,}5\ \Omega}}$$

c) $I_{\text{eff}} = \frac{U_{\text{eff}}}{Z} = \underline{\underline{4{,}0\,\text{A}}}$

d) $I_{C\,\text{eff}} = \frac{U_{\text{eff}}}{X_C} = \underline{\underline{2{,}2\ \text{A}}}$

$I_{R\,\text{eff}} = \frac{U_{\text{eff}}}{R} = \underline{\underline{3{,}3\ \text{A}}}$

e) $\tan\varphi = -R\omega C = \underline{-2\pi f RC}$

$\underline{\underline{\varphi = -33^\circ}}$

f) $\underline{P_S = I_{\text{eff}} U_{\text{eff}}} = \underline{\underline{40\ \text{W}}}$

g) $Q = Pt$

$Q = U_{\text{eff}} I_{\text{eff}} \cos\varphi\, t$

$Q = \frac{U_{\text{eff}}^2}{Z} \cos\varphi\, t$

$Q = \frac{U_{\text{eff}}^2}{R} t = \underline{\underline{33\ \text{J}}}$

h) $\tan\varphi = 0$

$\omega C - \frac{1}{\omega L} = 0$

$L = \frac{1}{\omega^2 C}$

$L = \frac{1}{(2\pi f)^2 C} = \underline{\underline{1{,}4\ \text{mH}}}$

E 5.2 Reihenschaltung

Für den dargestellten Wechselstromkreis ist

a) die Stromstärke I_{eff}, die durch den Strommesser fließt, zu berechnen. (Der geringe Innenwiderstand des Messinstruments kann vernachlässigt werden.)

b) Wie groß ist die Wirkleistung P?

c) Welche Wärme Q wird in einer Minute von diesem Stromkreis an die Umgebung abgegeben?

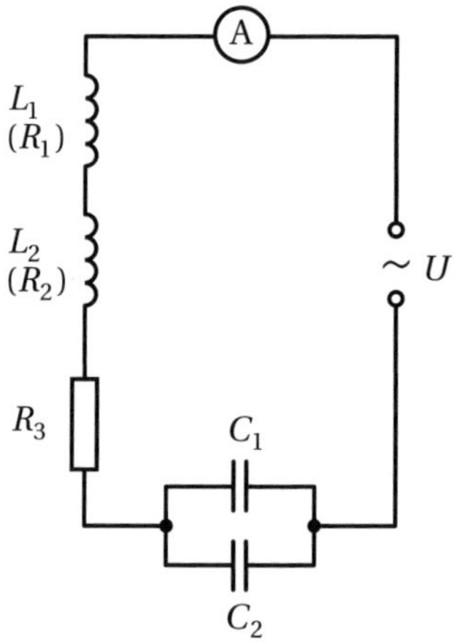

$U_{\text{eff}} = 250$ V $\quad f = 1{,}0$ kHz

$L_1 = 40$ mH $\quad (R_1 = 20\ \Omega) \quad C_1 = 5{,}0\ \mu$F

$L_2 = 5{,}0$ mH $\quad (R_2 = 10\ \Omega) \quad C_2 = 5{,}0\ \mu$F

$R_3 = 60\ \Omega$

a) $I_{\text{eff}} = \dfrac{U_{\text{eff}}}{Z}$

$$\omega = 2\pi f$$

$$I_{\text{eff}} = \frac{U_{\text{eff}}}{\sqrt{R^2 + \left(\omega L - \dfrac{1}{\omega C}\right)^2}}$$

$I_{\text{eff}} = \underline{\underline{0{,}89\ \text{A}}}$

Ersatzschaltbild:

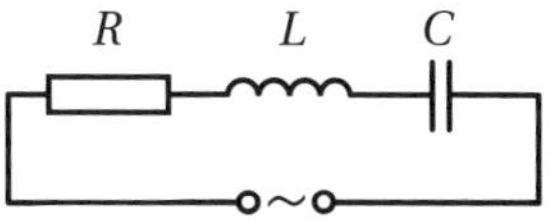

$L = L_1 + L_2 = 45\ \text{mH}$
$R = R_1 + R_2 + R_3 = 90\ \Omega$
$C = C_1 + C_2 = 10\,\mu\text{F}$

b) Wirkleistung entsteht allein am ohmschen Widerstand:

$\underline{P = I_{\text{eff}}^2 R} = \underline{\underline{71\ \text{W}}}$

$(P = U_{\text{eff}} I_{\text{eff}} \cos\varphi = I_{\text{eff}}^2 Z \cos\varphi = I_{\text{eff}}^2 R)$

c) $\underline{Q = Pt} = \underline{\underline{4{,}2\ \text{kJ}}}$

E 5.3 Drosselspule

Liegt an einer Drosselspule eine Gleichspannung U, so wird die Stromstärke I festgestellt. Beim Anlegen einer Wechselspannung U_{eff} (Frequenz f) misst man den Effektivwert I_{eff} der Stromstärke.

a) Wie groß sind der Widerstand R, Scheinwiderstand Z und Blindwiderstand X?
b) Welche Induktivität L hat die Spule?
c) Wie groß ist der Phasenwinkel φ?

$U_{\text{eff}} = 220\ \text{V}$ $\quad I_{\text{eff}} = 1{,}82\ \text{A}$ $\quad U = 6{,}0\ \text{V}$ $\quad I = 300\ \text{mA}$ $\quad f = 50\ \text{Hz}$

---

a) $\underline{R = \dfrac{U}{I}} = \underline{\underline{20\ \Omega}}$

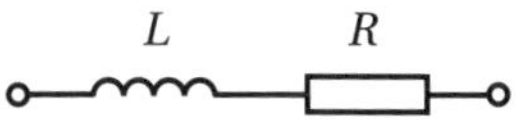

$\underline{Z = \dfrac{U_{\text{eff}}}{I_{\text{eff}}}} = \underline{\underline{121\ \Omega}}$

$Z = \sqrt{R^2 - (\omega L)^2} = \sqrt{R^2 + X^2}$

$\underline{X = \sqrt{Z^2 - R^2}} = \underline{\underline{119\ \Omega}}$

b) $X = \omega L$

$$\omega = 2\pi f$$

$\underline{L = \dfrac{X}{2\pi f}} = \underline{\underline{0{,}38\ \text{H}}}$

c) $\tan\varphi = \dfrac{\omega L}{R} = \underline{\dfrac{X}{R}}$

$\underline{\underline{\varphi = 80{,}5^\circ}}$

E 5.4 Vorschaltkondensator

Eine Glühlampe ($P_1 = 40$ W) mit rein ohmschem Widerstand ist für die Spannung $U_{1\,\mathrm{eff}} = 110$ V vorgesehen und soll mit der Netzspannung $U_{2\,\mathrm{eff}} = 230$ V bei $f = 50$ Hz betrieben werden.

a) Welche Kapazität C muss der vorzuschaltende Kondensator haben?

b) Wie groß ist die Blindleistung P_B?

a) $U_{1\,\mathrm{eff}} = I_\mathrm{eff} R$

$U_{2\,\mathrm{eff}} = I_\mathrm{eff} Z$

$$\Rightarrow \quad Z = R\,\frac{U_{2\,\mathrm{eff}}}{U_{1\,\mathrm{eff}}} = \sqrt{R^2 + \frac{1}{(\omega C)^2}}$$

$$R^2 + \frac{1}{(\omega C)^2} = R^2 \left(\frac{U_{2\,\mathrm{eff}}}{U_{1\,\mathrm{eff}}}\right)^2$$

$$(\omega C)^2 = \frac{1}{R^2\left[\left(\frac{U_{2\,\mathrm{eff}}}{U_{1\,\mathrm{eff}}}\right)^2 - 1\right]}$$

$$\omega = 2\pi f$$

$$P_1 = U_{1\,\mathrm{eff}} I_\mathrm{eff} = \frac{U_{1\,\mathrm{eff}}^2}{R}$$

(Die Wirkleistung entsteht allein am ohmschen Widerstand; $\varphi = 0$)

$$R = \frac{U_{1\,\mathrm{eff}}^2}{P_1}$$

$$C = \frac{P_1}{2\pi f U_{1\,\mathrm{eff}}^2 \sqrt{\left(\frac{U_{2\,\mathrm{eff}}}{U_{1\,\mathrm{eff}}}\right)^2 - 1}} = \underline{\underline{5{,}7\ \mu\mathrm{F}}}$$

b) Die Blindleistung entsteht nur an der Kapazität:

$$P_\mathrm{B} = I_\mathrm{eff}^2 X_C$$

$$X_C = \frac{1}{\omega C} = \sqrt{Z^2 - R^2}$$

$$P_\mathrm{B} = I_\mathrm{eff}^2 \sqrt{Z^2 - R^2} = I_\mathrm{eff}^2 \sqrt{\left(\frac{U_{2\,\mathrm{eff}}}{I_\mathrm{eff}}\right)^2 - \left(\frac{U_{1\,\mathrm{eff}}}{I_\mathrm{eff}}\right)^2}$$

$$P_\mathrm{B} = I_\mathrm{eff} \sqrt{U_{2\,\mathrm{eff}}^2 - U_{1\,\mathrm{eff}}^2}$$

$$I_\mathrm{eff} = \frac{P_1}{U_{1\,\mathrm{eff}}}$$

$$P_\mathrm{B} = \frac{P_1}{U_{1\,\mathrm{eff}}} \sqrt{U_{2\,\mathrm{eff}}^2 - U_{1\,\mathrm{eff}}^2}$$

$$P_\mathrm{B} = P_1 \sqrt{\left(\frac{U_{2\,\mathrm{eff}}}{U_{1\,\mathrm{eff}}}\right)^2 - 1} = \underline{\underline{73\ \mathrm{W}}}$$

E 5.5 Leistungsfaktor

In einem Stromkreis (sinusförmiger Wechselstrom mit der Frequenz f) sind eine Spule und ein ohmscher Widerstand in Reihe geschaltet. U_{eff}, I_{eff} und P sind bekannt.

a) Berechnen Sie den Leistungsfaktor $\cos\varphi$!

b) Welche Kapazität C müsste in Reihe geschaltet werden, um den Leistungsfaktor auf $\cos\varphi' = 0{,}9$ zu steigern?

$U_{\text{eff}} = 230\text{ V} \qquad I_{\text{eff}} = 100\text{ A} \qquad P = 15\text{ kW} \qquad f = 50\text{ Hz}$

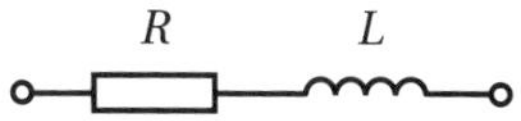

a) $P = I_{\text{eff}} U_{\text{eff}} \cos\varphi$

$$\underline{\cos\varphi = \frac{P}{I_{\text{eff}} U_{\text{eff}}}} = \underline{\underline{0{,}65}}$$

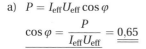

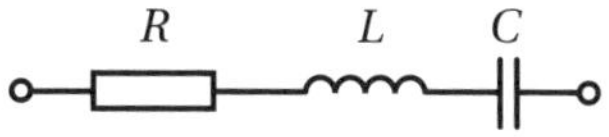

b) Reihenschaltung:

$$\tan\varphi = \frac{\omega L}{R}$$

$$\tan\varphi' = \frac{\omega L - \frac{1}{\omega C}}{R} = \frac{\omega L}{R} - \frac{1}{\omega R C}$$

$$\frac{1}{\omega R C} = \tan\varphi - \tan\varphi'$$

$$C = \frac{1}{\omega R \left(\tan\varphi - \tan\varphi'\right)}$$

$$P = I_{\text{eff}}^2 R \qquad \omega = 2\pi f$$

$$\underline{C = \frac{I_{\text{eff}}^2}{2\pi f P \left(\tan\varphi - \tan\varphi'\right)}}$$

Goniometrischer Zusammenhang:

$$\tan\varphi = \sqrt{\frac{1}{\cos^2\varphi} - 1}$$

$\tan\varphi = 1{,}169 \qquad \tan\varphi' = 0{,}482$

$\underline{\underline{C = 3{,}1\text{ mF}}}$

E 5.6 Resonanzfall

Ein ohmscher Widerstand (R), eine Spule (L) und ein Kondensator (C) sind in Reihe geschaltet. Die anliegende Spannung hat den Scheitelwert U_{m}.

a) Wie groß ist die Stromstärke I_{eff} im Resonanzfall?

b) Wie groß sind im Resonanzfall die Spannungen $U_{L\,\text{eff}}$ und $U_{C\,\text{eff}}$ über der Spule und dem Kondensator?

$R = 20\ \Omega \qquad L = 100\ \mu\text{H} \qquad C = 2{,}5\text{ nF} \qquad U_{\text{m}} = 1{,}0\text{ kV}$

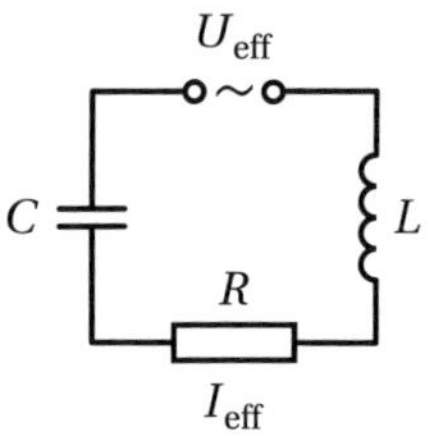

a) $I_{eff} = \frac{U_{eff}}{Z} = \frac{U_m}{\sqrt{2}Z}$

Resonanz:

$\varphi = 0$

$X_L = X_C$

$Z = R$

$$\underline{I_{eff} = \frac{U_m}{\sqrt{2}R}} = \underline{\underline{35\ \text{A}}}$$

b) $U_{L\,eff} = I_{eff} X_L = \omega L I_{eff}$

$U_{C\,eff} = I_{eff} X_C = \frac{I_{eff}}{\omega C}$

Resonanz:

$\omega L = \frac{1}{\omega C}$

$\omega = \frac{1}{\sqrt{LC}}$

$$\underline{U_{L\,eff} = U_{C\,eff} = \sqrt{\frac{L}{C}} I_{eff}} = \underline{\underline{7{,}1\ \text{kV}}}$$

E 5.7 Reihenschwingkreis

Ein Reihenschwingkreis (R, L, C) wird an einen Sinusgenerator mit abstimmbarer Frequenz f angeschlossen. Der Scheitelwert U_m der Wechselspannung ist konstant.

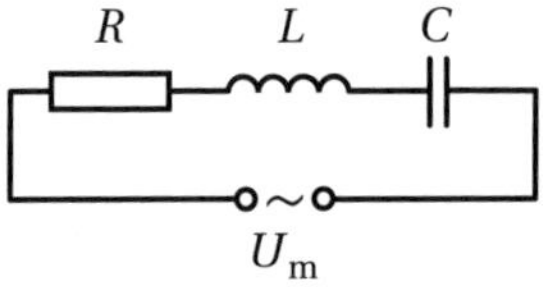

a) Bei welcher Frequenz f_0 tritt Resonanz ein?
b) Wie groß ist im Resonanzfall der Scheitelwert I_m der Stromstärke?
c) Welchen Scheitelwert $U_{C\,m}$ hat dabei die Spannung am Kondensator?
d) Wie ändert sich I_m, wenn der Generator verstimmt wird: $f = k f_0$?

$R = 100\ \Omega$ $L = 0{,}245$ H $C = 100$ nF $U_m = 10$ V $k_1 = 1{,}10$ bzw. $k_2 = 0{,}90$

---

a) $X_L = X_C$

$\omega_0 L = \frac{1}{\omega_0 C}$

$\omega_0 = \frac{1}{\sqrt{LC}}$

$\omega_0 = 2\pi f_0$

$$\underline{f_0 = \frac{1}{2\pi\sqrt{LC}}} = \underline{\underline{1{,}02\ \text{kHz}}}$$

b) $I_m = \dfrac{U_m}{Z}$

Resonanz:

$Z = R$

$$\underline{I_m = \frac{U_m}{R}} = \underline{\underline{100\ \text{mA}}}$$

c) $U_{C\,m} = I_m X_C = \dfrac{U_m}{R}\left(\dfrac{1}{\omega_0 C}\right)$

$$\underline{U_{C\,m} = U_m \frac{1}{R}\sqrt{\frac{L}{C}}} = \underline{\underline{157\ \text{V}}}$$

d) $I_m = \dfrac{U_m}{Z}$

$$Z = \sqrt{R^2 + \left(\omega L - \frac{1}{\omega C}\right)^2}$$

$$\omega = k\omega_0$$

$$\Rightarrow \qquad \omega L = k\frac{L}{\sqrt{LC}} = k\sqrt{\frac{L}{C}}$$

$$\frac{1}{\omega C} = \frac{\sqrt{LC}}{kC} = \frac{1}{k}\sqrt{\frac{L}{C}}$$

$$\underline{I_m = \frac{U_m}{\sqrt{R^2 + \left(k - \frac{1}{k}\right)^2 \frac{L}{C}}}}$$

$$\underline{\underline{I_{m1} = 31{,}7\ \text{mA}}}$$

$$\underline{\underline{I_{m2} = 29{,}0\ \text{mA}}}$$

E 5.8 Hoch- und Tiefpass

Ein Hochpass und ein Tiefpass bestehen jeweils aus der Zusammenschaltung eines Widerstandes R und einer Kapazität C. Der Spannungsmesser hat einen sehr hohen Widerstand.

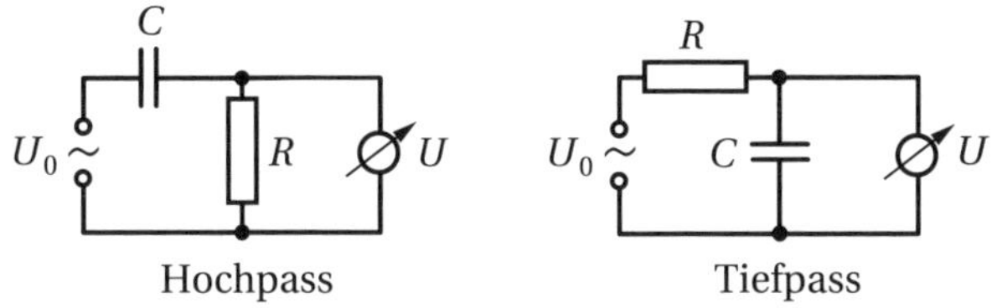

a) Berechnen Sie für beide Schaltungen das Verhältnis $U_{eff}/U_{0\,eff}$!
b) Skizzieren Sie die Abhängigkeit des Effektivwertes U_{eff} von der Frequenz f!
c) Welche Näherungen der Effektivwerte U_{eff} können für $f \ll 1/RC$ und $f \gg 1/RC$ angewendet werden?

---

a) $U_{0\,eff} = I_{eff} Z_0$

$U_{eff} = I_{eff} Z$

$$\frac{U_{\text{eff}}}{U_{0\,\text{eff}}} = \frac{Z}{Z_0}$$

$$Z_0 = \sqrt{R^2 + \frac{1}{(\omega C)^2}} \qquad \text{(für Hoch- und Tiefpass)}$$

$$\omega = 2\pi f$$

Hochpass:

$$Z = R$$

$$\frac{U_{\text{eff}}}{U_{0\,\text{eff}}} = \frac{R}{\sqrt{R^2 + \frac{1}{(\omega C)^2}}} = \underline{\frac{1}{\sqrt{1 + \frac{1}{(2\pi f RC)^2}}}}$$

Tiefpass:

$$Z = \frac{1}{\omega C}$$

$$\frac{U_{\text{eff}}}{U_{0\,\text{eff}}} = \frac{1}{\omega C\sqrt{R^2 + \frac{1}{(\omega C)^2}}} = \underline{\frac{1}{\sqrt{1 + (2\pi f RC)^2}}}$$

b)

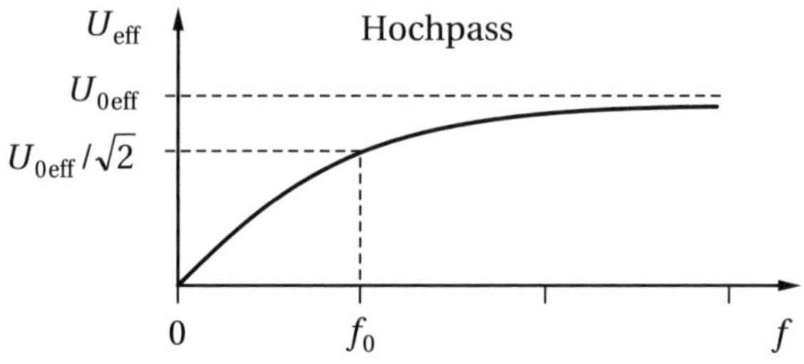

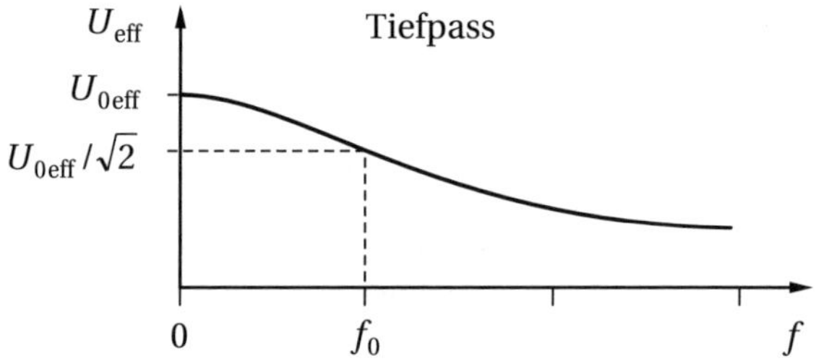

$$f_0 = \frac{1}{2\pi RC}$$

c) Hochpass:

$$f \ll \frac{1}{RC} \qquad \frac{U_{\text{eff}}}{U_{0\,\text{eff}}} \approx \frac{1}{\sqrt{\frac{1}{(2\pi f RC)^2}}} = 2\pi f RC$$

$$f \gg \frac{1}{RC} \qquad \frac{U_{\text{eff}}}{U_{0\,\text{eff}}} \approx \frac{1}{\sqrt{1+0}} = 1$$

Tiefpass:

$$f \ll \frac{1}{RC} \qquad \frac{U_{\text{eff}}}{U_{0\,\text{eff}}} \approx \frac{1}{\sqrt{1+0}} = 1$$

$$f \gg \frac{1}{RC} \qquad \frac{U_{\text{eff}}}{U_{0\,\text{eff}}} \approx \frac{1}{\sqrt{(2\pi f RC)^2}} = \frac{1}{2\pi f RC}$$

E 5.9 Resonanzkurven

An eine Reihenschaltung für R, L und C wird eine Wechselspannung mit konstanter Amplitude U_m und veränderlicher Kreisfrequenz ω angelegt.

Stellen Sie die Abhängigkeit der Stromamplitude I_m und des Phasenwinkels φ von der Kreisfrequenz ω ($0 \leqq \omega \leqq 3000\ \mathrm{s}^{-1}$) grafisch dar.

$U_m = 1\ \mathrm{V} \qquad R = 1\ \mathrm{k\Omega} \qquad L = 1\ \mathrm{H} \qquad C = 1\ \mu\mathrm{F}$

$$I_m = \frac{U_m}{Z}$$

$$I_m = \frac{U_m}{\sqrt{R^2 + \left(\omega L - \frac{1}{\omega C}\right)^2}}$$

$$I_m = \frac{\frac{U_m}{R}}{\sqrt{1 + \left(\frac{\omega L}{R} - \frac{1}{\omega C R}\right)^2}}$$

$$I_m = \frac{1\ \mathrm{mA}}{\sqrt{1 + \left(\frac{\omega}{1000\ \mathrm{s}^{-1}} - \frac{1000\ \mathrm{s}^{-1}}{\omega}\right)^2}}$$

$$\tan\varphi = \frac{\omega L}{R} - \frac{1}{\omega C R}$$

$$\tan\varphi = \frac{\omega}{1000\ \mathrm{s}^{-1}} - \frac{1000\ \mathrm{s}^{-1}}{\omega}$$

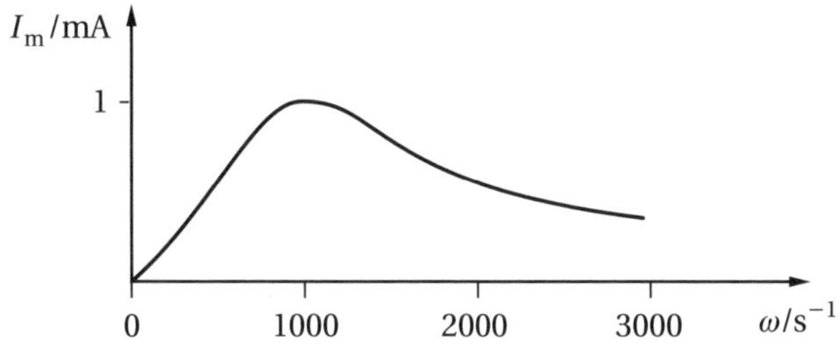

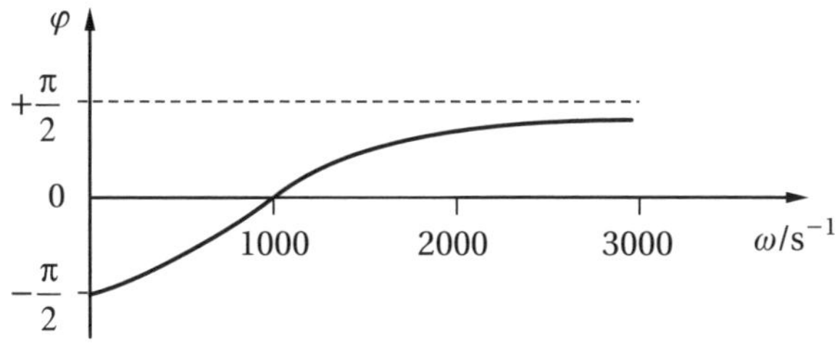

O Optik

O 1 Reflexion, Brechung, Dispersion

O 1.1 Brewsterscher Winkel

Unter welchem Einfallswinkel ε muss ein Lichtstrahl auf eine Wasseroberfläche treffen, damit zwischen gebrochenem und reflektiertem Strahl ein Winkel von $\alpha = 90^\circ$ entsteht?

Wasser: $n' = 1{,}333$

$\sin\varepsilon = n' \sin\varepsilon'$

$\varepsilon + \varepsilon' = 90^\circ$

$\varepsilon' = 90^\circ - \varepsilon$

$\sin\varepsilon = n' \sin(90^\circ - \varepsilon)$

$\sin\varepsilon = n' \cos\varepsilon$

$\underline{\tan\varepsilon = n'}$

$\underline{\underline{\varepsilon = 53{,}1^\circ}}$

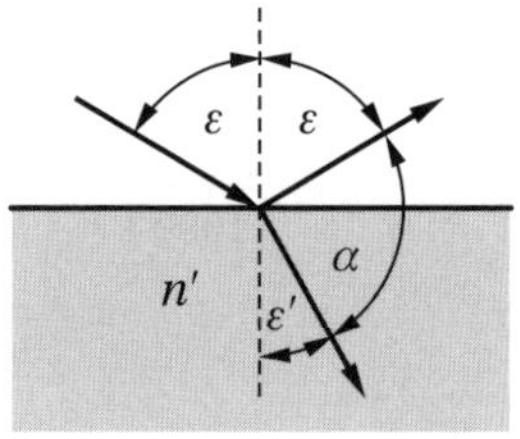

O 1.2 Refraktometer

Die Brechzahl n einer Zuckerlösung soll mit einem Refraktometer bestimmt werden, bei dem sich am Boden eines Gefäßes ein um eine horizontale Achse drehbar gelagerter Spiegel befindet.

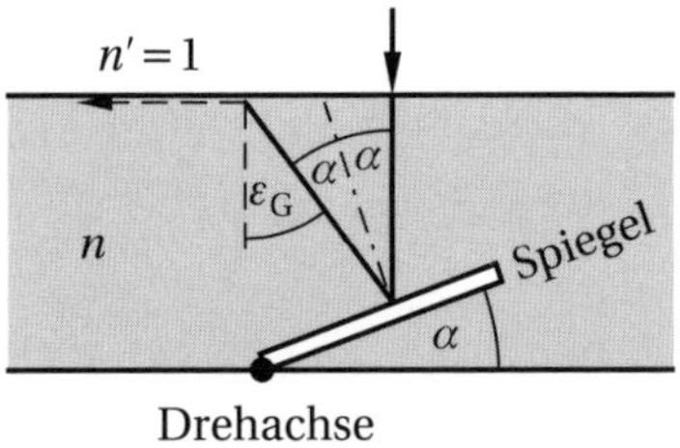

Es wird derjenige Neigungswinkel α des Spiegels gegenüber der Flüssigkeitsoberfläche ermittelt, bei dem senkrecht zur Oberfläche eintretendes Licht gerade total reflektiert wird.

Wie groß ist die Brechzahl n der Zuckerlösung?

$\alpha = 23{,}0^\circ$

Totalreflexion:

$n \sin\varepsilon_G = n' \sin 90^\circ$

$\varepsilon_G = 2\alpha$

$n' = 1$

$$\underline{n = \frac{1}{\sin 2\alpha}} = \underline{\underline{1{,}39}}$$

O 1.3 Prisma I

Berechnen Sie die Brechzahl n eines Prismas, das den brechenden Winkel φ hat und bei senkrechtem Eintritt des Lichtes in die Prismenfläche die Ablenkung δ erzeugt!

$\varphi = 40{,}0°$ $\delta = 33{,}5°$

$n \sin\varphi = \sin(\varphi + \delta)$

$$\underline{n = \frac{\sin(\varphi+\delta)}{\sin\varphi}} = \underline{\underline{1{,}492}}$$

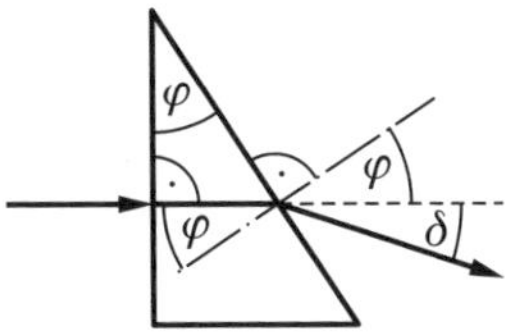

O 1.4 Planparallele Platte

Ein Lichtstrahl fällt unter einem Winkel ε zum Einfallslot auf eine planparallele Glasplatte (Dicke d, Brechzahl n).

Berechnen Sie die Parallelverschiebung s des Strahles beim Durchgang durch die Platte!

$\varepsilon = 65{,}0°$ $d = 45{,}0$ mm $n = 1{,}500$

Zunächst Weglänge l im Glas einführen:

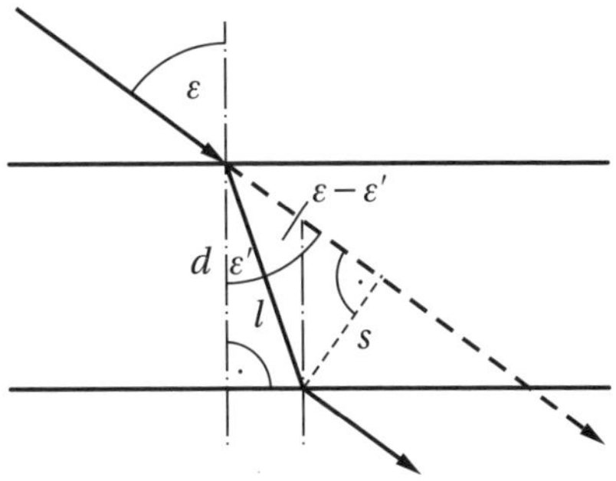

$$\frac{s}{l} = \sin(\varepsilon - \varepsilon')$$

$$s = l \sin(\varepsilon - \varepsilon')$$

$$\frac{d}{l} = \cos\varepsilon'$$

$$s = d\,\frac{\sin(\varepsilon-\varepsilon')}{\cos\varepsilon'}$$

$$\sin(\varepsilon-\varepsilon') = \sin\varepsilon\cos\varepsilon' - \cos\varepsilon\sin\varepsilon'$$

$$s = d\left(\sin\varepsilon - \cos\varepsilon\,\frac{\sin\varepsilon'}{\cos\varepsilon'}\right)$$

$$\frac{\sin\varepsilon'}{\cos\varepsilon'} = \frac{\sin\varepsilon'}{\sqrt{1-\sin^2\varepsilon'}}$$

Ermittlung von $\sin\varepsilon'$ mit dem Brechungsgesetz:

$$\sin\varepsilon = n\sin\varepsilon'$$

$$\sin\varepsilon' = \frac{\sin\varepsilon}{n}$$

$$\frac{\sin\varepsilon'}{\cos\varepsilon'} = \frac{\sin\varepsilon}{n\sqrt{1-\frac{1}{n^2}\sin^2\varepsilon}}$$

$$s = d\left(\sin\varepsilon - \cos\varepsilon \frac{\sin\varepsilon}{n\sqrt{1 - \frac{1}{n^2}\sin^2\varepsilon}}\right)$$

$$s = d\sin\varepsilon\left(1 - \frac{\cos\varepsilon}{\sqrt{n^2 - \sin^2\varepsilon}}\right) = \underline{\underline{26{,}4\ \text{mm}}}$$

O 1.5 Prisma II

Ein Prisma aus Kronglas hat die Brechzahl n und einen brechenden Winkel φ. Ein Lichtstrahl fällt unter dem Winkel ε_1 gegenüber dem Einfallslot auf die Prismenfläche.

Unter welchem Winkel δ wird der Strahl durch die zweimalige Brechung an den Prismenflächen abgelenkt?

$n = 1{,}500 \qquad \varphi = 45{,}0^\circ \qquad \varepsilon_1 = 60{,}0^\circ$

$\delta = \alpha + \beta$

$\alpha = \varepsilon_1 - \varepsilon_1'$

$\beta = \varepsilon_2' - \varepsilon_2$

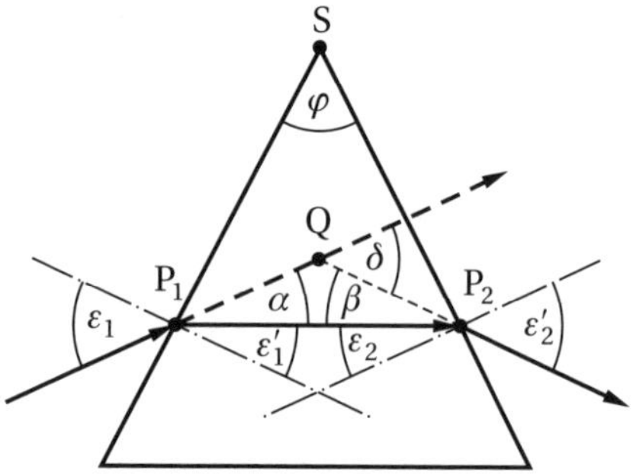

$\delta = \varepsilon_1 - \varepsilon_1' + \varepsilon_2' - \varepsilon_2$

Winkelsumme im Dreieck P_1SP_2:

$180^\circ = \varphi + (90^\circ - \varepsilon_1') + (90^\circ - \varepsilon_2)$

$\Rightarrow \quad \varepsilon_2 = \varphi - \varepsilon_1'$

$\delta = \varepsilon_1 + \varepsilon_2' - \varphi$

Brechungsgesetz:

$\sin\varepsilon_1 = n\sin\varepsilon_1'$

$n\sin\varepsilon_2 = \sin\varepsilon_2'$

$\Rightarrow \quad \varepsilon_2' = \arcsin(n\sin\varepsilon_2) = \arcsin[n\sin(\varphi - \varepsilon_1')]$

$$\varepsilon_2' = \arcsin\left[n\sin\left(\varphi - \arcsin\frac{\sin\varepsilon_1}{n}\right)\right]$$

$$\delta = \varepsilon_1 - \varphi + \arcsin\left[n\sin\left(\varphi - \arcsin\frac{\sin\varepsilon_1}{n}\right)\right] = \underline{\underline{29{,}7^\circ}}$$

O 1.6 Lichtleiter

Alle durch die Stirnfläche einer Lichtfaser eintretenden Strahlen sollen im Lichtleiter durch Totalreflexion fortgeleitet werden.

Welche Brechzahl n muss die Lichtleiterfaser mindestens haben?

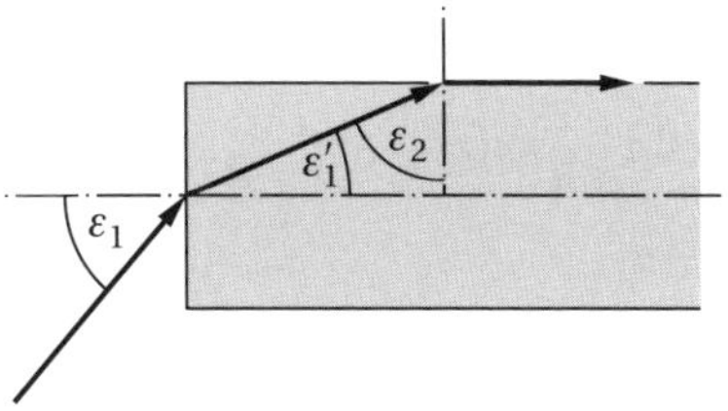

Brechungsgesetz an der Stirnfläche:

$\sin\varepsilon_1 = n\sin\varepsilon_1'$

Maximaler Winkel: $\varepsilon_1 = 90°$
(alle Strahlen sollen erfasst werden)

$1 = n\sin\varepsilon_1'$

$$n = \frac{1}{\sin\varepsilon_1'}$$

Ermittlung von $\sin\varepsilon_1'$:

$\varepsilon_1' + \varepsilon_2 = 90°$

$\varepsilon_1' = 90° - \varepsilon_2$

$\sin\varepsilon_1' = \sin(90° - \varepsilon_2) = \cos\varepsilon_2$

$$\sin\varepsilon_1' = \sqrt{1-\sin^2\varepsilon_2}$$

ε_2 ist aber der Grenzwinkel der Totalreflexion:

$n\sin\varepsilon_2 = 1$

$$\sin\varepsilon_2 = \frac{1}{n}$$

$$\sin\varepsilon_1' = \sqrt{1-\frac{1}{n^2}}$$

$$n = \frac{1}{\sqrt{1-\frac{1}{n^2}}}$$

$$\frac{1}{n^2} = 1 - \frac{1}{n^2}$$

$$\underline{n = \sqrt{2}} = \underline{\underline{1{,}414}}$$

O 1.7 Luftprisma

Aus dünnen Glasplatten wird ein luftgefülltes Prisma gebildet, dessen Hauptschnitt ein gleichseitiges Dreieck ist. Unter Wasser trifft ein parallel zu einer Dreiecksseite ankommender Lichtstrahl auf das Prisma.

Wie groß ist der Ablenkwinkel δ des Lichtstrahles?

Wird der Strahl zur brechenden Kante K hin oder von ihr weg abgelenkt?

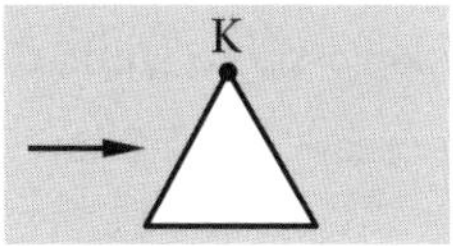

Wasser: $n = 1{,}330$

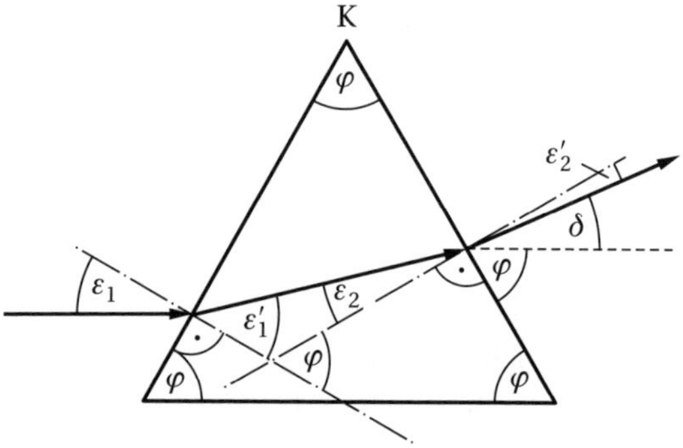

Der Skizze ist zu entnehmen:

$$\varphi + \delta + \varepsilon_2' = 90^\circ$$

$$\delta = 90^\circ - \varphi - \varepsilon_2'$$

$$\varphi = 60^\circ$$

Das Brechungsgesetz liefert ε_2' und ε_1':

$$n \sin \varepsilon_2' = \sin \varepsilon_2$$

$$\varepsilon_2' = \arcsin\left(\frac{1}{n} \sin \varepsilon_2\right)$$

$$\varepsilon_2 + \varepsilon_1' = \varphi$$

$$\varepsilon_2 = \varphi - \varepsilon_1'$$

$$\sin \varepsilon_1' = n \sin \varepsilon_1$$

$$\varepsilon_2 = \varphi - \arcsin\left(n \sin \varepsilon_1\right)$$

$$\varepsilon_1 = 90^\circ - \varphi = 30^\circ$$

$$\varepsilon_2 = \varphi - \arcsin \frac{n}{2}$$

$$\varepsilon_2' = \arcsin\left[\frac{1}{n} \sin\left(\varphi - \arcsin \frac{n}{2}\right)\right]$$

$$\delta = 30^\circ - \arcsin\left[\frac{1}{n} \sin\left(60^\circ - \arcsin \frac{n}{2}\right)\right] = \underline{\underline{16{,}3^\circ}}$$

Der Strahl wird zur brechenden Kante hin gebrochen.

O 1.8 Münze

Eine Münze, die auf dem Boden eines Gefäßes liegt, wird senkrecht von oben aus der Höhe h_0 betrachtet.

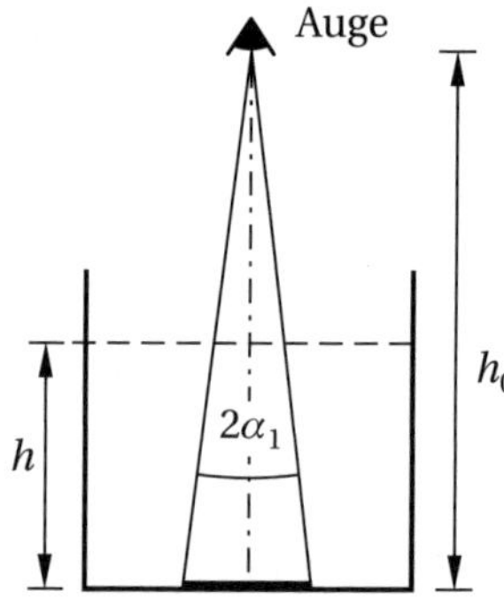

In welchem Verhältnis α_2/α_1 ändert sich der Sehwinkel, unter dem der Rand der Münze erscheint, wenn das Gefäß bis zur Höhe h mit Wasser (Brechzahl n) gefüllt wird?

Der Winkel α sei so klein, dass $\tan\alpha \approx \sin\alpha \approx \alpha$ gesetzt werden kann.

$h_0 = 60$ cm $\qquad h = 40$ cm $\qquad n = 1{,}33$

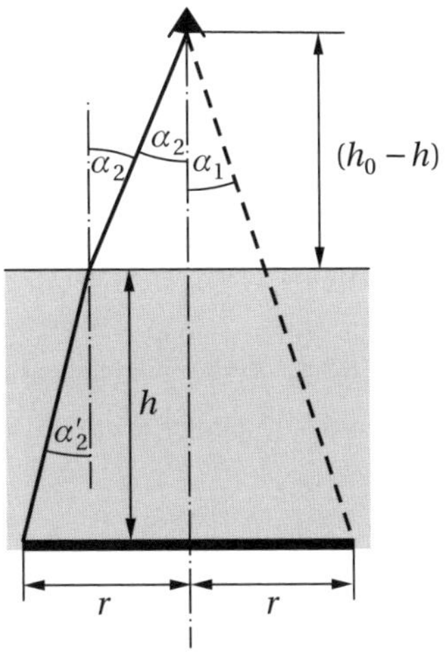

Der Skizze entnimmt man (für kleine Winkel α):

$r = (h_0 - h)\,\alpha_2 + h\alpha'_2 = h_0\alpha_1$

Das Brechnungsgesetz

$\sin\alpha_2 = n\sin\alpha'_2$

liefert hierzu für kleine Winkel:

$$\alpha'_2 = \frac{\alpha_2}{n}$$

$$r = \alpha_2\left(h_0 - h + \frac{h}{n}\right) = h_0\alpha_1$$

$$\frac{\alpha_2}{\alpha_1} = \frac{h_0}{h_0 - h\left(1 + \frac{1}{n}\right)}$$

$$\underline{\frac{\alpha_2}{\alpha_1} = \frac{1}{1 - \frac{h}{h_0}\left(1 - \frac{1}{n}\right)}} = \underline{\underline{1{,}20}}$$

O 1.9 Achromat I

Wie groß muss das Verhältnis φ_1/φ_2 der brechenden Winkel zweier verkitteter Prismen aus Kronglas (1) und Flintglas (2) sein, damit ein achromatisches Prisma entsteht?

Die brechenden Winkel sollen so klein sein, dass für den Ablenkwinkel δ am Einzelprisma näherungsweise die Beziehung $\delta = (n-1)\varphi$ gilt.

$n_{1\mathrm{F}} = 1{,}5157 \qquad n_{1\mathrm{C}} = 1{,}5076 \qquad n_{2\mathrm{F}} = 1{,}6246 \qquad n_{2\mathrm{C}} = 1{,}6081$

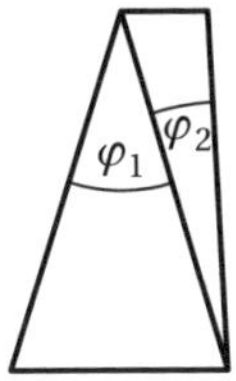

Bedingung für Achromasie:

$\delta_{1\mathrm{F}} - \delta_{1\mathrm{C}} = \delta_{2\mathrm{F}} - \delta_{2\mathrm{C}}$

Brechungsgesetz:

$\delta = (n-1)\,\varphi$

$$\Rightarrow \quad (n_{1\mathrm{F}} - n_{1\mathrm{C}})\,\varphi_1 = (n_{2\mathrm{F}} - n_{2\mathrm{C}})\,\varphi_2$$

$$\underline{\frac{\varphi_1}{\varphi_2} = \frac{n_{2\mathrm{F}} - n_{2\mathrm{C}}}{n_{1\mathrm{F}} - n_{1\mathrm{C}}}} = \underline{\underline{2{,}04}}$$

Hinweis: Die Näherungsformel $\delta = (n-1)\,\varphi$ kann aus dem Ergebnis von Aufgabe O 1.5 gewonnen werden, indem

$\sin x \approx x \approx \arcsin x$

gesetzt wird:

$$\delta \approx \varepsilon_1 - \varphi + \left[n\left(\varphi - \frac{\varepsilon_1}{n}\right)\right]$$

O 1.10 Geradsichtprisma

Ein Geradsichtprisma soll das Licht der Natrium-D-Linie nicht ablenken. Es besteht aus zwei miteinander verkitteten Prismen aus Kronglas und Flintglas mit den brechenden Winkeln φ_1 und φ_2.

a) Wie groß ist der brechende Winkel φ_2 des Flintglasprismas bei gegebenem Winkel φ_1?
b) Wie groß ist die Differenz $\Delta\delta$ der Ablenkwinkel für das Licht der C-Linie und F-Linie?

Es soll $\delta = (n-1)\,\varphi$ gelten.

$\varphi_1 = 10{,}0°$ $\quad n_{1C} = 1{,}5076$ $\quad n_{1D} = 1{,}5100$ $\quad n_{1F} = 1{,}5157$

$n_{2C} = 1{,}6081$ $\quad n_{2D} = 1{,}6128$ $\quad n_{2F} = 1{,}6246$

a) Geradsichtigkeit für die D-Linie:

$$\delta_{1D} = \delta_{2D}$$
$$(n_{1D}-1)\,\varphi_1 = (n_{2D}-1)\,\varphi_2$$
$$\underline{\varphi_2 = \varphi_1 \frac{n_{1D}-1}{n_{2D}-1}} = \underline{\underline{8{,}3°}}$$

b) $\Delta\delta = \delta_C - \delta_F$

$$\delta_C = \delta_{1C} - \delta_{2C} = n_{1C}\varphi_1 - n_{2C}\varphi_2$$
$$\delta_F = \delta_{1F} - \delta_{2F} = n_{1F}\varphi_1 - n_{2F}\varphi_2$$
$$\underline{\Delta\delta = (n_{1C}-n_{1F})\,\varphi_1 - (n_{2C}-n_{2F})\,\varphi_2 = \vartheta_1\varphi_1 - \vartheta_2\varphi_2} = \underline{\underline{0{,}057°}}$$

O 1.11 Regenbogen

Ein Lichtstrahl soll in einem kugelförmigen Wassertropfen zweimal gebrochen und einmal reflektiert werden (Regenbogen).

a) Berechnen Sie den Winkel δ (s. Skizze) als Funktion des Einfallswinkels ε!
b) Welchen maximalen Wert δ_0 kann der Ablenkwinkel annehmen?
Berechnen Sie δ_0 für die Fraunhoferschen Linien C, D und F!
Lösungshilfe:

$$\frac{\mathrm{d}}{\mathrm{d}x}(\arcsin x) = \frac{1}{\sqrt{1-x^2}}$$

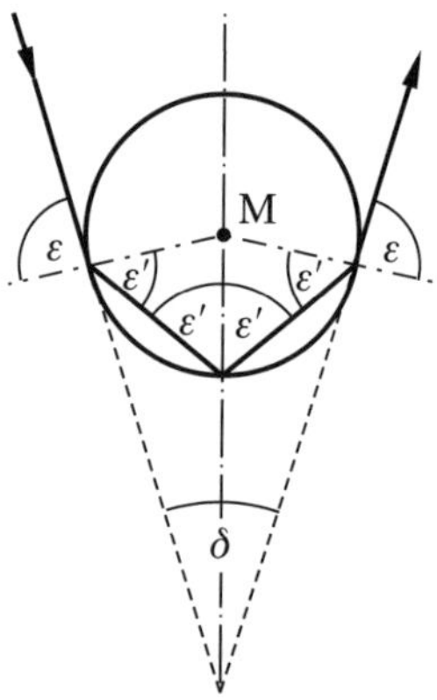

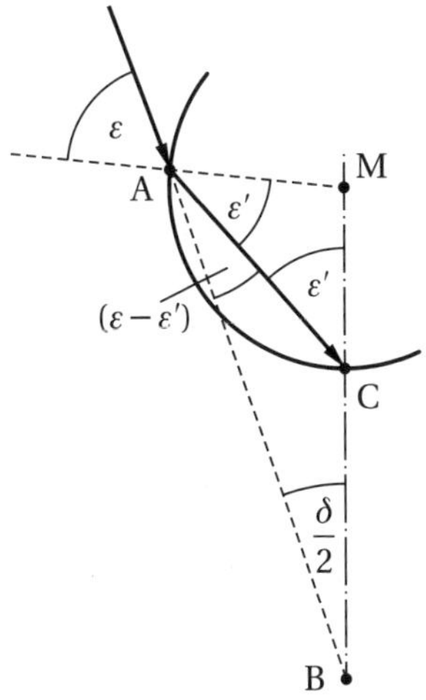

a) Dreieck ABC:

$$\frac{\delta}{2} + (\varepsilon - \varepsilon') + (180° - \varepsilon') = 180°$$

$$\delta = 2\,(2\varepsilon' - \varepsilon)$$

Brechungsgesetz:

$$\sin\varepsilon = n\sin\varepsilon'$$

$$\varepsilon' = \arcsin\frac{\sin\varepsilon}{n}$$

$$\underline{\delta = 4\arcsin\left(\frac{\sin\varepsilon}{n}\right) - 2\varepsilon}$$

b) $\frac{d\delta}{d\varepsilon}(\varepsilon_0) = 0$

$$\frac{d\delta}{d\varepsilon} = 4\frac{1}{\sqrt{1-\left(\frac{\sin\varepsilon}{n}\right)^2}}\cdot\frac{\cos\varepsilon}{n} - 2$$

$$\frac{4\cos\varepsilon_0}{n\sqrt{1-\left(\frac{\sin\varepsilon_0}{n}\right)^2}} - 2 = 0$$

$$\frac{\cos\varepsilon_0}{\sqrt{n^2 - \sin^2\varepsilon_0}} = \frac{1}{2}$$

$$1 - \sin^2\varepsilon_0 = \frac{1}{4}\left(n^2 - \sin^2\varepsilon_0\right)$$

$$\frac{3}{4}\sin^2\varepsilon_0 = 1 - \frac{n^2}{4}$$

$$\sin\varepsilon_0 = \sqrt{\frac{4-n^2}{3}}$$

$$\Rightarrow\quad \underline{\delta_0 = 4\arcsin\left(\frac{1}{n}\sqrt{\frac{4-n^2}{3}}\right) - 2\arcsin\sqrt{\frac{4-n^2}{3}}}$$

$\delta_{0C} = 42{,}34°$

$\delta_{0D} = 42{,}08°$

$\delta_{0F} = 41{,}49°$

O 2 Dünne Linse

O 2.1 Formatfüllende Abbildung

In welcher Mindestentfernung a vom Objektiv einer Kleinbildkamera (Brennweite f, Filmbildformat mit den Seitenlängen b und c) muss sich eine Person (Körpergröße h) aufstellen, um vollständig abgebildet zu werden?

$f = 50$ mm $\quad h = 1{,}75$ m $\quad b = 24$ mm $\quad c = 36$ mm

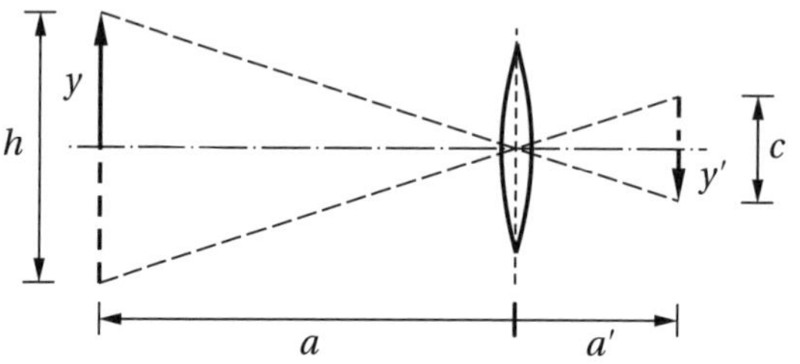

$$\beta = \frac{y'}{y} = -\frac{c}{h} = -\frac{a'}{a}$$

$$\Rightarrow \quad a = a'\frac{h}{c}$$

$$\frac{1}{f} = \frac{1}{a} + \frac{1}{a'}$$

$$a' = \frac{f\,a}{a-f}$$

$$a = \frac{f\,a\,h}{(a-f)\,c}$$

$$a - f = \frac{f\,h}{c}$$

$$\underline{a = f\left(1 + \frac{h}{c}\right)} = \underline{\underline{2{,}5 \text{ m}}}$$

O 2.2 Fotoapparat

Bei einem einfachen Fotoapparat wird eine symmetrische, dünne Bikonvexlinse aus Glas der mittleren Brechzahl n verwendet. Diese Linse hat den Durchmesser d und die Brennweite f.

a) Welche Krümmungsradien r_1 und r_2 hat die Linse?

b) Um welche Strecke x' muss die Bildebene aus der Einstellung für das Unendliche gegenüber der Linse verschoben werden, wenn ein Gegenstand in der Entfernung a scharf abgebildet werden soll?

c) Wie groß ist bei dieser Einstellung der Durchmesser δ des Zerstreuungskreises in der Bildebene für den unendlich fernen Achsenpunkt?

$f = 7{,}50$ cm $\quad d = 10$ mm $\quad n = 1{,}510 \quad a = 2{,}0$ m

a) $\frac{1}{f} = \left(\frac{n}{n_0} - 1\right)\left(\frac{1}{r_1} - \frac{1}{r_2}\right)$

$$n_0 = 1$$

$$r_2 = -r_1$$

$$\frac{1}{f} = (n-1)\,\frac{2}{r_1}$$

$$\underline{r_1 = -r_2 = 2\,(n-1)\,f} = \underline{\underline{76{,}5\ \text{mm}}}$$

b)

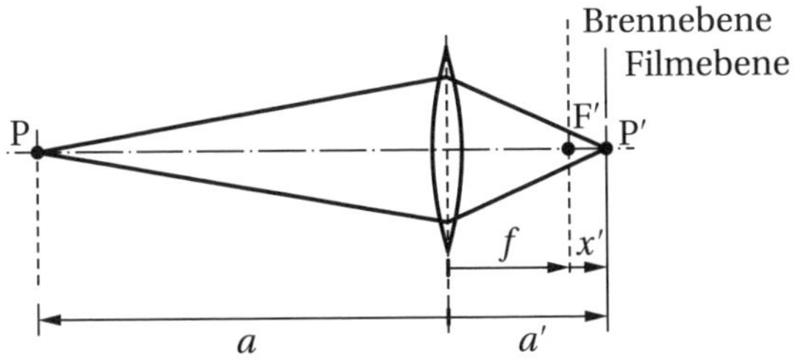

Einstellung für $a_0 = \infty$:

$$a_0' = f$$

$$x' = a' - f$$

$$\frac{1}{f} = \frac{1}{a} + \frac{1}{a'}$$

$$a' = \frac{af}{a-f}$$

$$x' = \frac{af - f\,(a-f)}{a-f}$$

$$\underline{x' = \frac{f^2}{a-f}} = \underline{\underline{2{,}9\ \text{mm}}}$$

c) $\frac{\delta}{d} = \frac{x'}{f}$

$$\underline{\delta = \frac{x'}{f}d} = \underline{\underline{0{,}4\ \text{mm}}}$$

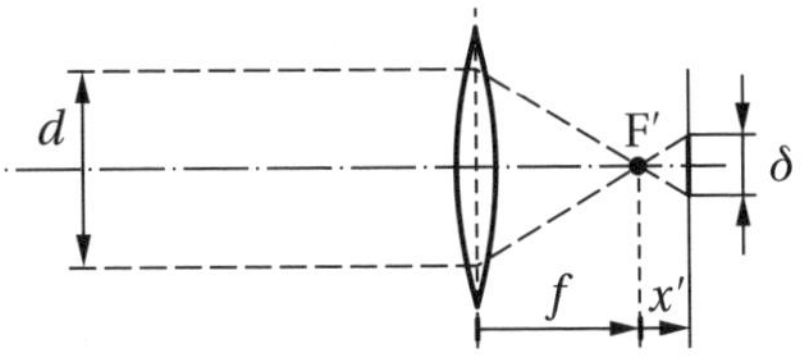

O 2.3 Kleinbildkamera

Eine Kleinbildkamera hat ein Objektiv mit der Brennweite f. Wird die Entfernungseinstellung von ∞ auf den geringsten Objektabstand verändert, so muss durch Schraubbewegung das Objektiv um die Länge Δs von der Filmebene entfernt werden. Bei Nahaufnahmen reicht dieser Auszug nicht aus. Es werden deshalb Zwischenringe zwischen Objektiv und Kamera gebracht, die eine Auszugsverlängerung s ermöglichen.

a) Leiten Sie eine Formel her, die den Abbildungsmaßstab β in Abhängigkeit von f, s und Δs darstellt!

b) Welcher Abbildungsmaßstab β_1 wird ohne Zwischenring bei maximalem Auszug Δs_1 des Objektivs erreicht?

c) Welche Auszugsverlängerung s_2 (Höhe des Zwischenringes) ist notwendig, wenn bei der Entfernungseinstellung ∞ der Abbildungsmaßstab $\beta_2 = -1$ betragen soll?

d) Welche kürzeste Gegenstandsweite a_3 erhält man mit dem unter Teilaufgabe c) berechneten Zwischenring ($s_3 = s_2$) bei geeigneter Wahl von Δs_3?

$f = 50$ mm $\quad \Delta s_1 = 7{,}0$ mm

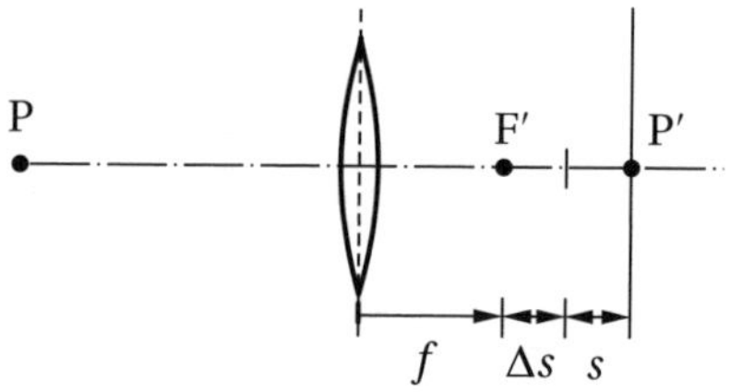

a) $\beta = -\dfrac{a'}{a}$

$$a = \frac{a' f}{a' - f}$$

$$\beta = -\frac{a' - f}{f}$$

$$a' = f + \Delta s + s$$

$$\underline{\beta = -\frac{\Delta s + s}{f}}$$

b) $s = 0$:

$$\underline{\beta_1 = -\frac{\Delta s_1}{f}} = \underline{\underline{-0{,}14}}$$

c) $\Delta s = 0$:

$$\beta_2 = -1 = -\frac{s_2}{f}$$

$$\underline{s_2 = f} = \underline{\underline{50 \text{ mm}}}$$

d) $s_3 = s_2 = f$

$$\Delta s = \Delta s_1$$

$$a_3' = 2f + \Delta s_1$$

$$a_3 = \frac{a_3' f}{a_3' - f} = \frac{(2f + \Delta s_1) f}{f + \Delta s_1}$$

$$\underline{a_3 = \frac{2f + \Delta s_1}{f + \Delta s_1}} = \underline{\underline{94 \text{ mm}}}$$

O 2.4 Brillenglas

Ein Brillenglas (Brechzahl n) hat auf der Vorderseite den Krümmungsradius r_1.

Auf welchen Krümmungsradius r_2 muss die Rückseite geschliffen werden, um die Brechkraft D zu erreichen?

$n = 1{,}52 \quad r_1 = 150$ mm $\quad D = -2{,}5$ dpt

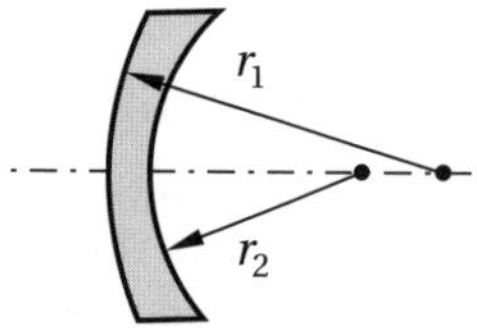

$$D = \frac{1}{f} = \left(\frac{n}{n_0} - 1\right)\left(\frac{1}{r_1} - \frac{1}{r_2}\right)$$

$$\frac{1}{r_2} = \frac{1}{r_1} - \frac{D}{n-1} = \frac{(n-1) - D r_1}{r_1 (n-1)}$$

$$\underline{r_2 = \frac{r_1}{1 - \dfrac{D r_1}{n-1}}} = \underline{\underline{87 \text{ mm}}}$$

O 2.5 Projektor

Mit einem Bildwerfer sollen Kleinbilddiapositive (Seitenlängen b und h) auf einer quadratischen Projektionsfläche der Seitenlänge c vorgeführt werden. Der Bildwerfer steht in der Entfernung l von der Projektionsfläche. Es stehen drei Wechselobjektive mit den Brennweiten f_1, f_2 und f_3 zur Verfügung.

Welches dieser Objektive muss benutzt werden, wenn das Bild auf der Leinwand möglichst groß werden soll?

$b = 36$ mm $h = 24$ mm $c = 3{,}00$ m $l = 10$ m

$f_1 = 80$ mm $f_2 = 120$ mm $f_3 = 300$ mm

$$a' = l$$

$$y = -\frac{b}{2}$$

$$y' \leqq \frac{c}{2}$$

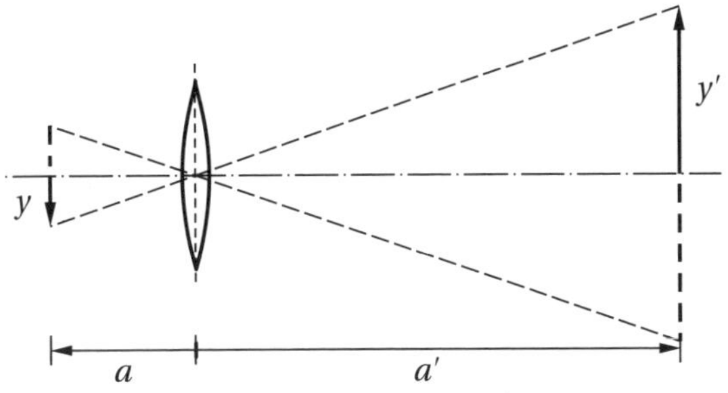

$$\frac{1}{f} = \frac{1}{a} + \frac{1}{a'}$$

$$f = \frac{aa'}{a' + a}$$

$$\beta' = \frac{y'}{y} = -\frac{c}{b} = -\frac{a'}{a}$$

$$a = l\frac{b}{c}$$

$$f = \frac{l^2 \frac{b}{c}}{l\frac{b}{c} + l} = \frac{l\frac{b}{c}}{\frac{b}{c} + 1}$$

$$f \geqq \frac{l}{1 + \frac{c}{b}} = \underline{\underline{119 \text{ mm}}}$$

Auswahl:

$$\underline{\underline{f = f_2 = 120 \text{ mm}}}$$

O 2.6 Zerstreuungslinse I

Vor einer Zerstreuungslinse ist im Abstand a auf der optischen Achse eine punktförmige Lichtquelle aufgestellt. Die Linse hat den Durchmesser d. Auf einem Schirm in der Entfernung e hinter der Linse entsteht ein beleuchteter Kreis vom Durchmesser d_1.

Welche Brennweite f hat die Linse?

$a = 90$ mm $d = 20$ mm $e = 350$ mm $d_1 = 150$ mm

$$\frac{1}{f} = \frac{1}{a} + \frac{1}{a'}$$

$$f = \frac{aa'}{a+a'} = \frac{a}{1+\frac{a}{a'}}$$

Ermittlung von a' mit dem Strahlensatz:

$$\frac{d_1}{d} = \frac{e+|a'|}{|a'|} \qquad a' < 0$$

$$\frac{d_1}{d} = \frac{e}{-a'} + 1$$

$$a' = \frac{e}{1-\frac{d_1}{d}}$$

$$f = \frac{a}{1+\frac{a}{e}\left(1-\frac{d_1}{d}\right)} = \underline{\underline{-134 \text{ mm}}}$$

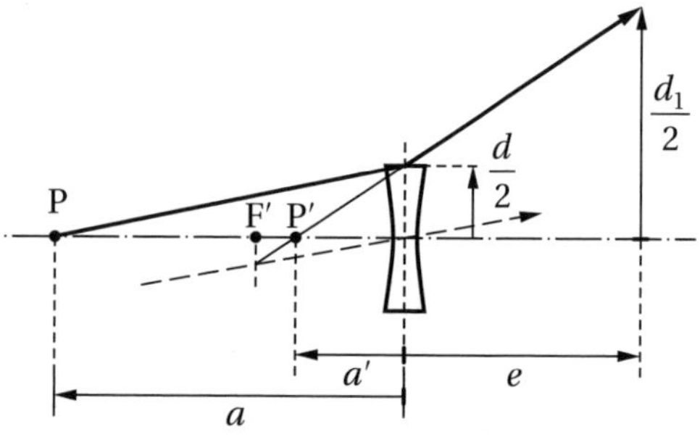

O 2.7 Schattenprojektion

Eine punktförmige Lichtquelle erzeugt auf einem Schirm den Schatten eines Gegenstandes.

Abstand Lichtquelle – Gegenstand: d
Abstand Lichtquelle – Schirm: s

a) Man bestimme den Wert V_0 des Größenverhältnisses von Schatten und Gegenstand!
b) Wie groß ist der Wert V_1 dieses Verhältnisses, wenn hinter dem Gegenstand im Abstand a_1 von der Lichtquelle noch eine Linse der Brennweite f aufgestellt wird?
c) In welchem Abstand a_2 von der Lichtquelle muss die Linse aufgestellt werden, damit dieses Verhältnis bei gegebenen f, s und d einen Extremwert hat? Wie groß ist V_2 in diesem Fall?

$d = 10$ mm $\quad s = 500$ mm $\quad f = 50$ mm $\quad a_1 = 200$ mm

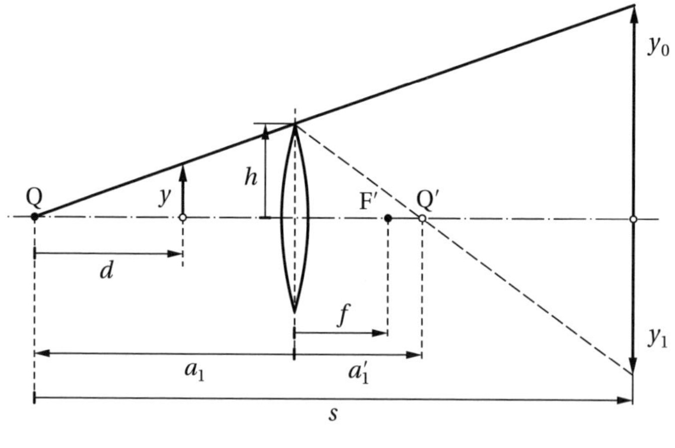

a) Strahlensatz (Scheitelpunkt Q):

$$V_0 = \frac{y_0}{y}$$

$$\underline{V_0 = \frac{s}{d}} = \underline{\underline{50}}$$

b) $V_1 = \dfrac{y_1}{y}$

Ermittlung von y_1 und y mit dem Strahlensatz (Scheitelpunkte Q und Q′):

$$\frac{y}{h} = \frac{d}{a_1}$$

$$\frac{-y_1}{h} = \frac{s - a_1 - a_1'}{a_1'} \qquad y_1 < 0$$

$$\Rightarrow \quad \frac{y_1}{y} = -\frac{(s - a_1 - a_1')\, a_1}{a_1' d}$$

$$V_1 = -\frac{a_1\,(s - a_1 - a_1')}{a_1' d}$$

Berechnung von a_1':

$$\frac{1}{f} = \frac{1}{a_1} + \frac{1}{a_1'}$$

$$a_1' = \frac{a_1 f}{a_1 - f}$$

$$V_1 = -\frac{(a_1 - f)\left(s - a_1 - \dfrac{a_1 f}{a_1 - f}\right)}{f d}$$

$$\underline{V_1 = \frac{a_1^2 - s\,(a_1 - f)}{f d}} = \underline{\underline{-70}}$$

c) $V(a) = \dfrac{a^2 - s\,(a - f)}{f d}$

$$\frac{\mathrm{d}V}{\mathrm{d}a} = \frac{2a - s}{f d}$$

$$\frac{\mathrm{d}V}{\mathrm{d}a}(a_2) = 0$$

$$\Rightarrow \quad 2a_2 - s = 0$$

$$\underline{a = \frac{s}{2}} = \underline{\underline{250\,\mathrm{mm}}}$$

$$V_2 = \frac{\left(\frac{s}{2}\right)^2 - s\left(\frac{s}{2} - f\right)}{f d}$$

$$\underline{V_2 = \frac{s}{f d}\left(f - \frac{s}{4}\right)} = \underline{\underline{-75}}$$

O 2.8 Beliebiger Strahl

Ein Lichtstrahl trifft unter dem Neigungswinkel α gegenüber der optischen Achse und im Abstand r_0 von ihr auf eine dünne Sammellinse der Brennweite f.

a) Konstruieren Sie den gebrochenen Strahl!

b) Berechnen Sie unter Benutzung der Abbildungsgleichung den Abstand a' von der Linse, in dem der gebrochene Strahl die optische Achse schneidet!

c) Welchen Neigungswinkel α' hat der gebrochene Strahl gegenüber der optischen Achse?

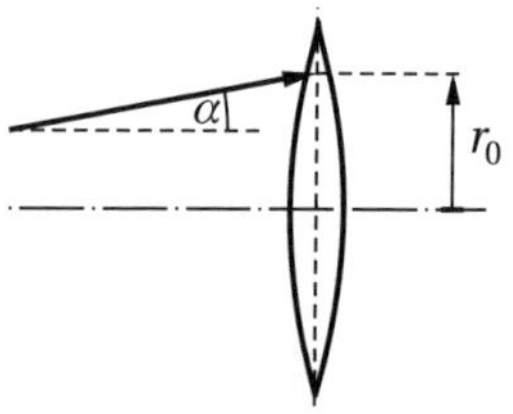

$f = 40$ mm $\qquad \alpha = 15^\circ \qquad r_0 = 30$ mm

---

a)

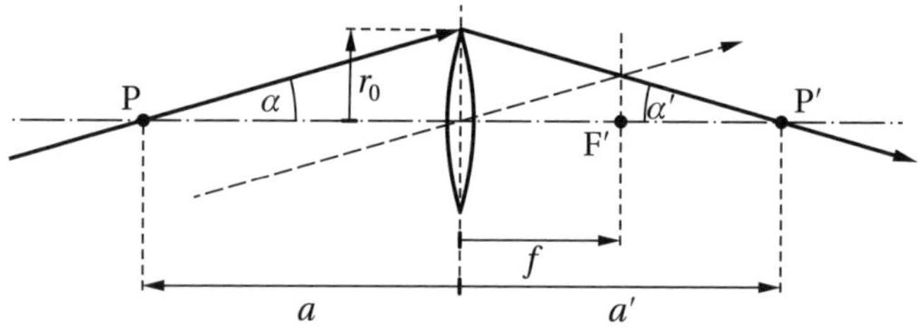

b) $\dfrac{1}{f} = \dfrac{1}{a} + \dfrac{1}{a'}$

$$a' = \frac{af}{a-f}$$

Ermittlung von a:

$$\frac{r_0}{a} = \tan\alpha$$

$$a = \frac{r_0}{\tan\alpha}$$

$$a' = \frac{r_0 f}{r_0 - f\tan\alpha} = \underline{\underline{62\text{ mm}}}$$

c) $\tan\alpha' = \dfrac{r_0}{a'} = \dfrac{r_0 - f\tan\alpha}{f}$

$$\tan\alpha' = \frac{r_0}{f} - \tan\alpha$$

$$\underline{\underline{\alpha' = 26^\circ}}$$

O 2.9 Optische Bank

Auf einer optischen Bank sind eine Lichtquelle und ein Schirm im konstanten Abstand l voneinander aufgestellt. Dazwischen befindet sich eine verschiebbare Sammellinse der Brennweite f.

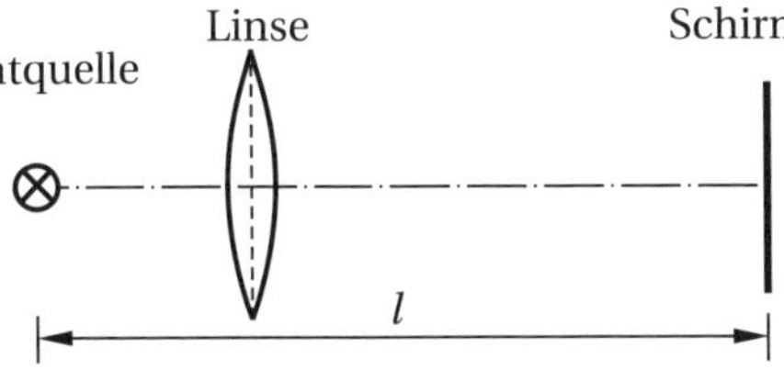

a) Bei welchen Gegenstandsweiten a_1 und a_2 entsteht auf dem Schirm ein scharfes Bild der Lichtquelle?
b) Welche Werte β_1 und β_2 ergeben sich für den Abbildungsmaßstab in beiden Fällen?
c) Wie groß muss bei gegebener Brennweite der Linse der Abstand l mindestens sein, damit überhaupt ein scharfes Bild entstehen kann?

$l = 2000$ mm $f = 100$ mm

---

a) $$\frac{1}{f} = \frac{1}{a} + \frac{1}{a'}$$

$$a + a' = l$$

$$\frac{1}{f} = \frac{1}{a} + \frac{1}{l-a}$$

$$(l-a)\,f + af = a\,(l-a)$$

$$a^2 - al + lf = 0$$

$$a = \frac{l}{2} \pm \sqrt{\frac{l^2}{4} - lf}$$

$$a_1 = \frac{l}{2}\left(1 - \sqrt{1 - \frac{4f}{l}}\right) = \underline{\underline{106 \text{ mm}}}$$

$$a_2 = \frac{l}{2}\left(1 + \sqrt{1 - \frac{4f}{l}}\right) = \underline{\underline{1894 \text{ mm}}}$$

b) $$\beta = -\frac{a'}{a}$$

$$a' = l - a$$

$$\beta = 1 - \frac{l}{a}$$

$$\underline{\underline{\beta_1 = -18}}$$

$$\underline{\underline{\beta_2 = -0{,}056}}$$

c) Diskriminante der Berechnung von a:

$$1 - \frac{4f}{l} \geqq 0$$

$$\Rightarrow \quad \underline{l = 4f} = \underline{\underline{400 \text{ mm}}}$$

O 2.10 Besselsches Verfahren

Zur Bestimmung der Brennweite f einer Sammellinse nach dem Besselschen Verfahren benutzt man die Tatsache, dass es bei hinreichend großem, fest vorgegebenem Abstand l zwischen Objekt und Bildebene zwei Stellungen der Linse gibt, bei denen ein scharfes Bild entsteht. Gemessen wird der Abstand d der beiden Stellungen.

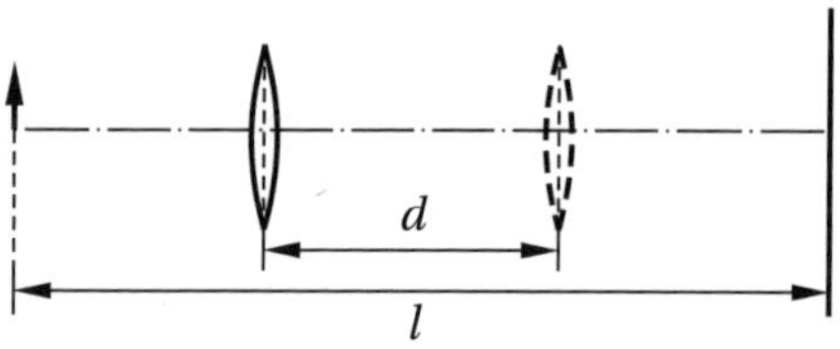

Wie wird f aus l und d berechnet?

$$\frac{1}{f} = \frac{1}{a} + \frac{1}{a'} \qquad (1)$$

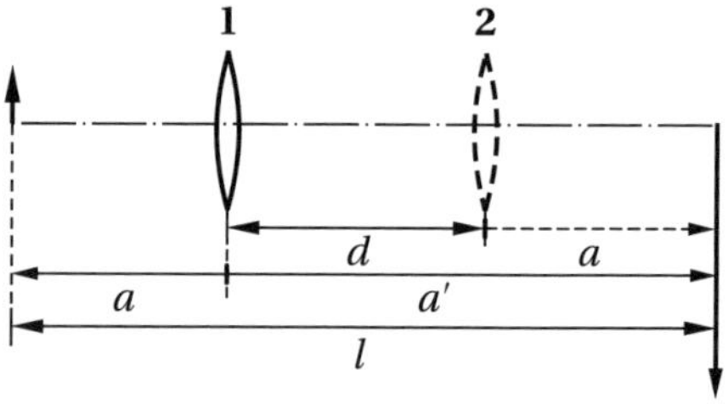

Für Stellung **1** gilt:

$$a' = l - a \qquad (2)$$

Für Stellung **2** gilt (wegen Umkehrbarkeit des Lichtweges):

$$a = a' - d \qquad (3)$$

(3) in (2) liefert:

$$a' = \frac{l + d}{2} \qquad (4)$$

(4) in (3) liefert:

$$a = \frac{l - d}{2} \qquad (5)$$

(4) und (5) in (1) ergibt:

$$\frac{1}{f} = \frac{2}{l - d} + \frac{2}{l + d} = \frac{4l}{(l - d)\,(l + d)}$$

$$\underline{f = \frac{l^2 - d^2}{4l}}$$

O 3 Spiegel

O 3.1 Ebener Spiegel

Vor einem ebenen Spiegel befindet sich im Abstand a ein Gegenstand der Größe y.

a) Führen Sie die Bildkonstruktion durch!

b) Ermitteln Sie die Bildweite a' mithilfe der Abbildungsgleichung!

---

a)

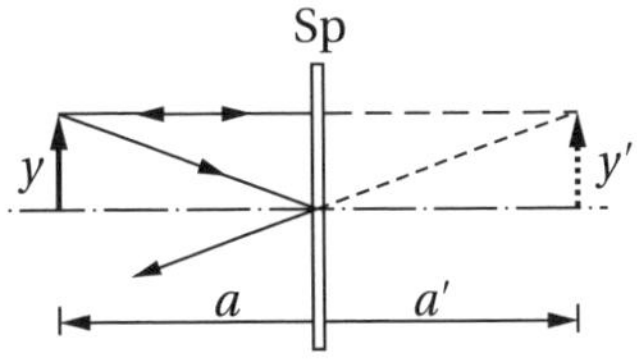

b) $\dfrac{1}{f} = \dfrac{1}{a} + \dfrac{1}{a'}$

$f = \infty$

$\Rightarrow \quad \underline{a' = -a}$

O 3.2 Hohlspiegel

Ein Hohlspiegel soll benutzt werden, um die Wärmestrahlung einer Flamme auf einen kleinen Versuchskörper zu übertragen. Dazu wird die Flamme auf den Körper abgebildet, wobei der Abstand e zwischen beiden einzuhalten ist.

In welchen Abständen vom Spiegel müssen Flamme und Körper aufgestellt werden? Der Krümmungsradius des Spiegels ist r.

$e = 90$ mm $\qquad r = 120$ mm

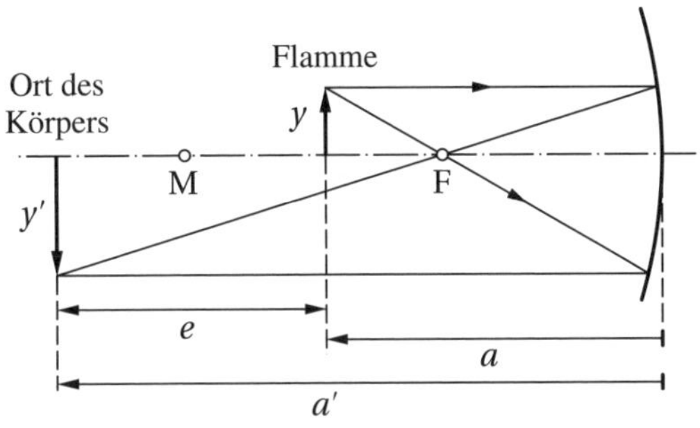

$$\frac{1}{f} = \frac{1}{a} + \frac{1}{a'}$$

$$f = \frac{r}{2}$$

$$a' = a + e$$

$$\frac{2}{r} = \frac{1}{a} + \frac{1}{a+e}$$

$$(a+e)\,\frac{r}{2} + a\frac{r}{2} = a\,(a+e)$$

$$a^2 + (e-r)\,a - \frac{er}{2} = 0$$

$$a = \frac{r-e}{2} \pm \sqrt{\left(\frac{r-e}{2}\right)^2 + \frac{er}{2}} > 0$$

$$\underline{a = \frac{1}{2}\left(r - e + \sqrt{r^2+e^2}\right)} = \underline{\underline{90\text{ mm}}}$$

$$\underline{a' = \frac{1}{2}\left(r + e + \sqrt{r^2+e^2}\right)} = \underline{\underline{180\text{ mm}}}$$

O 3.3 Rasierspiegel

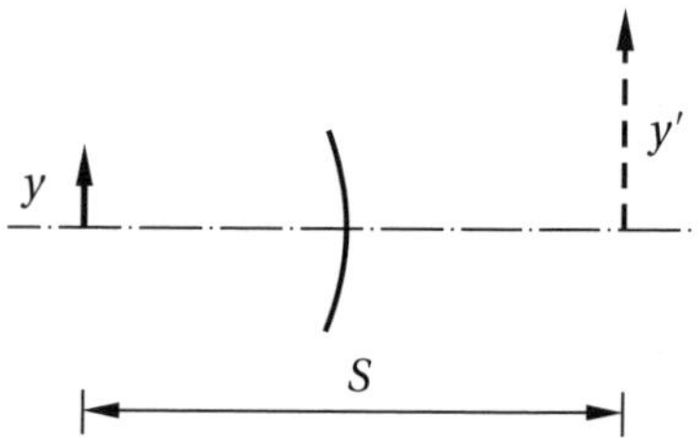

Ein Rasierspiegel mit dem Krümmungsradius r soll so benutzt werden, dass das aufrechte, virtuelle Bild in der Entfernung S vor dem Gesicht entsteht.

a) In welcher Entfernung a muss sich das Gesicht vor dem Spiegel befinden?
b) Wie groß ist der Abbildungsmaßstab β?

$r = 300$ mm $\qquad S = 250$ mm

---

a) $\frac{1}{f} = \frac{1}{a} + \frac{1}{a'}$

$f = \frac{r}{2}$

$a - a' = S \qquad$ (wegen $a' < 0$)

$\frac{2}{r} = \frac{1}{a} + \frac{1}{a - S}$

$a\,(a - S) = (a - S)\,\frac{r}{2} + a\frac{r}{2}$

$a^2 - (r + S)\,a + \frac{Sr}{2} = 0$

$a = \frac{r + S}{2} \pm \sqrt{\left(\frac{r + S}{2}\right)^2 - \frac{Sr}{2}}$

Wegen $a < S$:

$\underline{a = \frac{1}{2}\left(r + S - \sqrt{r^2 + S^2}\right)} = \underline{\underline{80 \text{ mm}}}$

b) $\beta = -\frac{a'}{a} = \frac{S - a}{a}$

$\underline{\beta = \frac{S}{a} - 1} = \underline{\underline{2{,}1}}$

O 3.4 Wölbspiegel

Eine punktförmige Lichtquelle befindet sich in der Entfernung a vor einem Wölbspiegel (Krümmungsradius r) auf der optischen Achse. Der Spiegel hat den Durchmesser d.

a) Ermitteln Sie den Verlauf eines Randstrahles des reflektierten Lichtbündels (in paraxialer Näherung) durch Strahlenkonstruktion!
b) Berechnen Sie den Öffnungswinkel α' des reflektierten Lichtbündels unter Benutzung der Abbildungsgleichung!

$a = 100$ mm $\qquad r = 60$ mm $\qquad d = 40$ mm

a)

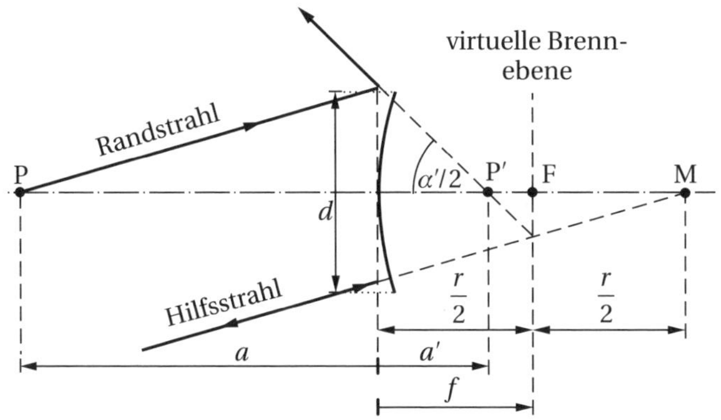

b) $\tan\dfrac{\alpha'}{2} = -\dfrac{d}{2a'}$ (wegen $a' < 0$)

$$\frac{1}{f} = \frac{1}{a} + \frac{1}{a'}$$

$$a' = \frac{af}{a-f}$$

$$f = -\frac{r}{2}$$

$$a' = -\frac{ar}{2a+r}$$

$$\tan\frac{\alpha'}{2} = \frac{d\,(2a+r)}{2ar}$$

$$\underline{\underline{\alpha' = 82^\circ}}$$

O 3.5 Rückspiegel

Ein Wölbspiegel (Kreisfläche) befindet sich in der Entfernung e vor dem Auge des Beobachters.

a) Welchen Krümmungsradius r muss die sphärische Fläche haben, damit für den Beobachter der Öffnungswinkel des rückwärts überblickbaren Gesichtsfeldes doppelt so groß ist wie bei einem ebenen Spiegel der gleichen Größe?

b) Unter welchem Sehwinkel σ sieht der Beobachter einen Gegenstand der Höhe y, der sich in der Entfernung s hinter ihm befindet?

(Alle Winkel werden als klein gegen 1 angenommen.)

$e = 1{,}00$ m $s = 9{,}00$ m $y = 2{,}00$ m

a)

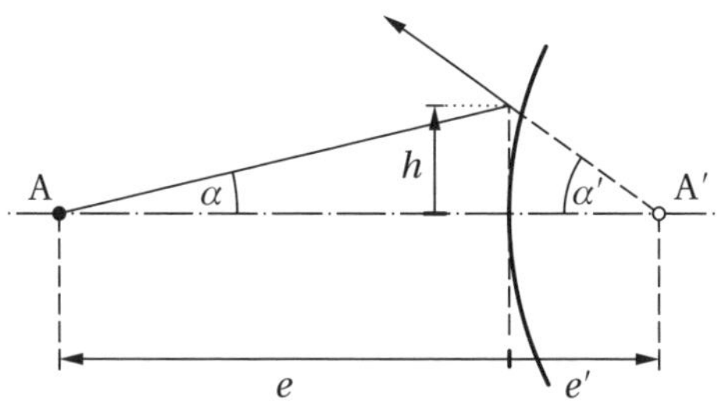

Umkehrbarkeit der Richtung des Randstrahles

$$f = -\frac{r}{2}$$

$$r = -2f$$

$$\frac{1}{f} = \frac{1}{e} - \frac{1}{e'}$$

$$f = \frac{ee'}{e + e'}$$

$$r = -2\frac{ee'}{e + e'}$$

Ermittlung von e':

Ebener Spiegel:

$$\alpha' = \alpha$$

Wölbspiegel:

$$\alpha' = 2\alpha$$

$$\Rightarrow \quad -\frac{h}{e'} = 2\frac{h}{e} \qquad \text{(wegen } e' < 0\text{)}$$

$$e' = -\frac{e}{2}$$

$$\underline{r = 2e} = \underline{\underline{2{,}00\ \text{m}}}$$

b)

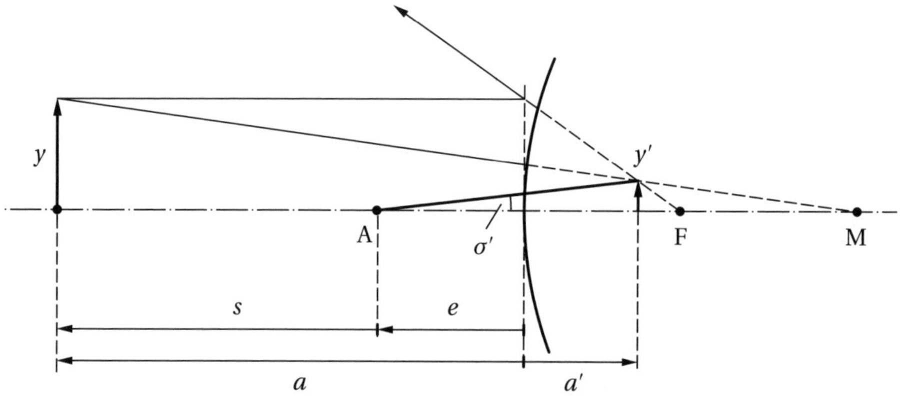

$$\tan\sigma = \frac{y'}{e - a'} \qquad \text{(wegen } a' < 0\text{)}$$

$$\beta' = \frac{y'}{y} = -\frac{a'}{a}$$

$$y' = -\frac{ya'}{a}$$

$$\tan\sigma = \frac{ya'}{a\,(e - a)}$$

$$\frac{1}{f} = \frac{1}{a} + \frac{1}{a'}$$

$$f = -\frac{r}{2}$$

$$a' = -\frac{ra}{2a + r}$$

$$\tan\sigma = \frac{yr}{(2a+r)\left(e+\dfrac{ra}{2a+r}\right)} = \frac{yr}{e\,(2a+r)+ra}$$

$$a = e + s$$

$$r = 2e$$

$$\tan\sigma = \frac{y}{3e+2s} = 0{,}095$$

$$\underline{\underline{\sigma = 5{,}4^\circ}}$$

O 3.6 Objektverschiebung

Ein Gegenstand nähert sich einem Hohlspiegel von der Gegenstandsweite a_1 auf a_2. Dabei ändert sich die Bildweite um $\Delta a'$.

a) Berechnen Sie die Bildweiten a_1' und a_2'!

b) Welche Brennweite f hat der Hohlspiegel?

c) Deuten Sie die Ergebnisse anhand einer Strahlenkonstruktion!

$a_1 = 40$ cm $\quad a_2 = 30$ cm $\quad \Delta a' = a_2' - a_1' = 60$ cm

---

a)
$$\frac{1}{f} = \frac{1}{a_1} + \frac{1}{a_1'}$$

$$\frac{1}{f} = \frac{1}{a_2} + \frac{1}{a_2'}$$

$$a_2' = a_1' + \Delta a'$$

$$\frac{1}{a_1} + \frac{1}{a_1'} = \frac{1}{a_2} + \frac{1}{a_1' + \Delta a'}$$

$$\frac{1}{a_1'} - \frac{1}{a_1' + \Delta a'} = \frac{1}{a_2} - \frac{1}{a_1}$$

$$\frac{(a_1' + \Delta a') - a_1'}{a_1'\,(a_1' + \Delta a')} = \frac{a_1 - a_2}{a_1 a_2}$$

$$\frac{a_1'\,(a_1' + \Delta a')}{\Delta a'} = \frac{a_1 a_2}{a_1 - a_2}$$

$$a_1'^2 + a_1'\,\Delta a' - \frac{a_1 a_2 \Delta a'}{a_1 - a_2} = 0$$

$$\underline{a_1' = -\frac{\Delta a'}{2} \pm \sqrt{\left(\frac{\Delta a'}{2}\right)^2 + \frac{a_1 a_2 \Delta a'}{a_1 - a_2}}}$$

$$\underline{a_2' = a_1' + \Delta a'}$$

Zwei Lösungen:

Spiegel I: $a_1' = 60$ cm $\quad a_2' = 120$ cm

Spiegel II: $a_1' = -120$ cm $\quad a_2' = -60$ cm

b)
$$\underline{f = \frac{a_1 a_1'}{a_1 + a_1'} = \frac{a_2 a_2'}{a_2 + a_2'}}$$

Ergebnisse:

Spiegel I: $f = 24$ cm

Spiegel II: $f = 60$ cm

c)

Spiegel I

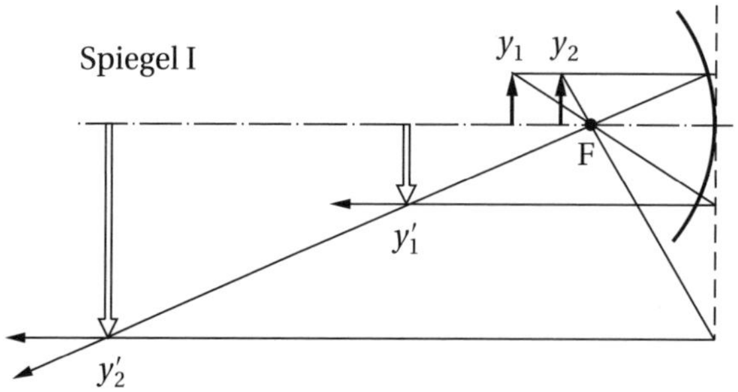

Spiegel II

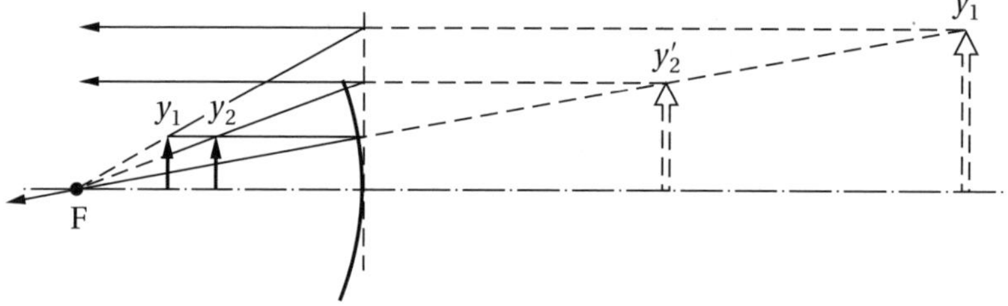

O 3.7 Spiegelteleskop

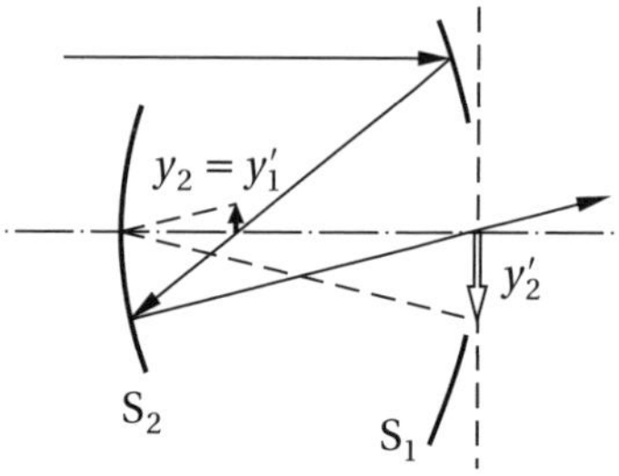

In einem Spiegelteleskop nach Gregory stehen sich zwei Hohlspiegel gegenüber. Das Bild y_2', das entsteht, wenn ein unendlich ferner Gegenstand nacheinander an den Spiegeln S_1 und S_2 abgebildet wird, liegt in der Ebene des Spiegels S_1, der für die Beobachtung an dieser Stelle eine Öffnung hat. Die Brennweiten sind f_1 und f_2.

a) In welcher Entfernung a_2' vom Spiegel S_1 muss Spiegel S_2 aufgestellt werden?
b) Wie groß ist der Abbildungsmaßstab β_2 am Spiegel S_2?

$f_1 = 800$ mm $\qquad f_2 = 300$ mm

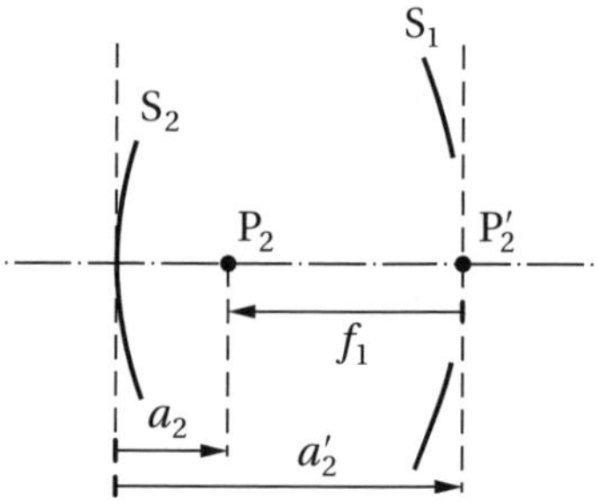

a) $$\frac{1}{f_2} = \frac{1}{a_2} + \frac{1}{a_2'}$$

$$a_2' - a_2 = f_1$$

$$\frac{1}{f_2} = \frac{1}{a_2' - f_1} + \frac{1}{a_2'}$$

$$a_2' f_2 + (a_2' - f_1)\, f_2 = (a_2' - f_1)\, a_2'$$

$$a_2'^2 - (f_1 + 2 f_2)\, a_2' + f_1 f_2 = 0$$

$$a_2' = \frac{f_1}{2} + f_2 \pm \sqrt{\left(\frac{f_1}{2} + f_2\right)^2 - f_1 f_2}$$

$$\underline{a_2' = \frac{f_1}{2} + f_2 + \sqrt{\left(\frac{f_1}{2}\right)^2 + f_2^2}} = \underline{\underline{1200\text{ mm}}}$$

$$\left(a_2' = \frac{f_1}{2} + f_2 - \sqrt{\left(\frac{f_1}{2}\right)^2 + f_2^2} = 200 \text{ mm}\right)$$

Die zweite Lösung $a_2' = 200$ mm entfällt, weil $a_2 = a_2' - f_1 = -600$ mm ergibt. Es muss aber $a_2 > 0$ sein.

b) $\beta_2 = -\frac{a_2'}{a_2} = -\frac{a_2'}{a_2' - f_1} = \underline{\underline{-3}}$

O 4 Dicke Linse, Linsensysteme

O 4.1 Ersatzlinse

Eine dicke Linse hat die Brennweite f. Der Abstand der beiden Hauptebenen ist $d < 0$ (H und H′ sind vertauscht). Es wird ein Gegenstand der Größe y aus der Dingweite a abgebildet.

a) Konstruieren Sie das Bild!
b) Berechnen Sie a' und y'!

Die dicke Linse soll so durch eine dünne Linse ersetzt werden, dass dabei die Lage und Größe von Ding und Bild nicht verändert werden.

c) Konstruieren Sie aus Ding und Bild die Lage der dünnen Linse und einen ihrer Brennpunkte!

$f = 50$ mm $\quad a = 80$ mm $\quad y = 20$ mm $\quad d = -40$ mm

---

a)

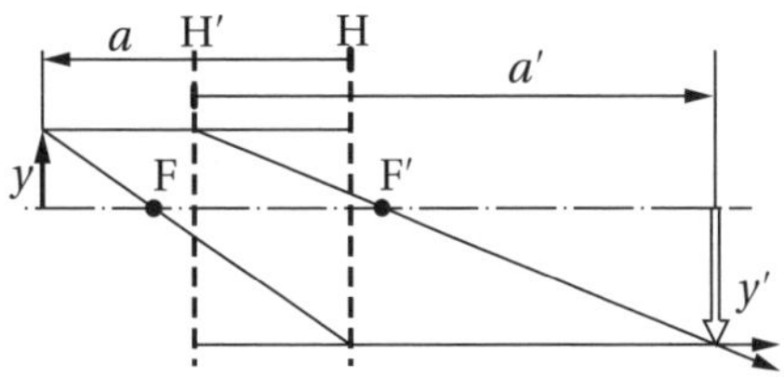

b) $\frac{1}{f} = \frac{1}{a} + \frac{1}{a'}$

$a' = \frac{af}{a-f} = \underline{\underline{133 \text{ mm}}}$

$\frac{y'}{y} = -\frac{a'}{a}$

$y' = -\frac{fy}{a-f} = \underline{\underline{-33 \text{ mm}}}$

c)

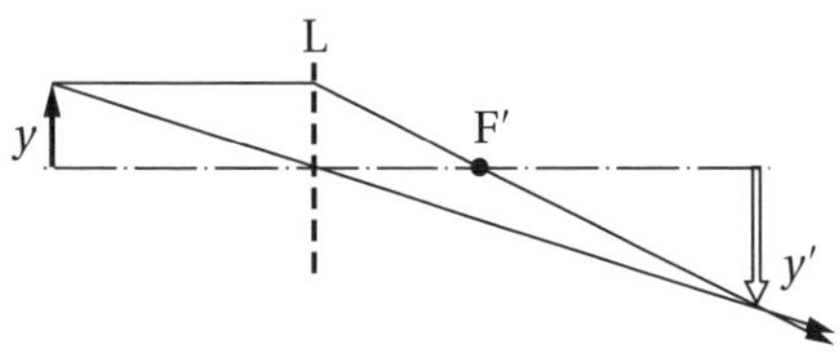

O 4.2 Abstandsbedingung

Ein Linsensystem besteht aus einer dünnen Sammellinse der Brennweite f_1 und einer dünnen Zerstreuungslinse der Brennweite f_2.

a) Welche Bedingung muss der Abstand d zwischen beiden Linsen erfüllen, damit die Gesamtbrennweite positiv ist?

b) Berechnen Sie d für eine gegebene Systembrennweite f!

$f_1 = 120$ mm $\quad f_2 = -80$ mm $\quad f = 900$ mm

---

a) $\dfrac{1}{f} = \dfrac{1}{f_1} + \dfrac{1}{f_2} - \dfrac{d}{f_1 f_2}$

$d = f_1 + f_2 - \dfrac{f_1 f_2}{f}$

Wegen $f > 0$ und $f_2 < 0$:

$\underline{d > f_1 + f_2} = \underline{\underline{40 \text{ mm}}}$

b) $\underline{d = f_1 + f_2 - \dfrac{f_1 f_2}{f}} = \underline{\underline{51 \text{ mm}}}$

O 4.3 Beleuchtungseinrichtung

Zur intensiven Beleuchtung eines Präparates soll eine Anordnung aus drei Linsen L_1, L_2 und L_3 verwendet werden, die die gegenseitigen Abstände b und c haben. Auf die Linse L_1 fällt ein achsenparalleles Lichtbündel vom Durchmesser d.

$f_1 = 50$ mm $\quad f_2 = -10$ mm $\quad f_3 = 10$ mm $\quad b = 40$ mm

$c = 50$ mm $\quad d = 30$ mm

Zeichnen Sie maßstäblich den Verlauf des Lichtbündels!

Geben Sie die Lage des bildseitigen Brennpunktes F′ und der bildseitigen Hauptebene H′, bezogen auf L_3, sowie die Systembrennweite f an!

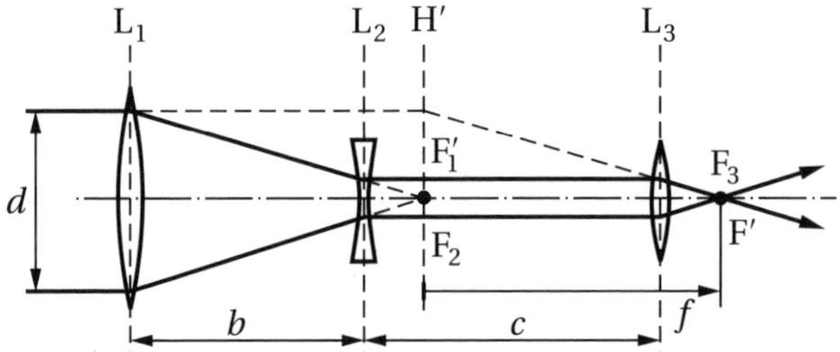

H′ befindet sich 40 mm vor L_3

F′ befindet sich 10 mm hinter L_3

$f = 50$ mm

O 4.4 Linsensystem

Eine dünne Linse der Brennweite f_1 wird mit einer zweiten der Brennweite f_2 kombiniert. Der Abstand der Mittelebenen der Linsen ist d.

a) Man ermittle die Lagen der Brennpunkte F, F′ und der Hauptebenen H, H′ grafisch, indem man den Verlauf geeigneter Strahlen in einer (dem jeweiligen Zahlenbeispiel entsprechend) maßstäblichen Skizze untersucht!

b) Man berechne die Gesamtbrennweite f der Linsenkombination und vergleiche das Ergebnis mit dem grafisch gewonnenen!

c) Man berechne den Abstand h' der bildseitigen Hauptebene H′ von der hinteren Linse L_2! (h' werde in Lichtrichtung positiv gezählt.)

d) Man deute die für h' gewonnene Endformel so um, dass man sie zur Berechnung der Lage der dingseitigen Hauptebene H verwenden kann! (h ist analog h' zu definieren.)

Fall 1)	$f_1 = 50$ mm	$f_2 = 100$ mm	$d = 30$ mm
Fall 2)	$f_1 = 50$ mm	$f_2 = -100$ mm	$d = 30$ mm

a) Fall 1

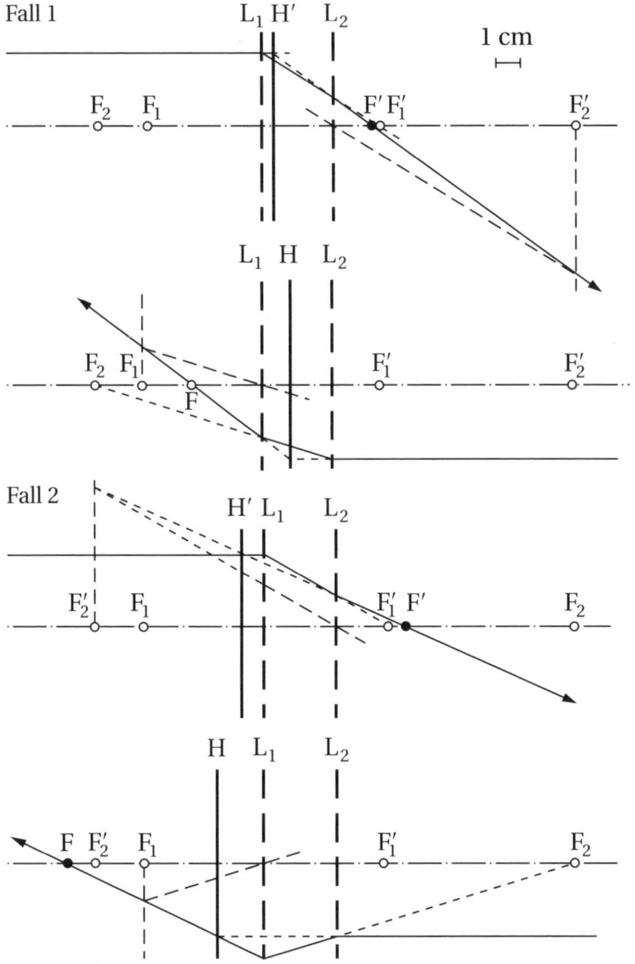

b) $$\frac{1}{f} = \frac{1}{f_1} + \frac{1}{f_2} - \frac{d}{f_1 f_2}$$

$$f = \frac{f_2 f_1}{f_1 + f_2 - d}$$

Fall 1: $f = +42\ \text{mm}$

Fall 2: $f = +63\ \text{mm}$

c) Der Skizze (entspricht Fall 2) ist zu entnehmen:

$h' = -\left(f - a_2'\right)$ (wegen $h' < 0$)

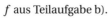

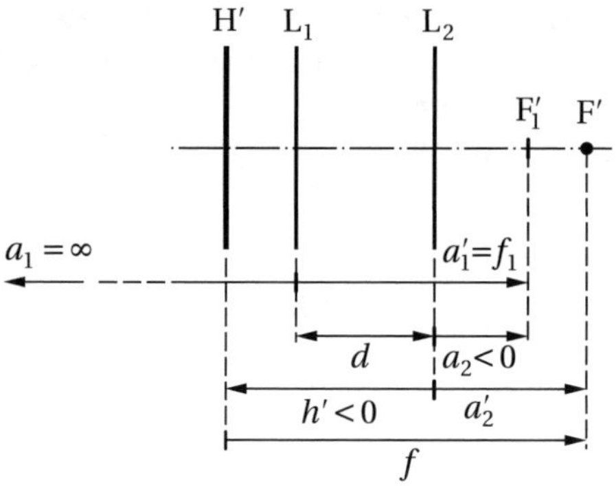

Ermittlung von a_2':

$$\frac{1}{f_2} = \frac{1}{a_2} + \frac{1}{a_2'}$$

$$a_2' = \frac{a_2 f_2}{a_2 - f_2}$$

$a_2 = -\left(f_1 - d\right)$ (wegen $a_2 < 0$)

$$a_2' = \frac{-\left(f_1 - d\right) f_2}{-f_1 + d - f_2}$$

f aus Teilaufgabe b).

$$h' = -\frac{f_1 f_2}{f_1 + f_2 - d} + \frac{-\left(f_1 - d\right) f_2}{-f_1 + d - f_2} = \frac{-f_1 f_2 + \left(f_1 - d\right) f_2}{f_1 + f_2 - d}$$

$$h' = \frac{-f_2 d}{f_1 + f_2 - d}$$

Fall 1: $h' = -25\ \text{mm}$

Fall 2: $h' = -38\ \text{mm}$

d) Umkehrung der Lichtrichtung:

L_1 und L_2 vertauscht.

⇒ h zählt von L_1 aus entgegen der ursprünglichen Lichtrichtung positiv.

$$h = -\frac{f_1 d}{f_1 + f_2 - d}$$

Fall 1: $h = -13\ \text{mm}$

Fall 2: $h = +19\ \text{mm}$

O 4.5 Teleobjektiv I

Gegeben ist ein Linsensystem, bestehend aus den beiden dünnen Linsen L_1 und L_2 mit den Brennweiten $f_1 > 0$ und $f_2 < 0$ im Abstand d.

a) Man zeichne den Strahlengang für einen unendlich fernen Achsenpunkt maßstäblich entsprechend den gegebenen Zahlenwerten!

b) Man berechne die Gesamtbrennweite f des Systems!

c) Man berechne den Abstand l von der Vorderlinse L_1 bis zur Brennebene F' des Systems!

d) Welchen Abstand d_0 muss man den beiden Linsen geben, damit man ein scharfes Sonnenbild vom Durchmesser y' erhält?
Die Sonne erscheint unter dem Sehwinkel σ.

e) Wie groß ist der Abstand l_0 des Sonnenbildes von der Linse L_1?

$f_1 = 60$ mm $\quad f_2 = -30$ mm $\quad d = 40$ mm $\quad y' = 50$ mm $\quad \sigma = 32'$

---

a)

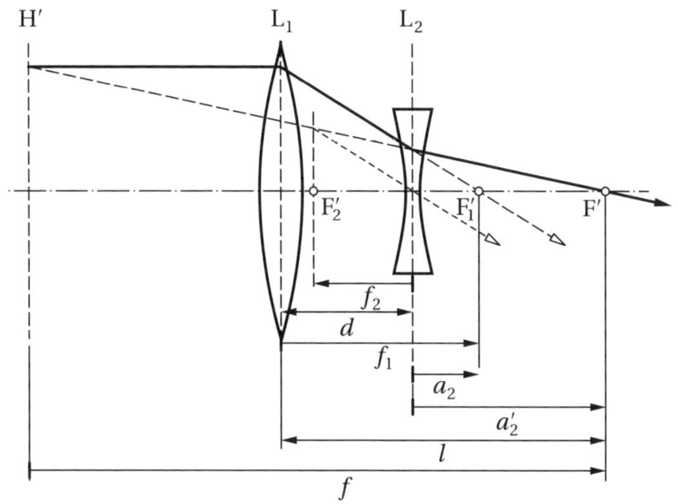

b) $$\frac{1}{f} = \frac{1}{f_1} + \frac{1}{f_2} - \frac{d}{f_1 f_2}$$

$$f = \frac{f_1 f_2}{f_1 + f_2 - d} = \underline{\underline{180 \text{ mm}}}$$

c) $l = a_2' + d$

Ermittlung von a_2':

$$\frac{1}{f_2} = \frac{1}{a_2} + \frac{1}{a_2'}$$

$$a_2 = -(f_1 - d) \qquad (\text{wegen } a_2' < 0)$$

$$a_2' = \frac{-(f_1 - d)\, f_2}{-f_1 + d - f_2} = \frac{(f_1 - d)\, f_2}{f_1 + f_2 - d}$$

$$l = \frac{(f_1 - d)\, f_2}{f_1 + f_2 - d} + d = \underline{\underline{100 \text{ mm}}}$$

d) $y' = \sigma f$

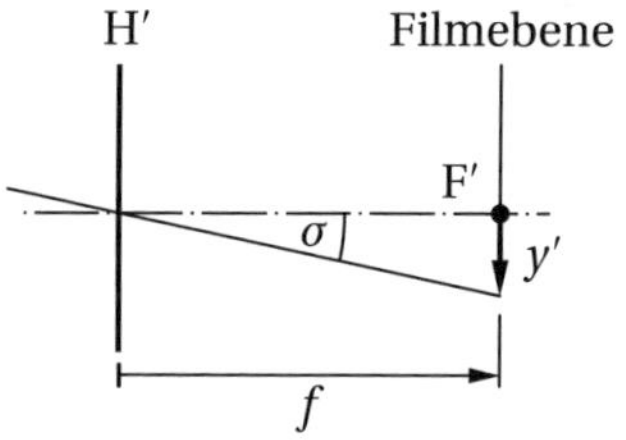

Mit der Formel für f aus der Teilaufgabe b):

$$y' = \frac{\sigma f_1 f_2}{f_1 + f_2 - d_0}$$

$$\underline{d_0 = f_1 + f_2 - \frac{\sigma f_1 f_2}{y'}} = \underline{\underline{30{,}3\ \text{mm}}}$$

e) Verwendung der Formel für l aus Teilaufgabe c):

$$l_0 = \frac{(f_1 - d_0)\, f_2}{f_1 + f_2 - d_0} + d_0$$

Mit dem Ausdruck für d_0 aus Teilaufgabe d):

$$l_0 = \frac{\left(\frac{\sigma f_1 f_2}{y'} - f_2\right) f_2}{\frac{\sigma f_1 f_2}{y'}} + f_1 + f_2 - \frac{\sigma f_1 f_2}{y'}$$

$$l_0 = f_2 - \frac{y' f_2}{\sigma f_1} + f_1 + f_2 - \frac{\sigma f_1 f_2}{y'}$$

$$\underline{l_0 = f_1 + f_2\left(2 - \frac{y'}{\sigma f_1} - \frac{\sigma f_1}{y'}\right)} = \underline{\underline{2{,}7\ \text{m}}}$$

O 4.6 Teleobjektiv II

Eine dünne Sammellinse L_1 und eine dünne Zerstreuungslinse L_2 vom gleichen Betrag f_0 der Brennweite werden im Abstand d_0 voneinander aufgestellt.

a) Konstruieren Sie die Brennpunkte und die Hauptebenen des Systems! (Nehmen Sie für die Skizze $d_0 < f_0$ an.)

b) Wo befinden sich H und H′ unabhängig von der Wahl von d_0?

c) Der Abstand l der dingseitigen Hauptebene H des Systems von der Sammellinse L_1 und die Gesamtbrennweite f des Systems sollen vorgegebene Werte haben.
Wie groß müssen dann f_0 und d_0 gewählt werden?

$l = 60$ mm $\qquad f = 180$ mm

a)

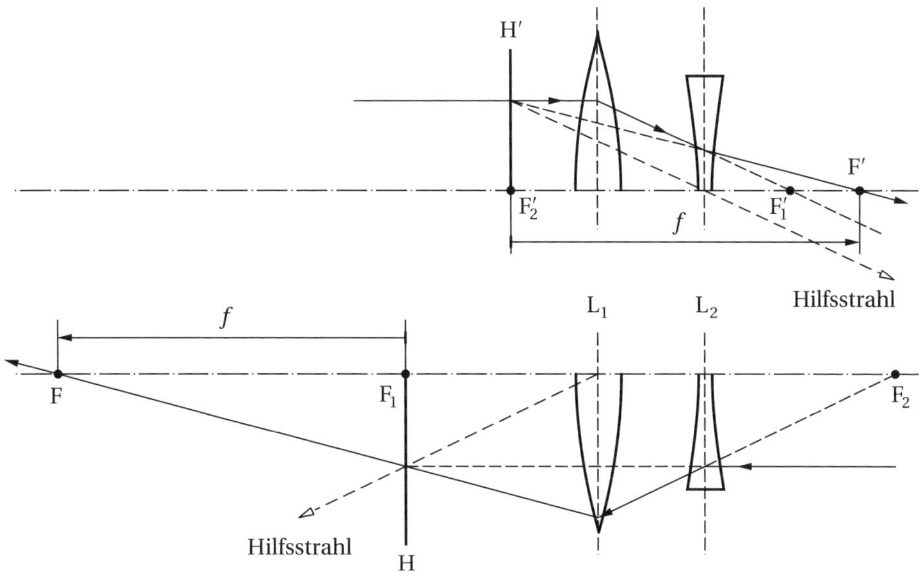

b) $\underline{H' \text{ bei } F_2'}$

$\underline{H \text{ bei } F_1}$

c) $\underline{f_0} = l = \underline{\underline{60 \text{ mm}}}$ (Vergleich a) und b))

$$\frac{1}{f} = \frac{1}{f_1} + \frac{1}{f_2} - \frac{d}{f_1 f_2}$$

$$f_1 = +l$$

$$f_2 = -l$$

$$d = d_0$$

$$\frac{1}{f} = \frac{1}{l} - \frac{1}{l} + \frac{d_0}{l^2}$$

$$\underline{d_0 = \frac{l^2}{f}} = \underline{\underline{20 \text{ mm}}}$$

O 4.7 Zerstreuungslinse II

Eine dicke Linse der Brennweite $f_1 > 0$ und eine dünne Linse der Brennweite $f_2 > 0$ werden hintereinander aufgestellt, sodass die bildseitige Hauptebene H_1' und die Mittelebene der Linse L_2 den Abstand $d > f_1$ haben.

a) Konstruieren Sie den Brennpunkt F' und die bildseitige Hauptebene H′ des Gesamtsystems!

b) Leiten Sie unter Benutzung der Strahlenkonstruktion und der Abbildungsgleichung eine Formel zur Berechnung der Gesamtbrechkraft $1/f$ des Systems her und berechnen Sie damit f!

$f_1 = 50$ mm $\quad f_2 = 20$ mm $\quad d = 100$ mm

a)

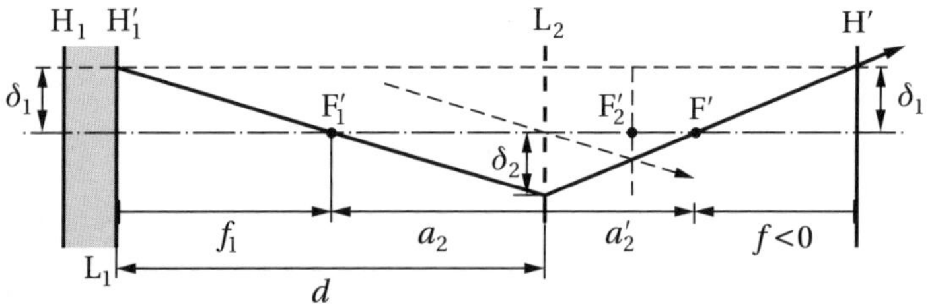

F' vor H': Zerstreuungslinse $(f < 0)$

b) Strahlensatz:

$$\frac{a_2'}{-f} = \frac{\delta_2}{\delta_1}$$

$$\frac{a_2}{f_1} = \frac{\delta_2}{\delta_1}$$

$$\Rightarrow \quad \frac{a_2'}{-f} = \frac{a_2}{f_1}$$

$$\frac{1}{f} = -\frac{a_2}{a_2' f_1}$$

$$a_2 = d - f_1$$

$$\frac{1}{f_2} = \frac{1}{a_2} + \frac{1}{a_2'}$$

$$\frac{a_2}{a_2'} = \frac{a_2 - f_2}{f_2} = \frac{d - (f_1 + f_2)}{f_2}$$

$$\frac{1}{f} = \frac{f_1 + f_2 - d}{f_1 f_2} = \underline{\frac{1}{f_1} + \frac{1}{f_2} - \frac{d}{f_1 f_2}}$$

$$\underline{f = \frac{f_1 f_2}{f_1 + f_2 - d}} = \underline{\underline{-33\ \text{mm}}}$$

O 4.8 Achromat II

Eine achromatische Linse soll aus einer symmetrischen Bikonvexlinse der Glassorte 1 und einer mit dieser verkitteten Plankonkavlinse der Glassorte 2 bestehen. Für die Spektrallinie D soll die Brennweite f erreicht werden.

a) Welchen Betrag r müssen die Krümmungsradien der Linsen haben?

b) Welche Bedingung müssen die Dispersionen ϑ_1 und ϑ_2 der beiden Glassorten erfüllen, damit es sich tatsächlich um einen Achromaten handelt?

$n_{1D} = 1{,}5100 \qquad n_{2D} = 1{,}6128 \qquad f = 200$ mm

---

a) $$\frac{1}{f_1} = (n_1 - 1)\left(\frac{1}{r} + \frac{1}{r}\right)$$

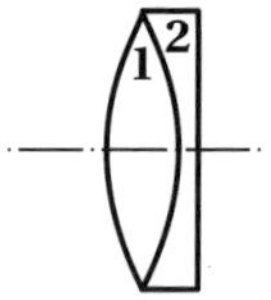

$$\frac{1}{f_2} = (n_2 - 1)\left(-\frac{1}{r}\right)$$

$$\frac{1}{f} = \frac{1}{f_1} + \frac{1}{f_2} \qquad (d \ll f_1, f_2)$$

$$\Rightarrow \quad \frac{1}{f} = \frac{2(n_1 - 1) - (n_2 - 1)}{r}$$

$$r = (2n_{1D} - n_{2D} - 1)\,f = \underline{\underline{81\ \text{mm}}}$$

b) $$\frac{1}{f_C} = \frac{1}{f_F}$$

$$\Rightarrow \quad 2n_{1C} - n_{2C} - 1 = 2n_{1F} - n_{2n} - 1$$

$$n_{2F} - n_{2C} = 2\,(n_{1F} - n_{1C})$$

$$\underline{\vartheta_2 = 2\vartheta_1}$$

O 5 Auge, optische Vergrößerung

O 5.1 Weitsichtigenbrille

Welche Brechkraft D (in dpt) braucht ein Weitsichtiger für seine Brille, wenn der Nahpunkt aus der Entfernung s_N in die Bezugssehweite S verlagert werden soll?

$s_N = 200$ cm

$$D = \frac{1}{f} = \frac{1}{a} + \frac{1}{a'}$$

$$D = \frac{1}{S} - \frac{1}{s_N} = \underline{\underline{3{,}5\ \text{dpt}}}$$

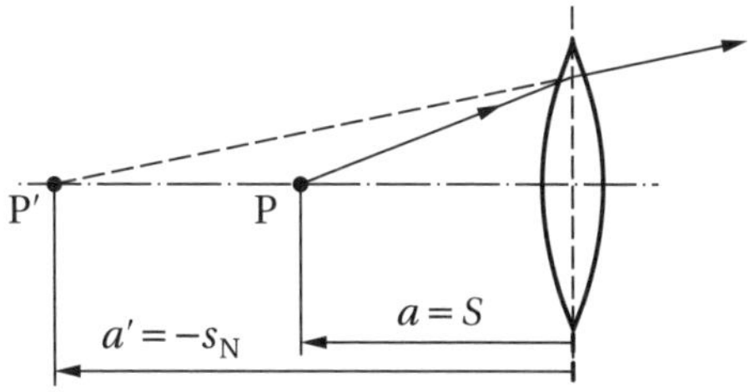

O 5.2 Alterssichtigkeit

Bei einem alterssichtigen Auge verschiebt eine Brille der Brennweite $f > 0$ den Nahpunkt in die Entfernung s'_N.

In welcher Entfernung s_N befindet er sich beim bloßen Auge?

$f = 250$ mm $\quad s'_N = 200$ mm

$$\frac{1}{f} = \frac{1}{a} + \frac{1}{a'}$$

$$\frac{1}{f} = \frac{1}{s'_N} - \frac{1}{s_N}$$

$$\underline{s_N = \frac{s'_N f}{f - s'_N}} = \underline{\underline{1000\ \text{mm}}}$$

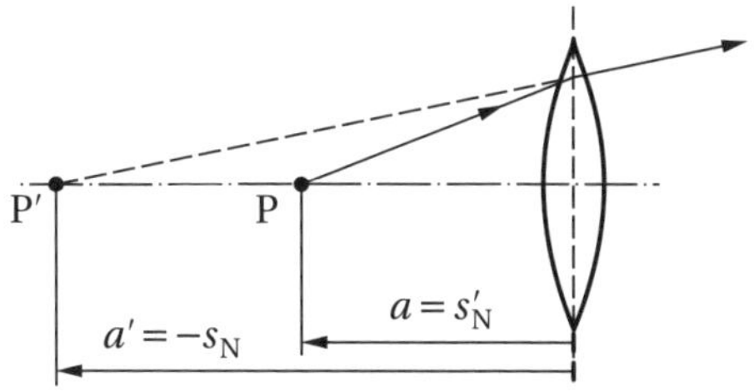

O 5.3 Kurzsichtigkeit

Ein Kurzsichtiger kann auf Entfernungen zwischen s_N (Nahpunkt) und s_F (Fernpunkt) akkommodieren. Er braucht eine Brille, die einen unendlich fernen Achsenpunkt in seinen Fernpunkt abbildet.

a) Wie groß ist deren Brennweite f?

b) In welcher Entfernung s'_N befindet sich der Punkt, der auf den Nahpunkt des Auges abgebildet wird?

$s_N = 80$ mm $\quad s_F = 400$ mm

---

a) $\dfrac{1}{f} = \dfrac{1}{a} + \dfrac{1}{a'}$

$\dfrac{1}{f} = 0 - \dfrac{1}{s_F}$

$\underline{f = -s_F} = \underline{\underline{-400 \text{ mm}}}$

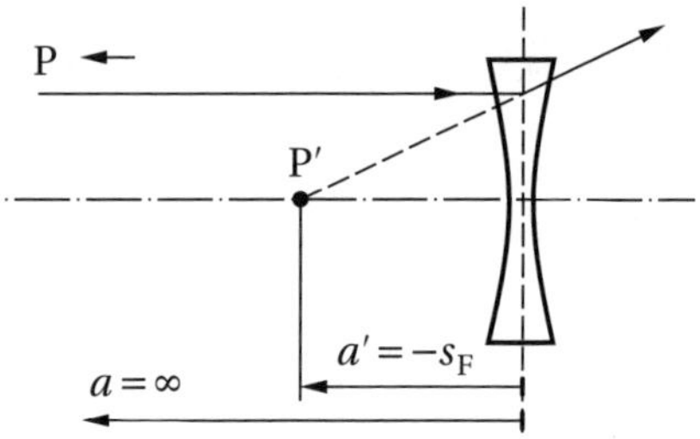

b) $\dfrac{1}{f} = \dfrac{1}{a} + \dfrac{1}{a'}$

$a' = -s_N$

$a = s'_N$

$f = -s_F$

$\underline{s'_N = \dfrac{s_N s_F}{s_F - s_N}} = \underline{\underline{100 \text{ mm}}}$

O 5.4 Sonnenbeobachtung

Zur Beobachtung der Sonne wird mithilfe eines Brillenglases das Bild der Sonne auf einen Schirm projiziert. Ein scharfes Sonnenbild mit dem Durchmesser d entsteht, wenn der Schirm den Abstand a' von der Linse hat.

a) Wie groß sind Brennweite f und Brechkraft D des Brillenglases?

b) Berechnen Sie den Sehwinkel σ_0, unter dem man die Sonne sieht!

c) Welche Vergrößerung Γ wird bei der Beobachtung auf dem Schirm erreicht?

$d = 18{,}7$ mm $\quad a' = 2{,}0$ m

---

a) $\dfrac{1}{f} = \dfrac{1}{a} + \dfrac{1}{a'}$

$a = \infty$

$\Rightarrow \quad \underline{f = a'} = \underline{\underline{2{,}0 \text{ m}}}$

$\underline{D = \dfrac{1}{f} = \dfrac{1}{a'}} = \underline{\underline{0{,}5 \text{ dpt}}}$

b) $\sigma_0 = \dfrac{d}{f}$

$\underline{\sigma_0 = \dfrac{d}{a'}} = \underline{\underline{32'}}$

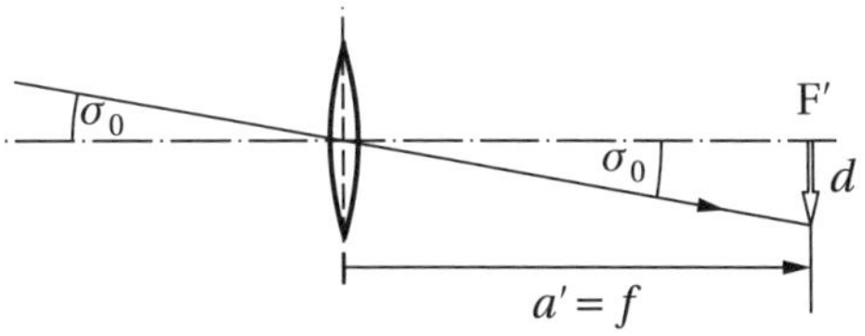

c) $\Gamma = \dfrac{\sigma_m}{\sigma_0}$

$\sigma_m = \dfrac{d}{S}$

$\underline{\Gamma = \dfrac{a'}{S}} = \underline{\underline{8{,}0}}$

(einlinsiges „Fernrohr“)

O 5.5 Vergrößerungen

Im Abstand $a > f$ vor einer Linse der Brennweite f steht ein kleiner Gegenstand. Ein Beobachter betrachtet das Bild des Gegenstandes aus der Entfernung S.

Berechnen Sie die Vergrößerung Γ, indem Sie bei der Festlegung des Bezugssehwinkels folgende Fälle unterscheiden:

a) Betrachtung des Gegenstandes bei unveränderter Position von Gegenstand und Auge nach Entfernen der Linse,

b) Betrachtung des Gegenstandes aus der Bezugssehweite S!

$a = 60$ mm $\quad f = 50$ mm

---

a) $\Gamma = \dfrac{\sigma_m}{\sigma_0}$

$\sigma_m = \dfrac{-y'}{S}$ (wegen $y' < 0$)

$\sigma_0 = \dfrac{y}{b}$

$\sigma_0 = \dfrac{y}{a + a' + S}$

$\Gamma = \dfrac{-y'}{y} \cdot \dfrac{a + a' + S}{S} = \dfrac{a'}{a} \cdot \dfrac{a + a' + S}{S}$

$\dfrac{1}{f} = \dfrac{1}{a} + \dfrac{1}{a'}$

$a' = \dfrac{af}{a - f}$

$\Gamma = \dfrac{f}{a - f} \, \dfrac{a + \dfrac{af}{a - f} + S}{S}$

$\underline{\Gamma = \dfrac{f}{a - f}\left[\dfrac{a^2}{S\,(a - f)} + 1\right]} = \underline{\underline{12{,}2}}$

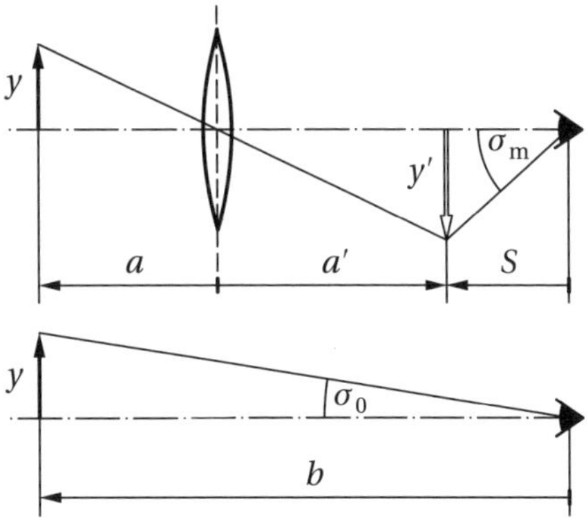

b) $\Gamma = \dfrac{\sigma_m}{\sigma_0}$

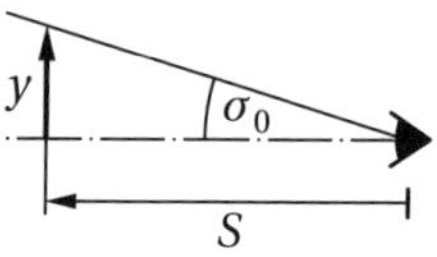

$$\sigma_m = \frac{-y'}{S}$$

$$\sigma_0 = \frac{y}{S}$$

$$\Gamma = -\frac{y'}{y} = \frac{a'}{a}$$

$$a' = \frac{af}{a-f} \qquad \text{aus Teilaufgabe a)}$$

$$\Gamma = \frac{f}{a-f} = \underline{\underline{5{,}0}}$$

O 5.6 Leseglas

Ein Leser betrachtet einen Buchstaben der Größe y aus der Entfernung S. Wenn er ein Leseglas (Brennweite f) benutzt, hält er dieses im Abstand a über der Schrift, ändert aber dabei den Abstand des Auges vom Buch nicht.

a) In welcher Entfernung s vom Auge entsteht das Bild?
b) Welche Größe y' hat das Bild des Buchstabens?
c) Welche Vergrößerung Γ erzielt der Leser auf diese beschriebene Weise?

$f = 50$ mm $\qquad a = 40$ mm $\qquad y = 2{,}5$ mm

---

a) $s = S - a - a' \qquad$ (wegen $a' < 0$)

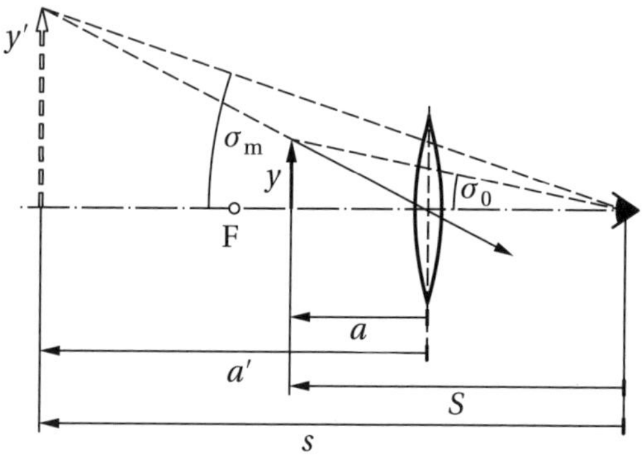

$$\frac{1}{f} = \frac{1}{a} + \frac{1}{a'}$$

$$a' = \frac{af}{a-f}$$

$$s = S - a - \frac{af}{a-f}$$

$$s = S + \frac{a^2}{f-a} = \underline{\underline{410 \text{ mm}}}$$

b) $\dfrac{y'}{y} = -\dfrac{a'}{a} = -\dfrac{f}{a-f}$

$$y' = y\frac{f}{f-a} = \underline{\underline{12{,}5 \text{ mm}}}$$

c) $\Gamma = \dfrac{\sigma_m}{\sigma_0}$

$$\sigma_m = \frac{y'}{s}$$

$$\sigma_0 = \frac{y}{S}$$

$$\Gamma = \frac{y'S}{ys} = \frac{f}{f-a} \cdot \frac{S}{S + \dfrac{a^2}{f-a}}$$

$$\Gamma = \frac{f\,S}{S\,(f-a)+a^2} = \underline{\underline{3{,}0}}$$

O 5.7 Sonnenfinsternis

Bei einer Sonnenfinsternis benutzt ein Weitsichtiger seine Brille (Brechkraft D), um ein Bild der Sonne auf einem Blatt Papier zu erzeugen. Er betrachtet das Bild im Nahpunkt seines Auges.

Sieht er das Bild vergrößert?

(*Hinweis:* Man gehe davon aus, dass die Brille den Nahpunkt des Auges auf die Bezugssehweite korrigiert.)

$D = 1$ dpt

$a = \infty$

$a' = f = \dfrac{1}{D}$

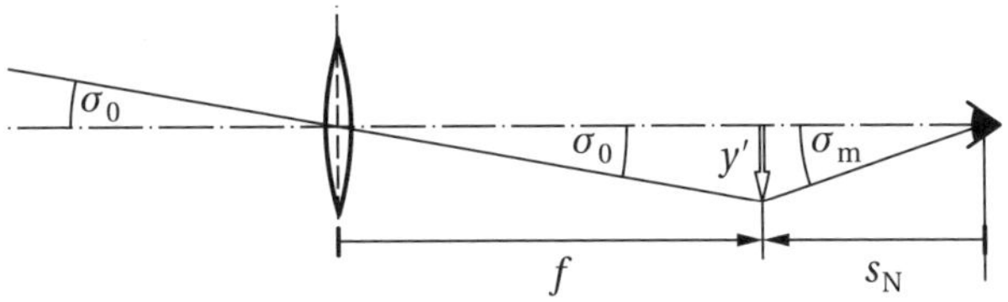

(In Wirklichkeit erfolgt die Betrachtung von links.)

$$\Gamma = \frac{\sigma_m}{\sigma_0}$$

$$\sigma_m = \frac{y'}{s_N}$$

$$\sigma_0 = \frac{y'}{f}$$

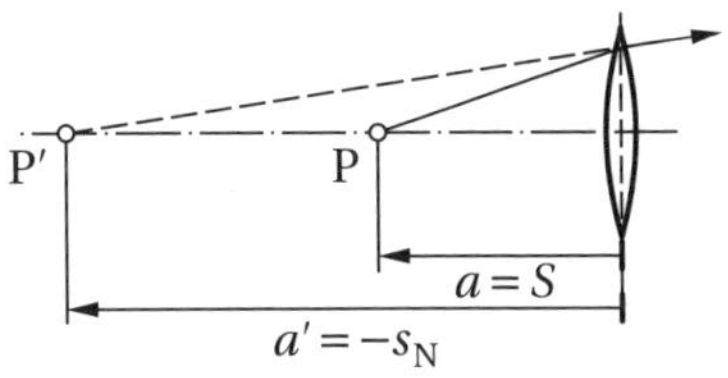

$$\Gamma = \frac{f}{s_N}$$

Ermittlung von s_N:

$$\frac{1}{f} = \frac{1}{a} + \frac{1}{a'} = \frac{1}{S} - \frac{1}{s_N}$$

$$s_N = -\frac{f\,S}{S-f} = \frac{S}{S\left(\frac{1}{D} - S\right)}$$

$$\Gamma = \frac{\frac{1}{D} - S}{S}$$

$$\Gamma = \frac{1}{DS} - 1 = \underline{\underline{3{,}0}}$$

Er sieht das Bild vergrößert.

O 6 Optische Geräte

O 6.1 Lupe I

Bei einer Lupe der Brennweite f wird auf die Bezugssehweite S akkommodiert.

a) Welche Vergrößerung Γ_S erreicht man?
b) Wie groß ist der Abbildungsmaßstab β in diesem Fall?
c) Man vergleiche Γ_S mit der Normalvergrößerung Γ_0!

---

a) $\Gamma = \dfrac{\sigma_m}{\sigma_0}$

$$\sigma_m = \frac{y}{a}$$

$$\sigma_0 = \frac{y}{S}$$

$$\Gamma_S = \frac{S}{a}$$

$$\frac{1}{f} = \frac{1}{a} + \frac{1}{a'}$$

$$a' = -S$$

$$\Rightarrow \quad a = \frac{Sf}{S+f}$$

$$\underline{\Gamma_S = \frac{S+f}{f} = 1 + \frac{S}{f}}$$

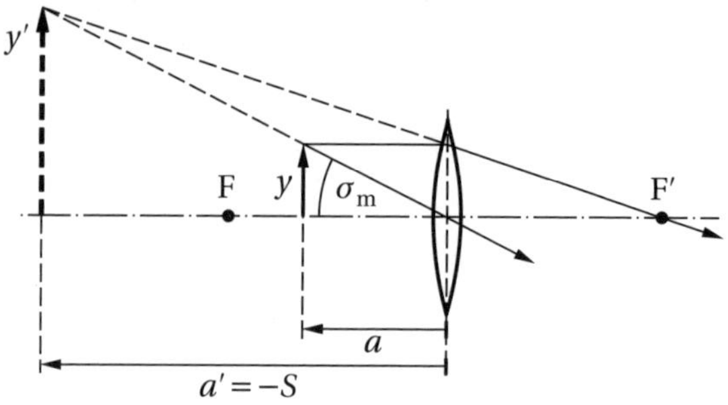

b) $\beta = -\dfrac{a'}{a} = \dfrac{S}{a}$

$$\underline{\beta = \Gamma_S}$$

c) $\Gamma_0 = \dfrac{S}{f}$

$$\underline{\Gamma_S = \Gamma_0 + 1}$$

O 6.2 Lupe II

Eine Lupe (Brennweite f) wird von einem Weitsichtigen (ohne Brille) so benutzt, dass das Bild im Nahpunkt seines Auges, d. h. in der Entfernung s_N vor dem Auge entsteht.

Wie hoch ist die Vergrößerung Γ, wenn man den Bezugssehwinkel
a) eines Normalsichtigen,
b) des Weitsichtigen selbst
zugrunde legt?

$s_N = 80$ cm $\qquad f = 35$ mm

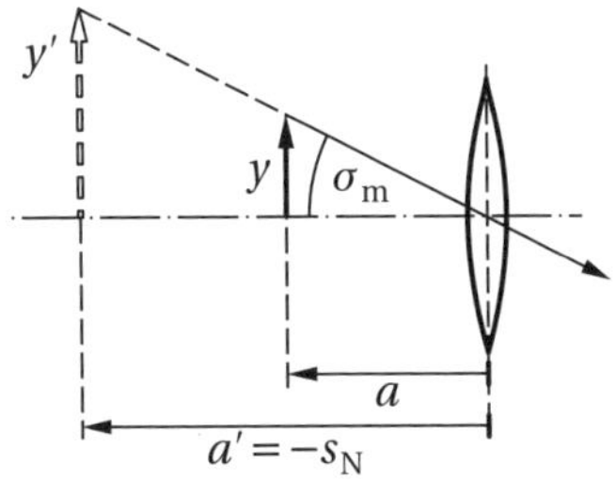

a) $\Gamma = \dfrac{\sigma_m}{\sigma_0}$

$$\sigma_m = \frac{y}{a}$$

$$\sigma_0 = \frac{y}{S}$$

$$\Gamma = \frac{S}{a}$$

$$\frac{1}{f} = \frac{1}{a} + \frac{1}{a'}$$

$$a' = -s_N$$

$$a = \frac{s_N f}{s_N + f}$$

$$\underline{\Gamma = \frac{S\,(s_N + f)}{s_N f}} = \underline{\underline{7{,}5}}$$

b) $\sigma_0 = \dfrac{y}{s_N}$

Mindestentferung des Gegenstandes (ohne Brille) ist s_N.

$$\Rightarrow \quad \underline{\Gamma = \frac{s_N}{a} = \frac{s_N}{f} + 1} = \underline{\underline{24}}$$

O 6.3 Normalvergrößerung

Ein Mikroskop besitzt ein Objektiv mit der Aufschrift 40× und und ein Okular mit der Aufschrift 15×. (Diese Aufschriften bedeuten die Vergrößerungen Γ_1 und Γ_2, wenn sich das Endbild im Unendlichen befindet.) Die Tubuslänge ist t.

a) Wie groß ist die Gesamtvergrößerung Γ_0 des Mikroskops?
b) Welche Brennweiten f_1 und f_2 haben Objektiv und Okular?
c) Welcher Abbildungsmaßstab β_1 liegt bei der Abbildung mit dem Objektiv vor?

$t = 160$ mm

---

a) $\underline{\Gamma_0 = \Gamma_1 \cdot \Gamma_2} = \underline{\underline{600}}$

b) $\Gamma_0 = \dfrac{tS}{f_1 f_2}$

Okular (Lupe):

$$\Gamma_2 = \frac{S}{f_2}$$

$$\underline{f_2 = \frac{S}{\Gamma_2}} = \underline{\underline{16{,}7\ \text{mm}}}$$

Objektiv:

$$\Gamma_1 = \frac{\Gamma_0}{\Gamma_2} = \frac{t}{f_1}$$

$$\underline{f_1 = \frac{t}{\Gamma_1}} = \underline{\underline{4{,}0\ \text{mm}}}$$

c) $\beta_1 = -\dfrac{a_1'}{a_1}$

$$a_1' = f_1 + t$$

$$\frac{1}{f_1} = \frac{1}{a_1} + \frac{1}{a_1'}$$

$$\frac{1}{a_1} = \frac{a_1' - f_1}{a_1' f_1}$$

$$\beta_1 = -\frac{a_1' - f_1}{f_1}$$

$$\underline{\beta_1 = -\frac{t}{f_1}} = -\Gamma_1 = \underline{\underline{-40}}$$

O 6.4 Mikroaufnahme

Ein Mikroskop wird als Mikrokamera benutzt. Anstelle des Okulars wird ein Projektiv der Brennweite f_2 verwendet. Der Abstand des Films vom Projektiv ist a_2'. Mit dem Objektiv wird der Abbildungsmaßstab β_1 erreicht.

a) Skizzieren Sie den Strahlenverlauf für einen Dingpunkt außerhalb der optischen Achse!

b) Welche Größe y hat ein Objekt, von dem auf dem Film ein Bild der Größe y' entsteht?

$\beta_1 = -26$ $\quad f_2 = 25$ mm $\quad a_2' = 194$ mm $\quad y' = 30$ mm

a)

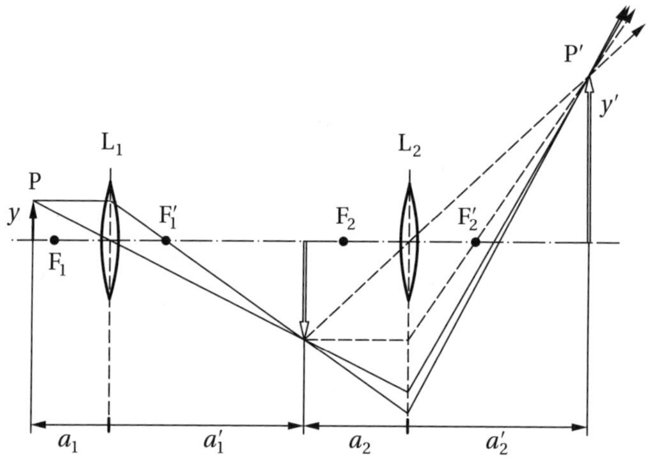

b) $\dfrac{y'}{y} = \beta_1 \beta_2$

$$y = \frac{y'}{\beta_1 \beta_2}$$

$$\beta_2 = -\frac{a_2'}{a_2}$$

$$\frac{1}{f_2} = \frac{1}{a_2} + \frac{1}{a_2'}$$

$$a_2 = \frac{a_2' f_2}{a_2' - f_2}$$

$$\beta_2 = 1 - \frac{a_2'}{f_2}$$

$$y = \frac{y'}{\beta_1 \left(1 - \frac{a_2'}{f_2}\right)} = \underline{\underline{0{,}17\ \text{mm}}}$$

O 6.5 Messmikroskop

Ein Strichgitter mit dem Strichabstand d wird durch ein Mikroskop mit entspanntem, normalsichtigem Auge betrachtet und soll dabei so groß wie eine Millimeterskale (Strichabstand e) erscheinen, die aus der Bezugssehweite S betrachtet wird. Das zur Verfügung stehende Objektiv hat die Vergrößerung Γ_1.

Welche Brennweite f_2 muss das Okular haben?

$d = 2{,}0\ \mu\text{m} \qquad \Gamma_1 = 45 \qquad e = 1\ \text{mm}$

Gesamtvergrößerung des Gitters:

$$\Gamma_0 = \frac{\sigma_\text{m}}{\sigma_0}$$

$$\sigma_\text{m} = \frac{e}{S}$$

$$\sigma_0 = \frac{d}{S}$$

$$\Gamma_0 = \frac{e}{d} = \Gamma_1 \Gamma_2$$

$$\Gamma_2 = \frac{S}{f_2}$$

$$\frac{e}{d} = \Gamma_1 \frac{S}{f_2}$$

$$f_2 = \frac{\Gamma_1 S d}{e} = \underline{\underline{22{,}5\ \text{mm}}}$$

O 6.6 Mikroskop

Das Objektiv eines Mikroskops hat die Brennweite f_1, das Okular die Brennweite f_2. Der Abstand der einander zugekehrten Brennpunkte ist t. Das Bild wird in der Bezugssehweite betrachtet.

a) Man skizziere die Bildkonstruktion!
b) Wie groß ist der Abbildungsmaßstab β_1 des reellen Zwischenbildes?
c) Wie hoch ist die Gesamtvergrößerung Γ des Mikroskops?

$f_1 = 5{,}00\ \text{mm} \qquad f_2 = 12{,}00\ \text{mm} \qquad t = 160\ \text{mm}$

---

a)

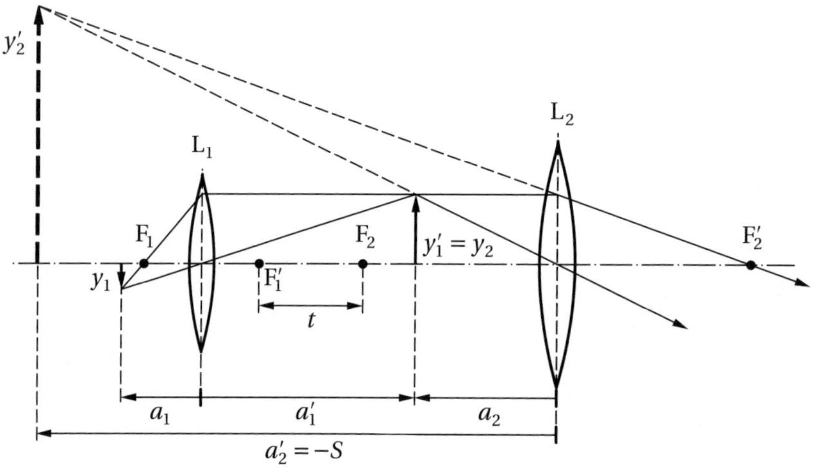

b) $\beta_1 = -\dfrac{a_1'}{a_1}$

$$\frac{1}{f_1} = \frac{1}{a_1} + \frac{1}{a_1'}$$

$$a_1 = \frac{a_1' f_1}{a_1' - f_1}$$

$$\beta_1 = -\frac{a_1' - f_1}{f_1}$$

$$a_1' = f_1 + t + f_2 - a_2$$

$$\frac{1}{f_2} = \frac{1}{a_2} + \frac{1}{a_2'}$$

$$a_2' = -S$$

$$a_2 = \frac{S f_2}{S + f_2}$$

$$a_1' = f_1 + t + \frac{f_2^2}{S + f_2}$$

$$\underline{\beta_1 = -\left(\frac{t}{f_1} + \frac{f_2^2}{f_1\,(S + f_2)}\right)} = \underline{\underline{-32{,}1}}$$

c) $\Gamma = \dfrac{\sigma_m}{\sigma_0}$

$$\sigma_m = \left|\frac{y_2'}{S}\right|$$

$$\sigma_0 = \left|\frac{y_1}{S}\right|$$

$$\Gamma = \left|\frac{y_2'}{y_1}\right| \cdot \left|\frac{y_2}{y_2}\right|$$

$$y_2 = y_1'$$

$$\Gamma = \left|\frac{y_2'}{y_2}\right| \cdot \left|\frac{y_1'}{y_1}\right| = |\beta_2| \cdot |\beta_1| = \beta$$

$$\beta_2' = -\frac{a_2'}{a_2}$$

$$a_2' = -S$$

$$a_2 = \frac{S f_2}{S + f_2}$$

$$\beta_2 = \frac{S + f_2}{f_2}$$

β_1 aus Teilaufgabe b)

$$\Gamma = \left(\frac{t}{f_1} + \frac{f_2^2}{f_1 (S + f_2)}\right) \frac{S + f_2}{f_2}$$

$$\Gamma = \frac{t}{f_1}\left(\frac{S}{f_2} + 1\right) + \frac{f_2}{f_1}$$

$$\underline{\Gamma = \frac{tS}{f_1 f_2} + \frac{f_2 + t}{f_1}} = \underline{\underline{701}}$$

(Normalvergrößerung: $\Gamma_0 = \dfrac{tS}{f_1 f_2} = 667$)

O 6.7 Schülermikroskop

Bei einem Schülermikroskop kann die Tubuslänge um die Strecke Δt verändert werden, sodass die Gesamtvergrößerung zwischen Γ_1 und Γ_2 kontinuierlich einstellbar ist. Die Vergrößerung des Okulars ist Γ_0. (Betrachtung mit entspanntem Auge.)

a) Wie groß ist die Okularbrennweite f_0?

b) Wie groß ist die Objektivbrennweite f_A?

c) Welche Werte t_1 und t_2 der Tubuslänge gehören zu Γ_1 und Γ_2?

$\Delta t = 68$ mm $\Gamma_0 = 6{,}25$ $\Gamma_1 = 125$ $\Gamma_2 = 225$

---

a) $$\Gamma_0 = \frac{S}{f_0}$$

$$\underline{f_0 = \frac{S}{\Gamma_0}} = \underline{\underline{40 \text{ mm}}}$$

b) $$\Gamma_1 = \frac{t_1 S}{f_A f_0} = \frac{t_1}{f_A}\Gamma_0$$

$$\Gamma_2 = \frac{t_2}{f_A}\Gamma_0$$

$$\Gamma_2 - \Gamma_1 = (t_2 - t_1)\frac{\Gamma_0}{f_A}$$

$$\underline{f_A = \frac{\Delta t \Gamma_0}{\Gamma_2 - \Gamma_1}} = \underline{\underline{4{,}25 \text{ mm}}}$$

c) $$\Gamma_1 = \frac{t_1}{f_A}\Gamma_0$$

$$t_1 = \frac{\Gamma_1}{\Gamma_0} f_A$$

$$\underline{t_1 = \frac{\Delta t \Gamma_1}{\Gamma_2 - \Gamma_1}} = \underline{\underline{85 \text{ mm}}}$$

$$\underline{t_2 = \frac{\Delta t \Gamma_2}{\Gamma_2 - \Gamma_1}} = \underline{\underline{153 \text{ mm}}}$$

O 6.8 Prismenfeldstecher

Zwei handelsübliche Prismenfeldstecher (als Keplersche Fernrohre anzusehen) haben die Bezeichnungen 8 × 30 und 7 × 50. Dabei bedeutet die erste Zahl die Normalvergrößerung Γ_0 und die zweite Zahl den Objektivdurchmesser D_1 in mm.

a) Wie groß ist bei beiden Feldstechern der Durchmesser D_2 des hinter dem Okular austretenden Parallellichtbündels, das von einem unendlich fernen Dingpunkt stammt?

b) Unter welchen Bedingungen bringt der (teurere und schwerere) Feldstecher 7 × 50 Vorteile im Leistungsvermögen gegenüber dem Feldstecher 8 × 30?

---

a)

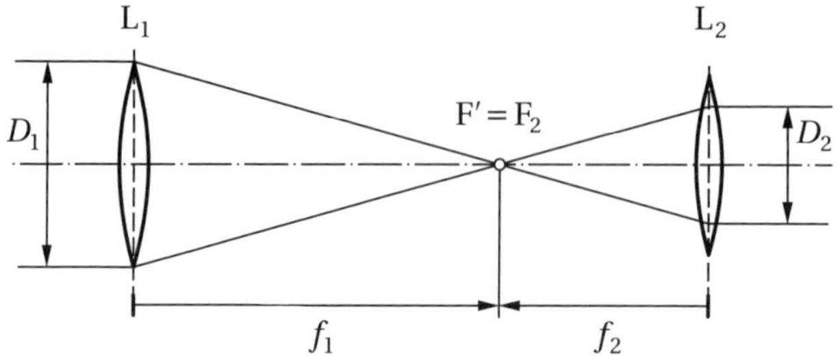

Strahlensatz:

$$\frac{D_2}{D_1} = \frac{f_2}{f_1}$$

$$\frac{f_1}{f_2} = \Gamma_0 \qquad \text{(Normalvergrößerung)}$$

$$\underline{D_2 = \frac{D_1}{\Gamma_0}}$$

8 × 30: $\underline{\underline{D_2 = 3{,}8\ \text{mm}}}$

7 × 50: $\underline{\underline{D_2 = 7{,}1\ \text{mm}}}$

b) In der Dämmerung, wenn der Durchmesser der Augenpupille größer als 3,8 mm ist.

O 6.9 Astronomisches Fernrohr

Ein astronomisches Fernrohr hat die Brennweiten f_1 und f_2. Die Pupille des beobachtenden Auges hat den Durchmesser d.

a) Wie hoch ist die Normalvergrößerung Γ_0?

b) Welchen Durchmesser d_1 muss das Objektiv mindestens haben, damit die Augenpupille das Lichtbündel begrenzt, das von einem unendlich fernen Punkt auf die Netzhaut gelangt?

c) Für die Sonnenbeobachtung wird ein Fernrohr häufig so benutzt, dass man das Zwischenbild in der Brennebene des Objektivs mithilfe des Okulars auf einen Schirm projiziert, der hinter dem Fernrohr angebracht ist.
Wie groß muss der Abstand e zwischen den einander zugekehrten Brennpunkten von Objektiv und Okular sein, damit das Sonnenbild auf dem Schirm den Durchmesser y_2' besitzt?
Der Durchmesser der Sonne erscheint unter dem Öffnungswinkel σ.
Man skizziere die Bildentstehung auf dem Schirm!

$f_1 = 1200$ mm $\quad f_2 = 30$ mm $\quad d = 3{,}5$ mm $\quad y_2' = 100$ mm $\quad \sigma = 32'$

a) $\Gamma_0 = \frac{f_1}{f_2} = 40$

b)

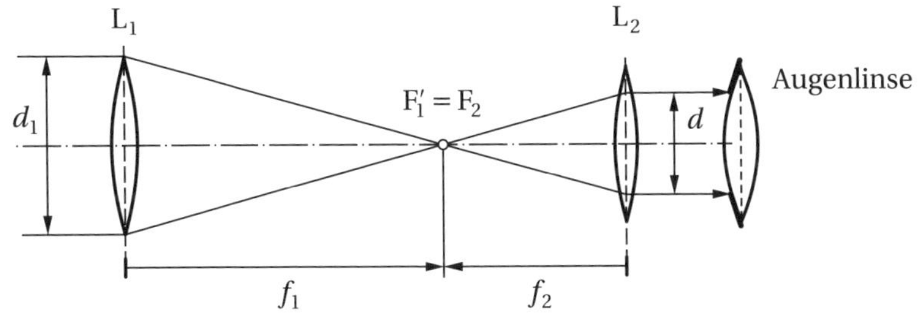

Strahlensatz:

$$\frac{d_1}{f_1} = \frac{d}{f_2}$$

$$d_1 = d\frac{f_1}{f_2} = 140 \text{ mm}$$

c)

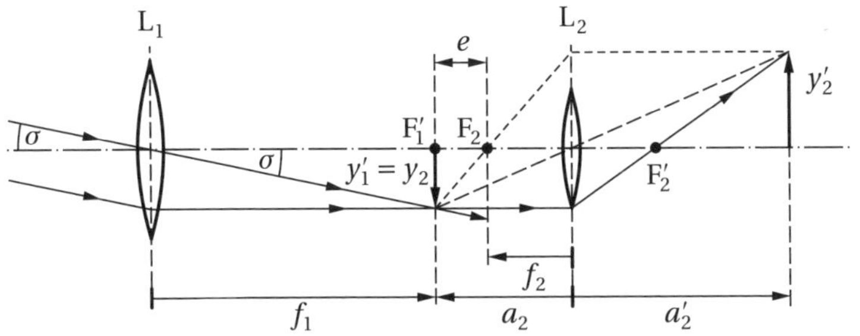

Strahlensatz:

$\Rightarrow$ Brennpunktstrahl in der Skizze (punktierte Linien)

$$\frac{e}{f_2} = \frac{|y_2|}{y_2'}$$

$$|y_2| = y_1' = \sigma f_1$$

$$e = \sigma \frac{f_1 f_2}{y_2'} = 3{,}4 \text{ mm}$$

O 6.10 Keplersches Fernrohr

Bei einem Keplerschen Fernrohr der Normalvergrößerung Γ_0 ist die Objektivbrennweite f_1.

a) Wie groß ist die Okularbrennweite f_2?

b) Das Okular lässt sich von einer Nullstellung aus, die der Beobachtung weit entfernter Gegenstände mit entspanntem, normalsichtigem Auge entspricht, gegenüber dem Objektiv um $\pm\Delta a'$ verschieben.
Wie groß ist der geringste Beobachtungsabstand a_1 mit diesem Fernglas bei entspanntem, normalsichtigem Auge?

c) Träger von Fernbrillen wollen das Fernglas für astronomische Beobachtung mit entspanntem Auge (ohne Brille) benutzen.
Für welchen Bereich der Fehlsichtigkeit – ausgedrückt durch die Brechkraft D ihrer Brillen – ist das möglich?
Berechnen Sie D_1 und D_2 für die untere und obere Grenze!

$f_1 = 200$ mm $\quad \Delta a' = 4{,}0$ mm $\quad \Gamma_0 = 6$

---

a) $\Gamma_0 = \dfrac{f_1}{f_2}$

$$f_2 = \frac{f_1}{\Gamma_0} = \underline{\underline{33{,}3 \text{ mm}}}$$

b) $\dfrac{1}{f_1} = \dfrac{1}{a_1} + \dfrac{1}{a_1'}$

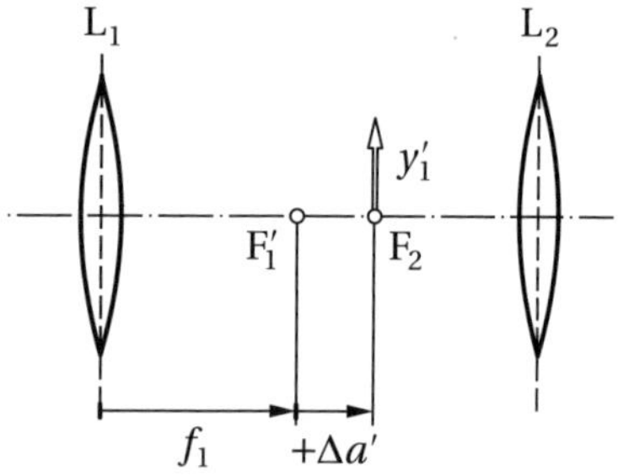

$$a_1 = \frac{a_1' f_1}{a_1' - f_1}$$

$$a_1' = f_1 + \Delta a'$$

$$a_1 = \frac{(f_1 + \Delta a')\, f_1}{\Delta a'} = \underline{\underline{10{,}2 \text{ m}}}$$

c) Abbildung eines unendlich fernen Punktes auf den Fernpunkt des Auges.

Mit dem Okular:

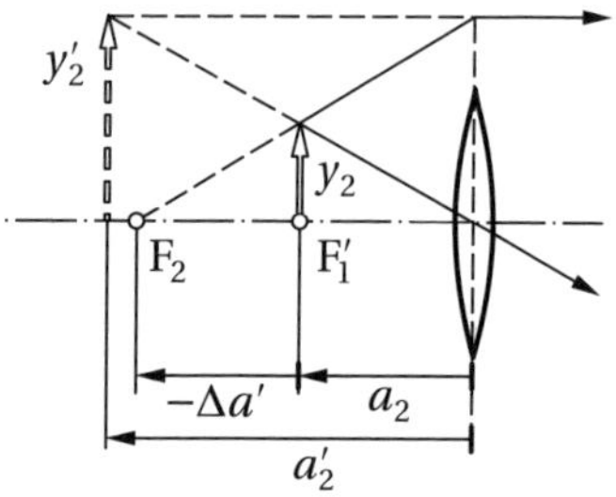

$$\frac{1}{f_2} = \frac{1}{a_2} + \frac{1}{a_2'}$$

$$a_2' = -s_F$$

$$a_2 = f_2 - \Delta a'$$

$$\frac{1}{f_2} = \frac{1}{f_2 - \Delta a'} - \frac{1}{s_F}$$

$$\frac{1}{s_F} = \frac{\Delta a'}{f_2\,(f_2 - \Delta a')} = \frac{1}{f_2\left(\dfrac{f_2}{\Delta a'} - 1\right)}$$

Untere Grenze von D (kurzsichtiges Auge)

Verwendung von $-\Delta a'$:

$$D_1 = \frac{1}{f_{B1}} = -\frac{1}{s_F} = -\frac{1}{f_2\left(\dfrac{f_2}{\Delta a'} - 1\right)}$$

$$D_1 = \frac{1}{f_2\left(1 - \dfrac{f_2}{\Delta a'}\right)} = \frac{\Gamma_0}{f_1\left(1 - \dfrac{f_1}{\Gamma_0 \Delta a'}\right)} = \underline{\underline{-4{,}1 \text{ dpt}}}$$

Obere Grenze von D (weitsichtiges Auge)

Verwendung von $+\Delta a'$:

$$D_2 = \frac{1}{f_{B2}} = -\frac{1}{s_F}$$

$$D_2 = \frac{1}{f_2\left(1 + \frac{f_2}{\Delta a'}\right)} = \frac{\Gamma_0}{f_1\left(1 + \frac{f_1}{\Gamma_0\,\Delta a'}\right)} = \underline{\underline{+3{,}2\ \text{dpt}}}$$

O 6.11 Theaterglas

Bei einem Theaterglas (Galileisches Fernrohr) ist die Normalvergrößerung Γ_0 (für unendlich weit entfernte Objekte) gegeben. Bei der Einstellung auf Unendlich ist der Abstand zwischen Objektiv und Okular gleich l. Dieser Abstand kann beim Einstellen auf näher gelegene Objekte um die Strecke e vergrößert werden.

a) Wie groß sind die Brennweiten f_1 und f_2 von Objektiv und Okular?
b) Wie groß ist der kürzeste Beobachtungsabstand a bei Beobachtung mit entspanntem Auge?

$\Gamma_0 = 3 \qquad l = 60\ \text{mm} \qquad e = 20\ \text{mm}$

---

a)

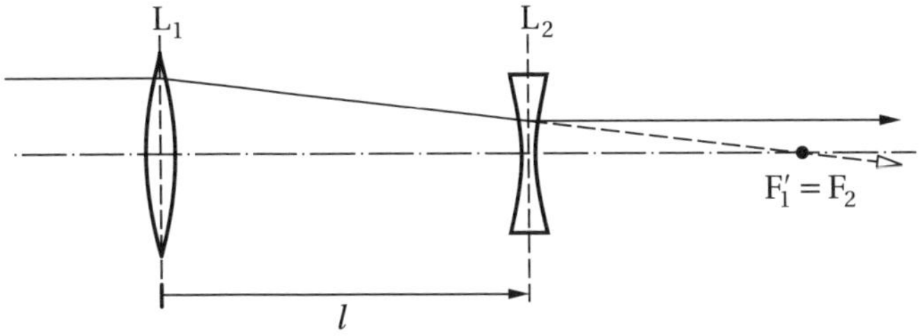

$$\Gamma_0 = \left|\frac{f_1}{f_2}\right| = -\frac{f_1}{f_2}$$

$$f_1 = -\Gamma_0 f_2$$

$$l = f_1 + f_2 \qquad (\text{wegen } f_2 < 0)$$

$$f_2 = l - f_1$$

$$f_1 = \frac{l}{1 - \frac{1}{\Gamma_0}} = \underline{\underline{90\ \text{mm}}}$$

$$f_2 = -\frac{f_1}{\Gamma_0}$$

$$f_2 = -\frac{l}{\Gamma_0 - 1} = \underline{\underline{-30\ \text{mm}}}$$

b)

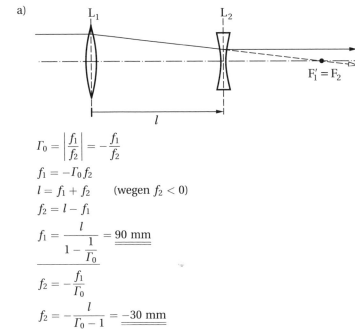

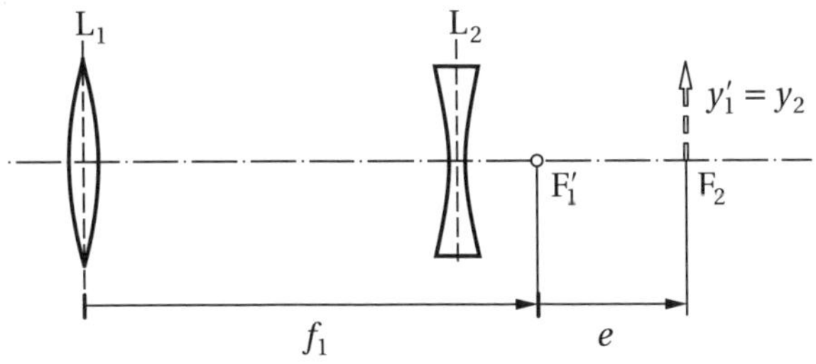

$$\frac{1}{f_1} = \frac{1}{a_1} + \frac{1}{a_1'}$$

$$a_1 = \frac{a_1' f_1}{a_1' - f_1}$$

$$a_1' = f_1 + e$$

$$\underline{a_1 = \frac{(f_1 + e)\, f_1}{e}} = \underline{\underline{50\ \text{cm}}}$$

O 6.12 Opernglas

In einem Opernglas hat das Objektiv die Brennweite f_1 und den Durchmesser d_1, das Okular die Brennweite $f_2 < 0$.

a) Welchen Durchmesser d_2 muss das Okular mindestens haben, damit alles Licht, das von einem Punkt auf der optischen Achse in der Entfernung a_1 ausgeht und vom Objektiv erfasst wird, auch das Okular passieren kann? Es wird mit entspanntem Auge betrachtet.

b) Um welche Strecke s und in welche Richtung muss das Okular verschoben werden, damit das Fernrohrbild in der Bezugssehweite S erscheint?
(Man skizziere die Bildentstehung durch das Okular!)

$f_1 = 12{,}0$ cm $\quad f_2 = -4{,}5$ cm $\quad d_1 = 2{,}1$ cm $\quad a_1 = 30$ m

---

a)

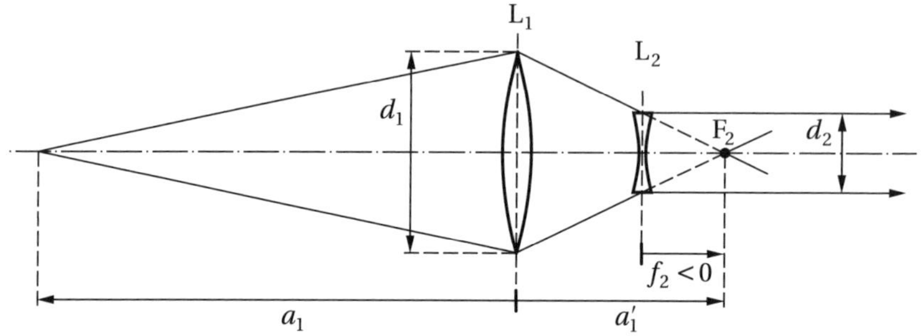

Strahlensatz:

$$\frac{d_2}{d_1} = -\frac{f_2}{a_1'} \qquad \text{(wegen } f_2 < 0\text{)}$$

$$d_2 = -d_1 \frac{f_2}{a_1'}$$

$$\frac{1}{f_1} = \frac{1}{a_1} + \frac{1}{a_1'}$$

$$a_1' = \frac{a_1 f_1}{a_1 - f_1}$$

$$\underline{d_2 = \frac{d_1 f_2}{f_1}\left(\frac{f_1}{a_1} - 1\right)} = \underline{\underline{7{,}8\ \text{mm}}}$$

b)

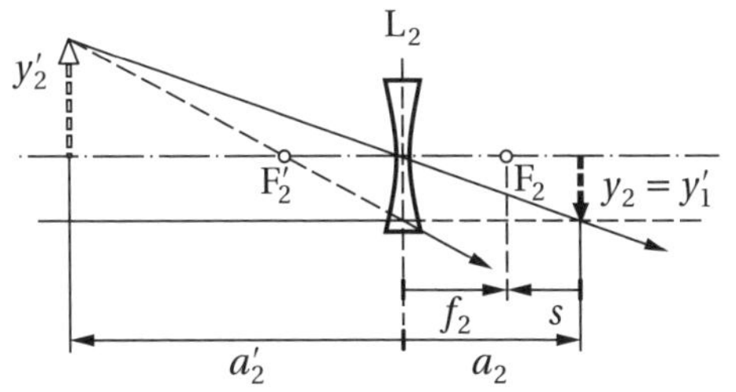

a_1 und a'_1 unverändert

$s = |a_2| - |f_2| = f_2 - a_2$ (wegen $a_2 < 0$, $f_2 < 0$)

$$\frac{1}{f_2} = \frac{1}{a_2} + \frac{1}{a'_2}$$

$$a_2 = \frac{a'_2 f_2}{a'_2 - f_2}$$

$$a'_2 = -S$$

$$a_2 = \frac{S f_2}{S + f_2}$$

$$s = f_2 - \frac{S f_2}{S + f_2}$$

$$\underline{s = \frac{f_2^2}{S + f_2}} = \underline{\underline{9{,}9\ \text{mm}}}$$

Verschiebung zum Objektiv hin

O 6.13 Kollektivlinse

Ein Keplersches Fernrohr hat die Objektivbrennweite f_1, die Okularbrennweite f_2 und den Objektivdurchmesser d_1. Der Fixsternhimmel wird mit entspanntem Auge betrachtet.

a) Zeichnen Sie qualitativ den Strahlenverlauf unter Benutzung der Randstrahlen, die gerade noch durch das Objektiv gelangen, für einen Fixstern, der sich auf der optischen Achse befindet, und für einen weiteren Fixstern, der außerhalb der optischen Achse liegt!

b) Welchen Durchmesser d_2 hat das Lichtbündel, das von dem auf der optischen Achse liegenden Fixstern kommt, im Okular?

c) In welcher Entfernung a'_2 hinter dem Okular fallen die Querschnittsflächen der von den beiden Fixsternen stammenden Lichtbündel zusammen?

d) Durch eine Sammellinse in der Zwischenbildebene (Kollektivlinse genannt) wird erreicht, dass die gemeinsame Querschnittsfläche der von verschiedenen Fixsternen stammenden Lichtbündel ins Okular fällt.
Welche Brennweite f_3 hat die Kollektivlinse?

$f_1 = 500$ mm $\quad f_2 = 25{,}0$ mm $\quad d_1 = 120$ mm

a)

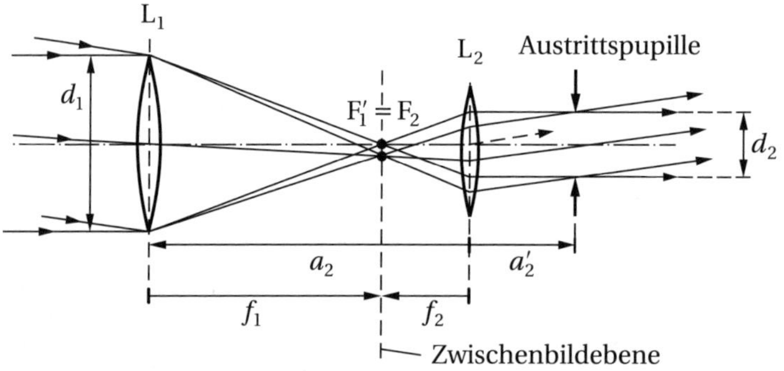

b) Strahlensatz:

$$\frac{d_2}{d_1} = \frac{f_2}{f_1}$$

$$\underline{d_2 = d_1 \frac{f_2}{f_1}} = \underline{\underline{6{,}0\ \text{mm}}}$$

c) $$\frac{1}{f_2} = \frac{1}{a_2} + \frac{1}{a_2'}$$

$$a_2' = \frac{a_2 f_2}{a_2 - f_2}$$

$$a_2 = f_1 + f_2$$

$$\underline{a_2' = \frac{(f_1 + f_2)\, f_2}{f_1}} = \underline{\underline{26{,}3\ \text{mm}}}$$

d)

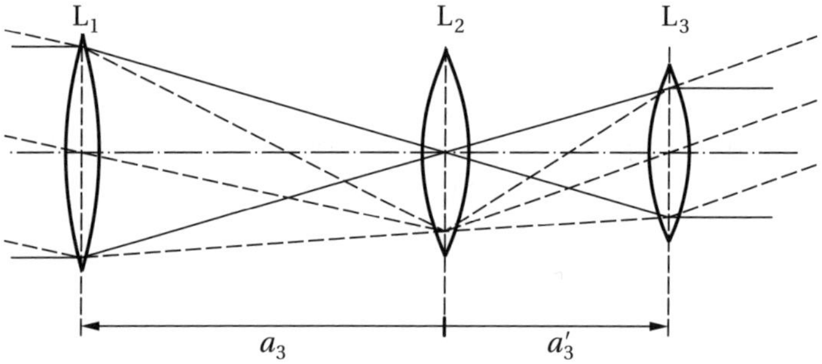

$$\frac{1}{f_3} = \frac{1}{a_3} + \frac{1}{a_3'}$$

$$a_3 = f_1$$

$$a_3' = f_2$$

$$\underline{f_3 = \frac{f_1 f_2}{f_1 + f_2}} = \underline{\underline{23{,}8\ \text{mm}}}$$

O 7 Interferenz und Beugung

O 7.1 Schallwellen

Eine ebene Schallwelle (W) mit der Frequenz f und der Ausbreitungsgeschwindigkeit c trifft auf ein Gitter (G) mit der Gitterkonstanten d.

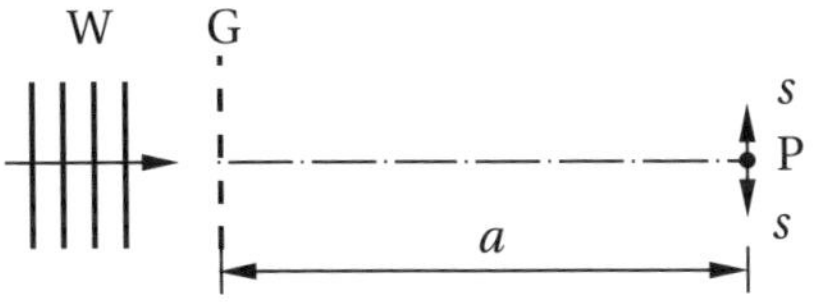

a) Um welche Strecke s muss eine Person (P), die auf das Gitter aus der Entfernung a blickt, nach links oder rechts gehen, damit sie in das erste Beugungsmaximum der Schallstärke gerät?
b) Werden hohe oder tiefe Töne stärker gebeugt? (Begründen!)

$f = 16$ kHz $\quad c = 340$ m/s $\quad d = 60$ mm $\quad a = 16{,}0$ m

---

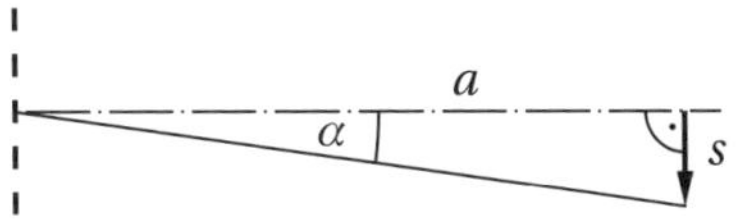

a) $\tan\alpha = \dfrac{s}{a}$

$$s = a\tan\alpha$$

$$\sin\alpha = \frac{\lambda}{d} \qquad (m = 1)$$

$$\tan\alpha = \frac{\sin\alpha}{\cos\alpha} = \frac{\sin\alpha}{\sqrt{1-\sin^2\alpha}} = \frac{\frac{\lambda}{d}}{\sqrt{1-\left(\frac{\lambda}{d}\right)^2}}$$

$$s = a\frac{\frac{\lambda}{d}}{\sqrt{1-\left(\frac{\lambda}{d}\right)^2}} = \frac{a}{\sqrt{\left(\frac{d}{\lambda}\right)^2 - 1}}$$

$$\lambda = \frac{c}{f}$$

$$s = \frac{a}{\sqrt{\left(\frac{fd}{c}\right)^2 - 1}} = \underline{\underline{6{,}0 \text{ m}}}$$

b) Tiefe Töne $\widehat{=}$ f kleiner $\Rightarrow$ s größer

O 7.2 Lautsprecher

Zwei im Abstand d voneinander angeordnete Lautsprecher Q_1 und Q_2 strahlen phasengleich einen Messton ab, den ein Beobachter bei P_0 wahrnimmt. Wenn sich der Beobachter von P_0 nach P_1 bewegt, nimmt die Lautstärke ab und erreicht bei P_1 ein Minimum.

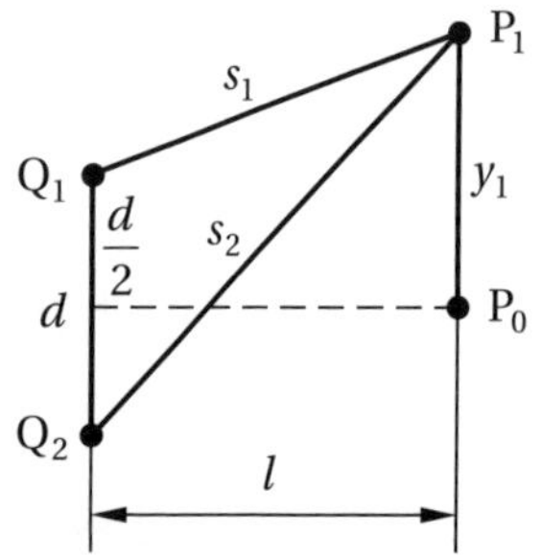

Welche Frequenz f hat der Ton?

Schallgeschwindigkeit $c = 345\ \text{m/s}$.

Die geometrischen Verhältnisse sind der Skizze zu entnehmen.

$d = 2{,}50\ \text{m} \qquad l = 3{,}50\ \text{m} \qquad y_1 = 1{,}55\ \text{m}$

$$f = \frac{c}{\lambda}$$

Im Minimum:

$$s_2 - s_1 = \frac{\lambda}{2}$$

$$\lambda = 2\,(s_2 - s_1)$$

$$f = \frac{c}{2\,(s_2 - s_1)}$$

Der Skizze ist zu entnehmen:

$$s_1^2 = \left(y_1 - \frac{d}{2}\right)^2 + l^2$$

$$s_2^2 = \left(y_1 + \frac{d}{2}\right)^2 + l^2$$

$$f = \frac{c}{2\left(\sqrt{\left(y_1 + \frac{d}{2}\right)^2 + l^2} - \sqrt{\left(y_1 - \frac{d}{2}\right)^2 + l^2}\right)} = \underline{\underline{178\ \text{Hz}}}$$

O 7.3 Beugungsbild

Paralleles Licht der Wellenlänge λ fällt senkrecht auf ein Beugungsgitter. Unmittelbar dahinter steht eine Linse der Brennweite f und entwirft in der Brennebene ein Beugungsbild, wobei die Maxima erster Ordnung den Abstand l voneinander haben.

Wie groß ist die Gitterkonstante d?

$\lambda = 500\ \text{nm} \qquad f = 1{,}00\ \text{m} \qquad l = 60{,}0\ \text{mm}$

$$\sin\alpha = \frac{\lambda}{d} \qquad (m = 1)$$

$$d = \frac{\lambda}{\sin\alpha}$$

$$\tan\alpha = \frac{l}{2f}$$

$$\alpha \ll 1$$

$$\sin\alpha \approx \tan\alpha$$

$$d = \frac{2f\lambda}{l} = \underline{\underline{16{,}7\ \mu\text{m}}}$$

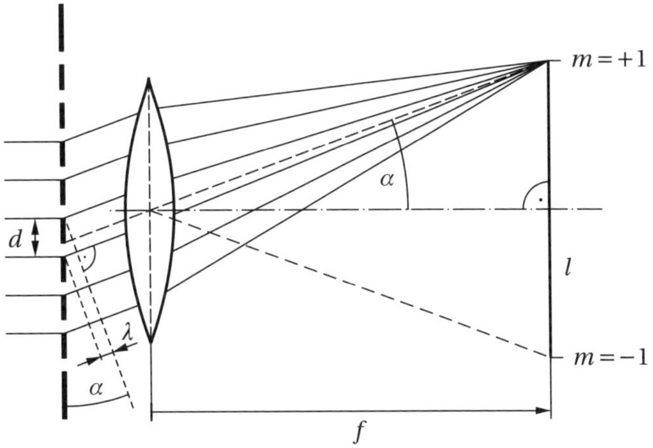

O 7.4 Gitterbreite

Welche Breite b muss ein Beugungsgitter der Gitterkonstanten d mindestens haben, wenn es die beiden Natrium-D-Linien im Spektrum erster Ordnung trennen soll?

$\lambda_1 = 589{,}6$ nm $\qquad \lambda_2 = 589{,}0$ nm $\qquad d = 5{,}0\ \mu$m

$$b = Nd$$

$$\frac{\lambda}{\delta\lambda} = mN$$

$$m = 1$$

$$\lambda \approx \lambda_1 \approx \lambda_2$$

$$\delta\lambda = \lambda_1 - \lambda_2$$

$$N = \frac{\lambda_1}{\lambda_1 - \lambda_2}$$

$$b = \frac{\lambda_1 d}{\lambda_1 - \lambda_2} = \underline{\underline{5\ \text{mm}}}$$

O 7.5 Überlappungsfreier Bereich

Senkrecht auf ein Beugungsgitter fällt Licht aus dem gesamten sichtbaren Bereich ($\lambda_1 = 400$ nm bis $\lambda_2 = 700$ nm).

Welches ist die höchste Beugungsordnung m, in der das Spektrum noch einen überlappungsfreien Bereich besitzt?

Zwischen welchen Wellenlängen λ_3 und λ_4 liegt dieser Bereich?

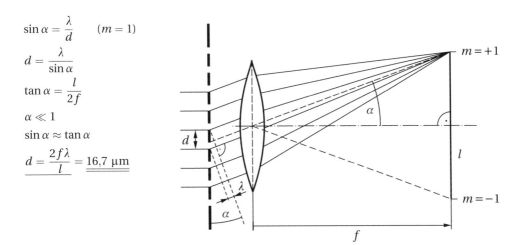

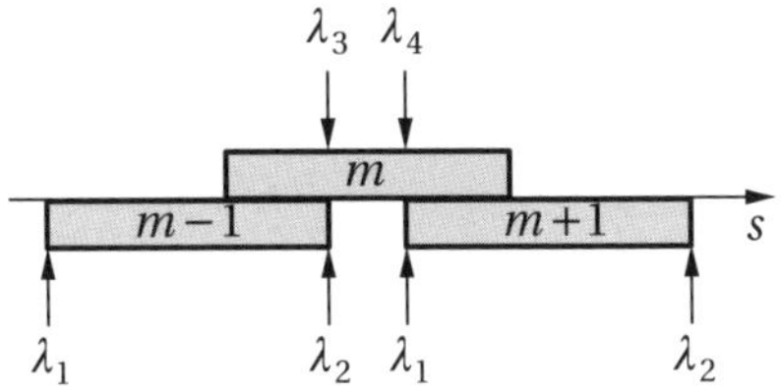

Bedingung:

Bereiche $(m-1)$ und $(m+1)$ erreichen sich nicht:

$\alpha_{m-1}(\lambda_2) < \alpha_{m+1}(\lambda_1)$

Für Beugung am Gitter gilt:

$d \sin\alpha = m\lambda$

$$\Rightarrow \quad (m-1)\,\lambda_2 < (m+1)\,\lambda_1$$

$$m\left(\lambda_2-\lambda_1\right) < \lambda_1+\lambda_2$$

$$\underline{m < \frac{\lambda_1+\lambda_2}{\lambda_2-\lambda_1}}$$

$$\underline{\underline{m = 3}}$$

$$(m-1)\,\lambda_2 = m\lambda_3$$

$$\underline{\lambda_3 = \frac{m-1}{m}\lambda_2} = \underline{\underline{467\ \text{nm}}}$$

$$(m+1)\,\lambda_1 = m\lambda_4$$

$$\underline{\lambda_4 = \frac{m+1}{m}\lambda_1} = \underline{\underline{533\ \text{nm}}}$$

O 7.6 Gitterdimensionierung

Mit einem Beugungsgitter soll der Wellenlängenbereich zwischen λ_1 und λ_2 überlappungsfrei dargestellt werden. Es wird eine auflösbare Wellenlängendifferenz kleiner als $\delta\lambda$ gefordert. Der Beugungswinkel soll den Wert α nicht überschreiten.

a) Wie hoch kann die Beugungsordnung m höchstens gewählt werden?
b) Wie viele Spaltöffnungen muss das Gitter mindestens haben?
c) Welche Gitterkonstante d ist erforderlich?
d) Welche Breite b hat das Gitter?

$\lambda_1 = 480$ nm $\quad \lambda_2 = 500$ nm $\quad \delta\lambda = 10^{-2}$ nm $\quad \alpha = 30°$

---

a) $m = \dfrac{\lambda}{\Delta\lambda}$

$$\lambda = \lambda_1$$

$$\lambda + \Delta\lambda = \lambda_2$$

$$\underline{m \leqq \frac{\lambda_1}{\lambda_2-\lambda_1}} = \underline{\underline{24}}$$

b) $\dfrac{\lambda}{\delta\lambda} = mN$

$$N = \frac{\lambda}{m\,\delta\lambda}$$

$$\underline{N \geqq \frac{\lambda_2}{m\,\delta\lambda}} = \underline{\underline{2083}}$$

c) $\sin \alpha_m = m\frac{\lambda}{d} < \sin \alpha$

$$\underline{d \geqq \frac{m\lambda_2}{\sin \alpha}} = \underline{\underline{24\ \mu\text{m}}}$$

d) $\underline{b = Nd} = \underline{\underline{50\ \text{mm}}}$

O 7.7 Reflexionsgitter

Auf ein Reflexionsgitter mit der Gitterkonstanten d fällt paralleles gelbes Licht der Wellenlänge λ unter dem Winkel α_1 gegenüber der Gitterebene.

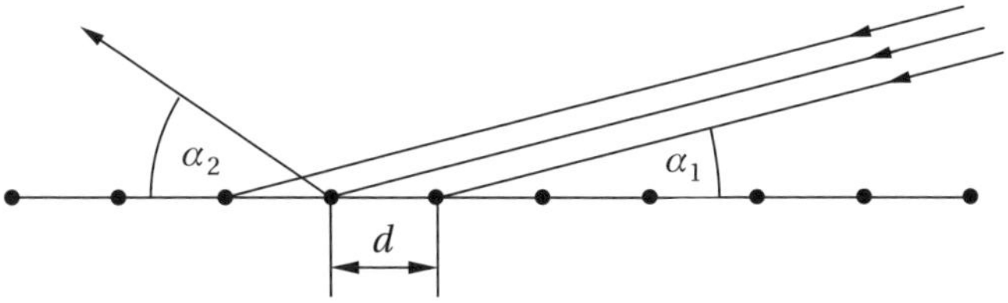

a) Unter welchem Winkel α_2 wird das Maximum erster Ordnung des gelben Lichtes beobachtet?
b) Muss der Beobachtungswinkel α_2 vergrößert oder verkleinert werden, wenn das Maximum des roten bzw. des blauen Lichtes gleicher Ordnung gesehen werden soll?

$d = 0{,}10$ mm $\lambda = 589$ nm $\alpha_1 = 2{,}0°$

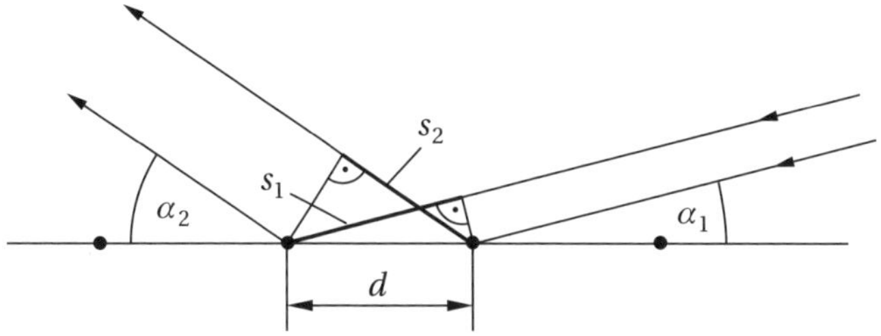

a) $\Delta s = s_1 - s_2 = m\lambda$

$s_1 = d \cos \alpha_1$

$s_2 = d \cos \alpha_2$ $m = \pm 1$

$\Delta s = d\,(\cos \alpha_1 - \cos \alpha_2) = \pm\lambda$

$\cos \alpha_2 = \cos \alpha_1 \underset{(+)}{-} \frac{\lambda}{d}$ (+) gibt keine Lösung, da α_1 zu klein.

$$\underline{\cos \alpha_2 = \cos \alpha_1 - \frac{\lambda}{d}}$$

$\underline{\underline{\alpha_2 = 6{,}5°}}$

b) Rot: λ größer $\Rightarrow$ $\cos \alpha_2$ kleiner

Rot: α_2 vergrößern

Blau: α_2 verkleinern

O 7.8 Satellitenkamera

Schätzen Sie ab, welchen Durchmesser d ein Kameraobjektiv haben müsste, mit dem man von einem Satelliten in der Höhe h aus ein lesbares Bild von einem Kraftfahrzeugkennzeichen erzeugen kann. Die erforderliche Auflösung (der Beschriftung) sei mit a angenommen. Das Licht hat die mittlere Wellenlänge λ.

$h = 100$ km $\quad a = 10$ mm $\quad \lambda = 500$ nm

---

a) $\sin\alpha_0 = 0{,}61\dfrac{\lambda}{r}$

$r = \dfrac{d}{2}$

Als erreichbare Auflösung gilt der Abstand zwischen dem Helligkeitsmaximum und dem ersten dunklen Ring des Beugungsscheibchens.

$\sin\alpha_0 \approx \tan\alpha_0 = \dfrac{a}{h}$

$\Rightarrow \quad 0{,}61 \cdot 2\dfrac{\lambda}{d} = \dfrac{a}{h}$

$\underline{d = 1{,}2\dfrac{\lambda h}{a}} = \underline{\underline{6\text{ m}}}$

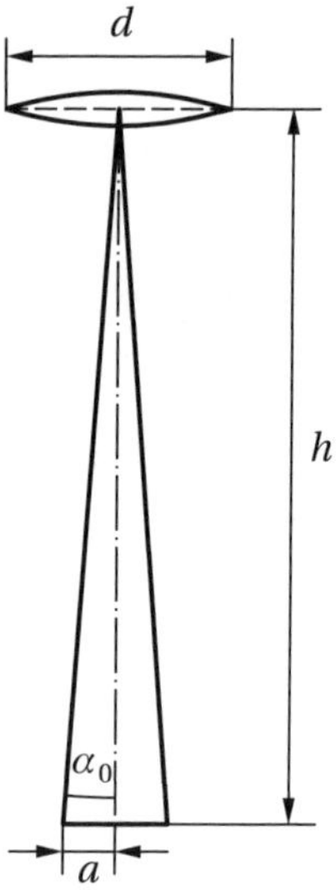

O 7.9 Laserlichtbündel

Mit einem streng parallelen Laserlichtbündel (Wellenlänge λ) vom Durchmesser d_0 soll von der Erde aus ein Fleck auf der Mondoberfläche bestrahlt werden. Die Entfernung Erde - Mond ist l.

Welchen Durchmesser d hat das bestrahlte Gebiet auf dem Mond?

$d_0 = 1{,}0$ m $\quad l = 384\,000$ km $\quad \lambda = 650$ nm

---

a) $\sin\alpha_0 = 0{,}61\dfrac{\lambda}{r}$

$r = \dfrac{d_0}{2}$

$\alpha_0 \ll 1$

$\sin\alpha_0 \approx \alpha_0 = \dfrac{d}{2l}$

$\dfrac{d}{2l} = 0{,}61 \cdot 2\dfrac{\lambda}{d_0}$

$\underline{d = 2{,}44\dfrac{l\lambda}{d_0}} = \underline{\underline{610\text{ m}}}$

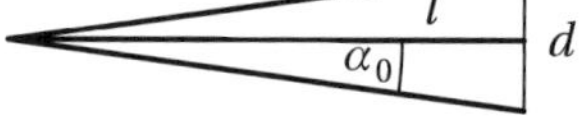

O 7.10 Seifenblase

Das an der Oberfläche einer Seifenblase reflektierte Tageslicht erscheint bei Betrachtung unter dem Winkel α gegenüber dem Einfallslot grün; es hat die Wellenlänge λ_1 (Beugungsordnung $m = 1$).

a) Welche Dicke d hat die Flüssigkeitshaut?

b) Welche Wellenlänge λ_2 und Farbe hat das reflektierte Licht bei senkrechter Betrachtung (in Richtung des Einfallslotes)?

Brechzahl der Flüssigkeit: $n = 1{,}33$ $\lambda_1 = 540$ nm $\alpha = 50^\circ$

---

a) Gangunterschied unter Berücksichtigung des Phasensprunges am optisch dichteren Medium:

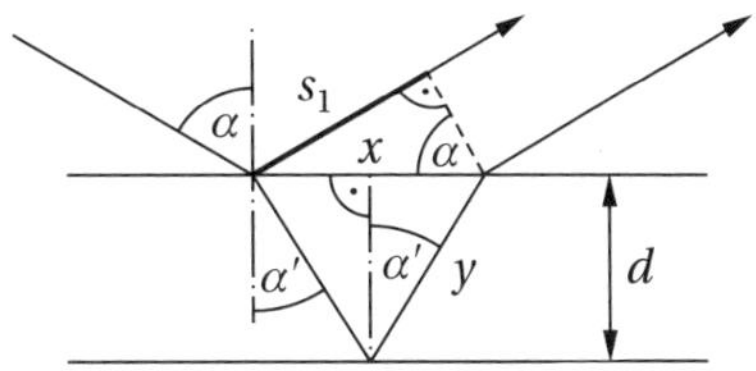

$$\Delta s = 2ny - s_1 + \frac{\lambda_1}{2}$$

$$\cos\alpha' = \frac{d}{y}$$

$$y = \frac{d}{\cos\alpha'}$$

$$\Delta s = \frac{2nd}{\cos\alpha'} - s_1 + \frac{\lambda_1}{2}$$

Ermittlung von $\cos\alpha'$ mit dem Brechungsgesetz:

$$\sin\alpha = n\sin\alpha'$$

$$\sin\alpha' = \frac{\sin\alpha}{n}$$

$$\cos\alpha' = \sqrt{1 - \left(\frac{\sin\alpha}{n}\right)^2}$$

Ermittlung von s_1:

$$\sin\alpha = \frac{s_1}{x}$$

$$\tan\alpha' = \frac{x}{2d}$$

$$s_1 = 2d\sin\alpha\tan\alpha'$$

$$\Delta s = 2d\left(\frac{n}{\cos\alpha'} - \sin\alpha\frac{\sin\alpha'}{\cos\alpha'}\right) + \frac{\lambda_1}{2}$$

$$\Delta s = 2d\left(\frac{n}{\sqrt{1 - \left(\frac{\sin\alpha}{n}\right)^2}} - \frac{\sin^2\alpha}{n\sqrt{1 - \left(\frac{\sin\alpha}{n}\right)^2}}\right) + \frac{\lambda_1}{2}$$

$$\Delta s = \frac{2d\sqrt{1 - \left(\frac{\sin\alpha}{n}\right)^2} \cdot n \cdot \left[1 - \left(\frac{\sin\alpha}{n}\right)^2\right]}{1 - \left(\frac{\sin\alpha}{n}\right)^2} + \frac{\lambda_1}{2}$$

$$\Delta s = 2nd\sqrt{1 - \left(\frac{\sin\alpha}{n}\right)^2} + \frac{\lambda_1}{2}$$

$$d = \frac{\Delta s - \frac{\lambda_1}{2}}{2n\sqrt{1 - \left(\frac{\sin\alpha}{n}\right)^2}} = \frac{\Delta s - \frac{\lambda_1}{2}}{2\sqrt{n^2 - \sin^2\alpha}}$$

Maximum 1. Ordnung: $m = 1 \quad \Rightarrow \quad \Delta s = \lambda_1$

$$\underline{d = \frac{\lambda_1}{4\sqrt{n^2 - \sin^2\alpha}}} = \underline{\underline{124\ \text{nm}}}$$

b) Im Ergebnis von Teilaufgabe a) wird für $\alpha = 0$ und für λ_1 die gesuchte Wellenlänge λ_2 eingesetzt:

$$d = \frac{\lambda_2}{4n}$$

$$\lambda_2 = 4nd$$

$$\underline{\lambda_2 = \lambda_1 \frac{n}{\sqrt{n^2 - \sin^2\alpha}}} = \underline{\underline{660\ \text{nm}}} \qquad \text{(Rot)}$$

O 7.11 Newtonsche Ringe

Den Krümmungsradius einer Linsenfläche kann man bestimmen, indem man diese auf eine ebene Glasplatte legt und die Durchmesser d_n der bei senkrechtem Einfall von monochromatischem Licht auftretenden Newtonschen Ringe misst. Vereinfachend darf angenommen werden, dass die Richtungsänderung der Lichtstrahlen gegenüber dem Einfallslot bei Reflexion und Brechung vernachlässigbar klein ist, sodass allein die Höhe h der durchlaufenen Luftschicht den Gangunterschied der interferierenden Strahlen beeinflusst.

Welchen Krümmungsradius r hat die Linsenfläche, wenn für den n-ten hellen Ring bei Verwendung von Natriumlicht (Wellenlänge λ) der Durchmesser d_n festgestellt wird?

$\lambda = 589\ \text{nm} \qquad n = 20 \qquad d_n = 12{,}0\ \text{mm}$

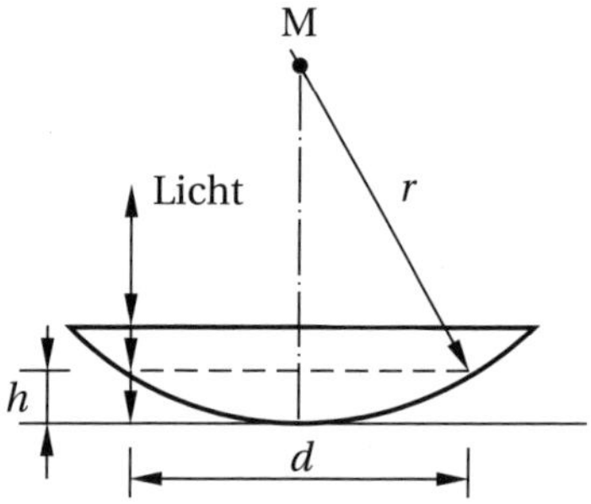

---

a) $r^2 = (r - h)^2 + \left(\frac{d}{2}\right)^2$

$$r^2 = r^2 - 2rh + h^2 + \frac{d^2}{4}$$

$$2rh = h^2 + \frac{d^2}{4} \approx \frac{d^2}{4}$$

$$r = \frac{d^2}{8h}$$

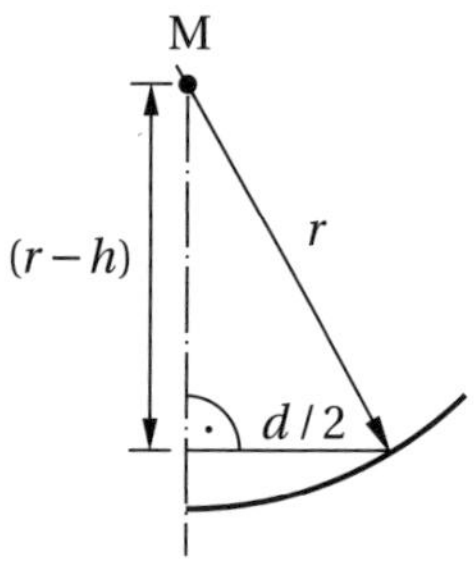

Ermittlung von h:

$$\Delta s_n = 2h_n + \frac{\lambda}{2} = n\lambda$$

(Gangunterschied für das n-te Maximum unter Berücksichtigung des Phasensprunges am dichteren Medium)

$$h_n = \frac{1}{2}\left(n - \frac{1}{2}\right)\lambda$$

$$r = \frac{d_n^2}{4\left(n - \frac{1}{2}\right)\lambda} = \underline{\underline{3{,}1\ \text{m}}}$$

O 7.12 Tolansky-Verfahren

Die Dicke einer Aufdampfschicht kann nach Tolansky in der nachfolgend beschriebenen Weise gemessen werden:

Beim Aufdampfen wird die Unterlage A teilweise durch eine Blende B abgedeckt (Bild a), sodass die Aufdampfschicht C durch eine Stufe begrenzt wird (Bild b). Anschließend wird auf die Aufdampfschicht C und den unbedampften Teil der Unterlage eine reflektierende Schicht D (z. B. Silber) aufgebracht (Bild b). Danach wird ein halbdurchlässiges verspiegeltes Deckgläschen E, um einen kleinen Winkel α ankippt, über die Stufe gelegt (Bild c). Bei senkrecht einfallendem monochromatischem Licht (Wellenlänge λ) werden im reflektierten Licht Interferenzstreifen mit dem Abstand a beobachtet, die an der Stufe um die Strecke l gegeneinander versetzt sind (Bild d).

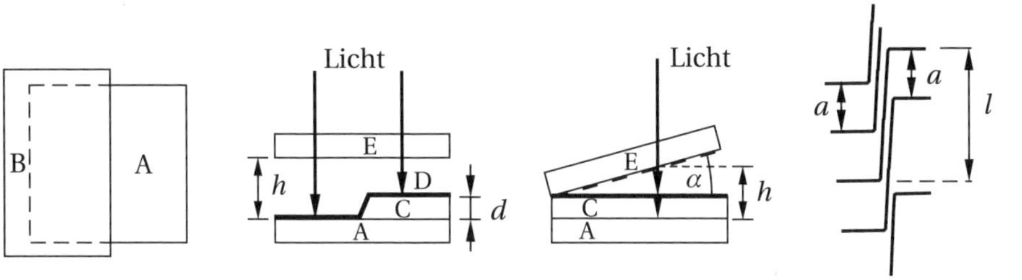

a) von oben b) von vorn c) von der Seite d) Interferenzstreifen

Wie wird die Schichtdicke d aus a, l und λ berechnet? (Der Winkel α ist so klein, dass die Abweichung der Richtung des reflektierten Lichtes von der Senkrechten vernachlässigt werden darf.)

$\lambda = 546$ nm (für die grüne Spektrallinie des Quecksilbers)

$a = 4{,}8$ mm $\quad l = 13$ mm

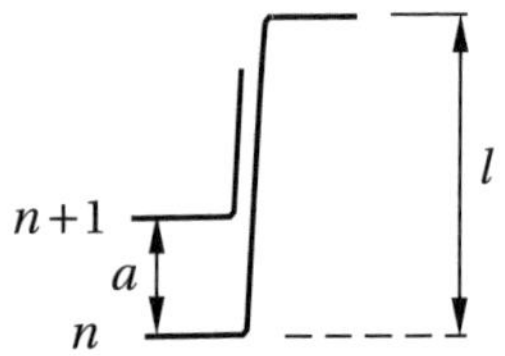

Das Entstehen der Interferenzstreifenbreite a (Ordnungen n und $n+1$) sowie der Interferenzstreifenversetzung (an der Stufe), wie es in Bild d dargestellt ist, wird in der folgenden Skizze deutlich:

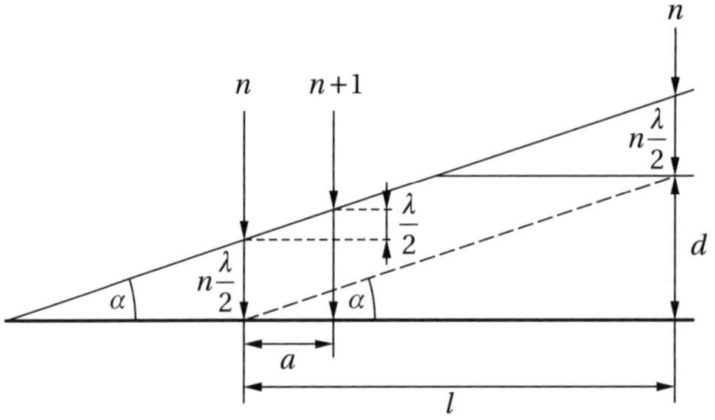

Beugungsmaxima benachbarter Beugungsordnungen (Abstand a):

$$\tan\alpha = \frac{\lambda}{2a}$$

Maximum der gleichen Beugungsordnung über und neben der Aufdampfschicht (Abstand l):

$$\tan\alpha = \frac{d}{l}$$

$$\Rightarrow \quad \underline{d = \frac{\lambda l}{2a}} = \underline{\underline{0{,}74\ \mu\text{m}}}$$

S Struktur der Materie

S 1 Welle-Teilchen-Dualismus

S 1.1 Photonenzahl

Gelbes Licht der Wellenlänge λ kann der Mensch mit bloßem Auge wahrnehmen, wenn die Netzhaut mindestens die Lichtleistung P empfängt.

Wie viele Photonen (Anzahl N) treffen dabei in der Zeit t auf die Netzhaut?

$\lambda = 600$ nm $\quad P = 1{,}7 \cdot 10^{-18}$ W $\quad t = 1{,}0$ s

---

Lichtenergie in der Zeit t:

$$W = Pt = Nhf$$

$$f = \frac{c}{\lambda}$$

$$\underline{N = \frac{Pt\lambda}{hc}} \approx \underline{\underline{5}}$$

S 1.2 Gamma-Quant

Ein γ-Quant hat die Energie E.

Berechnen Sie die Masse m, den Impuls p, die Frequenz f und die Wellenlänge λ für dieses Quant!

$E = 1{,}33$ MeV

$$E = mc^2 \quad \Rightarrow \quad \underline{m = \frac{E}{c^2}} = \underline{\underline{2{,}37 \cdot 10^{-30}\ \text{kg}}}$$

$$p = mc \quad \Rightarrow \quad \underline{p = \frac{E}{c}} = \underline{\underline{7{,}11 \cdot 10^{-22}\ \text{kg} \cdot \text{m/s}}}$$

$$E = hf \quad \Rightarrow \quad \underline{f = \frac{E}{h}} = \underline{\underline{3{,}22 \cdot 10^{20}\ \text{s}^{-1}}}$$

$$\lambda = \frac{c}{f} \quad \Rightarrow \quad \underline{\lambda = \frac{hc}{E}} = \underline{\underline{9{,}32 \cdot 10^{-13}\ \text{m}}}$$

S 1.3 De-Broglie-Wellenlänge I

Ein anfangs ruhendes Elektron wird zwischen zwei Elektroden mit der Spannung U beschleunigt. Seine Geschwindigkeit bleibt dabei im nichtrelativistischen Bereich ($v \ll c$).

Wie groß ist seine De-Broglie-Wellenlänge λ?

$U = 1$ kV

$$p = \frac{h}{\lambda} = m_e v$$

$$\lambda = \frac{h}{m_e v}$$

Bestimmung von v:

$$E_p(1) = E_k(2)$$

$$eU = \frac{m_e}{2} v^2$$

$$v = \sqrt{\frac{2eU}{m_e}}$$

$$\lambda = \frac{h}{\sqrt{2eUm_e}} = 3{,}9 \cdot 10^{-11}\ \text{m}$$

S 1.4 De-Broglie-Wellenlänge II

Ein Elektron bewegt sich mit der Geschwindigkeit $v = c/2$.

Wie groß ist seine De-Broglie-Wellenlänge λ?

$$p = \frac{h}{\lambda} = mv$$

$$\lambda = \frac{h}{mv}$$

$$m = \frac{m_e}{\sqrt{1 - \left(\frac{v}{c}\right)^2}}$$

$$\lambda = \frac{h}{m_e v}\sqrt{1 - \left(\frac{v}{c}\right)^2}$$

$$v = \frac{c}{2}$$

$$\lambda = \sqrt{3}\,\frac{h}{m_e c} = \sqrt{3}\,\lambda_C = 4{,}20 \cdot 10^{-12}\ \text{m}$$

S 1.5 Wellenlänge-Energie-Funktion

a) Berechnen Sie die De-Broglie-Wellenlänge λ eines Elektrons als Funktion seiner kinetischen Energie E_k im relativistischen Bereich!

b) Welche Näherungsformeln für $\lambda(E_k)$ erhält man als Ergebnis für $E_k \ll m_e c^2$ und $E_k \gg m_e c^2$?

Hinweis: Gehen Sie bei der Lösung von der relativistischen Energie-Impuls-Beziehung

$E = c\sqrt{(m_0 c)^2 + p^2}$ mit $m_0 = m_e$ aus!

a) $\lambda = \frac{h}{p}$

$$E = c\sqrt{(m_e c)^2 + p^2}$$

$$p = \sqrt{\left(\frac{E}{c}\right)^2 - (m_e c)^2}$$

$$\lambda = \frac{h}{\sqrt{\left(\frac{E}{c}\right)^2 - (m_e c)^2}}$$

$$E = m_e c^2 + E_k$$

$$\lambda = \frac{h}{\sqrt{\left(\frac{m_e c^2 + E_k}{c}\right)^2 - (m_e c)^2}} = \underline{\frac{hc}{\sqrt{E_k\left(E_k + 2m_e c^2\right)}}}$$

b) $E_k \ll m_e c^2$: $\underline{\lambda = \frac{h}{\sqrt{2m_e E_k}}}$

$E_k \gg m_e c^2$: $\underline{\lambda = \frac{hc}{E_k}}$

S 1.6 Photoelektronen

Eine Silberfläche wird mit Licht der Wellenlänge λ bestrahlt. Die Grenzwellenlänge des lichtelektrischen Effektes beim Silber ist λ_G.

Welche Geschwindigkeit v haben die ausgelösten Elektronen?

$\lambda = 150$ nm $\qquad \lambda_G = 261$ nm

$$E_{\text{Photon}} = E_{\text{Elektron}} + W_{\text{Austritt}}$$

$$hf = \frac{m_e}{2} v^2 + W_a$$

$$W_a = hf_G$$

$$hf = \frac{m_e}{2} v^2 + hf_G$$

$$f = \frac{c}{\lambda}$$

$$h\frac{c}{\lambda} = \frac{m_e}{2} v^2 + h\frac{c}{\lambda_G}$$

$$\frac{m_e}{2} v^2 = hc\left(\frac{1}{\lambda} - \frac{1}{\lambda_G}\right)$$

$$\underline{v = \sqrt{\frac{2hc}{m_e}\left(\frac{1}{\lambda} - \frac{1}{\lambda_G}\right)}}$$

$$\underline{\underline{v = 1{,}11 \cdot 10^6 \text{ m/s}}}$$

S 1.7 Wellenlängenbereich

An einer Wolframplatte (Austrittsarbeit W_a) wird ein Photostrom beobachtet, der bei der Gegenspannung U_g aussetzt.

Aus welchem Wellenlängenbereich (λ_1 bis λ_2) stammen die Photonen, die zu dem beobachteten Photostrom beitragen?

$W_a = 4{,}55$ eV $\quad U_g = 2{,}38$ V

$E_{Photon} = E_{Elektron} + W_{Austritt}$

$hf_1 = \frac{m_e}{2} v^2 + W_a$

Bei Gegenspannung U_g verschwindet der Photostrom:

$$E_k(1) = E_p(2)$$

$$\frac{m_e}{2} v^2 = eU_g$$

$$f_1 = \frac{c}{\lambda_1}$$

$$\frac{hc}{\lambda_1} = eU_g + W_a$$

$$\lambda_1 = \frac{hc}{W_a + eU_g} = \underline{\underline{179 \text{ nm}}}$$

$$W_a = hf_2$$

$$f_2 = \frac{c}{\lambda_2}$$

$$W_a = \frac{hc}{\lambda_2}$$

$$\lambda_2 = \frac{hc}{W_a} = \underline{\underline{273 \text{ nm}}}$$

S 1.8 Compton-Effekt I

Ein Röntgenquant der Wellenlänge λ überträgt auf ein schwach gebundenes Elektron die Energie ΔE.

a) Wie groß ist die Wellenlänge λ' des gestreuten Röntgenquants?

b) Unter welchem Winkel ϑ wird das Röntgenquant gestreut?

$\lambda = 11{,}2 \cdot 10^{-12}$ m $\quad \Delta E = 13{,}8$ keV

---

a) Energiesatz:

$$E_{Ph} = E_{El} + E'_{Ph}$$

$$hf = \Delta E + hf'$$

$$f = \frac{c}{\lambda}$$

$$\frac{hc}{\lambda} = \Delta E + \frac{hc}{\lambda'}$$

$$\frac{1}{\lambda'} = \frac{1}{\lambda} - \frac{\Delta E}{hc}$$

$$\lambda' = \frac{\lambda}{1 - \frac{\lambda \Delta E}{hc}} = \underline{\underline{1{,}28 \cdot 10^{-11} \text{ m}}}$$

b) $\Delta\lambda = \lambda' - \lambda = \lambda_C\,(1 - \cos\vartheta)$

$$\cos\vartheta = 1 - \frac{\lambda' - \lambda}{\lambda_C}$$

$$\cos\vartheta = 1 - \frac{\lambda}{\lambda_C}\left[\frac{1}{1 - \dfrac{\lambda\,\Delta E}{hc}} - 1\right]$$

$$\cos\vartheta = 1 - \frac{\lambda}{\lambda_C}\,\frac{1}{\dfrac{hc}{\lambda\,\Delta E} - 1} = \underline{\underline{0{,}3437}}$$

$$\underline{\underline{\vartheta = 69{,}9^\circ}}$$

S 1.9 Maximale Energieänderung

Um welchen Betrag ΔE kann sich die Energie E eines Lichtquants beim Compton-Effekt im Höchstfall ändern?

a) $E_1 = 25$ keV (Röntgenstrahlung)

b) $E_2 = 2{,}5$ eV (sichtbares Licht)

$$\Delta\lambda = \lambda' - \lambda = \lambda_C\,(1 - \cos\vartheta)$$

Maximale Wellenlängenänderung bei $\vartheta = 180^\circ$:

$$\Delta\lambda = 2\lambda_C$$

$\Rightarrow$ Maximale Energieänderung:

$$\Delta E = E_{Ph} - E'_{Ph}$$

$$E_{Ph} = E$$

$$\Delta E = hf - hf'$$

$$f = \frac{c}{\lambda}$$

$$f' = \frac{c}{\lambda + \Delta\lambda}$$

$$\Delta E = \frac{hc}{\lambda} - \frac{hc}{\lambda + \Delta\lambda}$$

$$\Delta E = \frac{hc}{\lambda}\left(1 - \frac{\lambda}{\lambda + \Delta\lambda}\right)$$

$$\lambda = \frac{hc}{E}$$

$$\Delta\lambda = 2\frac{h}{m_e c}$$

$$\Delta E = \frac{E}{1 + \dfrac{m_e c^2}{2E}}$$

a) $\underline{\underline{\Delta E_1 = 2{,}2\ \text{keV}}}$

b) $\underline{\underline{\Delta E_2 = 24\ \mu\text{eV}}}$

S 1.10 Compton-Effekt II

Ein Röntgenquant der Wellenlänge λ wird an einem Elektron um den Winkel ϑ gestreut.

a) Welchen Energiebetrag ΔE nimmt das Elektron auf?

b) Unter welchem Winkel φ gegenüber der Röntgenstrahlrichtung bewegt sich das Elektron?

$\lambda = 0{,}102\ \text{nm} \qquad \vartheta = 77^\circ$

---

a) Die Energiezunahme des Elektrons ist gleich der Energieabnahme des Photons:

$$\Delta E = hf - hf'$$

$$f = \frac{c}{\lambda}$$

$$\Delta E = hc\left(\frac{1}{\lambda} - \frac{1}{\lambda'}\right)$$

$$\lambda' - \lambda = \lambda_C\,(1 - \cos\vartheta)$$

$$\lambda' = \lambda + \lambda_C\,(1 - \cos\vartheta)$$

$$\Delta E = hc\left(\frac{1}{\lambda} - \frac{1}{\lambda + \lambda_C\,(1 - \cos\vartheta)}\right)$$

$$\underline{\Delta E = \frac{hc}{\lambda\left(1 + \dfrac{\lambda}{\lambda_C\,(1 - \cos\vartheta)}\right)}} = \underline{\underline{220\ \text{eV}}}$$

b)

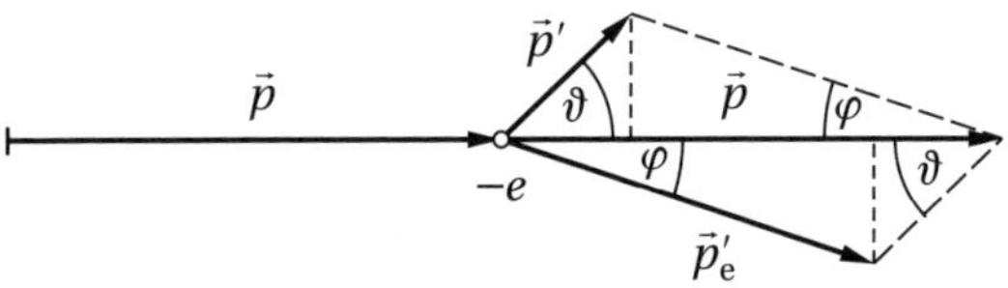

Impulssatz:

$$\vec{p} = \vec{p}_e + \vec{p}\,'$$

Zur Komponente in Richtung des ankommenden Photons ($\vec{p}$):

$$p = p'\cos\vartheta + p_e\cos\varphi \qquad (1)$$

Zur Komponente senkrecht dazu:

$$0 = p'\sin\vartheta - p_e\sin\varphi \qquad (2)$$

(1) und (2) liefern:

$$p_e\sin\varphi = p'\sin\vartheta$$

$$p_e\cos\varphi = p - p'\cos\vartheta$$

$$\tan\varphi = \frac{p'\sin\vartheta}{p - p'\sin\vartheta} = \frac{\sin\vartheta}{\dfrac{p}{p'} - \cos\vartheta}$$

$$p = \frac{h}{\lambda}$$

$$p' = \frac{h}{\lambda'}$$

$$\tan\varphi = \frac{\sin\vartheta}{\dfrac{\lambda'}{\lambda} - \cos\vartheta}$$

$$\lambda' - \lambda = \lambda_C\,(1 - \cos\vartheta)$$
$$\lambda' = \lambda + \lambda_C\,(1 - \cos\vartheta)$$

$$\tan\varphi = \frac{\sin\vartheta}{\dfrac{\lambda + \lambda_C\,(1 - \cos\vartheta)}{\lambda} - \cos\vartheta}$$

$$\tan\varphi = \frac{\sin\vartheta}{(1 - \cos\vartheta)\left(1 + \dfrac{\lambda_C}{\lambda}\right)}$$

$$\underline{\underline{\varphi = 51^\circ}}$$

S 2 Atomhülle

S 2.1 Balmerserie

Berechnen Sie die Wellenlängen des Wasserstoffspektrums im sichtbaren Spektralbereich (380 nm $\leqq \lambda \leqq$ 780 nm)!

$$hf = E_{n2} - E_{n1}$$

$$f = \frac{c}{\lambda}$$

$$\lambda = \frac{hc}{E_{n2} - E_{n1}}$$

$$E_n = -\frac{RhZ}{n^2}$$

$$Z = 1$$

$$\lambda = \frac{c}{R\left(\dfrac{1}{n_1^2} - \dfrac{1}{n_2^2}\right)}$$

$$\frac{c}{R} = 91{,}1 \text{ nm}$$

Spektralserie: $n_1 = \text{const}; \quad n_2 > n_1$

Systematische Untersuchung der Serien:

n_1	n_2	λ/nm	Spektralbereich	
1	2	121	ultraviolett	
	> 2	< 121		
2	3	656	sichtbar	Balmerserie
	4	486		
	5	434		
	6	410		
	7	397		
	8	389		
	9	383		
	10	380	ultraviolett	
	> 10	< 380		
3	$\geqq 4$	> 820	infrarot	

S 2.2 Li^{++}-Radius

Berechnen Sie den Elektronenbahnradius des Li^{++}-Ions im Grundzustand!

$$r_n = \frac{\varepsilon_0 h^2}{\pi m_e Z e^2} n^2$$

Lithium: $Z = 3$

Grundzustand: $n = 1$

$$r_1 = \frac{\varepsilon_0 h^2}{3\pi m_e e^2} = 1{,}76 \cdot 10^{-11}\ \mathrm{m}$$

S 2.3 He^{+}-Linie

Welche Energie E und welche Wellenlänge λ hat die langwelligste Linie des He^{+}-Spektrums, die beim Übergang zum Grundzustand auftreten kann?

$$E = E_{n2} - E_{n1}$$

$$E_n = -\frac{RhZ^2}{n^2}$$

$$E = Z^2 Rh \left(\frac{1}{n_1^2} - \frac{1}{n_2^2}\right)$$

Helium: $Z = 2$

Grundzustand: $n_1 = 1$

Wegen $E = hf = h\frac{c}{\lambda}$:

Maximales λ $\Rightarrow$ minimales E
$\Rightarrow$ minimales n_2

$\Rightarrow$ $n_2 = 2$

$$E = 4Rh\left(1 - \frac{1}{4}\right)$$

$$\underline{E = 3Rh} = \underline{\underline{40{,}8\ \text{eV}}}$$

$$E = hf = \frac{hc}{\lambda}$$

$$\underline{\lambda = \frac{hc}{E} = \frac{c}{3R}} = \underline{\underline{30{,}4\ \text{nm}}}$$

S 2.4 Hauptquantenzahlen

Im Spektrum des Wasserstoffs tritt eine Linie mit der Wellenlänge $\lambda = 1874$ nm auf.

a) Untersuchen Sie, welche Hauptquantenzahlen n_1 und n_2 der Anfangs- und Endzustand bei dem entsprechenden Elektronenübergang im Atom haben!

Wenn der Endzustand bei dem betreffenden Elektronenübergang nicht mit dem Grundzustand übereinstimmt, finden noch weitere Elektronenübergänge statt, bis der Grundzustand erreicht ist.

b) Welche Wellenlängen haben dementsprechend die Spektrallinien, die zusammen mit der vorgegebenen Linie auftreten müssen?

---

a) $hf = E_{n2} - E_{n1}$

$$E_n = -\frac{RhZ^2}{n^2}$$

$$Z = 1$$

$$f = \frac{c}{\lambda}$$

$$f = R\left(\frac{1}{n_1^2} - \frac{1}{n_2^2}\right) = \frac{c}{\lambda}$$

$$\frac{1}{n_1^2} - \frac{1}{n_2^2} = \frac{c}{\lambda R} = 4{,}86 \cdot 10^{-2}$$

Lösen durch systematisches Probieren:

n_1	n_2	$\frac{1}{n_1^2} - \frac{1}{n_2^2}$
1	$\geqq 2$	$\geqq 0{,}75$
2	$\geqq 3$	$\geqq 0{,}139$
3	4	0,0486

$\Rightarrow$ $\underline{\underline{n_1 = 3}}$

$\underline{\underline{n_2 = 4}}$

b) $$\lambda = \frac{c}{R} \frac{1}{\frac{1}{n_1^2} - \frac{1}{n_2^2}}$$

n_1	n_2	λ/nm
2	3	656
1	2	121
1	3	102

S 2.5 Li-Linie

Für Li (Ordnungszahl 3) sind die Rydbergkorrekturen $a_0 = 0{,}588$ und $a_1 = -0{,}041$ bekannt.

a) Welche Wellenlänge λ_1 hat die Spektrallinie des Überganges 3P $\rightarrow$ 1S?

b) Welche Wellenlänge λ_2 hat der Übergang zwischen den entsprechenden Elektronenzuständen beim Li^{++}-Ion?

---

a) $hf_1 = E_{n2} - E_{n1}$

$$f_1 = \frac{c}{\lambda_1}$$

$$\lambda_1 = \frac{hc}{E_{n2} - E_{n1}}$$

Alkaliterme: $E = -\frac{Rh}{(n^* + a_l)^2}$

1S-Niveau: $n^* = 1 \quad a_l = a_0$

3P-Niveau: $n^* = 3 \quad a_l = a_1$

$$\underline{\lambda_1 = \frac{\frac{c}{R}}{\frac{1}{(1+a_0)^2} - \frac{1}{(3+a_1)^2}}} = \underline{\underline{323\ \text{nm}}}$$

b) Zuordnung der Elektronenzustände zu den Alkaliniveaus des Lithiums:

n	l	Besetzung im Grundzustand	Niveaubezeichnung
1	0	$1s^2$	—
2	0	$2s^1$	1S
	1	—	2P
3	0	—	2S
	1	—	3P
	2	—	3D

1S-Niveau: $n = 2$

3P-Niveau: $n = 3$

$$\lambda_2 = \frac{hc}{E'_{n2} - E'_{n1}}$$

Energieterme des Li^{++}-Ions:

$$E'_n = -\frac{Z^2 Rh}{n^2}$$

$Z = 3$

$$\lambda_2 = \frac{\frac{c}{R}}{3^2\left(\frac{1}{2^2} - \frac{1}{3^2}\right)}$$

$$\underline{\lambda_2 = \frac{4c}{5R}} = \underline{\underline{72{,}9\ \text{nm}}}$$

S 2.6 Na-D-Linie

Die bekannte Natrium-D-Linie ensteht beim Übergang 2P $\rightarrow$ 1S. Der Grundzustand hat die Energie E_{1S}. Die D-Linie ist ein Dublett mit den Wellenlängen λ_1 und λ_2. Natrium hat die Ordnungszahl 11.

a) Bezeichnen Sie den Ausgangs- und Endzustand des Leuchtelektrons bei der Entstehung der Na-D-Linie!

b) Berechnen Sie die Rydbergkorrekturen für Ausgangs- und Endzustand! (Dublettaufspaltung vernachlässigen)

c) Welcher der beiden Terme ist infolge des Spins aufgespalten?
Um welche Energiedifferenz ΔE handelt es sich dabei?

$E_{1S} = -5{,}14$ eV $\quad \lambda_1 = 589{,}0$ nm $\quad \lambda_2 = 589{,}6$ nm

---

a) Elektronenkonfiguration des Na-Atoms ($Z = 11$) im Grundzustand:

$1s^2 \quad 2s^2 \quad 2p^6 \quad 3s^1$

2P-Niveau: niedrigster im Grundzustand des Atoms unbesetzter p-Zustand:

$\underline{3p = \text{Ausgangszustand}}$

1S-Niveau: Leuchtelektron im Grundzustand des Atoms:

$\underline{3s = \text{Endzustand}}$

b) $$E = \frac{-Rh}{(n^* + a_l)^2}$$

1S: $n^* = 1$, $a_l = a_0$

$$E_{1S} = \frac{-Rh}{(1 + a_0)^2}$$

$$a_0 = \sqrt{-\frac{Rh}{E_{1S}}} - 1 = \underline{\underline{0{,}627}}$$

$$hf_1 = E_{2P} - E_{1S}$$

$$f_1 = \frac{c}{\lambda_1}$$

2P: $n^* = 2$, $a_l = a_1$

$$E_{1S} = \frac{-Rh}{(1 + a_0)^2}$$

$$\frac{hc}{\lambda_1} = \frac{-Rh}{(2 + a_1)^2} - E_{1S}$$

$$a_1 = \sqrt{\frac{-Rh}{E_{1S} + hc/\lambda_1}} - 2 = \underline{\underline{0{,}117}}$$

c) Aufspaltung des P-Terms (S-Term wegen $l = 0$ nicht aufgespalten)

$$\Delta E_{2P} = h\,(f_1 - f_2)$$

$$\Delta E_{2P} = hc\left(\frac{1}{\lambda_1} - \frac{1}{\lambda_2}\right)$$

$$\Delta E_{2P} = hc\left(\frac{\lambda_2 - \lambda_1}{\lambda_1 \lambda_2}\right) = \underline{\underline{2{,}1\ \text{meV}}}$$

S 2.7 Rubidium

Rubidium (Ordnungszahl 37) hat die Rydbergkorrekturen $a_0 = 0{,}804$ und $a_1 = 0{,}279$.

a) Geben Sie die Elektronenzustände an, die dem jeweils niedrigsten Niveau der S-, P-, D- und F-Termfolge entsprechen!

b) Berechnen Sie die jeweils größte Wellenlänge, die bei den S → P-Übergängen (λ_1) und den P → S-Übergängen (λ_2) vorkommt!

---

a) Elektronenkonfiguration des Rb-Atoms entsprechend der Besetzungsfolge:

$1s^2 \quad 2s^2 \quad 2p^6 \quad 3s^2 \quad 3p^6 \quad 4s^2 \quad 3d^{10} \quad 4p^6 \quad 5s^1$

Gesamtzahl aller Elektronen: $Z = 37$

Term	Zuordnung	Elektronenzustand
1S	Leuchtelektron im Grundzustand	5s
2P 3D 4F	Niedrigste unbesetzte Zustände bei der jeweiligen Bahndrehimpulsquantenzahl	5p 4d 4f

b) $hf = E_{2S} - E_{2P}$

$$f = \frac{c}{\lambda}$$

$$E = -\frac{Rh}{(n^* + a_l)^2}$$

$$\frac{hc}{\lambda_1} = E_{2S} - E_{2P} = -Rh\left(\frac{1}{(2+a_0)^2} - \frac{1}{(2+a_1)^2}\right)$$

$$\frac{hc}{\lambda_2} = E_{2P} - E_{1S} = -Rh\left(\frac{1}{(2+a_1)^2} - \frac{1}{(1+a_0)^2}\right)$$

$$\lambda_1 = \frac{\frac{c}{R}}{\frac{1}{(2+a_1)^2} - \frac{1}{(2+a_0)^2}} = \underline{\underline{1394\ \text{nm}}}$$

$$\lambda_2 = \frac{\frac{c}{R}}{\frac{1}{(1+a_0)^2} - \frac{1}{(2+a_1)^2}} = \underline{\underline{794\ \text{nm}}}$$

S 2.8 Elektronenkonfiguration

Geben Sie die Elektronenkonfiguration des Eisenatoms (Ordnungszahl 26) an!

Aus der Besetzungsfolge ergibt sich folgende Zusammenstellung:

Elektronenzustand	1s	2s	2p	3s	3p	4s	3d
Maximalzahl der Elektronen im betreffenden Zustand	2	2	6	2	6	2	10
Gesamtzahl der Elektronen in der Besetzungsfolge	2	4	10	12	18	20	30

Das Eisenatom enthält insgesamt 26 Elektronen; im 3d-Zustand wird damit die Maximalzahl nicht mehr ausgeschöpft.

Es gibt nur 6 3d-Elektronen.

Elektronenkonfiguration des Eisenatoms:

$1s^2 \quad 2s^2 \quad 2p^6 \quad 3s^2 \quad 3p^6 \quad 3d^6 \quad 4s^2$

S 2.9 Anodenmaterial

Eine Röntgenfeinstrukturanlage hat eine maximale Anodenspannung U.

Für welches Anodenmaterial könnten gerade noch alle Röntgenlinien angeregt werden?

$U = 40$ kV

Anregungsbedingung:

$$E_{\text{el}} \geqq R_{\text{Rö}}$$

$$eU \geqq hf$$

$$f = R\,(Z - b_1)^2 \left(\frac{1}{n_2^2} - \frac{1}{n_1^2}\right)$$

Energiereichste Strahlung:

$$n_2 = 1$$

$$b_1 = 1$$

$$n_1 \geqq 1$$

$$f = R\,(Z-1)^2 \left(\frac{1}{1^2} - 0\right)$$

$$eU \geqq (Z-1)^2\, hR$$

$$Z \leqq \sqrt{\frac{eU}{hR}} + 1$$

$$Z = 55 \qquad \text{(Cäsium)}$$

S 2.10 W-Röntgenstrahlung

Wolfram hat die Ordnungszahl 74.

a) Schätzen Sie die Wellenlänge λ der energiereichsten Röntgenlinie ab!

b) Welche Elektronenenergie E (in eV) ist zur Anregung dieser Röntgenlinie mindestens erforderlich?

---

a) $$f = R\,(Z - b_1)^2 \left(\frac{1}{n_1^2} - \frac{1}{n_2^2}\right)$$

$$f = \frac{c}{\lambda}$$

Energiereichste Strahlung:

$$n_1 = 1$$

$$b_1 = 1$$

$$n_2 \gg 1$$

$$f = R\,(Z-1)^2$$

$$\underline{\lambda = \frac{c}{R\,(Z-1)^2}} = \underline{\underline{1{,}7 \cdot 10^{-11}\ \text{m}}}$$

b) $\underline{E = hf = hR\,(Z-1)^2} = \underline{\underline{73\ \text{keV}}}$

S 2.11 K_α-Strahlung

Die K_α-Strahlung eines unbekannten Elements hat die Wellenlänge $\lambda = 0{,}335$ nm.

Welche Ordnungszahl und welche Elektronenkonfiguration hat das betreffende Element?

$$f = \frac{c}{\lambda} = R\,(Z - b_1)^2 \left(\frac{1}{n_1^2} - \frac{1}{n_2^2}\right)$$

K_α-Strahlung:

$n_1 = 1$

$b_1 = 1$

$n_2 = 2$

$$\frac{c}{\lambda} = R\,(Z-1)^2 \left(1 - \frac{1}{4}\right)$$

$$(Z-1)^2 = \frac{4c}{3\lambda R}$$

$$\underline{Z = \sqrt{\frac{4c}{3\lambda R}}} + 1 = \underline{\underline{20}} \qquad \text{(Calcium)}$$

Elektronenzustand	1s	2s	2p	3s	3p	4s
Maximalzahl der Elektronen im betreffenden Zustand	2	2	6	2	6	2
Gesamtzahl der Elektronen in der Besetzungsfolge	2	4	10	12	18	20

Elektronenkonfiguration des Ca ($Z = 20$):

$\underline{1s^2 \quad 2s^2 \quad 2p^6 \quad 3s^2 \quad 3p^6 \quad 4s^2}$

S 2.12 Abschirmkonstante

Die Wellenlänge des M → L-Röntgenüberganges beim Zirkonium ($Z = 40$) beträgt $\lambda = 0{,}606$ nm.

a) Wie groß ist die Abschirmkonstante b_2?

b) Welche Wellenlängen hat der gleiche Übergang beim Chrom ($Z = 24$) und beim Uran ($Z = 92$)?

---

a) $f = R\,(Z - b_2)^2 \left(\frac{1}{n_1^2} - \frac{1}{n_2^2}\right) = \frac{c}{\lambda}$

M → L-Übergang:

$n_1 = 2$

$n_2 = 3$

$$\frac{c}{\lambda} = R\,(Z - b_2)^2 \left(\frac{1}{4} - \frac{1}{9}\right)$$

$$(Z - b_2)^2 = \frac{36\,c}{5\lambda R}$$

$$\underline{b_2 = Z - \sqrt{\frac{36\,c}{5\lambda R}}} = \underline{\underline{7{,}10}}$$

b) $$\underline{\lambda = \frac{36\,c}{5R\,(Z - b_2)^2}}$$

$$\underline{\underline{\lambda_{\mathrm{Cr}} = 2{,}3\ \mathrm{nm}}}$$

$$\underline{\underline{\lambda_{\mathrm{U}} = 0{,}091\ \mathrm{nm}}}$$

S 2.13 Li-Röntgenübergang

Welche Energie E und Wellenlänge λ hat der einzig mögliche Röntgenübergang beim Lithium (Ordnungszahl 3)?

$$f = R\,(Z - b_1)^2 \left(\frac{1}{n_1^2} - \frac{1}{n_2^2}\right)$$

Nur die K-Schale ist voll besetzt:

$n_1 = 1$

Außerhalb der K-Schale existiert nur das 2s-Elektron:

$n_2 = 2$

$b_1 = 1$

$$f = R\,(Z - 1)^2 \left(1 - \frac{1}{2^2}\right)$$

$Z = 3$

$f = 3R$

$$\underline{E = hf = 3Rh} = \underline{\underline{40{,}8\ \mathrm{eV}}}$$

$$\underline{\lambda = \frac{c}{f} = \frac{c}{3R}} = \underline{\underline{30{,}4\ \mathrm{nm}}}$$

S 3 Quantenmechanik

S 3.1 Kasten mit unendlich hohen Wänden

Ein Teilchen befindet sich in einem Kastenpotenzial mit unendlich hohen Wänden.

Berechnen Sie die Eigenwerte E_n der Energie und die zugehörigen Wellenfunktionen $\psi_n(x)$!

Hinweis: $\int \cos^2 x \,\mathrm{d}x = \frac{1}{2}\left(x + \sin x \cos x\right) + C$

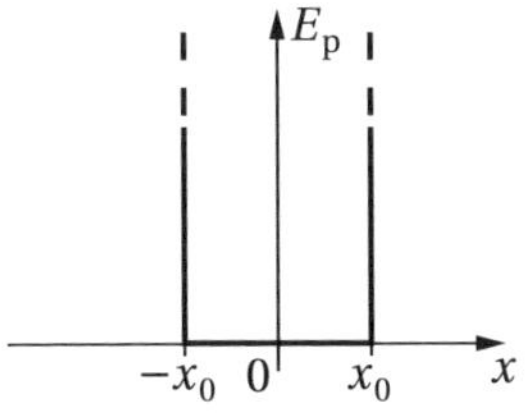

Zeitunabhängige Schrödinger-Gleichung:

$$\frac{\partial^2\psi}{\partial x^2} = -\frac{2m}{\hbar^2}\left(E - E_\mathrm{p}\right)\psi$$

$|x| \geqq x_0$

$E_\mathrm{p} = \infty \qquad \Rightarrow \quad \psi = 0$

$|x| \leqq x_0$

$E_\mathrm{p} = 0$

$$\Rightarrow \qquad \psi(x) = A\cos\frac{\sqrt{2mE}}{\hbar}x \qquad\qquad \psi(x) = B\sin\frac{\sqrt{2mE}}{\hbar}x$$

symmetrisch — antisymmetrisch

Randbedingungen: $\psi(\pm x_0) = 0$

$$\Rightarrow \qquad \cos\frac{\sqrt{2mE}}{\hbar}x_0 = 0 \qquad\qquad \sin\frac{\sqrt{2mE}}{\hbar}x_0 = 0$$

$$\Rightarrow \qquad \frac{\sqrt{2mE}}{\hbar}x_0 = n\frac{\pi}{2}$$

$n = 1, 3, 5, \ldots$ — $n = 2, 4, 6, \ldots$

Die daraus folgenden Energieeigenwerte und die ihnen zugeordneten Wellenfunktionen werden mit n indiziert:

$$E_n = \frac{\pi^2\hbar^2}{8mx_0^2}n^2 = \frac{h^2}{32mx_0^2}n^2$$

$$n = 1, 2, 3, \ldots$$

Normierung der Wellenfunktion:

$$\int\limits_{-\infty}^{+\infty} \psi_n^2(x)\,\mathrm{d}x = 1$$

$$A^2\int\limits_{-x_0}^{+x_0}\cos^2\frac{\sqrt{2mE_n}}{\hbar}x\,\mathrm{d}x = 1 \qquad\qquad B^2\int\limits_{-x_0}^{+x_0}\sin^2\frac{\sqrt{2mE_n}}{\hbar}x\,\mathrm{d}x = 1$$

Substitution:

$$\frac{\sqrt{2mE_n}}{\hbar}x = \xi$$

$$\mathrm{d}x = \mathrm{d}\xi\frac{\hbar}{\sqrt{2mE_n}}$$

$$\xi_0 = \frac{\sqrt{2mE_n}}{\hbar}x_0 = n\frac{\pi}{2}$$

$$\int_{-x_0}^{+x_0} \cos^2 \frac{\sqrt{2mE_n}}{\hbar} x \, dx$$

$$= \frac{\hbar}{\sqrt{2mE_n}} \int_{-n\frac{\pi}{2}}^{+n\frac{\pi}{2}} \cos^2 \xi \, d\xi$$

$$= \frac{\hbar}{\sqrt{2mE_n}} \cdot \frac{1}{2} \Big[\xi + \sin \xi \cos \xi \Big]_{-n\frac{\pi}{2}}^{+n\frac{\pi}{2}}$$

$$= \frac{\hbar}{\sqrt{2mE_n}} \frac{n\pi}{2} = x_0$$

$$A^2 x_0 = 1$$

Wegen

$$\int_{-n\frac{\pi}{2}}^{+n\frac{\pi}{2}} \cos^2 \xi \, d\xi = \int_{-n\frac{\pi}{2}}^{+n\frac{\pi}{2}} \sin^2 \xi \, d\xi$$

gilt analog

$$\Downarrow$$

$$B^2 x_0 = 1$$

Vollständige Wellenfunktionen:

$$\underline{\psi_n(x) = \frac{1}{\sqrt{x_0}} \cos\left(\frac{n\pi x}{2x_0}\right)}$$

$$n = 1, 3, 5, \ldots$$

$$\underline{\psi(x) = \frac{1}{\sqrt{x_0}} \sin\left(\frac{n\pi x}{2x_0}\right)}$$

$$n = 2, 4, 6, \ldots$$

S 3.2 Lichtquant

Ein Elektron befindet sich in einem Kastenpotenzial mit unendlich hohen Wänden, dessen halbe Breite x_0 gleich dem Bohrschen Wasserstoffradius r_0 ist.

Welche Wellenlänge λ hat ein Lichtquant, das beim Übergang des Elektrons vom ersten angeregten Zustand in den Grundzustand emittiert wird?

$r_0 = 0{,}5292 \cdot 10^{-10}$ m

$$hf = E_2 - E_1 = h\frac{c}{\lambda}$$

Energieeigenwerte aus Aufgabe S 3.1:

$$E_n = \frac{h^2}{32 m_e r_0^2} n^2$$

$$h\frac{c}{\lambda} = \frac{h^2}{32 m_e r_0^2} \left(n_2^2 - n_1^2\right)$$

$$\frac{c}{\lambda} = \frac{h}{32 m_e r_0^2} (4 - 1)$$

$$\underline{\lambda = \frac{32}{3} \frac{m_e r_0^2 c}{h}} = \underline{\underline{12{,}3 \text{ nm}}}$$

S 3.3 Harmonischer Oszillator

Ein harmonischer Oszillator (Teilchenmasse m, Eigenfrequenz ω_0) hat das Potenzial $E_p(x) = (1/2)\, m\omega_0^2 x^2$.

a) Die Funktion $\psi_1(x) = Ax\, e^{-\alpha x^2}$ ist eine Lösung der Schrödinger-Gleichung. Welchen Wert muss α haben?

b) Welchen Eigenwert E_1 hat die Energie?

c) Berechnen Sie die Wahrscheinlichkeitsdichte $w(x)$ und stellen Sie diese grafisch dar!

Hinweis: $\int\limits_{-\infty}^{+\infty} x^2\,\mathrm{e}^{-x^2}\,\mathrm{d}x = \frac{1}{2}\sqrt{\pi}$

---

a) Schrödinger-Gleichung:

$$\psi'' + \frac{2m}{\hbar^2}\left(E - \frac{1}{2}m\omega_0^2 x^2\right)\psi = 0$$

Lösungsansatz und Ableitungen dazu:

$$\psi_1 = Ax\,\mathrm{e}^{-\alpha x^2}$$

$$\psi_1' = A\,\mathrm{e}^{-\alpha x^2} + Ax\,(-2\alpha x)\;\mathrm{e}^{-\alpha x^2}$$

$$= A\left(1 - 2\alpha x^2\right)\,\mathrm{e}^{-\alpha x^2}$$

$$\psi_1'' = A\,(-4\alpha x)\;\mathrm{e}^{-\alpha x^2} + A\left(1 - 2\alpha x^2\right)(-2\alpha x)\;\mathrm{e}^{-\alpha x^2}$$

$$= A\left(-6\alpha x + 4\alpha^2 x^3\right)\,\mathrm{e}^{-\alpha x^2}$$

Einsetzen in die Schrödinger-Gleichung:

$$-6\alpha x + 4\alpha^2 x^3 + \frac{2m}{\hbar^2}\left(E - \frac{1}{2}m\omega_0^2 x^2\right)x = 0$$

Da die Schrödinger-Gleichung für beliebige x erfüllt sein soll, müssen die Koeffizienten von x und x^3 einzeln verschwinden:

$$\frac{m^2\omega_0^2}{\hbar^2} = 4\alpha^2 \qquad (1)$$

$$\frac{2mE}{\hbar^2} = 6\alpha \qquad (2)$$

Aus (1):

$$\underline{\alpha = \frac{m\omega_0}{2\hbar}}$$

b) Aus (2):

$$\underline{E_1 = \frac{3\alpha\hbar^2}{m} = \frac{3}{2}\hbar\omega_0}$$

Wellenfunktion:

$$\psi_1 = Ax\,\mathrm{e}^{-\frac{m\omega_0}{2\hbar}x^2}$$

Bestimmung der Amplitude A aus der Normierungsbedingung:

$$1 = \int\limits_{-\infty}^{+\infty} \psi_1^2(x)\,\mathrm{d}x = A^2 \int\limits_{-\infty}^{+\infty} \mathrm{e}^{-\frac{m\omega_0}{\hbar}x^2}\,\mathrm{d}x$$

Substitution:

$$\sqrt{\frac{m\omega_0}{\hbar}}\,x = \xi$$

$$\mathrm{d}x = \mathrm{d}\xi\sqrt{\frac{\hbar}{m\omega_0}}$$

$$1 = A^2\sqrt{\frac{\hbar}{m\omega_0}}^{\,3}\int\limits_{-\infty}^{+\infty}\xi^2\,\mathrm{e}^{-\xi^2}\,\mathrm{d}\xi = A^2\sqrt{\frac{\hbar}{m\omega_0}}^{\,3}\frac{\sqrt{\pi}}{2}$$

$$A^2 = \frac{2}{\sqrt{\pi}}\sqrt{\frac{m\omega_0}{\hbar}}^{\,3}$$

Wahrscheinlichkeitsdichte:

$$w(x) = \psi_1^2(x) = A^2 x^2\, \mathrm{e}^{-\frac{m\omega_0}{\hbar}x^2}$$

$$w(x) = \frac{2}{\sqrt{\pi}}\sqrt{\frac{m\omega_0}{\hbar}}^{\,3} x^2\, \mathrm{e}^{-\frac{m\omega_0}{\hbar}x^2}$$

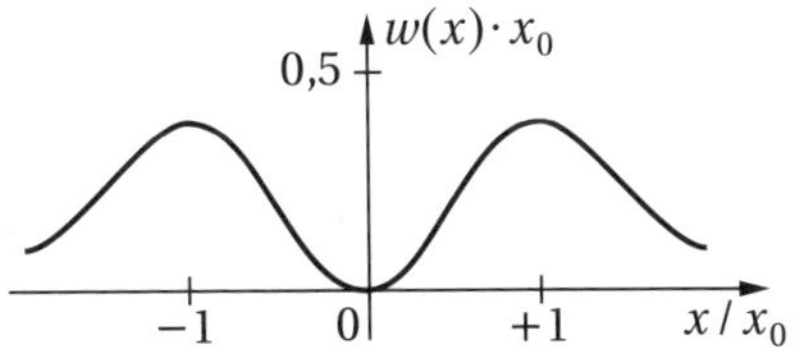

$$x_0 = \sqrt{\frac{\hbar}{m\omega_0}}$$

Die Funktion $w(x)$ hat Maxima bei $x = \pm x_0$ und ein Minimum bei $x = 0$.

S 3.4 Klassischer harmonischer Oszillator

a) Welche Schwingungsamplitude x_0 hätte ein klassischer harmonischer Oszillator, dessen Schwingungsenergie gleich der Energie $E_0 = (1/2)\hbar\omega_0$ des quantenmechanischen Grundzustandes ist?

b) Berechnen Sie die Wahrscheinlichkeitsdichte $w_1(x)$ für den Aufenthalt eines klassischen Teilchens an der Stelle x unter Benutzung der Voraussetzungen

$$w_1(x) \sim \frac{1}{|v_x|} \quad \text{und} \quad \int_{-\infty}^{+\infty} w_1(x)\,\mathrm{d}x = 1\,!$$

c) Tragen Sie $w_1(x)$ zusätzlich in das Diagramm für die Aufenthaltswahrscheinlichkeit des quantenmechanischen Grundzustandes

$$w_0(x) = \frac{1}{x_0\sqrt{\pi}}\,\mathrm{e}^{-\left(\frac{x}{x_0}\right)^2}$$

ein!

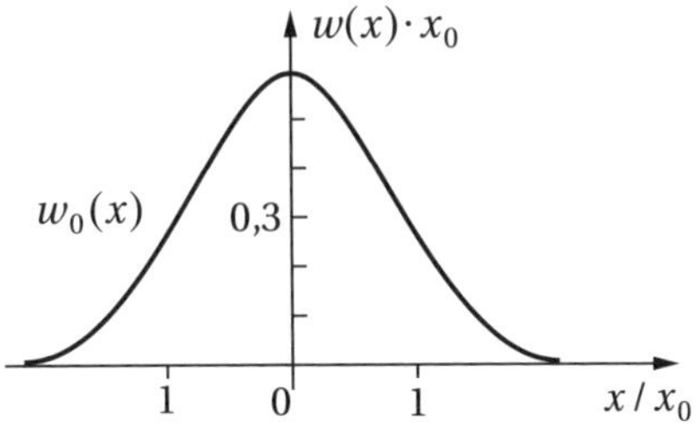

Hinweis: $$\int \frac{\mathrm{d}x}{\sqrt{x_0^2 - x^2}} = \arcsin\frac{x}{x_0} + C$$

---

a) $E_0 = E_\mathrm{k} + E_\mathrm{p} = E_\mathrm{km} + 0$

$$x = x_0 \sin\omega_0 t$$

$$v_x = \omega_0 x_0 \cos\omega_0 t$$

$$v_\mathrm{m} = \omega_0 x_0$$

$$E_\mathrm{km} = \frac{m}{2}v_\mathrm{m}^2 = \frac{1}{2}m\omega_0^2 x_0^2$$

$$\frac{1}{2}\hbar\omega_0 = \frac{1}{2}m\omega_0^2 x_0^2$$

$$x_0 = \sqrt{\frac{\hbar}{m\omega_0}}$$

b) $w_1(x) = \dfrac{A}{|v_x|}$

A ist eine willkürlich angenommene Konstante, deren Wert sich aus der Normierungsbedingung ergibt.

$$w_1(x) = \frac{A}{\omega_0 x_0\sqrt{\cos^2\omega_0 t}} = \frac{A}{\omega_0 x_0\sqrt{1-\sin^2\omega_0 t}}$$

$$w_1(x) = \frac{A}{\omega_0\sqrt{x_0^2 - x^2}}$$

Bestimmung von A aus der Normierungsbedingung:

$$1 = \frac{A}{\omega_0}\int_{-x_0}^{+x_0}\frac{\mathrm{d}x}{\sqrt{x_0^2-x^2}}$$

$$1 = \frac{A}{\omega_0}\left[\arcsin\frac{x}{x_0}\right]_{-x_0}^{+x_0} = \pi\frac{A}{\omega_0}$$

$$A = \frac{\omega_0}{\pi}$$

$$w_1(x) = \frac{1}{\pi\sqrt{x_0^2-x^2}}$$

c) $w_0(0) = \dfrac{1}{\sqrt{\pi}x_0}$

$$w_1(0) = \frac{1}{\pi x_0}$$

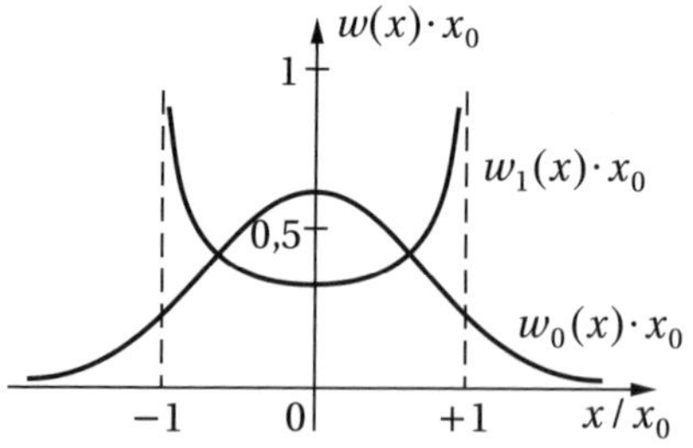

S 3.5 Elektron im Kastenpotenzial

Ein Elektron befindet sich in einem Kastenpotenzial der „Wandhöhe" V und der halben Kastenbreite x_0.

a) Welche Energie E_0 hat der Grundzustand?

b) Wie viele Zustände (Anzahl N) besitzt das Elektron?

$V = 100$ eV $\quad x_0 = 10^{-10}$ m

Lösungshinweis:
Die Eigenwertgleichung wird in der Form

$$\varphi = \arctan\sqrt{\left(\frac{a}{\varphi}\right)^2 - 1}$$

angewendet, um aus einem gegebenen Näherungswert von φ einen genaueren Wert zu berechnen.

---

a) $a = \frac{\sqrt{2m_e V}}{\hbar} x_0 = 5{,}1235$

Eigenwertgleichung (für n gerade): $\varphi = \arctan\sqrt{\left(\frac{a}{\varphi}\right)^2 - 1}$

Startwert für Iteration: $\varphi_{(0)} = 1{,}0000$

Näherungen:

$\varphi_{(1)} = 1{,}3740$

$\varphi_{(2)} = 1{,}2992$

$\varphi_{(3)} = 1{,}3144$

$\varphi_{(4)} = 1{,}3113$

$\varphi_{(5)} = 1{,}3120$

$\varphi_{(6)} = 1{,}3118$

$\underline{\varphi_{(7)} = 1{,}3119 = \varphi_0}$

$$\varphi_0 = \frac{\sqrt{2m_e E_0}}{\hbar} x_0$$

$$\frac{\varphi_0}{a} = \sqrt{\frac{E_0}{V}}$$

$$\underline{E_0 = V\left(\frac{\varphi_0}{a}\right)^2} = \underline{\underline{6{,}56\ \text{eV}}}$$

b) $\underline{N = \text{int}\,\frac{2a}{\pi} + 1} = \underline{\underline{4}}$

S 3.6 Erbse

Eine Erbse der Masse m befindet sich in einer Schüssel mit der Randhöhe h_S und dem Durchmesser d. Es soll näherungsweise angenommen werden, dass es sich um ein Kastenpotenzial handelt.

a) Wie viele Energiezustände (Anzahl N) hat die Erbse in der Schüssel?
b) Welche Energie E_0 hat der Grundzustand?
c) Welche Geschwindigkeit v_0 hat die Erbse im Grundzustand?

$m = 0{,}5$ g $\qquad h_S = 0{,}1$ m $\qquad d = 0{,}3$ m

---

a) Potenzielle Energie am Schüsselrand:

$$V = mgh_S$$

Halbe Kastenbreite:

$$x_0 = \frac{d}{2}$$

Konstante der Eigenwertgleichung:

$$a = \frac{\sqrt{2mV}}{\hbar} x_0 = \frac{m\sqrt{2gh_S}d}{2\hbar}$$

$$N = \operatorname{int} \frac{2a}{\pi} + 1 \approx \frac{2a}{\pi} \qquad (N \gg 1)$$

$$\underline{N = \frac{2md\sqrt{2gh_S}}{2\pi\hbar} = \frac{2md}{h}\sqrt{2gh_S}} = \underline{\underline{6{,}3 \cdot 10^{29}}}$$

b) Eigenwertgleichung ($n = 0$):

$$\tan\varphi_0 = \sqrt{\left(\frac{a}{\varphi_0}\right)^2 - 1}$$

$$a \gg \varphi_0$$

$$\varphi_0 \approx \frac{\pi}{2}$$

$$\varphi_0 = \frac{\sqrt{2mE_0}}{\hbar} x_0$$

$$\underline{E_0 = \frac{\varphi_0^2 \hbar^2}{2mx_0^2} = \frac{h^2}{8md^2}} = \underline{\underline{1{,}2 \cdot 10^{-65}\ \text{J}}}$$

c) $E_0 = \frac{m}{2} v_0^2$

$$\underline{v_0 = \sqrt{\frac{2E_0}{m}} = \frac{h}{2md}} = \underline{\underline{2{,}2 \cdot 10^{-32}\ \text{m/s}}}$$

S 3.7 Ein Zustand

Wie groß kann die halbe Breite x_0 eines Kastenpotenzials der „Wandhöhe“ V höchstens sein, wenn ein darin gebundenes Elektron nur einen einzigen erlaubten Zustand besitzt?

$V = 1$ eV

Zahl der Eigenwerte:

$$N = \operatorname{int} \frac{2a}{\pi} + 1$$

Nur ein Zustand für $\frac{2a}{\pi} < 1$:

$$a < \frac{\pi}{2}$$

Wegen $a = \frac{\sqrt{2m_e V}}{\hbar} x_0$ wird:

$$\underline{x_0 < \frac{\pi}{2} \frac{\hbar}{\sqrt{2m_e V}} = \frac{h}{4\sqrt{2m_e V}}} = \underline{\underline{3{,}07 \cdot 10^{-10}\ \text{m}}}$$

S 3.8 Alpha-Zerfall

Ein α-Teilchen (Masse m) ist bei der Energie E in einem Potenzialtopf mit Wänden endlicher Dicke quasistationär gebunden (Modell eines Atomkerns).

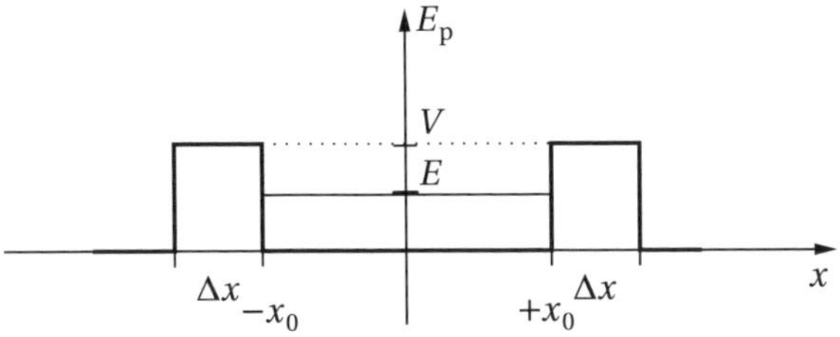

Wie groß ist die wahrscheinlichste Lebensdauer τ_0 des „Atomkerns"?

Lösungshinweis:
Die Zeit, die zwischen zwei aufeinanderfolgenden Wandstößen des α-Teilchens vergeht, ist klassisch zu berechnen.

$m = 6{,}643 \cdot 10^{-27}$ kg $\qquad x_0 = 7{,}30 \cdot 10^{-15}$ m $\qquad \Delta x = 15{,}47 \cdot 10^{-15}$ m

$E = 4{,}78$ MeV $\qquad V = 33{,}9$ MeV

Schrödinger-Gleichung im Bereich der Potenzialwand:

$$\psi'' - \frac{2m}{\hbar^2}(V - E)\,\psi = 0$$

Lösungsansatz im positiven x-Bereich:

$$\psi = A\,\mathrm{e}^{-\frac{\sqrt{2m(V-E)}}{\hbar}x}$$

Verhältnis der Aufenthaltswahrscheinlichkeiten (Außenseite und Innenseite der Wand):

$$\frac{w(x_0 + \Delta x)}{w(x_0)} = \frac{\psi^2(x_0 + \Delta x)}{\psi^2(x_0)}$$

$$\frac{w(x_0 + \Delta x)}{w(x_0)} = \frac{\mathrm{e}^{-2\frac{\sqrt{2m(V-E)}}{\hbar}(x_0+\Delta x)}}{\mathrm{e}^{-2\frac{\sqrt{2m(V-E)}}{\hbar}x_0}}$$

$$\frac{w(x_0 + \Delta x)}{w(x_0)} = \mathrm{e}^{-2\Delta x\frac{\sqrt{2m(V-E)}}{\hbar}}$$

Das ist die Wahrscheinlichkeit für das Austreten des α-Teilchens bei einem Wandstoß.

Zeit zwischen zwei Wandstößen:

$$t_0 = \frac{2x_0}{v_0}$$

$$E = \frac{m}{2}v_0^2$$

$$v_0 = \sqrt{\frac{2E}{m}}$$

$$t_0 = x_0\sqrt{\frac{2m}{E}}$$

Wahrscheinlichste Aufenthaltsdauer:

$$\tau_0 = \frac{w(x_0)}{w(x_0 + \Delta x)} t_0$$

$$\tau_0 = x_0 \sqrt{\frac{2m}{E}}\, e^{\frac{2\Delta x}{\hbar}\sqrt{2m(V-E)}} = \underline{\underline{1600\ a}}$$

S 4 Atomkern

S 4.1 Präparat-Alter

Ein radioaktiver Stoff enthält die Radiummasse m (Zerfallskonstante λ).

Vor wie vielen Jahren betrug die gesamte Radiummasse noch m_0?

$m = 4$ mg $\quad m_0 = 10$ mg $\quad \lambda = 4{,}38 \cdot 10^{-4}\ a^{-1}$ $\quad$ (a = 1 Jahr)

$$N = N_0\, e^{-\lambda t}$$

$$m = \varrho V = \mu N$$

$$m \sim N$$

$$\Rightarrow \quad \frac{m}{m_0} = \frac{N}{N_0} = e^{-\lambda t}$$

$$-\lambda t = \ln \frac{m}{m_0}$$

$$t = \frac{1}{\lambda} \ln \frac{m_0}{m} = \underline{\underline{2100\ a}}$$

S 4.2 Aktivität

Die Aktivität A einer radioaktiven Substanz hat sich in der Zeit t um den Faktor f geändert.

Ermitteln Sie die Zerfallskonstante λ und die Halbwertszeit $T_{1/2}$!

$t = 5$ d $\quad$ (d = 1 Tag) $\quad f = 0{,}6$

$$f = \frac{A}{A_0}$$

$$A = \lambda N$$

$$A \sim N$$

$$\Rightarrow \quad f = \frac{N}{N_0} = e^{-\lambda t}$$

$$\ln f = -\lambda t$$

$$\lambda = \frac{1}{t} \ln \frac{1}{f} = \underline{\underline{1{,}2 \cdot 10^{-6}\ s^{-1}}}$$

$$T_{1/2} = \frac{\ln 2}{\lambda} = \underline{\underline{6{,}8\ d}}$$

S 4.3 Neutronenstern

a) Welchen Durchmesser d_1 hätte ein Stern von der Masse m_S der Sonne, der die Dichte eines Atomkerns besitzt (Neutronenstern)?

b) Die Sonne hat den Durchmesser d_S und die Rotationsdauer T_S. Auf welchen Wert T_1 würde sich die Rotationsdauer der Sonne bei ihrer Umwandlung in einen Neutronenstern verändern? (Der Drehimpuls bleibt konstant.)

$d_S = 1{,}4 \cdot 10^6$ km $\qquad T_S = 27$ d

---

a) Sternmasse:

$$m_S = \varrho_K \cdot \frac{4}{3}\pi r_1^3$$

Nukleonenmasse = atomare Masseneinheit u:

$$\mathrm{u} = \varrho_K \cdot \frac{4}{3}\pi r_0^3$$

$$\frac{m_S}{\mathrm{u}} = \left(\frac{r_1}{r_0}\right)^3$$

$$\underline{d_1 = 2r_1 = 2r_0 \sqrt[3]{\frac{m_S}{\mathrm{u}}}} = \underline{\underline{25 \text{ km}}}$$

b) $L = J\omega = \text{const}$

$$J_S\omega_S = J_1\omega_1$$

$$J = \frac{2}{5}mr^2 = \frac{1}{10}md^2$$

$$\omega = \frac{2\pi}{T}$$

$$\frac{d_S^2}{T_S} = \frac{d_1^2}{T_1}$$

$$\underline{T_1 = T_S\left(\frac{d_1}{d_S}\right)^2} = \underline{\underline{8 \cdot 10^{-4} \text{ s}}}$$

S 4.4 P-Nuklide

Durch Beschuss des Nuklids ${}^{31}_{15}\mathrm{P}$ mit Deuteronen (${}^{2}_{1}\mathrm{H}$) entsteht das radioaktive Nuklid ${}^{32}_{15}\mathrm{P}$, dessen Halbwertszeit $T_{1/2}$ bekannt ist.

a) Geben Sie die Reaktionsgleichung an!

b) Bei Abbruch der Bestrahlung ist die Anzahl der radioaktiven Kerne N_0. Nach welcher Zeit t ist davon noch der Anteil $N/N_0 = 0{,}1$ vorhanden?

$T_{1/2} = 14{,}5$ d

---

a) ${}^{31}_{15}\mathrm{P} + {}^{2}_{1}\mathrm{H} \rightarrow {}^{32}_{15}\mathrm{P} + {}^{1}_{1}\mathrm{H}$ bzw.

$\underline{{}^{31}_{15}\mathrm{P}(\mathrm{d,p}){}^{32}_{15}\mathrm{P}}$

b) $$\frac{N}{N_0} = \mathrm{e}^{-\lambda t}$$

$$\ln\frac{N}{N_0} = -\lambda t$$

$$t = \frac{1}{\lambda} \ln \frac{N_0}{N}$$

$$T_{1/2} = \frac{\ln 2}{\lambda}$$

$$\frac{1}{\lambda} = \frac{T_{1/2}}{\ln 2}$$

$$t = \frac{T_{1/2} \ln \frac{N_0}{N}}{\ln 2} = \underline{\underline{48\ \text{d}}}$$

S 4.5 Bindungsenergie I

Man berechne die Bindungsenergie E_B (in MeV)

a) eines Deuterons,

b) eines α-Teilchens!

Atommassen: $m_A({}^2_1\text{D}) = 2{,}014\,102\ \text{u}$ $m_A({}^4_2\text{He}) = 4{,}002\,604\ \text{u}$

---

a) $E_B = -\Delta m\, c^2$

m_p	1,007 276 u
$+ m_n$	+ 1,008 665 u
$+ m_e$	+ 0,000 549 u
$- m_A({}^2_1\text{D})$	− 2,014 102 u
Δm	+ 0,002 388 u

$u\, c^2 = 931{,}49\ \text{MeV}$

$\underline{\underline{E_B = -2{,}224\ \text{MeV}}}$

b) $E_B = -\Delta m\, c^2$

$2m_p$	2,014 552 u
$+ 2m_n$	+ 2,017 330 u
$+ 2m_e$	+ 0,001 098 u
$- m_A({}^4_2\text{He})$	− 4,002 604 u
Δm	+ 0,030 376 u

$\underline{\underline{E_B = -28{,}295\ \text{MeV}}}$

S 4.6 Bindungsenergie II

Berechnen Sie die Bindungsenergie E_B des Nuklids ${}^{12}_{6}\text{C}$ (in MeV)!

$E_B = -\Delta m\, c^2$

$\Delta m = 6m_p + 6m_n + 6m_e - m_A({}^{12}_{6}\text{C})$

$\underline{E_B = -\left[6\left(m_p + m_n + m_e\right) - m_A({}^{12}_{6}\text{C})\right] c^2}$

$m_A({}^{12}_{6}\text{C}) = 12\ \text{u}$ (Definition!)

$E_B = -0{,}098\,94\ \text{u}\, c^2$

$u\,c^2 = 931{,}49\ \text{MeV}$

$\underline{\underline{E_B = -92{,}16\ \text{MeV}}}$

S 4.7 C-N-Umwandlung

Ein $^{12}_{6}$C-Atomkern wird von einem α-Teilchen getroffen. Dabei entstehen ein Deuteron und ein Stickstoffkern.

a) Geben Sie die Reaktionsgleichung an!

b) Wie groß ist die Reaktionsenergie E?
Wird diese Energie freigesetzt oder verbraucht?

$m_A(^2_1\text{D}) = 2{,}014\,102\ \text{u}$ $\qquad m_A(^4_2\text{He}) = 4{,}002\,604\ \text{u}$ $\qquad m_A(^{14}_{7}\text{N}) = 14{,}003\,074\ \text{u}$

---

a) $^{12}_{6}\text{C} + ^4_2\text{He} \rightarrow ^2_1\text{D} + ^{14}_{7}\text{N}$ bzw.

$\underline{^{12}_{6}\text{C}(\alpha, \text{d})^{14}_{7}\text{N}}$

b) $E = -\Delta m_0\, c^2$

$m_A(^{12}_{6}\text{C}) = 12\ \text{u}$

$m_A(^2_1\text{D})$	2,014 102 u
$+\, m_A(^{14}_{7}\text{N})$	+ 14,003 074 u
$-\, m_A(^4_2\text{He})$	− 4,002 604 u
$-\, m_A(^{12}_{6}\text{C})$	− 12,000 000 u
$= \Delta m_0$	+ 0,014 572 u

Hinweis: Da in der Massenbilanz die Atommassen (und nicht die Kernmassen) von $^2_1$D und $^4_2$He aufgenommen worden sind, ist die Zahl der Hüllenelektronen vor und nach der Reaktion gleich.

$u\,c^2 = 931{,}49\ \text{MeV}$

$\underline{\underline{E = -13{,}57\ \text{MeV}}}$

Diese Energie wird verbraucht.

S 4.8 Li-He-Umwandlung

Die Kernreaktion $^7_3\text{Li} + ^1_1\text{H} \rightarrow 2\,^4_2\text{He}$ wird mit Protonen der kinetischen Energie E_1 durchgeführt. Die beiden α-Teilchen erhalten jedes die kinetische Energie E_2.

a) Welche Ruhmassenänderung Δm_0 tritt dabei ein?
Geben Sie Δm_0 in atomaren Masseneinheiten an!

b) Berechnen Sie die Kernmasse $m_K(\text{Li})$ des Lithiumnuklids!

$m_K(\text{He}) = 4{,}001\,507\ \text{u}$ $\qquad E_1 = 600\ \text{keV}$ $\qquad E_2 = 8{,}94\ \text{MeV}$

---

a) $E_1 = 2E_2 + \Delta m_0\, c^2$

$\underline{\Delta m_0 = \dfrac{E_1 - 2E_2}{c^2}} = \underline{\underline{-0{,}018\,55\ \text{u}}}$

b) $\Delta m_0 = m(\text{Endprodukt}) - m(\text{Ausgangsprodukte})$

$\Delta m_0 = 2m_K(^4_2\text{He}) - m_p - m_K(^7_3\text{Li})$

$\underline{m_K(^7_3\text{Li}) = 2m_K(^4_2\text{He}) - m_p - \Delta m_0} = \underline{\underline{7{,}014\,29\ \text{u}}}$

S 4.9 Lebensdauer der Sonne

Die Solarkonstante B gibt die durch die Sonne hervorgerufene Bestrahlungsstärke außerhalb der Erdatmosphäre an.

Welche Gesamtlebensdauer T hätte die Sonne bei konstant angenommener Solarkonstante, wenn man voraussetzt, dass sie zu Beginn ihrer Entwicklung nur aus Wasserstoff ($^1_1$H) bestanden hat und am Ende nur aus Helium ($^4_2$He) besteht?

(*Anmerkung:* Seit der Entstehung der Sonne sind $4{,}5 \cdot 10^9$ Jahre vergangen.)

$B = 1{,}32\ \text{kW/m}^2 \qquad m_A(^4_2\text{He}) = 4{,}002\,604\ \text{u}$

Abgestrahlte Gesamtenergie = gesamte Reaktionsenergie

$PT = -\Delta m_S\, c^2$

P = Strahlungsleistung der Sonne

Δm_S = Ruhmassenänderung der gesamten Sonnenmasse

$$T = -\frac{\Delta m_S\, c^2}{P}$$

$P = B \cdot 4\pi r_0^2$

r_0 = Erdbahnradius

$$T = -\frac{\Delta m_S\, c^2}{4\pi r_0^2 B}$$

$$\frac{\Delta m_S}{m_S} = \frac{\Delta m}{m_A(^4_2\text{He})}$$

Δm = Ruhmassenänderung bei der Bildung eines He-Kerns

$\Delta m = m_A(^4_2\text{He}) - 4m_p - 4m_e$

$$\underline{T = \frac{m_S c^2}{4\pi r_0^2 B}\left(4\frac{m_p + m_e}{m_A(^4_2\text{He})} - 1\right)} = \underline{\underline{1{,}1 \cdot 10^{11}\ \text{a}}}$$

S 4.10 Weltmeere

a) Welche Energie E könnte aus den Weltmeeren gewonnen werden, wenn es möglich wäre, das gesamte enthaltene Deuterium durch Kernfusion zu Helium zu „verbrennen“?

b) Für wie viele Jahre könnte dadurch die Energie ersetzt werden, die die Sonnenstrahlung der Erde liefert?

Volumen der Weltmeere: $V = 1{,}37 \cdot 10^9\ \text{km}^3$

Massenanteil des Deuteriums im natürlichen Wasserstoff: $\varepsilon = 0{,}015\,\%$

Solarkonstante: $B = 1{,}32\ \text{kW/m}^2$

$m_A(^2_1\text{D}) = 2{,}014\,102\ \text{u} \qquad m_A(^4_2\text{He}) = 4{,}002\,604\ \text{u}$

---

a) $E = -\Delta m_D\, c^2$

Δm_D = Ruhmassenänderung des gesamten vorhandenen Deuteriums

$$\frac{\Delta m_D}{m_D} = \frac{\Delta m}{m_A({}^2_1D)}$$

Δm = Ruhmassenänderung bei der Fusion eines ${}^2_1$D-Atoms

$$\Delta m = \frac{1}{2}\left[m_A({}^4_2He) - 2m_A({}^2_1D)\right]$$

$$m_D = \varepsilon \varrho_W V \frac{M_r(H_2)}{M_r(H_2O)}$$

m_D = Gesamtmasse des Deuteriums

$$E = \varepsilon \varrho_W V \frac{M_r(H_2)}{M_r(H_2O)}\left[1 - \frac{m_A({}^4_2He)}{2m_A({}^2_1D)}\right] c^2 = 3{,}6 \cdot 10^{24}\ \text{kWh}$$

b) $E = Pt$

$$P = B\left(\pi r_E^2\right)$$

πr_E^2 = Querschnittsfläche der Erde

$$t = \frac{E}{\pi r_E^2 B} = 2{,}5 \cdot 10^6\ \text{a}$$

S 4.11 Stern-Energie

Im Inneren der Sterne wird Energie durch die Verschmelzung von Protonen zu ${}^4_2$He-Kernen erzeugt. In der ersten Phase des dabei ablaufenden Proton-Proton-Zyklus entsteht aus zwei Protonen ein Deuteron.

a) Welche kinetische Energie E_1 (in eV) muss jedes von zwei Protonen mindestens haben, damit sich beide einander auf den Reaktionsabstand r_1 nähern können?

b) Welche Temperatur T_1 müsste im Sterneninneren herrschen, damit die mittlere kinetische Energie der Photonen gleich E_1 ist? Es gilt $E_k = (3/2)\, kT$.

c) Wie groß ist der bei der Reaktion freigesetzte Energiebetrag E_2?

$r_1 = 5 \cdot 10^{-15}$ m $\qquad m_d = 2{,}013\,553$ u (Deuteronenmasse)

---

a) Energiesatz bei der Annäherung zweier Protonen gleicher kinetischer Energie E_1:

$$E_p(\infty) + 2E_1 = E_p(r_1) + 0$$

Potenzielle Energie der Coulomb-Kraft:

$$E_p(r) = \frac{e^2}{4\pi\varepsilon_0 r}$$

$$2E_1 = \frac{e^2}{4\pi\varepsilon_0 r_1}$$

$$E_1 = \frac{e^2}{8\pi\varepsilon_0 r_1} = 2{,}3 \cdot 10^{-14}\ \text{Ws} = 144\ \text{keV}$$

b) $E_1 = \frac{3}{2} k T_1$

$$T_1 = \frac{2E_1}{3k} = 1{,}1 \cdot 10^9\ \text{K}$$

c) $E_2 = -\Delta m\, c^2$

Hinweis: Bei der Bildung eines Deuterons aus 2 Protonen wird auch ein Hüllenelektron des Wasserstoffs „verbraucht“.

$\Delta m = m_\mathrm{d} - 2m_\mathrm{p} - m_\mathrm{e}$

$\underline{E_2 = \left(2m_\mathrm{p} + m_\mathrm{e} - m_\mathrm{d}\right) c^2} = \underline{\underline{1{,}44\ \mathrm{MeV}}}$

S 4.12 Altersbestimmung

Natürliches Uran besteht zu 99,27 % aus dem Isotop $^{238}_{92}\mathrm{U}$, dessen Halbwertszeit $T_{1/2}$ die aller seiner Folgeprodukte um mindestens das 10^4-Fache übersteigt. Bei der Altersbestimmung uranhaltiger Mineralien kann man deshalb so rechnen, als zerfalle das Uran mit seiner eigenen Halbwertszeit direkt in das Endprodukt $^{206}_{82}\mathrm{Pb}$.

Pechblende aus Schmiedeberg enthält $x = 60{,}03\,\%$ Uran und $y = 2{,}26\,\%$ Blei.

Welches Alter findet man für das Mineral, wenn man vereinfachend annimmt, dass das gesamte Uran aus dem Isotop $^{238}_{92}\mathrm{U}$ besteht?

$T_{1/2} = 4{,}49 \cdot 10^9$ a

Zahl der Uranatome: $N_1 = N_0\, \mathrm{e}^{-\lambda_1 t}$

Zahl der Bleiatome: $N_2 = N_0 \left(1 - \mathrm{e}^{-\lambda_1 t}\right)$

Uranmasse: $m_1 = N_1 m_\mathrm{A}(^{238}_{92}\mathrm{U})$

Bleimasse: $m_2 = N_2 m_\mathrm{A}(^{206}_{82}\mathrm{Pb})$

$$\frac{y}{x} = \frac{m_2}{m_1} = \frac{m_\mathrm{A}(\mathrm{Pb})}{m_\mathrm{A}(\mathrm{U})} \left(\mathrm{e}^{\lambda_1 t} - 1\right)$$

$$\mathrm{e}^{\lambda_1 t} = \frac{y\, m_\mathrm{A}(\mathrm{U})}{x\, m_\mathrm{A}(\mathrm{Pb})} + 1$$

$$T_{1/2} = \frac{\ln 2}{\lambda_1}$$

$$t = \frac{T_{1/2}}{\ln 2} \ln\left[1 + \frac{y\, m_\mathrm{A}(\mathrm{U})}{x\, m_\mathrm{A}(\mathrm{Pb})}\right]$$

$$\underline{t \approx \frac{T_{1/2}}{\ln 2} \ln\left[1 + \frac{y\, A(^{238}\mathrm{U})}{x\, A(^{206}\mathrm{Pb})}\right]}$$

$$\underline{t \approx \frac{T_{1/2}}{\ln 2} \frac{A(^{238}\mathrm{U})}{A(^{206}\mathrm{Pb})} \frac{y}{x}} = \underline{\underline{2{,}8 \cdot 10^8\ \mathrm{a}}}$$

S 4.13 Kern-Rückstoß

Welche kinetische Energie E_1 (in MeV) muss ein α-Teilchen mindestens besitzen, um in einen $^{58}_{28}\mathrm{Ni}$-Kern eindringen zu können?

Man rechne

a) unter Vernachlässigung

b) unter Berücksichtigung

der kinetischen Energie, die die Stoßpartner aufgrund des Impulserhaltungssatzes im Augenblick der größten Annäherung (unmittelbar vor dem Eindringen des α-Teilchens in das Kerninnere) noch haben.

Hinweis: Für die erforderliche Genauigkeit des Ergebnisses genügt es, mit den Massenzahlen $A_1(^4_2\text{He})$ und $A_2(^{58}_{28}\text{Ni})$ zu rechnen.

---

a) Energiesatz für ein α-Teilchen im Coulomb-Feld eines festgehaltenen Ni-Kerns:

$$E_p(\infty) + E_1 = E_p(r_K) + 0$$

Potenzielle Energie der Coulomb-Kraft:

$$E_p = \frac{Z_1 Z_2 e^2}{4\pi\varepsilon_0 r}$$

$$E_p(r_K) = \frac{Z_1 Z_2 e^2}{4\pi\varepsilon_0 r_K}$$

$$r_K = r_0 \sqrt[3]{A_2}$$

$$E_p(\infty) = 0$$

$$E_1 = \frac{Z_1 Z_2 e^2}{4\pi\varepsilon_0 r_0 \sqrt[3]{A_2}}$$

$$Z_1 = 2$$

$$Z_2 = 28$$

$$A_2 = 58$$

$$\underline{\underline{E_1 = 17{,}4\ \text{MeV}}}$$

b) Energiesatz unter Berücksichtigung der Impulserhaltung:

$$E_1 = E_p(r_K) + E_k$$

E_k berücksichtigt die gemeinsame Geschwindigkeit v' von α-Teilchen und Ni-Kern nach dem unelastischen Stoß.

$$E_1 = \frac{Z_1 Z_2 e^2}{4\pi\varepsilon_0 r_K} + \frac{m_1 + m_2}{2} v'^2$$

Massen:

m_1 (α-Teilchen)
m_2 (Ni-Kern)

Impulssatz:

$$m_1 v_1 = (m_1 + m_2)\, v'$$

$$E_1 = \frac{m_1}{2} v_1^2$$

$$v_1^2 = \frac{2E_1}{m_1}$$

$$v'^2 = \left(\frac{m_1}{m_1 + m_2}\right)^2 \frac{2E_1}{m_1}$$

$$E_1 = \frac{Z_1 Z_2 e^2}{4\pi\varepsilon_0 r_K} + \frac{m_1}{m_1 + m_2} E_1$$

$$E_1 \left(1 - \frac{m_1}{m_1 + m_2}\right) = \frac{Z_1 Z_2 e^2}{4\pi\varepsilon_0 r_K}$$

$$\frac{m_1}{m_2} \approx \frac{A_1}{A_2}$$

$$E_1 \frac{A_2}{A_1 + A_2} = \frac{Z_1 Z_2 e^2}{4\pi\varepsilon_0 r_K}$$

$$r_K = r_0 \sqrt[3]{A_2}$$

$$\underline{E_1 = \frac{Z_1 Z_2 e^2}{4\pi\varepsilon_0 r_0 \sqrt[3]{A_2}} \left(1 + \frac{A_1}{A_2}\right)} = \underline{\underline{18{,}6\ \text{MeV}}}$$

S 4.14 Rückstoßenergie

Berechnen Sie die Rückstoßenergie E_R in den folgenden Fällen radioaktiven Zerfalls:

a) $^{240}_{94}\text{Pu}$ sendet α-Strahlung mit $E = 5{,}16$ MeV Energie aus.

b) $^{233}_{90}\text{Th}$ sendet β-Strahlung mit $E = 1{,}23$ MeV Energie aus.

(Für die β-Strahlung sind die relativistischen Formeln für Energie und Masse anzuwenden.)

---

a) Rückstoßenergie des Pu-Kerns (Masse m_2):

$$R_R = \frac{m_2}{2} v_2^2$$

Kinetische Energie des α-Teilchens (Masse m_1):

$$E = \frac{m_1}{2} v_1^2$$

Impulssatz:

$$0 = m_1 v_1 + m_2 v_2$$

$$v_2 = -\frac{m_1}{m_2} v_1$$

$$E_R = \frac{m_1}{m_2} E$$

$$m_1 = m_K(^4_2\text{He}) \approx 4\ \text{u}$$

$$m_2 = m_A(^{240}_{94}\text{Pu}) - m_1 \approx 236\ \text{u}$$

$$\underline{E_R = \frac{4}{236} E} = \underline{\underline{86\ \text{keV}}}$$

b) Rückstoßenergie des Th-Kerns:

$$E_R = \frac{m_2}{2} v_2^2$$

Impulssatz (m_1 = Masse des β-Teilchens):

$$0 = m_1 v_1 + m_2 v_2$$

$$v_2 = -\frac{m_1}{m_2} v_1$$

Kinetische Energie des β-Teilchens:

$$E = (m_1 - m_e)\, c^2 \qquad (1)$$

$$m_1 = \frac{m_e}{\sqrt{1 - \left(\frac{v_1}{c}\right)^2}}$$

$$\frac{E}{c^2} = \frac{m_e}{\sqrt{1-\left(\frac{v_1}{c}\right)^2}} - m_e$$

$$\frac{1}{\sqrt{1-\left(\frac{v_1}{c}\right)^2}} = 1 + \frac{E}{m_e c^2}$$

$$v_1^2 = c^2 \left[1 - \frac{1}{\left(1 + \frac{E}{m_e c^2}\right)}\right] \qquad (2)$$

Aus (1):

$$m_1 = m_e \left(1 + \frac{E}{m_e c^2}\right) \qquad (3)$$

Aus (2) und (3):

$$m_1^2 v_1^2 = (m_e c)^2 \left(1 + \frac{E}{m_e c^2}\right)^2 \left[1 - \frac{1}{\left(1 + \frac{E}{m_e c^2}\right)^2}\right]$$

$$E_R = \frac{(m_e c)^2}{2m_2} \left[\left(1 + \frac{E}{m_e c^2}\right)^2 - 1\right]$$

$$m_2 = m_A({}^{233}_{90}\mathrm{Th}) \approx 233\ \mathrm{u}$$

$$\underline{E_R = \frac{m_e}{233\ \mathrm{u}} \left(1 + \frac{E}{2m_e c^2}\right)} E = \underline{\underline{6{,}4\ \mathrm{eV}}}$$